科学出版社"十四五"普通高等教育本科规划教材

数 学 分 析

（上册）

郭宝珠　韩励佳　主编

科 学 出 版 社

北 京

内 容 简 介

  本书是华北电力大学数理学院数学分析教研组集体工作的总结,结合了工科数理学院教师多年教学实践经验、教育背景和研究经历的优势编写而成.特别吸收了 20 世纪几位重要数学家的观点,展现出数学历史的画卷,又融合了自己的见解,具有工科院校数学专业基础课独有的特点和亮点.本书注重数学史等基本素养的引导,使学习者能明白数学的概念虽然是人为的,但也是自然的.在定义的引出、定理的证明、例题的安排等方面系统参考了多本数学分析教材,充分考虑了教学效果和需求.同时,增加了数学知识的应用,设置了一些有特色的例子和一些有一定难度的内容,便于有兴趣的读者进一步学习,同时也指出了和其他数学课程的有机衔接,起到抛砖引玉的作用.

  全书主要内容分为一元微积分和多元微积分两大部分.一元微积分包括实数的基本理论、极限、一元微分、一元积分、级数理论;多元微积分包括多元点集的基本理论、多元微分、重积分、曲线积分和曲面积分等.

  本书可作为高等院校数学、统计学、数据科学、计算机等专业学生数学分析课程的教材,也可作为相应专业学生报考研究生的辅导书或参考书,还可作为数学教学人员和其他科技研究人员的教学参考书.

图书在版编目 (CIP) 数据

 数学分析：全 2 册 / 郭宝珠,韩励佳主编. -- 北京 : 科学出版社,2024.6

 科学出版社"十四五"普通高等教育本科规划教材

 ISBN 978-7-03-078588-6

 Ⅰ.①数… Ⅱ.①郭… ②韩… Ⅲ.①数学分析－高等学校－教材 Ⅳ.①O17

 中国国家版本馆 CIP 数据核字(2024)第 105128 号

责任编辑：梁　清　孙翠勤 / 责任校对：杨聪敏
责任印制：师艳茹 / 封面设计：无极书装

科 学 出 版 社 出版

北京东黄城根北街 16 号
邮政编码：100717
http://www.sciencep.com

三河市骏杰印刷有限公司印刷
科学出版社发行　各地新华书店经销

*

2024 年 6 月第 一 版　开本：720×1000　1/16
2024 年 6 月第一次印刷　印张：36 1/4
字数：731 000
定价：118.00 元(上下册)
(如有印装质量问题,我社负责调换)

前　　言

　　古希腊的数学传统主要是几何与代数, 几何的传统来自于欧几里得(Euclid, 约公元前 300 年), 代数的传统来自于丢番图(Diophantus, 约公元 250 年). 我们在高中阶段已经学到了欧几里得几何和解各种方程的代数, 在初中的数学里多少也接触到了一些几何与代数. 现代数学把几何、代数推到更高级的地步, 主要归功于另一门现代数学——分析数学. 进入大学以后, 数学系的学生就要学习几何、代数、分析等高等数学, 其中数学分析就是最主要的一门课. 大部分学生能够终身记住应用的, 主要的也就是这门课程. 这门课的主要内容的研究发展发生在 14—16 世纪欧洲文艺复兴以后, 也是人类纯粹理性思维最早在科学上突破传统的部分. 数学分析涵盖了一元微积分、无穷级数、多元微积分等方面的知识, 是分析数学的基础课程, 为数学专业后继课程及交叉学科的学习提供必要的知识储备, 同时对学生基本功的训练与良好素质的培养起着十分重要的作用. 在数学专业后续课程中, 微分几何就必须用数学分析的办法来处理.

　　那么什么是数学分析? 简单说就是微积分. 微积分为什么这样重要? 这是本书首先要传递给读者的. 如果说中学的数学是常量的、静止的、有穷的数学, 那么数学分析教给我们的是变量的、运动的、无穷的数学, 这是人类思想史上最为壮观的里程碑, 也和马克思主义哲学认为"世界是变化的、运动的"观点极为吻合. 从某种意义上讲, 微积分是一种关于无穷的数学. 物理的世界, 都是有穷的, 甚至我们使用的语言. 但是现代数学却要处理无穷. 这当然不是凭空想象. 例如你要知道一个圆的面积, 就必须要用圆的无穷多内接正多边形去逼近, 有穷的内接正多边形永远做不到, 所以无穷有现实的基础. 但无穷是什么? 这显然超出经验之外, 不学数学分析应该是难以理解的. 为此德国伟大的数学家希尔伯特(David Hilbert, 1862—1943)曾经感慨地说: 在某种意义上, 数学分析是有关无穷的交响乐(In a certain sense, mathematical analysis is a symphony of the infinite). 诺贝尔物理学奖获得者、物理学家费曼(Richard Phillips Feynman, 1918—1988)曾说过, 你最好学习微积分吧, 那是上帝的语言(You had better learn it, it's the language God talks).

　　数学分析是现代数学最令人惊叹的成就之一. 本教材力争将无穷这样一个在现实中难以找到原型的概念通过有穷的逻辑步骤逐步实现, 进而达到自如地应用. 这自然是微积分被创立以来, 历代数学家努力的成果. 我们在定义的引出、定理的证明、例题的安排等方面参考了几部重要的数学分析教材, 吸收了 20 世纪几位重要数学家的观点, 为读者展现波澜壮阔的数学史画卷, 重视学生数学史等科学素养的提高, 还体现了工科院校数学专业基础课的特点, 具有自己的见解和亮点, 这包括如何用有限的语言刻划无穷、用有穷逼近无穷的速度, 与数学其他课程的衔接, 以及数学为什么必须抽象化才能在更高的层次上解决问题等, 让学习者能明白数学的概念虽然是人为的, 但也是自然的. 通过本课程的学习, 学习者必将能够深刻理解数学分析这个人类伟大的思想结晶为何必然引导科技的产生, 开创更灿烂的物质文明. 对这门课程的理解, 也可以让我们明白为什么通过数学, 能够发现宇宙的客观规律. 自然地, 学过本课程后, 还有许多未解的新问题, 但需要明白的是, 这些问题是在更高层次上提出的新问题.

全书主要分为一元微积分和多元微积分两大部分. 一元微积分是基础中的基础. 我们在第 1 章开篇就谈微积分与开普勒三大定律的关系, 历史上, 开普勒三大定律是现代科学的 起源问题, 也是催生微积分的大问题. 初学者自然可以跳过这个物理背景的问题, 等掌握了一元微积分, 再回过头看就彻底理解了这个问题. 第 2 章讲实数、集合与函数, 它们是微积分研究的基本对象. 第 3 章介绍数列极限. 无理数是有理数的极限等价于说只有用无穷多的有理数才得到无理数. 通俗点说, 无穷是有穷的无限逼近, 但我们又需要通过有限的语言, 阐述无穷逼近的性质, 还特别地关心逼近的快慢程度, 只有快速逼近才有应用的意义. 第 4 章讲函数的极限. 一个复杂的函数可以是无穷多简单函数的逼近, 所以逼近、近似是现代数学极为重要的思想. 第 5 章讲微分, 微分是微积分的一个支柱. 曲线是无穷多的线段的拼接, 直线是我们所能了解、掌握的. 曲线的细微处就是直线, 以直代曲是重要的研究方法. 第 6 章、第 7 章讲积分, 这是微积分的另一个支柱. 积分和微分是互逆的过程, 知道了与曲线相关的无穷多直线, 如何恢复曲线本身就是积分的过程. 第 8 章是关于数列的无穷级数. 例如圆周率, 你难以写成有穷的分数, 必须是无穷的有理数的和才能求出圆周率. 第 9 章是函数的无穷级数. 一个复杂的信号, 总是简单信号的无穷和. 第 10 章的傅里叶级数给出了函数逼近令人惊奇的结论, 现代的信号处理离不开傅里叶级数. 第二部分是多元微积分, 从第 11 章开始到第 17 章结束, 把一维的问题推广到高维空间的任意曲面、任意立体几何图形, 表现了纯粹思维高度的灵活和超前的特征. 多元微积分和一元微积分的本质区别在于多元微积分有方向的问题, 可以引入外微分, 第 18 章则从抽象的角度统一, 彻底理清了多元微积分的本质特征, 也说明了数学为什么必须抽象化才能看清问题的本质.

本书是华北电力大学数学学院数学分析教研组集体工作的总结. 我们综合了学院教师多年教学的实践经验和各自教育背景、研究经历的互补优势. 初稿的写作人员有韩励佳(第 3—4、8、13、14、16 章)、黄晔辉(第 6、17 章)、李辉(第 8—10 章)、贺琛(第 2 章、第 5 章)、李巧欣(第 11、12 章)、聂建军(15 章)、魏静(第 3 章), 郭宝珠(第 1、5、7、10、18 章)等. 全书扩充、增补、统稿由郭宝珠完成, 书中许多的观点因此由郭宝珠负责.

党的二十大报告指出: "教育是国之大计, 党之大计." 教材建设关系到培养人的大问题. 虽然我们付出了一定的努力, 但对这样一个大的工程, 很难做到完全令人满意. 读者的意见和批评指正是我们进一步提高的宝贵财富.

华北电力大学数学学院

2024 年 5 月 1 日

目　　录

进入大学数学系的第一门课程就是数学分析, 简单说就是微积分. 为什么要学这门课, 这门课为什么这样重要? 这是大家首先关心的问题, 而这个问题却与近代科学的起源有着十分密切的关系. 我们先来看一个大家在中学就耳熟能详的问题. 数学, 一般的定义说是研究数与形的科学, 我们就先从一个数与形的原始概念开始. 历史上, 除去直线外, 在几个文明起源的地方, 人类首先研究的就是圆. 我们知道, 给定一个圆的半径 R 后, 这个圆就确定了. 所以从逻辑上讲, 圆的所有的东西, 例如周长 L_{cir} 和面积 S_{area} 就一定由圆的半径确定, 但周长和面积与半径的关系并不一样. 中学, 甚至小学的数学课就告诉我们这样的关系:

$$S_{area} = cR^2, \quad L_{cir} = dR,$$

其中 $c, d > 0$ 是两个常数. 数学的语言说出来就是圆的面积与半径是平方(非线性)的关系, 周长与半径则是线性关系. 为什么如此, 我们不深入探讨, 你可以将这个关系的证明作为练习. 学习数学掌握一些熟悉的例子至关重要. 这里要提一个令中国人骄傲的结果. 圆是一个曲线围成的图形, 面积自然不太容易求得. 魏晋时期的刘徽(约公元 250 年)想到, 圆的面积大于其内接正多边形的面积, 小于圆外切正多边形的面积, 正多边形的边是线段, 其面积自然好算. 按理说得求出两个多边形的面积才能内外估计圆的面积, 可是刘徽发现只要知道了内接正多边形的面积, 外切正多边形的面积就知道了, 如图 1.1 所示, 令 S_{area}^n 表示圆内接正 n 边形的面积, 则外切正 $2n$ 边形的面积就是

$$S_{area}^{2n} + (S_{area}^{2n} - S_{area}^n),$$

从而圆的面积就有 $S_{area}^{2n} < S_{area} < S_{area}^{2n} + (S_{area}^{2n} - S_{area}^n)$.

下面我们只谈周长与半径的关系. 这个关系, 自然从中学的数学就可以导出, 古人已经有足够的理由确定这种关系. 圆周是个曲线, 我们没有办法度量, 自然的想法还是做圆的内接正 n 边形的周长来近似计算圆的周长. 如图 1.2, 给定不同半径的两个同心圆, 半径为 r 和 R, 图中三角形 OAB 与三角形 $OA'B'$ 相似, 它们分别在各自圆内接正 n 边形中. 于是有

$$\frac{A'B'}{AB} = \frac{R}{r}.$$

从而

$$\frac{A'B'}{R} = \frac{AB}{r}.$$

上式两端同乘 n 得到

$$\frac{n \times A'B'}{R} = \frac{n \times AB}{r}. \tag{1.1}$$

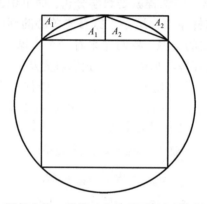

图 1.1　圆的内接、外接正多边形面积与圆面积的关系

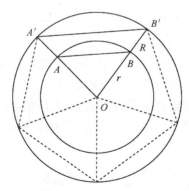

图 1.2　不同圆之间的内接正多边形边长与半径的关系

上式表明圆内接正多边形的周长与半径的比是个常数，与圆的大小没有关系. 当然不同边数的内接正多边形，这个比值并不一样. 当 n 足够大的时候，就有

$$\frac{L_{\mathrm{cir}}}{R} = d. \tag{1.2}$$

历史上一般写为

$$\frac{L_{\text{cir}}}{2R} = \frac{d}{2} = \pi.$$ (1.3)

意思是圆周长 L_{cir} 与直径 $2R$ 之比是个与圆无关的常数 π, 这就是我们说的圆周率. 圆自然是形的典型, π 是数的典型. 当然, 细究起来, 从 (1.1) 到 (1.2), 准确的说法是

$$\lim_{n \to \infty} \frac{n \times A'B'}{R} = d,$$ (1.4)

其中 $n \to \infty$ 叫做 n 趋于无穷, 因为只有边长不断细分, 才能逼近圆周. 可是无穷是什么? n 趋于无穷又是什么意思? 我们会在数学分析这门课中详细探讨. 本质上说, 无论细分多少圆的内接正多边形, 也无法把内接正多边形的周长当成圆周长, 这个过程是个无限的过程. 理解无穷, 掌握无穷, 正是这门课的关键, 也是从 17 世纪开始的近代数学与几千年来的传统数学的区别, 因为理论上, 我们能够掌握的都是有穷的. 无穷虽然是相当数学化的概念, 但上面推导圆周长的过程却是如此的自然, 这就是数学, 特别是近代数学的魅力和其不寻常之处. 关于圆的第二个问题, 自然是 (1.3) 式中的圆周率 π 到底是多少? 在这个问题上, 中国人又有值得自豪的历史. 如图 1.3, 做单位圆的内接正 n 边形, 记边长为 a_n, $na_n \approx L_{\text{cir}} = 2\pi$. 于是

$$\pi \approx \frac{1}{2}na_n = n\sin\frac{\pi}{n} = \pi_n.$$

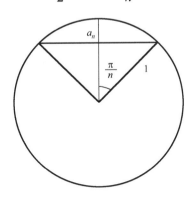

图 1.3　圆内接正 n 边形边长逼近圆周率

上述结论我们在中学的数学里就知道了. 换句话说, 单位圆的内接正 n 边形周长总是可以计算的, 而上面的公式就给出了 π 的近似值 π_n. 学过这门课以后, 就有

$$\pi_n = \pi + \sum_{k=1}^{\infty}(-1)^k \frac{\pi^{2k+1}}{(2k+1)!}\left(\frac{1}{n}\right)^{2k},$$

又出来一个无穷, 称为无穷级数. 换句话说, 用圆的内接正多边形的周长逼近圆周是个无限的过程, 且

$$\pi_n - \pi = O(n^{-2}),$$

其中 $O(n^{-2})$ 称为 n^{-2} 的同阶无穷小, 这在本门课程中会有详细的讨论. 我们当然希望这个误差越小越好. 简单计算就有

$$\frac{4\pi_{2n} - \pi_n}{3} = \pi + O(n^{-4}),　　　　　　　　　(1.5)$$

一下就降低了两个数量级的误差. 特别是

$$\frac{4\pi_{196} - \pi_{98}}{3} = 3.1415926\cdots,　　　　　　　　(1.6)$$

这就是公元五世纪时祖冲之(429—500)计算圆周率达到的精度, 领先国外一千多年. 得到(1.5)、(1.6)的过程是外推的过程, 在计算数学里会学到这样的办法. 如果不用这个办法, 需要计算 $n = 24576$ 个内接正多边形的周长才能达到这个七位数的精度.

　　下面讲的是关于开普勒三大定律的数学证明. 这个证明告诉了我们牛顿为什么要发展微积分. 为了这个证明, 我们需要牛顿(Isaac Newton, 1643—1727)在《自然哲学的数学原理》一书中总结的两条定律.

- 牛顿第二定律: $F = ma$.
- 万有引力定律: $F = \dfrac{GMm}{r^2}$.

既然是定律而不是定理, 就需要证明. 下面我们关于开普勒三大定律的证明也间接地证明了牛顿上面两个定律的正确性, 因为开普勒三大定律有观测数据的支持. 下面的证明大部分是中学的数学, 其中关键的内容当然是微积分, 当我们学完本书, 自然就可以完全看懂. 我们先谈谈近代科学是如何推进的. 一般地说, 近代科学的发展总是遵循这样的规律: 观测(得到数据), 在观测的基础上发现的规律, 称为定律, 然后发明理论与相应的数学, 证明这些定律是成立的(定理). 近代天文学的开山之作——开普勒三大定律就是一个光辉的例子.

　　1576 年, 丹麦天文学家第谷(Tycho Brahe, 1546—1601)在丹麦与瑞典间的汶岛开始建立"观天堡", 第一个用望远镜系统观测天文, 直到 1599 年, 第谷在这里工作了 20 多年, 取得了一系列重要成果, 1600 年第谷与德国天文学家开普勒(Johannes Kepler, 1571—1630)相遇, 邀请他作为自己的助手, 次年第谷去世. 第谷大量的极为精确的天文观测资料, 为开普勒的工作创造了条件. 当时不论是地心说还是日心说, 都认为行星做匀速圆周运动. 但开普勒发现, 对火星的轨道来说, 任何的方法都不能推算出同第谷的观测相吻合的结果. 1609 年, 他发现椭圆轨道完全适合观测结果对轨道的要求, 于是得出了"开普勒第一定律": 火星沿椭圆轨道绕太阳运行, 太阳处于椭圆的两焦点之一的位置. 发现第一定律, 至少说明行星沿椭圆轨道运动, 这实在是不可思议的事情. 椭圆这种几何图形, 在古希腊数学家阿波罗尼奥斯(Apollonius, 约公元前 240—前 190)的《圆锥曲线论》中完全是按照数学家的游戏规则, 用平面去截圆锥体得到的一种几何图形, 没有想到天体绕太阳的轨迹

是一个椭圆. 在所有人类的纯粹思维中, 数学大概是最为科学的思维, 而今大概也是最为有用的思维, 不得不令人拍案惊奇. 因为数学家的规则是如此简单, 结论仅仅靠符合逻辑的几条明显的规则得出, 最后竟然描述了大自然的物理世界, 科学的巨大魅力由此可见. 事实上, 在开普勒之前的所有天文学家, 包括创立日心说的波兰天文学家哥白尼(Nicolaus Copernilus, 1473—1543)和近代科学的奠基人意大利的伽利略(Galileo Galilei 1564—1642)都坚持古希腊亚里士多德(Aristotle, 约公元前383—前 322)和毕达哥拉斯(Pythagoras, 约公元前 580—前 490)的 "天体是完美物体" 的信念, 而圆大约是最完美的几何形状, 开普勒一开始也坚持行星轨道是圆或者圆的复合体. 可是无论如何, 结论总和第谷的观测不符合, 才转而考虑椭圆.

开普勒很快又发现火星运行速度是不均匀的, 当它离太阳最近时运动得较快(近日点), 离太阳最远时运动得较慢(远日点), 但从任何一点开始, 向径(太阳中心到行星中心的连线)在相等的时间所扫过的面积相等. 这就是开普勒第二定律(面积定律). 开普勒最后发现了行星运动的开普勒第三定律(调和定律): 行星绕太阳公转运动的周期的平方与它们椭圆轨道的长轴 (近日点与远日点的平均距离) 的立方成正比. 我们把开普勒三大定律总结如下:

- 行星沿椭圆轨道绕太阳运行, 太阳处于椭圆两焦点之一的位置;
- 行星和太阳的连线在相等的时间所扫过的面积相等;
- 行星绕太阳公转运动的周期的平方与它们椭圆轨道的长轴的立方成正比.

这些伟大的定律已经预示着万有引力的到来. 现在我们回到数学: 椭圆的极坐标表示, 如图 1.4, 这又离不开数学家的先驱性工作. 近代科学之所以发展, 一个重要的原因是物理乃至一般科学需要的时候, 数学家已经准备好了. 法国哲学家、数学家笛卡儿(Rene Descartes, 1596—1650)在《几何学》中发明坐标几何, 把几何图形代数化, 而代数可以运算, 算出的结果再回到几何, 这是大家在数学系另外一门叫做解析几何的课程上需要学的. 古希腊的两大数学传统——几何与代数在笛卡儿手里统一了起来. 例外当然也是有的, 物理学家、应用数学家在没有现成数学可用的情况下只好自己发展数学, 微积分之于牛顿就是一个著名的例子.

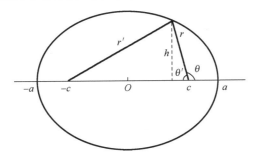

图 1.4　椭圆的极坐标表示

椭圆的方程可以用"动点到椭圆焦点的距离和为常数"来表示. 数学上引入椭圆还有一个办法, 就是给定三角形的底边和周长, 问什么样的三角形的面积最大? 显然地, 底边外的顶点的所有可能的集合就是一个椭圆, 且等腰三角形的面积最大. 如图 1.4, 设 $r + r' = 2a$, 则

$$h = r\sin(\pi - \theta) = r\sin\theta.$$

于是应用勾股定理(别忘记如何证明, 这是中国人值得自豪的又一伟大成就),

$$r'^2 = (2a - r)^2 = h^2 + (2c - r\cos\theta')^2 = r^2 + 4cr\cos\theta + 4c^2.$$

整理就得到

$$r = \frac{p}{1 + e\cos\theta}, \quad e = \frac{c}{a} < 1, \quad p = a(1 - e^2), \tag{1.7}$$

其中 e 称为离心率, p 为参数. 当 $e = 0$ 时候, 就变成圆; $e = 1$ 时就是抛物线, $e > 1$ 时就得到双曲线. 抛物线是令人信服的另一个几何图形. 例如物体仅仅在重力的作用下, 运动的轨迹为

$$\begin{cases} \ddot{x}(t) = 0, \\ \ddot{y}(t) = -g, \end{cases}$$

其中 g 是重力加速度常数. 这里涉及的导数, 是我们本门课程的最为基础的概念之一. 求解得

$$\begin{cases} x(t) = at + x_0, \\ y(t) = y_0 + vt - \dfrac{1}{2}gt^2, \end{cases}$$

这就是一个抛物线. 与其说大自然神奇, 不如说数学家神奇: 阿波罗尼奥斯研究抛物线的时候并没有物理目标做指导.

现在我们推导椭圆的几个性质: 椭圆长轴、半轴、面积等基本问题. 注意短轴 $b = \sqrt{a^2 - c^2} = \dfrac{c}{e}\sqrt{1 - e^2} = a\sqrt{1 - e^2}$ (又是勾股定理), 其中 a 为半长轴. 于是我们有

$$a = \frac{p}{1 - e^2}, \quad b = \frac{p}{\sqrt{1 - e^2}}. \tag{1.8}$$

从而近日点和远日点的平均距离为长轴:

$$m = \frac{1}{2}(a + c + a - c) = \frac{1}{2}[a(1 + e) + a(1 - e)] = a = \frac{p}{1 - e^2}. \tag{1.9}$$

注意, 行星到太阳的平均距离则是

$$\bar{r} = \frac{1}{2\pi}\int_0^{2\pi} r(\theta)\mathrm{d}\theta = \frac{1}{2\pi}\int_0^{2\pi}\frac{p}{1+e\cos\theta}\mathrm{d}\theta = \frac{p}{\sqrt{1-e^2}}. \qquad (1.10)$$

这里用到的积分, 是非常好的微积分练习题, 也是我们本门课程需要了解的另一基本概念.

为求椭圆的面积 Y, 我们用椭圆的标准式 $\dfrac{x^2}{a^2}+\dfrac{y^2}{b^2}=1$ (坐标几何的伟大作用, 当然也可以直接用极坐标表示) 得到 $y = \sqrt{b^2 - \dfrac{b^2}{a^2}x^2}$,

$$Y = 4\int_0^a y\mathrm{d}x = 4\int_0^a \frac{b}{a}\sqrt{a^2 - x^2}\,\mathrm{d}x = \frac{4b}{a}\left[\frac{x\sqrt{a^2 - x^2}}{2} + \frac{a^2}{2}\arcsin\frac{x}{a}\right]\Bigg|_0^a = \pi ab. \qquad (1.11)$$

如果用极坐标表示, 注意夹角为 θ, 半径为 r 的扇形的面积为 (如图 1.5)

$$S(\theta) = \pi\frac{\theta}{2\pi}r^2 = \frac{\theta}{2}r^2.$$

假定 r,θ 都是时间的函数, 则从 $[t_0,t_1]$ 扫过的扇形面积为

$$S[t_0,t_1] = \lim_{\Delta t_i \to 0}\sum_{i=1}^N \frac{\theta(t_{i+1}) - \theta(t_i)}{2\Delta t_i}r^2(t_i)\Delta t_i = \int_{t_0}^{t_1}\dot{\theta}(t)\frac{r^2(t)}{2}\mathrm{d}t, \ \ \Delta t_i = t_{i+1} - t_i. \qquad (1.12)$$

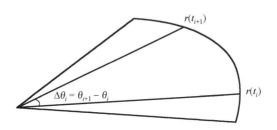

图 1.5　椭圆面积的计算

如果不是微积分, 这一步就不容易. 现在我们回到行星运动的轨道的研究上来. 根据我们开头的牛顿的万有引力, 太阳与行星的万有引力为

$$F = \frac{GmM}{r^2},$$

其中 G 是万有引力常数, m,M 分别为行星与太阳的质量. 我们不妨设太阳为原点, 向量的方向指向原点 (图 1.6).

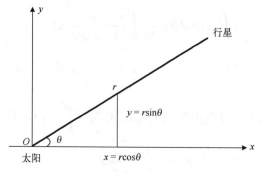

图 1.6　行星轨道图与坐标

忽略行星对太阳的引力, 万有引力在横轴上的投影为 $F\cos\theta = F\dfrac{x}{r}$, 在纵轴上的

投影为 $F\sin\theta = F\dfrac{y}{r}$. 于是在直角坐标系中, 由我们开始提到的牛顿第二定律得

$$
\begin{cases}
m\ddot{x} = -GmM\dfrac{x}{r^3}, \\[2mm]
m\ddot{y} = -GmM\dfrac{y}{r^3}.
\end{cases}
\tag{1.13}
$$

取时间的标度, 使得 $GM = 1$, 得到

$$
\begin{cases}
\ddot{x} = -\dfrac{x}{r^3}, \\[2mm]
\ddot{y} = -\dfrac{y}{r^3}.
\end{cases}
\tag{1.14}
$$

于是我们得到(注意 $r = \sqrt{x^2 + y^2}$)

$$
\begin{cases}
x\ddot{y} - y\ddot{x} = 0 \Rightarrow x\dot{y} - y\dot{x} = c = 常数, \\[2mm]
\ddot{x}\dot{x} + \ddot{y}\dot{y} = -(x\dot{x} + y\dot{y})r^{-3} = \dfrac{\mathrm{d}}{\mathrm{d}t}\dfrac{1}{r}.
\end{cases}
\tag{1.15}
$$

因此

$$
\begin{cases}
x\dot{y} - y\dot{x} = c = 常数, \\[2mm]
\dfrac{1}{2}(\dot{x}^2 + \dot{y}^2) - \dfrac{1}{r} = E = 常数,
\end{cases}
\tag{1.16}
$$

其中, E 的表达式中左边第一项是动能, 第二项是势能(梯度为应力, 在无穷原点为零, 表示行星为摆脱引力所做的功). 然后我们回到极坐标 $x = r\cos\theta, y = r\sin\theta$ 上来, 得到

$$
\dot{x} = \dot{r}\cos\theta - r\dot{\theta}\sin\theta, \quad \dot{y} = \dot{r}\sin\theta + r\dot{\theta}\cos\theta.
$$

代入 (1.16) 得

$$\begin{cases} \dfrac{1}{2}(\dot r^2 + r^2 \dot\theta^2) - \dfrac{1}{r} = E, \\ r^2 \dot\theta = c. \end{cases} \tag{1.17}$$

(1.17) 的第二个式子和 (1.12) 一起立刻得到开普勒的第二定律:

$$S[t_0, t_1] = \int_{t_0}^{t_1} \dot\theta(t) \frac{r^2(t)}{2} \mathrm{d}t = \frac{c}{2}(t_1 - t_0). \tag{1.18}$$

于是如果万有引力和牛顿第二定律完全成立的话, 开普勒第二定律就成了定理! 注意 (1.18) 与 (1.17) 的第二个式子是等价的, 也就是说开普勒第二定律数学上可以写为

$$r^2 \dot\theta = c. \tag{1.19}$$

有两个特殊的情形, 第一个情形是如果 $c = 0$, 则 $\dot\theta = 0$, 物体沿太阳做直线运动, 这是可能的, 流星一类就是如此. 第二个情形是 $\dot r = 0$, 此时行星运动是圆周运动. 如果我们假定 $\dot r \neq 0, \dot\theta \neq 0$, 这样 $\theta(t) = \theta$ 的反函数存在. 于是令 $t = h(\theta), r = r(h(\theta))$, 得

$$r' = \dot r h'(\theta) = \frac{\dot r}{\dot\theta} \quad (\text{注意} 1 = h'(\theta)\dot\theta).$$

由 $r^2 \dot\theta = c$ 得

$$\begin{cases} \dot r = cr' r^{-2}, \\ \dot\theta = cr^{-2}. \end{cases}$$

代入 $\dfrac{1}{2}(\dot r^2 + r^2 \dot\theta^2) - \dfrac{1}{r} = E$ 得到

$$2^{-1}(\dot r^2 + r^2 \dot\theta^2) - r^{-1} = E \Rightarrow 2^{-1}(c^2 r'^2 r^{-4} + r^2 c^2 r^{-4}) - r^{-1} = E$$
$$\Rightarrow 2^{-1}(c^2 r'^2 r^{-4} + c^2 r^{-2}) - r^{-1} = E.$$

令 $u = r^{-1} \Rightarrow u' = -r' r^{-2}$ 得

$$2^{-1} c^2 (u'^2 + u^2) - u = E.$$

再令 $v = cu - \dfrac{1}{c} \Rightarrow v' = cu'$ 得到原方程

$$v'^2 + v^2 = c^2 u'^2 + c^2 u^2 + c^{-2} - 2u = 2E + c^{-2} > 0 \Rightarrow v = (2E + c^{-2})^{1/2} \cos\theta.$$

回到极坐标就是

$$(2E + c^{-2})^{1/2} \cos\theta = \frac{c}{r} - c^{-1}.$$

即

$$r = \frac{c}{c^{-1} + (2E + c^{-2})^{1/2}\cos\theta} = \frac{p}{1 + e\cos\theta}, \quad p = c^2, \quad e = (2Ec^2 + 1)^{1/2}. \tag{1.20}$$

这就严格推导出了开普勒的第一定律! 在此, 如果万有引力和牛顿第二定律完全成立的话, 开普勒第一定律就成了定理. 如果是一般行星, (1.20)说明了行星的运动都是圆锥曲线.

最后我们看开普勒第三定律. 由(1.17)的第二个式子和(1.12)、(1.11), 行星运动一个周期 T 得到

$$\int_0^T \frac{c}{2}\,\mathrm{d}t = \int_0^T \frac{r^2}{2}\dot{\theta}\,\mathrm{d}t = \text{椭圆面积} = Y = \pi ab. \tag{1.21}$$

于是由(1.8)、(1.20)得周期

$$T = \frac{2Y}{c} = \frac{2\pi p^2}{(1-e^2)^{3/2}}\frac{1}{\sqrt{p}} = 2\pi\frac{p^{3/2}}{(1-e^2)^{3/2}}. \tag{1.22}$$

再从(1.8)得到

$$a^3 = \frac{p^3}{(1-e^2)^3}.$$

从而

$$T^2 = 2\pi a^3. \tag{1.23}$$

这就是开普勒第三定律. 到此, 我们完全从牛顿的两个定律利用数学推导出开普勒三大定律. 我们前面提到, 开普勒的三大定律开启了万有引力定律的大门. 实际上, 在牛顿第二定律的假设下, 开普勒定律可以推出万有引力定律. 事实上, 如果在行星上安装有向单位直角标架 $(\boldsymbol{i}, \boldsymbol{j})$, 则显然有

$$\begin{cases} \dfrac{\mathrm{d}}{\mathrm{d}t}\boldsymbol{i} = \dot{\theta}\boldsymbol{j}, \\[2mm] \dfrac{\mathrm{d}}{\mathrm{d}t}\boldsymbol{j} = -\dot{\theta}\boldsymbol{i}. \end{cases}$$

因此行星走过的路径变化永远是 $r\boldsymbol{i}$, 于是速度和加速度分别为

$$\begin{cases} \boldsymbol{v} = \dfrac{\mathrm{d}}{\mathrm{d}t}[r\boldsymbol{i}] = \dot{r}\boldsymbol{i} + r\dot{\theta}\boldsymbol{j}, \\[2mm] \boldsymbol{a} = \dfrac{\mathrm{d}^2}{\mathrm{d}t^2}[r\boldsymbol{i}] = \ddot{r}\boldsymbol{i} + \dot{r}\dot{\theta}\boldsymbol{j} + (\dot{r}\dot{\theta} + r\ddot{\theta})\boldsymbol{j} - r\dot{\theta}^2\boldsymbol{i}, \end{cases} \tag{1.24}$$

如图 1.7, 从而径向的加速度为

$$a_r = \ddot{r} - r\dot{\theta}^2. \tag{1.25}$$

由开普勒第二定律(1.19), 我们得到

$$2r\dot{r}\dot{\theta} + r^2\ddot{\theta} = 0,$$

所以

$$2\dot{r}\dot{\theta} + r\ddot{\theta} = 0. \tag{1.26}$$

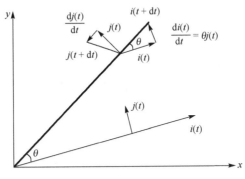

图 1.7 行星运动的速度与加速度

比较 (1.24) 的第二项, 可以知道加速度在 $\boldsymbol{j}$ 方向为零. 根据牛顿第二定律, 行星所受到的力只作用在太阳与行星的连线上.

从

$$
\begin{cases}
r = \dfrac{p}{1+e\cos\theta}, \quad p = c^2, \\
r^2\dot{\theta} = c \text{ 从而 } r\dot{\theta}^2 = \dfrac{c^2}{r^3}
\end{cases}
\tag{1.27}
$$

出发我们得到 $r(1+e\cos\theta) = p$. 于是

$$1 + e\cos\theta = \frac{p}{r}.$$

因此

$$-e\dot{\theta}\sin\theta = -\frac{\dot{r}p}{r^2}, \quad -ec\sin\theta = -p\dot{r}.$$

从而

$$\ddot{r} = \frac{c^2}{r^3} - \frac{c^2}{pr^2}.$$

于是径向的加速度为

$$a_r = \ddot{r} - r\dot{\theta}^2 = -\frac{c^2}{pr^2}. \tag{1.28}$$

根据牛顿第二定律, 行星受到的太阳引力为

$$F = ma_r = -\frac{mc^2}{pr^2} = -m\frac{1}{r^2}. \tag{1.29}$$

实际上, 我们已经推出万有引力定律. (1.29)前面的系数是由于我们在(1.13)下面假定了 $GM=1$ 的缘故. 这表明: 行星所受的力指向太阳, 大小与行星的质量成正比, 与行星到太阳的距离的平方成反比. 牛顿就从这里总结出万有引力定律. 开普勒定律功莫大焉!

最后, 我们重复近代科学的伟大发现旅程: 观测, 得出规律(定律), 发明数学证明定律使得定律变成定理. 只要学会这门课的一些基本的知识, 就可以学会证明并欣赏上面的推导过程.

第2章
实数、集合与函数的基本性质

我们这门课讲的是微积分，其基本原理是牛顿(Isaac Newton, 1643—1727)和莱布尼茨(Gottfried Wilhelm Leibniz, 1646—1716) 在前人研究的基础上于 17 世纪开创. 微积分使得现代数学起步，也使得现代科学起步. 以后几乎所有涉及连续变量的科学研究和技术应用都受到微积分的影响. 要处理连续变量函数，就必须在每一点的附近无限制地用直线逼近，因为只有直线是我们能简单掌握的，所以微积分也称为无穷小分析，换句话说，微积分离不开无穷小、无穷大等无穷的概念.

然而，早期的无穷小概念并不严密. 其产生之后的两百年间，经过了许多数学家的努力，特别是柯西(Augustin Louis, Cauchy 1789—1857)和魏尔斯特拉斯(Karl Theodor Wilhelm Weierstrass, 1815—1897)的贡献，微积分学的严密性终于在 19 世纪完成. 在这漫长的过程中，人们意识到从有理数系扩充得到的实数系是讨论无穷小计算和极限存在的必要基础. 因此，我们可以说，数学分析是建立在实数连续统上的关于无穷小计算的极限理论. 等学过本门课的一些主要内容之后再回过头来温故知新，读者们将能够深刻理解这句话的意义.

追根溯源，数是现代数学的基础. 但数是什么呢? 我们在小学里学了自然数、整数、分数和小数的运算法则，中学已经学到了无理数和实数的运算. 本章作为数学分析的开端，我们将介绍和回顾实数、集合与函数的基本性质.

2.1　实数的性质

2.1.1　四则运算、有理数和无理数

数的概念很早就已经在远古人类的生产生活中形成了. 为了数数，人们首先理解的是正整数 $1, 2, 3, \cdots$ 及其加法和乘法的运算. 自然数或正整数的数学理论称为算术，是关于整数的加法和乘法所遵循的某些定律. 熟悉的五个基本的算术规律是

(1) 加法的交换律　$a+b=b+a$；

(2) 加法的结合律　$a+(b+c)=(a+b)+c$；

（3）乘法的交换律　　$ab = ba$ ；

（4）乘法的结合律　　$a(bc) = (ab)c$ ；

（5）加法与乘法的分配律　　$a(b+c) = ab + ac$.

为了分配产品，人们发现了分数 $\dfrac{p}{q}$ 和除法运算. 为了记录数目的盈亏，人们发现需要减法运算与加法运算相配合. 有趣的是，0 与负数虽然在计数的过程中早就出现了，这两个概念相对较晚才被人们普遍接受.

至此，我们有了 0、正的和负的整数与分数，这就是**有理数集**，记作 $\mathbb{Q}$；再带上加、减、乘、除四则运算和用于比较大小的序关系，这就是**有理数系**. 整数运算的以上五条基本定律在有理数系中继续保持.

从数数的目的来说，对于非连续型的数学问题，有理数系大体上已经够用. 然而，对于连续型的数学问题，比如求长度、面积和体积的几何问题，有理数的体系很快遭遇到了极大的困境. 历史上最早发现勾股定理的古希腊数学家毕达哥拉斯（Pythagoras, 约公元前 580—公元前 490），创立以数学为本原的毕达哥拉斯学派，证明了"三角形内角之和等于两个直角"的论断；证明了正多面体只有五种——正四面体、正六面体、正八面体、正十二面体和正二十面体. 同时他们痴迷崇拜数字，认为世界上的数字均可以用整数或者整数之比（即分数）来表示. 但是毕达哥拉斯的学生之一希帕索斯（Hippasus）却发现，若根据勾股定理计算边长为 1 的正方形的对角线，其值不能用任何一个整数之比来表示，这是人类发现的第一个无理数. 考虑边长为 1 的等腰直角三角形（如图 2.1），由勾股定理知其长边的长度 c 满足 $c^2 = 1^2 + 1^2 = 2$ ，记作 $c = \sqrt{2}$. 假设 $\sqrt{2}$ 可以写成分子 p 与分母 q 互素的分数 $\dfrac{p}{q}$. 由 $\dfrac{p^2}{q^2} = c^2 = 2$ 有 $p^2 = 2q^2$ ，故 p 为偶数 $2p_1$. 从而 $4p_1^2 = 2q^2$ ，即 $2p_1^2 = q^2$ ，故 q 也为偶数 $2q_1$. 于是 p, q 有公因子 2, 这与原假设矛盾. 诸如 $\sqrt{2}$ 这种无法被表示成分数的数字称为**无理数**. 而无理数的出现，说明有理数系其实是远远不够用的，这动摇了当时建立在有理数系统上的数学基础，史称第一次数学危机. 因为人类更熟悉"具体"的概念，而 $\sqrt{2}$ 是一个无法具体写出的数，所以研究无理数经历了非常缓慢的过程.

图 2.1　　$\sqrt{2}$ 为斜边的等腰直角三角形

2.1.2　数轴与实数集

既然有理数不够用，那么必须对其进行扩充. 考虑到在实践中经常有计算长度之类的几何方面的需要，扩充的数系应该要能够表达任意两点之间的线段的长度值.

一条具有原点、方向和单位长度的数轴足以实现这一目的, 因为任意长度的线段都能搬到数轴上(图 2.2).

图 2.2

于是, 可以定义一个新的数集: 每一个数字应当恰好和数轴上的每一个点一一对应, 称为**实数集**, 记作 $\mathbb{R}$.

关于实数集, 有如下三个直接的观察.

第一个观察: 实数集具有四则运算. 任给两个长度值 $a \geqslant b \geqslant 0$, 它们的加法和减法的值可以如图 2.3(a)和(b)所示非常简单地画出来. 类似地, 可以讨论具有其他大小关系和正负号的 a,b 的加减法. 此外, 任给两个长度值 $a > 0$, $b > 0$, 它们的乘法和除法的值也可以借助于辅助线画出. 只需注意到平行线可以由尺规做出, 我们构造如图 2.3(c)和(d)的相似三角形. 由相似关系得 $\dfrac{x}{a} = \dfrac{b}{1}$ 和 $\dfrac{y}{a} = \dfrac{1}{b}$, 即 $x = ab$ 和 $y = \dfrac{a}{b}$. 类似地, 可以讨论具有其他正负号的 a,b 的乘除法. 当然, 如同有理数除法的情况, 在实数集里 $\dfrac{a}{0}$ 无法定义从而没有意义.

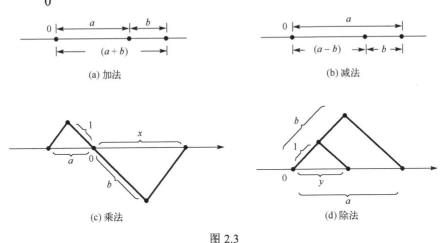

(a) 加法　　　　(b) 减法

(c) 乘法　　　　(d) 除法

图 2.3

第二个观察: 实数集上具有序关系. 对于数轴上两个点 a,b, 要么 $a = b$; 要么 $a \neq b$, 若其有向线段 $\overrightarrow{ab}$ 与正方向相同, 则称 a 小于 b, 即 $a < b$; 否则称 a 大于 b, 即 $a > b$. 由定义知, 该序关系满足三歧律: 任意两实数满足且只满足 $a = b$ 或 $a < b$ 或 $a > b$ 这三个关系之一.

实数集带上四则运算和序关系, 称为**实数系**.

第三个观察: 实数集自然地包含了有理数集. 这是因为由前述观察的乘法和除

法运算, 可以得到数轴上的单位 1 的任意正整数倍 p, 然后得到 p 的任意 q 等分 $\dfrac{p}{q}$ 及

其负值. 有理数系原来的四则运算和序关系与从实数系继承的四则运算和序关系完全相符(如图 2.4). 因此实数系是有理数系的扩充. 实数里面除有理数之外的数即是**无理数**.

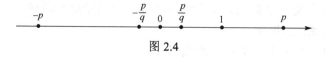

图 2.4

2.1.3 实数的小数表示

在初等数学的内容里, 我们已经知道实数能够表示成小数, 其中有理数可以表示成**有限小数**或**无限循环小数**, 而无理数只能表示成**无限不循环小数**, 但是具体如何表示成小数却没怎么涉及. 现在, 对于每一个实数作为数轴上的点, 我们可以构造地测量出这个点的小数表示.

首先, 在数轴上标示出整数点(图 2.5). 这些整数点把数轴分割成无穷多条长度为 1 的以相邻整数为端点的线段. 对于数轴上的任意点 x, 不妨先假定为非负数, 它必然落入其中的一个线段, 从而存在相邻的非负整数 a_0, a_0+1 满足 $a_0 \leqslant x < a_0+1$. 于是点 x 的整数部分即为 a_0.

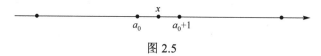

图 2.5

其次, 对区间 $[a_0, a_0+1)$ 十等分(图 2.6), 点 x 必然落入其中的一个线段, 从而存在整数 $a_1 \in \{0,1,\cdots,9\}$ 满足 $a_0.a_1 \leqslant x < a_0.a_1+0.1$. 于是点 x 的小数点后第一位数即为 a_1.

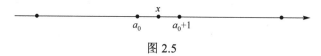

图 2.6

当依此步骤得到小数点后第 k 位数 a_k 满足 $a_0.a_1\cdots a_k \leqslant x < a_0.a_1\cdots a_k + 10^{-k}$ 时, 继续对区间 $[a_0.a_1\cdots a_k, a_0.a_1\cdots a_k + 10^{-k})$ 十等分, 点 x 必然落入其中的一个线段, 从而存在整数 $a_{k+1} \in \{0,1,\cdots,9\}$ 满足 $a_0.a_1\cdots a_{k+1} \leqslant x < a_0.a_1\cdots a_{k+1} + 10^{-(k+1)}$. 于是点 x 的小数点后第 $k+1$ 位数即为 a_{k+1}.

由数学归纳法, 我们得到一列非负整数 $a_0, a_1, \cdots$. 其中 $a_1, a_2, \cdots \in \{0,1,\cdots,9\}$, 非负数 x 的完整的小数表达即为 $a_0.a_1a_2\cdots$. 这实际是一个无穷数位的数. 这是我们第一

次遇到无穷. 假如点 x 是负数点, 则由正实数 $-x$ 的正小数表示 $a_0.a_1a_2\cdots$ 得到 $x = -a_0.a_1a_2\cdots$. 我们得到如下定理.

定理 2.1 作为数轴上的点, 所有实数都可以表示成小数:

$$x = \pm a_0.a_1a_2\cdots,$$

其中 $a_0, a_1, \cdots$ 是非负整数且 $a_1, a_2, \cdots \in \{0, 1, \cdots, 9\}$.

关于小数的表示有如下约定: 若非负小数 $a_0.a_1a_2\cdots$ 从小数点后第 $i+1$ 位开始的数字 $a_{i+1}, a_{i+2}, \cdots$ 全都是 9, 则约定

$$a_0.a_1 \cdots a_i 99\cdots = a_0.a_1 \cdots a_i + 10^{-i}.$$

反过来说, 对任何一个非负有限小数 $a_0.a_1 \cdots a_i$, 约定

$$a_0.a_1 \cdots a_i = a_0'.a_1' \cdots a_{i-1}' a_i' 99\cdots,$$

其中 $a_0'.a_1' \cdots a_{i-1}' a_i' = a_0.a_1 \cdots a_i - 10^{-i}$. 类似地, 可以讨论负小数的相关约定. 于是, 有限小数也可以表示成无限小数, 而且可以验证这种表示是唯一的, 从而有

命题 2.1(实数集 $\subseteq$ 小数集) 作为数轴上的点, 所有实数都可以唯一地表示成无限小数.

现在, 一个很自然的问题是上述定理 2.1 和命题 2.1 的逆命题是否成立.

问题 2.1(小数集 $\subseteq$ 实数集) 任何一个小数是否能找到数轴上的唯一的一个点与它对应?

对于有限小数, 或者更一般地, 对于有理数, 2.1.2 节的第三个观察说明有理数都能找到数轴上的对应点.

对于无限小数, 不妨假设其为正小数 $a_0.a_1a_2\cdots$. 如果在小数点之后做依次隔断, 则可以得到一列递增的有限小数: $a_0.a_1$, $a_0.a_1a_2$, $a_0.a_1a_2a_3, \cdots$, 这些有限小数对应数轴上的点分别记做 $x_1, x_2, \cdots$. 注意到这一列小数相邻两点之间的增长分别不超过 0.1, 0.01, $\cdots$, 即以 0.1 的倍数越来越小(指数衰减), 而且这些有限小数全都位于闭区间 $[a_0, a_0+1]$. 所以有限小数 $a_0.a_1$, $a_0.a_1a_2$, $\cdots$ 在区间 $[a_0, a_0+1]$ 里越来越接近无限小数 $a_0.a_1a_2\cdots$.

转化成数轴上的点, 问题 2.1 等价于

问题 2.2 对于数轴上的有界区间里的一列单调递增的点 $x_1, x_2, \cdots$, 是否存在一个点 x 作为这些点的确切界限? 若这个点 x 存在, 它是否唯一?

这个问题与实数的连续-完备性有关, 在 2.1.4 节介绍了确界原理之后将给出肯定的回答. 因此, 问题 2.1 关于小数集 $\subseteq$ 实数集也将得到肯定的答案. 结合命题 2.1 证明的实数集 $\subseteq$ 小数集, 我们得到结论

定理 2.2 由数轴定义的实数集=小数集.

于是, 作为几何对象的实数轴与作为代数对象的小数表示是等价的.

而且前面的讨论也说明

命题 2.2　无理数可以用有限小数(有理数)不断地接近.

总之, 实数可以看成是这样一个数, 它是由 $a_0.a_1$, $a_0.a_1a_2$, $\cdots$, 无限逼近的一个数. 两个正的小数可以比较大小. 先对准小数点, 小数点前的整数大就大. 如果小数点前的整数相等, 那就从小数点开始一个数字一个数字地从左往右比, 首先出现较大数的就大. 我们用 $a \leqslant b$ 表示 a 小于或者等于 b. 这样的大小规则有下面三个性质:

(i) 任给两个正的实数, 都可以判断大小;

(ii) 如果 $a \leqslant b$, $b \leqslant a$, 则必有 $a = b$;

(iii) 如果 $a \leqslant b$, $b \leqslant c$, 则必有 $a \leqslant c$.

下面的定理说明, 有理数在实数中是稠密的.

定理 2.3　任意给定实数 $a < b$, 一定存在有理数 c 使得

$$a < c < b.$$

证明　不妨假定 $0 \leqslant a < b$, 因为如果 $a < 0 < b$ 那取 $c = 0$ 就可以了, $a < b \leqslant 0$ 的情况和 $0 \leqslant a < b$ 是对称的. 设 a, b 可表示为

$$a = a_0.a_1a_2\cdots,$$
$$b = b_0.b_1b_2\cdots,$$

因为 $a < b$, 所以存在正整数 $p \geqslant 1$ 使得

$$a_0 = b_0, \quad a_1 = b_1, \quad \cdots, \quad a_{p-1} = b_{p-1}, \quad a_p < b_p.$$

其中我们不妨设 a_k 和 b_k 中都有无穷多的不为 9, 于是存在 $q > p$ 使得 $a_q \neq 9$. 现在取

$$c = a_0.a_1a_2\cdots a_p \cdots a_{q-1}(a_q + 1)00\cdots.$$

有限小数 c 是有理数, 满足 $a < c < b$.　　　　　　　　　　　　　　　$\square$

下面的命题给出了有理数逼近无理数的一种简单的定量刻画.

命题 2.3　任给实数 ξ 和正整数 q, 存在有理数 $\dfrac{p}{q}$ 使得

$$\left| \xi - \frac{p}{q} \right| \leqslant \frac{1}{2q}. \tag{2.1}$$

证明　以 q 为分母的有理数集 $\left\{ \dfrac{r}{q} \middle| r \in \mathbb{Z} \right\}$ 将数轴分隔成无限多个区间 $\left[\dfrac{r}{q}, \dfrac{r+1}{q} \right)$, 这里 r 取遍所有整数, 所以 ξ 必然落入其中的一个区间 $[r_0/q, (r_0+1)/q)$ (图 2.7).

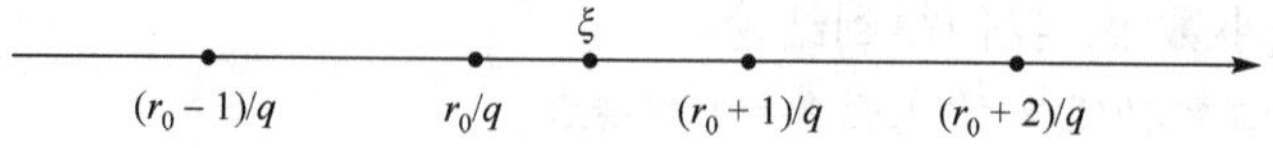

图 2.7

注意到

$$\frac{1}{q} = \frac{r_0+1}{q} - \frac{r_0}{q} = \left(\frac{r_0+1}{q} - x\right) + \left(x - \frac{r_0}{q}\right).$$

令 $\dfrac{p}{q}$ 是 $\dfrac{r_0}{q}$ 和 $\dfrac{r_0+1}{q}$ 这两个端点中与 ξ 距离最近的点, 于是有 $\left|\xi - \dfrac{p}{q}\right| \leqslant \dfrac{1}{2q}$.　　□

把实数当作小数, 它的加法可以这样定义: 对准了小数点, 小数点左边整数相加, 小数点后边一位一位的相加, 但需要注意必要的进位. 例如

$$a = a_0.a_1a_2\cdots,$$
$$b = b_0.b_1b_2\cdots.$$

如果存在 N 使得当 $n > N$ 时, $a_n + b_n = 9$, 则 $a + b$ 等于

$$a_0.a_1a_2\cdots a_N + b_0.b_1b_2\cdots b_N$$

后面再添加上无限个 9. 否则存在无限多个自然数 $n_1 < n_2 < \cdots$, 使得

$$a_{n_k} + b_{n_k} \neq 9, \quad k = 1, 2, \cdots.$$

作和

$$a_0.a_1a_2\cdots a_{n_k} + b_0.b_1b_2\cdots b_{n_k}.$$

这样就取到 $a + b$ 小数点后 $n_k - 1$ 位了. 这样一步步做下去, 就得到 $a + b$ 任何位数的数字.

可以用逆运算来定义减法. 不妨假设 $a > b$. 如果从某一位开始, a, b 的尾数完全一样, 那就变成有限数的减法了. 否则存在无限多个自然数 $n_1 < n_2 < \cdots$, 使得

$$a_{n_k} \neq b_{n_k}, \quad k = 1, 2, \cdots.$$

作差

$$a_0.a_1a_2\cdots a_{n_k} - b_0.b_1b_2\cdots b_{n_k}.$$

这样就取到 $a - b$ 小数点后 $n_k - 1$ 位了. 这样一步步做下去, 就得到 $a - b$ 任何位数的数字.

类似地, 可以定义无限小数的乘法和除法, 留作习题.

2.1.4　实数的确界原理

我们先引入数集的上、下界的概念.

定义 2.1　考虑实数轴 $\mathbb{R}$ 的一个子集 S, 若存在实数 U 使得任意元素 $x \in S$ 符合 $x \leqslant U$, 则称 U 是 S 的一个**上界**; 类似地, 若存在实数 L 使得任意元素 $x \in S$ 符合

$x \geq L$，则称 L 是 S 的一个**下界**.

从直观的角度来看，数集 S 存在上界或下界意味着它能被不是实轴 $\mathbb{R} = (-\infty, +\infty)$ 的某个区间包含起来.

命题 2.4 数集 S 有一个上界 U 当且仅当 $S \subseteq (-\infty, U]$；S 有一个下界 L 当且仅当 $S \subseteq [L, +\infty)$；S 同时有一个上界 U 和一个下界 L 当且仅当 $S \subseteq [L, U]$.

注意到，如果数集 S 存在上界或下界，这些界并不唯一.

例 2.1 容易看出数集 $A = \left\{ \dfrac{1}{n} \middle| n \text{是正整数} \right\}$ 有上界 1 和下界 0，把 1 往右移得到的任何一个 $U \geq 1$ 的数都能当作 A 的上界，把 0 往左移得到的任何一个 $L \leq 0$ 的数都能当作 A 的下界. 同时也容易看出，上界 1 不能左移形成 A 的新的上界，下界 0 不能右移形成 A 的新的下界，于是 1 和 0 分别是 A 的上、下两端的实际边界(图 2.8).

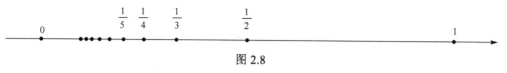

图 2.8

像这种最优的界有如下的定义.

定义 2.2 实数 U_0 被称为 S 的**上确界**应当满足如下两个条件：

(i) U_0 是 S 的一个上界，即对任意 $x \in S$ 有 $x \leq U_0$；

(ii) 任意 $U' < U_0$ 都不再是 S 的上界，即存在某个 $x \in S$ 有 $x > U'$.

类似地，实数 L_0 被称为 S 的**下确界**应当满足如下两个条件：

(iii) L_0 是 S 的一个下界，即对任意 $x \in S$ 有 $x \geq L_0$；

(iv) 任意 $L' > L_0$ 都不再是 S 的下界，即存在某个 $x \in S$ 有 $x < L'$.

从上面的定义知，上确界即是最小上界，下确界即是最大下界. 这个最优值性质可以推出确界的唯一性.

命题 2.5(确界的唯一性) 数集 S 的上确界若存在，则必定唯一. 类似地，S 的下确界若存在，则必定唯一.

证明 用反证法，假设 S 有两个不同的上确界 $U \neq U'$. 由 2.1.2 节的第二个观察：序关系的三歧律，必有 $U < U'$，或者 $U' < U$. 若 $U < U'$，由 U' 是 S 的上确界的定义知，U 不是上界当然也不是上确界，矛盾. 同理，若 $U' < U$，也导出矛盾. □

定义 2.3 若 S 的上确界存在，这个由 S 唯一决定的数将记做 $\sup S$. 若 S 的下确界存在，这个由 S 唯一决定的数将记作 $\inf S$.

注 2.1 缩写字母 $\sup$ 和 $\inf$ 分别来源于拉丁文的完整单词 supremum 和 infimum.

关于确界，有如下的存在性定理，简称确界原理.

定理 2.4(确界的存在性：实数的确界原理(公理)) 若数集 S 非空且有上界，则必有上确界. 类似地，若 S 非空且有下界，则必有下确界.

确界原理给出了确界的存在性, 它的证明涉及实数的严密构造和连续-完备性, 我们暂时不予证明, 而是将它当作公理先接受下来. 微积分学里绝大部分关键存在性的证明都以某种形式依赖于确界的存在性. 这里先给出它的一种等价形式和简单应用.

定理 2.5(单调有界点列必有确界)　有界区间 $[a,b]$ 里, 任给一个单调递增的点列 $x_1, x_2, \cdots$, 它们构成的点集 $\{x_1, x_2, \cdots\}$ 必有上确界. 类似地, 若 $[a,b]$ 里的点列 $x_1, x_2, \cdots$ 单调递减, 它们构成的点集 $\{x_1, x_2, \cdots\}$ 必有下确界.

证明　注意到点集 $\{x_1, x_2, \cdots\}$ 既非空又有界, 显然满足确界原理定理 2.4 成立的条件.　　　　　　　　　　　　　　　　　　　　　　　　　　　　　　□

由单调有界点列存在确界(定理 2.5)和确界的唯一性(命题 2.5), 2.1.3 节的问题 2.2 得到了肯定的回答.

2.1.5　实数的不可数性质

任给一个集合, 我们关心的第一个量化的问题就是它到底包含了多少元素. 任给两个或多个集合, 我们会问哪个集合包含的元素多, 哪个集合包含的元素少. 这里将引入一些必要的概念, 对几类重要的数集回答这些问题.

定义 2.4　若集合 S 包含有限个元素, 则称该集合为**有限集**, 否则就称为**无限集**.

日常生活里碰到的计数问题绝大部分都是基于有限集的, 例如某类物品的个数或者某个群体的人数. 有限集的特点是: 集合里的元素能够一个接一个数得完, 而无限集则与此相反.

为了展示无限集的神奇性质, 希尔伯特(David Hilbert, 1862—1943)提出了"希尔伯特无限旅馆"的构想. 假设一个旅馆有无限多间单人客房, 并且能够依次标号成: 1 号房、2 号房、3 号房……如此不断地继续下去. 在旅馆开业的第一天, 任何一个有限人数的旅行团当然能轻松地安排入住该旅馆. 旅馆开业的若干天之后, 任何一个新来的有限人数的旅行团也能被分配到以前客人住的房间之后的房号. 只要每天新来的客人是有限多位, 旅馆总能提供新的客房. 如果旅馆开业的第一天就来了一个无限人数的旅行团住进了所有的客房, 接下来的新客人还有房间住吗? 有趣的是, 只要这些新的客人排着队, 那么他们总有房间住! 希尔伯特的方案是: 让 1 号房的客人住到 2 号房、2 号房的客人住到 3 号房、3 号房的客人住到 4 号房……. 这样不断依次换房间, 每一个已入住的客人都住到现在房间的下一间. 不仅以前的客人还有客房住, 而且现在 1 号房已经空了出来, 所以新来的第 1 位客人可以住进这个 1 号房. 对接下来的每一位新客人, 只要再次让所有已经入住的客人依次换一遍房间, 那么这位新来的客人也能暂时先安排在 1 号房.

这里我们又遇到无穷的问题. 无穷会产生严重的问题, 这是我们不断强调的原

因. 例如

$$S = 1 + 2 + 4 + 8 + 16 + \cdots$$

是无穷多个正整数相加. 简单推理

$$2S = 2 + 4 + 8 + \cdots = S - 1 < S,$$

这就出了矛盾.

"希尔伯特旅馆"非常直观地向我们提供了一种感受: 无限集有无限容量而且还有动态调整的余地. 但需要注意的是, 希尔伯特很微妙地假设了如果旅馆的无限多间房是排成一列的, 那么每批新来的客人也需要是排成一列. 这一性质被称为可列性.

定义 2.5　集合 S 的所有元素如果可以排成一列: $a_1, a_2, \cdots$, 则称该集合是**可列集**或者也称**可数集**, 如果 S 的所有元素不能排成一列, 则称该集合是**不可列集**或者也称**不可数集**.

注 2.2　之所以"可列"也称为"可数", 是因为在把元素排成一列 $a_1, a_2, \cdots$ 的时候, 每个元素 a_i 的位置 i 也刚好可以计数当前元素 $a_1, a_2, \cdots, a_i$ 的数目.

注 2.3　有限集的元素自然能排成一列, 所以有限集是可数集, 为了强调有限集的可数性质, 有时也称有限集为**有限可数集**. 如果一个可数集的元素的个数是无限的, 则称为**无限可数集**. 有限可数集和无限可数集统称为可数集.

为了描述常见的数集的可数或者不可数性质, 我们有如下的引理.

引理 2.1　若集合 S 可数, 那么它的任意一个子集 S' 也可数.

证明　如果子集 S' 是有限集, 当然是可数集, 下面假设 S' 是无限集, 那么大集合 S 必然也是无限集. 由于 S 可数, 所有元素可以排列成: $a_1, a_2, \cdots$, 若将其中第一个出现的 S' 的元素的位置记作 i_1, 第二个出现的 S' 的元素的位置记作 i_2, 并依此类推得到所有 S' 的元素位置 $i_1, i_2, \cdots$, 那么子排列 $a_{i_1}, a_{i_2}, \cdots$ 刚好表达了子集 S' 的所有元素. 所以 S' 是可数集.　　　　　　　　　　　　　　　　　　　□

引理 2.2　有限多个可数集 $S_1, S_2, \cdots, S_n$ 的并集 $S_1 \cup S_2 \cup \cdots \cup S_n$ 是可数集.

证明　分别将每一个可数集的元素排成横行, 不同的集合的行依次堆叠, 可以得到一个 2 维数组:

$$
\begin{array}{llllll}
S_1: & a_{11} & a_{12} & a_{13} & a_{14} & \cdots \\
S_2: & a_{21} & a_{22} & a_{23} & a_{24} & \cdots \\
S_3: & a_{31} & a_{32} & a_{33} & a_{34} & \cdots \\
\vdots & \vdots & \vdots & \vdots & \vdots & \\
S_n: & a_{n1} & a_{n2} & a_{n3} & a_{n4} & \cdots
\end{array}
$$

对这个 2 维数组按如下箭头方向串联成 1 维序列:

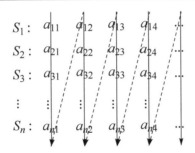

在上述串联的过程中, 若遇到空位或者一个在前面已经出现过的元素, 则跳过该位置. 于是, 我们得到了并集 $S_1 \cup S_2 \cup \cdots \cup S_n$ 的所有元素的序列表示. $\qquad\square$

定理 2.6　正整数集 $\mathbb{Z}_+$ (负整数集 $\mathbb{Z}_-$)、自然数集 $\mathbb{N}$ 和整数集 $\mathbb{Z}$ 是可数集.

证明　正整数集 $\mathbb{Z}_+$ 的元素可以按照由小到大的升序排列: $1,2,3,\cdots$, 所以是可数的. 负整数集 $\mathbb{Z}_-$ 的元素可以按照由大到小的降序排列: $-1,-2,-3,\cdots$, 也是可数的. 由于自然数集 $\mathbb{N} = \{0\} \cup \mathbb{Z}_+$ 以及整数集 $\mathbb{Z} = \{0\} \cup \mathbb{Z}_+ \cup \mathbb{Z}_-$, 由引理 2.2 知, $\mathbb{N}$ 和 $\mathbb{Z}$ 也是可数集. $\qquad\square$

推论 2.1　由定理 2.6 的整数可数性质和引理 2.1 知, 整数集的各类子集诸如素数集、合数集、平方数集等等都是可数集.

为了证明有理数的可数性质, 需要证明引理 2.2 的更强的版本.

引理 2.3　可数多个可数集 $S_1, S_2, \cdots$ 的并集 $\cup_i S_i = S_1 \cup S_2 \cup \cdots$ 是可数集.

证明　类似于引理 2.2, 可数集 $S_1, S_2, \cdots$ 的元素可以堆叠成一个 2 维数组. 但是这个数组的横向和纵向都有可能是无限的, 因此引理 2.2 的串联方案需要改成如下的康托尔 (Georg Ferdinand Ludwig Philipp Cantor, 1845—1918) 对角线法则:

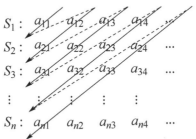

在上述串联的过程中, 若遇到空位或者一个在前面已经出现过的元素, 则跳过该位置. 于是, 我们得到了并集 $S_1 \cup S_2 \cup \cdots$ 的所有元素的序列表示. $\qquad\square$

定理 2.7　正有理数集 $\mathbb{Q}_+$ (负有理数集 $\mathbb{Q}_-$) 和有理数集 $\mathbb{Q}$ 是可数集.

证明　对每一个正整数 i, 考虑分母是 i 的所有正分数的集合 $S_i = \left\{ \dfrac{j}{i} \middle| j \in \mathbb{Z}_+ \right\}$.

由于每一个 S_i 都能表示成序列 $\left\{ \dfrac{1}{i}, \dfrac{2}{i}, \cdots \right\}$, 所以是可数集. 而且这些可数多个正分数

集合的并集给出了所有的正分数, 所以 $\mathbb{Q}_+ = \bigcup_{i=1}^{\infty} S_i$. 由引理 2.3 知正有理数集 $\mathbb{Q}_+$ 是可数集. 同理, 负有理数集 $\mathbb{Q}_-$ 是可数集. 因为 $\mathbb{Q} = \{0\} \cup \mathbb{Q}_+ \cup \mathbb{Q}_-$, 由引理 2.2 知 $\mathbb{Q}$ 也是可数集. □

由 2.1.2 节的讨论, 实数集 $\mathbb{R}$ 是有理数集 $\mathbb{Q}$ 的扩充, 而这个扩充其实非常庞大. 下面的定理将说明, 实数集 $\mathbb{R}$ 的无限程度大于有理数集 $\mathbb{Q}$ 的无限程度.

定理 2.8　正实数集 $\mathbb{R}_+$ (负实数集 $\mathbb{R}_-$)和实数集 $\mathbb{R}$ 是不可数集.

证明　反证法. 假设正实数集 $\mathbb{R}_+$ 是可数集, 那么所有的正实数能够排成一个序列: $r_1, r_2, \cdots$. 由实数的无限小数表示(命题 2.1), 每个正实数 r_i 都有唯一的无限小数表示 $a_{i,0}.a_{i,1}a_{i,2}\cdots$, 其中 $a_{i,0}$, $a_{i,1}$, $a_{i,2}$, $\cdots$ 是非负整数而且 $a_{i,1}$, $a_{i,2}$, $\cdots \in \{0,1,\cdots,9\}$. 将这些正实数 r_i 的小数表示堆叠起来, 可以得到一个 2 维数组:

$$
\begin{array}{cccccc}
r_1: & a_{1,0} & a_{1,1} & a_{1,2} & a_{1,3} & \cdots \\
r_2: & a_{2,0} & a_{2,1} & a_{2,2} & a_{2,3} & \cdots \\
r_3: & a_{3,0} & a_{3,1} & a_{3,2} & a_{3,3} & \cdots \\
\vdots & \vdots & \vdots & \vdots & \vdots & \\
r_n: & a_{n,0} & a_{n,1} & a_{n,2} & a_{n,3} & \cdots
\end{array}
$$

对这个数组按照图示对角线方向串联出一个整数序列 $a_{1,0}, a_{2,1}, a_{3,2}, \cdots, a_{i+1,i}, \cdots$. 接下来, 构造一个正的小数 $r' = b_0.b_1b_2\cdots$ 的每一位数字如下:

$$
b_0 = a_{1,0} + 1,
$$
$$
b_i = \begin{cases} 6, & a_{i+1,i} \in \{0,1,2,3,4\}, \\ 1, & a_{i+1,i} \in \{5,6,7,8,9\}, \end{cases} \quad i \geq 1.
$$

由 $r' = b_0.b_1b_2\cdots$ 的构造方案, 我们知 r' 的整数部分 b_0 与 r_1 的整数部分 $a_{1,0}$ 不同, 于是有 $r' \neq r_1$; 而且 r' 的小数点后的第 i 位 b_i 与 r_{i+1} 的小数点后的第 i 位 $a_{i+1,i}$ 也不同, 于是对于 $i \geq 1$ 也有 $r' \neq r_{i+1}$. 从而 $r' \notin \{r_1, r_2, \cdots\} = \mathbb{R}_+$. 但是 r' 的小数点后的每一位数 $b_i \neq 0$, 所以 r' 是一个正的无限小数, 因此 $r' \in \mathbb{R}_+$. 这样就得到矛盾, 原假设的 $\mathbb{R}_+$ 的可数性质不成立. 同理, $\mathbb{R}_-$ 也是不可数集. □

由引理 2.1 的逆否命题知, 子集 $\mathbb{R}_+$ 的不可数性质推出 $\mathbb{R}$ 的不可数性质.

推论 2.2　正无理数集(负无理数集)和无理数集是不可数集.

证明　反证法, 假设正无理数集是可数的. 因为 $\mathbb{R}_+ = \mathbb{Q}_+ \cup \{$所有正无理数$\}$, 由正有理数集的可数性质(定理 2.7) 和刚才假设的正无理数集的可数性质以及有限多个集合的并集引理 2.2, 可以推出 $\mathbb{R}_+$ 是可数集, 这与前面的正实数不可数的定理 2.8 矛盾. 因此, 正无理数集是不可数集. 注意到 $\mathbb{R}_- = \mathbb{Q}_- \cup \{$所有负无理数$\}$ 和 $\mathbb{R} = \mathbb{Q} \cup \{$所有无理数$\}$, 同前理可知, 负无理数集和无理数集是不可数集. □

2.2　函　　数

日常生活中, 我们需要处理各种数据间的关系. 例如每天 24 小时, 每 10 分钟测量一次温度, 则得到时间间隔为 10 分钟对应的温度. 这是一天里时间和温度的关系. 用数学描述这样关系就是函数. 中学数学对于函数的定义和性质已经有过一些讨论, 本节将在实数系的基础上快速回顾这些内容.

2.2.1　函数的定义和图像

定义 2.6　给定一个数集 $X \subseteq \mathbb{R}$, 如果存在一种对应法则 f, 使得每一个输入的元素 $x \in X$ 经过该法则可以输出由这个 x 唯一确定的元素 $y \in \mathbb{R}$, 我们称该法则 f 是一个由 X 到 $\mathbb{R}$ 的**函数**, 并记为

$$f : X \to \mathbb{R},$$
$$x \mapsto y = f(x),$$

这里 $f(x)$ 称为 x 关于 f 的**函数值**或者**像**; 给定 $y \in \mathbb{R}$, 集合 $\{x \in X | f(x) = y\}$ 称为 y 关于函数 f 的**原像**并且记为 $f^{-1}(y)$. 集合 X 称为函数 f 的**定义域**, 集合 $\{f(x) | x \in X\}$ 称为函数 f 的**值域**或者**像集**并且记为 $f(X)$. 二维坐标 (x, y) 平面上的集合 $\{(x, f(x)) | x \in X\}$ 称为 f 的**函数图像**. 从变量的观点来看, x 称为**自变量**, y 称为**因变量**.

中学数学里已经介绍过函数的各种表示方法: 穷举、列表、描述、图像. 本书将主要采用描述法和图像法以及这两者的结合.

例 2.2(符号函数 sgn(x))　符号函数 sgn(x) 取值于自变量 x 的正负号, 这里 sgn 是 "符号" 的英文单词 sign 的缩写. 符号函数具有如下的分段表达形式和图像 (图 2.9).

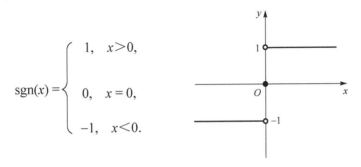

$$\mathrm{sgn}(x) = \begin{cases} 1, & x > 0, \\ 0, & x = 0, \\ -1, & x < 0. \end{cases}$$

图 2.9　符号函数 sgn(x)

例 2.3(赫维赛德单位阶跃函数 $H(x)$)　在电路分析和信号处理中, 有时会用到

由赫维赛德(Oliver Heaviside, 1850—1925)引入的单位阶跃函数 $H(x)$ ，这里"阶跃"指的是"阶梯状的跳跃"．它的分段表达形式和图像如图 2.10.

例 2.4(高斯取整函数)　　在数学和计算机科学中，有时会用到由高斯(Johann Carl Friedrich Gauss, 1777—1855)引入的取整函数 $[x]$ ，这里 $[x]$ 是不超过 x 的最大的整数．换句话说，对任意的一个实数 x ，必然存在唯一的整数 n 满足 $x \in [n,n+1)$ ，于是定义这个 x 的高斯函数值为 $[x]=n$ ．它的图像如图 2.11.

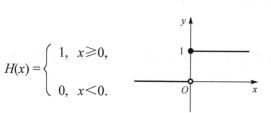

$$H(x)=\begin{cases} 1, & x \geqslant 0, \\ 0, & x < 0. \end{cases}$$

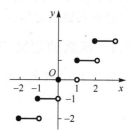

图 2.10　赫维赛德单位阶跃函数 $H(x)$ 　　　　图 2.11　高斯取整函数 $[x]$

并非所有函数的图像都能画出．比如下面的两个函数跟有理数、无理数的分布有关，它们只能用语言描述却无法作图．

例 2.5(狄利克雷函数)　　狄利克雷(Johann Peter Gustav Lejeune Dirichlet, 1805—1859)函数是定义在实数轴上取值为 0,1 的函数：

$$D(x)=\begin{cases} 1, & x \in \mathbb{Q}, \\ 0, & x \notin \mathbb{Q}. \end{cases}$$

例 2.6(黎曼函数)　　黎曼(Georg Friedrich Bernhard Riemann, 1826—1866)函数是定义在 $[0,1]$ 区间上的函数：

$$R(x)=\begin{cases} \dfrac{1}{p}, & x=\dfrac{q}{p} \in (0,1), \text{这里} p,q \text{是互素的正整数}, \\ 1, & x=0 \text{或} 1, \\ 0, & x \text{是} (0,1) \text{内的无理数}. \end{cases}$$

上面提到的这些函数在后续的内容里会再次用到．

2.2.2　函数的性质

有时函数满足一些比较好的性质，这些性质有助于进一步理解函数的细节．

定义 2.7(函数的奇偶性)　　设 $f(x)$ 是定义在 X 上的函数．若对任意的 $x \in X$ 有 $-x \in X$ ，而且函数值满足 $f(-x)=f(x)$ ，则称 $f(x)$ 是**偶函数**；若对任意的 $x \in X$ 有 $-x \in X$ ，而且函数值满足 $f(-x)=-f(x)$ ，则称 $f(x)$ 是**奇函数**．

注 2.4　　偶函数的图像关于 y 轴是镜面对称的，而奇函数的图像关于原点旋转 $180°$ 是对称的．

定义 2.8（函数的周期性）　设 $f(x)$ 是定义在 X 上的函数. 若存在一个数 $T > 0$, 使得任意一个元素 $x \in X$ 都有 $x + T \in X$, 而且函数值满足 $f(x) = f(x + T)$, 则称 $f(x)$ 是**周期函数**而且 T 是它的**周期**, 简称 $f(x)$ 是周期为 T 的函数或 T-**周期函数**.

注 2.5　周期为 T 的函数的图像沿着水平方向做长度为 T 的平移保持不变.

定义 2.9（函数的单调性）　设 $f(x)$ 是定义在数集 X 上的函数. 若对任意两个数 $x_1, x_2 \in X$, 只要 $x_1 \leqslant x_2$ 便有 $f(x_1) \leqslant f(x_2)$ $(f(x_1) \geqslant f(x_2))$, 则称 $f(x)$ 是**单调递增**（**递减**）**函数**. 只要 $x_1 < x_2$ 便有 $f(x_1) < f(x_2)$ $(f(x_1) > f(x_2))$, 则称 $f(x)$ 是**严格单调递增**（**递减**）**函数**.

注 2.6　单调递增的函数具有上坡的图像, 而单调递减的函数具有下坡的图像.

定义 2.10（函数的有界性）　设 $f(x)$ 是定义在数集 X 上的函数. 若存在实数 U 使得对任意元素 $x \in X$ 都满足 $f(x) \leqslant U$, 则称 $f(x)$ **有上界**, 而且称 U 是 $f(x)$ 的一个**上界**; 类似地, 若存在实数 L 使得对任意元素 $x \in X$ 都满足 $f(x) \geqslant L$, 则称 $f(x)$ **有下界**, 而且称 L 是 $f(x)$ 的一个**下界**. 若 $f(x)$ 同时有上界和下界, 则称函数 $f(x)$ **有界**.

注 2.7　直观地来看, 有上界的函数的图像有"天花板", 有下界的函数的图像有"地板".

2.2.3　函数的运算

实数系具有四则混合运算和序关系. 在合适的条件下, 有些函数之间也具有四则混合运算和序关系, 此外还有复合运算和取反函数.

函数的四则混合运算　设 $f(x)$ 和 $g(x)$ 分别是定义在数集 X_1 和 X_2 上的函数. 令 $X_1 \bigcap X_2$ 为这两个函数的公共定义域, 我们可以定义 $f(x)$ 和 $g(x)$ 的加、减、乘、除如下:

$$(f \pm g)(x) = f(x) \pm g(x), \quad x \in X_1 \bigcap X_2.$$
$$(f \cdot g)(x) = f(x) \cdot g(x), \quad x \in X_1 \bigcap X_2.$$
$$\left(\frac{f}{g}\right)(x) = \frac{f(x)}{g(x)}, \quad x \in X_1 \bigcap X_2 \text{ 且 } x \notin g^{-1}(0).$$

函数的序关系　设 $f(x)$ 和 $g(x)$ 是定义在相同数集 X 上的函数. 若对于所有点 $x \in X$ 都满足 $f(x) \leqslant g(x)$, 则称 f **小于等于** g, 并记作 $f \leqslant g$. 若对于所有点 $x \in X$ 都满足 $f(x) < g(x)$, 则称 f **严格小于** g, 并记作 $f < g$. 类似地, 可以定义 $f \geqslant g$ 和 $f > g$ 的含义. 需要注意的是, 只有 f 和 g 在整个定义域上的函数值统一满足某一不等号才能定义 f 和 g 的序关系, 而在一般情况下无法定义两个函数间的序关系.

函数的复合运算　设 $f(x)$ 是定义在数集 X 上的函数. 再假设 f 的值域 $f(X)$ 被包含在另一个函数 g 的定义域 Y 里, 也就是说, 对任意一点 $x \in X$, 它关于 f 的像 $y = f(x) \in Y$ 进一步具有关于 g 的像 $g(y) = g(f(x))$. 于是定义**复合函数** $g \circ f : X \to \mathbb{R}$

如下:

$$g \circ f : X \xrightarrow{f} f(X) \subseteq Y \xrightarrow{g} \mathbb{R}$$
$$x \mapsto f(x) \mapsto g(f(x)) = (g \circ f)(x), \quad x \in X.$$

这里, f 称为 $g \circ f$ 的**内函数**, g 称为 $g \circ f$ 的**外函数**.

反函数　设 $f(x)$ 是定义在数集 X 上的函数. 再假设 X 里的任何两个不同的点 $x_1 \neq x_2$ 有不同的函数值 $f(x_1) \neq f(x_2)$, 也就是说, 每一个像点 $y \in f(X)$ 只能作为某一个元素 $x \in X$ 的函数值. 这种由 y 往回追溯到 x 的对应关系就是**反函数**:

$$f^{-1} : f(X) \to X \subseteq \mathbb{R},$$
$$y = f(x) \mapsto x.$$

反函数 f^{-1} 的定义域是 $f(X)$ 而它的值域是 X, 这与函数 f 的定义域、值域刚好换了顺序. 此外, 容易验证复合函数的等式 $(f \circ f^{-1})(x) = f(f^{-1}(x)) = x$ 和 $(f^{-1} \circ f)(x) = f^{-1}(f(x)) = x$. 直观上来看, 若函数 f 具有反函数 f^{-1}, 那么 f 与 f^{-1} 的函数图像关于 $45°$ 直线 $y = x$ 镜面对称.

2.2.4　初等函数

以下常见的六类函数称为**基本初等函数**.

常值函数　　　$y = c, c \in \mathbb{R}$;

幂函数　　　　$y = x^{\alpha}, \alpha \in \mathbb{R}$;

指数函数　　　$y = a^x, a > 0, a \neq 1$;

对数函数　　　$y = \log_a x, a > 0, a \neq 1$;

三角函数　　　$y = \sin x, \ \cos x, \ \tan x, \ \cot x, \ \sec x, \ \csc x$;

反三角函数　　$y = \arcsin x, \ \arccos x, \ \arctan x, \ \operatorname{arccot} x, \ \operatorname{arcsec} x, \ \operatorname{arccsc} x$.

中学里常见的幂函数是整数次幂函数 $y = x^n$ 和它的反函数 $y = x^{\frac{1}{n}}$. 它们的复合运算(选任意整数 $n, m, m \neq 0$)给出了分数次幂函数 $y = x^{\frac{n}{m}}$. 以 e 为底的对数函数记为 $\ln x$. 至于无理数次的幂函数 x^{α}, 可以由 e^x 与 $\ln x$ 互为反函数, 通过如下复合的形式来定义:

$$x^{\alpha} = \mathrm{e}^{\ln x^{\alpha}} = \mathrm{e}^{\alpha \ln x}.$$

所以 x^{α} 是由内函数 $\alpha \ln x$ 与外函数 e^x 复合而成的.

对于任意正实数 a 为底数的指数函数 $y = a^x$, 也有如下复合的形式:

$$a^x = \mathrm{e}^{\ln a^x} = \mathrm{e}^{x \ln a}.$$

所以 a^x 是由内函数 $x \ln a$ 与外函数 e^x 复合而成的.

对于任意正实数 a 为底数的对数函数 $y = \log_a x$，可以由等式

$$\log_a x = \frac{\ln x}{\ln a}$$

作为 $\ln x$ 与常值函数 $\ln a$ 的除函数而得到.

更一般地，由六类基本初等函数经过有限多次四则混合运算和复合运算得到的函数称为**初等函数**.

此外，还有一类跟三角函数密切相关的**双曲函数**:

$$\sinh x = \frac{e^x - e^{-x}}{2}, \qquad \cosh x = \frac{e^x + e^{-x}}{2},$$

$$\tanh x = \frac{\sinh x}{\cosh x} = \frac{e^x - e^{-x}}{e^x + e^{-x}}, \qquad \coth x = \frac{\cosh x}{\sinh x} = \frac{e^x + e^{-x}}{e^x - e^{-x}},$$

$$\operatorname{sech} x = \frac{1}{\cosh x} = \frac{2}{e^x + e^{-x}}, \qquad \operatorname{csch} x = \frac{1}{\sinh x} = \frac{2}{e^x - e^{-x}}.$$

它们分别被称为**双曲正弦、双曲余弦、双曲正切、双曲余切、双曲正割**和**双曲余割**.

2.3　习　　题

1. 证明 $[0,1]$ 是不可数集.

2. 设 $\max\left\{|a+b|, |a-b|\right\} < \dfrac{1}{2}$，求证: $|a| < \dfrac{1}{2}, |b| < \dfrac{1}{2}$.

3. 求证: 对 $\forall a, b \in \mathbb{R}$，有

$$\max\{a,b\} = \frac{a+b}{2} + \frac{|a-b|}{2}, \quad \min\{a,b\} = \frac{a+b}{2} - \frac{|a-b|}{2},$$

并解释其几何意义.

4. 设 $f(x), g(x)$ 在集合 X 上有界，求证:

$$\inf_{x \in X}\{f(x)\} + \inf_{x \in X}\{g(x)\} \leqslant \inf_{x \in X}\{f(x) + g(x)\}$$
$$\leqslant \inf_{x \in X}\{f(x)\} + \sup_{x \in X}\{g(x)\};$$

$$\sup_{x \in X}\{f(x)\} + \inf_{x \in X}\{g(x)\} \leqslant \sup_{x \in X}\{f(x) + g(x)\}$$
$$\leqslant \sup_{x \in X}\{f(x)\} + \sup_{x \in X}\{g(x)\}.$$

5. 设 $f(x) = |1+x| - |1-x|$.

(1)求证: $f(x)$ 是奇函数; (2)求证: $|f(x)| \leqslant 2$; (3)求 $\underbrace{(f \circ f \circ \cdots \circ f)}_{n \text{次}}(x)$.

6. 设 $f(x)$ 既关于直线 $x=a$ 对称，又关于直线 $x=b$ 对称，已知 $b>a$，求证：$f(x)$ 是周期函数并求其周期.

7. 设 $f:X\to Y$ 是满射，$g:Y\to Z$. 求证：$g\circ f:X\to Z$ 有反函数的充分必要条件为 f 和 g 都有反函数存在，且 $(g\circ f)^{-1}=f^{-1}\circ g^{-1}$.

8. 证明函数 $f(x)=x-[x]$ 是周期函数.

9. 求函数 $y=\dfrac{e^x+e^{-x}}{2}$ 当 $x\geq 0$ 时的反函数.

10. 如果 $f\left(\tan\dfrac{x}{2}\right)=1+\cos x$，求 $f(x)$.

11. 写出区间 $(0,1]$ 到区间 $(0,1)$ 上的一个一一对应.

12. 设 S 和 T 是两个数集，$S\bigcup T=\mathbb{R}$，并且对于任何 $x\in S$ 和 $y\in T$，都有 $x<y$. 证明：$\sup S=\inf T$.

13. 求数集 $S=\left\{x\left|x=\dfrac{t-1}{t}\cos t,t\in(0,+\infty)\right.\right\}$ 的上、下确界.

14. 设 f 和 g 都是区间 $[0,1]$ 上的实值函数. 证明：存在 $x\in[0,1],y\in[0,1]$，使得

$$\left|xy-f(x)-g(y)\right|\geq\frac{1}{4}.$$

15. 举例说明复合函数 $f(g(x))$ 的定义域不一定是 $g(x)$ 的定义域.

16. 举一个函数 f 的例子，使得存在函数 g，使 $g\circ f=I$，但是没有函数 h 使得 $f\circ h=I$. 这里 I 是恒等函数 $I(x)=x$.

第 3 章

数列极限

近代数学的中心是函数和极限. 我们先从数列与极限谈起. 数列是非常自然的数学概念. 所有的正整数

$$1,2,3,\cdots \tag{3.1}$$

首先构成一个数列. 我们在第 2 章中讲了实数的基础. 实数由有理数和无理数产生. 有理数可以用分数表示成 $\dfrac{m}{n}$（其中 m,n 都是整数）, 于是全体有理数构成一个数列. 实际上, 我们把所有正的有理数都写出来就是

$$
\begin{array}{cccccc}
1 & 2 & 3 & 4 & 5 & \cdots \\[4pt]
\dfrac{1}{2} & \dfrac{2}{2} & \dfrac{3}{2} & \dfrac{4}{2} & \dfrac{5}{2} & \cdots \\[8pt]
\dfrac{1}{3} & \dfrac{2}{3} & \dfrac{3}{3} & \dfrac{4}{3} & \dfrac{5}{3} & \cdots \\[8pt]
\dfrac{1}{4} & \dfrac{2}{4} & \dfrac{3}{4} & \dfrac{4}{4} & \dfrac{5}{4} & \cdots \\[8pt]
\dfrac{1}{5} & \dfrac{2}{5} & \dfrac{3}{5} & \dfrac{4}{5} & \dfrac{5}{5} & \cdots \\[6pt]
& & \cdots\cdots & & &
\end{array}
\tag{3.2}
$$

依照引理 2.3 的康托尔对角线法则:

$$a_1=1, \quad a_2=2, \quad a_3=\frac{1}{2}, \quad a_4=3, \quad a_5=\frac{2}{2}, \quad a_6=\frac{1}{3},\cdots \tag{3.3}$$

就构成了一个数列 $\{a_n\}$（有重复）. 特别是 [0,1] 间的全体有理数可不重复排列成

$$0,\ 1,\ \frac{1}{2},\ \frac{1}{3},\ \frac{2}{3},\ \frac{1}{4},\ \frac{3}{4},\ \frac{1}{5},\ \frac{2}{5},\ \frac{3}{5},\ \frac{4}{5},\ \frac{1}{6},\ \frac{5}{6},\cdots. \tag{3.4}$$

这说明了全体有理数是可数的（可参见定理 2.7）. 也就是表面上看全体正的有理数比正整数多, 但实际上从无穷的角度看, 可以实现有理数和正整数的一一对应. "无穷"并不是个普通的数, 理解"无穷"是现代数学的基本任务.

无理数不能表示成分数. 例如 $\sqrt{2}$ 是边长为 1 的正方形的对角线的长度, 它就是

一个无理数, 我们在 2.1.1 节给出了说明. 根据阿基米德(Archimedes, 公元前 287—前 212)公理, 对任何的正的无理数 α, 一定存在正整数 k 使得

$$k < \alpha < k+1.$$

把区间 $[k, k+1]$ 分成 10 份, α 一定落在其中之一:

$$k.b_1 < \alpha < k.b_1 + 0.1, \quad 0 \leq b_1 \leq 9.$$

再把区间 $[k.b_1, k.b_1 + 0.1]$ 分成 10 份, α 又落在

$$k.b_1 b_2 < \alpha < k.b_1 b_2 + 0.01, \quad 0 \leq b_2 \leq 9.$$

这样一直下去, 就得到

$$\alpha = k + \frac{b_1}{10} + \frac{b_2}{10^2} + \cdots, \tag{3.5}$$

这里 $1 \leq b_i \leq 9(i = 1, 2, \cdots)$ 是正整数, 这就是实数的 10 进制分数表示. 这里

$$a_0 = k, \quad a_1 = a_0 + \frac{b_1}{10}, \quad a_2 = a_1 + \frac{b_2}{10^2}, \quad \cdots, \quad a_n = a_{n-1} + \frac{b_n}{10^n}, \quad n = 1, 2, \cdots$$

就构成了一个数列 $\{a_n\}$, 数列 $\{a_n\}$ "无限" 的逼近实数 α:

$$|\alpha - a_n| \leq \frac{9}{10^{n+1}}. \tag{3.6}$$

α 可以看成数列 $\{a_n\}$ 的极限, 这样就出现了两个要素: 数列和极限.

在工程的问题中, 我们要对任意的物理量测量, 这些物理量可能是长度(例如 $\sqrt{2}$)、面积、体积. 每次测量得到一个实际量的测量值, 但测量值会越来越逼近精确值. 历史上测量圆周率是非常有名的问题. 给定单位圆, 要测量圆的周长 2π, 就用圆的内接正 n 边形的周长近似圆的周长. 如图 3.1, 我国南北朝时期的数学家祖冲之(429—500)从单位圆的内接正 6 边形出发, 每次边数增加一倍, 即正 12 边形, 正 24 边形, 正 $6 \cdot 2^{n-1}$ 边形, 一直算下去. 单位圆内接正 n 边形一边的长度是

$$2\sin\frac{\pi}{n}. \tag{3.7}$$

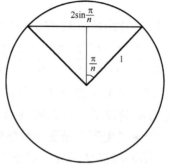

图 3.1   单位圆内接正 n 边形一边的长度

令 x_n 表示单位圆内接正 $6 \cdot 2^{n-1}$ 边形的周长, 则

$$x_n = 6 \cdot 2^n \sin \frac{2\pi}{6 \cdot 2^n}. \tag{3.8}$$

注意到 x 较小时, 我们有

$$\cos \frac{2\pi}{6} = \frac{1}{2}, \quad \cos \frac{x}{2} = \sqrt{\frac{1+\cos x}{2}}.$$

我们得到

$$\begin{aligned}
\cos \frac{2\pi}{6} &= \frac{1}{2}, \\
\cos \frac{2\pi}{6 \cdot 2} &= \frac{1}{2}\sqrt{3}, \\
\cos \frac{2\pi}{6 \cdot 2^2} &= \frac{1}{2}\sqrt{2+\sqrt{3}}, \\
&\cdots\cdots \\
\cos \frac{2\pi}{6 \cdot 2^n} &= \frac{1}{2}\sqrt{2+\sqrt{2+\sqrt{2+\cdots+\sqrt{3}}}} \quad (n\text{个根号}).
\end{aligned} \tag{3.9}$$

从而

$$\sin \frac{2\pi}{6 \cdot 2^n} = \sqrt{1-\cos^2 \frac{2\pi}{6 \cdot 2^n}} = \frac{1}{2}\sqrt{2-\sqrt{2+\sqrt{2+\cdots+\sqrt{3}}}}. \tag{3.10}$$

于是,

$$x_n = 6 \cdot 2^{n-1}\sqrt{2-\sqrt{2+\sqrt{2+\cdots+\sqrt{3}}}}, \quad n=1,2,\cdots. \tag{3.11}$$

数列 $\{x_n\}$ 就是单位圆周长的逼近. 祖冲之算到 $n=13$ 就得到 π 的七位精度的近似值, 这是祖冲之过人的地方.

3.1　数列极限的定义

现在我们来定义数列.

定义 3.1　实数列 $\{a_n\}_{n=1}^{\infty}$ 是指无穷数的序列:

$$a_1, a_2, \cdots, a_n, \cdots,$$

简记作 $\{a_n\}$, 其中 a_1 称为数列的第一项, a_2 为第二项, $\cdots$, a_n 为第 n 项, 也称为数列的**通项**. 所以实数列 $\{x_n\}$ 可以认为是正整数列上的函数.

给定一个数列, 我们主要关心下面几个问题:

· 数列的极限. 即当 n 充分大时, 数列 x_n 的渐近行为.

· 如果当 n 充分大时, 数列 x_n 趋近于有限或者无穷, 那么其收敛速率是多少.

我们先来解释数列极限的意义.

定义 3.2　称数 a 为数列 $\{a_n\}$ 的**极限**, 若对任意的不管多么小的正数 $\varepsilon > 0$, 总可以找到一个正整数 N(依赖于 ε), 使得对于所有的 $n > N$, 都有

$$|a_n - a| < \varepsilon.$$

我们就称数列 $\{a_n\}$ 以 a 为**极限**, 也称作数列 $\{a_n\}$ **收敛**到 a, 记作

$$\lim_{n \to \infty} a_n = a, \quad \text{或} \quad a_n \to a(n \to \infty).$$

注 3.1　如果定义中的 $a = \infty$ 无穷大, 我们就说数列 $\{a_n\}$ 趋于无穷大. 数学上如何表达无穷大呢? 按照定义 3.2, $\lim\limits_{n \to \infty} a_n = \infty$ 当且仅当任意给定 $N > 0$, 存在数 $N_0 > 0$ 使得当 $n > N_0$ 时, 都有

$$|a_n| > N. \tag{3.12}$$

如果趋向于负的无穷, 我们也记为 $-\infty$. 如果需要特别强调正的无穷, 也写作 $+\infty$. 如果 $a = 0$ 就称数列 $\{a_n\}$ 为无穷小数列. $\lim\limits_{n \to \infty} a_n = a$ 的充分必要条件是 $\{a_n - a\}$ 为无穷小数列.

定义 3.2 中的语言(一般称为 ε - N 语言)是数列极限的抽象表达形式, 是数学家柯西在微积分发现 200 年后给出的严格定义. 把握这样一个精确定义会碰到心理的困难, 因为我们需要用有限的语言描述无穷. 中学的数学基本都是有穷的、常量的数学. 而大学的高等数学则是无穷的、变化的数学. 辩证唯物主义认为运动、变化才是我们这个世界的本质. 可是 $a_n \to a(n \to \infty)$ 是一个无穷的动态过程, 而我们的语言则是有限的. $a_n \to a(n \to \infty)$ 等价于 $|a_n - a|$ 当 $n \to \infty$ 时是"无穷小"量. 在古希腊时期, "无穷小"就在哲学家、数学家的脑海中挥之不去, 出现了各种的悖论. 经过阿基米德与欧洲文艺复兴以后伽利略、牛顿等人的不懈努力, 特别是 19 世纪集合论的出现, 无穷才被数学严格化. 19、20 世纪德国伟大的数学家希尔伯特在"论无穷"中说: 在某种意义上, 数学分析是有关无限的交响乐(In a certain sense, mathematical analysis is a symphony of the infinite); 无穷"在我看来, 这理论是数学天才的最精美的产物, 而且是人类纯理智活动的最高成就之一"(This theory is, I think, the finest product of mathematical genius and one of the supreme achievements of purely intellectual human activity).

下面两点得注意.

· 一般情况下, N 随 ε 的变小而变大, 因此常把 N 写作 $N(\varepsilon)$, 来强调 N 对 ε 的依赖关系; 但是 N 并非由 ε 唯一确定, 因为对给定的 ε, 比如当 $N = 100$ 时能使得当

$n > N$ 时有 $|a_n - a| < \varepsilon$，则 $N = 101$ 或更大时此不等式自然也成立. 在极限定义中, 我们关心的不是 N 的具体值, 而是是否存在满足条件的 N, 而不在于它的值的大小. 在实际问题中, 不一定直接去解不等式, 可以用不等式放大法来找 N. 例如直接从不等式 $|a_n - a| < \varepsilon$ 出发解 n 大于什么很困难, 而放大后求 N 就很容易.

• 尽管 ε 有其任意性, 但一经给出, 就暂时地被确定下来, 后续就靠它来找出 N. 更进一步, 既然 ε 是任意小的正数, 因此定义中的不等式 $|a_n - a| < \varepsilon$ 中的 ε 可用 $\dfrac{\varepsilon}{2}$, 3ε 或 ε^2 等来代替.

下面我们以直观形式来介绍数列极限. 以一个简单的数列 $\{x_n\} = \left\{\dfrac{1}{n}\right\}$:

$$1, \frac{1}{2}, \frac{1}{3}, \frac{1}{4}, \cdots, \frac{1}{n}, \cdots \tag{3.13}$$

为例, 即它的通项是 $x_n = \dfrac{1}{n}$. 我们想设法确切地说明当 n 增加时, $\left\{\dfrac{1}{n}\right\}$ 的极限为 0, 即

$$\lim_{n \to \infty} \frac{1}{n} = 0. \tag{3.14}$$

如果我们顺着数列越走越远, 那么数列的项将变得越来越小. 当我们走到第 100 项, 100 项以后的一切项都小于 1/100, 当我们走到第 1000 项, 1000 项以后的一切项都小于 1/1000, 但是没有哪一项是等于 0 的. 如果我们沿着数列走得足够远, 就能保证以后的每一项和 0 的差, 小到我们愿意的程度. 那么怎么样衡量"足够远"(即"无穷大"), 多么小(即无穷小)才是"小到我们所愿意的程度"?

我们也可以用几何直观地来解释. 如果在数轴上描出数列 $\left\{\dfrac{1}{n}\right\}$ 所表示的点, 我们会发现这些点聚集在 0 周围. 另一方面, 让我们在数轴上任意选一个以点 0 为中心, 宽度为 2ε 的区间 $I = (-\varepsilon, \varepsilon)$. 如果选择 $\varepsilon = 1/10$, 那么数列中除了最前面 10 项在区间 I 外部, 从第十一项 x_{11} 起的所有项

$$\frac{1}{11}, \frac{1}{12}, \frac{1}{13}, \frac{1}{14}, \cdots$$

都在 I 内部. 下面我们将区间 I 进一步缩小, 选择 $\varepsilon = 1/1000$, 那么数列的前 1000 项不在区间 I 内部, 而从 x_{1001} 起所有无穷多项

$$\frac{1}{1001}, \frac{1}{1002}, \frac{1}{1003}, \frac{1}{1004}, \cdots$$

都在 I 内部. 显然, 对任意的正数 ε, 这个推理都成立:

只要选定了一个正的 ε，不管它多么小，我们都能立刻找到一个很大的整数 $N = \left[\dfrac{1}{\varepsilon}\right] + 1$ （第 2 章讲过 $[x]$ 表示不超过 x 的整数），使得

$$\frac{1}{N} < \varepsilon.$$

从而数列中第 N 项开始，所有后面的项都在 I 内部，在 I 外部的只是前面的有限个项.

按照这个方法，首先选定一个不管多么小的正数 ε，能找到一个适当的正整数 N 与 ε 对应，我们就可以实现走得"足够远"，数列在第 N 项后面的所有项与 0 的差就小到"我们愿意的程度" ε. 先举几个例子.

例 3.1 证明 $\lim\limits_{n\to\infty} \dfrac{n}{n+1} = 1$.

证明 由定义，

$$\left|\frac{n}{n+1} - 1\right| = \left|\frac{1}{n+1}\right| \leqslant \frac{1}{n}.$$

因此对任给的 $\varepsilon > 0$，只要取 $N = \left[\dfrac{1}{\varepsilon}\right] + 1$，则当 $n > N$ 时，即有

$$\left|\frac{n}{n+1} - 1\right| < \varepsilon.$$

这就证明了 $\lim\limits_{n\to\infty} \dfrac{n}{n+1} = 1$. $\square$

例 3.2 证明 $\lim\limits_{n\to\infty} q^n = 0$，这里 $|q| < 1$.

证明 实际上，当 $q = 0$ 时，结果是显然的. 现设 $0 < q < 1$. 对任给的 $\varepsilon > 0$，不妨设 $\varepsilon < 1$，若要使得

$$|q|^n = q^n < \varepsilon,$$

两边取以 e 为底的对数，只需要满足

$$n \ln q < \ln \varepsilon,$$

即

$$n > \frac{\ln \varepsilon}{\ln q}.$$

由极限定义，只要取 $N = \left[\dfrac{\ln \varepsilon}{\ln q}\right]$，则当 $n > N$ 时，即有 $\left|q^n - 0\right| < \varepsilon$. 就证明了 $\lim\limits_{n\to\infty} q^n = 0$. $-1 < q < 0$ 是类似的. $\square$

例 3.3　证明 $\lim\limits_{n\to\infty}\sqrt[n]{a}=1$，其中 $a>0$.

证明　当 $a=1$ 时，结论显然成立. 现设 $a>1$. 对任给的 $\varepsilon>0$，若要使得

$$\left|\sqrt[n]{a}-1\right|<\varepsilon,$$

即

$$\sqrt[n]{a}<\varepsilon+1.$$

两边取以 e 为底的对数得

$$\frac{1}{n}\ln a<\ln(1+\varepsilon),$$

即

$$n>\frac{\ln a}{\ln(1+\varepsilon)}.$$

由极限定义，只要取 $N=\left[\dfrac{\ln a}{\ln(1+\varepsilon)}\right]+1$，则当 $n>N$ 时，即有 $\left|\sqrt[n]{a}-1\right|<\varepsilon$.　□

当 $0<a<1$ 的情形是类似的，我们留为习题.

例 3.4　证明 $\lim\limits_{n\to\infty}\dfrac{a^n}{n!}=0\ (a>1)$，这里 $n!=1\times2\times\cdots\times n$，称为 n 的阶乘.

证明　因为 $\dfrac{a^n}{n!}=\dfrac{a}{1}\cdot\dfrac{a}{2}\cdots\dfrac{a}{[a]}\cdot\dfrac{a}{[a]+1}\cdots\dfrac{a}{n}<\dfrac{a^{[a]}}{[a]!}\cdot\dfrac{a}{n}=K\cdot\dfrac{a}{n}$，这里 $K=\dfrac{a^{[a]}}{[a]!}$. 对任给的 $\varepsilon>0$，若要使得

$$\left|\frac{a^n}{n!}-0\right|<\frac{Ka}{n}<\varepsilon,\tag{3.15}$$

只需要

$$n>\frac{Ka}{\varepsilon},$$

取 $N=\left[\dfrac{Ka}{\varepsilon}\right]+1$，则当 $n>N$ 时，就有 $\left|\dfrac{a^n}{n!}\right|<\varepsilon$，即

$$\lim_{n\to\infty}\frac{a^n}{n!}=0$$

并有收敛速率 (3.15).　□

收敛速率可以描述一个数列收敛到极限的速度，估计收敛速度是分析学的核心内容之一. (3.15) 表明：$\dfrac{a^n}{n!}$ 收敛到零的速度，至少是 $\dfrac{Ka}{n}$ 收敛到零的速度.

　　为进一步加深理解，我们再谈几个熟悉的例子. 中学里学习最多的是等比数列

$$a_1 = a, \quad a_2 = aq, \quad a_3 = aq^2, \quad \cdots, \quad a_n = aq^{n-1}, \quad \cdots \tag{3.16}$$

和等差数列

$$a_1 = a, \quad a_2 = a+q, \quad a_3 = a+2q, \quad \cdots, \quad a_n = a+(n-1)q, \quad \cdots. \tag{3.17}$$

对这些有趣数列的研究历史悠久，在几大文明古国的数学中都有涉及. 成书于西汉之际的《九章算术》中有: "今有女子善织，日自倍，五日织五尺，问日织几何?" 意思是说，女子每天织布的尺数是前一天的两倍，五天共织布五尺，问每天各织多少尺? 就是关于等比数列的一个例子. 等比数列和等差数列的任何次的求和也构成一个数列. 例如对等比数列(3.16)有

$$S_n = a + aq + \cdots aq^{n-1}.$$

因此

$$qS_n = aq + aq^2 + \cdots + aq^{n-1} + aq^n = S_n - a + aq^{n-1},$$

所以

$$S_n = \frac{a - aq^n}{1-q}. \tag{3.18}$$

由例 3.2,

$$\left| S_n - \frac{a}{1-q} \right| \leqslant \frac{|a|}{1-q} |q|^n \to 0 \, (n \to \infty), \quad |q| < 1. \tag{3.19}$$

特别是 $q=1$ 时等比数列变为等差数列. 上面提到的《九章算术》中的问题是知道 $S_5, \, q=2$ 反过来求 a 是多少. 中国古代的思想家、哲学家庄子(约公元前 369—前 286)有句有名的话说"一尺之棰，日取其半，万世不竭". 截掉的部分写出来就是一个等比的数列:

$$\frac{1}{2} + \frac{1}{2^2} + \cdots + \frac{1}{2^{n-1}} = 1 - \frac{1}{2^{n-1}} < 1.$$

可以继续下去. 所以"万世不竭"，但在无穷远处，截掉的部分就是 1.

　　等差数列(3.17)任意次的求和更为奇妙，两行数列一个从首排到尾，一个从尾排到头，

a	$a+q$	$\cdots$	$a+(n-2)q$	$a+(n-1)q$
$a+(n-1)q$	$a+(n-2)q$	$\cdots$	$a+q$	a
$2a+(n-1)q$	$2a+(n-1)q$	$\cdots$	$2a+(n-1)q$	$2a+(n-1)q$

第三行表示第一行和第二行对应的数相加的和. 于是等差数列前 n 项的和 $S(n)$ 满足

$$2S(n) = [2a + (n-1)q]n,$$

则

$$S(n) = an + \frac{(n-1)nq}{2} \tag{3.20}$$

也是一个数列.

历史上著名的数列之一是

$$S_k(n) = 1^k + 2^k + 3^k + \cdots + n^k. \tag{3.21}$$

$k = 1$ 就是一个等差级数. 令 $a = 1$, 由 (3.20) 就得到 $S_1(n) = \dfrac{n(n+1)}{2}$, 在约公元前 500 年就被古希腊数学家毕达哥拉斯得到. 一般认为 $k = 2$ 是古希腊的阿基米德得到的. 我们来看如何求得这个数列的有限项和. 因为 $(i+1)^3 = i^3 + 3i^2 + 3i + 1$. 于是有

$$(n+1)^3 - n^3 = 3n^2 + 3n + 1,$$
$$n^3 - (n-1)^3 = 3(n-1)^2 + 3(n-1) + 1,$$
$$\cdots\cdots$$
$$2^3 - 1^3 = 3 \times 1^2 + 3 + 1.$$

左右两边加起来, 就得到

$$(n+1)^3 - 1 = 3S_2(n) + \frac{3n(n+1)}{2} + n.$$

从而

$$S_2(n) = \frac{n(n+1)(2n+1)}{6}. \tag{3.22}$$

所以数列 $S_2(n)$ 的求解依赖于数列 $S_1(n)$. 依据归纳法, 理论上对任意的 k 都应该求出 $S_k(n)$. 但一直到 476 年人们才给出 $k = 3$ 情形的求和公式:

$$S_3(n) = \frac{n^2(n+1)^2}{4}. \tag{3.23}$$

数列 (3.21) 是正幂次求和. 如果是负幂次:

$$S_{-k}(n) = 1 + \frac{1}{2^k} + \frac{1}{3^k} + \cdots + \frac{1}{n^k}. \tag{3.24}$$

就成了数学的难题. 1735 年, 28 岁的 18 世纪伟大的数学家欧拉 (Leonhard Euler, 1707—1783) 得到 $k = 2$ 时 $S_{-k}(n)$ 的极限:

$$\lim_{n \to \infty} S_{-2}(n) = \frac{\pi^2}{6}. \tag{3.25}$$

这个就有点神奇了，竟然与圆周率发生了联系. 当然反过来也可以用上面的公式计算圆周率. 我们把证明 (3.25) 放到无穷级数的章节里. 但我们可以估计出 $S_{-2}(n)$:

$$S_{-2}(n)=1+\frac{1}{2^2}+\frac{1}{3^2}+\cdots+\frac{1}{n^2}\geqslant 1+\frac{1}{2(2+1)}+\cdots+\frac{1}{n(n+1)}=\frac{3}{2}-\frac{1}{n+1},$$

$$S_{-2}(n)=1+\frac{1}{2^2}+\frac{1}{3^2}+\cdots+\frac{1}{n^2}\leqslant 1+\frac{1}{2(2-1)}+\cdots+\frac{1}{n(n-1)}=2-\frac{1}{n}.$$

所以如果极限 S 存在（见后面例 3.10），必然有

$$\frac{3}{2}\leqslant \lim_{n\to\infty}S_{-2}(n)\leqslant 2. \tag{3.26}$$

如果极限存在，用同样的办法我们也可以估计出收敛速率. 实际上，当 $n>m>1$ 时，

$$\frac{1}{m+1}-\frac{1}{n}=\sum_{i=m+1}^{n-1}\frac{1}{i(i+1)}\leqslant S_{-2}(n)-S_{-2}(m)=\sum_{i=m+1}^{n-1}\frac{1}{i^2}\leqslant \sum_{i=m+1}^{n}\frac{1}{i(i-1)}$$

$$=\sum_{i=m+1}^{n-1}\left(\frac{1}{i-1}-\frac{1}{i}\right)=\frac{1}{m}-\frac{1}{n-1}.$$

令 $n\to\infty$，立刻得到

$$\frac{1}{m+1}\leqslant \left|S_{-2}(m)-S\right|\leqslant \frac{1}{m}. \tag{3.27}$$

公元前 300 年，古希腊数学家欧几里得写《几何原本》，开启了人类历史上数学在公理下逻辑演绎的先河，虽然证明了整数中素数有无穷个，但他小心翼翼地，尽量不谈无穷，因为"无穷"不存在于我们的日常体验中. 在古代，"无穷"的概念出现在神学与哲学家的概念中，我们开始引用的庄子的 "万世不竭" 就是一例. 比欧几里得晚一点的阿基米德计算过无穷级数的求和. 至于比较无穷的大小，已经到了 16 世纪的伽利略了. 可见人类要从有限跨越到无穷的真正的认识需要思想的飞跃. 阿基米德之所以用到无穷，是因为他需要用多边形逼近规则曲边图形的方法 "穷竭法" 计算诸如圆的周长、面积及圆周率等. 阿基米德也用此方法正确地得到球的体积. 从《九章算术》开始，到魏晋时代的刘徽努力去求球的体积，但都没有得到正确的答案. 我国南北朝时期的数学家祖冲之和儿子祖暅 (456—536) 在刘徽的基础上利用 "缀术"，巧妙地求出了球的体积. 现在我们来看祖暅是如何求到球的体积的. 如图 3.2，先把 z 轴上半径为 R 的上半球面 n 等分，以垂直于半径的方向切片. 第 i 个切片与第 $i-1$ 个切片之间的部分是一个圆台. 其上底和下底的半径按照勾股定理分别是

$$R\sqrt{1-\left(\frac{i}{n}\right)^2}\quad \text{和}\quad R\sqrt{1-\left(\frac{i-1}{n}\right)^2}.$$

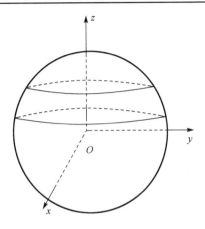

图 3.2 球的体积计算

于是下底和上底两个圆的面积按照圆面积计算. 第 i 个片的体积 $\tilde{V}_i$ 比下底为底, 高为 $\dfrac{R}{n}$ 的圆柱体的体积小, 但比上底为底、高为 $\dfrac{R}{n}$ 的圆柱体的体积大:

$$\pi\left[1-\left(\frac{i}{n}\right)^2\right]R^2\times\frac{R}{n}<\tilde{V}_i<\pi\left[1-\left(\frac{i-1}{n}\right)^2\right]R^2\times\frac{R}{n}.$$

因此球的体积 V 满足

$$2\pi\sum_{i=1}^n\frac{1}{n}\left[1-\left(\frac{i}{n}\right)^2\right]R^3<V<2\pi\sum_{i=1}^n\frac{1}{n}\left[1-\left(\frac{i-1}{n}\right)^2\right]R^3. \tag{3.28}$$

根据公式 (3.22),

$$\begin{aligned} V_n&=2\pi\sum_{i=1}^n\frac{1}{n}\left[1-\left(\frac{i}{n}\right)^2\right]R^3=2\pi R^3\left(1-\frac{1}{n^3}\sum_{i=1}^n i^2\right)\\ &=2\pi R^3\left(1-\frac{(n+1)(2n+1)}{6n^2}\right)=2\pi R^3\left(\frac{2}{3}-\frac{1}{2n}-\frac{1}{6n^2}\right). \end{aligned} \tag{3.29}$$

由 (3.14), 我们就从 (3.29) 推出了球的体积:

$$V=\lim_{n\to\infty}V_n=\frac{4}{3}\pi R^3, \tag{3.30}$$

并有收敛速度:

$$|V_n-V|=\frac{\pi R^3}{n}\left(1+\frac{1}{3n}\right)\leqslant\frac{2\pi R^3}{n},\quad\forall n>1. \tag{3.31}$$

用同样的办法, 我们可以求出抛物线 $y = x^2(0 \leqslant x \leqslant 1)$ 所围成的曲边梯形的面积. 实际上, 我们把[0,1]区间 n 等分:

$$0 < \frac{1}{n} < \frac{2}{n} < \cdots < \frac{n-1}{n} < \frac{n}{n} = 1.$$

在区间 $\left[\dfrac{i-1}{n}, \dfrac{i}{n}\right]$ 内, 曲边梯形的面积 S_i 满足

$$\frac{(i-1)^2}{n^2}\frac{1}{n} \leqslant S_i \leqslant \frac{i^2}{n^2}\frac{1}{n}.$$

如图 3.3 所示. 于是曲边梯形的面积 S 满足

$$\sum_{i=1}^{n}\frac{(i-1)^2}{n^2}\frac{1}{n} \leqslant S \leqslant \sum_{i=1}^{n}\frac{i^2}{n^2}\frac{1}{n}.$$

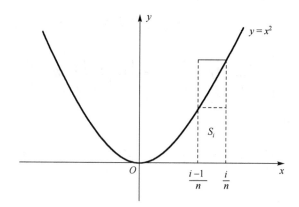

图 3.3　抛物线 $y = x^2$ 曲边梯形的面积计算

根据公式(3.22), 上式为

$$\frac{1}{3} - \frac{1}{2n} + \frac{1}{6n^2} \leqslant S \leqslant \frac{n(n+1)(2n+1)}{6}\frac{1}{n^3} = \frac{1}{3} + \frac{1}{2n} + \frac{1}{6n^2}.$$

从而

$$S = \frac{1}{3}, \tag{3.32}$$

这样计算 S 的收敛速率为

$$\left|S - \frac{1}{3}\right| \leqslant \frac{1}{4n}.$$

3.2　数列极限的性质与运算

数学的任何定义必须强调存在唯一性. 极限作为一种无穷数列的运算, 自然可以做各种代数运算. 这些法则可以极大地简化求复杂数列的极限. 本节就来讨论这些问题.

下面的定理保证不管用什么方法求极限, 得到的极限值是一样的.

定理 3.1(唯一性)　若数列 $\{a_n\}$ 收敛, 则极限值是唯一的.

证明　我们用反证法. 假设序列极限不唯一, 则数列至少收敛到两个不同的数, 即

$$\lim_{n\to\infty} a_n = a, \quad \lim_{n\to\infty} a_n = b$$

且 $a \neq b$.

不妨设 $a < b$, 取 $\varepsilon = \dfrac{b-a}{2} > 0$. 由极限定义, 存在正整数 N_1, 使得当 $n > N_1$ 时, 有

$$|a_n - a| < \varepsilon, \quad a_n < a + \varepsilon = \frac{a+b}{2}.$$

又存在正整数 N_2, 使得当 $n > N_2$ 时, 有

$$|a_n - b| < \varepsilon, \quad a_n > b - \varepsilon = \frac{a+b}{2},$$

所以当 $n > \max\{N_1, N_2\}$ 时, 就有

$$a_n > \frac{a+b}{2} > a_n,$$

即得矛盾, 说明假设不成立, 极限值唯一.　　　　　　　　　　　　　□

定理 3.2(有界性)　若数列 $\{a_n\}$ 收敛, 则 $\{a_n\}$ 为有界数列. 即存在正整数 M, 使得对一切正整数 n 都有

$$|a_n| \leqslant M.$$

证明　设 $\lim_{n\to\infty} a_n = a$. 取 $\varepsilon = 1$, 由极限定义存在正数 N, 对一切 $n > N$ 有

$$|a_n - a| < 1, \quad 即 \quad a - 1 < a_n < a + 1.$$

令

$$M = \max\{|a_1|, |a_2|, \cdots, |a_N|, |a-1|, |a+1|\},$$

则对一切正整数 n 都有

$$|a_n| \leqslant M.$$　　　　　　　　　　　　　　　　　　　　□

注 3.2　有界性只是数列收敛的必要条件, 并不是充分条件. 例如数列 $\{0,1,0,1,\cdots\}$ 有界, 但并无极限, 但这个数列有非常的特殊性, 我们后面再讨论.

定理 3.3(保不等式性)　设 $\{a_n\}$ 与 $\{b_n\}$ 均为收敛数列, $\lim\limits_{n\to\infty} a_n = a, \lim\limits_{n\to\infty} b_n = b$, 且存在正数 N_0, 使得当 $N > N_0$ 时有 $a_n \leqslant b_n$, 则

$$a \leqslant b.$$

证明　(法一)由极限定义, 对任意给定的 $\varepsilon > 0$, 分别存在正整数 N_1 与 N_2, 使得当 $n > N_1$ 时有

$$a - \varepsilon < a_n,$$

当 $n > N_2$ 时有

$$b_n < b + \varepsilon.$$

再由 $a_n \leqslant b_n$ 的关系, 即

$$a - \varepsilon < a_n \leqslant b_n < b + \varepsilon.$$

再由 ε 的任意性推得 $a \leqslant b$.　　　　　　　　　　　　　　　　□

(法二)应用反证法, 假设 $a > b$. 取 $\varepsilon = \dfrac{a-b}{2} > 0$. 由 $\lim\limits_{n\to\infty} a_n = a$, 存在正整数 N_1, 使得当 $n > N_1$ 时, 有

$$|a_n - a| < \varepsilon,$$

即

$$a_n > a - \varepsilon = \frac{a+b}{2}.$$

又存在正整数 N_2, 使得当 $n > N_2$ 时, 有

$$|b_n - b| < \varepsilon, \quad b_n < b + \varepsilon = \frac{a+b}{2}.$$

所以当 $n > \max\{N_1, N_2\}$ 时, 就有

$$a_n > \frac{a+b}{2} > b_n.$$

与定理条件矛盾.　　　　　　　　　　　　　　　　　　　　　　□

注 3.3　如果把上述定理中的条件 $a_n \leqslant b_n$ 换成严格不等式 $a_n < b_n$, 结论不能换成 $a < b$. 例如 $a_n = \dfrac{1}{n}$, $b_n = \dfrac{1}{n+1}$, 虽然有 $a_n < b_n$ 严格成立, 但极限都为 0.

定理 3.4(夹挤定理)　设 $\{a_n\}$ 与 $\{b_n\}$ 均为收敛数列, $\lim\limits_{n\to\infty} a_n = \lim\limits_{n\to\infty} b_n = a$. 并且存

在正数 N_0, 使得当 $n > N_0$ 时有

$$a_n \leqslant c_n \leqslant b_n.$$

则数列 $\{c_n\}$ 收敛, 且

$$\lim_{n \to \infty} c_n = a.$$

注 3.4 夹挤定理 3.4 不仅给出了判定数列收敛的一种方法, 而且也提供了一个求极限的工具.

证明 由数列极限定义, 和 $\lim\limits_{n \to \infty} a_n = \lim\limits_{n \to \infty} b_n = a$, 对任意的 $\varepsilon > 0$, 则分别存在正整数 N_1 与 N_2, 使得当 $n > N_1$ 时, 有

$$a - \varepsilon < a_n,$$

当 $n > N_2$ 时, 有对任给的

$$b_n < a + \varepsilon.$$

取 $N = \max\{N_0, N_1, N_2\}$, 则当 $n > N$ 时,

$$a - \varepsilon < a_n \leqslant c_n \leqslant b_n < a + \varepsilon.$$

从而有

$$|c_n - a| < \varepsilon,$$

这就证得了数列 $\{c_n\}$ 收敛且极限为 a. □

定理 3.5(极限的四则运算法则) 如果 $\{a_n\}, \{b_n\}$ 是两个数列, 则数列

$$\{(a_n \pm b_n)\}, \quad \{(a_n b_n)\}, \quad \left\{\left(\frac{a_n}{b_n}\right)\right\}$$

分别称为这两个数列的和、积与商 (与函数的和、积与商的一般定义一致). 当然, 商仅在 $b_n \neq 0, n \in \mathbb{N}$ 时才有定义.

如果 $\lim\limits_{n \to \infty} a_n = a, \quad \lim\limits_{n \to \infty} b_n = b,$ 则

(1) $\lim\limits_{n \to \infty}(a_n \pm b_n) = a \pm b$;

(2) $\lim\limits_{n \to \infty} a_n \cdot b_n = a \cdot b$;

(3) 当 $b_n \neq 0 (n = 1, 2, \cdots)$ 且 $b \neq 0$ 时 $\lim\limits_{n \to \infty} \dfrac{a_n}{b_n} = \dfrac{a}{b}$.

证明 首先由极限定义, $\lim\limits_{n \to \infty} a_n = a, \lim\limits_{n \to \infty} b_n = b$, 则对任给的 $\varepsilon > 0$, 分别存在正整数 N_1, N_2, 使得当 $n > N_1$,

$$|a_n - a| < \varepsilon,$$

当 $n > N_2$,

$$|b_n - b| < \varepsilon.$$

取 $N = \max\{N_1, N_2\}$, 则当 $n > N$ 时上述两不等式同时成立.

(1) $|(a_n + b_n) - (a + b)| \leqslant |a_n - a| + |b_n - b| < 2\varepsilon \Rightarrow \lim_{n\to\infty}(a_n + b_n) = a + b$.

(2) $|a_n b_n - ab| = |(a_n - a)b_n + a(b_n - b)| \leqslant |a_n - a||b_n| + |a||b_n - b|$.

由收敛数列的有界性定理, 存在正数 M, 对一切 n 有 $|b_n| < M$. 于是, 当 $n > N$ 时可得 $|a_n b_n - ab| < (M + |a|)\varepsilon$. 由 ε 的任意性, 这就证得 $\lim_{n\to\infty} a_n b_n = ab$.

(3) 由于 $\lim_{n\to\infty} b_n = b \neq 0$, 根据收敛数列的保不等式性质, 存在正整数 N_3, 使得当 $n > N_3$ 时, 有 $|b_n| > \dfrac{1}{2}|b|$. 取 $N' = \max\{N_2, N_3\}$, 则当 $n > N'$ 时, 有

$$\left|\frac{1}{b_n} - \frac{1}{b}\right| = \frac{|b_n - b|}{|b_n b|} < \frac{2|b_n - b|}{b^2} < \frac{2\varepsilon}{b^2}.$$

由 ε 的任意性, 这就证得 $\lim_{n\to\infty} \dfrac{1}{b_n} = \dfrac{1}{b}$. □

最后, 我们给出数列的子列概念和关于子列的一个重要定理.

定义 3.3 设 $\{a_n\}$ 为数列, $\{n_k\}$ 为正整数集 $\mathbb{N}_+$ 的无限子集, 且 $n_1 < n_2 < \cdots < n_k < \cdots$, 则数列 $\{a_{n_k}\}$ 称为数列 $\{a_n\}$ 的一个**子列**, 记为 $\{a_{n_k}\}$.

注 3.5 由子列的定义可见, $\{a_n\}$ 的子列 $\{a_{n_k}\}$ 的各项都选自 $\{a_n\}$, 且保持这些项在 $\{a_n\}$ 中的先后次序. $\{a_{n_k}\}$ 中的第 k 项是 $\{a_n\}$ 中的第 n_k 项, 故总有 $n_k \geqslant k$. 实际上 $\{n_k\}$ 本身也是正整数列 $\{n\}$ 的子列. 例如, 子列 $\{a_{2k}\}$ 由数列 $\{a_n\}$ 的所有偶数项所组成, 而子列 $\{a_{2k-1}\}$ 则由 $\{a_n\}$ 的所有奇数项所组成. 又 $\{a_n\}$ 本身也是 $\{a_n\}$ 的一个子列, 此时 $n_k = k (k = 1, 2, \cdots)$.

定理 3.6 数列 $\{a_n\}$ 收敛的充要条件是: $\{a_n\}$ 的任何子列都收敛, 且极限相同.

证明 充分性. 因为 $\{a_n\}$ 也是自身的一个子列, 所以结论是显然的.

必要性. 设 $\lim_{n\to\infty} a_n = a$, $\{a_{n_k}\}$ 是 $\{a_n\}$ 的任一个子列. 对任给的正整数 ε, 存在正数 N, 当 $k > N$ 时有 $|a_k - a| < \varepsilon$. 又因为 $n_k \geqslant k$, 所以当 $k > N$ 时有 $|a_{n_k} - a| < \varepsilon$. 这就证明了 $\{a_{n_k}\}$ 收敛, 且与 $\{a_n\}$ 有相同的极限. □

注 3.6 由上面定理的证明可见, 若数列 $\{a_n\}$ 的任何子列都收敛, 则所有这些子列与 $\{a_n\}$ 必收敛于同一个极限, 于是, 若数列 $\{a_n\}$ 有一个子列发散, 或有两个子列收敛而极限不相等, 则数列 $\{a_n\}$ 一定发散.

例 3.5 判断数列 $\left\{\sin\dfrac{n\pi}{2}\right\}$ 的敛散性.

解 分别取数列 $\left\{\sin\dfrac{n\pi}{2}\right\}$ 的两个子列

$$\left\{\sin\frac{2k\pi}{2}\right\}, \quad \left\{\sin\frac{(4k+1)\pi}{2}\right\}.$$

易见 $\lim\limits_{k\to\infty}\sin\dfrac{2k\pi}{2}=0$，但是 $\lim\limits_{k\to\infty}\sin\dfrac{(4k+1)\pi}{2}=1$.

两个子列都收敛但是极限不相同，因此原数列极限不存在.

定义 3.4 b（可以是无穷）称为是数列 $\{a_n\}$ 的一个**聚点**，如果存在 $\{a_n\}$ 的子序列 $\{a_{n_k}\}$ 使得

$$\lim_{k\to\infty}a_{n_k}=b.$$

聚点中最大的一个称为**上极限**，表示为

$$\overline{\lim_{n\to\infty}}a_n. \tag{3.33}$$

而最小的一个聚点称为**下极限**，表示为

$$\underline{\lim_{n\to\infty}}a_n. \tag{3.34}$$

很多数列没有极限，但是有上极限和下极限. 例如：数列 $\{0,1,0,1,0,1,\cdots\}$ 的上极限为 1，而下极限为 0. 全体（正）有理数列 (3.3) 自然不收敛. 实际上，任何实数都是有理数的聚点. $(0,1)$ 间有理数列 (3.4) 的上极限为 1，下极限为 0.

例 3.6 证明 $\lim\limits_{n\to\infty}\dfrac{1}{\sqrt[n]{n!}}=0$.

证明 对于任给的正数 $\varepsilon<1$，由例 3.4，$\lim\limits_{n\to\infty}\dfrac{(1/\varepsilon)^n}{n!}=0$，所以由极限的保号性定理及推论，存在正整数 N，当 $n>N$ 时，

$$\frac{(1/\varepsilon)^n}{n!}<1.$$

从而 $\dfrac{1}{\sqrt[n]{n!}}<\varepsilon$，即 $\lim\limits_{n\to\infty}\dfrac{1}{\sqrt[n]{n!}}=0$.

例 3.7 求极限

$$\lim_{n\to\infty}\frac{a_m n^m+a_{m-1}n^{m-1}+\cdots+a_1 n+a_0}{b_k n^k+b_{k-1}n^{k-1}+\cdots+b_1 n+b_0},$$

其中 $m\leqslant k, a_m\neq 0, b_k\neq 0$.

解 实际上，以 n^{-k} 同乘分子分母后，所求极限式化为

$$\lim_{n\to\infty}\frac{a_mn^{m-k}+a_{m-1}n^{m-1-k}+\cdots+a_1n^{1-k}+a_0n^{-k}}{b_k+b_{k-1}n^{-1}+\cdots+b_1n^{1-k}+b_0n^{-k}}.$$

当 $\alpha>0$ 时, 有 $\lim\limits_{n\to\infty}n^{-\alpha}=0$. 于是, 当 $m=k$ 时, 上式除了分子分母的第一项分别

为 a_m 与 b_k 外, 其余各项的极限皆为 0, 故此时所求的极限等于 $\dfrac{a_m}{b_m}$; 当 $m<k$ 时, 由

于 $n^{m-k}\to0(n\to\infty)$, 故此时所求的极限等于 0. 综上所述, 得到

$$\lim_{n\to\infty}\frac{a_mn^m+a_{m-1}n^{m-1}+\cdots+a_1n+a_0}{b_kn^k+b_{k-1}n^{k-1}+\cdots+b_1n+b_0}=\begin{cases}\dfrac{a_m}{b_m}, & k=m,\\[3mm] 0, & k>m.\end{cases}$$

例 3.8　求 $\lim\limits_{n\to\infty}\dfrac{a^n}{a^n+1}$, 其中 $a\neq-1$.

解　若 $a=1$, 则显然有 $\lim\limits_{n\to\infty}\dfrac{a^n}{a^n+1}=\dfrac{1}{2}$;

若 $|a|<1$, 则由 $\lim\limits_{n\to\infty}a^n=0$ 得

$$\lim_{n\to\infty}\frac{a^n}{a^n+1}=\frac{\lim\limits_{n\to\infty}a^n}{(\lim\limits_{n\to\infty}a^n+1)}=0;$$

若 $|a|>1$, 则

$$\lim_{n\to\infty}\frac{a^n}{a^n+1}=\lim_{n\to\infty}\frac{1}{1+\dfrac{1}{a^n}}=\frac{1}{1+0}=1.$$

例 3.9　求 $\lim\limits_{n\to\infty}\sqrt{n}\left(\sqrt{n+1}-\sqrt{n}\right)$.

解

$$\sqrt{n}\left(\sqrt{n+1}-\sqrt{n}\right)=\frac{\sqrt{n}}{\sqrt{n+1}+\sqrt{n}}=\frac{1}{\sqrt{1+\dfrac{1}{n}}+1},$$

由 $1+\dfrac{1}{n}\to1(n\to\infty)$ 得

$$\lim_{n\to\infty}\sqrt{n}\left(\sqrt{n+1}-\sqrt{n}\right)=\lim_{n\to\infty}\frac{1}{\sqrt{1+\dfrac{1}{n}}+1}=\frac{1}{2}.$$

3.3　数列极限存在的条件

本节我们来讨论存在性. 给定一个数列 $\{a_n\}$, 怎么判断它有没有极限呢? 用前面讲到的极限定义判断, 首先要判断出极限的值, 对稍微复杂一点的数列这常常是办不到的, 有时极限的计算甚至是较为困难的. 在实际应用中, 如果数列 a_n 的极限存在, 即使极限的计算较为困难, 但由于当 n 充分大时, a_n 能充分接近其极限值, 所以也可以用 a_n 作为其极限的近似值. 因此, 通过数列本身的性质来判断 a_n 极限的存在性是很重要的问题.

定义 3.5　若数列 $\{a_n\}$ 的各项满足关系式:

$$a_n \leqslant a_{n+1} \quad (a_n \geqslant a_{n+1}), \tag{3.35}$$

则称 $\{a_n\}$ 为单调递增 (单调递减) 数列. 单调递增数列和单调递减数列统称为**单调数列**. 如果 (3.35) 中 >(<) 严格成立, 称序列 $\{a_n\}$ 是严格单调序列.

例如 $\left\{\dfrac{1}{n}\right\}$ 为单调递减数列; $\left\{\dfrac{n}{n+1}\right\}$ 与 $\{n^2\}$ 为单调递增数列; $\left\{\dfrac{(-1)^n}{n}\right\}$ 不是单调数列, 但 $\left\{\dfrac{(-1)^n}{n}\right\}$ 的奇数项子列与偶数项子列分别是单调的.

定理 3.7(单调有界定理)　在实数系中, 有界的单调数列必有极限.

证明　不妨设 $\{a_n\}$ 为有上界的单调递增数列. 由上确界原理(定理 2.4), 数列 $\{a_n\}$ 有上确界, 记为 $a = \sup\{a_n\}$. 下面证明 a 就是 $\{a_n\}$ 的极限. 事实上, 任给 $\varepsilon > 0$, 按上确界的定义存在数列 $\{a_n\}$ 中某一项 a_N, 使得 $a - \varepsilon < a_N$. 又由 $\{a_n\}$ 的单调递增性, 当 $n \geqslant N$ 时有

$$a - \varepsilon < a_N \leqslant a_n.$$

另一方面, 由于 a 是 $\{a_n\}$ 的一个上界, 故对一切 a_n 都有 $a_n \leqslant a < a + \varepsilon$. 所以当 $n \geqslant N$ 时有

$$a - \varepsilon < a_n < a + \varepsilon,$$

这就证得 $\lim\limits_{n \to \infty} a_n = a$.　　　　　　　　　　　　　　　　□

同理可证有下界的单调递减数列必有极限, 且其极限即为它的下确界.

定理 3.8　对于任何的数列 $\{a_n\}$, 上极限和下极限都存在.

证明　我们主要证明上极限的存在性, 下极限的存在性可以类似得到.

(1) 如果 $\{a_n\}$ 无上界, 则一定存在子序列 $\{a_{n_k}\}$ 使得

$$\lim_{k\to\infty} a_{n_k} = +\infty.$$

因此 $+\infty$ 是一个聚点，从而上极限为 $+\infty$.

(2)如果 $\{a_n\}$ 有上界，那么对任意正整数 k，子序列 $\{a_n\}_{n\geqslant k}$ 也有上界因此有上确界. 定义

$$M_k = \sup_{n\geqslant k}\{a_n\} = \sup\{a_k, a_{k+1}, \cdots\}.$$

易知 $\{M_k\}$ 为单调递减数列，于是由单调有界定理 3.7 有

$$\lim_{k\to\infty} M_k = -\infty \quad \text{或者} \quad \lim_{k\to\infty} M_k = M \text{是有限数}.$$

(i)如果 $\lim_{k\to\infty} M_k = -\infty$，则对任何的 $M' > 0$，存在正整数 $K > 0$，使得

$$M_k < -M', \quad \forall k > K.$$

由 M_k 的定义有 $a_k \leqslant M_k$，于是

$$a_k < -M', \quad \forall k > K.$$

这就证明了

$$\lim_{k\to\infty} a_k = -\infty.$$

而且 $\{a_n\}$ 的上极限当然也是 $-\infty$.

(ii)如果 $\lim_{k\to\infty} M_k = M$ 是有限数，为了证明 M 恰好就是 $\{a_n\}$ 的上极限，我们需要证明 M 是 $\{a_n\}$ 的最大聚点.

首先来证明 M 是 $\{a_n\}$ 的一个聚点. 由 $\lim_{k\to\infty} M_k = M$ 知，对任意的正整数 i 定义的 $\frac{1}{2^i}$，存在正整数 K_i，使得当 $k > K_i$ 时，

$$M_k < M + \frac{1}{2^i}.$$

由 M_k 的定义有 $a_k \leqslant M_k$，于是

$$a_k < M + \frac{1}{2^i}, \quad \forall k > K_i. \tag{3.36}$$

另一方面，由于 $\{M_k\}$ 单调递减，我们有

$$M_k \geqslant M, \quad k = 1, 2, \cdots.$$

由 $M_{K_1+1} = \sup_{n>K_1}\{a_n\}$ 作为上确界，必存在正整数 $n_1 > K_1$ 使得

$$a_{n_1} > M_{K_1+1} - \frac{1}{2} \geqslant M - \frac{1}{2}.$$

结合 (3.36)，得到

$$\left| a_{n_1} - M \right| < \frac{1}{2}.$$

令 $K_2' = \max\{K_2, n_1\}$，由 $M_{K_2'+1} = \sup_{n > K_2'}\{a_n\}$ 作为上确界，必存在正整数 $n_2 > K_2'$ 使得

$$a_{n_2} > M_{K_2'+1} - \frac{1}{2^2} \geqslant M - \frac{1}{2^2}.$$

由 $n_2 > K_2' \geqslant K_2$，结合 (3.36)，得到

$$\left| a_{n_2} - M \right| < \frac{1}{2^2}.$$

这个过程可以一直下去，得到子序列 $\{a_{n_k}\}$ 满足

$$\left| a_{n_k} - M \right| < \frac{1}{2^k}, \quad k = 1, 2, \cdots. \tag{3.37}$$

于是 $\lim\limits_{k \to \infty} a_{n_k} = M$，从而 M 是 $\{a_n\}$ 的聚点.

最后证明 M 是所有聚点的最大值. 令 a 是 $\{a_n\}$ 的任意一个聚点，于是存在收敛子列 $a_{n_k'}$ 满足 $\lim\limits_{k \to \infty} a_{n_k'} = a$. 由 M_k 的定义有 $a_{n_k'} \leqslant M_{n_k'}$，再根据极限的保不等号性质得到 $a \leqslant M$. □

定理 3.9 极限存在的充分必要条件是

$$\overline{\lim_{n \to \infty}} a_n = \underline{\lim_{n \to \infty}} a_n = \lim_{n \to \infty} a_n. \tag{3.38}$$

例 3.10 一般负幂次数列：

$$a_n = 1 + \frac{1}{2^\alpha} + \frac{1}{3^\alpha} + \cdots + \frac{1}{n^\alpha}, \tag{3.39}$$

当 $\alpha > 1$ 时是收敛的. 当 $\alpha = 1$ 时数列 $a_n \to +\infty (n \to \infty)$. 此数列当 $\alpha = k$ 时，就是我们的负幂次数列 (3.24). 显然 $\{a_n\}$ 是单调递增数列. 因为当 $n \geqslant 2$ 时，

$$a_{2n} = 1 + \frac{1}{2^\alpha} + \cdots + \frac{1}{(2n)^\alpha} = \left(1 + \frac{1}{3^\alpha} + \cdots + \frac{1}{(2n-1)^\alpha}\right) + \left(\frac{1}{2^\alpha} + \cdots + \frac{1}{(2n)^\alpha}\right)$$

$$< \left(1 + \frac{1}{3^\alpha} + \cdots + \frac{1}{(2n+1)^\alpha}\right) + \left(\frac{1}{2^\alpha} + \cdots + \frac{1}{(2n)^\alpha}\right)$$

$$< 1 + 2\frac{a_n}{2^\alpha} = 1 + \frac{a_n}{2^{\alpha-1}}$$

以及 $a_n < a_{2n}$，代入上式解得

$$a_n < a_{2n} < \cfrac{1}{1 - \cfrac{1}{2^{\alpha-1}}},$$

故 $\{a_n\}$ 是有界的. 根据单调有界定理 3.7 可知数列 $\{a_n\}$ 是收敛的.

当 $\alpha = 1$ 时,

$$\begin{aligned}
a_{2^n} &= 1 + \frac{1}{2} + \frac{1}{3} + \cdots + \frac{1}{2^n} \\
&\geqslant 1 + \frac{1}{2} + \left(\frac{1}{4} + \frac{1}{4}\right) + \left(\frac{1}{8} + \frac{1}{8} + \frac{1}{8} + \frac{1}{8}\right) + \cdots \\
&= 1 + \frac{1}{2} + \frac{1}{2} + \cdots + \frac{1}{2} = 1 + \frac{n}{2}.
\end{aligned} \tag{3.40}$$

因此

$$\lim_{n\to\infty} a_n = +\infty. \tag{3.41}$$

由 a_n 对 α 的单调性, 当 $\alpha < 1$ 时, (3.41)总成立.

例 3.11　对任意的 $c > 0$, 证明数列

$$\sqrt{c}, \sqrt{c + \sqrt{c}}, \cdots, \underbrace{\sqrt{c + \sqrt{c + \cdots + \sqrt{c}}}}_{n \text{ 个根号}}, \cdots$$

收敛, 并求出该极限.

证明　记 $a_n = \underbrace{\sqrt{c + \sqrt{c + \cdots + \sqrt{c}}}}_{n \text{ 个根号}}$, 易见数列 $\{a_n\}$ 是单调递增的并满足

$$a_{n+1} = \sqrt{c + a_n}.$$

现用数学归纳法来证明 $\{a_n\}$ 有上界.

显然 $a_1 = \sqrt{c} < 1 + \sqrt{c}$. 假设 $a_n < 1 + \sqrt{c}$, 则有

$$a_{n+1} = \sqrt{c + a_n} < \sqrt{c + \sqrt{c} + 1} < \sqrt{c + 2\sqrt{c} + 1} = \sqrt{c} + 1.$$

从而对一切 n 有 $a_n < 1 + \sqrt{c}$, 即 $\{a_n\}$ 有上界. 由单调有界定理 3.7, 数列 $\{a_n\}$ 有极限, 记为 a.

下面我们来求 $\{a_n\}$ 的极限 a. 由于

$$a_{n+1}^2 = c + a_n,$$

对上式两边取极限得 $a^2 = c + a$, 因为极限不能是负数, 解方程得到

$$a = \frac{1 + \sqrt{1 + 4c}}{2}.$$ □

下面例子与前面的例题 3.4 相同, 我们用不同的办法证明.

例 3.12 证明

$$\lim_{n \to \infty} \frac{a^n}{n!} = 0, \quad a > 1. \tag{3.42}$$

证明 令 $b_n = \dfrac{a^n}{n!}$, 因为

$$b_{n+1} = b_n \cdot \frac{a}{n+1}, \tag{3.43}$$

所以当 $n > a - 1$ 时数列单调递减且有下界 0, 极限 $\lim\limits_{n \to \infty} b_n = b$ 存在. (3.43) 两端取极限得 $a = 0$.

因为当 $a > 1$ 时, $a^n \to \infty$, (3.42) 说明 $n!$ 是比 a^n 增长更快的无穷大. □

例 3.13 证明极限 $\lim\limits_{n \to \infty} \left(1 + \dfrac{1}{n}\right)^n$ 存在.

证明 设 $a_n = \left(1 + \dfrac{1}{n}\right)^n, n = 1, 2, \cdots$, 由二项式定理

$$
\begin{aligned}
a_n &= \left(1 + \frac{1}{n}\right)^n \\
&= 1 + 1 + \frac{n(n-1)}{2!}\frac{1}{n^2} + \cdots + \frac{n(n-1)\cdots(n-k+1)}{k!}\frac{1}{n^k} + \cdots + \frac{1}{n^n} \\
&= 2 + \frac{1}{2!}\left(1 - \frac{1}{n}\right) + \cdots + \frac{1}{k!}\left(1 - \frac{1}{n}\right)\left(1 - \frac{2}{n}\right)\cdots\left(1 - \frac{k-1}{n}\right) + \cdots \\
&\quad + \frac{1}{n!}\left(1 - \frac{1}{n}\right)\left(1 - \frac{2}{n}\right)\cdots\left(1 - \frac{n-1}{n}\right) \\
&< a_{n+1}.
\end{aligned} \tag{3.44}
$$

故 $\{a_n\}$ 是严格单调递增的. 由上式可推得

$$
\begin{aligned}
a_n &< 2 + \frac{1}{2!} + \cdots + \frac{1}{k!} + \cdots + \frac{1}{n!} < 2 + \frac{1}{1 \cdot 2} + \cdots + \frac{1}{(k-1)k} + \cdots + \frac{1}{(n-1)n} \\
&< 2 + \left(1 - \frac{1}{2}\right) + \cdots + \left(\frac{1}{k-1} - \frac{1}{k}\right) + \cdots + \left(\frac{1}{n-1} - \frac{1}{n}\right) = 3 - \frac{1}{n} < 3,
\end{aligned} \tag{3.45}
$$

这表明 $\{a_n\}$ 又是有界的. 由单调有界定理 3.7 推知 $\lim\limits_{n \to \infty} \left(1 + \dfrac{1}{n}\right)^n$ 存在. □

通常用拉丁字母 e 来表示这个极限, 即

$$\lim_{n \to \infty} \left(1 + \frac{1}{n}\right)^n = \mathrm{e}. \tag{3.46}$$

现在我们给出计算 e 的近似方法. 当 $k < n$ 时, 由 (3.44) 得

$$a_n \geqslant 2 + \frac{1}{2!}\left(1 - \frac{1}{n}\right) + \frac{1}{3!}\left(1 - \frac{1}{n}\right)\left(1 - \frac{2}{n}\right) + \cdots$$
$$+ \frac{1}{k!}\left(1 - \frac{1}{n}\right)\left(1 - \frac{2}{n}\right)\cdots\left(1 - \frac{k-1}{n}\right). \tag{3.47}$$

对 a_n 取极限, 当 $n \to \infty$ 时得到

$$e \geqslant x_k = 2 + \frac{1}{2!} + \cdots + \frac{1}{k!}. \tag{3.48}$$

再由 (3.45)

$$a_n < x_n < e,$$

得到

$$e = \lim_{n \to \infty} a_n = \lim_{n \to \infty} x_n. \tag{3.49}$$

但是

$$x_{n+m} - x_n = \frac{1}{(n+1)!} + \frac{1}{(n+2)!} + \cdots + \frac{1}{(n+m)!}$$
$$= \frac{1}{(n+1)!}\left(1 + \frac{1}{n+2} + \cdots + \frac{1}{(n+2)\cdots(n+m)}\right)$$
$$< \frac{1}{(n+1)!}\left(1 + \frac{1}{n+2} + \cdots + \frac{1}{(n+2)^{m-1}}\right)$$
$$< \frac{1}{(n+1)!}\frac{n+2}{n+1}.$$

令 $m \to \infty$ 并注意 $\frac{n+2}{(n+1)^2} < \frac{1}{n}$, 得

$$0 < e - x_n < \frac{1}{n!n}, \tag{3.50}$$

这样就可以计算数列 $\{x_n\}$ 收敛到 e 的收敛速度. 或者写为

$$e = 1 + \frac{1}{1!} + \frac{1}{2!} + \cdots + \frac{1}{n!} + \frac{\theta}{n!n}, \quad 0 < \theta < 1. \tag{3.51}$$

此式和 (3.45) 可得

$$2 < e < 3. \tag{3.52}$$

*命题 3.1 e 是无理数.

证明 由 (3.52), e 不能是整数. 如果 $e = \frac{p}{q}$, 其中 p, q 为整数, 则 $q \geqslant 2$. 由

(3.51),

$$e = 1 + \frac{1}{1!} + \frac{1}{2!} + \cdots + \frac{1}{n!} + \cdots. \tag{3.53}$$

(3.53)严格意义上是一个无穷级数,我们在第 8 章会详细讨论. 不过从(3.51)到(3.53)是显然的,我们姑且承认它. 上式两边同乘 $q!$ 有

$$\begin{aligned} e \cdot q! &= p \cdot 2 \cdot 3 \cdots (q-1) \\ &= q! + q! + 3 \cdot 4 \cdots q + \cdots + (q-1)q + q + 1 \\ &\quad + \frac{1}{q+1} + \frac{1}{(q+1)(q+2)} + \cdots. \end{aligned} \tag{3.54}$$

上式左端是一个整数. 右端第一项也为整数. 而剩下的余项因为 $q \geqslant 2$ 有

$$\frac{1}{q+1} + \frac{1}{(q+1)(q+2)} + \cdots \leqslant \frac{1}{3} + \frac{1}{3^2} + \cdots + \frac{1}{3^n} + \cdots = \frac{1}{2}$$

不是整数. 矛盾. □

这个例子说明级数能够产生一些数. 自从欧拉引入 e 后,其和 π 一样在数学上有重要的作用,其前十三位数字是

$$e \approx 2.718281828459. \tag{3.55}$$

当系统如人口、放射性衰变、利息计算等呈指数增长时,e 就会出现,代表了所有持续增长的系统的一个基数. 第 2 章说过,以 e 为底的对数称为自然对数,通常记

$$\ln x = \log_e x. \tag{3.56}$$

这样

$$|q|^n = e^{n \ln |q|} \tag{3.57}$$

就是指数趋于零. 下面我们来说明指数收敛是一种非常快速的收敛速度.

先证明一个辅助公式. 令 $a = 1 + \lambda, \lambda > 0$. 则由二项式公式

$$\begin{aligned} a^n &= (1 + \lambda)^n \\ &= 1 + n\lambda + \frac{n(n-1)}{2}\lambda^2 + \cdots + \frac{n(n-1)\cdots(n-k+1)}{k!}\lambda^k + \cdots + \lambda^n \\ &> \frac{\lambda^{k+1} n(n-1)\cdots(n-k)}{(k+1)!} > \frac{\lambda^{k+1} n(n-k)^k}{(k+1)!}. \end{aligned} \tag{3.58}$$

所以对任意的正整数 $k > 0$,

$$\frac{n^k}{a^n} \leqslant \frac{(k+1)!}{\lambda^{k+1} n \left(1 - \dfrac{k}{n}\right)^k} \to 0 \quad (n \to \infty). \tag{3.59}$$

所以 a^n 是比任何多项式都增加得快的无穷大. 特别地,

$$\lim_{n \to \infty} \frac{n^k}{e^n} = 0. \tag{3.60}$$

同理

$$\lim_{n \to \infty} \frac{n^k}{e^{n\omega}} = 0, \quad \forall \omega > 0. \tag{3.61}$$

所以指数趋于零是非常快的收敛速度.

进一步, 从 (3.58) 得到

$$a^n > \frac{n(n-1)}{2} \lambda^2. \tag{3.62}$$

当 $n > 2$ 时, $n - 1 > \dfrac{n}{2}$. 因此

$$a^n > \frac{(a-1)^2}{4} n^2. \tag{3.63}$$

取 $a = \sqrt[n]{n}$ 便得到

$$n > \frac{n^2}{4} (1 - \sqrt[n]{n})^2.$$

因此

$$0 < \sqrt[n]{n} - 1 < \frac{2}{\sqrt{n}}.$$

所以

$$\lim_{n \to \infty} \sqrt[n]{n} = 1, \tag{3.64}$$

而且收敛速度至少是 $\dfrac{1}{\sqrt{n}}$. 任意给定 $\varepsilon > 0$, 因为 $a^\varepsilon > 1$, 所以当 n 充分大时, 由 (3.64) 得

$$\sqrt[n]{n} < a^\varepsilon.$$

两边取以 a 为底的对数得到

$$\frac{\log_a n}{n} < \varepsilon. \tag{3.65}$$

或者说

$$\lim_{n \to \infty} \frac{\log_a n}{n} = 0. \tag{3.66}$$

特别是

$$\lim_{n\to\infty}\frac{\ln n}{n}=0. \tag{3.67}$$

这说明对数是比任何多项式都小的无穷大. 对数收敛率是非常慢的收敛率. 介于对数和指数之间的是多项式收敛.

定理 3.10 任何数列都存在单调子列.

证明 设数列为 $\{a_n\}$. 下面分两种情形来讨论:

(i) 若对任意的 k, $\{a_{n+k}\}$ 有最大项. 设 $\{a_{n+1}\}$ 的最大项为 a_{n_1}, 因为 $\{a_{n_1+1}\}$ 也有最大项, 设其最大项为 a_{n_2}, 显然有 $n_2>n_1$, 且因 $\{a_{n_1+n}\}$ 是 $\{a_{1+n}\}$ 的一个子列, 故

$$a_{n_2}\leqslant a_{n_1}.$$

同理存在 $n_3>n_2$, 使得

$$a_{n_3}\leqslant a_{n_2},$$

这样就得到一个单调递减的子列 $\{a_{n_k}\}$.

(ii) 至少存在某正整数 k, 数列 $\{a_{k+n}\}$ 没有最大项. 先取 $n_1=k+1$, 因 $\{a_{k+n}\}$ 没有最大项, 故 a_{n_1} 后面总存在项 $a_{n_2}(n_2>n_1)$, 使得

$$a_{n_2}>a_{n_1}.$$

同理存在 a_{n_2} 后面的项 $a_{n_3}(n_3>n_2)$, 使得

$$a_{n_3}>a_{n_2}.$$

这样就得到一个严格单调递增的子列 $\{a_{n_k}\}$. □

定理 3.11(致密性定理) 任何有界数列必定有收敛的子列.

证明 设数列 a_n 有界, 由定理 3.10 可知, a_n 存在单调有界的子列 a_{n_k}. 再由单调有界定理 3.7, a_{n_k} 是收敛的. □

单调有界定理 3.7 是判断数列收敛的一个重要且十分有效的方法, 但是单调有界定理 3.7 只是数列收敛的充分条件. 下面我们介绍在实数系中数列收敛的充分必要条件.

下面的定理从理论上完全解决了数列极限的存在性问题.

定理 3.12(柯西收敛准则) 数列 $\{a_n\}$ 收敛的充要条件是: 给定 $\varepsilon>0$, 存在正整数 N, 使得当 $n,m>N$ 时有

$$|a_n-a_m|<\varepsilon.$$

证明 必要性. 设 $\lim_{n\to\infty}a_n=A$. 由数列极限定义, 对任给的 $\varepsilon>0$, 存在 $N>0$, 当 $m,n>N$ 时有

$$|a_m - A| < \frac{\varepsilon}{2}, \quad |a_n - A| < \frac{\varepsilon}{2},$$

因而 $|a_m - a_n| \le |a_m - A| + |a_n - A| < \frac{\varepsilon}{2} + \frac{\varepsilon}{2} = \varepsilon$.

充分性. 先证明该数列必定有界. 取 $\varepsilon_0 = 1$, 因为 $|a_n|$ 满足柯西条件. 所以 $\exists N_0, \forall n > N_0$, 有

$$\left| a_n - a_{N_0 + 1} \right| < 1.$$

令 $M = \max \left\{ |a_1|, |a_2|, \cdots, |a_{N_0}|, \left| a_{N_{0+1}} \right| + 1 \right\}$, 则对一切 n, 都有

$$|a_n| \le M.$$

由致密性定理 3.11, 在 $\{a_n\}$ 中必有收敛子列 $\{a_{n_k}\}$,

$$\lim_{k \to \infty} a_{n_k} = \xi.$$

由条件, $\forall \varepsilon > 0, \exists N$, 当 $n, m > N$ 时有

$$|a_n - a_m| < \frac{\varepsilon}{2}.$$

在上式中取 $a_m = a_{n_k}$, 其中 k 充分大, 满足 $n_k > N$, 再令 $k \to \infty$, 于是得到

$$|a_n - \xi| < \frac{\varepsilon}{2} < \varepsilon.$$

即数列 $\{a_n\}$ 收敛到 ξ. 　　　　　　　　　　　　　　□

注 3.7　运用柯西收敛准则判断数列的敛散性, 不需要知道数列的极限, 这是柯西收敛准则的重要优点. 柯西收敛准则告诉我们: 收敛数列各项的值越到后面, 彼此越是接近, 以至后面的任何两项之差的绝对值可小于预先给定的任意小正数. 可以形象地说, 收敛数列的各项越到后面越是"挤"在一起. 柯西收敛准则把极限 ε-N 定义中 a_n 与 a 的关系换成了 a_n 与 a_m 的关系, 其好处在于无需借助数列以外的数 a, 只要根据数列本身的特征就可以鉴别其敛散性.

例 3.14　证明任一无限十进小数 $\alpha = 0.b_1 b_2 \cdots b_n \cdots$ 的 n 位不足近似值 $(n = 1, 2, \cdots)$ 所组成的数列:

$$\frac{b_1}{10}, \frac{b_1}{10} + \frac{b_2}{10^2}, \cdots, \frac{b_1}{10} + \frac{b_2}{10^2} + \cdots + \frac{b_n}{10^n}, \cdots$$

收敛, 其中 b_n 为 $0, 1, 2, \cdots, 9$ 中的一个数, $n = 1, 2, \cdots$. 这也与我们在开头 (3.6) 说明任意实数都可以表示为分数是一个意思.

证明　记 $a_n = \frac{b_1}{10} + \frac{b_2}{10^2} + \cdots + \frac{b_n}{10^n}$. 不妨设 $n > m$, 则有

$$\left|a_n - a_m\right| = \frac{b_{m+1}}{10^{m+1}} + \frac{b_{m+2}}{10^{m+2}} + \cdots + \frac{b_n}{10^n}$$

$$\leqslant \frac{9}{10^{m+1}}\left(1 + \frac{1}{10} + \cdots + \frac{1}{10^{n-m-1}}\right)$$

$$= \frac{1}{10^m}\left(1 - \frac{1}{10^{n-m}}\right) < \frac{1}{10^m} < \frac{1}{m}.$$

对任给的 $\varepsilon > 0$, 取 $N = \dfrac{1}{\varepsilon}$, 则对一切 $n > m > N$ 有

$$\left|a_n - a_m\right| < \varepsilon.$$

由柯西收敛准则, 数列收敛. □

下面我们叙述两个由奥地利数学家斯托尔茨 (Otto Stolz, 1842—1905) 发现的定理.

定理 3.13(斯托尔茨定理 1) 设 $a_n \to 0, b_n \to 0(n \to \infty)$ 且 $\{b_n\}$ 单调递减. 则当

$$\lim_{n \to \infty} \frac{a_n - a_{n+1}}{b_n - b_{n+1}}$$

存在或为正无穷时, 有

$$\lim_{n \to \infty} \frac{a_n}{b_n} = \lim_{n \to \infty} \frac{a_n - a_{n+1}}{b_n - b_{n+1}}.$$

证明 先设极限存在有限, 为 A. 于是对任意的 $\varepsilon > 0$, 存在 $N > 0$ 使得当 $n \geqslant N$ 时,

$$A - \varepsilon < \frac{a_n - a_{n+1}}{b_n - b_{n+1}} < A + \varepsilon, \quad b_n - b_{n+1} > 0.$$

于是当 $n \geqslant N$ 时,

$$(A - \varepsilon)(b_n - b_{n+1}) < a_n - a_{n+1} < (A + \varepsilon)(b_n - b_{n+1}).$$

把 n 依次换成 $n+1, \cdots, n+p-1$ 并两边相加得

$$(A - \varepsilon)(b_n - b_{n+p}) < a_n - a_{n+p} < (A + \varepsilon)(b_n - b_{n+p}).$$

上式中令 $p \to \infty$, 依照假设, 得

$$(A - \varepsilon)b_n \leqslant a_n \leqslant (A + \varepsilon)b_n.$$

由于 $b_n > 0$, 上式意味着

$$\left|\frac{a_n}{b_n} - A\right| \leqslant \varepsilon, \quad \forall n \geqslant N.$$

这就是

$$\lim_{n\to\infty}\frac{a_n}{b_n}=A.$$

另一方面, 如果

$$\lim_{n\to\infty}\frac{a_n-a_{n+1}}{b_n-b_{n+1}}=+\infty,$$

则对任意的 $K>0$, 存在 $N>0$ 使得当 $n\geqslant N$ 时,

$$\frac{a_n-a_{n+1}}{b_n-b_{n+1}}>K.$$

同前面一样可以论证

$$a_n-a_{n+p}>K(b_n-b_{n+p}).$$

令 $p\to\infty$ 得

$$\frac{a_n}{b_n}\geqslant K,\quad b_n>0.$$

于是

$$\lim_{n\to\infty}\frac{a_n}{b_n}=+\infty\ .\qquad\qquad\square$$

定理 3.14(斯托尔茨定理 2)　设 $b_n<b_{n+1}$ 对 $n=1,2,\cdots$ 成立, 且

$$\lim_{n\to\infty}b_n=+\infty.$$

则当

$$\lim_{n\to\infty}\frac{a_n-a_{n+1}}{b_n-b_{n+1}}$$

存在或为正无穷时, 有

$$\lim_{n\to\infty}\frac{a_n}{b_n}=\lim_{n\to\infty}\frac{a_n-a_{n+1}}{b_n-b_{n+1}}.$$

　　证明　先设极限存在有限, 为 A. 于是对任意的 $\varepsilon>0$, 存在整数 $N>0$ 使得当 $n\geqslant N$ 时,

$$\left|\frac{a_n-a_{n+1}}{b_n-b_{n+1}}-A\right|<\frac{\varepsilon}{2}.$$

于是当 $n\geqslant N$ 时,

$$\left(A-\frac{\varepsilon}{2}\right)(b_n-b_N)<a_n-a_N<\left(A+\frac{\varepsilon}{2}\right)(b_n-b_N).$$

也就是说

$$A - \frac{\varepsilon}{2} < \frac{a_n - a_N}{b_n - b_N} < A + \frac{\varepsilon}{2}.$$

注意

$$\frac{a_n}{b_n} - A = \frac{a_N - Ab_N}{b_n} + \left(1 - \frac{b_N}{b_n}\right)\left(\frac{a_n - a_N}{b_n - b_N} - A\right).$$

所以当 $n > N$ 时,

$$\left|\frac{a_n}{b_n} - A\right| \leqslant \left|\frac{a_N - Ab_N}{b_n}\right| + \left|\frac{a_n - a_N}{b_n - b_N} - A\right| < \left|\frac{a_N - Ab_N}{b_n}\right| + \frac{\varepsilon}{2}.$$

取正整数 N' 使得当 $n > N'$ 时,

$$\left|\frac{a_N - Ab_N}{b_n}\right| < \frac{\varepsilon}{2}.$$

于是当 $n > \max\{N, N'\}$ 时,

$$\left|\frac{a_n}{b_n} - A\right| \leqslant \varepsilon.$$

这就是

$$\lim_{n \to \infty} \frac{a_n}{b_n} = A.$$

另一方面, 如果

$$\lim_{n \to \infty} \frac{a_n - a_{n+1}}{b_n - b_{n+1}} = +\infty,$$

则对充分大的 n 有

$$a_n - a_{n+1} > b_n - b_{n+1}.$$

所以当 $b_n \to +\infty$ 时, $a_n \to +\infty$, 且数列 $\{a_n\}$ 对充分大的 n 必然严格递增. 这样由定理 3.13 得

$$\lim_{n \to \infty} \frac{a_n}{b_n} = \lim_{n \to \infty} \frac{a_n - a_{n+1}}{b_n - b_{n+1}} = 0,$$

从而

$$\lim_{n \to \infty} \frac{a_n}{b_n} = +\infty. \qquad \square$$

例 3.15 证明

$$\lim_{n \to \infty} \frac{1 + \sqrt{2} + \sqrt[3]{3} + \cdots + \sqrt[n]{n}}{n} = 1.$$

证明

$$a_n = 1 + \sqrt{2} + \sqrt[3]{3} + \cdots + \sqrt[n]{n}, \quad b_n = n.$$

由定理 3.14 得

$$\lim_{n \to \infty} \frac{a_n}{b_n} = \lim_{n \to \infty} \frac{a_n - a_{n+1}}{b_n - b_{n+1}} = \lim_{n \to \infty} {}^{n+1}\!\sqrt{n+1} = 1. \qquad \square$$

3.4　实数集的基本定理

在第 2 章中, 我们将实数系的确界原理定理 2.4 看作公理, 不加证明地予以承认, 利用它证明了单调有界定理 3.7. 在本章中, 我们证明了致密性定理 3.11, 利用它证明了柯西收敛准则, 即定理 3.12. 本章继续介绍有关实数系的其他三个基本定理: 区间套定理、聚点定理 3.17 和有限覆盖定理 3.18, 并指出以上几个定理的等价性.

3.4.1　区间套定理

定义 3.6　若一列闭区间 $\{[a_n, b_n]\}$ 满足条件:

(1) $[a_{n+1}, b_{n+1}] \subset [a_n, b_n], n = 1, 2, 3, \cdots$;

(2) $\lim_{n \to \infty}(b_n - a_n) = 0$,

则称这列闭区间形成一个**闭区间套**.

定理 3.15(区间套定理)　若一列闭区间 $\{[a_n, b_n]\}$ 形成一个闭区间套, 则存在唯一的实数 ξ 属于所有的闭区间 $[a_n, b_n]$, 且

$$\xi = \lim_{n \to \infty} a_n = \lim_{n \to \infty} b_n. \qquad (3.68)$$

证明　利用单调有界定理 3.7 证明. 由闭区间套的定义可知, $\{a_n\}$ 是单调递增且有上界的数列, $\{b_n\}$ 是单调递减且有下界的数列. 根据单调有界定理 3.7, $\{a_n\}$ 的极限存在, 且极限等于 $\{a_n\}$ 的上确界. 同样, $\{b_n\}$ 的极限存在, 且极限等于 $\{b_n\}$ 的下确界. 不妨设 $\lim_{n \to \infty} a_n = \xi$, 则

$$\lim_{n \to \infty} b_n = \lim_{n \to \infty} [(b_n - a_n) + a_n]$$
$$= \lim_{n \to \infty}(b_n - a_n) + \lim_{n \to \infty} a_n = \xi. \qquad (3.69)$$

由于 ξ 是 $\{a_n\}$ 的上确界, 同时也是 $\{b_n\}$ 的下确界, 于是有

$$a_n \leqslant \xi \leqslant b_n, \quad \forall n = 1, 2, 3, \cdots, \qquad (3.70)$$

即 ξ 属于所有的闭区间 $[a_n, b_n]$.

现证明 ξ 具有唯一性. 若另有实数 ξ' 属于所有的闭区间 $[a_n, b_n]$, 满足

$$a_n \leqslant \xi' \leqslant b_n, \quad \forall n = 1, 2, 3, \cdots. \tag{3.71}$$

令 $n \to \infty$. 由夹挤定理 3.4, 可得

$$\xi' = \lim_{n \to \infty} a_n = \lim_{n \to \infty} b_n = \xi. \tag{3.72}$$

于是, 满足定理结论的实数 ξ 是唯一的. □

注 3.8　在区间套定理 3.15 中, 如果把闭区间改为开区间, 定理一般将不再成立, 例如, $(a_n, b_n) = \left(0, \dfrac{1}{n}\right)$. 显然有 $\left(0, \dfrac{1}{n+1}\right) \subset \left(0, \dfrac{1}{n}\right)$, $n = 1, 2, 3, \cdots$ 以 及 $\lim_{n \to \infty}(b_n - a_n) = \lim_{n \to \infty} \dfrac{1}{n} = 0$. 但 $\left\{\left(0, \dfrac{1}{n}\right)\right\}$ 不存在公共点.

同样在区间套定理中, 如果把闭区间改为半开半闭区间, 定理一般将不再成立. 例如, $(a_n, b_n] = \left(0, \dfrac{1}{n}\right]$. 显然有 $\left(0, \dfrac{1}{n+1}\right] \subset \left(0, \dfrac{1}{n}\right]$, $n = 1, 2, 3, \cdots$ 以 及 $\lim_{n \to \infty}(b_n - a_n) = \lim_{n \to \infty} \dfrac{1}{n} = 0$. 但 $\left\{\left(0, \dfrac{1}{n}\right]\right\}$ 不存在公共点.

区间套定理 3.15 的特点是由点集的整体性质得到某一点的局部性质, 对于证明某些问题的局部性质具有重要的作用. 下面举一个例子.

例 3.16　用区间套定理 3.15 证明致密性定理 3.11, 即任何有界数列必有收敛的子列.

证明　实际上, 设 $\{a_n\}$ 为有界数列, 即存在两个实数 m 和 M, 使得

$$m \leqslant a_n \leqslant M, \quad \forall n = 1, 2, 3, \cdots, \tag{3.73}$$

将区间 $[m, M]$ 等分为两个区间, 则其中至少有一个区间含有 $\{a_n\}$ 的无穷多项, 把这一区间记为 $[m_1, M_1]$ (如果两个区间都含有 $\{a_n\}$ 的无穷多项, 则任取一区间记为 $[m_1, M_1]$). 再将闭区间 $[m_1, M_1]$ 等分为两个区间, 同样其中至少有一个区间含有 $\{a_n\}$ 的无穷多项, 把这一区间记为 $[m_2, M_2]$. 不断这样做下去, 得到一个闭区间列 $\{[m_n, M_n]\}$, 满足

(i) $[m, M] \supset [m_1, M_1] \supset [m_2, M_2] \supset \cdots$;

(ii) $\lim_{n \to \infty}(M_n - m_n) = \lim_{n \to \infty} \dfrac{M - m}{2^n} = 0$;

(iii) 任意一个区间 $[m_n, M_n]$ 含有 $\{a_n\}$ 的无穷多项.

于是由区间套定理 3.15 必存在唯一的实数 ξ 属于所有的闭区间 $[m_n, M_n]$, 且

$$\xi = \lim_{n \to \infty} m_n = \lim_{n \to \infty} M_n. \tag{3.74}$$

现在证明数列 $\{a_n\}$ 必有一子列收敛于实数 ξ. 根据性质(iii), 可在 $[m_1, M_1]$ 中任取 $\{a_n\}$ 中的一项记为 a_{n_1}. 然后, 在 $[m_2, M_2]$ 中选取位于 a_{n_1} 后的某一项, 记为 $a_{n_2}(n_2 > n_1)$. 继续这样做下去, 一般地, 在 $[m_k, M_k]$ 中选取位于 a_{n_k} 后的某一项, 记为 $a_{n_{k+1}}(n_{k+1} > n_k), \cdots$, 这样就得到了 $\{a_n\}$ 的一个子列 $\{a_{n_k}\}$, 满足

$$m_k \leqslant a_{n_k} \leqslant M_k, \quad \forall n = 1, 2, 3, \cdots. \tag{3.75}$$

令 $k \to \infty$. 由夹挤定理 3.4, 可得

$$\lim_{n \to \infty} a_{n_k} = \xi. \tag{3.76}$$

即得结论. □

3.4.2　聚点定理

在讨论数列极限时, 我们曾经引入了数列聚点的概念, 表示数列的某一收敛子列的极限, 也就是该点的每个邻域都包含这个数列的无穷多项. 这个概念也可以定义在点集上.

定义 3.7　设 S 是数轴上一点集, a 是一定点(a可以属于S, 也可以不属于S). 若对任意的 $\delta > 0$, 区间 $(a - \delta, a + \delta)$ 内都含有 S 中的无穷多个点, 则称 a 为点集 S 的一个**聚点**.

例如, 0 是点集 $\left\{ \dfrac{1}{n} \middle| n = 1, 2, 3, \cdots \right\}$ 的唯一的聚点; $[a, b]$ 中的任一点都是点集 (a, b) 的聚点; 点集 $\{1, 2, 3\}$ 没有聚点.

下面的定理说明了集合聚点与序列极限点的关系.

定理 3.16　a 是点集 S 的聚点的充分必要条件是: 在 S 中存在互异的点列 $\{a_n\}(a_n \neq a)$, 使得

$$\lim_{n \to \infty} a_n = a. \tag{3.77}$$

证明　充分性. 由极限的定义, 对任意 $\varepsilon > 0$, 存在正整数 N, 当 $n > N$ 时, 有

$$|a_n - a| < \varepsilon. \tag{3.78}$$

于是, $a_n \in (a - \varepsilon, a + \varepsilon) \cap S, \forall n > N$, 即 a 为点集 S 的一个聚点.

必要性. 设 a 是点集 S 的聚点, 则对任意 $\varepsilon > 0$, 存在无穷多个点属于 $(a - \varepsilon, a + \varepsilon) \cap S$ 中. 取 $\varepsilon_1 = 1$, 存在 $a_1 \in (a - \varepsilon_1, a + \varepsilon_1) \cap S$. 取 $\varepsilon_2 = \min\left\{ \dfrac{1}{2}, |a_1 - a| \right\} > 0$, 存在 $a_2 \in (a - \varepsilon_2, a + \varepsilon_2) \cap S$. 继续这样做下去, 取 $\varepsilon_n = \min\left\{ \dfrac{1}{n}, |a_{n-1} - a| \right\} > 0$, 存在 $a_n \in (a - \varepsilon_n, a + \varepsilon_n) \cap S, n = 1, 2, 3, \cdots$. 于是得到一互异的点列 $\{a_n\}(a_n \neq a)$, 满足

$$|a_n - a| < \varepsilon_n \leqslant \frac{1}{n}, \tag{3.79}$$

即得 (3.77). □

定理 3.17(聚点定理) 任意有界的无穷点集 S 必有一个聚点.

证明 利用区间套定理 3.15 证明. 因为点集 S 有界, 即存在两个数 m 和 M, 使得 $S \subset [m, M]$. 将区间 $[m, M]$ 等分为两个区间, 由于 S 是无穷点集, 则其中至少有一个区间含有 S 的无穷多个点, 把这一区间记为 $[m_1, M_1]$ (如果两个区间都含有 S 的无穷多个点, 则任取一区间记为 $[m_1, M_1]$). 再将闭区间 $[m_1, M_1]$ 等分为两个区间, 同样其中至少有一个区间含有 S 的无穷多个点, 把这一区间记为 $[m_2, M_2]$. 不断这样做下去, 于是得到一个闭区间列 $\{[m_n, M_n]\}$ 满足

(1) $[m, M] \supset [m_1, M_1] \supset [m_2, M_2] \supset \cdots$;

(2) $\lim\limits_{n \to \infty} (M_n - m_n) = \lim\limits_{n \to \infty} \dfrac{M - m}{2^n} = 0$;

(3) 任意 $[m_n, M_n]$ 包含 S 的无穷多个点.

于是由区间套定理 3.15, 必存在唯一的实数 ξ 属于所有的闭区间 $[m_n, M_n]$, 且

$$\xi = \lim_{n \to \infty} m_n = \lim_{n \to \infty} M_n. \tag{3.80}$$

根据定理 3.16, 可得 ξ 是点集 S 的一个聚点. □

例 3.17 用聚点定理 3.17 证明致密性定理 3.11. 事实上, 设 $\{a_n\}$ 为有界数列. 若 $\{a_n\}$ 中有无穷多个相等的项, 则 $\{a_n\}$ 总是收敛的. 若 $\{a_n\}$ 中不含有无穷多个相等的项, 则 $\{a_n\}$ 在数轴上对应的点集是有界无穷点集, 故由聚点定理 3.17, 点集 $\{a_n\}$ 至少有一个聚点. 于是根据定理 3.16, 数列 $\{a_n\}$ 存在一个收敛子列以该聚点为极限点.

3.4.3 有限覆盖定理

定义 3.8 设 S 是数轴上一点集, Σ 为某些开区间 I 组成的集合, 即 $\Sigma = \{I \mid I$ 为开区间$\}$. 若 S 中任意一点都包含在 Σ 中至少一个开区间内, 则称 Σ 为 S 的一个**开覆盖**, 或称 Σ 覆盖 S. 若 Σ 中开区间的个数是有限(无限)的, 则称 Σ 为 S 的一个**有限(无限)开覆盖**.

例如, $\Sigma = \left\{ \left(0, \dfrac{2}{3}\right), \left(\dfrac{1}{2}, \dfrac{3}{4}\right), \cdots, \left(\dfrac{n-1}{n}, \dfrac{n+1}{n+2}\right), \cdots \right\}$ 是区间 $(0, 1)$ 的无限开覆盖;

$\Sigma = \left\{ \left(0, \dfrac{2}{3}\right), \left(\dfrac{1}{2}, 1\right) \right\}$ 是区间 $\left[\dfrac{1}{2}, \dfrac{3}{4}\right]$ 的有限开覆盖.

定理 3.18(有限覆盖定理) 设 Σ 为闭区间 $[a, b]$ 的一个开覆盖, 则从 Σ 中可选出有限个开区间来覆盖 $[a, b]$.

证明 利用聚点定理 3.17 证明. 反证法. 假定从 Σ 中总不能选出有限多个区间

覆盖 $[a,b]$，以下简称为不可有限覆盖. 将区间 $[a,b]$ 等分为两个区间，则其中至少有一个区间不可有限覆盖，把这一区间记为 $[a_1,b_1]$（如果两个区间都不可有限覆盖，则任取一区间记为 $[a_1,b_1]$）. 再将闭区间 $[a_1,b_1]$ 等分为两个区间，同样其中至少有一个区间不可有限覆盖,把这一区间记为 $[a_2,b_2]$. 不断这样做下去，于是得到一个闭区间列 $\{[a_n,b_n]\}$，满足

(a) $a \leqslant a_1 \leqslant a_2 \leqslant \cdots \leqslant a_n \leqslant a_{n+1} \leqslant b_{n+1} \leqslant b_n \leqslant \cdots \leqslant b_2 \leqslant b_1 \leqslant b$；

(b) $\lim\limits_{n\to\infty}(b_n - a_n) = \lim\limits_{n\to\infty}\dfrac{b-a}{2^n} = 0$；

(c) 任意 $[a_n,b_n]$ 都不可有限覆盖.

设 E 是由上述区间 $[a_n,b_n]$ 的所有端点所构成的点集，则 E 是有界无穷点集. 根据聚点原理，E 至少有一个聚点，不妨设其中一个聚点为 ξ. 于是，$\xi \in [a_n,b_n]$. 事实上，假设存在某个 a_{n_0} 使得 $\xi < a_{n_0}$. 当 $n > n_0$ 时，总有 $a_{n_0} < a_n$. 于是，a_{n_0} 的左边至多有 E 的有穷多个点，这与 ξ 是 E 的聚点矛盾！所以 $\xi \geqslant a_n$. 同理可证，$\xi \leqslant b_n$. 又因为 $[a_n,b_n] \subset [a,b]$，所以 $\xi \in [a,b]$. 根据定理的条件，$\xi \in \Sigma$ 中的某个开区间 I. 由上述性质 (b)，必有某个充分大的 N，使得 $[a_N,b_N] \subset I$，这就是说 $[a_N,b_N]$ 被 Σ 中的一个开区间 I 覆盖，这与上述性质 (c) 矛盾. 从而 Σ 中可选出有限个开区间来覆盖 $[a,b]$. □

注 3.9 在有限覆盖定理 3.18 中，如果把闭区间改为开区间，定理一般将不再成立. 例如，$\left\{\left(\dfrac{1}{n},1\right), n=1,2,3,\cdots\right\}$ 构成开区间 $(0,1)$ 的一个无限开覆盖，但不能从其中选取有限个开区间盖住 $(0,1)$.

在有限覆盖定理 3.18 中，如果把闭区间改为半开半闭区间，定理一般将不再成立. 例如，$\left\{\left(\dfrac{1}{n},2\right), n=1,2,3,\cdots\right\}$ 构成半开半闭区间 $(0,1]$ 的一个无限开覆盖，但不能从其中选取有限个开区间盖住 $(0,1]$.

例 3.18 用有限覆盖定理 3.18 证明致密性定理 3.11.

证明 设 $\{a_n\}$ 为有界数列，不妨设 $m \leqslant a_n \leqslant M$. 若 $\{a_n\}$ 中有无穷多个相等的项，则由这些相等的项按顺序组成 $\{a_n\}$ 的一个子列 $\{a_{n_k}\}$ 是一个常数列，它总是收敛的.

若 $\{a_n\}$ 中有无穷多个不相等的项，则在 $[m,M]$ 内至少存在一点 x_0，对任意的 $\varepsilon > 0$，存在 $\{a_n\}$ 的无穷多项属于 $(x_0-\varepsilon, x_0+\varepsilon)$. 事实上，假若不然，即对 $[m,M]$ 内任意一点 x 和任意 $\varepsilon_x > 0$，使得 $\{a_n\}$ 的有限多项属于 $(x-\varepsilon_x, x+\varepsilon_x)$. 考虑所有这样的开区间组成的 $[m,M]$ 的一个无限开覆盖

$$\Sigma = \{(x-\varepsilon_x, x+\varepsilon_x)|\ x \in [m,M]\}. \tag{3.81}$$

则由有限覆盖定理 3.18 可知，存在 Σ 中的有限个开区间

$$\Sigma_0 = \{(x_k - \varepsilon_k, x_k + \varepsilon_k) \mid x_k \in [m, M], k = 1, 2, \cdots, n\} \tag{3.82}$$

也覆盖了 $[m, M]$, 并且每个 $(x_k - \varepsilon_k, x_k + \varepsilon_k)$ 只包含 $\{a_n\}$ 中的有限项, 这与前提 $\{a_n\}$ 中有无穷多个不相等的项矛盾!

于是, 取 $\varepsilon = \dfrac{1}{k}(k = 1, 2, \cdots)$, 在 $\left(x_0 - \dfrac{1}{k}, x_0 + \dfrac{1}{k}\right)$ 内取 $\{a_n\}$ 中的点, 按顺序排列组成 $\{a_n\}$ 的一个子列 $\{a_{n_k}\}$ 满足

$$\left| a_{n_k} - x_0 \right| < \varepsilon \leqslant \frac{1}{k}. \tag{3.83}$$

令 $k \to \infty$, 得

$$\lim_{k \to \infty} a_{n_k} = x_0. \tag{3.84}$$

即得结论. □

至此, 我们已经用四种不同的方法证明了致密性定理 3.11.

3.4.4 实数系基本定理的等价性

数学分析的理论是在实数系连续性(完备性)理论的基础上建立起来的. 对实数系连续性(完备性)的描述通常有如下的几个定理:
- 确界存在定理 2.4;
- 单调有界定理 3.7;
- 区间套定理 3.15;
- 聚点定理 3.17;
- 有限覆盖定理 3.18;
- 致密性定理 3.11;
- 柯西收敛准则 3.12.

聚点定理 3.17、有限覆盖定理 3.18 和致密性定理 3.11 是从紧集与列紧集的角度描述了实数系的性质, 因此称为紧性定理, 其优点是可以把无限的问题转化为有限的问题来处理(紧集和列紧集将在高年级的泛函分析课程中深入学习, 本书不展开介绍. 简单来说, 若集合的任何无限覆盖含有有限覆盖, 则称该集合是紧集; 若集合中任意无穷点集必有属于集合的聚点, 则称该集合是列紧集); 确界存在定理是连续性定理; 柯西收敛准则是完备性定理. 以上七个定理是分析理论的重要工具, 因此必须熟练地掌握.

这七个定理都是等价的. 在本书中, 我们将从以下路线证明这些定理的等价性:

定理 $2.4 \Rightarrow$ 定理 $3.7 \Rightarrow$ 定理 $3.15 \Rightarrow$ 定理 3.17

$\nwarrow$ $\swarrow$

定理 $3.12 \Leftarrow$ 定理 $3.11 \Leftarrow$ 定理 3.18

其中,"定理 2.4 $\Rightarrow$ 定理 3.7"、"定理 3.7 $\Rightarrow$ 定理 3.15"、"定理 3.15 $\Rightarrow$ 定理 3.17"、"定理 3.17 $\Rightarrow$ 定理 3.18"和"定理 3.18 $\Rightarrow$ 定理 3.11"的证明分别可见定理 2.4、定理 3.7、定理 3.15、定理 3.17、定理 3.18、例 3.18 和定理 3.11 的证明.

下面只需证明"定理 3.12 $\Rightarrow$ 定理 2.4".

例 3.19 用柯西收敛准则 3.12 证明确界存在定理 2.4.

证明 事实上,设 S 为非空有上界的实数集合.又设 T 是由 S 的所有上界组成的集合.现证 T 含有最小数,即 S 有上确界.取 $a \notin T$, $b \in T$,显然 $a < b$.考察 $[a,b]$ 的中点 $\dfrac{a+b}{2}$.令

$$\begin{cases} a_1 = a, \ b_1 = \dfrac{a+b}{2}, \quad \dfrac{a+b}{2} \in T, \\[3mm] a_1 = \dfrac{a+b}{2}, \ b_1 = b, \quad \dfrac{a+b}{2} \notin T. \end{cases} \tag{3.85}$$

于是 $a_1 \notin T$, $b_1 \in T$.考察 $[a_1,b_1]$ 的中点 $\dfrac{a_1+b_1}{2}$.令

$$\begin{cases} a_2 = a_1, \ b_2 = \dfrac{a_1+b_1}{2}, \quad \dfrac{a_1+b_1}{2} \in T, \\[3mm] a_2 = \dfrac{a_1+b_1}{2}, \ b_2 = b_1, \quad \dfrac{a_1+b_1}{2} \notin T. \end{cases} \tag{3.86}$$

于是 $a_2 \notin T, b_2 \in T$.继续这样做下去,得到序列 $\{a_n\}$ 和 $\{b_n\}$ 满足

(1) $a \leqslant a_1 \leqslant a_2 \leqslant \cdots \leqslant a_n \leqslant a_{n+1} \leqslant b_{n+1} \leqslant b_n \leqslant \cdots \leqslant b_2 \leqslant b_1 \leqslant b$;

(2) $\lim\limits_{n \to \infty}(b_n - a_n) = \lim\limits_{n \to \infty} \dfrac{b-a}{2^n} = 0$;

(3) $a_n \notin T$, $b_n \in T$.

当 $m > n$ 时,由性质(1)—(3),

$$|a_m - a_n| = a_m - a_n < b_n - a_n = \dfrac{b-a}{2^n}. \tag{3.87}$$

故 $\{a_n\}$ 是柯西列.由柯西收敛准则知 $\{a_n\}$ 收敛.设

$$\lim_{n \to \infty} a_n = \xi. \tag{3.88}$$

则由性质(2),有

$$\begin{aligned} \lim_{n \to \infty} b_n &= \lim_{n \to \infty}[(b_n - a_n) + a_n] \\ &= \lim_{n \to \infty}(b_n - a_n) + \lim_{n \to \infty} a_n = \xi. \end{aligned} \tag{3.89}$$

于是,对任意 $x \in S$ 和任意正整数 n,均有 $x \leqslant b_n$.根据极限的保不等式性,有

$$x \leqslant \xi, \tag{3.90}$$

即 $\xi \in T$. 若存在 $\eta \in T$, 使得 $\eta < \xi$. 由 (3.89) 可知, 当 n 充分大时, $\eta < a_n$. 由于 $a_n \notin T$, 故 $\eta \notin T$, 矛盾! 从而 ξ 是 S 的上确界. 同理可证 S 为非空有下界的实数集合的情况. □

由此, 我们证明了上述七个定理是等价的, 即从任何一个定理出发都可推导出其他六个定理, 所以, 这七个定理中的每一个都可以称为实数系的基本定理. 在上述七个定理等价性的证明中, 蕴含着一个重要结论: 实数系的连续性等价于实数系的完备性也等价于实数系的紧性.

3.5 习　　题

1. 按 $\varepsilon\text{-}N$ 定义证明:

(1) $\lim\limits_{n\to\infty}\dfrac{2n}{2n+1}=1$;

(2) $\lim\limits_{n\to\infty}\dfrac{n}{a^n}=0$;

(3) $\lim\limits_{n\to\infty}\dfrac{n!}{n^n}=0$.

2. 求数列极限:

(1) $\lim\limits_{n\to\infty}\sqrt{n+1}-\sqrt{n}$;

(2) $\lim\limits_{n\to\infty}\dfrac{n}{\sqrt{n^2+n}}$;

(3) $\lim\limits_{n\to\infty}\left[1+\dfrac{1}{1\cdot2}+\dfrac{1}{2\cdot3}+\cdots+\dfrac{1}{n\cdot(n+1)}\right]$;

(4) $\lim\limits_{n\to\infty}\dfrac{1+2+\cdots+n}{n^4}$.

3. 利用 $\lim\limits_{n\to\infty}\left(1+\dfrac{1}{n}\right)^n=\mathrm{e}$ 求数列极限:

(1) $\lim\limits_{n\to\infty}\left(1+\dfrac{1}{n^2}\right)^n$;

(2) $\lim\limits_{n\to\infty}\left(1-\dfrac{1}{n}\right)^n$;

(3) $\lim\limits_{n\to\infty}\left(1+\dfrac{1}{n}\right)^{n^2}$;

(4) $\lim\limits_{n\to\infty}\left(\dfrac{n+4}{n+1}\right)^n$.

4. 应用柯西收敛准则证明下面数列收敛:

(1) $a_n = 1 + \dfrac{1}{2^2} + \dfrac{1}{3^2} + \cdots + \dfrac{1}{n^2}$;　　　(2) $a_n = 1 + \dfrac{\cos 1}{2} + \dfrac{\cos 2}{2^2} + \cdots + \dfrac{\cos n}{2^n}$.

5. 应用柯西收敛准则证明下面数列发散:

$$a_n = 1 + \frac{1}{2} + \frac{1}{3} + \cdots + \frac{1}{n}.$$

6. 求证: $\lim\limits_{n\to\infty} \sqrt[n]{n} = 1$.

7. 求 $\lim\limits_{n\to\infty} \sqrt[n]{1 + \dfrac{1}{2} + \dfrac{1}{3} + \cdots + \dfrac{1}{n}}$.

8. 设数列 x_n 由如下递推公式定义:

$$x_0 = 1, \quad x_{n+1} = \frac{1}{1 + x_n} \quad (n = 0, 1, 2, \cdots).$$

求证: $\lim\limits_{n\to\infty} x_n = \dfrac{\sqrt{5} - 1}{2}$.

9. 设 $0 < x_1 < 1, x_{n+1} = 1 - \sqrt{1 - x_n}$, 求 $\lim\limits_{n\to\infty} x_n$ 和 $\lim\limits_{n\to\infty} \dfrac{x_{n+1}}{x_n}$.

10. 设 $0 < a_1 < b_1$, 令

$$a_{n+1} = \sqrt{a_n \cdot b_n}, \quad b_{n+1} = \frac{a_n + b_n}{2} \quad (n = 0, 1, 2, \cdots).$$

求证: 序列 $\{a_n\}, \{b_n\}$ 的极限存在.

11. 设 $a_n \neq 0$. 证明: $\lim\limits_{n\to\infty} a_n = 0$ 的充要条件是 $\lim\limits_{n\to\infty} \dfrac{1}{a_n} = \infty$.

12. 数列 $\{a_n\}$ 满足

$$a_1 = 1, \quad a_{n+1} = 1 + \frac{1}{a_n}, \quad n = 1, 2, \cdots \tag{3.91}$$

证明 $\{a_n\}$ 收敛, 并求出 $\lim\limits_{n\to\infty} a_n$ 的值.

13. (压缩映像原理) 设 $f(x)$ 在 $[a, b]$ 上有定义, $f([a, b]) \subset [a, b]$, 使得

$$|f(x) - f(y)| \leqslant |f(x) - f(y)|, \quad 0 < q < 1, \text{对任意的} x, y \in [a, b]. \tag{3.92}$$

证明存在唯一的 $c \in [a, b]$, 使得 $f(c) = c$.

14. 按极限定义 (ε-δ 法) 证明

$$\lim_{x\to 1} \sqrt{\frac{7}{16x^2 - 9}} = 1.$$

15. 设 $\lim\limits_{n\to\infty} a_n = a$, 试用 $\varepsilon - N$ 方法证明:

若 $x_n = \dfrac{a_1 + 2a_a + \cdots + na_n}{1 + 2 + \cdots + n}$, 则 $\lim\limits_{n\to\infty} x_n = a$.

16. 证明:

(1) 若数列 $x_n(n=1,2,\cdots)$ 收敛, 且 $x_n>0$, 则 $\lim\limits_{n\to\infty}\sqrt[n]{x_1x_2\cdots x_n}=\lim\limits_{n\to\infty}x_n$;

(2) 若 $x_n>0(n=1,2,\cdots)$ 且 $\lim\limits_{n\to\infty}\dfrac{x_{n+1}}{x_n}$ 存在, 则

$$\lim_{n\to\infty}\sqrt[n]{x_n}=\lim_{n\to\infty}\frac{x_{n+1}}{x_n}.$$

17. 若 $\lim\limits_{n\to\infty}x_n=a,\lim\limits_{n\to\infty}y_n=b$, 试证

$$\lim_{n\to\infty}\frac{x_1y_n+x_2y_{n-1}+\cdots+x_ny_1}{n}=ab.$$

18. 求极限 $\lim\limits_{n\to\infty}x_n$, 设

(1) $x_n=\dfrac{1\cdot3\cdots(2n-1)}{2\cdot4\cdots(2n)}$;

(2) $x_n=\sum\limits_{k=n^2}^{(n+1)^2}\dfrac{1}{\sqrt{k}}$;

(3) $x_n=\sum\limits_{k=1}^{n}\left[(n^k+1)^{-\frac{1}{k}}+(n^k-1)^{\frac{1}{k}}\right]$;

(4) $x_n=(n!)^{\frac{1}{n^2}}$.

19. 设 $a>0,x_1=\sqrt[3]{a},x_n=\sqrt[3]{ax_{n-1}}(n>1)$. 证明数列 $\{a_n\}$ 收敛, 并求出其极限.

20. 请证明: 如果 $a>0$, 则数列

$$x_{n+1}=\frac{1}{2}\left(x_n+\frac{a}{x_n}\right)$$

对于任何 $x_1>0$ 都收敛于 a 的算术平方根.

请估计收敛速度, 即绝对误差的值 $|x_n-\sqrt{a}|=|\Delta_n|$ 对 n 的依赖关系.

21. 利用有限覆盖定理证明根的存在性定理.

22. 利用聚点定理证明柯西收敛准则.

23. 利用有限覆盖定理证明函数的一致连续性定理.

第4章

函数极限

在第 2 章和第 3 章中我们学习了函数和数列的极限, 近代数学的中心正是函数和极限. 17、18 世纪的数学家在研究运动与变化时, 总是认为变量 x 是连续变化与运动, 趋向极限值 x_1. 但关联着连续变量 x 的是 x 从属的数值 $y = f(x)$. 问题是怎样赋予当 x 向着 x_1 运动时, $f(x)$ "趋近于" 或者 "逼近" 一固定值 y_1, 这就是函数的极限问题. 本章我们就来研究函数的极限.

这并不是显然易见的. 历史上古希腊数学家芝诺(Zeno, 约前 490—前 430)提出运动的几个悖论. 其中一个两分法悖论说: "一个人从 A 点走到 B 点, 要先走完路程的 1/2, 再走完剩下总路程的 1/2, 再走完剩下的 1/2, ⋯", 如此循环下去, 永远不能到终点. 这个悖论说明了离散的运动和连续的运动存在巨大的差别. 芝诺悖论出现以后, 很长时间内人们主动回避用确切的数学公式来表达连续运动的物理的直观看法或者抽象看法. 沿着离散序列的值 $a_1, a_2, \cdots$ 一步一步进行下去, 即使无穷, 也没有任何问题, 但是要处理分布在数轴上一整段区间的连续变量 x, 按照定理 2.8, 我们不可能说清楚如何按照 x 的大小顺序陆续地 "趋近于" x. 这是因为 x 构成稠密的集合, 从而到达 x 时, 并无 "下一个点" 可言. 所以科学地叙述有关性质的数学语言, 与直观的概念之间存在巨大的差异, 芝诺悖论就是这种差异的具体表现.

是柯西首先认识到, 要分析 "连续趋近" 的真正含义, 不能以运动的直观概念为前提. 相反, 唯有静态的, 有限的定义才能给连续的、无限的运动以精确的数学描述. 这个就是我们在第 3 章讲过的 ε-N 定义.

推广离散的 ε-N 定义到连续的自然有启发性. 首先考虑函数的自变量趋近于 ∞ 的极限, 以指数函数 $f(x) = e^{-x}$, $x \in (0, +\infty)$ 为例, 当自变量 x 逐渐增大时, 函数值逐渐靠近于 0, 那么应该用什么样的数学语言来描述 "自变量无限增大到 ∞" 与 "函数值无限靠近于 0" 这种趋势呢? 我们从数列极限的观点来看: 令 $a_n = f(n)$, $n = 1, 2, \cdots$, 则得到一个数列 $\{a_n\} = \{e^{-n}\}$, 我们知道 $\lim\limits_{n \to +\infty} e^{-n} = 0$. 用数列极限的 ε-N 定义可以验证: 对任意 $\varepsilon > 0$, 存在 $N = \ln\dfrac{1}{\varepsilon} > 0$, 使当 $n > N$ 时都有 $\left| e^{-n} - 0 \right| < \varepsilon$.

类似于上面描述数列极限的 ε-N 语言, 如果我们将上面描述中的 n 换为 x, N

换为 X ，则有对任意的 $\varepsilon > 0$ ，存在 $X = \ln\dfrac{1}{\varepsilon} > 0$ ，使当 $x > X$ 时都有

$$\left| \mathrm{e}^{-x} - 0 \right| < \varepsilon.$$

上面的有限数学语言可以准确描述当 x 趋于 $+\infty$ 时函数 $f(x) = \mathrm{e}^{-x}$ 的极限 $\lim\limits_{x \to +\infty} \mathrm{e}^{-x} = 0$ ．我们称之为对无穷大连续变量的 ε-X 定义．

4.1　自变量趋近于∞时的极限

对于定义在整个半直线上的函数来说，知道函数在无穷远点的极限行为，是一种极端情况函数的渐近行为，这对理解函数的整体性质至关重要．我们给出一般性的定义：当 x 趋向无穷大时函数 $f(x)$ 具有极限 A ，记作

$$当 x \to \infty 时，\quad f(x) \to A. \tag{4.1}$$

定义 4.1　设 $f(x)$ 为定义在 $[a, +\infty)$ 上的函数，$A \in \mathbb{R}$ ．如果对任意给定的 $\varepsilon > 0$ ，存在正数 $X > |a| \geqslant 0$ ，使当 $x > X$ 时都有

$$\left| f(x) - A \right| < \varepsilon,$$

那么称函数 $f(x)$ 当 x 趋于 $+\infty$ 时以 A 为极限，记作

$$\lim_{x \to +\infty} f(x) = A \quad 或 \quad f(x) \to A (x \to +\infty).$$

注 4.1　函数趋近于正无穷的极限与数列的极限是非常相似的，可以对比着来学习，这里的 ε 与 X 相当于数列极限的 ε-N 定义中的 ε 与 N ，对于任意小的正数 ε 和充分大的正数 X ，用 $x > X$ 表示 x 充分大或无限增大的程度，用 $\left| f(x) - A \right| < \varepsilon$ 表示 $f(x)$ 无限接近于 A 的程度．

但是，函数趋近于正无穷的极限与数列的极限也有很大的区别，对于函数 $f(x)$ 的极限，要找到满足 $x > X$ 的所有实数 x 与对应函数值 $f(x)$ 都有 $\left| f(x) - A \right| < \varepsilon$ ，而对于数列 $\{a_n\}$ 的极限，仅需要可数整数 n 即可．

类似地，我们还可以定义 $x \to -\infty$ 和 $x \to +\infty$ （即 $|x| \to +\infty$ ）时的极限．

定义 4.2　设 $f(x)$ 为定义在 $(-\infty, -a]$ 上的函数，$A \in \mathbb{R}$ ．如果对任意给定的 $\varepsilon > 0$ ，存在正数 $X > |a| \geqslant 0$ ，使当 $x < -X$ 时都有

$$\left| f(x) - A \right| < \varepsilon,$$

那么称函数 $f(x)$ 当 x 趋于 $-\infty$ 时以 A 为极限，记作

$$\lim_{x \to -\infty} f(x) = A \quad 或 \quad f(x) \to A (x \to -\infty).$$

定义 4.3　设 $f(x)$ 为定义在 $\{x \mid |x| > a\} (a > 0)$ 上的函数，$A \in \mathbb{R}$ ．如果对任意给定

的 $\varepsilon>0$, 存在正数 $X>a$, 使当 $|x|>X$ 时都有

$$|f(x)-A|<\varepsilon,$$

那么称函数 $f(x)$ 当 x 趋于 ∞ 时以 A 为极限, 记作

$$\lim_{x\to\infty}f(x)=A \quad 或 \quad f(x)\to A(x\to\infty).$$

注 4.2 如果 $f(x)$ 为定义在 $(-\infty,+\infty)$ 上的函数, 则有

$$\lim_{x\to\infty}f(x)=A \Leftrightarrow \lim_{x\to+\infty}f(x)=\lim_{x\to-\infty}f(x)=A.$$

证明留作练习.

例 4.1 证明 $\lim\limits_{x\to\infty}\dfrac{1}{x}=0$.

证明 任给 $\varepsilon>0$, 取 $M=\dfrac{1}{\varepsilon}$, 则当 $|x|>M$ 时, 有

$$\left|\frac{1}{x}-0\right|=\frac{1}{|x|}<\frac{1}{M}=\varepsilon,$$

所以 $\lim\limits_{x\to\infty}\dfrac{1}{x}=0$.

例 4.2 (1)证明 $\lim\limits_{x\to-\infty}\arctan x=-\dfrac{\pi}{2}$; (2) $\lim\limits_{x\to+\infty}\arctan x=\dfrac{\pi}{2}$.

证明 任给 $\varepsilon>0$, 由于

$$\left|\arctan x-\left(-\frac{\pi}{2}\right)\right|<\varepsilon$$

等价于 $-\varepsilon-\dfrac{\pi}{2}<\arctan x<\varepsilon-\dfrac{\pi}{2}$, 而此不等式的左半部分对任何 x 都成立, 所以只需考察其右半部分 x 的变化范围. 为此, 先限制 $\varepsilon<\dfrac{\pi}{2}$, 则有

$$x<\tan\left(\varepsilon-\frac{\pi}{2}\right)=-\tan\left(\frac{\pi}{2}-\varepsilon\right).$$

故对任给的正数 $\varepsilon\left(<\dfrac{\pi}{2}\right)$, 只需取 $M=\tan\left(\dfrac{\pi}{2}-\varepsilon\right)$, 则当 $x<-M$ 时, 便有上式成立, 这就证明了(1). 类似地可证(2).

4.2 自变量趋近于 x_0 时的极限

对于非匀速直线运动, 我们常常要求某一个时刻 t_0 的瞬时速度. 以自由落体运

动为例, 我们有 $s(t) = \dfrac{1}{2}gt^2$, 如何求时刻 t_0 的瞬时速度呢?

考虑时间间隔 $[t_0, t]$, 若在间隔较短情况下, 速度变化不大, 可以近似看作匀速运动, 下面求出该时间间隔内的平均速度

$$\bar{v} = \frac{s(t) - s(t_0)}{t - t_0} = \frac{\dfrac{1}{2}gt^2 - \dfrac{1}{2}gt_0^2}{t - t_0} = \frac{1}{2}g(t + t_0),$$

这个速度是 t_0 时刻瞬时速度的近似值, 时间间隔取得越小, 近似程度越高, 但不管间隔多小, 总是一个近似值. 要想得到 t_0 时的瞬时速度, 必须让 t 趋向于 t_0, 这时平均速度就趋于瞬时速度 gt_0, 即我们要求

$$\lim_{t \to t_0} \frac{s(t) - s(t_0)}{t - t_0} = gt_0.$$

这就涉及求一个函数当自变量趋近于某一个固定值时的极限.

一般地, 有如下函数极限的 ε-δ 定义.

定义 4.4 设函数 $f(x)$ 在 x_0 的某个空心邻域 $U^\circ(x_0; \delta') = \{x \mid 0 < |x - x_0| < \delta'\}\, (\delta' > 0)$ 内有定义, $A \in \mathbb{R}$. 如果对任意 $\varepsilon > 0$, 存在正数 $0 < \delta < \delta'$, 使当 $0 < |x - x_0| < \delta$ 时都有

$$|f(x) - A| < \varepsilon,$$

那么称函数 $f(x)$ 当 x 趋于 x_0 时以 A 为**极限**, 记作

$$\lim_{x \to x_0} f(x) = A \quad \text{或} \quad f(x) \to A\, (x \to x_0).$$

注 4.3 (1) 这里的 δ 相当于数列极限定义中的 N, 对充分小的 $\delta > 0$, 用 δ 表示 x 无限接近 x_0 的程度, δ 通常与 ε 有关, 可记作 $\delta = \delta(\varepsilon)$. 一般来说 ε 越小, δ 也越小.

(2) 与数列极限定义中的 N 一样, δ 也不唯一, 对于给定的 $\varepsilon > 0$, 如果 δ 满足要求, 那么 $\delta/2$ 也满足要求.

(3) 由于在函数极限中研究的是 $x \to x_0$ 时, 函数值的变化趋势, 所以定义中只要求 $f(x)$ 在 x_0 的某去心邻域内有定义, 并不要求 $f(x)$ 在 x_0 处是否有定义, 或者取什么值.

定义 4.5 设函数 $f(x)$ 在 x_0 的某个单侧空心邻域 $U^\circ_+(x_0; \delta') = \{x \mid 0 < x - x_0 < \delta'\}$ $(\delta' > 0)$ (或者 $U^\circ_-(x_0; \delta') = \{x \mid -\delta' < x - x_0 < 0\}\, (\delta' > 0)$) 内有定义, $A \in \mathbb{R}$. 如果对任意 $\varepsilon > 0$, 存在正数 $\delta > 0 (< \delta')$, 使得当 $x_0 < x < x_0 + \delta$ (或者 $x_0 - \delta < x < x_0$) 时有

$$|f(x) - A| < \varepsilon,$$

那么称函数 $f(x)$ 当 x 趋于 x_0^+ (或 x_0^-) 时以 A 为**右 (左) 极限**, 记作

$$\lim_{x \to x_0^+} f(x) = A \quad \left(\lim_{x \to x_0^-} f(x) = A \right)$$

或

$$f(x) \to A(x \to x_0^+) \quad (f(x) \to A(x \to x_0^-)).$$

注 4.4　如果 $f(x)$ 在 $U^\circ(x_0; \delta')(\delta' > 0)$ 内有定义, $A \in \mathbb{R}$. 则有

$$\lim_{x \to x_0} f(x) = A \Leftrightarrow \lim_{x \to x_0^+} f(x) = \lim_{x \to x_0^-} f(x) = A.$$

证明留作练习.

例 4.3　证明 $\lim\limits_{x \to 2} \dfrac{x^2 - 3x + 2}{x^2 - 4} = \dfrac{1}{4}$.

证明　由于我们是考虑 $x \to 2$ 的极限, 因此不妨设 $0 < |x - 2| < 1$, 即 $1 < x < 3$. 由于

$$\left| \frac{x^2 - 3x + 2}{x^2 - 4} - \frac{1}{4} \right| = \left| \frac{(x-1)(x-2)}{(x+2)(x-2)} - \frac{1}{4} \right| = \frac{3}{4(x+2)} |x-2| < |x-2|,$$

所以, $\forall \varepsilon > 0$, 要使 $\left| \dfrac{x^2 - 3x + 2}{x^2 - 4} - \dfrac{1}{4} \right| < \varepsilon$, 只要 $|x-2| < \varepsilon$ 且 $0 < |x-2| < 1$, 因此存在 $\delta = \min\{1, \varepsilon\} > 0$, 使当 $0 < |x-2| < \delta$ 时, 有

$$\left| \frac{x^2 - 3x + 2}{x^2 - 4} - \frac{1}{4} \right| < \varepsilon,$$

故根据定义 4.4 知, $\lim\limits_{x \to 2} \dfrac{x^2 - 3x + 2}{x^2 - 4} = \dfrac{1}{4}$.

例 4.4　证明 $\lim\limits_{x \to x_0} \sin x = \sin x_0$; $\lim\limits_{x \to x_0} \cos x = \cos x_0$.

证明　由于我们是考虑 $x \to x_0$ 的极限, 因此不妨设 $0 < |x - x_0| < 1$,

$$|\sin x - \sin x_0| = \left| 2\cos \frac{x + x_0}{2} \sin \frac{x - x_0}{2} \right| \leq 2 \left| \sin \frac{x - x_0}{2} \right|,$$

所以, $\forall \varepsilon > 0$ (不妨设 $\varepsilon < 1$), 要使 $|\sin x - \sin x_0| < \varepsilon$, 只要 $2\left| \sin \dfrac{x - x_0}{2} \right| < \varepsilon$, 即

$$-2\arcsin \frac{\varepsilon}{2} < x - x_0 < 2\arcsin \frac{\varepsilon}{2} \quad \text{或} \quad |x - x_0| < 2\arcsin \frac{\varepsilon}{2}.$$

令 $\delta = 2\arcsin \dfrac{\varepsilon}{2} > 0$, 使当 $0 < |x - x_0| < \delta$ 时有

$$|\sin x - \sin x_0| < \varepsilon.$$

根据定义 4.5,

$$\lim_{x \to x_0} \sin x = \sin x_0.$$

$\lim\limits_{x \to x_0} \cos x = \cos x_0$ 的证明留作习题.

例 4.5 证明: (1) $\lim\limits_{x \to 0^+} e^{-\frac{1}{x}} = 0$; (2) $\lim\limits_{x \to 0^-} \dfrac{1}{1+e^{\frac{1}{x}}} = 1$.

证明 (1) 首先明确函数 $e^{-\frac{1}{x}}$ 的定义域是 $D = \{x|\ x \neq 0\} = (-\infty,0) \bigcup (0,+\infty)$. 当 $x \in (0,+\infty)$ 时, 对任意的 $\varepsilon > 0$ (不妨设 $\varepsilon < \dfrac{1}{2}$), 要使 $\left| e^{-\frac{1}{x}} - 0 \right| < \varepsilon$, 只要 $e^{\frac{1}{x}} > \dfrac{1}{\varepsilon}$, 即 $x < -\dfrac{1}{\ln \varepsilon}$. 令 $\delta = -\dfrac{1}{\ln \varepsilon} > 0$, 使当 $0 < x < \delta$ 时, 有

$$\left| e^{-\frac{1}{x}} - 0 \right| < \varepsilon.$$

根据定义 4.4 得, $\lim\limits_{x \to 0^+} e^{-\frac{1}{x}} = 0$.

(2) 当 $x \in (-\infty,0)$ 时, 对任意的 $\varepsilon > 0$ (不妨设 $< \dfrac{1}{2}$), 要使 $\left| \dfrac{1}{1+e^{\frac{1}{x}}} - 1 \right| = 1 - \dfrac{1}{1+e^{\frac{1}{x}}} < \varepsilon$,

只要 $e^{\frac{1}{x}} < \dfrac{\varepsilon}{1-\varepsilon}$, 即 $x > \dfrac{1}{\ln \dfrac{\varepsilon}{1-\varepsilon}}$. 令 $\delta = -\dfrac{1}{\ln \dfrac{\varepsilon}{1-\varepsilon}} > 0$, 使当 $-\delta < x < 0$ 时, 有

$$\left| \dfrac{1}{1+e^{\frac{1}{x}}} - 1 \right| < \varepsilon.$$

利用定义 4.4 可证, $\lim\limits_{x \to 0^-} \dfrac{1}{1+e^{\frac{1}{x}}} = 1$.

例 4.6 符号函数

$$\operatorname{sgn}(x) = \begin{cases} 1, & x > 0, \\ 0, & x = 0, \\ -1, & x < 0. \end{cases} \tag{4.2}$$

在 0 点处的左右极限为

$$\lim_{x \to 0^-} \operatorname{sgn}(x) = -1, \quad \lim_{x \to 0^+} \operatorname{sgn}(x) = 1.$$

有一种特殊的情况是，$\lim\limits_{x \to x_0} f(x)$ 并无极限，此处 x_0 可以是无穷，但是对于特定的序列 $x_n \to x_0$，极限

$$\lim_{n \to \infty} f(x_n)$$

仍然存在，我们把这个称为**部分的极限**.

定义 4.6　在函数的部分极限中最大的和最小的记为

$$\overline{\lim_{x \to x_0}} f(x) \quad 及 \quad \underline{\lim_{x \to x_0}} f(x). \tag{4.3}$$

例 4.7　证明

$$\overline{\lim_{x \to \pm\infty}} \sin x = 1 \quad 及 \quad \underline{\lim_{x \to \pm\infty}} \sin x = -1. \tag{4.4}$$

证明　选取数列 $\{x_n\} = \{2n\pi + \pi/2\}$，则 $x_n \to +\infty$，并且有

$$\lim_{n \to +\infty} \sin x_n = 1.$$

同理，选取数列 $\{x_n\} = \{2n\pi - \pi/2\}$，则 $x_n \to +\infty$，并且有

$$\lim_{n \to +\infty} \sin x_n = -1.$$

因此

$$\overline{\lim_{x \to +\infty}} \sin x = 1, \quad \underline{\lim_{x \to +\infty}} \sin x = -1. \qquad \square$$

$x \to -\infty$ 的情形留作习题.

例 4.8　对任意的有理数 r，证明

$$\lim_{x \to 0} \frac{(1+x)^r - 1}{x} = r. \tag{4.5}$$

证明　首先讨论 $r = n$ 是自然数的情况. 此时，由二项式定理

$$\frac{(1+x)^n - 1}{x} = n + \frac{n(n-1)}{1 \cdot 2} x + \cdots + x^{n-1} \to n \quad (x \to 0).$$

如果 $r = \dfrac{1}{m}$，则令

$$y = (1+x)^{\frac{1}{m}} - 1. \tag{4.6}$$

有 $x = (1+y)^m - 1$，

$$\lim_{x \to 0} \frac{(1+x)^{\frac{1}{m}} - 1}{x} = \lim_{y \to 0} \frac{y}{(1+y)^m - 1} = \frac{1}{m}.$$

最后当 $r = \dfrac{n}{m}$ 时，仍用变换(4.6)有

$$\frac{(1+x)^{\frac{n}{m}}-1}{x} = \frac{(1+y)^n-1}{(1+y)^m-1} = \frac{y}{(1+y)^m-1} \frac{(1+y)^n-1}{y} \to \frac{n}{m}.$$

对于负的有理数，

$$\frac{(1+x)^{-\frac{n}{m}}-1}{x} = -\frac{(1+x)^{\frac{n}{m}}-1}{x} \frac{1}{(1+x)^{\frac{n}{m}}} \to -\frac{n}{m}. \qquad \square$$

4.3　函数极限的性质

　　函数极限的性质与数列极限的性质是类似地，证明也是类似的. 本章我们就根据数列极限的性质，列举出函数极限的相应性质. 在 4.2 节中，我们一共学习了下面六种类型的函数极限:

　　(1) $\lim\limits_{x \to +\infty} f(x)$;　　　(2) $\lim\limits_{x \to -\infty} f(x)$;　　　(3) $\lim\limits_{x \to \infty} f(x)$;

　　(4) $\lim\limits_{x \to x_0} f(x)$;　　　(5) $\lim\limits_{x \to x_0^+} f(x)$;　　　(6) $\lim\limits_{x \to x_0^-} f(x)$.

　　我们以 $\lim\limits_{x \to x_0} f(x)$ 为代表来叙述并证明这些性质. 其他类型极限的性质及其证明，只要相应地做些修改即可.

　　下面的定理 4.1 保证不管用什么方法求极限，得到的极限值是一样的.

　　定理 4.1(极限的唯一性)　若极限 $\lim\limits_{x \to x_0} f(x)$ 存在，则极限值是唯一的.

　　证明　我们用反证法. 假设极限不唯一，则该极限至少收敛到两个不同的数，即

$$\lim_{x \to x_0} f(x) = A, \quad \lim_{x \to x_0} f(x) = B,$$

且 $A \neq B$.

　　不妨设 $A < B$，取 $\varepsilon = \dfrac{B-A}{2} > 0$. 由极限定义，存在正数 $\delta_1 > 0$，使当 $0 < |x - x_0| < \delta_1$ 时都有

$$|f(x) - A| < \varepsilon, \quad f(x) < A + \varepsilon = \frac{A+B}{2}.$$

又存在 $\delta_2 > 0$，使当 $0 < |x - x_0| < \delta_2$ 时有

$$|f(x) - B| < \varepsilon, \quad f(x) > B - \varepsilon = \frac{A+B}{2}.$$

令 $\delta = \min\{\delta_1, \delta_2\}$ 时，就有

$$f(x) > \frac{A+B}{2} > f(x).$$

即得矛盾，说明反证法假设不成立，极限值唯一.　　　　　　　　　　　　□

定理 4.2(有界性)　若极限 $\lim\limits_{x \to x_0} f(x)$ 存在，则存在 $\delta > 0$，使得函数 $f(x)$ 在 x_0 的空心邻域 $U^\circ(x_0; \delta)$ 上有界.

证明　设 $\lim\limits_{x \to x_0} f(x) = A$. 取 $\varepsilon = 1$，由定义存在 $\delta > 0$，使得对一切 $x \in U^\circ(x_0; \delta)$，有

$$|f(x) - A| < 1 \Rightarrow |f(x)| < |A| + 1.$$

这就证明了 f 在 $U^\circ(x_0; \delta)$ 上有界.　　　　　　　　　　　　　　　　□

定理 4.3(局部保号性)　设 $\lim\limits_{x \to x_0} f(x) = A > 0$（或 < 0），则存在 $\delta > 0$，使当 $0 < |x - x_0| < \delta$ 时有

$$f(x) > \frac{A}{2} > 0 \quad \left(\text{或 } f(x) < \frac{A}{2} < 0\right).$$

证明　由于 $\lim\limits_{x \to x_0} f(x) = A > 0$（或 < 0）. 取 $\varepsilon = \dfrac{A}{2}$，由定义存在 $\delta > 0$，使当 $0 < |x - x_0| < \delta$ 时有

$$|f(x) - A| < \frac{A}{2} \quad \left(\text{或} |f(x) - A| < -\frac{A}{2}\right),$$

则有

$$f(x) > \frac{A}{2} > 0 \quad \left(\text{或} f(x) < \frac{A}{2} < 0\right).\qquad\qquad\square$$

定理 4.4(保不等式性)　设 $\lim\limits_{x \to x_0} f(x)$ 与 $\lim\limits_{x \to x_0} g(x)$ 都存在，且在某邻域 $U^\circ(x_0; \delta')$ $(\delta' > 0)$ 上有 $f(x) \leqslant g(x)$，则

$$\lim_{x \to x_0} f(x) \leqslant \lim_{x \to x_0} g(x). \tag{4.7}$$

证明　设 $\lim\limits_{x \to x_0} f(x) = A, \lim\limits_{x \to x_0} g(x) = B$，则对任给的 $\varepsilon > 0$，分别存在正数 δ_1 与 δ_2，使得当 $0 < |x - x_0| < \delta_1$ 时，有

$$|f(x) - A| < \varepsilon, \quad \text{即} \quad A - \varepsilon < f(x). \tag{4.8}$$

当 $0 < |x - x_0| < \delta_2$ 时，有

$$|g(x)-B|<\varepsilon, \quad \text{即 } g(x)<B+\varepsilon. \tag{4.9}$$

令 $\delta=\min\{\delta',\delta_1,\delta_2\}$，则当 $0<|x-x_0|<\delta$ 时，不等式 $f(x)\leqslant g(x)$ 与 (4.8)、(4.9) 两式联立可得

$$A-\varepsilon<f(x)\leqslant g(x)<B+\varepsilon,$$

从而 $A<B+2\varepsilon$. 由 ε 的任意性推出 $A\leqslant B$，即 (4.7) 式成立. □

定理 4.5(迫敛性) 设 $\lim\limits_{x\to x_0}f(x)=\lim\limits_{x\to x_0}g(x)=A$，且在某 $U^\circ(x_0;\delta')$ 上有

$$f(x)\leqslant h(x)\leqslant g(x),$$

则 $\lim\limits_{x\to x_0}h(x)=A$.

证明 按假设，对任给的 $\varepsilon>0$，分别存在正数 δ_1 与 δ_2，使得当 $0<|x-x_0|<\delta_1$ 时，有 $A-\varepsilon<f(x)$，当 $0<|x-x_0|<\delta_2$ 时，有 $g(x)<A+\varepsilon$. 令 $\delta=\min\{\delta',\delta_1,\delta_2\}$，则当 $0<|x-x_0|<\delta$ 时，不等式同时成立，故有

$$A-\varepsilon<f(x)\leqslant h(x)\leqslant g(x)<A+\varepsilon,$$

由此得 $|h(x)-A|<\varepsilon$，所以 $\lim\limits_{x\to x_0}h(x)=A$. □

定理 4.6(四则运算法则) 若极限 $\lim\limits_{x\to x_0}f(x)$ 与 $\lim\limits_{x\to x_0}g(x)$ 都存在，则函数 $f\pm g, f\cdot g$ 当 $x\to x_0$ 时极限也存在，且

(1) $\lim\limits_{x\to x_0}[f(x)\pm g(x)]=\lim\limits_{x\to x_0}f(x)\pm\lim\limits_{x\to x_0}g(x)$;

(2) $\lim\limits_{x\to x_0}[f(x)g(x)]=\lim\limits_{x\to x_0}f(x)\cdot\lim\limits_{x\to x_0}g(x)$;

(3) 若 $\lim\limits_{x\to x_0}g(x)\neq0$，则 f/g 当 $x\to x_0$ 时极限存在，且有

$$\lim\limits_{x\to x_0}\frac{f(x)}{g(x)}=\frac{\lim\limits_{x\to x_0}f(x)}{\lim\limits_{x\to x_0}g(x)}.$$

这个定理的证明类似于数列极限的四则运算法则，证明留给读者作为练习.

迫敛性和四则运算法则是求复杂函数极限的重要手段，我们可通过迫敛性和四则运算法则将复杂函数放缩成简单函数来计算其极限.

例 4.9 证明 $\lim\limits_{x\to0^+}x\left[\dfrac{1}{x}\right]=1$.

证明 当 $x>0$ 时，令 $N<\dfrac{1}{x}<N+1$，则 $\left[\dfrac{1}{x}\right]=N$，$\dfrac{1}{N+1}<x<\dfrac{1}{N}$，于是

$$1-x<1-\frac{1}{N+1}=\frac{N}{N+1}<x\left[\frac{1}{x}\right]\leqslant\frac{N}{N}\leqslant1.$$

而 $\lim\limits_{x\to 0^+}(1-x)=1$，故由迫敛性得

$$\lim_{x\to 0^+}x\left[\frac{1}{x}\right]=1.$$

□

例 4.10 证明 $\lim\limits_{x\to +\infty}\sqrt{x^2+x}-x=\dfrac{1}{2}$.

证明 利用分子有理化，

$$\sqrt{x^2+x}-x=\frac{x}{\sqrt{x^2+x}+x}=\frac{1}{\sqrt{1+\dfrac{1}{x}}+1}.$$

利用四则运算法则和 $\lim\limits_{x\to +\infty}\sqrt{1+\dfrac{1}{x}}=1$ 可得

$$\lim_{x\to +\infty}\frac{1}{\sqrt{1+\dfrac{1}{x}}+1}=\frac{1}{2}.$$

□

4.4　函数极限的判定

本节我们来讨论函数极限的判定准则，首先我们给出函数极限的柯西收敛准则.

4.4.1　柯西准则

定理 4.7(柯西准则)　设函数 f 在 $U^{\circ}(x_0;\delta')$ 上有定义. $\lim\limits_{x\to x_0}f(x)$ 存在的充要条件是：任给 $\varepsilon >0$，存在正数 $\delta(<\delta')$，使得对任何 $x',x''\in U^{\circ}(x_0;\delta)$，有 $\left|f(x')-f(x'')\right|<\varepsilon$.

证明　必要性. 设 $\lim\limits_{x\to x_0}f(x)=A$，由函数极限定义：对任给的 $\varepsilon >0$，存在正数 $\delta(<\delta')$，使得对任何 $x\in U^{\circ}(x_0;\delta)$，有 $\left|f(x)-A\right|<\dfrac{\varepsilon}{2}$. 于是对任何 $x',x''\in U^{\circ}(x_0;\delta)$，有

$$\left|f(x')-f(x'')\right|\leqslant \left|f(x')-A\right|+\left|f(x'')-A\right|<\frac{\varepsilon}{2}+\frac{\varepsilon}{2}=\varepsilon.$$

充分性. 如果任给 $\varepsilon >0$，存在正数 $\delta(<\delta')$，使得对任何 $x',x''\in U^{\circ}(x_0;\delta)$，有

$$\left|f(x')-f(x'')\right|<\varepsilon.$$

现在要证明函数极限存在.

设数列 $\{x_n\}\subset U^{\circ}(x_0;\delta)$ 且 $\lim\limits_{n\to\infty}x_n=x_0$. 按假设，由于 $x_n\to x_0(n\to\infty)$，对上述的

$\delta > 0$，存在 $N > 0$，使得当 $n,m > N$ 时，有 $x_n, x_m \in U^{\circ}(x_0;\delta)$，从而有

$$\left| f(x_n) - f(x_m) \right| < \varepsilon.$$

于是，按数列的柯西收敛准则，数列 $\{f(x_n)\}$ 的极限存在，记为 A，即 $\lim\limits_{n\to\infty} f(x_n) = A$.

再由假设，对任意 $x \in U^{\circ}(x_0;\delta)$，当 $n > N$ 时，有

$$\left| f(x) - f(x_n) \right| < \varepsilon.$$

令 $n \to \infty$，则有

$$\left| f(x) - A \right| < \varepsilon.$$

即 $\lim\limits_{x\to x_0} f(x) = A$. □

按照函数极限的柯西准则，我们能写出极限 $\lim\limits_{x\to x_0} f(x)$ 不存在的充分条件：

定理 4.8　极限 $\lim\limits_{x\to x_0} f(x)$ 不存在的充分条件是：存在 $\varepsilon_0 > 0$，对任何 $\delta > 0$（无论 δ 多么小），总可找到 $x', x'' \in U^{\circ}(x_0;\delta)$，使得

$$\left| f(x') - f(x'') \right| \geqslant \varepsilon_0.$$

例 4.11　证明极限 $\lim\limits_{x\to 0} \sin\dfrac{1}{x}$ 不存在.

证明　取 $\varepsilon_0 = 1$，对任何 $\delta > 0$，设正整数 $n > \dfrac{1}{\delta}$，令

$$x_n' = \frac{1}{n\pi}, \quad x_n'' = \frac{1}{n\pi + \dfrac{\pi}{2}},$$

$0 < x_n' < \delta, 0 < x_n'' < \delta$，对于任意的 n，有

$$\left| \sin\frac{1}{x_n'} - \sin\frac{1}{x_n''} \right| = 1 \geqslant \varepsilon_0.$$

于是按定理 4.8，极限 $\lim\limits_{x\to 0} \sin\dfrac{1}{x}$ 不存在. □

4.4.2　夹挤定理

由函数极限的迫敛性质定理 4.5，我们总结出如下的定理.

定理 4.9（夹挤定理）　设 $\lim\limits_{x\to x_0} f(x) = \lim\limits_{x\to x_0} g(x) = A$，且在某 $U^{\circ}(x_0;\delta')$ 上有

$$f(x) \leqslant h(x) \leqslant g(x),$$

则 $\lim\limits_{x\to x_0} h(x) = A$.

例 4.12　证明极限

$$\lim_{x \to 0} x \sin \frac{1}{x} = 0. \tag{4.10}$$

显然由

$$0 \leqslant \left| x \cdot \sin \frac{1}{x} \right| \leqslant |x|$$

可以得到.

函数 $x \sin \dfrac{1}{x}$ 在 $x = 0$ 附近无限次振荡到零, 是非常有用的例子.

4.4.3　归结原则

当然连续的极限可以归结为离散序列的极限, 但这只有理论的意义, 虽然对我们求到连续的极限并无帮助, 但可以帮助我们"猜到"极限的值. 这个原则称为归结原则. 下面的定理只对 $x \to x_0$ 这种类型的极限进行描述. 下述的归结原则也称为海涅(Heinrich Eduard Heine, 1821—1881)定理.

定理 4.10(归结原则)　设函数 $f(x)$ 在 $U^{\circ}(x_0; \delta_0)$ 内有定义, $A \in \mathbb{R}$, 则 $\lim\limits_{x \to x_0} f(x) = A$ 的充要条件是: 对 $U^{\circ}(x_0; \delta_0)$ 内任何以 x_0 为极限的数列 $\{x_n\}$, 都有

$$\lim_{n \to \infty} f(x_n) = A.$$

证明　必要性. 由于 $\lim\limits_{x \to x_0} f(x) = A$, 则对 $\forall \varepsilon > 0$, 都存在 $\delta > 0 (\leqslant \delta_0)$, 使当 $0 < |x - x_0| < \delta$ 时有

$$|f(x) - A| < \varepsilon.$$

假设 $\{x_n\}$ 是 $U^{\circ}(x_0; \delta_0)$ 内任一以 x_0 为极限的数列, 即 $\lim\limits_{n \to \infty} x_n = x_0$ 及 $x_n \in U^{\circ}(x_0; \delta_0)$ $(n = 1, 2, \cdots)$, 所以对上述 $\delta > 0$, 存在 $N > 0$, 使当 $n > N$ 时有 $0 < |x_n - x_0| < \delta$, 因此当 $n > N$ 时有

$$|f(x_n) - A| < \varepsilon.$$

根据数列极限的定义有

$$\lim_{n \to \infty} f(x_n) = A.$$

充分性. 若对 $U^{\circ}(x_0; \delta_0)$ 内任何以 x_0 为极限的数列 $\{x_n\}$, 都有 $\lim\limits_{n \to \infty} f(x_n) = A$, 我们用反证法来证明: $\lim\limits_{x \to x_0} f(x) = A$.

假定 $\lim_{x \to x_0} f(x) \neq A$，则存在 $\varepsilon_0 > 0, \forall \delta > 0 \; (\leqslant \delta_0)$（不论多么小），总存在一点 x，尽管 $0 < |x - x_0| < \delta$，但有

$$|f(x) - A| \geqslant \varepsilon_0.$$

既然 δ 是任意的，分别取 $\delta = \dfrac{\delta_0}{n} (n = 1, 2, \cdots)$. 对每个 $\delta = \dfrac{\delta_0}{n}$，相应地存在 x_n 满足

$$0 < |x_n - x_0| < \frac{\delta_0}{n}, \quad \text{但是} \; |f(x_n) - A| \geqslant \varepsilon_0.$$

由 $0 < |x_n - x_0| < \dfrac{\delta_0}{n} \leqslant \delta_0$ 知，这样构造的数列满足 $x_n \in U^\circ(x_0; \delta_0)(n = 1, 2, \cdots)$ 且 $\lim_{n \to \infty} x_n = x_0$，但由 $|f(x_n) - A| \geqslant \varepsilon_0 > 0$ 知，$\lim_{n \to \infty} f(x_n) \neq A$，这与假设矛盾，故 $\lim_{x \to x_0} f(x) = A$. $\qquad\qquad\square$

推论 4.1 设函数 $f(x)$ 在 $U^\circ(x_0; \delta_0)$ 内有定义. 如果在 $U^\circ(x_0; \delta_0)$ 内可找到一个以 x_0 为极限的数列 $\{x_n\}$，使 $\{f(x_n)\}$ 发散，或者可找到两个以 x_0 为极限的数列 $\{x_n'\}$ 与 $\{x_n''\}$，使得 $\{f(x_n')\}$ 与 $\{f(x_n'')\}$ 都收敛，但极限不同，那么 $\lim_{x \to x_0} f(x)$ 不存在.

例 4.13 求极限 $\lim_{n \to \infty} n \sin \dfrac{1}{3n + 2}$.

解 我们先承认 4.5 节讲的重要极限成立：

$$\lim_{x \to 0} \frac{\sin x}{x} = 1. \tag{4.11}$$

令 $x_n = \dfrac{1}{3n + 2} \to 0 (n \to \infty)$，所以根据归结原则得

$$\lim_{n \to \infty} \frac{\sin x_n}{x_n} = \lim_{n \to \infty} (3n + 2) \sin \frac{1}{3n + 2} = 1.$$

因此

$$\lim_{n \to \infty} n \sin \frac{1}{3n + 2} = \lim_{n \to \infty} \left[\frac{n}{3n + 2} \cdot (3n + 2) \sin \frac{1}{3n + 2} \right] = \frac{1}{3}.$$

例 4.14 用归结原则证明极限 $\lim_{x \to 0} \sin \dfrac{1}{x}$ 不存在.

证明 根据上面的推论，我们只需要取两个不同的序列 $0 < x_n' < \delta_0, 0 < x_n'' < \delta_0$，并且满足 $\lim_{n \to 0} x_n' = \lim_{n \to 0} x_n'' = 0$. 令

$$x_n' = \frac{1}{n\pi}, \quad x_n'' = \frac{1}{n\pi + \dfrac{\pi}{2}},$$

此时

$$\lim_{n\to\infty}\sin\frac{1}{x'_n}=0,\quad \lim_{n\to\infty}\sin\frac{1}{x''_n}=1.$$

极限 $\lim\limits_{x\to 0}\sin\frac{1}{x}$ 不存在. $\qquad\qquad\qquad\qquad\qquad\qquad\qquad\qquad$ □

下面是 $x\to\infty$ 时的归结原则.

定理 4.11(归结原则) 设函数 $f(x)$ 在 $U(\infty)=\{x\,|\,|x|>M\geqslant 0\}$ 内有定义, $A\in\mathbb{R}$, 则 $\lim\limits_{x\to\infty}f(x)=A$ 的充要条件是: 对 $U(\infty)$ 内任何以 ∞ 为极限的数列 $\{x_n\}$, 都有

$$\lim_{n\to\infty}f(x_n)=A.$$

其证明与上面的定理完全类似. 归结原则将函数极限问题归结为数列极限问题来处理, 它与收敛数列和它的子列的关系很相似.

4.4.4 单调有界原理

对应于数列极限的单调有界原理, 关于上述四类单侧极限也有相应的定理. 现以 $x\to x_0^+$ 这种类型为例叙述如下.

定理 4.12 设 $f(x)$ 为定义在 $U_+^{\circ}(x_0;\delta)$ 上的单调有界函数, 则右极限 $\lim\limits_{x\to x_0^+}f(x)$ 存在.

证明 不妨设 f 在 $U_+^{\circ}(x_0;\delta)$ 上单调递增. 由条件 $f(x)$ 在 $U_+^{\circ}(x_0;\delta)$ 上有界, 由确界原理, $\inf_{x\in U_+^{\circ}(x_0;\delta)}f(x)$ 存在, 记为 A, 必有 $A\leqslant f(x)$. 下面我们证明 $\lim\limits_{x\to x_0^+}f(x)=A$.

按下确界定义, 任给 $\varepsilon>0$, 存在 $x'\in U_+^{\circ}(x_0;\delta)$, 使得 $f(x')<A+\varepsilon$. 取 $\delta=x'-x_0>0$, 则由 f 的递增性, 对一切 $x\in(x_0,x')=U_+^{\circ}(x_0;\delta)$, 有

$$f(x)\leqslant f(x')<A+\varepsilon.$$

另一方面, 由 $A\leqslant f(x)$, 更有 $A-\varepsilon<f(x)$. 从而对任意的 $x\in U_+^{\circ}(x_0;\delta)$, 有

$$A-\varepsilon<f(x)<A+\varepsilon.$$

由定义, 证毕. $\qquad\qquad\qquad\qquad\qquad\qquad\qquad\qquad\qquad\qquad\qquad$ □

4.5 两个重要极限

本节我们来介绍两个重要极限, 求很多函数极限时都要用到这两个极限, 同时它们也是求导数的基础. 第一个就是式 (4.11).

例 4.15(重要极限一) $\lim\limits_{x\to 0}\dfrac{\sin x}{x}=1.$

这个极限有明显的几何意义. 做单位圆, 则有 x 表示以弧度为单位的圆心角 $\angle AOB$, 此时 $x = \overset{\frown}{AB}$, $\sin x = \overline{BC}$. 从图 4.1 中容易看出

$$\lim_{x \to 0} \frac{\sin x}{x} = \lim_{x \to 0} \frac{\overline{BC}}{\overset{\frown}{AB}},$$

即当圆心角趋近于零时, 对应的弧长与弦长之比趋于 1.

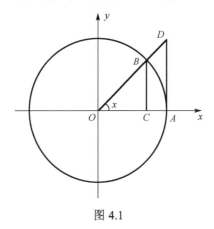

图 4.1

证明 设 $0 < x < \dfrac{\pi}{2}$, 从图 4.1 上可以直观看到 $\triangle OAB$ 面积 $<$ 扇形 OAB 面积 $< \triangle OAD$ 面积, 即

$$\frac{1}{2}\sin x < \frac{1}{2}x < \frac{1}{2}\tan x, \tag{4.12}$$

即 $\sin x < x < \tan x$. 因此, 当 $0 < x < \dfrac{\pi}{2}$ 时, 有

$$\cos x < \frac{\sin x}{x} < 1,$$

利用偶函数的性质, 上式在 $-\dfrac{\pi}{2} < x < 0$ 上也成立. 利用夹挤定理 4.9 和 $\lim\limits_{x \to 0}\cos x = 1$ 即可得到

$$\lim_{x \to 0} \frac{\sin x}{x} = 1. \qquad \qquad \square$$

例 4.16 $\lim\limits_{x \to 0} \dfrac{\tan x}{x} = 1$.

解 这个从例 4.15 立刻就得到.

$$\lim_{x \to 0} \frac{\tan x}{x} = \lim_{x \to 0}\left(\frac{\sin x}{\cos x} \cdot \frac{1}{x}\right) = \lim_{x \to 0}\frac{\sin x}{x} \cdot \lim_{x \to 0}\frac{1}{\cos x} = 1.$$

例 4.17　$\lim\limits_{x \to 0}\dfrac{1-\cos x}{x^2}=\dfrac{1}{2}$.

解　这从下式得到

$$\lim_{x \to 0}\frac{1-\cos x}{x^2}=\lim_{x \to 0}\frac{1}{2}\left(\frac{\sin\dfrac{x}{2}}{\dfrac{x}{2}}\right)^2=\frac{1}{2}.$$

下面的极限自然可以从 (3.46) 推测到.

例 4.18(重要极限二)

$$\lim_{x \to \infty}\left(1+\frac{1}{x}\right)^x=\mathrm{e}. \tag{4.13}$$

证明　$\lim\limits_{x \to \infty}\left(1+\dfrac{1}{x}\right)^x=\mathrm{e}$ 等价于以下两个极限

$$\lim_{x \to +\infty}\left(1+\frac{1}{x}\right)^x=\mathrm{e}\quad \text{和}\quad \lim_{x \to -\infty}\left(1+\frac{1}{x}\right)^x=\mathrm{e}.$$

首先证明 $\lim\limits_{x \to +\infty}\left(1+\dfrac{1}{x}\right)^x=\mathrm{e}$，我们将利用 (3.46) 的结论：$\lim\limits_{n \to +\infty}\left(1+\dfrac{1}{n}\right)^n=\mathrm{e}$.

记 $n=[x]$，则 $n \leqslant x < n+1$. 则有

$$\left(1+\frac{1}{n+1}\right)^n \leqslant \left(1+\frac{1}{x}\right)^x \leqslant \left(1+\frac{1}{n}\right)^{n+1}.$$

考虑不等式左边和右边的两个极限：

$$\lim_{x \to +\infty}\left(1+\frac{1}{n+1}\right)^n=\lim_{x \to +\infty}\left(1+\frac{1}{n+1}\right)^{n+1}\cdot\lim_{x \to +\infty}\left(1+\frac{1}{n+1}\right)^{-1}=\mathrm{e}.$$

$$\lim_{x \to +\infty}\left(1+\frac{1}{n}\right)^{n+1}=\lim_{x \to +\infty}\left(1+\frac{1}{n}\right)^n\cdot\lim_{x \to +\infty}\left(1+\frac{1}{n}\right)=\mathrm{e}.$$

由数列极限的定义对任意正数 $\varepsilon > 0$，存在正数 N，使得当 $n > N$ 时有 $\mathrm{e}-\varepsilon < \left(1+\dfrac{1}{n+1}\right)^n$ 并且 $\left(1+\dfrac{1}{n}\right)^{n+1} < \mathrm{e}+\varepsilon$.

令 $X=N$，则对任意的 $x > X+1$，都满足 $n=[x] > X=N$，因此有

$$\mathrm{e}-\varepsilon < \left(1+\frac{1}{x}\right)^x < \mathrm{e}+\varepsilon.$$

由 ε 的任意性可得 $\lim\limits_{x\to+\infty}\left(1+\dfrac{1}{x}\right)^x=\mathrm{e}$.

下面利用 $x\to+\infty$ 的结果证明 $\lim\limits_{x\to-\infty}\left(1+\dfrac{1}{x}\right)^x=\mathrm{e}$. 令 $x=-t$,

$$\lim_{x\to-\infty}\left(1+\frac{1}{x}\right)^x=\lim_{t\to+\infty}\left(1-\frac{1}{t}\right)^{-t}=\lim_{t\to+\infty}\left(1+\frac{1}{t-1}\right)^t$$

$$=\lim_{t\to+\infty}\left(1+\frac{1}{t-1}\right)^{t-1}\cdot\left(1+\frac{1}{t-1}\right)=\mathrm{e}.\qquad\square$$

以后还常用到 e 的另一种极限形式:

$$\lim_{\alpha\to0}(1+\alpha)^{\frac{1}{\alpha}}=\mathrm{e}.\tag{4.14}$$

事实上, 令 $\alpha=\dfrac{1}{x}$, 则 $x\to\infty\Leftrightarrow\alpha\to0$, 所以

$$\mathrm{e}=\lim_{x\to\infty}\left(1+\frac{1}{x}\right)^x=\lim_{\alpha\to0}(1+\alpha)^{\frac{1}{\alpha}}.$$

例 4.19 计算 $\lim\limits_{x\to\infty}\left(\dfrac{3x+2}{3x+1}\right)^{6x}$.

解 $\lim\limits_{x\to\infty}\left(\dfrac{3x+2}{3x+1}\right)^{6x}=\lim\limits_{x\to\infty}\left(1+\dfrac{1}{3x+1}\right)^{2(3x+1)-2}$

$$=\lim_{x\to\infty}\left(\left(1+\frac{1}{3x+1}\right)^{3x+1}\right)^2\cdot\left(1+\frac{1}{3x+1}\right)^{-2}=\mathrm{e}^2.$$

该题的方法我们也称为 "凑重要极限法".

例 4.20 求 $\lim\limits_{x\to+\infty}\left(1+\dfrac{1}{x}+\dfrac{1}{x^2}\right)^x$.

解 由夹挤定理 4.9,

$$\left(1+\frac{1}{x}\right)^x<\left(1+\frac{1}{x}+\frac{1}{x^2}\right)^x=\left(1+\frac{x+1}{x^2}\right)^{\frac{x^2}{x+1}\cdot\frac{x+1}{x}}.$$

左侧 $\lim\limits_{x\to+\infty}\left(1+\dfrac{1}{x}\right)^x=\mathrm{e}$. 右侧

$$\lim_{x \to +\infty} \left(1 + \frac{x+1}{x^2}\right)^{\frac{x^2}{x+1}\frac{x+1}{x}} = \lim_{x \to +\infty} \left(\left(1 + \frac{x+1}{x^2}\right)^{\frac{x^2}{x+1}}\right)^{\frac{x+1}{x}} = \mathrm{e}.$$

4.6　无穷小与无穷大的阶

如果两个函数当 $x \to x_0$ (x_0 可以是无限) 时趋于不同的一个有限值,

$$f(x) \to A(x \to x_0), \quad g(x) \to B(x \to x_0),$$

则当 $A > B$ 时, 我们可以得到在 x 的附近 $f(x) > g(x)$. 但当 $A = B$ 时各种情况都有. 例如

$$f(x) = 1 + x\sin\frac{1}{x} \to 1(x \to 0), \quad g(x) = \cos x \to 1(x \to 0),$$

我们无法知道 $x = 0$ 的附近哪个函数更大一些. 但它们趋于 1 的快慢可能不同. 为了说明这种情况, 令

$$F(x) = f(x) - 1 = x\sin\frac{1}{x}, \quad G(x) = g(x) - 1 = \cos x - 1,$$

则问题变成了 $x \to 0$ 时 $F(x)$ 和 $G(x)$ 趋于零的快慢问题. 我们称 $F(x)$ 和 $G(x)$ 当 $x \to 0$ 时为无穷小.

另一种情况是

$$f(x) \to \infty(x \to x_0), \quad g(x) \to \infty(x \to x_0).$$

这种情况我们称 $f(x)$ 和 $g(x)$ 当 $x \to x_0$ 时是无穷大. 无穷小和无穷大构成两种极端情况, 许多事情只有极端情况值得特别注意. 如果 $f(x)$ 在 $x \to x_0$ 时是无穷大, 则 $\dfrac{1}{f(x)}$ 在 $x \to x_0$ 时是无穷小. 但反过来可能没有意义. 例如

$$f(x) = x\sin\frac{1}{x}$$

在 $x \to 0$ 时是无穷小, 但是

$$\frac{1}{f(x)} = \frac{1}{x\sin\dfrac{1}{x}}$$

在 $x \to 0$ 的极限无法讨论, 因为当 $x_n = \dfrac{1}{n\pi}$ 时 $f(x_n) = 0$ 使得 $\dfrac{1}{f(x)}$ 无法在半直线上定义. 但在许多情况下, 无穷大与无穷小互为倒数, 所以讨论起来二者基本上是一样

的. 无穷小和无穷大当然无法比较大小, 但可以比较阶. 例如 $f(x) = x^2 \to \infty (x \to \infty)$, $g(x) = x^3 \to \infty (x \to \infty)$. 显然, 这种情况 $g(x)$ 比 $f(x)$ 趋于无穷大的速度快得多. 反过来, 如果考察 $x \to 0$, 则 $g(x)$ 收敛到零的速度也比 $f(x)$ 要快.

定义 4.7　如果当 $x \to x_0$ 时 z, y 都为无穷大且

$$\lim_{x \to x_0} \frac{z(x)}{y(x)} < \infty, \tag{4.15}$$

则称 z 与 y 有相同的阶. 如果

$$\lim_{x \to x_0} \frac{z(x)}{y(x)} = \infty. \tag{4.16}$$

称 z 的阶高于 y.

同理, 如果当 $x \to x_0 (x_0$ 可以是 $\infty)$ 时 z, y 都是无穷小量且

$$\lim_{x \to x_0} \left| \frac{z(x)}{y(x)} \right| > 0, \tag{4.17}$$

则称 z 与 y 有相同的阶. 如果

$$\lim_{x \to x_0} \frac{z(x)}{y(x)} = 0. \tag{4.18}$$

称 z 的阶高于 y.

例 4.21　因为

$$\lim_{x \to 0} \frac{\sin x}{x} = 1, \quad \lim_{x \to 0} \frac{\sqrt[m]{1+x} - 1}{x} = \frac{1}{m},$$

所以 x 和 $\sin x$, $\sqrt[m]{1+x} - 1$ 都是当 $x \to 0$ 时的同阶无穷小. 从例 4.17 可以看出. 当 $x \to 0$ 时, $1 - \cos x$ 与 x^2 是同阶的无穷小, 是 x 的高阶无穷小.

例 4.22　考察

$$f(x) = \sqrt{x+1} + \sqrt{x-1} - 2\sqrt{x}$$

的阶.

解　首先证明当 $x \to +\infty$ 时 $f(x)$ 是无穷小. 实际上

$$f(x) = \left(\sqrt{x+1} - \sqrt{x} \right) - \left(\sqrt{x} - \sqrt{x-1} \right) = \frac{1}{\sqrt{x+1} + \sqrt{x}} - \frac{1}{\sqrt{x-1} + \sqrt{x}} \to 0 \quad (x \to +\infty).$$

继续变形得

$$f(x) = \frac{\sqrt{x-1} - \sqrt{x+1}}{\left(\sqrt{x+1} + \sqrt{x} \right) \left(\sqrt{x} + \sqrt{x-1} \right)} = \frac{-2}{\left(\sqrt{x+1} + \sqrt{x} \right) \left(\sqrt{x} + \sqrt{x-1} \right) \left(\sqrt{x-1} + \sqrt{x+1} \right)}.$$

则

$$\lim_{x \to +\infty} \frac{f(x)}{x^{-3/2}} = \lim_{x \to +\infty} \frac{-2\left(\sqrt{x}\right)^3}{\left(\sqrt{x+1}+\sqrt{x}\right)\left(\sqrt{x}+\sqrt{x-1}\right)\left(\sqrt{x-1}+\sqrt{x+1}\right)} = -\frac{1}{4}.$$

所以当 $x \to \infty$ 时, $f(x)$ 是与 $\dfrac{1}{\sqrt{x^3}}$ 同阶的无穷小. 或者反过来, $x \to +\infty$ 时,

$$\frac{1}{\sqrt{x+1}+\sqrt{x-1}-2\sqrt{x}}$$

是与 $\sqrt{x^3}$ 同阶的无穷大.

例 4.23　当 $a > 1$ 时, 令 $a = 1+b$, $b > 0$. 由二项式定理, 当 $n > 2$ 时,

$$a^n = (1+b)^n = 1 + nb + \frac{n(n-1)}{2}b^2 + \cdots > \frac{n(n-1)}{2}b^2 > \frac{(a-1)^2}{4}n^2.$$

再令 $n = [x]$, 有

$$\frac{a^x}{x} \geqslant \frac{a^n}{n+1} \geqslant \frac{(a-1)^2 n^2}{4(n+1)} \to \infty, \quad n \to \infty.$$

对任意的 $\alpha > 0$, 令 $a^{\frac{1}{\alpha}} = c$. 于是

$$\lim_{x \to +\infty} \frac{a^x}{x^\alpha} = \lim_{x \to +\infty} \left(\frac{a^{\frac{1}{\alpha}x}}{x}\right)^\alpha = \lim_{x \to +\infty} \left(\frac{c^x}{x}\right)^\alpha = \infty. \tag{4.19}$$

所以 a^x, 特别是指数函数, 是比任何多项式都高阶的无穷大. 上下取对数, 就得到

$$\lim_{x \to +\infty} \frac{x}{\alpha \log_a x} = \infty. \tag{4.20}$$

所以 $\log_a x$ 是比任何多项式阶数小的无穷大.

　　仅仅直接地求极限, 难以得到复杂的无穷小和无穷大的阶. 系统的建立这样的阶数, 需要后面学到的导数概念. 我们会不时地回到这个问题中来.

　　下面我们利用函数的极限来讨论函数的连续与间断.

4.7　函数的连续与间断

　　有了函数极限的概念, 我们就能讨论一大类的函数, 称为连续函数. 我们已经感觉到了, 任何变量和因变量之间的关系都是一种函数关系, 现在我们学到的还是单值的函数, 就是因变量对应的函数值是唯一的. 在数学上, 也有多值的函数, 甚至更复杂的函数类. 所以说一般的函数类实在是太大了, 必须分类研究. 我们在以后的

课程会逐步学到各种的函数类. 数学分析中处理的函数类主要的是连续函数类, 是单值的连续函数类.

英文的 "continuous" (连续的) 和 "continuity" (连续性) 有两个拉丁词源: 一个是 "conti-nuus" 意为 "uninterrupted" (不间断的); 另一个是 "contenere", 可以拆解为 "con" (一起、一致) + "tenere" (保持), 即保持一致. 所以函数的连续性指的是函数图像的不间断、局部保持一致、逐渐变化的性质.

函数的连续性这一概念看似简单直观, 但没有函数极限的概念, 就难以给出确切的数学描述. 历史上, 一直到 19 世纪, 才由捷克数学家波尔查诺 (Bernard Bolzano, 1781—1848)、法国数学家柯西、德国数学家魏尔斯特拉斯、海涅等人给出严格的定义. 本章里, 我们将学习函数的连续性的定义, 研究其性质及一些描述和判定连续性的方法.

4.7.1　一点处的连续性

直观的理解, 连续函数就是函数的图像**不间断**. 可是这个如何用确切的、逻辑上无懈可击的语言来描述呢?

任给函数 $y = f(x)$ 及其有定义的点 x_0 的函数值 $f(x_0)$, 如果 f 在点 x_0 处是**逐渐变化**的, 那么对于自变量的一个足够小的变动 (或称增量) $\Delta x = x - x_0$, 函数值的变动 (增量) $\Delta y = y - y_0 = f(x) - f(x_0)$ 也应当足够小. 而且这是一个动态的过程, 若 x 的变动 Δx 越来越小, 则 y 的变动 Δy 也随着越来越小. 借助极限的概念, 函数在一点处的连续性可以描述成

$$\lim_{\Delta x \to 0} \Delta y = 0 \quad 或 \quad \lim_{x \to x_0} y = y_0.$$

定义 4.8(一点处的连续性的极限定义)　假设函数 f 在 x_0 的一个邻域 $U(x_0; \delta) = \{x \mid |x - x_0| < \delta\}$ 内有定义. 如果

$$\lim_{x \to x_0} f(x) = f(x_0),$$

则称函数 f 在点 x_0 **连续**, 有时我们也常常把 $U(x_0; \delta)$ 简记为 $U(x_0)$.

由前面章节关于函数极限存在的等价条件, 我们立即有函数连续性的等价条件.

定理 4.13(一点处的连续性的等价条件)　设函数 f 在 x_0 的一个邻域 $U(x_0)$ 内有定义. 下述关于函数在点 x_0 处的连续性的条件互相等价:

(1) $\lim\limits_{x \to x_0} f(x) = f(x_0)$;

(2) 任给 $\varepsilon > 0$, 存在 $\delta > 0$, 使得对任意点 $x \in U(x_0)$ 若满足 $|x - x_0| < \delta$, 即有 $|f(x) - f(x_0)| < \varepsilon$;

(3) 任给 $U(x_0)$ 内以 x_0 为极限的数列 $\{x_n\}$, 其函数值的数列 $\{f(x_n)\}$ 以 $f(x_0)$ 为极

限, 亦即

$$\lim_{n\to\infty} f(x_n) = f(\lim_{n\to\infty} x_n) = f(x_0).$$

例 4.24 设 $f(x)$ 是原点的某个邻域 $U(0)$ 上的有界函数, 则函数 $F(x) = xf(x)$ 在原点连续. 事实上, 由假设知, 存在 $M > 0$ 使得 $|f(x)| < M$ 在整个邻域上成立. 注意到 $|F(x) - F(0)| = |xf(x) - 0| = |x||f(x)| \leq M|x|$. 任给 $\varepsilon > 0$, 我们可以取 $\delta = \varepsilon/M$, 使得对任意 $x \in U(0)$ 若满足 $|x| < \delta$, 即有 $|F(x) - F(0)| < \varepsilon$. 由定理 4.13 的 ε-δ 条件知, F 在原点连续.

4.7.2 单侧连续性

如同定义 4.1, 连续性也可以在一点的单侧定义.

定义 4.9(一点处的单侧连续性) 设函数 f 在 x_0 的一个单侧邻域 $U_-(x_0)(U_+(x_0))$ 内有定义.如果

$$\lim_{x\to x_0^-} f(x) = f(x_0) \quad \left(\lim_{x\to x_0^+} f(x) = f(x_0)\right),$$

则称函数 f 在点 x_0 **左(右)连续**.

由于极限存在当且仅当左、右极限都存在且相等, 因此函数 f 在点 x_0 连续当且仅当 f 在点 x_0 同时左、右连续.

类似于定理 4.13, 我们也可很容易地得出单侧连续性版本的 ε-δ 定义和函数值数列收敛的定义.

例 4.25 考虑单位阶跃函数

$$H(x) = \begin{cases} 1, & x \geq 0, \\ 0, & x < 0. \end{cases}$$

该函数在原点处有左、右极限, 且 $\lim_{x\to 0^+} H(x) = 1 = H(0)$, 而 $\lim_{x\to 0^-} H(x) = 0 \neq H(0)$, 故 $H(x)$ 在原点处右连续但不左连续.

4.7.3 区间上的逐点连续性

连续性的适用范围可以从一个点很自然地扩大到一个区间.

定义 4.10(区间上的连续性) 假设函数 f 在区间 I 上有定义. 若 f 在 I 上点点连续, 则称 f 在区间 I 上(**逐点**)**连续**.

例 4.26 对于线性函数 $y = ax + b$, 任取一点 x_0 以及一个收敛于 x_0 的数列 $\{x_n\}$, 其函数值的数列 $\{ax_n + b\}$ 收敛于 $ax_0 + b$. 故由定理 4.13 的函数值数列收敛条件, 线性函数 $y = ax + b$ 在 x_0 连续, 从而在整个 $\mathbb{R}$ 上连续.

线性函数在一点连续就导致全部点连续的事实是线性函数或者一般线性映射独有的特性.

命题 4.1 $f(x)$ 定义在整个直线上, 满足线性性质:

$$f(x+y) = f(x) + f(y), \quad \forall x, y \in \mathbb{R}, \tag{4.21}$$

且 $f(x)$ 在一点 x_0 连续, 则必存在 a 使得 $f(x) = ax$.

证明 实际上对任意的整数 n, 根据线性关系 (4.21),

$$f(n) = f(1) + f(n-1) = 2f(1) + f(n-2) = \cdots = nf(1) = an, \quad a = f(1).$$

又从线性关系 (4.21) 得

$$f(1) = f\left(\frac{1}{n}\right) + f\left(\frac{1}{n}\right) + \cdots + f\left(\frac{1}{n}\right) = nf\left(\frac{1}{n}\right).$$

因此

$$f\left(\frac{1}{n}\right) = \frac{f(1)}{n} = a\frac{1}{n}.$$

进一步

$$f\left(\frac{m}{n}\right) = mf\left(\frac{1}{n}\right) = a\frac{m}{n}.$$

这样函数在有理点 x 上有

$$f(x) = ax.$$

最后由一点的连续性, 得出全部点的连续性, 所以函数是个连续函数. 对任意的无理数 x, 取有理数列 $x_n \to x$ 得到

$$ax = \lim_{n \to \infty} ax_n = \lim_{n \to \infty} f(x_n) = f(x).$$

上面我们是对非负实数做的. 至于负数, 因为

$$f(x) + f(-x) = f(0) = 0.$$

得到 $f(-x) = f(x)$. 所以 $f(x) = ax$ 是对负数也成立. 这就是我们需要的结论. □

4.7.4 区间上的一致连续性

一点处连续性的 ε-δ 定义中涉及 $|x - x_0| < \delta$ 和 $|f(x) - f(x_0)| < \varepsilon$, 这里 x_0 是一个预先选定的参照点, 因此 δ 不仅与 ε 有关, 而且与 x_0 有关. 如果去掉参照点, 是一种局部的定义. 还可得到更强的连续性的定义, 在某种程度上是一种整体的性质. 局部和整体的关系是任何一种关系需要考虑的问题.

定义 4.11(区间上的一致连续性) 假设函数 f 在区间 I 上有定义. 任给 $\varepsilon > 0$, 若

存在 $\delta > 0$，使得对任意两点 $x, x' \in I$，只要满足 $|x - x'| < \delta$，即有 $|f(x) - f(x')| < \varepsilon$，则称 f 在区间 I 上一致连续.

比较一致连续性和逐点连续性的 $\varepsilon\text{-}\delta$ 定义，显然有

命题 4.2（一致连续则连续） 假设函数 f 在区间 I 上有定义. 若 f 在 I 上一致连续，则 f 在 I 上连续.

不少函数满足如下的 Lipschitz 条件，自然导致一致连续. 这个结论是由德国数学家利普希茨（Rudolf Otto Sigismund Lipschitz, 1832—1903）引入的. 满足 Lipschitz 连续的函数在数学的其他分支，例如微分方程、泛函分析中特别的重要，是变化速度不超过线性变化的一类函数.

定义 4.12（Lipschitz 条件） 假设函数 f 在区间 I 上有定义. 若存在常数 $L \geqslant 0$，使得对 I 上的任意两点 x, x'，有 $|f(x) - f(x')| \leqslant L|x - x'|$，则称 f 在 I 上满足 Lipschitz 条件，或称 f 在 I 上 Lipschitz **连续**.

易见线性函数 $y = ax + b$ 在 $\mathbb{R}$ 上满足 Lipschitz 条件.

例 4.27 对于反比例函数 $f(x) = \dfrac{1}{x}$，考虑任意一个不包含原点的闭区间 $[a, b]$（即 $0 < a < b$ 或 $a < b < 0$）. 不妨设 $0 < a < b$，任取 $[a, b]$ 上的两个点 x, x'，有 $|f(x) - f(x')| = \left| \dfrac{x' - x}{xx'} \right| \leqslant \dfrac{1}{a^2}|x - x'|$，于是 $f(x) = \dfrac{1}{x}$ 在 $[a, b]$ 上满足 Lipschitz 条件.

命题 4.3（Lipschitz 连续则一致连续） 假设函数 f 在区间 I 上有定义. 若 f 在 I 上 Lipschitz 连续，则 f 在 I 上一致连续.

证明 由假设知存在 $L \geqslant 0$，使得对 I 上的任意两点 x, x'，有 $|f(x) - f(x')| \leqslant L|x - x'|$. 任给 $\varepsilon > 0$，若 $L = 0$，则对任意的 $x, x' \in I$ 有 $|f(x) - f(x')| = 0 < \varepsilon$；若 $L > 0$，可以取 $\delta = \varepsilon / L$，使得当 $|x - x'| < \delta$ 时，有 $|f(x) - f(x')| \leqslant L|x - x'| < L\delta = \varepsilon$，于是 f 在 I 上一致连续. $\qquad\square$

例 4.28 由命题 4.3 和命题 4.2，前面已经验证过 Lipschitz 条件的线性函数在 $\mathbb{R}$ 上一致连续，当然也在 $\mathbb{R}$ 上逐点连续. 函数 $\dfrac{1}{x}$ 在任意不包含原点的闭区间一致连续从而也逐点连续，这样的闭区间涵盖了 $(-\infty, 0) \cup (0, +\infty)$，于是 $\dfrac{1}{x}$ 在实轴上原点以外的所有点处连续.

4.7.5 间断性

连续性的反面是**不连续性**亦即**间断性**. 借助一点处连续性的极限定义的否命题，我们可以根据函数在某一点的值和左、右极限的存在情况对间断性进行分类.

定义 4.13（间断点的分类） 假设函数 f 在 x_0 的一个空心邻域 $U^\circ(x_0)$ 内有定义，

(i) 若极限 $\lim\limits_{x \to x_0} f(x)$ 存在, 而 f 在 x_0 无定义, 或者 f 在 x_0 有定义但 $\lim\limits_{x \to x_0} f(x) \neq f(x_0)$, 则称 x_0 是 f 的**可去间断点**;

(ii) 若左、右极限 $\lim\limits_{x \to x_0^\pm} f(x)$ 都存在但不相等, 则称 x_0 是 f 的**跳跃间断点**;

(iii) 前两种间断点合称为**第一类间断点**. 若 f 在 x_0 处的左、右极限中有一个不存在, 则称 x_0 是 f 的**第二类间断点**.

由定理 4.12, 我们有下面的结论.

定理 4.14 区间 I 上的单调递增(减)函数只有第一类间断点.

例 4.29 单位阶跃函数 $H(x)$ 在原点的左、右极限分别为 $0,1$, 故原点为 $H(x)$ 的跳跃间断点.

例 4.30 $\sin\dfrac{1}{x}$ 在原点处有第二类间断点. $x\sin\dfrac{1}{x}$ 在原点处为可去间断点.

例 4.31 $\mathbb{R}$ 上定义的狄利克雷函数 $D(x)$:

$$D(x) = \begin{cases} 1, & x \in \mathbb{R} \text{为有理点}, \\ 0 & x \in \mathbb{R} \text{为无理点} \end{cases} \tag{4.22}$$

在 $\mathbb{R}$ 上的每一点都是第二类间断点. 任取一点 $x_0 \in \mathbb{R}$, 由实数的完备性和稠密性可知, 邻域 $U\left(x_0; \dfrac{1}{n}\right)$ 内必包含某个无理数 x_n 和某个有理数 x_n', 于是无理数列 $\{x_n\}$ 和有理数列 $\{x_n'\}$ 都收敛于 x_0. 而函数值数列 $\{D(x_n)\}$ 和 $\{D(x_n')\}$ 却分别恒等于 0 和 1. 所以狄利克雷函数 $D(x)$ 在 $\mathbb{R}$ 上的每一点都不存在极限, 从而每一点都不连续. 同理, 若将邻域 $U(x_0; 1/n)$ 改成单侧邻域 $U_\pm\left(x_0; \dfrac{1}{n}\right)$, 可得 $D(x)$ 在 $\mathbb{R}$ 上的每一点都不存在左、右极限, 所以每一点都是第二类间断点.

例 4.32 证明开区间 $(0,1)$ 上定义的黎曼函数

$$R(x) = \begin{cases} \dfrac{1}{p}, & \text{如果 } x \text{ 可以写成既约分数 } \dfrac{q}{p}, \text{此处 } p > q \text{ 是互素的正整数}, \\ 0, & x \text{ 是无理数} \end{cases}$$

在 $(0,1)$ 上的任意有理点都是可去间断点, 而任意无理点都是连续点.

证明 取定一点 $x_0 \in (0,1)$. 任给 $\varepsilon > 0$, 满足 $\left|\dfrac{1}{p}\right| > \varepsilon \left(\text{亦即 } p < \dfrac{1}{\varepsilon}\right)$ 的正整数 p 最多只有有限多个, 而小于某个 p 且与之互素的 q 也最多只有有限多个. 于是满足 $|R(x)| > \varepsilon$ 的既约分数 $x = \dfrac{q}{p}$ 最多只有有限多个, 将它们中不等于 x_0 的所有元素记做 $r_1, r_2, \cdots, r_n$. 令 $\delta = \min\{|r_1 - x_0|, |r_2 - x_0|, \cdots, |r_n - x_0|, x_0, 1 - x_0\}$, 由于每个 $r_i \neq x_0$, 所以

$\delta > 0$. 邻域 $U°(x_0;\delta) \subset (0,1)$ 且每个 r_i 都不属于 $U°(x_0;\delta)$. 对任一点 $x \in U°(x_0;\delta)$，若 x 是无理数，则 $R(x) = 0$；若 x 是有理数，注意到 $x \notin \{r_1, r_2, \cdots, r_n\} \bigcup \{x_0\}$，则有 $R(x) < \varepsilon$. 总之，对任一点 $x \in U°(x_0;\delta)$，有 $R(x) < \varepsilon$，因此 $\lim\limits_{x \to x_0} R(x) = 0$. 当 x_0 是有理数时，$R(x_0) \neq 0 = \lim\limits_{x \to x_0} R(x)$，该点是 $R(x)$ 的可去间断点；当 x_0 是无理数时，$R(x_0) = 0 = \lim\limits_{x \to x_0} R(x)$，该点是 $R(x)$ 的连续点. □

4.8 连续函数的性质

连续的函数有很多独特的性质. 大部分与我们的直观相合，也有一些不那么明显. 熟练地掌握这些性质是十分重要的.

4.8.1 一点处连续函数的局部性质

本章引言提到过，"连续"的拉丁词源有"局部保持一致"的意思. 由于函数在一点处的连续性可以用极限来定义，前面章节里关于极限的局部有界和保号的性质也适用于函数在其连续点附近的邻域.

定理 4.15（连续函数局部有界和保号） 假设函数 f 在邻域 $U(x_0;\delta)$ 上有定义且在 x_0 处连续，则有

(i)局部有界性: 存在一个邻域 $U(x_0;r) \subseteq U(x_0;\delta)(r \leq \delta)$，使得 f 在该邻域内有界.

(ii)局部保号性: 若 $f(x_0) > 0$（或 < 0），则对任意的 $a \in (0, f(x_0))$（或 $a \in (f(x_0), 0)$），存在一个邻域 $U(x_0;r_a) \subseteq U(x_0;\delta)(r_a \leq \delta)$，使得在该邻域内有 $f(x) > a > 0$（或 $f(x) < a < 0$）.

推论 4.2（连续函数局部保不等式） 假设函数 f, g 都在邻域 $U(x_0;\delta)$ 上有定义且在 x_0 处连续，

(1)若存在一个空心邻域 $U°(x_0;r') \subseteq U(x_0)$ 使得在该空心邻域内总有 $f(x) \geq g(x)$，则 $f(x_0) \geq g(x_0)$；

(2)若 $f(x_0) > g(x_0)$，则存在一个邻域 $U(x_0;r'') \subseteq U(x_0;\delta)$ 使得在该邻域内总有 $f(x) > g(x)$.

4.8.2 闭区间上连续函数的整体性质

本章的引言还提到过，"连续"的拉丁词源有"不间断"的意思. 这里，我们将证明闭区间上的连续函数很好地满足不间断取值的特性: 这些函数有界而且能取到最大最小值、任何中间值以及符号变换情况下的零点，此外还自动满足更强的一致连续.

下面的定理称为闭区间上连续函数的有界性定理.

定理 4.16(魏尔斯特拉斯第一定理) 假设函数 f 是闭区间 $[a,b]$ 上的连续函数,则 f 在该区间上有界.

证明 反证法. 假设 f 无上界, 则对任一正整数 n, 存在一点 $x_n \in [a,b]$, 使得 $f(x_n) > n$. 由聚点存在定理(定理 3.17)知, 数列 $\{x_n\}$ 包含一个子列 $\{x_{n_k}\}$ 收敛于某个点 $x_0 \in [a,b]$. 由前述的构造, 函数值子列 $\{f(x_{n_k})\}$ 无界, 这与连续函数 f 在点 x_0 的局部有界性矛盾. 同理, 若假设 f 无下界, 也会推出与局部有界性矛盾. □

下面的定理称为闭区间上连续函数的极值定理. 它在直观上看起来也很合理,是由魏尔斯特拉斯提出的. 魏尔斯特拉斯在数学分析的近代化过程中所起的作用比任何其他人都大, 几个定理都以他的名字命名.

定理 4.17(魏尔斯特拉斯第二定理) 假设函数 f 是闭区间 $[a,b]$ 上的连续函数,则 f 在该区间上能取到最大值和最小值.

证明 由定理 4.16, 函数 f 在 $[a,b]$ 上有界. 由确界存在定理(定理 2.4), 集合 $\{f(x)| x \in [a,b]\}$ 存在上、下确界 M, m. 接下来用反证法. 假设 f 在区间 $[a,b]$ 上取不到上确界 M, 那么对任意 $x \in [a,b]$ 有 $f(x) < M$. 现在考虑 $[a,b]$ 上定义的辅助函数 $F(x) = \dfrac{1}{M - f(x)}$, 该函数可看作由所在定义区间上连续的两个函数 $M - f(x)$ 和 $y = \dfrac{1}{x}$ 复合而成的函数. 由稍后即将证明的复合函数的连续性, 可得 $F(x)$ 在 $[a,b]$ 的连续性. 再由定理 4.16 证明的有界性, 知存在 $a > 0$, 使得 $\dfrac{1}{M - f(x)} < a$. 由于 $M - f(x) > 0$, 于是 $f(x) < M - \dfrac{1}{a}$, 这与 $\sup_{x \in [a,b]} f(x) = M$ 矛盾. 同样若假设 f 在区间 $[a,b]$ 上取不到下确界 m 也将导致矛盾. □

下面的定理称为闭区间上连续函数的零点定理. 是最早把近代概念引入数学分析的捷克数学家波尔查诺表述的.

定理 4.18(波尔查诺定理) 假设函数 f 是闭区间 $[a,b]$ 上的连续函数. 若端点上的函数值 $f(a), f(b)$ 异号, 则至少存在一点 $x_0 \in (a,b)$ 满足 $f(x_0) = 0$.

证明 不妨设 $f(a) < 0 < f(b)$. 考虑集合 $S = \{x \in [a,b]| f(x) < 0\}$. 因为 $a \in S$, 所以 S 非空. 又因 S 有上界 b, 于是有上确界 $x_0 = \sup S$. 由局部保号性, 存在 $\delta > 0$, 使得当 $x \in [a, a + \delta)$ 时满足 $f(x) < 0$, 而当 $x \in (b - \delta, b]$ 时满足 $f(x) > 0$. 故 x_0 不等于 a, b 从而只能有 $x_0 \in (a,b)$. 若 $f(x_0) < 0$, 由局部保号性, 存在 $\delta' > 0$, 使得 f 在整个 $U(x_0; \delta')$ 上取负号. 于是 $x_0 + \dfrac{1}{2}\delta' \in S$, 这与 $x_0 = \sup S$ 矛盾. 若 $f(x_0) > 0$, 由局部保号性, 存在 $\delta'' > 0$, 使得 f 在整个 $U(x_0; \delta'')$ 上取正号. 于是 x_0 既不属于 S 也不是 S 的

聚点, 这也与 $x_0 = \sup S$ 矛盾于是只能有 $f(x_0) = 0$.　　　　　　　　□

波尔查诺定理完全与我们对连续函数的直观概念相合. 因为从 x 轴的下方一点连续地移动到 x 轴的上方一点, 必定在 x 轴的某一点穿过 x 轴. 下面的例子是波尔查诺定理的一个有趣的应用.

例 4.33 设 A 和 B 是平面上两个由简单封闭曲线所围成的区域, 则在平面上总存在一条直线, 它相继平分 A 和 B.

首先在平面上选取固定点 P, 并从 P 出发做有向射线 PR. 如果我们取任一射线 PS, 与 PR 构成夹角 x.

首先我们做与 PS 平行的有向直线 l_1, 它整个位于 A 的一侧, 然后平行移动到区域 A 的另一侧. 定义 S 为 l_1 方向下侧部分的面积减去上侧部分的面积, 则 S 是连续函数, 在 l_1 取正, 在 l_2 取负. 按照波尔查诺定理, 必定存在 l_x 使得 $S = 0$. 这样 l_x 平分 A, 当 $0 \leqslant x \leqslant 2\pi$, l_x 是唯一确定的. 如图 4.2. 其次, 令 $y = f(x)$ 定义为 B 在 l_x 右侧部分的面积减去左侧部分的面积. 假设直线 l_0 与 PR 相同方向, 它平分 A, 且 B 在 l_0 右侧部分的面积大于左侧部分的面积. 则对于 $x = 0, y$ 是正的. 今令 x 增加至 π, 则 l_π 具有方向 RP, 平分 A 但方向相反. 这样使得 B 在 l_π 时左右的区域与 l_0 交换. 因此 l_π 与 l_π 时 y 的值绝对值相同, 但符号相反. 因为 y 当 l_x 转动时是 x 的连续函数, 所以按照波尔查诺定理, y 在 0 和 π 之间的某个位置 α 为零. 这样 l_α 同时平分了区域 A 和 B.

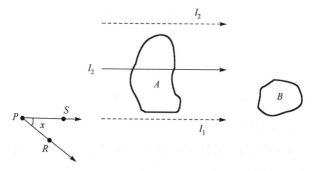

图 4.2　相继平分两个区域

零点定理可以改进成介值定理.

定理 4.19(闭区间上连续函数的介值定理)　假设函数 f 是闭区间 $[a,b]$ 上的连续函数. 若 $f(a) \neq f(b)$, 则对介于 $f(a)$ 和 $f(b)$ 之间的任一实数 y_0 (即 $f(a) < y_0 < f(b)$ 或 $f(a) > y_0 > f(b)$), 至少存在一点 $x_0 \in (a,b)$ 使得 $f(x_0) = y_0$.

证明　考虑辅助函数 $F(x) = f(x) - y_0$, 由假设知 $F(a)$ 与 $F(b)$ 不同号. 再由零点定理知, 至少存在一点 $x_0 \in (a,b)$, 使得 $F(x_0) = 0$, 亦即 $f(x_0) = y_0$.

易见零点定理是介值定理的一个特殊情况. 所以, 这两个定理其实互相等价.　　□

综合定理 4.17 和定理 4.19, 可得如下的推论.

推论 4.3(闭区间上连续函数的像集) 假设函数 f 是闭区间 $[a,b]$ 上的连续函数,则 f 的像集 $f([a,b])$ 是闭区间 $[\min_{x\in[a,b]}f(x),\max_{x\in[a,b]}f(x)]$.

证明 由定理 4.17,存在两点 $x_{\max},x_{\min}\in[a,b]$ 使得 f 在这两点取到 $[a,b]$ 上的最大值 M 和最小值 m,即 $f(x_{\max})=M$ 及 $f(x_{\min})=m$. 于是 $f([a,b])\subseteq[m,M]$. 由介值定理,函数 f 可在区间 $[x_{\min},x_{\max}]$ 或 $[x_{\max},x_{\min}]$ 上取到任意值 $y_0\in[m,M]$,于是 $f([a,b])=[m,M]$. □

下面的康托尔定理极其重要,它是无穷集合的创始人、德国数学家康托尔证明的,说的是闭区间上的连续函数一定一致连续,这在直观上并不容易想到.

定理 4.20(康托尔定理) 假设函数 f 是闭区间 $[a,b]$ 上的连续函数,那么 f 在 $[a,b]$ 上一致连续.

证明 (使用反证法+定理 3.11)假设 f 在 $[a,b]$ 上不一致连续,则存在 $\varepsilon_0>0$,使得对任一正整数 n,存在两个点 $x_n,x_n'\in[a,b]$,满足

$$\left|x_n-x_n'\right|<\frac{1}{n}\ \text{而且}\ \left|f(x_n)-f(x_n')\right|\geqslant\varepsilon_0.$$

由于 $a\leqslant x_n\leqslant b$ 有界,则由定理 3.11 知数列 $\{x_n\}$ 包含一个子列 $\{x_{n_k}\}$ 收敛于某个 $x_0\in[a,b]$. 注意到 $x_{n_k}'=(x_{n_k}'-x_{n_k})+x_{n_k}$,由 $\left|x_{n_k}'-x_{n_k}\right|<\frac{1}{n_k}\leqslant\frac{1}{k}$ 得 $\lim_{k\to\infty}(x_{n_k}'-x_{n_k})=0$,于是数列 $\{x_{n_k}'\}$ 也收敛于 $\{x_{n_k}\}$ 的极限 x_0. 由 f 的连续性有 $\lim_{k\to\infty}f(x_{n_k})=\lim_{k\to\infty}f(x_{n_k}')=f(x_0)$. 对不等式 $\left|f(x_{n_k})-f(x_{n_k}')\right|\geqslant\varepsilon_0$ 取 $k\to\infty$ 时的极限得到 $0=\left|f(x_0)-f(x_0)\right|\geqslant\varepsilon_0>0$,导致矛盾. □

4.9 初等函数的连续性

我们难以一个一个函数地验证其连续性. 大部分的函数由基本初等函数的各种运算得来. 本节就来讨论连续函数的基本运算. 在这些运算下,函数的连续性得以保证.

4.9.1 常见运算下的连续性

我们将考虑四则、复合和反函数运算下的函数的连续性.

定理 4.21(四则运算与函数连续性) 若函数 f, g 在邻域 $U(x_0)$ 内有定义,而且在 x_0 处连续,那么 $f\pm g, f\cdot g, f/g$(此处假设 $g(x_0)\neq0$)这些函数也在 x_0 处连续. 若函数 f,g 在区间 I 上有定义且连续,那么 $f\pm g, f\cdot g, f/g$(此处假设 $\forall x\in I, g(x)\neq0$)这些函数也在 I 上连续.

证明 四则运算下的函数在一点处的连续性可由极限的四则运算得出,逐点考

虑便得到区间上的连续性. □

定理 4.22(复合函数的连续性)　假设函数 f 在邻域 $U(x_0)$ 上有定义且在 x_0 连续, 又假设函数 g 在邻域 $U(f(x_0))$ 上有定义且在 $u_0 = f(x_0)$ 连续, 那么复合函数 $g \circ f$ 在 x_0 的某个邻域内有定义且在点 x_0 处连续.

证明　将邻域 $U(u_0)$ 的半径记为 r', 由 f 在点 x_0 处的连续性知存在 $r > 0$, 使得对任意 $x \in U(x_0)$, 只要满足 $|x - x_0| < r$, 便有 $|f(x) - f(x_0)| < r'$, 即 $f(x)$ 在邻域 $U(u_0)$ 内, 从而复合函数 $g \circ f$ 在邻域 $U(x_0; r) \bigcap U(x_0)$ 内有定义. 接下来验证 $g \circ f$ 在 x_0 的连续性. 任给 $\varepsilon > 0$, 由 g 在点 $u_0 = f(x_0)$ 处的连续性知存在正实数 $\delta' < r'$, 使得只要满足 $|u - u_0| < \delta'$, 即有 $u \in U(u_0)$ 且 $|g(u) - g(u_0)| < \varepsilon$. 而由 f 在点 x_0 处的连续性知存在正实数 $\delta > 0$, 使得对任意 $x \in U(x_0)$, 只要满足 $|x - x_0| < \delta$, 便有 $|f(x) - f(x_0)| < \delta'$. 令 $u = f(x)$, 即有 $|g(f(x)) - g(f(x_0))| < \varepsilon$, 故 $g \circ f$ 在 x_0 处连续. □

定理 4.23(单调连续函数的反函数的连续性)　假设函数 f 在闭区间 $[a, b]$ 上严格单调递增(递减)且连续, 那么其反函数 f^{-1} 在闭区间 $[f(a), f(b)]([f(b), f(a)])$ 上严格单调递增(递减)且连续.

证明　不妨设 f 在闭区间 $[a, b]$ 上严格单调递增, 于是 $f(a), f(b)$ 分别是 f 在闭区间 $[a, b]$ 上的最大值和最小值. 由推论 4.3 得到像集 $f([a, b]) = [f(a), f(b)]$. 由于 f 严格单调递增, 反函数 f^{-1} 在整个像集 $[f(a), f(b)]$ 上有定义而且严格单调递增. 下面证明 f^{-1} 的连续性. 任取 $y_0 \in (f(a), f(b))$, 存在唯一的 $x_0 \in (a, b)$ 使得 $y_0 = f(x_0)$ 亦即 $x_0 = f^{-1}(y_0)$. 任给 $\varepsilon > 0$, 函数 f 在子区间 $[x_0 - \varepsilon, x_0 + \varepsilon] \bigcap [a, b]$ 上的最小值 $m_{x_0, \varepsilon}$ 和最大值 $M_{x_0, \varepsilon}$ 分别在该子区间的左、右端点取到. 由于 x_0 是该子区间的内点, 由 f 的严格单调性知 $m_{x_0, \varepsilon} - y_0$ 和 $M_{x_0, \varepsilon} - y_0$ 皆非零. 取 $\delta = \min\left\{\left|m_{x_0, \varepsilon} - y_0\right|, \left|M_{x_0, \varepsilon} - y_0\right|\right\}$, 则有 $[y_0 - \delta, y_0 + \delta] \subseteq [m_{x_0, \varepsilon}, M_{x_0, \varepsilon}]$. 于是对任意点 y 若满足 $|y - y_0| < \delta$, 则有 $m_{x_0, \varepsilon} < y < M_{x_0, \varepsilon}$. 由 f^{-1} 的严格单调性, 有 $f^{-1}(y) < f^{-1}(M_{x_0, \varepsilon}) \leqslant x_0 + \varepsilon$, 同样亦有 $f^{-1}(y) > f^{-1}(m_{x_0, \varepsilon}) \geqslant x_0 + \varepsilon$, 即 $\left|f^{-1}(y) - x_0\right| < \varepsilon$. 所以 f^{-1} 在开区间 $(f(a), f(b))$ 上连续, 同理可证 f^{-1} 还在左、右端点处连续, 故在整个闭区间 $[f(a), f(b)]$ 上连续. □

4.9.2　初等函数的连续性

我们将以初等函数为例, 使用前面几节里关于连续函数的定义和性质, 验证函数在其定义域上的连续性.

线性函数和反比例函数的连续性已经在 4.9.1 小节里给出. 由四则运算和复合运算下的连续性, 便得到多项式函数和有理分式函数在其定义域上的连续性.

我们还需要验证三角函数、指数函数、对数函数和幂函数的连续性.

例 4.34 考虑标准的正弦和余弦函数. 使用和差化积公式

$$\sin x - \sin x' = 2\cos\frac{x+x'}{2}\sin\frac{x-x'}{2},$$

$$\cos x - \cos x' = -2\sin\frac{x+x'}{2}\sin\frac{x-x'}{2},$$

以及不等式 $\left|\cos\dfrac{x+x'}{2}\right|, \left|\cos\dfrac{x+x'}{2}\right| \leqslant 1$ 和 $\left|\sin\dfrac{x-x'}{2}\right| \leqslant \left|\dfrac{x-x'}{2}\right|$, 可得 $|\sin x - \sin x'|, |\cos x - \cos x'| \leqslant |x - x'|$, 因此标准的正弦函数和余弦函数在 $\mathbb{R}$ 上满足 Lipschitz 条件, 从而一致连续, 当然也逐点连续.

由连续函数的四则运算和反函数的连续性, 便得到其他三角函数和反三角函数的连续性.

例 4.35 考虑定义在 $\mathbb{R}$ 上的指数函数 $a^x(a>0)$. 若 $a>1$, 由前面已经证明过的指数函数在原点处的极限 $\lim\limits_{x\to 0} a^x = 1 = a^0$, 知 a^x 在原点处连续. 任给 $\mathbb{R}$ 上的一点 x_0, 有极限 $\lim\limits_{x\to x_0} a^x = \lim\limits_{x\to x_0} a^{x_0}\cdot a^{x-x_0} = a^{x_0}\cdot\lim\limits_{x\to x_0} a^{x-x_0} = a^{x_0}\cdot\lim\limits_{(x-x_0)\to 0} a^{x-x_0} = a^{x_0}$, 故 a^x 在任意点 x_0 处连续. 若 $0<a<1$, 因 $a^x = \left(\dfrac{1}{a}\right)^{-x}$ 可看成 $\left(\dfrac{1}{a}\right)^x$ 与 $-x$ 的复合函数, 所以也是 $\mathbb{R}$ 上的连续函数.

再由反函数的连续性, 便得到对数函数 $\ln x$ 在 $(0,\infty)$ 上的连续性.

例 4.36 考虑定义在 $(0,+\infty)$ 上的幂函数 $x^\alpha(\alpha>0)$. 因 $x^\alpha = \mathrm{e}^{\alpha\ln x}$ 可以看作 e^x 与 $\alpha\ln x$ 的复合函数, 所以是 $(0,+\infty)$ 上的连续函数.

命题 4.4 除去恒为零的函数外, 指数函数是定义在直线上唯一满足

$$f(x+y) = f(x)\cdot f(y), \quad \forall x,y\in\mathbb{R} \tag{4.23}$$

的连续函数.

证明 假设 $f(x_0)\neq 0$. 则由于

$$f(x)f(x-x_0) = f(x_0)\neq 0$$

可知 $f(x)\neq 0$ 对所有的 x 成立. 从 (4.23) 知

$$f(x) = \left[f\left(\frac{x}{2}\right)\right]^2.$$

于是 $f(x)$ 永远是严格正的. 令

$$g(x) = \ln f(x). \tag{4.24}$$

则由对数函数的连续性和定理 4.22, $g(x)$ 连续. 因为

$$g(x+y) = g(x) + g(y). \tag{4.25}$$

于是由命题 4.1，$g(x)$ 是线性函数：$g(x) = bx$. 从而

$$f(x) = \mathrm{e}^{bx} = a^x, \quad a = \mathrm{e}^b. \qquad \square$$

另外一个在熵理论中有重要应用的函数是对数函数. 在 (4.23) 中取对数，我们立刻得到下面的命题.

命题 4.5 设 $f(x)$ 是 $x > 0$ 上的连续函数，满足

$$f(xy) = f(x) + f(y), \quad \forall x, y > 0, \qquad (4.26)$$

则存在常数 C 使得

$$f(x) = C \ln x. \qquad (4.27)$$

4.10　习　　题

1. 证明：$(-\infty, +\infty)$ 上不等于常数的连续周期函数一定有最小正周期.

2. 求极限 $\lim\limits_{x \to \pi} \dfrac{\sin x}{\pi - x}$.

3. 若 $f(n)$ 是 n 的单调上升函数，且对一切的正整数 m, n 成立

$$f(nm) = f(m) + f(n).$$

证明 $f(n) = C \ln n$.

4. 求下列极限：

(1) $\lim\limits_{x \to 0^+} x \left[\dfrac{1}{x} \right]$；(2) $\lim\limits_{x \to 0^-} x \left[\dfrac{1}{x} \right]$.

5. 设 $x_n > 0$，求证：$\lim\limits_{n \to \infty} x_n = 0 \Leftrightarrow \lim\limits_{n \to \infty} \dfrac{1}{x_n} = +\infty$.

6. 设函数 f 在闭区间 $[a, b]$ 上严格单调，且 $\lim\limits_{n \to \infty} f(x_n) = f(b)$，$x_n \in [a, b]$. 证明 $\lim\limits_{n \to \infty} x_n = b$.

7. 证明：不能在 $(-\infty, +\infty)$ 上定义一个在所有的有理点连续而在所有的无理点不连续的函数.

8. 讨论函数 $f(x) = [x] + [-x]$ 的间断点及其类型.

9. 求下列函数的极限.

(1) $\lim\limits_{x \to 0} \dfrac{\mathrm{e}^x - \mathrm{e}^{-x}}{\sin x}$；

(2) $\lim\limits_{x \to 0} \left(\dfrac{1}{x} - \dfrac{\ln(1+x)}{x^2} \right)$；

(3) $\lim\limits_{x \to 0} \dfrac{\tan x - x}{x^2(\mathrm{e}^x - 1)}$；

(4) $\lim\limits_{x \to \infty} \left(1 - \cos \dfrac{1}{x} \right) x^2$；

(5) $\lim\limits_{x \to 0} \dfrac{\ln \dfrac{\sin x}{x}}{x^2}$；

(6) $\lim\limits_{x \to 0} x^{\sin x}$.

10. 若 $\alpha > 0$ 是无理数，证明函数 x^{α} 在 $\mathbb{R}$ 上连续.

11. 指出函数 $f(x)=\left[\dfrac{1}{x}\right](x>0)$ 的间断点, 并说明属于哪一类间断点.

12. 设 $f(x)$ 是 $(-\infty,+\infty)$ 的周期函数, 又

$$\lim_{x\to+\infty} f(x)=0,$$

求证: $f(x)\equiv 0$.

13. 设 $f(x),g(x)\in C[a,b]$, 求证:

(1) $|f(x)|\in C[a,b]$;

(2) $\max\{f(x),g(x)\}\in C[a,b]$;

(3) $\min\{f(x),g(x)\}\in C[a,b]$.

14. 设 $f(x)$ 对 $(-\infty,+\infty)$ 内一切 x 有

$$f(x^2)=f(x),$$

且 $f(x)$ 在 $x=0,x=1$ 上连续, 证明 $f(x)$ 在 $(-\infty,+\infty)$ 内为常数.

15. 设 $f:[0,1]\to[0,1]$ 为连续函数, $f(0)=0,f(1)=1,f(f(x))=x$. 试证 $f(x)=x$.

16. 设 $f(x)=\dfrac{x+2}{x+1}\sin\dfrac{1}{x},a>0$ 为任一正常数. 试证: $f(x)$ 在 $(0,a)$ 内非一致连续, 在 $[a,+\infty)$ 上一致连续.

17. 设 $f(x)$ 在有限开区间 (a,b) 上连续, 试证明 $f(x)$ 在 (a,b) 上一致连续的充要条件是极限 $\lim\limits_{x\to a^+} f(x)$ 以及 $\lim\limits_{x\to b^-} f(x)$ 存在 (有限).

18. 设 $f(x)$ 在 $[a,+\infty)$ 上一致连续, $\varphi(x)$ 在 $[a,+\infty)$ 上连续, $\lim\limits_{x\to+\infty}[f(x)-\varphi(x)]=0$. 证明 $\varphi(x)$ 在 $[a,+\infty)$ 上一致连续.

19. 设实函数 $f(x)$ 在 $[0,\infty)$ 上连续, 在 $(0,\infty)$ 内处处可导, 且 $\lim\limits_{x\to+\infty}|f'(x)|=A$ (有限或 $+\infty$). 证明当且仅当 A 为有限时, f 在 $[0,\infty)$ 一致连续.

20. 设 f,g 在 (a,b) 内连续, 且 f 或 g 递减, 假定某个数列 x_n 满足 $f(x_n)=g(x_{n-1})$, 且在 (a,b) 中有极限点. 证明方程 $f(x)=g(x)$ 在 (a,b) 内有解.

第5章

一元函数的微分

5.1 起 源

前面几章我们学到了函数、极限、函数的连续性等基本内容. 这些知识虽然重要, 但是对于全部了解, 甚至完全复原一个函数还远远不够. 这一章学习函数的一种特殊运算称为微分, 再加上第 6 章讲到的积分, 合起来就是这门课的主题: 微积分. 简单地说, 微分是为了了解函数的"局部"性质, 积分是为了了解函数的"整体" 性质. 现代科学绝大部分是先从了解"局部"开始, 然后推进到"整体". 哲学上大多把这样的方法称为还原论. 在古代, 许多的文明都是从整体到整体, 哲学上叫整体论, 例如宗教, 甚至包括传统的医学. 我们姑且不论两种思维的各自优势, 但还原论取得的伟大成就造就了我们的现代科技.

微积分是发生在17世纪的一场思想的革命, 它使人类纯粹思维达到了前所未有的新高度, 催生了现代科技, 从任何角度讲, 都是一场伟大的思想革命. 其代表人物是英国的牛顿和德国的莱布尼茨. 当然绝不能说微积分就是他们二人创造的. 17 世纪的欧洲, 经过从 14 到 16 世纪文艺复兴消化古希腊的数学后, 许多职业或者业余的科学家继续在伽利略、开普勒开创的近代科学的基础上探讨了一系列的新问题. 数学上, 主要需要解决如下的四个问题.

- 求任意曲线的切线;
- 求任意运动的"瞬时"速度;
- 求任意函数的极大、极小值;
- 求任意曲线的长度, 任意曲面的面积, 任意立体的体积.

前面加上"任意"两字说明了当时目标的远大. 本章我们只谈前三个, 最后一个要到第 6 章后才能讨论. 我们在中学学到的不少函数主要是用于描述圆锥曲线. 如果把几何中的曲线变成数学中的函数, 则需要17世纪法国哲学家、物理学家、数学家笛卡儿引入坐标几何才能够实现. 坐标的引入使得几何曲线变成了代数的函数, 因此可以做各种代数运算. 本章讨论的微分也是一种对函数的运算, 但这不是普通的运算, 是一种旨在探讨函数"局部"性质的运算. 圆锥曲线是古希腊数学家阿波罗尼奥斯用平面切割圆锥的方法得到的几种曲线. 例如圆是用垂直于锥轴的平面去截圆锥得到的图形, 引入直角坐标, 圆心位于原点的单位圆就变成这样的函数:

$$x^2 + y^2 = 1 \text{ 或者 } y = \begin{cases} \sqrt{1-x^2}, & -1 \leqslant x \leqslant 1, \quad \text{在上半平面}, \\ -\sqrt{1-x^2}, & -1 \leqslant x \leqslant 1, \quad \text{在下半平面}. \end{cases} \tag{5.1}$$

而把平面渐渐倾斜去截圆锥, 就得到椭圆; 当平面倾斜到 "和且仅和" 圆锥的一条母线平行时, 就得到抛物线; 用平行于圆锥的轴的平面截取, 可得到双曲线的一支. 我们在第 4 章讨论了不少的函数, 统称为初等函数, 研究的主要是这些函数的性质. 现在我们的目标十分的宏伟, 要了解所有的(主要是)非线性的无整体规则的函数. 这个宏伟的目标就产生了微分. 在数学上, 这是欧几里得几何以后第一个最大的创造. 虽然在历史上开始的时候是为了回答古希腊留下的一些未解决的数学问题, 可是最主要的还是为了解决 17 世纪所面临的以上述四个问题为代表的数学物理问题.

　　一般来说, 大部分一元函数在平面直角坐标系下都是曲线, 圆就是最典型的例子. 可是曲线是由无穷多个点组成的. "无穷" 是一个完全数学化的概念, 因为并没有人体会过无穷, 甚至说不清楚无穷, 可是现代数学却离不开无穷. 从哲学的意义上, 理解这门课就是要理解无穷. 我们认为直线是有穷的东西, 给定两点一连接就是了. 当然, 这是指欧几里得空间中的直线. 而球面上的直线(大圆弧)就不太容易理解, 趴在大圆弧上的蚂蚁只觉得是直线, 但在欧几里得空间看都是曲线. 球面上的三角形三个角的内角和并不一样大, 但是都大于 180 度, 古希腊的数学家就已经做过这样的研究. 欧几里得空间的三角形我们可以认为就三个点, 点与点之间用直线相连. 可是圆并不是有限个点之间用直线连接就可以得到的. 理论上讲, 即使有电子计算机的今天, 也无法完全地画出一个圆. 所有画出的图形只是有限个点, 而点点之间用直线连接的图形而已. 可是数学的目标并不仅仅如此. 给定 A,B 之间的曲线段, 我们当然只能用熟悉的直线去 "近似" 地代替曲线, "近似" 是现代数学最重要的想法之一, 就是用我们熟悉的去了解不熟悉的. 当然这个直线不能与给定的曲线毫无关系. 显然, 两点间这样的直线就是 "割线", 如图 5.1.

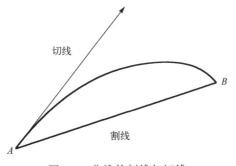

图 5.1　曲线的割线与切线

当 B 沿着曲线慢慢逼近 A 时, 就产生了 A 点"附近"曲线的最佳逼近, 特别是退到 A 点时更是如此, 当然了, 这个过程是个"无穷"的过程. 最后在 A 点产生的直线就是 A 点的切线. 我们以后会知道, A 点的切线就可以完全代替 A 点的曲线, 通俗一点讲, 曲线等于"无穷多"直线. 准确地说, 如果你知道了 A,B 之间所有的切线(局部性质), 自然就可以完全复原曲线的全部(整体性质), 这个过程也是一个"无穷"的过程. 圆锥曲线上点的切线的定义很容易得到, 就是过此点位于曲线的一边的直线, 古希腊时期就有相关记载. 现在我们来看如何求一条曲线的切线. 函数 $y = f(x)$ 在直角坐标系 (x, y) 下是一条曲线 Γ, 如图 5.2 所示. 在 Γ 上给定横坐标为 x 的点 A 和横坐标为 $x + \Delta x$ 的点 B. 连接两点 $A = (x, y)$ 与 $B = (x + \Delta x, y + \Delta y)$ 的直线段是曲线的割线, 其中 $\Delta y = f(x + \Delta x) - f(x)$. 割线 AB 和 x 轴的正方向组成的夹角为 α, 我们有

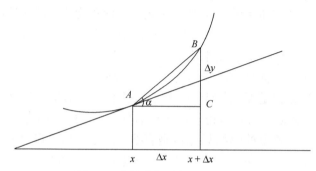

图 5.2　曲线的割线与切线

$$\tan\alpha = \frac{\Delta y}{\Delta x} = \frac{f(x + \Delta x) - f(x)}{\Delta x},$$

称为割线的斜率. 令 $\Delta x \to 0$, 这时候由于连续性, $\Delta y \to 0$. 点 B 沿曲线 Γ 移动到 A, 如果不论 Δx 以任何的方式趋于零(这点很重要, 特别的办法趋于零不行), 总有

$$\lim_{\Delta x \to 0} \frac{\Delta y}{\Delta x} = k(x),$$

则这个数 $k(x)$ 就是 Γ 在点 x 的切线与 x 轴正方向的夹角的斜率, 自然与 x 有关, 是 x 的一个函数. 简单说, 切线就是割线的极限. 这时点 x 的切线就是

$$g(t) = k(x)(t - x) + f(x), \quad t \in \mathbb{R}.$$

这里有个问题就是, $\Delta x \to 0$ 是什么意思呢? 或者说什么叫 $\lim\limits_{\Delta x \to 0} \frac{\Delta y}{\Delta x} = k(x)$? 这显然是一个无限的过程. 要知道我们说出来的"语言"都是有限的, 那么如何描述这样一个无穷的过程呢? 写出来就是: 任给 $\varepsilon > 0$, 存在 $\delta > 0$, 使得当 $|\Delta x| < \delta$ 时,

$$\left|\frac{\Delta y}{\Delta x} - k(x)\right| < \varepsilon.$$

这是我们在学极限的时候已经学到的 ε - δ 语言. 也是 18 世纪由法国数学家柯西严格化微积分后给出的定义, 把所有当初对于微积分的疑问都化为乌有, 这当然是非常了不起的. 其实, 当初的那些疑问也并非无事生非: 因为当 $\Delta x \to 0$ 时 $\frac{\Delta y}{\Delta x}$ 的分子分母都是零, 而零如何可以做除数呢? 在数学史上, 这个问题引发了数学的第二次危机, 但 ε - δ 语言成功化解了这次危机, 因为 ε - δ 语言中并没有出现无穷, 只是一种 "有限" 的语言, 这是人类逻辑思维伟大的胜利. 当然 ε - δ 语言是经过无数的思想斗争才实现的, 并不是一开始就如此.

我们把 $k(x)$ 称为 $y = f(x)$ 在 x 点的 "导数". 并不是所有的点都有切线, 例如 $y = |x|$ 在 $x = 0$ 就没有切线, 确切地说切线有无穷多, 这是非光滑分析要讨论的问题. 从这个意思上说, 我们本章只讨论那些光滑的曲线, 即有切线的曲线, 并没有对任意的函数做出结论. 但数学是发展的, 微积分后来有许多的推广. 在非光滑分析中 $y = |x|$ 在 $x = 0$ 没有导数的问题是完全可以解决的. 回到我们的问题, 可以说, 在任意点 x 与曲线最密切的直线就是曲线在这点的切线.

下面我们就来谈谈瞬时速度问题. 牛顿首先是一位物理学家, 他关心的主要还是物理问题. 切线的物理问题也可以用物理解释, 一个问题来源于光学, 说起来有点不好理解. 大致意思是说, 光遇到一个曲线的障碍后, 要反射, 反射角等于入射角. 而量测这个反射角、入射角, 就指的是曲线中障碍点的切线与光线的夹角. 但另一个问题和中学的物理相联系, 就很容易理解. 中学学到的物体运动基本都是匀速运动和匀加速直线运动. 一个速度为 v 的匀速运动的物体, 在时间 t 走过的路程 $x(t)$ 为

$$x(t) = tv,$$

其中 t 是时间, 路径因此是个直线; 反过来, 已知在时间 t 走过的路程为 $x(t)$, 那么速度就是 $v = x(t)/t$, 对任何时间都是对的. 可是我们实际看到的物体运动基本都是变速运动. 最简单的变速运动就是中学学到的匀加速直线运动. 其精确定义为: 在所有相等的任意长度的时间间隔内, 获得一个相等的速度增量. 这个已经不太好理解. 意思是, 在任意的时刻 t 与时间增量区间 $[t, t + \Delta t]$ 内, 速度的增量 $\Delta v = v(t + \Delta t) - v(t) = a\Delta t$. 令 $t = 0$, 这说的是 $v(\Delta t) = v(0) + a\Delta t$. 即一个设初始速度为 $v_0 = v(0)$ 的物体, 在 t 时, 速度变为

$$v(t) = v_0 + at,$$

其中的 a 就是加速度. 走过的路程 $x(t) = \frac{1}{2}at^2 + v_0 t$, 这也有点不好理解, 中学绝大部分时间是告诉你这个公式. 学了这门课以后读者可以轻松得到, 这个路程曲线就是

抛物线. 抛物线是圆锥曲线之一, 是数学家用数学的办法得到的, 可是现在竟然有物理的意义, 这是极为奇妙的地方. 这个公式也是早期牛津大学的物理学家得到的公式. 而牛顿在 17 世纪想知道的是, 任意的变速运动, 在时刻 t 时走过了路程 $x(t)$, 物体在 t 时刻的"瞬时"速度究竟是多少.

现在我们讨论变速运动的"瞬时"速度问题. 设在任意 t 时刻, 物体运动了路程 $x(t)$. 我们要求 t 时刻的速度. 自然的想法和开头我们谈到的曲线求切线一样. 在时间区间 $[t, t+\Delta t]$ 之间物体运动了 $x(t+\Delta t) - x(t)$, 那么其平均速度自然是"近似"(当 Δt 很小时)为

$$\frac{\Delta x}{\Delta t} = \frac{x(t+\Delta t) - x(t)}{\Delta t}.$$

这非常类似于求切线时的"割线", 是一种近似. 不近似又有什么好的办法呢? t 时刻的速度 $v(t)$, 自然是让 $t+\Delta t$ 靠近 t 的平均速度:

$$v(t) = \lim_{\Delta t \to 0} \frac{\Delta x}{\Delta t} = \lim_{\Delta t \to 0} \frac{x(t+\Delta t) - x(t)}{\Delta t}.$$

例如匀加速运动 $x(t) = \frac{1}{2}at^2 + v_0 t$, 在时间区间 $[t, t+\Delta t]$ 内的平均速度是

$$\frac{\Delta x}{\Delta t} = \frac{x(t+\Delta t) - x(t)}{\Delta t} = at + v_0 + \frac{1}{2}a\Delta t. \tag{5.2}$$

显然当 $\Delta t \to 0$ 时, 有

$$v(t) = \lim_{\Delta t \to 0} \frac{\Delta x}{\Delta t} = \lim_{\Delta t \to 0} \left(at + v_0 + \frac{1}{2}a\Delta t \right) = v_0 + at.$$

这自然是一种变速运动, 只不过速度与时间是一种线性关系.

这是产生微积分早期的两个数学物理的动力. 另外两个动力, 一个是给定一个函数, 哪些点的函数值最大, 或者最小. 换成物理问题就是, 一个奥林匹克的运动员, 他的运动过程当然是极其复杂的变速运动, 在哪些时刻他的速度最大或者最小? 17 世纪时, 以 "费马定理" 闻名于世的法国数学家费马(Pierre de Fermat, 1601—1665), 特别关心函数的极值问题, 而求极值问题与求切线关系密切. 另一个是给定一个曲线, 比如椭圆, 如何求椭圆上任意两点间的距离? 地球是一个曲面, 任意两点之间的任何路径在三维欧氏空间看都是曲线, 如何求这些点之间的距离? 中国在地球上并不是平坦的, 如何求国土的面积? 本章和第 6 章学完了, 这些问题也就都解决了. 不过本章只能从函数局部的性质 "导数" 开始讲起, 这是 17 世纪由费马和其他数学家引入的概念. 牛顿和莱布尼茨发现导数和积分之间的关系, 即局部与整体之间的联系, 从而使数学进入一个新的发展时期.

5.2　导　　数

数学有数学的语言. 这些语言都是经过很多的数学家不断完善的结果. 给定函数 $y = f(x)$, 如果自变量从 x 开始有个增量 Δx, 相应地, y 也有一个增量 $\Delta y = f(x + \Delta x) - f(x)$. 我们定义当 $\Delta x \to 0$ 时, 当然是以任意的方式趋于零, 函数值增量与自变量的增量比值如果有极限, 就称为 $y = f(x)$ 在点 x 处的**导数**. 如果 $y = f(x)$ 在 x 的导数存在, 我们称为 $y = f(x)$ 在 x 点**可导**. 导数记为 $f'(x)$ 或者 $\dfrac{\mathrm{d}y}{\mathrm{d}x}$, 有时也记作 $y'(x)$ 或者直接写作 $\dfrac{\mathrm{d}f(x)}{\mathrm{d}x}$:

$$f'(x) = \lim_{\Delta x \to 0} \frac{\Delta y}{\Delta x} = \lim_{\Delta x \to 0} \frac{f(x + \Delta x) - f(x)}{\Delta x}, \tag{5.3}$$

这里的 Δx 可正、可负, 所以 $f'(x)$ 只与 $f(x)$ 在 x "充分小" 的邻域内的值有关, 与其他地方的值无关. 显然, 这是一种不能再小的 "局部" 性质. 数学上, 导数是一种对函数的无穷小运算, 所以微分有时也叫无穷小分析. 这里我们看到数学家是如何观测的: 由于不受物理条件的限制, 他可以无限接近地观测此点的状况, 数学只告诉我们终极的真理. 当初第谷 (Tycho Brahe, 1546—1601) 观测火星绕太阳运动观测了 20 多年, 得到的数据使得开普勒发现行星运动三大定律. 现在数学告诉我们的是观测 200 年、300 年, 直到无穷年, 能看到什么? 至于能不能观测这么多年, 也许是工程师的事, 但也不一定必须这么做. 19 世纪后半叶, 德国某个地区盛产铁矿. 可是要炼出好的铁, 需要掌握熔炉中的温度. 问题是当时没有办法量测如此高的温度. 德国物理学家普朗克 (Max Karl Ernst Ludwig Planck, 1858—1947) 发现不同温度发出的光不一样, 其强度用光的波长即光谱可以度量. 由此研究 "黑体辐射" 产生了量子力学, 并不需要直接去测量熔炉中的温度.

我们回到数学. 导数的存在意味着函数在 x 点 "光滑", 光滑性自然就意味着连续.

定理 5.1　如果函数 $y = f(x)$ 在 x 点有导数, 那么在 x 点必定连续.

证明　由于 (5.3), 我们有

$$\frac{f(x + \Delta x) - f(x)}{\Delta x} = f'(x) + \varepsilon(\Delta x),$$

其中当 $\Delta x \to 0$ 时, $\varepsilon(\Delta x) \to 0$. 因此

$$\Delta y = f(x + \Delta x) - f(x) = f'(x)\Delta x + \Delta x \varepsilon(\Delta x) \to 0 \quad (\Delta x \to 0).$$

这说明函数在 x 点连续.　　　　　　　　　　　　　　　　　　　　　　　　□

定理 5.1 的逆自然不成立, 典型的例子就是我们说过的 $y = f(x) = |x|$ 在零点连续而不可导.

定义在区间 $x \in [a,b]$ 上的函数 $y = f(x)$ 称为**处处可导**, 指的是对任意的 (a,b), $f'(x)$ 都存在. 但在区间的端点, 却需要特别的定义:

$$f'_-(b) = \lim_{\Delta x \to 0^-} \frac{\Delta y}{\Delta x},$$

$$f'_+(a) = \lim_{\Delta x \to 0^+} \frac{\Delta y}{\Delta x}.$$

这时 $f'_-(b)$ 称为 $f(x)$ 在 b 点的**左导数**, $f'_+(a)$ 称为 $f(x)$ 在 a 点的**右导数**. 显然在 $x \in (a,b)$ 的导数存在当且仅当左右导数 $f'_-(x), f'_+(x)$ 都存在而且相等: $f'_-(x) = f'_+(x)$. 函数 $y = f(x) = |x|$ 在 $x = 0$ 的左导数为 -1, 右导数为 $+1$, 因此在 $x = 0$ 不可导.

导数的几何意义就是在平面直角坐标系 (x,y) 下, 曲线 $y = f(x)$ 在 (x,y) 的切线的斜率. 这与我们在开始时谈到的是一致的. 或者说, 导数存在, 则函数在此点的切线存在, 其切线方程为

$$g(t) = f(x) + f'(x)(t-x), \quad t \in \mathbb{R}. \tag{5.4}$$

如果拿物理的例子来说, 在时间 t 已经运动了路程 $x(t)$ 的导数 $x'(t) = v(t)$ 就是 t 时刻的瞬时速度. 如果速度 $v(t)$ 是可导的, 那么

$$a(t) = \lim_{\Delta t \to 0} \frac{\Delta v}{\Delta t} = v'(t)$$

就是加速度. 对匀加速运动, 设定加速度为常数 a, 其速度满足

$$v'(t) = a$$

是一个微分方程. 我们在中学学过各种方程, 但导数引进后, 就产生了微分方程, 这是数学非常大的一个分支. 我们有专门的课讲微分方程, 和代数方程一样, 微分方程更加的丰富而多彩.

5.2.1　函数的和、差、积、商的导数

因为函数之间可以做和、差、积、商的代数运算, 因此导数也有类似的运算. 这些运算必须做到和代数的运算一样运用自如. 我们先看和、差的导数. 给定两个可导的函数 $f(x), g(x)$, 我们有

$$(f(x) \pm g(x))' = \lim_{\Delta x \to 0} \frac{f(x+\Delta x) \pm g(x+\Delta x) - (f(x) \pm g(x))}{\Delta x}$$

$$= \lim_{\Delta x \to 0} \frac{f(x+\Delta x) - f(x)}{\Delta x} \pm \lim_{\Delta x \to 0} \frac{g(x+\Delta x) - g(x)}{\Delta x} = f'(x) \pm g'(x).$$

再看乘积的导数

$$
\begin{aligned}
(f(x)g(x))' &= \lim_{\Delta x \to 0} \frac{f(x+\Delta x)g(x+\Delta x) - f(x)g(x)}{\Delta x} \\
&= \lim_{\Delta x \to 0} \frac{(f(x+\Delta x) - f(x))g(x+\Delta x)}{\Delta x} + \lim_{\Delta x \to 0} \frac{f(x)(g(x+\Delta x) - g(x))}{\Delta x} \\
&= f'(x)g(x) + f(x)g'(x).
\end{aligned}
$$

显然, 常函数的导数为零, 因此 $(af(x))' = af'(x)$ 对任意的常数 a 和函数 $f(x)$ 成立.

最后看 $\dfrac{f(x)}{g(x)}$ 的导数, 这时自然假定分母在 x 点不为零. 因为 $\dfrac{f(x)}{g(x)} = f(x) \cdot \dfrac{1}{g(x)}$,

因此由上面的乘法公式, 只需要求 $\dfrac{1}{g(x)}$ 的导数就可以了. 现在

$$
\begin{aligned}
\left(\frac{1}{g(x)}\right)' &= \lim_{\Delta x \to 0} \left(\frac{1}{g(x+\Delta x)} - \frac{1}{g(x)}\right)\bigg/ \Delta x \\
&= -\lim_{\Delta x \to 0} \frac{1}{g(x)g(x+\Delta x)} \frac{g(x+\Delta x) - g(x)}{\Delta x} = -\frac{g'(x)}{g^2(x)}.
\end{aligned}
$$

因此根据乘法公式

$$
\left(\frac{f(x)}{g(x)}\right)' = \frac{f'(x)}{g(x)} + f(x)\left(\frac{1}{g(x)}\right)' = \frac{f'(x)g(x) - g'(x)f(x)}{g^2(x)}.
$$

我们把以上结果总结如下.

定理 5.2　设函数 $f(x), g(x)$ 在点 x 可导, 则有如下公式:

(i) $(af(x) + bg(x))' = af'(x) + bg'(x), \forall a, b \in \mathbb{C}$;

(ii) $(f(x)g(x))' = f'(x)g(x) + f(x)g'(x)$;

(iii) 假设 $g(x) \neq 0$, 则 $\left(\dfrac{f(x)}{g(x)}\right)' = \dfrac{f'(x)g(x) - g'(x)f(x)}{g^2(x)}$.

乘法和除法的公式可以不断延伸. 例如

$$
(f(x)g(x)\phi(x))' = f'(x)g(x)\phi(x) + f(x)g'(x)\phi(x) + f(x)g(x)\phi'(x),
$$

由此得到

$$
\frac{(f(x)g(x)\phi(x))'}{f(x)g(x)\phi(x)} = \frac{f'(x)}{f(x)} + \frac{g'(x)}{g(x)} + \frac{\phi'(x)}{\phi(x)}.
$$

当然即使 n 个函数相乘, 也可以得到类似的公式.

5.2.2　复合函数的导数

下面我们讨论一类更重要的函数求导数的法则, 称为复合函数求导. 这个法则一旦掌握, 就可以求出绝大部分初等函数的导数.

假设 $y = g(x)$ 是区间 $[a,b]$ 上的连续函数, 其函数值在区间 $[c,d]$ 中, 即对所有的 $x \in [a,b]$, $y = g(x) \in [c,d]$. 于是 $z = f(y)$ 就是定义在区间 $[c,d]$ 中的 x 的复合函数:

$$z = f(y) = f(g(x)).$$

现在我们来求 z 关于 x 的导数.

$$\begin{aligned}
z'(x) &= \lim_{\Delta x \to 0} \frac{f(g(x + \Delta x)) - f(g(x))}{\Delta x} \\
&= \lim_{\Delta x \to 0} \frac{f(g(x + \Delta x)) - f(g(x))}{g(x + \Delta x) - g(x)} \frac{g(x + \Delta x) - g(x)}{\Delta x}.
\end{aligned}$$

令 $y = g(x)$. 则当 $\Delta x \to 0$ 时, $g(x + \Delta x) - g(x) \to 0$. 因此

$$z'(x) = \lim_{\Delta x \to 0} \frac{f(g(x + \Delta x)) - f(g(x))}{g(x + \Delta x) - g(x)} \frac{g(x + \Delta x) - g(x)}{\Delta x} = f'(y)g'(x).$$

总结如下.

定理 5.3　设复合函数 $z = f(g(x))$, 其中 $y = g(x), z = f(y)$ 分别在 x, y 点处可导, 则 z 在 x 处的导数存在, 且

$$z'(x) = f'(y)g'(x).$$

复合函数的求导由此可以逐步地延伸. 例如 $z = f(y)$, $y = g(x)$, $x = \phi(t)$, 则有

$$z'(t) = f'(y)g'(x)\phi'(t), \tag{5.5}$$

所以即使 n 个函数复合, 也可以得到类似的公式.

5.2.3　反函数的求导

设在开区间 (a,b) 上连续函数 $y = f(x)$ 严格单调, 即 $y = f(x)$ 严格单调递增:对任意的 $x_1, x_2 \in (a,b)$, 只要 $x_1 < x_2$, 就有 $f(x_1) < f(x_2)$, 或者严格单调递减:对任意的 $x_1, x_2 \in (a,b)$, 只要 $x_2 < x_1$, 就有 $f(x_2) > f(x_1)$, 则函数 $y = f(x)$ 的值所取的区间也是开区间 $(f(a), f(b))$. 于是 $y = f(x)$ 有反函数 $x = g(y)$, 是 $(f(a), f(b))$ 中严格单调的连续函数. 当点 $x \in (a,b)$ 有增量 $x + \Delta x \in (a,b)$, 则函数 y 有增量 $\Delta y = f(x + \Delta x) - f(x)$ 使得 $y, y + \Delta y \in (f(a), f(b))$. 反过来, $\Delta x = g(y + \Delta y) - g(y)$. 由于反函数都是连续的, 因此 $\Delta x \to 0$ 当且仅当 $\Delta y \to 0$.

假设 $x = g(y)$ 在 y 点的导数不为零, 我们有

$$\frac{\Delta y}{\Delta x} = \frac{1}{\dfrac{\Delta x}{\Delta y}}.$$

令 $\Delta x \to 0$, 则有

$$f'(x) = \lim_{\Delta x \to 0} \frac{\Delta y}{\Delta x} = \lim_{\Delta y \to 0} \frac{1}{\dfrac{\Delta x}{\Delta y}} = \frac{1}{g'(y)}. \tag{5.6}$$

如果 $\displaystyle\lim_{\Delta y \to 0} \frac{1}{\dfrac{\Delta x}{\Delta y}} = \infty$，这种情况，我们称 x 在 y 点的导数为无穷. 这时候，$f'(x)$ 点

的导数存在，且 $f'(x) = 0$. 用导数的另一种表示，我们有

$$\frac{\mathrm{d}y}{\mathrm{d}x} = \frac{1}{\dfrac{\mathrm{d}x}{\mathrm{d}y}}. \tag{5.7}$$

有了这些准备，我们就可以求出绝大多数函数的导数.

5.2.4　基本初等函数的导数

现在我们来求一些常见的基本初等函数的导数. 复杂一点的初等函数求导需要用到导数的和、差、积、商公式，复合函数的求导和反函数的求导得到. 以后我们就像加减乘除一样理解掌握和应用导数运算.

（1）常数 $y = c$ 的导数为零，我们在前面已经说过.

（2）对数函数 $y = \ln x, x > 0$ 的导数.

由 (4.14) 得知

$$\lim_{\alpha \to 0} \ln(1 + \alpha)^{1/\alpha} = \ln e = 1. \tag{5.8}$$

于是 $y = \ln x$ 的导数为

$$y' = \lim_{\Delta x \to 0} \frac{\ln(x + \Delta x) - \ln x}{\Delta x} = \lim_{\Delta x \to 0} \frac{\ln\left(1 + \dfrac{\Delta x}{x}\right)}{\Delta x}$$

$$= \frac{1}{x} \lim_{\Delta x \to 0} \ln\left(1 + \frac{\Delta x}{x}\right)^{\frac{x}{\Delta x}} = \frac{1}{x}. \tag{5.9}$$

（3）指数函数 $y = \mathrm{e}^x$ 的导数是其本身.

这是因为 $y = \mathrm{e}^x$ 的反函数为 $x = \ln y$. 由对数函数的求导法则 $x' = \dfrac{1}{y}$. 于是由反函数的导数法则得到

$$y' = \frac{1}{x'} = y = \mathrm{e}^x. \tag{5.10}$$

（4）$y = x^\alpha$，$x > 0$，其中 α 为实数.

注意到 $y = x^{\alpha} = e^{\alpha \ln x}$,于是由对数、指数函数的导数,利用复合函数的求导法则得到

$$y' = e^{\alpha \ln x} \cdot \frac{\alpha}{x} = \alpha x^{\alpha-1}.$$

(5)正弦函数 $y = \sin x$ 的导数是余弦函数 $y' = \cos x$.

我们在例 4.15 中证明了

$$\lim_{x \to 0} \frac{\sin x}{x} = 1. \tag{5.11}$$

于是正弦函数的导数为

$$y' = \lim_{\Delta x \to 0} \frac{\sin(x+\Delta x) - \sin x}{\Delta x} = \lim_{\Delta x \to 0} \frac{2\cos\left(x+\dfrac{\Delta x}{2}\right)\sin\dfrac{\Delta x}{2}}{\Delta x} = \cos x. \tag{5.12}$$

(6)余弦函数 $y = \cos x$ 的导数是负的正弦函数 $y' = -\sin x$. 同样由例 4.34 和 (5.11) 得

$$y' = \lim_{\Delta x \to 0} \frac{\cos(x+\Delta x) - \cos x}{\Delta x} = \lim_{\Delta x \to 0} -\frac{2\sin\left(x+\dfrac{\Delta x}{2}\right)\sin\dfrac{\Delta x}{2}}{\Delta x} = -\sin x. \tag{5.13}$$

(7)正切函数的导数 $y = \tan x$,可由正、余弦函数和商的求导公式得到

$$y' = \left(\frac{\sin x}{\cos x}\right)' = \frac{(\sin x)'\cos x - (\cos x)'\sin x}{\cos^2 x} = \frac{\sin^2 x + \cos^2 x}{\cos^2 x} = \frac{1}{\cos^2 x}. \tag{5.14}$$

(8)余切函数的导数 $y = \cot x$ 用同样的办法得到

$$y' = \left(\frac{\cos x}{\sin x}\right)' = \frac{(\cos x)'\sin x - (\sin x)'\cos x}{\sin^2 x} = -\frac{\cos^2 x + \sin^2 x}{\sin^2 x} = -\frac{1}{\sin^2 x}. \tag{5.15}$$

(9)反正弦函数 $y = \arcsin x$ 的导数. 反正弦函数本为多值函数,但在 $-\dfrac{\pi}{2} < y < \dfrac{\pi}{2}$ 这一段, $x = \sin y$ 的反函数正是反正弦函数. 于是,由反函数的求导法则得

$$y'(x) = \frac{1}{x'(y)} = \frac{1}{\cos y} = \frac{1}{\sqrt{1-\sin^2 y}} = \frac{1}{\sqrt{1-x^2}}. \tag{5.16}$$

(10)反余弦函数 $y = \arccos x$ 的导数和反正弦函数求导类似

$$y' = -\frac{1}{\sqrt{1-x^2}}. \tag{5.17}$$

(11)反正切函数 $y = \arctan x$ 的导数. 在 $-\dfrac{\pi}{2} < y < \dfrac{\pi}{2}$ 这一段,反正切函数是正切函

数 $x = \tan y$ 的反函数, 因此

$$y'(x) = \frac{1}{x'(y)} = \frac{1}{\dfrac{1}{\cos^2 y}} = \frac{1}{1 + \tan^2 y} = \frac{1}{1 + x^2}. \tag{5.18}$$

(12) 双曲函数的导数. 双曲正弦函数 $y = \sinh x = \dfrac{1}{2}(e^x - e^{-x})$ 的导数为双曲余弦函数 $y' = \cosh x = \dfrac{1}{2}(e^x + e^{-x})$. 反过来双曲余弦函数 $y = \cosh x$ 的微分是双曲正弦函数 $y' = \cosh x$.

知道这些基本初等函数的导数后, 许多的复合初等函数利用复合函数的求导法则都可以得到.

例 5.1　求函数 $y = \ln|x|$ 的导数. 注意当 $x > 0$ 时, $y = \ln x$ 导数为 $y = \dfrac{1}{x}$. 而当 $x < 0$ 时, $y = \ln(-x)$, 于是由复合函数求导法则得

$$y' = (\ln(-x))' = \frac{-1}{-x} = \frac{1}{x}.$$

由此得

$$(\ln|x|)' = \frac{1}{x}, \quad \forall x \neq 0. \tag{5.19}$$

例 5.2　简谐运动. 一个质点沿在直线的中心附近做周期的运动(例如钟摆), 如果路径满足

$$x(t) = A\sin(\omega t + \phi),$$

则称质点做简谐运动, 其中 A 称为振幅, ϕ 称为相位角, ω 称为振动频率. $t = 0$ 时刻起始点的位置为 $x(0) = A\sin\phi$. 因为 $|\sin x| \leq 1$, 所以运动实际上在 $[-A, A]$ 之间摆动. 对时间求导数, 就得到任意时刻的速度

$$v(t) = x'(t) = A\omega\cos(\omega t + \phi).$$

所以这样的运动, 速度不能超过 $\pm A$. 对速度求导数, 就得到任意时刻的加速度

$$a(t) = -A\omega^2\sin(\omega t + \phi) = -\omega^2 x(t).$$

加速度是时间的函数, 这种运动就比匀加速运动复杂得多. 因为 $a(t) = -\omega^2 x(t)$, 则由牛顿第二定律, 维持物体做简谐运动所需要的力为

$$F(t) = ma(t) = -m\omega^2 x(t).$$

因此每个时刻所需要的力都不相同.

例 5.3　求函数 $y = \dfrac{1}{\sqrt{1-x^2}}$ 的导数.

解　可以看成是复合函数 $y = z^{-1/2}, z = 1 - x^2$. 于是

$$y'(x) = y'(z)z'(x) = -\frac{1}{2}z^{\frac{1}{2}-1}(-2x) = \frac{x}{\sqrt{(1-x^2)^3}}.$$

5.2.5　参变量函数的导数

平面上的曲线通常可以有参数的形式. 例如单位圆利用单变量表示的话, 函数是一个多值函数, 显得很不方便. 如果用参数表示中心在原点的单位圆就简单得多:

$$x^2 + y^2 = 1, \text{ 等价于参数表示} \begin{cases} x = \sin t, \\ y = \cos t, \end{cases} \quad t \in [0, 2\pi]. \tag{5.20}$$

一般的曲线参数表示为

$$\begin{cases} x = \phi(t), \\ y = \psi(t), \end{cases} \quad t \in [a, b]. \tag{5.21}$$

自然地, 如果 $x = \phi(t)$ 存在反函数 $t = \phi^{-1}(x)$, 例如以原点为中心的单位圆在上半平面或者下半平面都是如此, 则 $y = \psi(t) = \psi(\phi^{-1}(x))$ 就是我们熟悉的形式.

一般我们把曲线(5.21) 写成向量形式

$$\boldsymbol{r}(t) = (\phi(t), \psi(t)), \quad t \in [a, b]. \tag{5.22}$$

那么像这样的曲线如何求得曲线在每一点的切线呢? 给定时间 t 的变化率 Δt 就分别得到 x 和 y 的变化率 $\Delta x = \phi(t + \Delta t) - \phi(t),\ \Delta y = \psi(t + \Delta t) - \psi(t)$. 于是割线的斜率为

$$\frac{\Delta y}{\Delta x} = \frac{\psi(t + \Delta t) - \psi(t)}{\phi(t + \Delta t) - \phi(t)} = \frac{\dfrac{\psi(t + \Delta t) - \psi(t)}{\Delta t}}{\dfrac{\phi(t + \Delta t) - \phi(t)}{\Delta t}}.$$

于是曲线切线的斜率为

$$y' = \lim_{\Delta x \to 0} \frac{\Delta y}{\Delta x} = \frac{\lim\limits_{\Delta t \to 0} \dfrac{\psi(t + \Delta t) - \psi(t)}{\Delta t}}{\lim\limits_{\Delta t \to 0} \dfrac{\phi(t + \Delta t) - \phi(t)}{\Delta t}} = \frac{\psi'(t)}{\phi'(t)}. \tag{5.23}$$

用曲线表示向量(5.22), 如图 5.3 所示, 向量 $\overrightarrow{AB} = \Delta \boldsymbol{r} = \boldsymbol{r}(t + \Delta t) - \boldsymbol{r}(t)$. 当 $\Delta t \to 0$ 时, 点 B 沿曲线运动到 A, 而过 A, B 的割线趋于确定直线所占据的位置, 如图 5.3, 该确定直线就是点 A 的切线向量(称为切向量):

$$\dot{\boldsymbol{r}}(t) = \lim_{\Delta t \to 0} \frac{\boldsymbol{r}(t)}{\Delta t} = (\phi'(t), \psi'(t)), \tag{5.24}$$

对不等于零的 t 重合于 A 点的切线. 于是曲线在 t 点的切线可以用向量表示为

$$\boldsymbol{r}(t) + \theta \dot{\boldsymbol{r}}(t) = \boldsymbol{r}(t) + \theta(\phi'(t), \psi'(t)), \quad \theta \in \mathbb{R}. \tag{5.25}$$

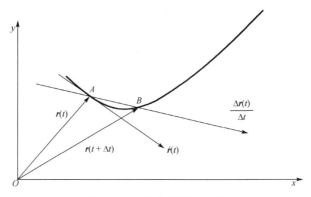

图 5.3　一般曲线的切向量

曲线的切向量表示成

$$\dot{\boldsymbol{r}}(t) = (\phi'(t), \psi'(t)), \quad t \in [a, b]. \tag{5.26}$$

切向量的长度 $|\dot{\boldsymbol{r}}(t)|$ 是向量 $\dfrac{\Delta \boldsymbol{r}}{\Delta t}$ 的长当 $\Delta t \to 0$ 时的极限:

$$\left| |\dot{\boldsymbol{r}}(t)| - \left| \frac{\Delta \boldsymbol{r}}{\Delta t} \right| \right| \leqslant \left| \dot{\boldsymbol{r}}(t) - \frac{\Delta \boldsymbol{r}}{\Delta t} \right| \to 0 \quad (\Delta t \to 0).$$

用运动的观点看, t 是时间, 向量 $\boldsymbol{r}(t)$ 是 t 时刻运动的位置, 则 $\dot{\boldsymbol{r}}(t)$ 表示该点在 t 时刻的速度向量, 并且确定在该点的运动方向. 其长 $|\dot{\boldsymbol{r}}(t)|$ 是速度的数量.

例 5.4　椭圆

$$\frac{x^2}{a^2} + \frac{y^2}{b^2} = 1, \quad a, b > 0 \tag{5.27}$$

的参数表示为

$$\boldsymbol{r}(t) = (a\cos t, b\sin t), \quad t \in [0, 2\pi]. \tag{5.28}$$

其在任意点的切向量为

$$\dot{\boldsymbol{r}}(t) = (-a\sin t, b\cos t), \quad t \in [0, 2\pi]. \tag{5.29}$$

切线的斜率为

$$y'(x) = -\frac{b}{a}\cot t, \quad t \in [0, 2\pi]. \tag{5.30}$$

特别是任何曲线都可以用极坐标表示:

$$\begin{cases} x = \rho(\theta)\cos\theta, \\ y = \rho(\theta)\sin\theta. \end{cases}$$

这个时候, 曲线的斜率可以求得, 为

$$\frac{\mathrm{d}y}{\mathrm{d}x} = \frac{(\rho(\theta)\sin\theta)'}{(\rho(\theta)\cos\theta)'} = \frac{\rho'(\theta)\sin\theta + \rho(\theta)\cos\theta}{\rho'(\theta)\cos\theta - \rho(\theta)\sin\theta} = \frac{\rho'(\theta)\tan\theta + \rho(\theta)}{\rho'(\theta) - \rho(\theta)\tan\theta}. \tag{5.31}$$

5.2.6　高阶导数

我们在前面讲物体运动路径、速度与加速度的时候, 已经遇到过

$$v(t) = x'(t), \quad a(t) = v'(t).$$

所以如果已知路径, 求加速度的话, 自然地有

$$a(t) = x''(t),$$

即加速度是路径的二阶导数. 现代科学的开创者, 意大利伟大的物理学家伽利略发现, 一个自由落体在 t 时刻下落的垂直距离 $x(t)$ 可以用公式

$$x(t) = \frac{1}{2}gt^2 \tag{5.32}$$

表示, 其中 g 是重力常数. 对 (5.32) 求导, 给出时刻 t 的速度:

$$v(t) = x'(t) = gt \tag{5.33}$$

和加速度:

$$a = x''(t) = g,$$

这是匀加速运动的典型事例.

一般地, 函数 $y = f(x)$ 的二阶导数定义为

$$y'' = \frac{\mathrm{d}^2 y}{\mathrm{d}x^2} = (f'(x))'.$$

当然 $f'(x)$ 必须在 x 点的附近都存在才能求二阶导数. 应用归纳法, 我们可以定义任意阶的导数

$$y^{(n)} = \frac{\mathrm{d}^n y(x)}{\mathrm{d}x^n} = f^{(n)}(x) = (f^{(n-1)}(x))'.$$

例如 $y = x^n$, 其中 n 是正整数, 则对任意的 m 我们就有

$$y^{(m)} = \begin{cases} n(n-1)\cdots(n-m+1)x^{n-m}, & m \leqslant n, \\ 0, & m > n. \end{cases}$$

例 5.5 求 $y = \dfrac{1}{x^2 - a^2}$ 的高阶导数. 直接求有点困难, 但如果做分解, 就很容易了.

$$y = \frac{1}{x^2 - a^2} = \frac{1}{2a}\left(\frac{1}{x-a} - \frac{1}{x+a}\right).$$

于是立刻得到

$$y^{(n)} = \frac{(-1)^n n!}{2a}\left[\frac{1}{(x-a)^{n+1}} - \frac{1}{(x+a)^{n+1}}\right].$$

下面的两个例子不难总结出规律.

例 5.6 正弦函数 $y = \sin x$ 的高阶导数:

$$(\sin x)^{(n)} = \sin\left(x + \frac{n\pi}{2}\right). \tag{5.34}$$

例 5.7 余弦函数 $y = \cos x$ 的高阶导数:

$$(\cos x)^{(n)} = \cos\left(x + \frac{n\pi}{2}\right), \quad n = 1, 2, \cdots. \tag{5.35}$$

例 5.8 反正切函数 $y = \arctan x$ 的高阶导数. 因为 $x = \tan y$, 先综合

$$y' = \frac{1}{1+x^2} = \cos^2 y = \cos y \sin\left(y + \frac{\pi}{2}\right);$$

$$y'' = \left[-\sin y \sin\left(y + \frac{\pi}{2}\right) + \cos y \cos\left(y + \frac{\pi}{2}\right)\right] y'$$

$$= \cos^2 y \cos\left(2y + \frac{\pi}{2}\right) = \cos^2 y \sin 2\left(y + \frac{\pi}{2}\right);$$

$$y''' = \left[-2\sin y \cos y \sin 2\left(y + \frac{\pi}{2}\right) + 2\cos^2 y \cos 2\left(y + \frac{\pi}{2}\right)\right] y'$$

$$= 2\cos^3 y \cos\left(3y + 2\frac{\pi}{2}\right) = 2\cos^3 y \sin 3\left(y + \frac{\pi}{2}\right).$$

由此, 我们可由归纳法建立

$$y^{(n)} = (n-1)! \cos^n y \sin n\left(y + \frac{\pi}{2}\right). \tag{5.36}$$

高阶导数有下面的莱布尼茨公式.

定理 5.4(莱布尼茨公式) 高阶导数有如下的运算法则:

(i) 如果 f, g 在 x 点的 n 阶导数都存在, 则对任意的常数 $a, b, (af(x) \pm bg(x))^{(n)}$ 存

在且 $(af(x) \pm bg(x))^{(n)} = af^{(n)}(x) \pm bg^{(n)}(x)$.

(ii) 设函数 $y = f(x) = u(x)v(x)$ ，其中函数 $u(x), v(x)$ 在点 x 有 n 阶导数，则 $y = f(x)$ 在点 x 的 n 阶导数也存在，而且

$$y^{(n)} = \sum_{i=0}^{n} C_n^i u^{(i)}(x) v^{(n-i)}(x), \tag{5.37}$$

其中

$$C_n^i = \frac{n!}{i!(n-i)!}, \quad i = 1, 2, \cdots, n. \tag{5.38}$$

公式 (5.37) 称为莱布尼茨公式.

证明 (i) 是显然的. (ii) 可以用归纳法得到. $n = 1$ 就是乘积的求导法则. 注意

$$C_{n+1}^0 = C_n^0 = C_n^n = C_{n+1}^{n+1} = 1, \quad C_n^i + C_n^{i-1} = C_{n+1}^i, \quad i = 1, 2, \cdots, n, \tag{5.39}$$

且假设公式 (5.37) 在 n 时成立，我们求 $n+1$ 阶导数:

$$y^{(n+1)} = \sum_{i=0}^{n} C_n^i (u^{(i)}(x) v^{(n-i)}(x))' = \sum_{i=0}^{n} C_n^i [u^{(i+1)}(x) v^{(n-i)}(x) + u^{(i)}(x) v^{(n-i+1)}(x)]$$

$$= \sum_{i=1}^{n+1} C_n^{i-1} u^{(i)}(x) v^{(n+1-i)}(x) + \sum_{i=0}^{n} C_n^i u^{(i)}(x) v^{(n+1-i)}(x)$$

$$= u(x) v^{(n+1)}(x) + \sum_{i=1}^{n} [C_n^i + C_n^{i-1}] u^{(i)}(x) v^{(n+1-i)}(x) + u^{(n+1)}(x) v(x)$$

$$= \sum_{i=0}^{n+1} C_{n+1}^i u^{(i)}(x) v^{(n+1-i)}(x). \qquad \square$$

结构上，莱布尼茨公式与 $(u+v)^n$ 类似.

*例 **5.9** 数学物理，特别是计算数学中，有一类多项式称为 n 次勒让德 (Adrien Marie Legendre, 1752—1833) 多项式，定义为

$$P_n(x) = \frac{1}{2^n \cdot n!} [(x^2 - 1)^n]^{(n)}, \quad n = 0, 1, 2, \cdots.$$

因为 $x^2 - 1 = (x-1)(x+1)$ ，令 $u(x) = (x-1)^n, v(x) = (x+1)^n$ ，于是

$$P_n(x) = \frac{1}{2^n \cdot n!} \{(x-1)^n [(x+1)^n]^{(n)} + C_n^1 [(x-1)^n]' [(x+1)^n]^{(n-1)} + \cdots + [(x+1)^n [(x-1)^n]^{(n)}]\}.$$

由此立刻得到

$$P_n(1) = 1, \quad P_n(-1) = (-1)^n.$$

再令

$$y = \frac{1}{2^n \cdot n!}(x^2 - 1)^n.$$

则

$$y' = \frac{1}{2^n \cdot n!} 2nx(x^2 - 1)^{n-1}, \quad (x^2 - 1) \cdot y' = 2nx \cdot y.$$

上式第二个式子两边再求 $n+1$ 阶导数, 就得到

$$(x^2 - 1)P_n''(x) + 2xP_n'(x) - n(n+1)P_n(x) = 0.$$

数学上, $P_n(x)$ 就是如下微分方程的边值问题的解:

$$\begin{cases} (x^2 - 1)P_n''(x) + 2xP_n'(x) - n(n+1)P_n(x) = 0, \\ P_n(1) = 1, P_n(-1) = (-1)^n. \end{cases} \tag{5.40}$$

勒让德多项式有许多好的性质, 诸如任意连续函数可以用勒让德多项式的线性组合逼近, 在无穷维的函数空间中是一种 "正交基" 函数.

*例 5.10　令 $y^{(n)}(a)$ 表示当 $x = a$ 时 $y^{(n)}$ 的值, 求 $y = \arctan x$ 的各阶导数在 $x = 0$ 的值. 这个当然可以用 (5.36) 直接得到. 不过和例 5.9 一样, 我们有一些简单的办法. 由于 $y' = \dfrac{1}{1 + x^2}$, 因此

$$(1 + x^2)y' = 1.$$

两端用莱布尼茨公式 (5.37) 求 n 阶导数得到

$$(1 + x^2)y^{(n+1)}(x) + 2nxy^{(n)}(x) + n(n-1)y^{(n-1)}(x) = 0.$$

注意到

$$y'(0) = 1, \quad y''(x) = \frac{-2x}{(1 + x^2)^2}, \quad y''(0) = 0,$$

由递推可得

$$y^{(2n)}(0) = 0, \quad n = 1, 2, \cdots, \quad y^{(2n+1)}(0) = (-1)^n(2n)!, \quad n = 0, 1, \cdots.$$

这和从 (5.36) 得到的一样.

5.3　一元函数的微分

前面讲到的导数虽然涉及 "无穷" 的概念, 但从定义到形式都很容易理解. 在某种程度上 $\dfrac{\Delta y}{\Delta x}$ 当 $\Delta x \to 0$ 时的确有分子分母全为零的问题. 但是在求极限的过程中是清楚的, 如在匀加速运动 (5.2) 中

$$\frac{\Delta x}{\Delta t} = \frac{x(t + \Delta t) - x(t)}{\Delta t} = at + v_0 + \frac{1}{2} a \Delta t,$$

当 $\Delta t \to 0$ 时没有任何问题. 我们也把 $y = f(x)$ 的导数写作

$$y' = \frac{\mathrm{d}y}{\mathrm{d}x}.$$

这里出现的符号 $\mathrm{d}y, \mathrm{d}x$ 并不是无意写作如此, 它们都有独立的意义. 微积分导致第二次数学危机, 也正是由 $\mathrm{d}y, \mathrm{d}x$ 引起的. 因为理论上 $\mathrm{d}y, \mathrm{d}x$ 是 $\Delta x \to 0$ 的极限, 如果单独理解 $\mathrm{d}x, \mathrm{d}y$ 就出现了 $\frac{0}{0}$ 的悖论. 这个是导数引入后引起的问题. 这一节我们就来解释这些量的意义, 这的确不太容易. 如果学到了黎曼几何, 这些量有非常自然的解释. 再如果学习到广义函数, 这些量都不用出现. 但是在微积分里要讲清楚并不太容易.

还是从导数开始说起.

$$\lim_{\Delta x \to 0} \frac{\Delta y}{\Delta x} = f'(x), \quad \Delta y = f(x + \Delta x) - f(x).$$

由此得到

$$\frac{\Delta y}{\Delta x} = f'(x) + \varepsilon(\Delta x), \quad \text{其中 } \varepsilon(\Delta x) \to 0 (\text{当} \Delta x \to 0 \text{时}).$$

于是

$$\Delta y = f'(x)\Delta x + \varepsilon(\Delta x)\Delta x = f'(x)\Delta x + o(\Delta x), \tag{5.41}$$

其中 $o(\Delta x)$ 称为 Δx 的高阶无穷小, 满足

$$\lim_{\Delta x \to 0} \frac{o(\Delta x)}{\Delta x} = 0. \tag{5.42}$$

和我们在数列极限里学到的一样, 连续的极限也有阶数的问题. 例如当 $x \to 0$, 都有 $x^2 \to 0$, $x^3 \to 0$, 但显然地, x^3 趋于零的速度更快. 数学家不仅仅关心是否趋于零, 更关心趋于零的速度.

暂且我们忘掉 $f'(x)$, 把这个数记为 $A = f'(x)$. 则 (5.41) 说的是

$$\Delta y = A\Delta x + o(\Delta x), \tag{5.43}$$

其中无论 Δx 为何, A 都不随 Δx 改变.

定义 5.1　如果函数 $y = f(x)$ 在 x 点的增量可以写成 (5.43) 的形式, 其中 A 与 Δx 无关, 我们就称 $y = f(x)$ 在 x 点可微.

前面我们推导出如果函数在 x 点可导, 必然可微. 反过来也是显然的, 如果在 x 点可微, 必然可导, 且 $A = f'(x)$. 等式 (5.43) 表明的是这样的事实, 当 $\Delta x \to 0$ 时,

$$\Delta y \approx A\Delta x \ (\Delta x \to 0).$$

这是什么意思呢? 当 $\Delta x \to 0$ 时, $A\Delta x$ 是增量的 "线性" 主部, 因为第一, $A\Delta x$ 是 Δx 的线性函数; 第二, $\Delta y - A\Delta x$ 是比 Δx 更高阶的无穷小量. 所以在线性的意义下, 我们就认为 Δy 近似地等于线性主部. 增量的线性主部, 称为函数在 x 点处的微分 (相对于自变量 x 的增量 Δx), 定义为

$$\mathrm{d}y = \mathrm{d}f = f'(x)\Delta x. \tag{5.44}$$

不过这样的写法有点不对称, 我们把自变量的增量 Δx 记为 $\Delta x = \mathrm{d}x$. 这个说法有点不好理解. 但如果 $y = f(x) = x$, 那么从 (5.44) 的写法, 就有

$$\mathrm{d}y = \mathrm{d}x = y'\Delta x = \Delta x. \tag{5.45}$$

如此一来, 我们就有

$$\mathrm{d}y = f'(x)\mathrm{d}x. \tag{5.46}$$

这使得当初我们的导数符号 $f'(x) = \dfrac{\mathrm{d}y}{\mathrm{d}x}$ 右端的分数有了独立的意义. 意思是说, 函数在 x 点的导数 $f'(x)$ 等于 $y = f(x)$ 在 x 点的微分与自变量的微分的比. 但需要注意的是, 自变量的微分 $\mathrm{d}x$ 与 x 无关, 在任何点都等于 Δx, 是彼此独立的变量, 而函数的微分 $\mathrm{d}y$ 与 $x, \mathrm{d}x$ 都有关系.

　　上面的说法有点像游戏一样, 这就是初学的人对微分难以理解的地方, 也是当初第二次数学危机许多人的争论焦点: $\mathrm{d}x$ 实际上是 $\Delta x \to 0$ 时的极限, 如何可以做得了分母? $\mathrm{d}x$ 既是零又不是零, 显然违反基本的逻辑排中律. 有没有一个合理的物理解释呢? 答案是有. 我们在本章一开始就说, 在任何一点 x, 曲线的切线完全可以代替曲线. 确切一点, 已知每一点的切线, 当然其斜率已知, 也就是 $f'(x)$ 已知. 从 $f'(x)$ 还原曲线 $f(x)$ 是一个积分的过程, 称为微积分的基本定理, 在第 6 章过后我们就会证明这个事实. 所以的确有这样的事实: 任意过点 x 的切线可以在 "无穷小" 的局部意义下, 取代该点的曲线. 这样一看的话, $\mathrm{d}y$ 是函数 $y = f(x)$ 在自变量 x 获得增量 $\mathrm{d}x$ 后, 切线所获得的增量, 如图 5.4. 我们因此也把 $y = f(x)$ 在 x 点的切线方程写为

$$y = f(x) + f'(x)\mathrm{d}x. \tag{5.47}$$

也就是说切线的增量总是自变量增量的线性函数. 函数本身的增量与切线的增量相差的只是一个高阶的无穷小量, 可以在自变量增量很小的时候忽略不计, 这是近似、逼近、无穷小逼近这样的思想产生的奇妙效果. 现在我们总结一下:

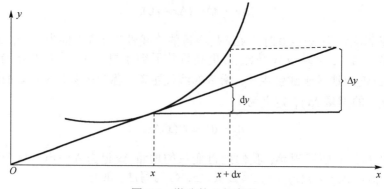

图 5.4　微分的几何意义

· 函数 $y = f(x)$ 在 x 点的微分 $dy = f'(x)dx$ 就是曲线 $y = f(x)$ 在该点的切线在自变量增量 dx 下的增量, 或者说是函数增量的"线性"主部;

· 函数的增量与微分之间的差是自变量增量的高阶无穷小量.

在后续学习的课程微分几何里, 对简单曲线 $y = f(x)$ 微分

$$df(x) = f'(x)dx. \tag{5.48}$$

则 dx 是独立于 x 的新的自变量. $df(x)$ 不仅依赖于 x, 而且是 dx 的线性函数. dx 是切空间的基底 $\dfrac{d}{dx}$ 的对偶基:

$$\left\langle \frac{d}{dx}, dx \right\rangle = 1.$$

对任意的可微函数 $g(x)$, 切空间的基 $\dfrac{d}{dx}$ 作用在 g 上就是

$$\frac{dg}{dx}.$$

任意给切向量 $v = af'(x)$, g 在 x_0 沿切线方向 v 的方向导数为

$$\langle v, dg \rangle = v(g) = \frac{dg(x_0 + tv)}{dt} = g'(x_0)v.$$

所以

$$\langle v, dx \rangle = v(g) = \frac{dg(x_0 + tv)}{dt} = v.$$

我们现在对 (5.46) 的解释已经非常清楚了. 微分和导数一样, 可以对函数和、差、积、商有对应的公式:

$$\begin{cases} \mathrm{d}(f \pm g) = (f \pm g)' \mathrm{d}x = \mathrm{d}f \pm \mathrm{d}g; \\ \mathrm{d}(fg) = (fg)' \mathrm{d}x = f\mathrm{d}g + g\mathrm{d}f; \\ \mathrm{d}\left(\dfrac{f}{g}\right) = \left(\dfrac{f}{g}\right)' \mathrm{d}x = \dfrac{g\mathrm{d}f - f\mathrm{d}g}{g^2}. \end{cases} \tag{5.49}$$

从现在起, $\mathrm{d}y, \mathrm{d}x$ 都有了独立的意义, 可以参与运算, 包括除法的运算. 例如对复合函数 $f(g(x))$, 我们就可以自然地写为

$$\frac{\mathrm{d}f(g(x))}{\mathrm{d}x} = \frac{\mathrm{d}f}{\mathrm{d}g}\frac{\mathrm{d}g}{\mathrm{d}x}. \tag{5.50}$$

5.4　导数的应用: 求函数的极值

我们在本章开头引入导数后, 就说明了求一条曲线切线或者变速运动瞬时速度的问题, 这当然可以说也是导数的应用. 本节我们来看导数更深入的应用. 这就是我们本章开头谈到的第三个问题: 求函数的极值. 当然, 极值问题并不是有了微积分以后才有的问题. 例如, 给定三角形的两边 a,b, 求 a,b 为边所围成的三角形面积的最大值. 从图 5.5 看, 显然是直角三角形, 其最大面积为 $\dfrac{1}{2}ab$, 因为任何其他的面积 $\dfrac{1}{2}ah \leqslant \dfrac{1}{2}ab$.

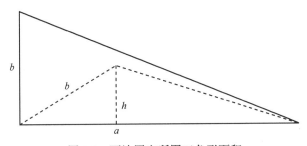

图 5.5　两边固定所围三角形面积

古希腊有关于光线的海伦(Heron of Alexandria, 公元 62 年左右, 生卒年不详)原理: 已知一直线 L(例如是河岸)和同一侧的 P,Q 两点, 有一人要从 P 点尽快地走到 Q 点, 中间要从河里取一桶水. 为求此问题的解, 我们以 L 为对称反射轴, 做 P' 使得如果 $\angle 1 = \angle 3$ (入射角等于反射角), 则从 P 到 Q 的距离是直线 $P'RQ$, 而任何其他的路径 $PR'Q = P'R'Q$ 作为三角形的两边的和总大于第三边 $P'RQ$, 如图 5.6.

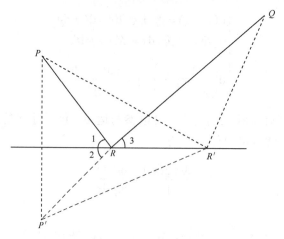

图 5.6　海伦原理

　　所以只有入射角等于反射角 $\angle 1 = \angle 2 = \angle 3$ 时才是最短的距离. 这个在光学中称为惠更斯原理, 是 17 世纪荷兰物理学家惠更斯(Christiaan Huygens, 1629—1695)提出的, 因为光总是走最短的距离. 这其实不是光才有的性质. 自然界中的生物种群总是以最优(至少是次最优)的方式生存, 不然就灭绝了. 实际上, 不仅生物如此, 任何自然界的物体都有这样最优的存在方式. 现代力学的哈密顿原理说, "实物粒子在时间运动中的真实轨迹是所有可能轨迹中作用量最小的那一条", 这大概是自然奇妙的科学原因吧.

　　这样的例子还有很多. 我们现在有了导数的概念, 虽然不敢说能求到所有函数的极值, 但对于那些光滑的函数来说, 寻求极值的范围就可以大大缩小, 直至求出其值.

5.4.1　曲线的升降与极值

　　我们在 5.2.3 节中谈到区间上的严格单调函数. 现在谈函数在点的单调性. 假定函数 $y = f(x)$ 是定义在某一开区间 (a,b) 上的可微函数. 如果在其中一点 x_0 的附近 $(x_0 - \delta, x_0 + \delta) \subset (a,b)$, $\delta > 0$, 当 x 增加时, y 不减少, 则称 $y = f(x)$ 在 x_0 是单调递增函数, 反之, 称为单调递减函数. 对于在 x_0 的单调递增函数来说, 当 $\Delta x > 0$ 充分小时, 有

$$f(x_0 - \Delta x) \leqslant f(x_0) \leqslant f(x_0 + \Delta x).$$

于是

$$\frac{f(x_0) - f(x_0 - \Delta x)}{-\Delta x} \leqslant 0 \leqslant \frac{f(x_0 + \Delta x) - f(x_0)}{\Delta x}. \tag{5.51}$$

令 $\Delta x \to 0$, 我们就得到

$$f'(x_0) \geqslant 0. \tag{5.52}$$

反过来, 如果 (5.52) 成立, 则当 $\Delta x > 0$ 充分小时, 也有 (5.51) 必定成立. 所以 (5.52) 是函数在 x_0 点单调递增的充分必要条件. 同理, 函数在 x_0 为单调递减的充分必要条件是

$$f'(x_0) \leqslant 0. \tag{5.53}$$

再进一步, 如果

$$f'(x_0) > 0, \tag{5.54}$$

则对充分小的 $\Delta x > 0$, 有

$$\frac{f(x_0 + \Delta x) - f(x_0)}{\Delta x} > 0, \quad \frac{f(x_0) - f(x_0 - \Delta x)}{-\Delta x} < 0,$$

由此得 $f(x_0 + \Delta x) > f(x_0) > f(x_0 - \Delta x)$. 称这样的函数在 $x = x_0$ 严格单调递增. 显然 $y = f(x)$ 在点 $x = x_0$ 严格单调递增当且仅当 (5.54) 成立. 同理可定义严格单调递减函数. $y = f(x)$ 在点 $x = x_0$ 严格单调递减当且仅当

$$f'(x_0) < 0. \tag{5.55}$$

我们把以上事实总结成如下定理.

定理 5.5　如果函数 $y = f(x)$ 在点 x 有正的 (或者负) 的导数, 则函数在这点严格单调递增 (或者严格单调递减).

从定理 5.5 立刻得到下面的定理, 称为费马定理.

定理 5.6 (费马定理)　如果函数 $y = f(x)$ 在点 x 达到局部极值 (极大或者极小), 那么导数必然为零: $f'(x) = 0$.

定理 5.6 的逆不成立, 反例如 $y = x^3$ 在零点的导数为零, 但是函数在零点严格单调递增.

下面的定理是费马定理的直接应用, 以法国数学家达布 (Jean Gaston Darboux, 1842—1917) 的名字命名, 称为达布定理.

定理 5.7 (达布定理)　如果 $f(x)$ 在 $[a,b]$ 区间有有限的导数, 则 $f'(x)$ 至少一次取 $f'_+(a), f'_-(b)$ 中间的任意值.

证明　如果 $f'(x)$ 连续, 则结论是显然的. 不妨假设 $f'_+(a) < f'_-(b)$. 任取 $f'_+(a) < C < f'_-(b)$, 作函数

$$F(x) = f(x) - Cx.$$

于是有 $F'_+(a) > 0 > F'_-(b)$. $F(x)$ 是区间 $[a,b]$ 上的连续函数, 由定理 4.17, $F(x)$ 在 $[a,b]$ 上某点 $x = x_0$ 存在极大值. 这点当然不能是 a,b, 因为在 a 点 $F(x)$ 严格单调递增, 在 $x = b$ 严格单调递减. 所以 $x = x_0$ 必然是内点 $x_0 \in (a,b)$. 由费马定理, $F'(x_0) = 0$ 即

$$f'(x_0) = C.$$

必须注意, 费马定理只是必要条件, 我们用例子已经说明了. 那么有没有充分条件呢? 这个就需要二阶导数了. 假如 $f'(x_0) = 0$, 而且二阶导数 $f''(x_0) > 0$. 这说明什么呢? 说明 $f'(x)$ 在 $x = x_0$ 严格单调递增, 也就是说, 在 x_0 的左边附近 $f'(x) < 0$, $f(x)$ 因此严格单调递减; 而在 x_0 的右边附近 $f'(x) > 0$, $f(x)$ 因此严格单调递增. 所以 $x = x_0$ 必然是极小点. 同理, 当 $f'(x_0) = 0$, 而二阶导数 $f''(x_0) < 0$ 时, x_0 是极大点. 我们把这个结论总结成下面的定理.

定理 5.8 如果 $f(x)$ 在点 x_0 满足 $f'(x_0) = 0$, 而且二阶导数 $f''(x_0) > 0$, 则 x 是极小值点; 而当 $f'(x_0) = 0$, 而二阶导数 $f''(x_0) < 0$ 时, x_0 是极大值点.

注 5.1 如果 $f'(x_0) = f''(x_0) = 0$ 那我们就没有法子判断 $f(x)$ 在 $x = x_0$ 是否有极值. 例如 $f(x) = x^3, f(x) = x^4$ 等. 自然想到的是用三阶, 甚至四阶的导数. 但这不是数学原理的路子. 数学原理的路子是要阐明一般性的原理, 即当 $f'(x_0) = f''(x_0) = \cdots = f^{(n-1)}(x_0) = 0, f^{(n)}(x_0) \neq 0$, 其中 $n > 1$ 时如何办? 我们以后会回到这个问题上来.

例 5.11 我们现在来严格证明不等式 (4.12). 令 $f(x) = x - \sin x$. 则当 $x \in (0, 2\pi)$ 时, 导数

$$f'(x) = 1 - \cos x > 0$$

且 $f(0) = 0$, 所以 $f(x)$ 是 $(0, 2\pi)$ 上严格单调递增函数, 因此对所有的 $x > 0, f(x) > 0$ 即 $x > \sin x$. 再令 $f(x) = x - \tan x$. 其导数为

$$f'(x) = 1 - \frac{1}{\cos^2 x} < 0, \quad x \in \left(0, \frac{\pi}{2}\right),$$

且 $f(0) = 0$. 所以 $f(x)$ 在 $(0, \pi/2)$ 内严格单调递减. 于是 $f(x) < 0$, 即 $x < \tan x$ 对所有的 $x \in (0, \pi/2)$ 成立.

例 5.12 我们现在来严格证明比不等式 (4.12) 更加精确的不等式. 令 $f(x) = \sin x - x + x^3/6$. 则当 $x > 0$ 时, 由例 5.11, 导数

$$f'(x) = \cos x - 1 + \frac{x^2}{2} = \frac{x^2}{2} - 2\sin^2 \frac{x}{2} = 2\left[\left(\frac{x}{2}\right)^2 - \left(\sin \frac{x}{2}\right)^2\right] > 0.$$

又因为 $f(0) = 0$, 所以 $f(x)$ 当 $x > 0$ 时是严格单调递增函数, 因此

$$\sin x > x - \frac{x^3}{6}, \quad \forall x > 0. \tag{5.56}$$

例 5.13 证明当 $x > 0$ 时,

$$x > \ln(1+x) \quad \text{或者} \quad e^x > 1 + x, \quad \forall x > 0. \tag{5.57}$$

实际上, 令 $f(x) = x - \ln(1+x)$. 则导数

$$f'(x) = 1 - \frac{1}{1+x} > 0, \quad \forall x > 0.$$

因此 $f(x)$ 是 $x > 0$ 上严格单调递增函数. 因为 $f(0) = 0$, 就有 $f(x) > 0$, 此即不等式 (5.57). 这是非常有用的不等式.

例 5.14　求函数

$$f(x) = (x-1)^2 (x-2)^3 \tag{5.58}$$

的极值(极大或者极小). 求导数

$$f'(x) = 2(x-1)(x-2)^3 + 3(x-1)^2(x-2)^2 = (x-1)(x-2)^2(5x-7).$$

使得 $f'(0) = 0$ 的点有三个

$$x_1 = 1, \quad x_2 = \frac{7}{5}, \quad x_3 = 2.$$

我们看到有如下几种情况:

(i) 当 $x < 1$ 时, $f'(x) > 0$;

(ii) 当 $1 < x < \frac{7}{5}$ 时, $f'(x) < 0$;

(iii) 当 $\frac{7}{5} < x < 2$ 时, $f'(x) > 0$;

(iv) 当 $x > 2$ 时, $f'(x) > 0$.

所以函数在 $x = 1$ 点左侧单调递增, 然后在 $x = 1$ 右侧单调递减, 所以 $x = 1$ 是局部最大值: $f(1) = 0$. 在点 $x = \frac{7}{5}$, 函数从 $x = \frac{7}{5}$ 左侧单调递减然后在 $x = \frac{7}{5}$ 右侧单调递增, 所以 $x = \frac{7}{5}$ 是局部极小点: $f\left(\frac{7}{5}\right) = -\frac{108}{3125}$. 而当 $x > \frac{7}{5}$ 后函数严格单调递增, 所以 $x = 2$ 并非极值点. 这是我们第一次, 几乎不动脑筋地求出一个函数的极值.

下面的例子通过纯粹代数的方法求几何图形的极值.

例 5.15　给定三角形的底边 a 和另外两边的和, 证明:等腰三角形面积最大. 设其他两边分别为 x 和 $L-x$, 其中 L 是两边的和. 这个从下面的图形 5.7 中可以立刻看出: 因为端点 C 的轨迹是一个椭圆, 所以等腰三角形的时候面积最大. 不过这个只是个图形的观测, 我们来严格证明此事. 三角形给定三边后, 三角形唯一决定(欧几里得几何三角形全等的"边边边定理"). 根据南宋数学家秦九韶(1208—1268)公式, 西方叫海伦公式, 三角形的面积为

$$S(x) = \sqrt{p(p-a)(p-x)(p-L+x)}, \quad p = \frac{a+x+L-x}{2} = \frac{a+L}{2}, \quad x \in (0, L).$$

因为 $p, p-a$ 都是常数, 我们对 $S(x)$ 求导数复杂了点. 只需要求根号里面

$$f(x) = (p-x)(p-L+x)$$

的极值就可以了, 因为 $S(x)$ 取极值的充分必要条件为 $f(x)$ 取极值. 于是

$$f'(x) = 0 \text{ 推出} -(p-L+x) + (p-x) = L - 2x = 0.$$

所以 $x = \dfrac{L}{2}$. 因为 $f''(x) = -2 < 0$ 所以 $x = \dfrac{L}{2}$ 是极大值点. $x \in (0, L)$ 上 $f(x)$ 不存在极小点. 这是因为最小的面积为零, 都在边界点达到.

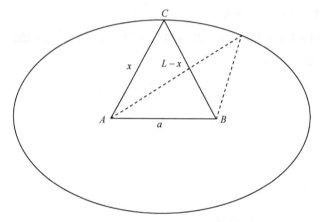

图 5.7　给定三角形的底边与另外两边的和, 等腰三角形面积最大

例 5.16　证明周长为 $2L$ 的矩形中, 正方形的面积最大. 实际上, 假设矩形一边的边长为 x, 则另一边的边长为 $L-x$. 于是面积为

$$f(x) = x(L-x).$$

求导数

$$f'(x) = L - 2x = 0 \text{ 得 } x = \frac{L}{2}.$$

由 $f''(x) = -2 < 0$, 于是 $f(x)$ 在 $x = \dfrac{L}{2}$ 达到极大值:

$$f\left(\frac{L}{2}\right) = \frac{L^2}{4}.$$

这正是为正方形时的面积. 当然不用导数也可以证明, 因为

$$x(L-x) = \frac{L^2}{4} - \left(x - \frac{L}{2}\right)^2 \leqslant \frac{L^2}{4}.$$

而等号只有在 $x = \dfrac{L}{2}$ 时成立.

现在我们用导数来证明惠更斯原理. 如图 5.8, 从 P 点到 Q 点的距离为(勾股定

理, 没有勾股定理就没有几何）

$$f(x) = \sqrt{a^2 + x^2} + \sqrt{b^2 + (c-x)^2}, \quad x \in [0,c].$$

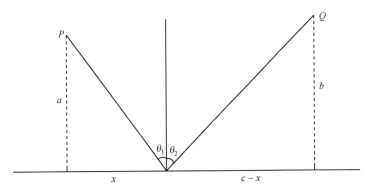

图 5.8 惠更斯原理的微分证明

求微分

$$f'(x) = \frac{x}{\sqrt{a^2 + x^2}} - \frac{c-x}{\sqrt{b^2 + (c-x)^2}}, \quad f''(x) = \frac{a^2}{(a^2 + x^2)^{3/2}} + \frac{b^2}{[b^2 + (c-x)^2]^{3/2}} > 0.$$

所以在 $f'(x) = 0$ 的值一定是极小值. $f'(x) = 0$ 的点由

$$\frac{x}{\sqrt{a^2 + x^2}} = \frac{c-x}{\sqrt{b^2 + (c-x)^2}}$$

所确定. 令 θ_1 为入射角, θ_2 为反射角, 就得到 $\sin\theta_1 = \sin\theta_2$. 于是 $\theta_1 = \theta_2$.

例 5.17 这个例子称为最小二乘方法. 测量一个物体的准确位置, 例如海上失事的船只. 测量 n 次, 得到的值如下:

$$a_1, a_2, \cdots, a_n.$$

最信赖的值是什么? 自然是这 n 个数的平均值:

$$\frac{a_1 + a_2 + \cdots + a_n}{n}.$$

问题是道理何在呢? 按照高斯的做法, 取偏差的平方

$$f(x) = (x - a_1)^2 + (x - a_2)^2 + \cdots + (x - a_n)^2.$$

真值使得 $f(x)$ 尽可能小. 求导数

$$f'(x) = 2(x - a_1) + 2(x - a_2) + \cdots + 2(x - a_n).$$

就得到算术平均值. 又因为 $f''(x) > 0$, 这个算术平均值一定是 $f(x)$ 取最小的值.

导数为零的点称为**驻点**. 费马定理必须在开区间才能成立, 而且驻点只是局部的极值满足的必要条件. 如果二阶导数存在, 可以用二阶导数判断其是局部极大还是极小. 例如 $\max\limits_{x\in[0,1]} x^2 = 1$, 极值在边界达到, $(x^2)'\big|_{x=1} = 1 \neq 0$. 所以对一个定义在区间 $[a,b]$ 上的函数来说, 求全局极值

$$\min_{x\in[a,b]} f(x) = \max_{x\in[a,b]}[-f(x)].$$

步骤是

- 求出所有的驻点 $x_0 \in (a,b)$: $f'(x_0) = 0$;
- 求出 $f(a), f(b)$;
- 比较驻点与 $f(a), f(b)$ 的值, 最后求出极值点.

例 5.18　求函数 $f(x) = \dfrac{x^2}{2} - \sin x^2$ 在 $[0,1]$ 区间的极大值 $\max\limits_{x\in[0,1]} f(x)$.

第一步, 求 $f(x)$ 的导数, 求出 $(0,1)$ 上的驻点. $f'(x) = x - 2x\cos x^2 = 0$ 得出驻点 $x_0 = \sqrt{\dfrac{\pi}{3}}$, 于是 $f(x_0) = \dfrac{\pi}{6} - \dfrac{\sqrt{3}}{2}$. 第二步, 求出 $f(0) = 0, f(1) = \dfrac{1}{2} - \sin 1 < f(x_0)$, 于是

$$\max_{x\in[0,1]} f(x) = f(x_0) = \frac{\pi}{6} - \frac{\sqrt{3}}{2}, \quad x_0 = \sqrt{\frac{\pi}{3}}.$$

5.4.2　中值定理与函数的扭转: 二阶导数

5.4.1 节提到二阶导数作为充分条件判断驻点的极值, 接下来将介绍二阶导数更深一层的应用. 定理 5.7 的证明提供了一个好的思路, 让我们能得到本节定理的证明. 这些定理是如此的基本和重要, 必须熟练掌握, 达到信手拈来的地步. 一般来说, 我们经常要估计函数在不同点的值的差异, 也就是估计误差 $f(b) - f(a)$, 而导数就提供了这样的精确估计.

下面由法国数学家拉格朗日(Joseph-Louis Lagrange, 1736—1813)发现的定理称为中值定理, 在应用中经常用到.

定理 5.9(拉格朗日中值定理)　假设 $f(x)$ 在开区间 (a,b) 内可导, 在闭区间 $[a,b]$ 上连续. 则存在 $\theta \in (a,b)$ 使得

$$f(b) - f(a) = f'(\theta)(b-a). \tag{5.59}$$

证明　令

$$F(x) = f(x) - f(a) - \frac{f(b) - f(a)}{b-a}(x-a).$$

因为 $F(a) = F(b) = 0$, 且 $F(x)$ 在 $[a,b]$ 上连续, 所以 $F(x)$ 在 $[a,b]$ 上达到极大值 M, 极小值 m. 有几种情况:

　　(1) $M = m$ 时，$F(x) = m$ 为常数，于是 $F'(c) = 0$ 对任意的 $c \in (a,b)$ 成立，由此得到 (5.59).

　　(2) $m < M$．这时由于 $F(a) = F(b)$，所以 M, m 至少有一个在内点 c 达到，由费马定理 $F'(c) = 0$．由此得到 (5.59)．　　　　　　　　　　　　　　　　　□

　　拉格朗日定理有明显的几何意义．因为

$$\frac{f(b) - f(a)}{b - a}$$

是连接 $[a,b]$ 的割线斜率．拉格朗日定理中，(a,b) 上一定有一切线和此割线平行，如图 5.9.

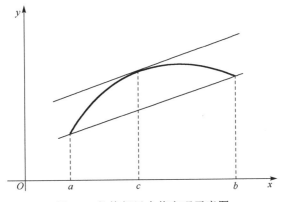

图 5.9　拉格朗日中值定理示意图

　　利用拉格朗日定理，立刻推出我们前面讨论过的函数单调性问题.

　　定理 5.10　假设 $f(x)$ 在开区间 (a,b) 内可导，在闭区间 $[a,b]$ 上连续．如果导数 $f'(x) \geqslant 0$ 在每点 $x \in (a,b)$ 成立，则 f 在 (a,b) 内单调递增（也称单调不减）；反之，如果导数 $f'(x) \leqslant 0$ 在每点 $x \in (a,b)$ 成立，则 f 在 (a,b) 内单调递减（也称单调不增）．作为推论，如果 $f'(x) \equiv 0$ 在每点 $x \in (a,b)$ 成立，则 $f(x) \equiv C$ 恒为常数.

　　下面的推论称为罗尔 (Michel Rolle, 1652—1719) 定理.

　　定理 5.11（罗尔定理）　假设 $f(x)$ 在开区间 (a,b) 内可导，在闭区间 $[a,b]$ 上连续．如果 $f(a) = f(b)$，则存在 $\theta \in (a,b)$ 使得

$$f'(\theta) = 0. \tag{5.60}$$

　　从拉格朗日定理的证明看，罗尔定理与拉格朗日定理是等价的.

　　下面的定理称为柯西中值定理.

　　定理 5.12（柯西中值定理）　假设 $f(x), g(x)$ 在开区间 (a,b) 内可导，在闭区间 $[a,b]$ 上连续，且 $g'(x) \neq 0$ 对所有的 $x \in (a,b)$ 成立．则存在 $\theta \in (a,b)$ 使得

$$\frac{f(b)-f(a)}{g(b)-g(a)}=\frac{f'(\theta)}{g'(\theta)}. \tag{5.61}$$

证明　由罗尔定理 $g(b)-g(a)\neq 0$. 构造函数

$$F(x)=f(x)-f(a)-\frac{f(b)-f(a)}{g(b)-g(a)}[g(x)-g(a)].$$

则罗尔定理条件满足, 于是存在 $\theta\in(a,b)$ 使得

$$0=F'(\theta)=f'(\theta)-\frac{f(b)-f(a)}{g(b)-g(a)}g'(\theta). \qquad\square$$

令 $g(x)=x$, 则从柯西中值定理得到拉格朗日中值定理. 所以事实上, 三个中值定理都等价.

例 5.19　设函数 $f(x)$ 满足

(1) 在闭区间 $[x_0,x_n]$ 上有定义且有 $(n-1)$ 阶的连续导数 $f^{(n-1)}(x)$;

(2) 在区间 (x_0,x_n) 内有 n 阶导数 $f^{(n)}(x)$;

(3) 下面的等式成立

$$f(x_0)=f(x_1)=\cdots=f(x_n)\quad(x_0<x_1<\cdots<x_n).$$

证明在区间 (x_0,x_n) 内至少存在一点 ξ, 使 $f^{(n)}(\xi)=0$.

证明　在每个闭区间

$$[x_0,x_1],\quad[x_1,x_2],\quad\cdots,\quad[x_{k-1},x_k],\quad\cdots,\quad[x_{n-1},x_n]$$

上, 函数 $f(x)$ 满足罗尔定理的条件, 因此, 存在 n 个点

$$x_1',x_2',\cdots,x_k',\cdots,x_n',$$

其中 $x_k'\in(x_{k-1},x_k)(k=1,2,\cdots,n)$, 使得

$$f'(x_k')=0\quad(k=1,2,\cdots,n).$$

于是, 在每个区间 $[x_k',x_{k+1}'](k=1,2,\cdots,n-1)$ 上, 函数 $f'(x)$ 满足罗尔定理的条件. 因此存在点 $x_k^{(2)}$ 属于 $(x_k',x_{k+1}')(k=1,2,\cdots,n-1)$, 使得

$$f''(x_k^{(2)})=0\quad(k=1,2,\cdots,n-1).$$

继续上述步骤, 经 $n-1$ 次后, 得出一个区间 $[x_1^{n-1},x_2^{n-1}]\subseteq(x_0,x_n)$, 满足 $f^{(n-1)}(x_k^{n-1})=0(k=1,2)$. 于是在此区间上, 函数 $f^{(n-1)}(x)$ 满足罗尔定理的条件. 所以, 至少存在一点 $\xi\in(x_1^{n-1},x_2^{n-1})$, 使得 $f^{(n)}(\xi)=0$.

例 5.20　证明: 若函数 $f(x)$ 在有限或无穷的区间 (a,b) 内有有界的导数 $f'(x)$, 则 $f(x)$ 在 (a,b) 中一致连续.

证明　设当 $x\in(a,b)$ 时, $|f'(x)|\leqslant M$. 对于任给的 $\varepsilon>0$, 取 $\delta=\dfrac{\varepsilon}{M}$, 则当 $x_1,x_2\in$

(a,b) 且 $|x_1 - x_2| < \delta$ 时, 有

$$|f(x_1) - f(x_2)| = |x_1 - x_2||f'(\xi)| \leqslant M|x_1 - x_2| < \varepsilon, \quad x_1 < \xi < x_2.$$

于是, $f(x)$ 在 (a,b) 内一致连续.

在例 5.15 中我们用到了二阶导数. 有了中值定理, 我们就可以得到二阶导数奇妙的几何意义. 为此我们需要引入一个称为凸函数的概念.

定义 5.2 定义在区间 (a,b) 上的函数 f 称为**下凸函数**, 如果对任意的两点 $x_1, x_2 \in (a,b)$, 总有

$$f\left(\frac{x_1 + x_2}{2}\right) \leqslant \frac{1}{2}[f(x_1) + f(x_2)]. \tag{5.62}$$

如果上式的不等号 "≤" 变为 "≥", 就称函数为**上凸函数**. 当函数曲线经过点 $(x_0, f(x_0))$ 时, 函数曲线的上下凸性发生了改变, 则称 $(x_0, f(x_0))$ 是函数曲线的**拐点**.

下凸函数的几何意思非常明显, 意思是函数在点 (x_1, x_2) 的中点都位于连接 x_1, x_2 割线的下方, 如图 5.10 所示. 由于 x_1, x_2 是任意的, 函数下凸事实上意味着在点 (x_1, x_2) 中的任意点都位于连接 x_1, x_2 割线的下方, 即

$$f(\alpha x_1 + (1-\alpha)x_2) \leqslant \alpha f(x_1) + (1-\alpha)f(x_2), \quad \forall 0 \leqslant \alpha \leqslant 1. \tag{5.63}$$

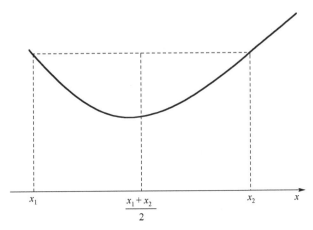

图 5.10 凸函数的几何表示

(5.62) 是 (5.63) 中 $\alpha = 1/2$ 的特殊情况. 但我们不能由此就说 (5.63) 一定成立. 因为例如 $x = 2\alpha x_1, y = 2(1-\alpha)x_2$, 虽然有 $\frac{x+y}{2} = \alpha x_1 + (1-\alpha)x_2$, 但从定义 5.2, 我们只能得到

$$f(\alpha x_1 + (1-\alpha)x_2) \leqslant \frac{1}{2}(f(2\alpha x_1) + f(2(1-\alpha)x_2)),$$

而无法得到(5.63). 所以需要证明, 这就是下面的定理.

定理 5.13　定义在区间 (a,b) 上的函数 f 为下凸函数, 则 (5.63) 成立.

证明　实际上, 两次利用 (5.62) 得到

$$4f\left(\frac{x_1+x_2+x_3+x_4}{4}\right) \leqslant 2f\left(\frac{x_1+x_2}{2}\right) + 2f\left(\frac{x_3+x_4}{2}\right) \leqslant f(x_1)+f(x_2)+f(x_3)+f(x_4).$$

由归纳法, 得到

$$2^n f\left(\frac{x_1+x_2+\cdots+x_{2^n}}{2^n}\right) \leqslant f(x_1)+f(x_2)+\cdots+f(x_{2^n}).$$

现在来证对任意的 n 有

$$nf\left(\frac{x_1+x_2+\cdots+x_n}{n}\right) \leqslant f(x_1)+f(x_2)+\cdots+f(x_n). \tag{5.64}$$

假设 (5.64) 对 n 是正确的, 令

$$x_n = \frac{x_1+x_2+\cdots+x_{n-1}}{n-1}.$$

则由 (5.64),

$$nf\left(\frac{x_1+x_2+\cdots+x_{n-1}}{n-1}\right) = nf\left(\frac{x_1+x_2+\cdots+x_n}{n}\right) \leqslant f(x_1)+f(x_2)+\cdots+f(x_n)$$

$$= f(x_1)+\cdots+f(x_{n-1})+f\left(\frac{x_1+x_2+\cdots+x_{n-1}}{n-1}\right).$$

于是得

$$(n-1)f\left(\frac{x_1+x_2+\cdots+x_{n-1}}{n-1}\right) \leqslant f(x_1)+f(x_2)+\cdots+f(x_{n-1}). \tag{5.65}$$

一直推下去, 所以 (5.64) 对所有的 n 都对 (上式过程是一种反向的归纳法).

如果 $\alpha = \dfrac{p}{n}$. 在 (5.64) 中取

$$x_1 = x_2 = \cdots = x_p = x, \quad x_{p+1} = \cdots = x_n = y,$$

得

$$f(\alpha x + (1-\alpha)y) \leqslant \alpha f(x) + (1-\alpha)f(y).$$

由于上式对任意的有理数 α 成立, 由连续性, 对任何的实数都成立.

定理 5.14　设函数 $f(x)$ 在 $[a,b]$ 上连续, 在 (a,b) 内有二阶导函数.

(1) 如果 $f''(x)$ 在 (a,b) 内是严格大于零的, 则 $f(x)$ 在 $[a,b]$ 上是下凸的.

(2) 如果 $f''(x)$ 在 (a,b) 内是严格小于零的，则 $f(x)$ 在 $[a,b]$ 上是上凸的.

证明 我们证明第一个命题，第二个命题的证明方法与第一个命题相同，我们留作练习.

取定 $a \leqslant x_1 < x_2 \leqslant b$. 我们计算

$$f\left(\frac{x_1+x_2}{2}\right) - \frac{f(x_1)+f(x_2)}{2}$$

$$= \frac{1}{2}\left(f\left(\frac{x_1+x_2}{2}\right) - f(x_1)\right) + \frac{1}{2}\left(f\left(\frac{x_1+x_2}{2}\right) - f(x_2)\right)$$

$$= \frac{1}{2}f'(\xi_1)\frac{x_2-x_1}{2} - \frac{1}{2}f'(\xi_2)\frac{x_2-x_1}{2} \quad (拉格朗日中值定理, x_1 < \xi_1 < \frac{x_1+x_2}{2} < \xi_2 < x_2)$$

$$= \frac{1}{2}\frac{x_2-x_1}{2}(f'(\xi_1) - f'(\xi_2))$$

$$= \frac{1}{2}\frac{x_2-x_1}{2}f''(\eta)(\xi_1-\xi_2) \quad (拉格朗日中值定理, \xi_1 < \eta < \xi_2)$$

$$< 0,$$

所以 $f(x)$ 在 $[a,b]$ 上是下凸的. □

下面我们总结一下判断函数凸性的步骤：

(1) 确定函数的定义域并找出所有 $f(x)$ 的二阶导不存在的点和所有 $f(x)$ 二阶导等于零的点；

(2) 用所有二阶导数不存在的点与二阶导数等于零的点将 $f(x)$ 的定义域分割；

(3) 判断每一段的凸性.

例 5.21 判断函数 $y = \ln x$ 的凸性.

解 $y' = \frac{1}{x}, y'' = -\frac{1}{x^2}$. 函数 $y = \ln x$ 在定义域 $(0, +\infty)$ 内的二阶导小于零. 所以函数 $y = \ln x$ 是上凸的.

例 5.22 求函数 $y = 3x^4 - 4x^3 + 1$ 的拐点及凸区间.

解 $y' = 12x^3 - 12x^2$, $y'' = 36x^2 - 24x$. 方程 $y'' = 0$ 的解为 $0, \frac{2}{3}$，这两个点将全体实数分为三个区间：$(-\infty, 0), \left(0, \frac{2}{3}\right), \left(\frac{2}{3}, +\infty\right)$.

在 $(-\infty, 0)$ 内 $y'' > 0$，则函数在 $(-\infty, 0)$ 内是下凸的. 在 $\left(0, \frac{2}{3}\right)$ 内 $y'' < 0$，所以函数在 $\left(0, \frac{2}{3}\right)$ 内是上凸的.

在 $\left(\dfrac{2}{3},+\infty\right)$ 内，$y''>0$，函数在 $\left(\dfrac{2}{3},+\infty\right)$ 内是下凸的.

当 $x=0$ 时，$y=1$，$(0,1)$ 是函数的拐点. 当 $x=\dfrac{2}{3}$ 时，$y=\dfrac{11}{27}$，$\left(\dfrac{2}{3},\dfrac{11}{27}\right)$ 是函数的拐点.

例 5.23　证明不等式 $\dfrac{\mathrm{e}^x+\mathrm{e}^y}{2}>\mathrm{e}^{\frac{x+y}{2}}\ (x\neq y)$.

证明　令 $f(t)=\mathrm{e}^t$. 则 $f'(t)=f''(t)=\mathrm{e}^t>0$. 因此 $f(t)$ 在实轴上是下凸的. 所以 $f\left(\dfrac{x+y}{2}\right)<\dfrac{f(x)+f(y)}{2}$，即 $\mathrm{e}^{\frac{x+y}{2}}<\dfrac{\mathrm{e}^x+\mathrm{e}^y}{2}$.

凸函数的导数几乎处处存在，这是一个基于我们另一门课程实变函数的说法，这里我们只能说不可微的点最多可数.

定理 5.15　定义在区间 (a,b) 上的函数 f 为下凸函数，当且仅当对任意的 $x,y\in(a,b)$，函数

$$\phi_y(x)=\frac{f(x)-f(y)}{x-y},\quad x\neq y,x,y\in(a,b)\tag{5.66}$$

是单调递增的. 因此 f 的左右导数在任意一点都存在.

证明　我们需要证明对任意的 $x_1<x_2,x_1,x_2\in(a,b)\setminus y$ 有

$$\frac{f(x_1)-f(y)}{x_1-y}\leqslant\frac{f(x_2)-f(y)}{x_2-y}.\tag{5.67}$$

我们只讨论 $x_2>x_1>y$，因为 $x_2>y>x_1$ 和 $y>x_2>x_1$ 的情形类似. 于是存在 $\alpha\in(0,1)$ 使得 $x_1=(1-\alpha y)+\alpha x_2$. (5.67)等价于

$$\frac{f(x_1)-f(y)}{\alpha(x_2-y)}\leqslant\frac{f(x_2)-f(y)}{x_2-y}.\tag{5.68}$$

即

$$f(x_1)=f((1-\alpha y)+\alpha x_2)\leqslant(1-\alpha)f(y)+\alpha f(x_2).$$

由于 y 的任意性,上式与 f 的下凸性等价.　　　　　　　　　　□

定理 5.16　设定义在区间 (a,b) 上的函数 f 为下凸函数. 则对任意的 $x_1,x_2\in(a,b)$，

$$f'_-(x_1)\leqslant f'_+(x_1)\leqslant\frac{f(x_2)-f(x_1)}{x_2-x_1}\leqslant f'_-(x_2)\leqslant f'_+(x_2),\quad\forall x_1<x_2\in(a,b).\tag{5.69}$$

证明　设 $x>x_2>y$，由定理 5.15 知

$$f'_+(x_2)=\lim_{x\to x_2^+}\frac{f(x)-f(x_2)}{x-x_2}\geqslant\lim_{y\to x_2^-}\frac{f(y)-f(x_2)}{y-x_2}=f'_-(x_2).\tag{5.70}$$

同理, 当 $x_2 > x > x_1$ 时, 有

$$f'_-(x_2) = \lim_{x \to x_2^-} \frac{f(x) - f(x_2)}{x - x_2} \geqslant \frac{f(x_2) - f(x_1)}{x_2 - x_1}$$

$$\geqslant \lim_{x \to x_1^+} \frac{f(x) - f(x_1)}{x - x_1} = f'_+(x_1). \tag{5.71}$$

结合 (5.70)、(5.71) 即得. □

推论 5.1 定义在区间 (a,b) 上的下凸函数 f 的左右导数 $f'_-(x), f'_+(x)$ 都是单调递增函数. 特别是 $f(x)$ 满足局部 Lipschitz 条件:

$$|f(x_1) - f(x_2)| \leqslant L|x_1 - x_2|, \quad \forall x_1, x_2 \in [c,d] \subset (a,b). \tag{5.72}$$

推论 5.2 定义在区间 (a,b) 上的下凸函数 f 的不可微的点至多可数.

证明 $f(x)$ 在 x_0 不可微意味着

$$f'_-(x_0) < f'_+(x_0).$$

但从 (5.69), 不可微点 x_1, x_2 的区间 $(f'_-(x_1), f'_+(x_1)), (f'_-(x_2), f'_+(x_2))$ 互不相交. 每一个开区间 $(f'_-(x_1), f'_+(x_1))$ 取一个有理数, 就构成了区间和部分有理数之间的一一对应. 而有理数是可数的. 因此, 不可微点至多可数. □

所以对于下凸函数 $f(x)$ 来说导数几乎处处存在. 但由推论 5.1, 其导函数 $f'(x)$ 是单调增加的, 这样其二阶导数也几乎处处存在. 严格的证明需要实变函数.

我们也经常把满足 (5.63) 的函数定义为下凸函数. 有了凸函数的概念, 二阶导数就显得非常的重要了.

定理 5.17 假设定义在区间 (a,b) 上的函数 f 的二阶导数存在. 则 f 为下凸函数充分必要是 $f''(x) \geqslant 0$ 对任意点 $x \in (a,b)$ 成立.

证明 先证必要性. 在 (5.62) 中取

$$x = \frac{x_1 + x_2}{2}, \quad x_1 = x + \Delta x, \quad x_2 = x - \Delta x.$$

假设 $x_1 > x_2$, 则 $\Delta x > 0$. 于是

$$2f(x) \leqslant f(x + \Delta x) + f(x - \Delta x). \tag{5.73}$$

如果 $f''(x) < 0$, 则由

$$f''(x) = \lim_{\theta \to 0} \frac{f'(x + \theta) - f'(x - \theta)}{2\theta},$$

存在 $\delta > 0, \varepsilon > 0$ 使得

$$f'(x + \theta) - f'(x - \theta) < -\delta\theta, \quad 0 < \theta \leqslant \varepsilon.$$

但

$$\frac{\mathrm{d}}{\mathrm{d}\theta}[f(x+\theta)+f(x-\theta)-2f(x)]=f'(x+\theta)-f'(x-\theta)<0, \quad 0<\theta\leqslant\varepsilon.$$

于是 $f(x+\theta)+f(x-\theta)-2f(x)$ 当 $\theta>0$ 时是严格单调递减函数，而在 $\theta=0$ 时为零. 所以

$$f(x+\theta)+f(x-\theta)-2f(x)<0, \quad 0<\theta\leqslant\varepsilon.$$

这与 (5.73) 矛盾. 所以 $f''(x)\geqslant0$.

再证充分性. 如果 $f''(x)\geqslant0$ 且 $a\leqslant x_1<x_2\leqslant b$. 根据 (5.62)，我们只需要证明函数

$$F(x)=f(x)-f(x_1)-\frac{f(x_2)-f(x_1)}{x_2-x_1}(x-x_1)$$

在 $[x_1,x_2]$ 上满足 $F(x)\leqslant0$. 这是因为当 $x=\frac{x_1+x_2}{2}$ 时，$F(x)\leqslant0$ 就是 (5.62). 如果这个式子不对，那么 $\max\limits_{x\in[x_1,x_2]}F(x)=F(x_0)>0$，且 $x_0\in(x_1,x_2)$. 由费马定理，$F'(x_0)=0$. 利用中值定理

$$F(x_0+\Delta x_0)=F(x_0)+\Delta x_0 F'(x_0+\theta\Delta x_0), \quad 0<\theta<1,$$
$$F'(x_0+\theta\Delta x_0)=F'(x_0)+\theta\Delta x_0 F''(x_0+\theta'\theta\Delta x_0), \quad 0<\theta'<1.$$

从而

$$F(x_0+\Delta x_0)=F(x_0)+\theta(\Delta x_0)^2 F''(x_0+\theta'\theta\Delta x_0).$$

令 $x_2=x_0+\Delta x_0$，注意 $f''(x)=F''(x)$，上式表示

$$0=F(x_2)=F(x_0)+\theta(\Delta x_0)^2 F''(x_0+\theta'\theta\Delta x_0)>0.$$

矛盾. 所以 $f(x)$ 必然是下凸函数. □

我们在 (5.64) 证明了任意的下凸函数必然有不等式：

$$f\left(\frac{x_1+x_2+\cdots+x_n}{n}\right)\leqslant\frac{f(x_1)+f(x_2)+\cdots+f(x_n)}{n}. \tag{5.74}$$

函数 $f(x)=x^\alpha, x\geqslant0, \alpha\geqslant1$ 是下凸函数，因为 $f''(x)=\alpha(\alpha-1)x^{\alpha-2}$，于是应用 (5.74) 得

$$\left(\frac{x_1+x_2+\cdots+x_n}{n}\right)^\alpha\leqslant\frac{x_1^\alpha+x_2^\alpha+\cdots+x_n^\alpha}{n}. \tag{5.75}$$

由 (5.75) 我们有

$$(x_1+x_2+\cdots+x_n)^\alpha\leqslant(x_1^\alpha+x_2^\alpha+\cdots+x_n^\alpha)n^{\alpha-1}, \quad \forall x_i>0,\ i=1,2,\cdots,n,\ \alpha\geqslant1. \tag{5.76}$$

在不等式 (5.75) 中令 $\alpha=p\geqslant1$ 得到算术平均不大于 $p\geqslant1$ 次平均：

$$\frac{|y_1|+|y_2|+\cdots+|y_n|}{n} \leqslant \left(\frac{|y_1|^p+|y_2|^p+\cdots+|y_n|^p}{n}\right)^{\frac{1}{p}}. \tag{5.77}$$

特别当 $p=2$ 时, 算术平均不大于平方平均. 不等式在数学里很重要, 而许多的估计都源于一些不等式的应用. 很多有名的不等式都冠以著名数学家的名字. 牛顿以后的英国大数学家哈代(Godfrey Harold Hardy, 1877—1947)和同事专门写过一本关于不等式的有名的书.

当 $0<\alpha\leqslant 1$, 我们有类似于(5.76)的不等式:

$$(x_1+x_2+\cdots+x_n)^\alpha \leqslant x_1^\alpha+x_2^\alpha+\cdots+x^\alpha, \forall x_i>0, i=1,2,\cdots,n, 0<\alpha\leqslant 1. \tag{5.78}$$

实际上, 当 $0<\alpha\leqslant 1$ 时, 令 $f(x)=1+x^\alpha-(1+x)^\alpha$, 则 $f'(x)=\alpha[x^{\alpha-1}-(1+x)^{\alpha-1}]\geqslant 0$ 对所有的 $x>0$ 成立. 又 $f(0)=0$, 所以 $f(x)$ 是 $x\geqslant 0$ 的单调递增函数, 于是 $(1+x)^\alpha\leqslant 1+x^\alpha$ 对所有的 $x>0$ 成立, 从而

$$(x_1+x_2)^\alpha \leqslant x_1^\alpha+x_2^\alpha, \quad \forall x_1,x_2\geqslant 0, 0<\alpha\leqslant 1.$$

因此得

$$(x_1+x_2+x_3)^\alpha \leqslant x_1^\alpha+(x_2+x_3)^\alpha \leqslant x_1^\alpha+x_2^\alpha+x_3^\alpha, \quad \forall x_1,x_2,x_3\geqslant 0, 0<\alpha\leqslant 1.$$

递推得(5.78). 对任意的 $0<p_1\leqslant p_2$, 令 $\alpha=\dfrac{p_1}{p_2}\leqslant 1$. 从(5.78)可得

$$\left(|y_1|^{p_2}+|y_2|^{p_2}+\cdots+|y_n|^{p_2}\right)^{\frac{p_1}{p_2}} \leqslant |y_1|^{p_1}+|y_2|^{p_1}+\cdots+|y_n|^{p_1}.$$

从而

$$\left(|y_1|^{p_2}+|y_2|^{p_2}+\cdots+|y_n|^{p_2}\right)^{\frac{1}{p_2}} \leqslant \left(|y_1|^{p_1}+|y_2|^{p_1}+\cdots+|y_n|^{p_1}\right)^{\frac{1}{p_1}}, \quad \forall 0<p_1\leqslant p_2. \tag{5.79}$$

在泛函分析里,

$$\|y\|_{\ell^p}=\left(\sum_{n=1}^\infty |y_n|^p\right)^{\frac{1}{p}}, \quad y\in\ell^p=\left\{y=(y_1,y_2,\cdots,y_n,\cdots)\,\Bigg|\,\sum_{n=1}^\infty |y_n|^p<\infty\right\}$$

为匈牙利数学家, 泛函分析创始人之一的黎斯(Frigyes Riesz, 1880—1956)引入的一种巴拿赫空间. 不等式(5.79)说明

$$\ell^{p_1}\subseteq\ell^{p_2}, \quad \forall 0<p_1\leqslant p_2. \tag{5.80}$$

例 5.24　函数 $f(x)=\sin x$ 的一阶、二阶导数满足 $f'(x)=\cos x>0$, $f''(x)=-\sin x<0$, $x\in(0,\pi/2)$. 所以函数在 $(0,\pi/2)$ 单调递增, 上凸. 函数的值因此在连接 0 和 $\dfrac{\pi}{2}$ 直

线 $y=\dfrac{2}{\pi}x$ 的上方，于是由上凸性得到

$$\frac{2}{\pi}x \leqslant \sin x. \tag{5.81}$$

与不等式(5.56)和(4.12)一样，(5.81) 也是非常有用的不等式.

定理 5.17 使用二阶导数刻画了函数的扭转时的上凸(下凸)情形. 因此，理论上，我们可以根据一阶、二阶导数画出一条光滑曲线的图形了.

例 5.25　函数 $f(x)=\sin x$ 的一阶，二阶导数满足 $f'(x)=\cos x>0$，$f''(x)=-\sin x<0,x\in(0,\pi/2)$. 所以函数在 $(0,\pi/2)$ 上单调递增、上凸. 在 $x=\dfrac{\pi}{2}$ 处 $f'(x)=0$，函数达到极值，然后在 $(\pi/2,\pi)$ 上，$f'(x)<0$，函数开始下降，因 $f''(x)<0$，函数仍然保持上凸. 在 $x=\pi$ 处 $f''(\pi)=0$，而 $f''(x)>0$，$x\in(\pi,2\pi)$，函数因此下凸. 只是在 $(\pi,3/2\pi)$ 上 $f'(x)<0$，函数单调递减. 在 $(3\pi/2,2\pi)$ 上 $f'(x)>0$，函数单调递增. 这样就画出我们在中学学到的熟悉的函数 $f(x)=\sin x$ 在一个周期内的图形，如图 5.11.

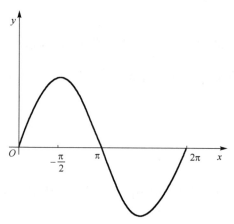

图 5.11　正弦函数的几何图形

例 5.26　做曲线

$$y=\frac{(x-3)^2}{x-1}$$

的图形.

(1)首先 $x\neq 1$. 而且

$$\lim_{x\to 1^-}y=-\infty, \quad \lim_{x\to 1^+}y=+\infty,$$

其中 $x\to 1^-$ 表示从左边趋向于1, $x\to 1^+$ 表示从右边趋向于 1. $x=1$ 通常称为渐近线，对作图有特殊的作用.

(2)

$$\lim_{x\to+\infty} y = +\infty, \quad \lim_{x\to-\infty} y = -\infty.$$

(3)求导数

$$f'(x) = \frac{(x-3)(x+1)}{(x-1)^2},$$

得到极小值在 $(x,y)=(3,0)$ 取到, 极大值在 $(x,y)=(-1,-8)$ 取到.

(4)求二阶导数

$$f''(x) = \frac{8}{(x-1)^3}.$$

所以当 $x>1$ 时, $f''(x)>0$ 函数下凸, 当 $x<1$ 时, $f''(x)<0$ 函数上凸.

由以上几条, 我们可以做出函数图形, 如图 5.12 所示.

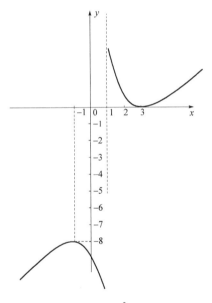

图 5.12　$y = \dfrac{(x-3)^2}{x-1}$ 的几何图形

当然把函数展开, 可以得到另一条渐近线 $y = x-5$:

$$y = x-5+\frac{4}{x-1}.$$

这样图形可以更准确一点画出.

二阶导数为零的点通常称为拐点, 经常是函数从上凸转为下凸或下凸转为上凸的扭转点.

5.4.3　方程的近似解

我们所处的世界绝大部分是非线性的. 导数的引入使我们能用无穷的线性代替非线性. 现在我们来求非线性方程的解:

$$f(x) = 0, \tag{5.82}$$

这里的 f 一般是非线性的函数, 方程的根我们也一般称为 $f(x)$ 的零点. 解方程和几何一样的古老. 事实上, 16 世纪以前, 西方的数学有两条主线. 一是几何, 研究形的学问, 以欧几里得为代表, 另一种是代数, 研究数的学问, 以丢番图为代表. 我们的另一门课程高等代数就是解多元一次代数方程组的理论. 历史上一元二次方程

$$x^2 + bx + c = 0$$

的求解在几个古老的文明中都发现过. 可是一元三次方程

$$x^3 + a_1 x^2 + a_2 x + a_3 = 0$$

却难住了 16 世纪以前所有文明的数学. 直到 16 世纪, 由意大利的塔塔里亚 (Nicolo Tartaglia, 1499—1557) 解出, 现在称为卡尔达诺 (Girolamo Cardano, 1501—1576) 公式. 四次方程

$$x^4 + a_1 x^3 + a_2 x^2 + a_3 x + a_4 = 0$$

可以化为三次方程解出, 由费拉里 (Lodovico Ferrari, 1522—1565) 解出. 五次以上的方程先由挪威奇才阿贝尔 (Niels Henrik Abel, 1802—1829) 发现一般并无公式解. 最后由法国的一个中学生伽罗瓦 (Evariste Galois, 1811—1832) 引入群论得到公式求解的充分必要条件, 开启了现代代数理论. 后两位过世的时候只有二十几岁, 是现代数学的传奇. 由此可以看到解方程的重要. 我们在引入导数以后, 当然无法求出 (5.82) 的精确解, 但是为什么非要精确求解呢? 数学的模型顶多是物理世界的近似. 求出近似解也是一样的. 在这个意义上, 仅仅用二阶的导数, 我们就可以求出一大类方程 (5.82) 的近似解. 当然, 在无穷处, 就是精确解, 这不是一般意义的思想革命.

我们现在就来介绍一种称为牛顿法的求 (5.82) 的近似解法, 是数学分析的一个传奇: 把一个非线性函数的零点变成无穷个线性函数的零点来求. 假设我们的函数 $y = f(x)$ 定义在 $[a,b]$ 内下凸 (当然上凸也可以), 如果 $f(a) > 0$, $f(b) < 0$, 则由介值定理, 一定有 $x^* \in (a,b)$ 满足 $f(x^*) = 0$. 在 a 点的切线为

$$y = f(a) + f'(a)(x - a).$$

切线有一个零点:

$$x_1 = a - \frac{f(a)}{f'(a)}, \tag{5.83}$$

既然切线在 a 点近似曲线, 切线的零点可以近似于曲线的零点. 当然从 x_1 出发, 继续做 x_1 点的切线, 得到第二个近似零点:

$$x_2 = x_1 - \frac{f(x_1)}{f'(x_1)}, \tag{5.84}$$

作为更进一步的近似. 这个过程可以一直进行下去, 我们就得到无穷个近似的零点:

$$x_n = x_{n-1} - \frac{f(x_{n-1})}{f'(x_{n-1})}, \quad n = 2,3,4,\cdots. \tag{5.85}$$

见图 5.13.

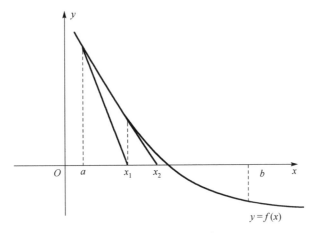

图 5.13 　牛顿法的几何表示

现在我们来证明 $\{x_n\}$ 收敛到 (5.82) 的解.

定理 5.18 　设函数 $f(x)$ 是定义在 $[a,b]$ 内二次连续可微的实值函数, $x^* \in (a,b)$ 使得 $f(x^*) = 0, f'(x^*) \neq 0$, 则存在 x^* 的邻域 $[x^* - \delta, x^* + \delta] \subset (a,b), \delta > 0$ 使得如果 $x_0 \in [x^* - \delta, x^* + \delta]$, 则迭代序列 (5.85) 收敛:

$$\lim_{n \to \infty} x_n = x^*.$$

证明 　令

$$g(x) = x - \frac{f(x)}{f'(x)}. \tag{5.86}$$

则

$$g'(x) = 1 - \frac{(f'(x))^2 - f(x)f''(x)}{(f'(x))^2}.$$

(5.85) 可以写为

$$x_n = g(x_{n-1}), \quad n = 0,1,2,\cdots. \tag{5.87}$$

因为 $g'(x^*) = 0$，因此存在 x^* 的邻域 $[x^* - \delta, x^* + \delta] \subset (a,b)$ 使得 $|g'(x)| \leq \varepsilon < 1, f'(x) \neq 0$ 对所有的 $x \in [x^* - \delta, x^* + \delta]$ 成立. 注意到 $g(x^*) = x^*$，于是对任意的 $x \in [x^* - \delta, x^* + \delta]$，由中值定理，

$$|g(x) - x^*| = |g(x) - g(x^*)| = |g'(\xi)||x - x^*| \leq |x - x^*| \leq \delta, \quad \xi \text{介于} x, x^* \text{之间}. \tag{5.88}$$

所以 $g: [x^* - \delta, x^* + \delta] \to [x^* - \delta, x^* + \delta]$，且由中值定理是压缩的:

$$|g(x) - g(y)| = |g'(\theta)||x - y| \leq \varepsilon|x - y|, \quad \forall x, y \in [x^* - \delta, x^* + \delta]. \tag{5.89}$$

当 $x_0 \in [x^* - \delta, x^* + \delta]$ 时，所有由 (5.87) 定义的序列 $\{x_n\} \subset [x^* - \delta, x^* + \delta]$. 于是由 (5.89)，

$$|x_n - x_{n-1}| = |g(x_{n-1}) - g(x_{n-2})| \leq \varepsilon|x_{n-1} - x_{n-2}| \leq \varepsilon^{n-1}|x_1 - x_0|, \quad n = 1,2,\cdots. \tag{5.90}$$

于是当 $n > m \to \infty$ 时，

$$|x_n - x_m| \leq |x_n - x_{n-1}| + \cdots + |x_{m+1} - x_m| \leq [\varepsilon^{n-1} + \cdots + \varepsilon^m]|x_1 - x_0|$$
$$= \frac{\varepsilon^m - \varepsilon^n}{1 - \varepsilon}|x_1 - x_0| \to 0. \tag{5.91}$$

所以 $\{x_n\}$ 是柯西序列. 令其极限

$$x_n \to x_0$$

得到 $g(x_0) = x_0$. 此即

$$f(x_0) = 0.$$

但由于 (5.89)，必有 $x_0 = x^*$. 证毕. □

定理 5.18 不仅给出了牛顿法求近似解的合理性，事实上给出了近似解指数收敛到真解. 只要在 (5.91) 中令 $n \to \infty$ 得

$$|x_m - x^*| \leq \frac{\varepsilon^m}{1 - \varepsilon} = \frac{1}{1 - \varepsilon}e^{m\ln\varepsilon}. \tag{5.92}$$

所以牛顿法收敛非常快速高效. 在无穷远点，就是真值. 这就够了，因为即使是圆周率π，由于是无理数的缘故，我们也写不出它的真值. 历史上求π真值的不少人都在历史上留下了名字.

定理 5.18 的意义是非凡的. 在另一门课程泛函分析中这个证明的过程称为压缩映像原理，在无穷维的空间中都有推广. 它反映的实际上是实数的连续性. 一个人从 x_0 出发，每次到下一个点的距离都由于 (5.89) 在缩短，最后(不是一般的最后，是

在无穷远点)只能原地踏步($g(x)$ 的不动点). 当然如果原地有个"洞", 那就会掉进去. 可是我们的实数域是连续的, 没有这样的"洞". 因此只能收敛到不动点. 见图 5.14.

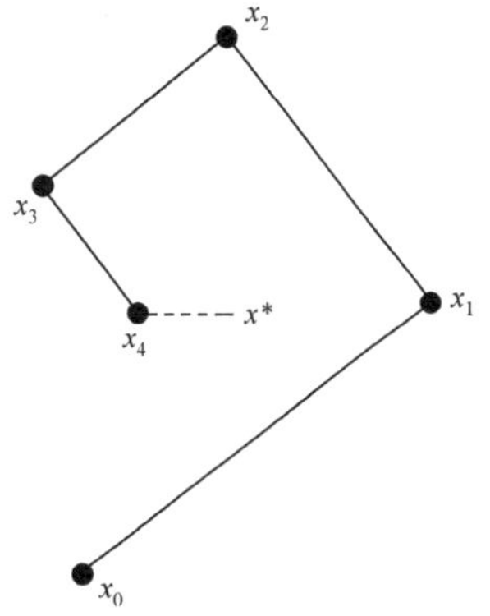

例 5.27　令 $f(x) = \cos\dfrac{x}{2}$ 在区间 $[0, 2\pi]$ 上的零点正是圆周率 π. 而且在 $[0, \pi)$ 是下凸的. 下列迭代序列

$$x_n = x_{n-1} + 2\frac{\cos\dfrac{x_{n-1}}{2}}{\sin\dfrac{x_{n-1}}{2}}, \quad x_0 = 0.1, \ n = 1, 2, \cdots$$

图 5.14　压缩不动点原理示意图

就产生了一个求 π 的指数收敛的迭代序列.

5.5　阶的比较: $\dfrac{0}{0}$ 与 $\dfrac{\infty}{\infty}$ 型函数极限

本节我们讨论如何比较两个函数同时趋于零和同时趋于无穷大这两个极端情况的快慢问题. 这个自然是看

$$\lim_{x \to a} \frac{f(x)}{g(x)}$$

的极限问题, 其中 a 可以是有限数或者无穷, 且满足下面两种情况:

$$\lim_{x \to a} f(x) = \lim_{x \to a} g(x) = 0 \quad 或者 \quad \lim_{x \to a} f(x) = \lim_{x \to a} g(x) = \infty.$$

若能求到极限, 我们就可以比较两个函数哪个趋于零或者无穷速度更快. 借助于导数, 可以非常容易地求出这样特殊类型的极限.

第一种情况是所谓的 $\dfrac{0}{0}$ 型: $\lim_{x \to a} f(x) = \lim_{x \to a} g(x) = 0$, 求极限

$$\lim_{x \to a} \frac{f(x)}{g(x)}. \tag{5.93}$$

这个不需要中值定理就能得到. 先讨论 $|a| < +\infty$ 的情况. 下面的定理称为洛必达法则, 是法国数学家洛必达 (Marquis de l'Hopital, 1661—1704) 发现的.

定理 5.19(洛必达法则)　假定函数 $f(x)$ 与 $g(x)$ 在区间 $[a, b]$ 内连续, 而且

$$\lim_{x \to a} f(x) = \lim_{x \to a} g(x) = 0.$$

如果 $f'(a), g'(a)$ 都存在有限且 $g'(a) \neq 0$, 则

$$\lim_{x \to a} \frac{f(x)}{g(x)} = \frac{f'(a)}{g'(a)}. \tag{5.94}$$

证明　由连续性,$f(a) = g(a) = 0$, 所以

$$\lim_{x \to a} \frac{f(x)}{g(x)} = \lim_{x \to a} \frac{f(x) - f(a)}{g(x) - g(a)} = \lim_{x \to a} \frac{\dfrac{f(x) - f(a)}{x - a}}{\dfrac{g(x) - g(a)}{x - a}} = \frac{f'(a)}{g'(a)}. \tag{5.95}$$

即得定理结论.　　　　　　　　　　　　　　　　　　　　　　　　　　　　　　　□

从 (5.95), 有一种特殊情况:

$$\lim_{x \to a} \frac{f(x)}{g(x)} = \infty, \text{如果 } g'(a) = 0, f'(a) \neq 0. \tag{5.96}$$

如果 $f'(a) = g'(a) = 0$, 那就继续运用洛必达法则.

定理 5.20　假定函数 $f(x)$ 与 $g(x)$ 在区间 $[a,b]$ 内有 n 阶导数, 而且

$$\begin{cases} \lim_{x \to a} f(x) = \lim_{x \to a} f'(x) = \cdots = \lim_{x \to a} f^{(n-1)}(x) = 0, \\ \lim_{x \to a} g(x) = \lim_{x \to a} g'(x) = \cdots = \lim_{x \to a} g^{(n-1)}(x) = 0. \end{cases} \tag{5.97}$$

但 $g^{(n)}(a) \neq 0, f^{(n)}(a)$ 存在且有限, 则

$$\lim_{x \to a} \frac{f(x)}{g(x)} = \frac{f^{(n)}(a)}{g^{(n)}(a)}. \tag{5.98}$$

我们在定义 4.7 中引入高阶无穷小的概念. 我们说 $f(x)$ 和 $g(x)$ 是 $x \to a$ 时的**同阶无穷小**, 如果 $\lim_{x \to a} f(x) = \lim_{x \to a} g(x) = 0$, 且

$$\lim_{x \to a} \frac{f(x)}{g(x)} = C + o(x), \tag{5.99}$$

其中 $C \neq 0$ 为常数, $o(x)$ 满足

$$\lim_{x \to a} \frac{o(x)}{x} = 0. \tag{5.100}$$

如果 $C = 0$, 称 $f(x)$ 是比 $g(x)$ **更高阶的无穷小**, 写为

$$f(x) = o(g(x)), \quad x \to a. \tag{5.101}$$

所以 "无穷小" 也可以比较大小. 这是数学家独特的、思想自由的地方. 自然地, 如果

$$\lim_{x \to a} \frac{f(x)}{g(x)} = 1, \tag{5.102}$$

我们记为

$$f(x) \sim g(x), \quad x \to a. \tag{5.103}$$

和数列极限一样, 数学家更关心趋于极限的快慢程度.

例 5.28　对数函数 $\ln(1+x)$ 当 $x \to 0$ 时和 x 是同阶的无穷小. 实际上, 应用洛必达法则

$$\lim_{x \to 0} \frac{x}{\ln(1+x)} = \lim_{x \to 0} \frac{1}{\dfrac{1}{1+x}} = 1. \tag{5.104}$$

必须注意, 如果 $f(a) \neq 0$, $g'(a) \neq 0$, 我们不能得到 (5.98). 例如 $f(x) = x$, $g(x) = x^2$ 时,

$$\lim_{x \to 1} \frac{f(x)}{g(x)} = 1 \,\text{而}\, \lim_{x \to 1} \frac{f'(x)}{g'(x)} = \frac{1}{2}.$$

例 5.29　利用定理 5.20, $f(x) = \sin^2 x - x^2$, $g(x) = 1 - \cos x$, 有 $f(0) = f'(0) = 0$, $g(0) = g'(0) = 0$, $f''(0) = 0$, $g''(0) = 1$, 于是

$$\lim_{x \to 0} \frac{\sin^2 x - x^2}{1 - \cos x} = 0. \tag{5.105}$$

即当 $x \to 0$ 时 $\sin^2 x - x^2$ 是比 $1 - \cos x$ 更高阶的无穷小.

再讨论 $|a| = +\infty$ 的情况. 这样我们就可以比较在无穷远点的快慢, 因为 $x \to \infty$ 等价于 $1/x \to 0$, 所以这两种情况事实上等价.

定理 5.21　假定函数 $f(x)$ 与 $g(x)$ 在区间 $[a, +\infty)$ 内可导且

$$\lim_{x \to +\infty} f(x) = \lim_{x \to +\infty} g(x) = 0. \tag{5.106}$$

如果 $g'(x) \neq 0$ 且

$$\lim_{x \to +\infty} \frac{f'(x)}{g'(x)} = K \tag{5.107}$$

存在, 则

$$\lim_{x \to +\infty} \frac{f(x)}{g(x)} = K. \tag{5.108}$$

证明　把变量 x 换成 $1/x$ 就可以了

$$\lim_{x \to +\infty} \frac{f(x)}{g(x)} = \lim_{x \to 0^+} \frac{f\left(\dfrac{1}{x}\right)}{g\left(\dfrac{1}{x}\right)} = \lim_{x \to 0^+} \frac{f'\left(\dfrac{1}{x}\right)\left(-\dfrac{1}{x^2}\right)}{g'\left(\dfrac{1}{x}\right)\left(-\dfrac{1}{x^2}\right)} = \lim_{x \to +\infty} \frac{f'(x)}{g'(x)}. \qquad \square$$

与定理 5.20 平行的有下面的定理.

定理 5.22　假定函数 $f(x)$ 与 $g(x)$ 在区间 $[a, b]$ 内有 n 阶导数, 而且

$$
\begin{cases}
\lim_{x \to +\infty} f(x) = \lim_{x \to +\infty} f'(x) = \cdots = \lim_{x \to +\infty} f^{(n-1)}(x) = 0, \\
\lim_{x \to +\infty} g(x) = \lim_{x \to +\infty} g'(x) = \cdots = \lim_{x \to +\infty} g^{(n-1)}(x) = 0.
\end{cases}
\tag{5.109}
$$

如果

$$
\lim_{x \to +\infty} \frac{f^{(n)}(x)}{g^{(n)}(x)} = K,
\tag{5.110}
$$

则 (5.108) 成立.

第二种类型称为 $\dfrac{\infty}{\infty}$ 型函数极限, 比较两个函数谁最快趋于无穷, 这个需要用到中值定理. 解决的问题是当 $\lim\limits_{x \to a} f(x) = \lim\limits_{x \to a} g(x) = \infty$ 时, 如何求极限

$$
\lim_{x \to a} \frac{f(x)}{g(x)}.
$$

第一种情况也先讨论 $|a| < \infty$.

定理 5.23　假定函数 $f(x)$ 与 $g(x)$ 在区间 $[a,b]$ 内可导且

$$
\lim_{x \to a} f(x) = \lim_{x \to a} g(x) = \infty.
\tag{5.111}
$$

如果 $g'(x) \neq 0$ 且

$$
\lim_{x \to a} \frac{f'(x)}{g'(x)} = K
\tag{5.112}
$$

存在, 则

$$
\lim_{x \to a} \frac{f(x)}{g(x)} = K.
\tag{5.113}
$$

证明　先讨论 K 是有穷的情况. 因为 $g'(x)$ 不为零, 不妨设 $g'(x) > 0$. 此时 $g(x)$ 单调递增, 因此必有 $g(x) \to +\infty (x \to a)$. 所以可以假设 $g(x) > 0$.

任意给定 $\varepsilon > 0$, 存在 $\delta > 0$, 使得

$$
\left| \frac{f'(x)}{g'(x)} - K \right| < \frac{\varepsilon}{2}, \quad a < x < a + \delta.
$$

设 $x_0 = a + \delta$. 在 $[x, x_0]$ 上利用柯西中值定理得

$$
\frac{f(x) - f(x_0)}{g(x) - g(x_0)} = \frac{f'(c)}{g'(c)}, \quad x < c < x_0.
$$

因此

$$\left| \frac{f(x) - f(x_0)}{g(x) - g(x_0)} - K \right| < \frac{\varepsilon}{2}.$$

下面的等式是恒等式:

$$\frac{f(x)}{g(x)} - K = \frac{f(x_0) - K g(x_0)}{g(x)} + \left[1 - \frac{g(x_0)}{g(x)} \right] \left[\frac{f(x) - f(x_0)}{g(x) - g(x_0)} - K \right].$$

于是有

$$\left| \frac{f(x)}{g(x)} - K \right| \le \left| \frac{f(x_0) - K g(x_0)}{g(x)} \right| + \left| \frac{f(x) - f(x_0)}{g(x) - g(x_0)} - K \right| \le \left| \frac{f(x_0) - K g(x_0)}{g(x)} \right| + \frac{\varepsilon}{2}.$$

因为 $g(x) \to +\infty (x \to a)$，所以

$$\lim_{x \to a} \left| \frac{f(x)}{g(x)} - K \right| < \varepsilon.$$

由此得 (5.113).

$K = \infty$ 的情况可以转化为 K 有限的情况. 事实上, 由假设 (5.112), $f'(x)$ 在 a 附近不可能为零. 再由假设 (5.112),

$$\lim_{x \to a} \frac{g'(x)}{f'(x)} = 0,$$

这正是对 $\dfrac{g(x)}{f(x)}$ 来说 $K = 0$ 的情况. 于是立刻有

$$\lim_{x \to a} \frac{g(x)}{f(x)} = 0,$$

即

$$\lim_{x \to a} \frac{f(x)}{g(x)} = \infty. \qquad\qquad \square$$

再来讨论 $a = \infty$ 的情况, 其证明和 a 有限的情况并无本质的不同, 读者可以自己作为练习证明之.

定理 5.24　假定函数 $f(x)$ 与 $g(x)$ 在区间 $[a, +\infty)$ 内可导且

$$\lim_{x \to +\infty} f(x) = \lim_{x \to +\infty} g(x) = \infty. \qquad\qquad (5.114)$$

如果 $g'(x) \ne 0$ 且

$$\lim_{x \to +\infty} \frac{f'(x)}{g'(x)} = K \qquad\qquad (5.115)$$

存在, 这里 K 可以是有限或者无穷. 则

$$\lim_{x \to +\infty} \frac{f(x)}{g(x)} = K. \tag{5.116}$$

当然, 如果导数仍然是无穷大, 则不断重复上面的结论, 得到下面的定理.

定理 5.25 假定函数 $f(x)$ 与 $g(x)$ 在区间 $[a, +\infty)$ 内可导且

$$\begin{cases} \lim_{x \to +\infty} f(x) = \lim_{x \to +\infty} f'(x) = \cdots = \lim_{x \to +\infty} f^{(n-1)}(x) = \infty, \\ \lim_{x \to +\infty} g(x) = \lim_{x \to +\infty} g'(x) = \cdots = \lim_{x \to +\infty} g^{(n-1)}(x) = \infty. \end{cases} \tag{5.117}$$

如果

$$\lim_{x \to +\infty} \frac{f^{(n)}(x)}{g^{(n)}(x)} = K, \tag{5.118}$$

则 (5.116) 成立.

注 5.2 必须注意, 以上定理只是充分条件, 并非必要的. 例如

$$\lim_{x \to +\infty} \frac{x + \sin x}{x} = 1 + \lim_{x \to +\infty} \frac{\sin x}{x} = 1.$$

但是 $x + \sin x$ 的导数 $1 + \cos x$ 当 $x \to +\infty$ 时并无极限.

同无穷小一样, 如果 (5.114) 成立, 且 (5.116) 中的 K 有限且 $K \neq 0$, 我们就说 $f(x)$ 和 $g(x)$ 当 $x \to \infty$ 时是同阶的无穷大. 如果 $K = \infty$, 则说 $g(x)$ 是比 $f(x)$ 低阶的无穷大, 或者说 $f(x)$ 是比 $g(x)$ 高阶的无穷大. 下面的例子特别的有用, 是必须和求常用初等函数导数一样要熟记.

例 5.30 对数函数当 $x \to +\infty$ 时, 是比任何多项式次数都低阶的无穷大. 这等价于说对任何整数 n,

$$\lim_{x \to +\infty} \frac{\ln x}{x^n} = 0. \tag{5.119}$$

事实上, 令 $f(x) = \ln x$, $g(x) = x^n$, 都成立 $\lim\limits_{x \to +\infty} f(x) = \lim\limits_{x \to +\infty} g(x) = \infty$. 因为 $f'(x) = \dfrac{1}{x}$, $g'(x) = nx^{n-1}$, 我们有

$$\lim_{x \to +\infty} \frac{\ln x}{x^n} = \lim_{x \to +\infty} \frac{1}{nx^n} = 0.$$

此即 (5.119).

例 5.31 指数函数当 $x \to +\infty$ 时, 是比任何多项式次数都高阶的无穷大. 这等价于说对任何整数 n,

$$\lim_{x\to+\infty}\frac{x^n}{\mathrm{e}^x}=0. \tag{5.120}$$

事实上, 令 $f(x)=\mathrm{e}^x$, $g(x)=x^n$, 都有 (5.117) 成立. 但因为 $f^{(n)}(x)=\mathrm{e}^x$, $g^{(n)}(x)=n!$, 由定理 5.25, 我们有

$$\lim_{x\to+\infty}\frac{\mathrm{e}^x}{x^n}=\lim_{x\to+\infty}\frac{\mathrm{e}^x}{n!}=\infty.$$

此即 (5.120).

例 5.32　当 $x\to+\infty$ 时, 指数函数 $a^x(a>1)$ 是比任何多项式次数都高阶的无穷大. 这等价于说对任何整数 n,

$$\lim_{x\to+\infty}\frac{x^n}{a^x}=0. \tag{5.121}$$

事实上, 令 $f(x)=a^x$, $g(x)=x^n$, 都有 (5.117) 成立. 但因为 $f^{(n)}(x)=a^x(\ln a)^n$, $g^{(n)}(x)=n!$, 由定理 5.25, 我们有

$$\lim_{x\to+\infty}\frac{a^x}{x^n}=\lim_{x\to+\infty}\frac{a^x(\ln a)^n}{n!}=\infty.$$

此即 (5.121).

在另一门课程偏微分方程中, 一个称为光滑软化子的函数起到特别的作用, 其定义为

$$f(x)=\begin{cases}\mathrm{e}^{\frac{1}{x^2-1}}, & |x|<1,\\ 0, & |x|\geqslant 1.\end{cases} \tag{5.122}$$

这个函数无限的光滑但却不是解析的(后面会谈到解析函数), 也就是其所有的各阶导数都存在(特殊点在 $x=1$, 其他点可导是显然的). 其作用远不止如此, 它可以在使用卷积的时候把一个不光滑的函数变成无限的光滑. 以后学到偏微分方程会不断看到这个函数. 令 $u=1-x^2$, 利用复合函数的求导法则,

$$f'(x)=-\frac{2x}{(1-x^2)^2}\mathrm{e}^{\frac{1}{x^2-1}}=-2x\frac{1}{u^2}\mathrm{e}^{\frac{1}{u}}.$$

用归纳法可以证明:

$$f^{(n)}(x)=\frac{P(x)}{(1-x^2)^k}\mathrm{e}^{\frac{1}{x^2-1}}=P(x)\frac{1}{u^k}\mathrm{e}^{\frac{1}{u}}, \quad u=1-x^2, \tag{5.123}$$

其中 $P(x)$ 是一个多项式, $k > 0$ 依赖于 n. 于是 $v = \dfrac{1}{1-x^2} \to +\infty (x \to 1)$. 将 (5.123) 写为

$$f^{(n)}(x) = \frac{P(x)}{(1-x^2)^k} \mathrm{e}^{\frac{1}{x^2-1}} = P(x)\frac{v^k}{\mathrm{e}^v}. \tag{5.124}$$

则由 (5.120) 立刻得到

$$\lim_{x \to 1} f^{(n)}(x) = \lim_{x \to 1} P(x) \lim_{v \to +\infty} \frac{v^k}{\mathrm{e}^v} = 0, \quad n = 0,1,2,\cdots. \tag{5.125}$$

5.6　高阶导数的应用：泰勒展开

前面只需要一阶、二阶导数, 就解决了 17 世纪提出的四个问题中的三个, 基本能得到函数的大致变化规律. 可以想象, 如果更高阶的导数可以用, 应该可以得到更多的函数的信息, 直至还原函数本身.

微分最厉害的想法是用线性代替非线性. 不过要这样做, 就必须使用"无穷", 这就带来应用上的问题. 在微分几何里, 也用圆(称为密切圆)来近似曲线, 因为圆虽然也是曲线, 但却是最简单的曲线. 微分研究的是非常一般的非线性函数, 自然地, 如果能用一些简单的非线性函数"有限"的近似复杂的非线性函数, 也是一种特别的想法. 在所有的非线性函数中, 多项式是最简单的非线性函数. 例如, 多项式无穷光滑. 伟大的高斯证明了代数基本定理：一个 n 次的多项式恰好有 n 个零点, 当然这得在复数域上. 因此利用多项式逼近一个函数的想法是自然的. 例如我们对 $\sin x$ 由不等式 (4.12) 和 (5.56) 得到

$$x - \frac{x^3}{6} < \sin x < x, \quad \forall x > 0. \tag{5.126}$$

这样一个复杂的非线性函数, 就介于两个相对简单的多项式函数之间. 本章我们就讨论如何用多项式逼近一个非线性函数. 一个 n 次的多项式

$$p(x) = a_0 + a_1 x + a_2 x^2 + \cdots + a_n x^n \tag{5.127}$$

有非常好的我们已知的结论. 例如如果系数确定了, 那一个多项式就确定了, 而这些系数利用导数很容易得到. 因为

$$\begin{aligned}
&p'(x) = a_1 + 2a_2 x + 3a_3 x^2 + \cdots + na_n x^{n-1}, \\
&p''(x) = 2a_2 + 6a_3 x + \cdots + n(n-1)a_n x^{n-2}, \\
&\cdots\cdots \\
&p^{(n)}(x) = n! a_n.
\end{aligned} \tag{5.128}$$

于是我们立刻得到系数:

$$a_0 = p(0), \quad a_1 = \frac{p'(0)}{1}, \quad a_2 = \frac{p''(0)}{2!}, \quad \cdots, \quad a_n = \frac{p^{(n)}(0)}{n!}. \tag{5.129}$$

这还看不出有明显的不同. 但如果令 $x - x_0 = z$, $P(z) = p(x_0 + z) = p(x)$. 我们就有

$$a_i = \frac{P^{(i)}(0)}{i!} = \frac{p^{(i)}(x_0)}{i!}, \quad i = 0, 1, 2, \cdots, n.$$

于是多项式就可以写为

$$p(x) = p(x_0) + p'(x_0)(x - x_0) + \frac{p''(x_0)}{2!}(x - x_0)^2 + \cdots + \frac{p^{(n)}(x_0)}{n!}(x - x_0)^n. \tag{5.130}$$

这个称为在 $x = x_0$ 的泰勒展开, 是纪念最先这样做的英国数学家泰勒 (Brook Taylor, 1685—1731). 在 (5.130) 中出现了高阶的导数. 这是一种利用一点的高阶导数求出函数的办法. 这当然是多项式才能这样做. 一般的非线性函数不大可能只用有限项, 但是用无穷项在一点的导数确定一个非线性函数 (至少在局部) 是可能的, 这就是泰勒展开的意义. 但也不是都是如此, 光滑软化子的例子 (5.122) 在 $x = 1$ 点的所有导数为零, 所以必须缩小函数类才能做到, 这类函数称为解析函数. 我们有另一门课复变函数专门谈解析复变函数, 实数的解析函数就是那些在一点的各阶导数能完全确定的函数. 这个类虽然比所有的非线性函数类小, 但也包括了许多的初等函数, 并不十分的小.

利用 (5.129) 把多项式写为

$$p(x) = p(0) + p'(0)x + \frac{p''(0)}{2!}x^2 + \cdots + \frac{p^{(n)}(0)}{n!}x^n. \tag{5.131}$$

称为麦克劳林 (Colin Maclaurin, 1698—1746) 公式. 这个本身就很有用, 例如求二项多项式

$$p(x) = (a + x)^n$$

的系数. 因为

$$p^{(k)}(x) = n(n-1)\cdots(n-k+1)(a+x)^{n-k}, \quad k = 0, 1, 2, \cdots, n.$$

我们有

$$(a + x)^n = \sum_{k=0}^n \frac{p^{(k)}(0)}{k!}x^k = \sum_{k=0}^n C_n^k a^{n-k} x^k, \tag{5.132}$$

其中 C_n^k 正是我们在莱布尼茨公式中 (5.38) 已经定义了的 (5.39), 称为二项式系数.

我们的问题是, 给定一个定义在 $[a,b]$ 上的函数 $f(x)$, 假定其 n 阶导数都存在

$$f'(x), f''(x), \cdots, f^{(n)}(x). \tag{5.133}$$

在 $x = x_0 \in [a,b]$，我们就可以构造一个泰勒级数的多项式：

$$p(x) = f(x_0) + f'(x_0)(x-x_0) + \frac{f''(x_0)}{2!}(x-x_0)^2 + \cdots + \frac{f^{(n)}(x_0)}{n!}(x-x_0)^n. \quad (5.134)$$

这个多项式和 $f(x)$ 是什么关系？对多项式来说，关系就是它们完全相等，这也是为什么说多项式是简单非线性的原因. 可是一般的非线性函数呢？这自然是考察它们的误差

$$e_n(x) = f(x) - p(x). \quad (5.135)$$

第一个定理是局部的性质.

定理 5.26 假定函数 $f(x)$ 在 $x = x_0$ 点有直到 n 阶的导数，则由 (5.135) 误差是当 $x \to x_0$ 时比 $(x-x_0)^n$ 更高阶的无穷小：

$$e_n(x) = o((x-x_0)^n). \quad (5.136)$$

因此我们可以在 $x = x_0$ 处用多项式逼近函数：

$$f(x) = \sum_{k=0}^{n} \frac{f^{(k)}(x_0)}{k!}(x-x_0)^k + o((x-x_0)^n). \quad (5.137)$$

证明 只需要证明

$$\lim_{x \to x_0} \frac{e_n(x)}{(x-x_0)^n} = 0.$$

令 $g(x) = (x-x_0)^n$，则有

$$e_n(x_0) = e_n'(x_0) = \cdots = e_n^{(n-1)}(x_0) = 0, \quad e_n^{(n)}(x_0) = 0,$$
$$g(x_0) = g'(x_0) = \cdots = g^{(n-1)}(x_0) = 0, \quad g^{(n)}(x_0) = n!.$$

但我们不能直接利用定理 5.20 到 n 次导数，原因是 $f^{(n)}(x_0)$ 只在一点存在. 但由于 $f^{(n)}(x_0)$ 存在，就要求 $f, f', \cdots, f^{(n-1)}$ 在 x_0 的邻域存在，因此前面的 $n-1$ 阶导数可以运用定理 5.20 得

$$\lim_{x \to x_0} \frac{e_n(x)}{g(x)} = \lim_{x \to x_0} \frac{e_n^{(n-1)}(x)}{g^{(n-1)}(x)}$$
$$= \lim_{x \to x_0} \frac{f^{(n-1)}(x) - f^{(n-1)}(x_0) - f^{(n)}(x_0)(x-x_0)}{n!(x-x_0)}$$
$$= \frac{1}{n!} \lim_{x \to x_0} \left[\frac{f^{(n-1)}(x) - f^{(n-1)}(x_0)}{x-x_0} - f^{(n)}(x_0) \right] = 0.$$

此即 (5.136). $\qquad\qquad\qquad\qquad\qquad\qquad\qquad\qquad\qquad\qquad\qquad\qquad\square$

公式 (5.137) 称为余项是佩亚诺 (Giuseppe Peano, 1858—1932) 型的**泰勒展开**. 其

特殊形式 $x_0 = 0$ 也称为**麦克劳林公式**:

$$f(x) = \sum_{k=0}^{n} \frac{f^{(k)}(0)}{k!} x^k + o(x^n). \tag{5.138}$$

这样的展开必定是唯一的. 这是因为如果

$$\begin{aligned}
&a_0 + a_1(x-x_0) + \cdots + a_n(x-x_0)^n + o((x-x_0)^n) \\
&= a_0' + a_1'(x-x_0) + \cdots + a_n'(x-x_0)^n + o((x-x_0)^n)
\end{aligned} \tag{5.139}$$

必有

$$a_k = a_k', \quad k = 0,1,2,\cdots,n. \tag{5.140}$$

定理 5.26 的意义是非凡的. 例如 $n=2$, 我们得到用抛物线来最佳逼近 $y=f(x)$:

$$f(x) - \left[f(x_0) + f'(x_0)(x-x_0) + \frac{f''(x_0)}{2}(x-x_0)^2 \right] = o((x-x_0)^2). \tag{5.141}$$

进一步, 因为抛物线有三个参数, 就决定了一个圆:

$$(x-a)^2 + (g(x)-b)^2 = R^2. \tag{5.142}$$

下面我们来介绍曲线在一点的密切圆. 微分几何里, 常用圆来代替这个抛物线: 如果此圆在 $x=x_0$ 点的泰勒展开的抛物线部分和 $f(x)$ 相同, 就称此圆为密切圆. 所以, 用圆来代替曲线更为精确:

$$f(x) - g(x) = o((x-x_0)^2). \tag{5.143}$$

密切圆半径的倒数称为曲线在此点的曲率, 描述了曲线在此点的弯曲程度. 这是因为圆的半径的倒数描述了圆弯曲的程度: 半径越大, 半径的倒数越小, 圆弯曲程度越小. 反之, 弯曲程度越大. 由唯一性, 这意味着

$$f(x_0) = g(x_0), \quad f'(x_0) = g'(x_0), \quad f''(x_0) = g''(x_0). \tag{5.144}$$

现在我们来求密切圆. 令

$$F(a,b,R,x) = (x-a)^2 + (g(x)-b)^2 - R^2. \tag{5.145}$$

利用 (5.144), 对 (5.142) 求 0 阶、一阶、二阶导数, 就确定了参数 a,b,R:

$$\begin{cases}
F(a,b,R,x_0) = (x_0-a)^2 + (f(x_0)-b)^2 - R^2 = 0, \\
F_x'(a,b,R,x_0) = 2(x_0-a) + 2(f(x_0)-b)f'(x_0) = 0, \\
F_x''(a,b,R,x_0) = 2 + 2(f'(x_0))^2 + 2(f(x_0)-b)f''(x_0) = 0.
\end{cases} \tag{5.146}$$

计算得

$$\begin{cases} b = f(x_0) + \dfrac{1 + (f'(x_0))^2}{f''(x_0)}, \\[3mm] a = x_0 + (b - f(x_0))f'(x_0) = x_0 + \dfrac{1 + (f'(x_0))^2}{f''(x_0)} \cdot f'(x_0), \\[3mm] R = \sqrt{(x_0 - a)^2 + (f(x_0) - b)^2} = \dfrac{|f''(x_0)|}{1 + (f'(x_0))^{3/2}}. \end{cases} \quad (5.147)$$

密切圆也可以这样来理解. 函数 $y = f(x)$ 在每一点的单位切向量是

$$\alpha(x) = \frac{(1, f'(x))}{\sqrt{1 + (f'(x))^2}}.$$

把单位切向量的起点都放到原点, 单位切向量的导数的绝对值描述了曲线的弯曲程度. 读者可以自己试试. 如果是曲面的话, 切平面的单位法向量的导数决定了曲面的弯曲程度. 按理, 单位法向量要跳出曲面, 可是高斯发现并不需要, 高斯曲率仅仅由距离就可以算出, 称为内乘性质. 黎曼几何就此产生.

我们在前面介绍了如果函数的一阶、二阶导数都为零, 如何判断函数极值的问题. 定理 5.27 给出了用高阶导数判断这类函数的极值的一般基础.

定理 5.27 假定函数 $f(x)$ 在 $x = x_0$ 点有直到 $n(n > 1)$ 阶的导数. 如果 $f'(x_0) = \cdots = f^{(n-1)}(x_0) = 0$, 且 $f^{(n)}(x_0) \neq 0$, 则当 n 为奇数时, $f(x)$ 在 $x = x_0$ 没有极值, 当 n 为偶数时, 有极值: 当 $f^{(n)}(x_0) > 0$ 时为严格极小, 当 $f^{(n)}(x_0) < 0$ 时为严格极大.

证明 利用 (5.137),

$$f(x) = f(x_0) + \frac{f^{(n)}(x_0)}{n!}(x - x_0)^n + o((x - x_0)^n).$$

于是

$$f(x) - f(x_0) = \left(\frac{1}{n!} f^{(n)}(x_0) + \alpha(x) \right)(x - x_0)^n,$$

其中当 $x \to 0$ 时, $\alpha(x) \to 0$. 所以当 x 接近 x_0 时, $\dfrac{1}{n!} f^{(n)}(x_0) + \alpha(x)$ 与 $f^{(n)}(x_0)$ 的符号相同. 如果 n 为奇数, $(x - x_0)^n$ 在左右两边变号, 函数没有极值. 当 n 为偶数时, $(x - x_0)^n > 0$, 所以在 x_0 的小邻域内 $f(x) - f(x_0)$ 与 $f^{(n)}(x_0)$ 的符号相同, 由此得定理结论. □

这样我们就可以判断 $f(x) = x^3$ 在 $x = 0$ 时的极值问题了. 因为 $f'(0) = f''(0) = 0, f'''(0) = 6$, 所以函数在 $x = 0$ 无极值. 但是 $f(x) = x^4$, 则由于 $f'(0) = f''(0) = f'''(0) = 0$, $f^{(4)}(0) = 24 > 0$, 函数在 $x = 0$ 严格取极小.

由此我们看到了, 一阶、二阶导数已经决定了曲线的升降、上下凸、弯曲程度. 如

果 $n+1$ 阶导数存在, 则我们可以得到比 $o((x-x_0)^n)$ 更精确的表达式.

定理 5.28(泰勒定理)　假定函数 $f(x)$ 在 $[a,b]$ 上有直到 n 阶的连续导数, 在 (a,b) 上有 $(n+1)$ 阶导数. 则对任意的 $x, x_0 \in [a,b]$, 存在 $\xi = x_0 + \theta(x-x_0), 0 < \theta < 1$ 使得由 (5.136) 定义的误差满足

$$e_n(x) = \frac{f^{(n+1)}(\xi)}{(n+1)!}(x-x_0)^{n+1}. \tag{5.148}$$

因此我们可以在 $x = x_0$ 处用多项式逼近函数:

$$f(x) = \sum_{k=0}^{n} \frac{f^{(k)}(x_0)}{k!}(x-x_0)^k + \frac{f^{(n+1)}(x_0 + \theta(x-x_0))}{(n+1)!}(x-x_0)^{n+1}, \quad 0 < \theta < 1. \tag{5.149}$$

证明　做辅助函数

$$F(t) = f(x) - \left[f(t) + f'(t)(x-t) + \cdots + \frac{f^{(n)}(t)}{n!}(x-t)^n \right], \quad G(t) = (x-t)^{n+1}.$$

需要证明的是

$$F(x_0) = \frac{f^{(n+1)}(\xi)}{(n+1)!}G(x_0) \quad \text{或者} \quad \frac{F(x_0)}{G(x_0)} = \frac{f^{(n+1)}(\xi)}{(n+1)!}. \tag{5.150}$$

不妨假设 $x_0 < x$ 则 $F(t)$ 和 $G(t)$ 在 $[x_0, x]$ 上连续, 在 (x_0, x) 内可导:

$$F'(t) = -\frac{f^{(n+1)}(t)}{n!}(x-t)^n, \quad G'(t) = -(n+1)(x-t)^n \neq 0.$$

因为 $F(x) = G(x) = 0$, 由柯西中值定理, 存在 $\xi \in (x_0, x) \subset (a,b)$ 使得

$$\frac{F(x_0)}{G(x_0)} = \frac{F(x_0) - F(x)}{G(x_0) - G(x)} = \frac{F'(\xi)}{G'(\xi)} = \frac{f^{(n+1)}(\xi)}{(n+1)!}. \tag{5.151}$$

从 (5.150) 即得 (5.148).　　　　　　　　　　　　　　　　　　　　　　　□

公式 (5.149) 称为余项为拉格朗日型的泰勒展开.

注意到 (5.151) 对任何导数非零的函数都成立. 如果取 $G(t) = x-t$, 则我们得到

误差 $e_n(x) = \frac{1}{n!}f^{(n+1)}(\xi)(x-\xi)^n(x-x_0) = \frac{f^{(n+1)}(x_0 + \theta(x-x_0))}{n!}(1-\theta)^n(x-x_0)^{n+1}, \ 0 < \theta < 1$.

这样我们就得到柯西型的泰勒展开.

定理 5.29(柯西定理)　假定函数 $f(x)$ 在 $[a,b]$ 上有直到 n 阶的连续导数, 在 (a,b) 上有 $(n+1)$ 阶导数. 则对任意的 $x, x_0 \in [a,b]$, 存在 $\xi = x_0 + \theta(x-x_0), 0 < \theta < 1$ 使得由 (5.136) 定义的误差满足

$$e_n(x) = \frac{f^{(n+1)}(x_0 + \theta(x-x_0))}{n!}(1-\theta)^n(x-x_0)^{n+1}, \quad 0 < \theta < 1. \tag{5.152}$$

因此我们可以在 $x = x_0$ 处用多项式逼近函数:

$$f(x) = \sum_{k=0}^{n} \frac{f^{(k)}(x_0)}{k!}(x - x_0)^k + \frac{f^{(n+1)}(x_0 + \theta(x - x_0))}{n!}(1-\theta)^n (x - x_0)^{n+1}, \quad 0 < \theta < 1.$$

(5.153)

最有意义的当然是 $f(x)$ 在 x_0 的所有导数都存在,而且余项 $e_n(x) \to 0 (n \to \infty)$. 此时我们就把函数用无穷的泰勒级数展开为

$$f(x) = \sum_{k=0}^{\infty} \frac{f^{(k)}(x_0)}{k!}(x - x_0)^k,$$

(5.154)

称为 $f(x)$ 的泰勒级数. 我们在第 9 章会详细讨论函数项的级数.

定义 5.3 函数 $f(x)$ 如果在 $x = x_0$ 附近展成形如 (5.154) 的泰勒级数,我们就称函数 $f(x)$ 在 x_0 **解析**. 如果对区间 $[a,b]$ 中任意一点都可以展开成泰勒级数,我们称函数在 $[a,b]$ 内解析.

一个简单的推论是如下的定理.

定理 5.30 在 $[a,b]$ 中解析的非零解析函数不能有无穷多个零点.

证明 假设 $f(x)$ 有无穷多零点 $f(x_n) = 0$,

$$a \leqslant x_1 < x_2 < \cdots < x_n < \cdots \leqslant b$$

且 $\chi_n \to \xi$. 则先由连续性 $f(\xi) = 0$. 再由罗尔定理,存在 $f'(x)$ 的零点 x_n' 使得

$$a \leqslant x_1 < x_1' < x_2 < x_2' < x_3 < \cdots < x_n < x_n' < x_{n+1} < \cdots \leqslant b.$$

于是 $x_n' \to \xi$,因此 $f'(\xi) = 0$. 把 $f'(x)$ 当成 $f(x)$ 得到 $f''(\xi) = 0$. 以此类推 $f^{(n)}(\xi) = 0$ 对所有 $n \geqslant 1$ 成立. 因为函数解析,在 $x = \xi \in [a,b]$ 处的泰勒级数为零. 假设 $f(x)$ 恒为零的区间为 $[c,d] \subset [a,b]$(由连续性,恒为零的区间一定是闭区间),则显然 $c = a$,不然在 $x = c$ 泰勒展开,最大的区间左端点就比 c 小,矛盾. 同理 $d = b$. 所以函数 $f \equiv 0$. □

注 5.3 定理 5.30 的证明说明如果 $f(x)$ 在 $[a,b]$ 中有 n 个零点,则 $f'(x)$ 至少有 $n-1$ 个零点. 且每一个零点位于 $f(x)$ 的零点间.

解析函数是小类的非线性函数. 我们提到,在另一门课程复变函数里专门讨论解析的复变函数. 我们看到光滑软化子 (5.122) 在 $x = 1$ 不是解析函数,虽然它在 $x = 1$ 的泰勒级数收敛(零函数). 我们遇到的许多初等函数是解析的.

5.6.1 几个基本初等函数的泰勒级数

接下来我们将讨论几个初等函数的泰勒展开. 严格地讲需要等到学过第 9 章的理论后才能严格证明. 不过为完整起见,我们现在这里叙述这些结果.

(1)指数函数 $f(x) = e^x$ 的泰勒级数. 由于其各阶导数都是 e^x,利用泰勒定理 5.28,

我们可以在零点展开成麦克劳林级数:

$$\mathrm{e}^x = \sum_{k=0}^{n} \frac{1}{k!} x^k + \frac{\mathrm{e}^{\theta x}}{(n+1)!} x^{n+1}, \quad 0 < \theta < 1. \tag{5.155}$$

因为 $\mathrm{e}^{\theta x} \le \mathrm{e}^{|x|}$，由例 3.12，误差对任意固定的 x，都有 $e_n(x) = \dfrac{\mathrm{e}^{\theta x}}{(n+1)!} x^{n+1} \to 0 (n \to \infty)$.

所以自然有

$$\mathrm{e}^x = \sum_{k=0}^{\infty} \frac{x^k}{k!}, \quad \forall x \in \mathbb{R}. \tag{5.156}$$

这是一个无穷的函数级数，学过第 9 章后再回过头来看这个无穷级数就十分清楚了.

现在我们又一次地看到了: 函数 e^x 用 "好的非线性" 函数 x^k 逼近, 非线性一次比一次强, 一直到无穷次. 所以, 数学发现的都是终极的真理, 因为其观测不受任何物理条件的限制, 或者说在任意的观测下, 都有相应的结论.

(2) 正弦函数 $f(x) = \sin x$ 的泰勒级数. 由 (5.34)

$$f(x) = \sin x, \; f'(x) = \sin\left(x + \frac{\pi}{2}\right), \; \cdots, \; f^{(k)}(x) = \sin\left(x + k\frac{\pi}{2}\right),$$

$$f^{(2m)}(0) = 0, \; f^{(2m+1)}(0) = (-1)^m, \quad m = 0, 1, 2, \cdots.$$

于是在 $x = 0$ 的拉格朗日展开为

$$\sin x = \sum_{k=0}^{2n+1} (-1)^k \frac{x^{2k+1}}{(2k+1)!} + \frac{x^{2n+3}}{(2n+3)!} \sin\left(\theta x + \frac{(2n+3)\pi}{2}\right), \quad 0 < \theta < 1. \tag{5.157}$$

由例 3.12, 误差趋于零. 因此正弦函数有泰勒展开:

$$\sin x = \sum_{k=0}^{\infty} (-1)^k \frac{x^{2k+1}}{(2k+1)!}. \tag{5.158}$$

特别是拉格朗日余项给我们多项式逼近正弦函数的任意需要的精度:

$$\left| \sin x - \sum_{k=0}^{2n+1} (-1)^k \frac{x^{2k+1}}{(2k+1)!} \right| \le \frac{|x|^{2n+3}}{(2n+3)!}, \quad n = 0, 1, 2, \cdots. \tag{5.159}$$

例如要计算 $\sin 1$, 我们就有

$$\left| \sin 1 - \sum_{k=0}^{2n+1} \frac{(-1)^k}{(2k+1)!} \right| \le \frac{1}{(2n+3)!}, \quad n = 0, 1, 2, \cdots. \tag{5.160}$$

我们又一次看到数学发现的一个真理: 你要达到任何精度都可以. 至于你的计算能不能达到, 也许就是工程师的问题了, 数学能告诉的只是假如你能计算的话必须是这样的科学原理.

(3) 余弦函数 $f(x) = \cos x$ 的泰勒级数. 类似地, 余弦函数有泰勒展开:

$$\cos x = \sum_{k=0}^{\infty} (-1)^k \frac{x^{2k}}{(2k)!}. \tag{5.161}$$

(4) 对数函数 $f(x) = \ln(1+x)$ 的泰勒级数. 注意

$$f^{(k)}(x) = \frac{(-1)^{k-1}(k-1)!}{(1+x)^k}, \quad k = 1, 2, \cdots.$$

于是其在 $x = 0$ 的拉格朗日展开为

$$\ln(1+x) = \sum_{k=1}^{n} (-1)^{k-1} \frac{x^k}{k} + \frac{(-1)^n}{(n+1)(1+\theta x)^{n+1}} x^{n+1}, \quad 0 < \theta < 1. \tag{5.162}$$

当 $|x| < 1$ 时, $|x| < |1 + \theta x|$, 所以误差

$$e_n(x) = \frac{(-1)^n}{(n+1)(1+\theta x)^{n+1}} x^{n+1} \to 0 \quad (n \to \infty).$$

我们因此得到对数函数的泰勒展开:

$$\ln(1+x) = \sum_{k=1}^{\infty} (-1)^{k-1} \frac{x^k}{k}, \quad \forall x \in (-1, 1). \tag{5.163}$$

(5) 二项函数 $f(x) = (1+x)^\alpha$ 的泰勒级数. 此处 α 为任意的实数. 注意

$$f'(x) = \alpha(1+x)^{\alpha-1},$$
$$f''(x) = \alpha(\alpha-1)(x+1)^{\alpha-2},$$
$$\cdots\cdots$$
$$f^{(k)}(x) = \alpha(\alpha-1)\cdots(\alpha-k+1)(1+x)^{\alpha-k}.$$

于是

$$f(0) = 1, f'(0) = \alpha, \cdots, f^{(k)}(0) = \alpha(\alpha-1)\cdots(\alpha-k+1), \quad k = 1, 2, \cdots.$$

由柯西定理的泰勒展开 (5.152),

$$e_n(x) = \frac{\alpha(\alpha-1)\cdots(\alpha-n)}{n!} x^n \left(\frac{1-\theta}{1+\theta x}\right)^n x(1+\theta x)^\alpha.$$

当 $|x| < 1$ 时, $0 < 1 - \theta < 1 + \theta x$, 所以

$$\frac{1-\theta}{1+\theta x} < 1,$$

从而

$$\left(\frac{1-\theta}{1+\theta x}\right)^n \to 0 \quad (n \to \infty).$$

令

$$\alpha_k = \frac{\alpha(\alpha-1)\cdots(\alpha-k+1)}{k!} x^k.$$

由于

$$\left|\frac{\alpha_{k+1}}{\alpha_k}\right| = \left|\frac{\alpha-k}{k+1}\right| |x| \to |x|, \quad k \to \infty,$$

故当 $|x|<1$ 时，存在 $N, \delta \in (0, |x|)$，使得当 $k \geq N$ 时，

$$\alpha_{k+1} < (|x|-\delta)\alpha_k < \cdots < (|x|-\delta)^{k-N} \cdot \alpha_N,$$

所以

$$\alpha_k \to 0 \quad (k \to \infty).$$

从而误差

$$e_n(x) = \alpha_{n+1}\left(\frac{1-\theta}{1+\theta x}\right)^n x^{n+1}(1+\theta x)^\alpha \to 0 \quad (n \to \infty),$$

于是我们得到二项函数的泰勒级数:

$$(1+x)^\alpha = \sum_{k=0}^\infty \frac{\alpha(\alpha-1)\cdots(\alpha-k+1)}{k!} x^k, \quad -1 < x < 1. \tag{5.164}$$

如果 $\alpha = n$ 是正整数，则级数到 $n+1$ 为止，就是通常的二项式公式.

二项函数 (5.164) 在 $(-1, +\infty)$ 中总是解析的，但我们不能指望在 $x=0$ 的泰勒级数在 $(-1, +\infty)$ 中收敛，这是理解定义 5.3 时需要注意的.

以上的讨论说明了光滑软化子 (5.122) 在 $x=1$ 不能展开成泰勒级数的原因是逼近误差不能趋于零. 在其他点则完全可以展开.

(6) 反正切函数 $f(x) = \arctan x$ 的泰勒级数. 类似地，可以证明反正切函数 $f(x) = \arctan x$ 的泰勒展开:

$$\arctan x = \sum_{k=1}^\infty (-1)^{k-1} \frac{x^k}{k}, \quad \forall x \in [-1, 1]. \tag{5.165}$$

由于 $\arctan 1 = \dfrac{\pi}{4}$，我们就得到计算圆周率的一个无穷级数公式 (我们在第 8 章会详细讨论无穷级数):

$$\frac{\pi}{4} = \arctan 1 = \sum_{k=1}^\infty (-1)^{k-1} \frac{1}{k}. \tag{5.166}$$

(7) 反正弦函数 $f(x) = \arcsin x$ 的泰勒级数:

$$\arcsin x = x + \sum_{n=1}^{\infty} \frac{1 \cdot 3 \cdot 5 \cdots (2n-1)}{2 \cdot 4 \cdot 6 \cdots 2n} \frac{x^{2n+1}}{2n+1}, \quad x \in (-1, 1). \tag{5.167}$$

5.6.2 圆周率的计算

作为泰勒级数的应用, 接下来我们讨论一个古老的问题: 圆周率 π 的计算. 这个在几个古代文明中都有研究, 因为圆大概是直线以外最简单、最完美的曲线. 当然主要是应用的驱动, 几乎所有的车轮都做成圆形. 首先 π 是一个常数, 它是圆的周长与直径的比. 这自然是奇妙的, 因为圆有大有小. 在变化的世界中一些不变的东西总是让人着迷, π 就是这样的一个事物. 任何两个不同的圆, 圆心放在一起, 就由它们的半径决定了两个同心的圆. 历史上, 总是用圆的内接正多边形来逼近圆周, 现在我们用内接正 n 边形来逼近圆周, 取半径为 r 的小圆的内接正 n 边形的一边 l, 半径为 R 的大圆的内接正 n 边形的一边 L, 如图 5.15, 大小圆内的两个三角形相似, 因此

$$\frac{R}{r} = \frac{L}{l}.$$

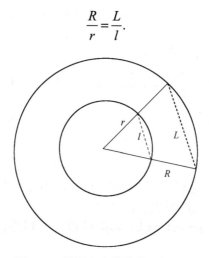

图 5.15　圆周率为常数的几何证明

由此得到大小圆的内接正 n 边形的边长满足

$$\frac{nL}{2R} = \frac{nl}{2r}.$$

所以内接正多边形的周长与直径的比不因圆的大小而改变. 令 $n \to \infty$, 我们就得到圆周率是常数:

$$\lim_{n \to \infty} \frac{nL}{2R} = \lim_{n \to \infty} \frac{nl}{2r} = \pi.$$

我们先来证明 π 是个无理数. 大部分需要的知识这一章就够了, 但最后一步, 需

要第 6 章要学到的积分. 暂且先这样做吧, 因为积分很快就能学会.

定理 5.31　圆周率 π 是无理数.

证明　对正整数 a,b, 令

$$f(x) = \frac{x^n(a-bx)^n}{n!}, \quad g(x) = n!f(x). \tag{5.168}$$

则显然 $g(x)$ 是一个 $2n$ 次的多项式, 最低次幂是 $a^n x^n$, 且当 $k < n$ 时, $g^{(k)}(0) = 0$. 当 $k \geq n$ 时, 由泰勒展式的唯一性, 必有

$$g(x) = x^n(a-bx)^n = \sum_{k=n}^{2n} \frac{g^{(k)}(0)}{k!} x^k.$$

于是

$$\frac{g^{(k)}(0)}{k!} = a_k \text{ 必为整数.}$$

因为 $g^{(k)}(x) = n!f^{(k)}(x)$, 所以

$$f^{(k)}(0) = 0 \quad (k < n); \quad n!\frac{f^{(k)}(0)}{k!} \text{为整数} \quad (k \geq n).$$

由此 $f^{(k)}(0)$ 为整数. 如果 $\pi = \dfrac{a}{b}$ 为有理数, 则直接验证

$$f(x) = f(\pi - x).$$

于是, 特别地,

$$f^{(k)}(\pi) = (-1)^k f^{(k)}(0), \quad k = 0,1,2,\cdots,2n.$$

所以 $f^{(k)}(\pi)$ 也为整数. 令

$$F(x) = f(x) - f''(x) - \cdots + (-1)^n f^{(2n)}(x).$$

于是 $F(0) = F(\pi)$ 也为整数. 因为 $f^{(2n+2)}(x) = 0$, 我们有

$$F''(x) + F(x) = f(x).$$

于是

$$\frac{\mathrm{d}}{\mathrm{d}x}[F'(x)\sin x - F(x)\cos x] = f(x)\sin x.$$

从而

$$\int_0^\pi f(x)\sin x\mathrm{d}x = F(\pi) + F(0) \tag{5.169}$$

为整数. 但从 (5.168) 和例 3.12 知, 当 $x \in (0,\pi]$ 时,

$$0 < f(x) < \frac{\pi^{2n} b^n}{n!} \to 0 \quad (n \to \infty),$$

所以

$$0 < \int_0^\pi f(x)\sin x\,\mathrm{d}x < 1,$$

当 n 充分大时. 这与(5.169)右端为整数矛盾. 所以 π 必为无理数. □

所以, π 是无法得到精确值的, 下面我们就来计算 π 的近似值, 不妨用单位圆来计算. 对这个问题的研究中国人有光辉的历史. 南北朝时期的数学家祖冲之把圆周率计算到七位的精度

$$3.1415926 < \pi < 3.1415927.$$

领先世界一千多年. 那他是如何计算的呢? 他从单位圆的内接正 6 边形和外切正 6 边形出发, 每次增加一倍, 即正 12 边形、正 24 边形、正 $6 \cdot 2^{n-1}$, 一直算下去, 只算了 13 次: $6 \cdot 2^{12} = 24576$, 就得到上面的精度, 等于是计算了内接正 24576 边形的边长. 所以数学不仅告诉我们这样的事实: 你要得到 π 的七位精度的值, 必须计算内接正 24576 边形的边长, 也告诉我们祖冲之使用了特殊的技巧, 如图 5.16 所示.

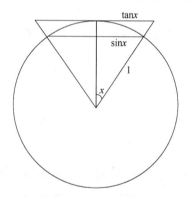

图 5.16　单位圆内接正 n 边形与外切正 n 边形的计算

单位圆内接正 n 边形一边的长度是

$$2\sin\frac{\pi}{n}. \tag{5.170}$$

外切正 n 边形一边的长度是

$$2\tan\frac{\pi}{n}. \tag{5.171}$$

令 x_n 表示单位圆内接正 $6 \cdot 2^{n-1}$ 边形的周长, y_n 表示外切正 $6 \cdot 2^{n-1}$ 边形的周长. 总有

$$\begin{cases} x_n = 6 \cdot 2^n \sin \dfrac{2\pi}{6 \cdot 2^n}, & x_1 < x_2 < x_3 < \cdots, \\[3mm] y_n = 6 \cdot 2^n \tan \dfrac{2\pi}{6 \cdot 2^n}, & y_1 > y_2 > y_3 > \cdots. \end{cases} \tag{5.172}$$

由不等式 (4.12),

$$x_n < 2\pi < y_n, \quad n = 1, 2, \cdots. \tag{5.173}$$

特别设 $n=1$, 就得到

$$3 < \pi < 2\sqrt{3}.$$

因为

$$0 \leqslant y_n - x_n = 6 \cdot 2^n \left(\tan \frac{2\pi}{6 \cdot 2^n} - \sin \frac{2\pi}{6 \cdot 2^n} \right)$$

$$= 6 \cdot 2^n \tan \frac{2\pi}{6 \cdot 2^n} \left(1 - \cos \frac{2\pi}{6 \cdot 2^n} \right) = 6 \cdot 2^{n+1} \tan \frac{2\pi}{6 \cdot 2^n} \sin^2 \frac{\pi}{6 \cdot 2^n}.$$

于是

$$0 \leqslant y_n - x_n \leqslant \frac{\pi^2}{6 \cdot 2^{n-1}} \tan \frac{2\pi}{6 \cdot 2^n} \to 0. \tag{5.174}$$

当 $n=13$ 时, 上式右边的误差为 5.13×10^{-8}, 正是祖冲之的精度. 在 (3.11) 中, 我们计算出了

$$x_n = 6 \cdot 2^{n-1} \sqrt{2 - \sqrt{2 + \sqrt{2 + \cdots + \sqrt{3}}}}, \quad n = 1, 2, \cdots. \tag{5.175}$$

现在我们来看现代数学如何计算 π. 我们利用的是正弦函数的泰勒级数 (5.158). 首先单位圆的内接正 n 边形周长的一半逼近 π, 即由 (5.170),

$$\pi_n = \frac{1}{2} n a_n = n \sin \frac{\pi}{n} \to \pi, \tag{5.176}$$

其中 a_n 是单位圆内接正 n 边形一边的边长. 表 5.1 是 π_n, a_n 的一些数值.

表 5.1

$6 \cdot 2^n$	a_n	π_n
6	1	3
12	0.51763809	3.1058285
24	0.26105238	3.1322856
48	0.13080626	3.1393502
96	0.065438166	3.1410319
192	0.032723463	3.1414524

表 5.1 中第一行就是"周三径一"的由来. 根据泰勒公式(5.158),

$$\pi_n = n\sin\frac{\pi}{n} = \pi - \frac{\pi^3}{3!}\left(\frac{1}{n}\right)^2 + \frac{\pi^5}{5!}\left(\frac{1}{n}\right)^5 - \cdots. \tag{5.177}$$

所以精度是

$$|\pi_n - \pi| = O(n^{-2}). \tag{5.178}$$

但从(5.177)得

$$\pi_{2n} = \pi - \frac{\pi^3}{3!}\frac{1}{4}\left(\frac{1}{n}\right)^2 + \frac{\pi^5}{5!}\frac{1}{2^5}\left(\frac{1}{n}\right)^5 - \cdots. \tag{5.179}$$

显然有

$$\pi_n' = \frac{1}{3}(4\pi_{2n} - \pi_n) = \pi + O(n^{-5}). \tag{5.180}$$

精度一下提高了三个数量级. 实际上我们从表 5.1 里计算得

$$\pi_{96}' = \frac{1}{3}(4\pi_{192} - \pi_{96}) = \frac{1}{3} \times (4 \times 3.1414524 - 3.141410319) = 3.1415926, \tag{5.181}$$

立刻就达到祖冲之的精度, 需要的仅仅是 $6 \cdot 2^{n-1}$, $n = 6$ 次计算. 比起祖冲之 $n = 13$ 和复杂的开方来说, 简单得不可同日而语. 计算数学上(5.180)的方法称为外推法. 前提自然是泰勒级数.

本章的最后, 我们看一个例子. 这个例子出现在弹性振动梁的振动频谱分析上. 这里假设正的弹性模量 $EI(x)$ 有连续的二阶导数, 正的质量 $\rho(x)$ 连续, 本征频谱问题满足:

$$\begin{cases} \lambda^2 \rho(x)\phi(x) + (EI(x)\phi''(x))'' = 0, \ 0 < x < 1, \\ \phi(0) = \phi'(0) = \phi''(1) = (EI\phi'')'(1) = 0, \end{cases} \tag{5.182}$$

其中 $\lambda \neq 0$ 为实数. 两个函数 f, g 称为线性相关的, 如果存在不全为零的常数 a, b 使得 $af(x) + bg(x) \equiv 0$. 如果 $\phi_1(x), \phi_2(x)$ 是(5.182)的两个解, 选取常数 a, b 使得 $\phi(x) = a\phi_1(x) + b\phi_2(x)$ 满足 $\phi(1) = 0$. 于是

$$\begin{cases} \lambda^2 \rho(x)\phi(x) + (EI(x)\phi''(x))'' = 0, \ 0 < x < 1, \\ \phi(0) = \phi'(0) = \phi''(1) = (EI\phi'')'(1) = \phi(1) = 0. \end{cases} \tag{5.183}$$

首先我们断言(5.183)的解 $\phi(x)$ 在 $(0,1)$ 内至少有一个零点. 事实上, 由 $\phi(0) = \phi(1) = 0$ 及罗尔定理, 存在 $\xi_1 \in (0,1)$ 使得 $\phi'(\xi_1) = 0$. 这个与 $\phi'(0) = 0$ 得到 $\xi_2 \in (0, \xi_1)$ 使得 $(EI\phi'')(\xi_2) = 0$. 因此由条件 $(EI\phi'')(1) = 0$ 存在 $\xi_3 \in (\xi_2, 1)$ 使得 $(EI\phi'')'(\xi_3) = 0$. 于是由条件 $(EI\phi'')'(1) = 0$, 存在 $\xi_4 \in (\xi_3, 1)$ 使得 $(EI\phi'')''(\xi_4) = 0$. 再由 $(EI\phi'')''(\xi_4) = -\lambda^2 \rho(\xi)\phi(\xi_4)$,

我们得到 $\phi(\xi_4) = 0$.

　　现在假设 $\phi(x)$ 在 $(0,1)$ 内有 n 个不同零点, 我们来证, 一定存在 $n+1$ 个不同零点. 事实上, 假设

$$0 < \xi_1 < \xi_2 < \cdots < \xi_n < 1, \quad \phi(\xi_i) = 0, \quad i = 1, 2, \cdots, n.$$

因为 $\phi(0) = \phi(1) = 0$, 由罗尔定理, 存在 η_i, $i = 1, 2, \cdots, n+1$,

$$0 < \eta_1 < \xi_1 < \eta_2 < \xi_2 < \cdots < \xi_n < \eta_{n+1} < 1,$$

使得 $\phi'(\eta_i) = 0$. 注意 $\phi'(0) = 0$, 于是有 α_i, $i = 1, 2, \cdots, n+1$,

$$0 < \alpha_1 < \eta_1 < \alpha_2 < \eta_2 < \cdots < \alpha_{n+1} < \eta_{n+1} < 1,$$

使得 $(EI\phi'')(\alpha_i) = 0$. 因为 $(EI\phi'')(1) = 0$, 再用罗尔定理, 存在 β_i, $i = 1, 2, \cdots, n+1$,

$$0 < \alpha_1 < \beta_1 < \alpha_2 < \cdots < \alpha_{n+1} < \beta_{n+1} < 1,$$

使得 $(EI\phi'')'(\beta_i) = 0$. 最后由条件 $(EI\phi'')'(1) = 0$, 我们得到 ϑ_i, $i = 1, 2, \cdots, n+1$,

$$0 < \beta_1 < \vartheta_1 < \beta_2 < \cdots < \beta_{n+1} < \vartheta_{n+1} < 1,$$

使得 $(EI\phi'')''(\vartheta_i) = 0$. 所以

$$\phi(\vartheta_i) = 0, \quad i = 1, 2, \cdots, n+1. \tag{5.184}$$

由归纳法, $\phi(x)$ 在 $(0,1)$ 有无穷多零点 $\{x_i\}_{i=1}^{\infty}$. 由于所有的零点都位于 $(0,1)$ 内, 必然有聚点 $\xi \in [0,1]$.

　　有两种情况. 第一, 当 $EI(x) \equiv EI, \rho(x) \equiv \rho$ 为常函数时, 很容易证明由 (5.182) 定义的函数在 $[0,1]$ 区间是解析的 (读者可以自行证明). 此时, 由 (5.184) 和罗尔定理,

$$\phi^{(i)}(\xi) = 0, \quad i = 1, 2, \cdots. \tag{5.185}$$

利用定理 5.30, $\phi(x) \equiv 0$.

　　第二, 一般情况由 (5.184) 和罗尔定理, 可证

$$\phi^{(i)}(\xi) = 0, \quad i = 0, 1, 2, 4. \tag{5.186}$$

此时要用到常微分方程解的唯一性得出 $\phi(x) \equiv 0$. 我们以后在另一门课程常微分方程中会学到. 总而言之, (5.182) 不能有两个非零的线性无关解. 这说的是一个常微分算子的特征值一定是几何单重的.

附录一　基本初等函数的导数表

　　为方便查找, 我们列出一些基本初等函数的导数表 5.2.

表 5.2

函数 $f(x)$	导数 $f'(x)$	自变量 $x \in \mathbb{R}$ 取值范围
C (常数)	0	$x \in \mathbb{R}$
x^α	$\alpha x^{\alpha-1}$	$\alpha \in \mathbb{R}, x > 0$; 或者 $\alpha \in \mathbb{N}, x \in \mathbb{R}$
a^x	$a^x \ln x$	$x \in \mathbb{R}(a > 0, a \neq 1)$
$\log_a |x|$	$\dfrac{1}{x \ln a}$	$x \in \mathbb{R} \setminus \{0\}(a > 0, a \neq 1)$
$\sin x$	$\cos x$	$x \in \mathbb{R}$
$\cos x$	$-\sin x$	$x \in \mathbb{R}$
$\tan x$	$\dfrac{1}{\cos^2 x}$	$x \neq k\pi + \dfrac{\pi}{2}, k \in \mathbb{Z}$
$\cot x$	$\dfrac{1}{\sin^2 x}$	$x \neq k\pi, k \in \mathbb{Z}$
$\arcsin x$	$\dfrac{1}{\sqrt{1-x^2}}$	$|x| < 1$
$\arccos x$	$-\dfrac{1}{\sqrt{1-x^2}}$	$|x| < 1$
$\arctan x$	$-\dfrac{1}{1+x^2}$	$|x| \leq 1$
$\text{arccot} x$	$\dfrac{1}{1+x^2}$	$x \in \mathbb{R}$
$\sinh x$	$\cosh x$	$x \in \mathbb{R}$
$\cosh x$	$\sinh x$	$x \in \mathbb{R}$
$\coth x$	$-\dfrac{1}{\cosh^2 x}$	$x \in \mathbb{R}$

5.8 习　　题

1. 试讨论下列函数在指定区间内是否存在一点 ξ, 使 $f'(\xi) = 0$:

(1) $f(x) = \begin{cases} x\sin\dfrac{1}{x}, & 0 < x \leq \dfrac{1}{\pi}, \\ 0, & x = 0; \end{cases}$ 　　　　(2) $f(x) = |x|, \ -1 \leq x \leq 1$.

2. 应用函数的单调性证明下列不等式:

(1) $\tan x > x - \dfrac{x^3}{3}, \ x \in \left(0, \dfrac{\pi}{3}\right)$; 　　　　(2) $\dfrac{2x}{\pi} < \sin x < x, \ x \in \left(0, \dfrac{\pi}{2}\right)$;

(3) $x - \dfrac{x^2}{2} < \ln(1+x) < x - \dfrac{x^2}{2(1+x)}, x > 0$;

(4) $1 - x^2 < e^{-x^2} < \dfrac{1}{1+x^2}$, 这里前一个不等号在 $0 < x < 1$ 满足, 后一个不等号对所有的 $x > 0$ 满足.

3. 证明: 函数 $\left(1+\dfrac{1}{x}\right)^{x}$ 在区间 $(-\infty,-1)$ 及 $(0,\infty)$ 内递增.

4. 证明: 有理函数

$$R(x)=\frac{a_0+a_1x+\cdots+a_nx^n}{b_0+b_1x+\cdots+b_nx^n} \quad (m+n\geqslant 1, m\neq n, a_mb_m\neq 0)$$

是区间 $(-\infty,-x_0)$ 及 $(x_0,+\infty)$ 上的严格单调函数, 其中 x_0 为充分大的正数.

5. 证明下列不等式:

(1) $\dfrac{b-a}{b}<\ln\dfrac{b}{a}<\dfrac{b-a}{a}$, 其中 $0<a<b$;

(2) $\dfrac{h^2}{1+h^2}<\arctan h<h$, 其中 $h>0$;

(3) $py^{p-1}(x-y)<x^p-y^p<px^{p-1}(x-y)$ $(0<y<x, p>1)$;

(4) $\left|\arctan a-\arctan b\right|\leqslant\left|a-b\right|$.

6. 证明:

(1) $\dfrac{\tan x}{x}>\dfrac{x}{\sin x}$, $x\in\left(0,\dfrac{\pi}{2}\right)$;   (2) $\dfrac{2}{\pi}x<\sin x<x$, $x\in\left(0,\dfrac{\pi}{2}\right)$;

(3) $\left(1+\dfrac{1}{x}\right)^{x}<\mathrm{e}<\left(1+\dfrac{1}{x}\right)^{x+1}$, $x>0$.

7. 确定下列函数的单调区间:

(1 $f(x)=3x-x^2$;   (2) $f(x)=\dfrac{2x}{1+x^2}$;

(3) $f(x)=\sqrt{2x-x^2}$;   (4) $f(x)=\dfrac{x^2-1}{x}$;

(5) $f(x)=\dfrac{\sqrt{x}}{x+100}(x\geqslant 0)$;   (6) $f(x)=x+\left|\sin 2x\right|$;

(7) $f(x)=\begin{cases} x\left(\sqrt{\dfrac{3}{2}}+\sin\ln x\right), & x>0, \\ 0, & x=0. \end{cases}$

8. 设 $f(x)$ 在 x_0 的某邻域内有定义.

(1)若 $f(x)$ 在 x_0 处可导, 试证明:

$$\lim_{h\to 0}\frac{f(x_0+h)-f(x_0-h)}{2h}=f'(x_0) .$$

(2)反之, 若上式左端极限存在, 是否能推出 $f'(x_0)$ 存在? 若结论成立, 请证明, 不成立给出反例.

9. 设函数 f 在 $(-\infty,\infty)$ 上有二阶连续导数. $f(0)=0$. 证明: 由 $g(0)=f'(0)$, $g(x)=\dfrac{f(x)}{x}$ $(x\neq 0)$ 定义的函数 g 在 $(-\infty,+\infty)$ 上有连续导数.

10. 设 f 在 $(a,+\infty)$ 上可微，且 $\lim\limits_{x\to+\infty} f(x)$ 与 $\lim\limits_{x\to+\infty} f'(x)$ 都存在，则 $\lim\limits_{x\to+\infty} f'(x)=0$.

11. 设 f 在 $[a,+\infty)$ 上连续，并在使 $f(x)=0$ 的点 x 处可微，且 $f'(x)\neq 0$. 证明：若 $x_n(n=1,2,\cdots)$ 是 f 的不同的零点，即 $f(x_n)=0(n=1,2,\cdots)$，则 $\lim\limits_{n\to\infty} x_n=+\infty$.

12. 设 f 在 $[a,b]$ 上连续，且 $f(a)=f(b)=0$，$f'(a)f'(b)>0$. 证明存在 $c\in(a,b)$，使 $f(c)=0$.

13. 求下列不定式极限：

(1) $\lim\limits_{x\to 0}\dfrac{e^x-1}{\sin x}$;

(2) $\lim\limits_{x\to 0}\dfrac{\tan x-x}{x-\sin x}$;

(3) $\lim\limits_{x\to 0}\dfrac{\ln(1+x)-x}{\cos x-1}$;

(4) $\lim\limits_{x\to 0}\dfrac{\tan x-x}{x-\sin x}$;

(5) $\lim\limits_{x\to\frac{\pi}{4}}\dfrac{\sqrt[3]{\tan x}-1}{2\sin^2 x-1}$;

(6) $\lim\limits_{x\to 0}\left(\dfrac{1}{x}-\dfrac{1}{e^x-1}\right)$;

(7) $\lim\limits_{x\to 0}(\tan x)^{\sin x}$;

(8) $\lim\limits_{x\to 1} x^{\frac{1}{1-x}}$;

(9) $\lim\limits_{x\to 0}(1+x^2)^{\frac{1}{x}}$;

(10) $\lim\limits_{x\to 0^+}\sin x\ln x$;

(11) $\lim\limits_{x\to 0}\left(\dfrac{1}{x^2}-\dfrac{1}{\sin^2 x}\right)$;

(12) $\lim\limits_{x\to 0}\left(\dfrac{\tan x}{x}\right)^{\frac{1}{x^2}}$.

14. 检验罗尔定理对于函数

$$f(x)=(x-1)(x-2)(x-3)$$

的正确性.

15. 证明:

(1)方程 $x^3-3x+c=0$（这里 c 为常数）在区间 $[0,1]$ 内不可能有两个不同的实根；

(2)方程 $x^n+px+q=0$（n 为正整数，p,q 为实数）当 n 为偶数时至多有两个实根，当 n 为奇数时至多有三个实根.

16. 证明: (1)若函数 f 在区间 $[a,b]$ 上可导，且 $f'(x)\geqslant m$，则

$$f(b)\geqslant f(a)+m(b-a);$$

(2)若函数 f 在 $[a,b]$ 上可导，且 $|f'(x)|\leqslant M$，则

$$|f(b)-f(a)|\leqslant M(b-a);$$

(3)对任意实数 x_1,x_2，都有 $|\sin x_1-\sin x_2|\leqslant|x_2-x_1|$.

17. 以 $S(x)$ 记由 $(a,f(a)),(b,f(b)),(x,f(x))$ 三点组成的三角形面积，试对 $S(x)$ 应用罗尔中值定理证明拉格朗日中值定理.

18. 设 f 为 $[a,b]$ 上二阶可导函数，$f(a)=f(b)=0$，并存在一点 $c\in(a,b)$ 使得 $f(c)>0$. 证明至少存在一点 $\xi\in(a,b)$，使得 $f''(\xi)<0$.

19. 设 $p(x)$ 为多项式，a 为 $p(x)=0$ 的 r 重实根.证明 a 必定是 $p'(x)$ 的 $r-1$ 重实根.

20. 证明: 设 f 为 n 阶可导函数, 若方程 $f(x)=0$ 有 $n+1$ 个相异的实根, 则方程 $f^{(n)}(x)=0$ 至少有一个实根.

21. 设函数 $f(x)$ 在区间 $a \leqslant x < +\infty$ 内连续, 而且当 $x > a$ 时, $f'(x) > k > 0$, 其中 k 为常数. 证明: 若 $f(a) < 0$, 则在区间 $\left(a, a - \dfrac{f(a)}{k} \right)$ 内方程 $f(x)=0$ 有且仅有一个实根.

22. 证明: 若函数 f, g 在区间 $[a,b]$ 上可导, 且 $f'(x) > g'(x), f(a)=g(a)$, 则在 $[a,b]$ 内有 $f(x) > g(x)$.

23. 试问函数 $f(x)=x^2$, $g(x)=x^3$ 在区间 $[-1,1]$ 上能否应用柯西中值定理得到相应的结论, 为什么?

24. 设函数 f 在 $[a,b]$ 上可导, 证明: 存在 $\xi \in (a,b)$, 使得

$$2\xi[f(b)-f(a)]=(b^2-a^2)f'(\xi).$$

25. 设函数 f 在点 a 处具有连续的二阶导数. 证明:

$$\lim_{h \to 0} \frac{f(a+h)+f(a-h)-2f(a)}{h^2}=f''(a).$$

26. 设 $0 < \alpha < \beta < \dfrac{\pi}{2}$. 证明存在 $\theta \in (\alpha, \beta)$, 使得

$$\frac{\sin\alpha - \sin\beta}{\cos\beta - \cos\alpha} = \cot\theta.$$

27. 设函数 f 在点 a 的某个邻域具有二阶导数. 证明: 对充分小的 h, 存在 $\theta, 0 < \theta < 1$, 使得

$$\frac{f(a+h)+f(a-h)-2f(a)}{h^2} = \frac{f''(a+\theta h)+f''(a-\theta h)}{2}.$$

28. 设 $f(0)=0, f'$ 在原点的某邻域内连续, 且 $f'(0) \neq 0$. 证明:

$$\lim_{x \to 0^+} x^{f(x)} = 1.$$

29. 证明: $f(x)=x^3 \mathrm{e}^{-x^2}$ 为有界函数.

30. 设有一弓形, 其弦长为 b, 拱高为 h, 半径为 R, 又有内接于此弓形的等腰三角形. 若当 R 不变时弓形的弧长趋于零, 求弓形面积与内接三角形面积之比的极限. 利用所得结果推出弓形面积的近似公式为

$$S \approx \frac{2}{3}bh.$$

31. 设 $f(x)$ 在 $[a,b]$ 上连续, 在 (a,b) 内有二阶导数, 试证存在 $c \in (a,b)$ 使得

$$f(b)-2f\left(\frac{a+b}{2}\right)+f(a)=\frac{(b-a)^2}{4}f''(c).$$

32. 证明, 若 $f(x)$ 在 $(0,+\infty)$ 内可微, 且 $\lim\limits_{x\to+\infty} f'(x)=0$, 则 $\lim\limits_{x\to+\infty}\dfrac{f(x)}{x}=0$.

33. 设 $f(x)$ 在 $[a,b]$ 上三次可导, 试证: $\exists c\in(a,b)$, 使得

$$f(b)=f(a)+f'\left(\frac{a+b}{2}\right)(b-a)+\frac{1}{24}f^{(3)}(c)(b-a)^3.$$

34. 设 $f(x)$ 在 $[0,1]$ 上有二阶导数, $0\leqslant x\leqslant 1$ 时, $|f(x)|\leqslant 1$, $|f''(x)|<2$. 试证: 当 $0\leqslant x\leqslant 1$ 时, $|f'(x)|\leqslant 3$.

35. 设 $f(x)$ 至少有 k 阶导数, 且对某个实数 α 有

$$\lim\limits_{x\to\infty} x^\alpha f(x)=0, \quad \lim\limits_{x\to\infty} x^\alpha f^{(k)}(x)=0,$$

试证: $\lim\limits_{x\to\infty} x^\alpha f^{(i)}(x)=0\left(i=0,1,2,\cdots,k\right), f^{(0)}(x)$ 表示 $f(x)$.

36. 设 $g(x)$ 在 $[a,b]$ 内连续, 在 (a,b) 内二阶可导, 且 $|g''(x)|\geqslant m>0$ (m 为常数), 又 $g(a)=g(b)=0$. 证明 $\max\limits_{a\leqslant x\leqslant b}|g(x)|\geqslant\dfrac{m}{8}(b-a)^2$.

37. 求函数极限 $\lim\limits_{x\to+\infty}\left(1+\dfrac{1}{x}+\dfrac{1}{x^2}\right)^x$.

38. 设函数 $f(x)$ 在闭区间 $[x_1,x_2]$ 上可微, 且 $x_1 x_2>0$, 证明:

$$\frac{1}{x_1-x_2}\begin{vmatrix} x_1 & x_2 \\ f(x_1) & f(x_2) \end{vmatrix}=f(\xi)-\xi f'(\xi),$$

其中 $x_1<\xi<x_2$.

39. 设 f 在 $[a,b]$ 上连续, 且 $f(a)=f(b)=0$, $f'(a)f'(b)>0$. 证明存在 $c\in(a,b)$, 使 $f(c)=0$.

40. 设函数 f 在 $[0,c](c>0)$ 上可微, f' 在 $[0,c]$ 上递减, 且 $f(0)=0$. 证明对于 $0\leqslant a\leqslant b\leqslant a+b\leqslant c$, 恒有 $f(a+b)\leqslant f(a)+f(b)$.

41. 设函数 f 在 $[a,b]$ 上可微, 且 $f(a)=f(b)=0, f'(a)f'(b)>0$. 证明方程 $f'(x)=0$ 在 (a,b) 内至少有两个根.

42. 设 $f_n(x)=\cos x+\cos^2 x+\cdots+\cos^n x$. 证明: 对任意正整数 n, 方程 $f_n(x)=1$ 在 $\left[0,\dfrac{\pi}{3}\right]$ 内有且只有一个根.

43. 设函数 f 在区间 $[a,b]$ 上二阶可微, 且 $f(x)\geqslant 0, f''(x)\geqslant 0(a\leqslant x\leqslant b)$; 再设 f 在 $[a,b]$ 的任一子区间上不恒等于零. 证明方程 $f(x)=0$ 在区间 $[a,b]$ 上最多只有一个根.

44. 求下列不定式极限:

(1) $\lim\limits_{x\to 1}\dfrac{\ln\cos(x-1)}{1-\sin\dfrac{\pi x}{2}}$;

(2) $\lim\limits_{x\to+\infty}(\pi-2\arctan x)\ln x$;

(3) $\lim\limits_{x\to 0^+} x^{\sin x}$;

(4) $\lim\limits_{x\to\frac{\pi}{4}}(\tan x)^{\tan 2x}$;

(5) $\lim\limits_{x\to 0}\left(\dfrac{\ln(1+x)^{(1+x)}}{x^2}-\dfrac{1}{x}\right)$;　　　　(6) $\lim\limits_{x\to 0}\left(\cot x-\dfrac{1}{x}\right)$;

(7) $\lim\limits_{x\to 0}\dfrac{e^{-\frac{1}{x^2}}}{x^{100}}$;　　　　(8) $\lim\limits_{x\to +\infty}\dfrac{\ln x}{x^{\varepsilon}}(\varepsilon>0)$;

(9) $\lim\limits_{x\to 0}\left(\dfrac{a^x-x\ln a}{b^x-\ln b}\right)^{\frac{1}{x^2}}$;　　　　(10) $\lim\limits_{x\to a}\dfrac{a^x-x^a}{x-a}\ (a>0)$.

45. 判断下列曲线的上下凸性:

(1) $5x-x^2$;　　　　(2) $y=x+\dfrac{1}{x}(x>0)$;　　　　(3) $y=x\operatorname{arccot}x$.

46. 求下列函数的拐点:

(1) x^3-5x^2+2x;　　　　(2) $y=xe^{-2x}$;

(3) $y=e^{\operatorname{arccot}x}$;　　　　(4) $y=(x+1)^2+e^x$;

(5) $y=\ln(x^2+2)$;　　　　(6) $y=x^4(8\ln x-3)$.

47. 证明下列不等式:

(1) $\dfrac{1}{2}(x^7+y^7)>\left(\dfrac{x+y}{2}\right)^7\ (x>0,y>0,x\neq y)$;

(2) $x\ln x+y\ln y>(x+y)\ln\dfrac{x+y}{2}\ (x>0,y>0,x\neq y)$.

第6章

不定积分

6.1 不定积分的定义

我们在第 5 章里主要讨论了导数与微分,一种在一点处无限小近距离观测函数 f 的方法,得到函数在一点的切线,这是"局部"的观测方法:曲线的无穷远处是直线. 如果 $f(x)$ 在其定义域内的每一点都可导的话,我们在每一点都可以这样做. 也就是得到函数在每一点的切线. 自然地,切线已知等价于切线的斜率已知. 数学上说的是:已经知道了 $f'(x)$,那么能不能完全还原 $f(x)$ 呢?答案自然是在情理之中. 因为如果在无限小的近距离内观测函数,还不能还原函数本身的话,也太不可思议了. 本节我们就来谈这个问题:已知函数在每一点的导数,复原函数本身. 这自然是个"整体"的问题. 现代科学在还原的时候,从来没有忘记整体的性质. 显然地,这个过程是求导数的逆过程. 如果第 5 章叫微分的话,这一章就只能叫积分:把所有的微分累积起来得到函数本身. 数学里充满这样上下、左右可逆过程的各种情形的讨论,这是纯粹思维的最大优势.

简单说微分的基本问题是研究如何从已知函数求出它的导函数,那么与之相反的问题是:求一个未知函数,使其导函数恰好是某一已知函数.

定义 6.1 设函数 $f(x)$ 与 $F(x)$ 在区间 I 上都有定义. 若

$$F'(x) = f(x), \quad x \in I, \tag{6.1}$$

则称函数 $F(x)$ 为 $f(x)$ 在区间 I 上的一个**原函数**.

首先我们有唯一性定理.

定理 6.1 假设 $f(x)$ 在区间 $I = [a, b]$ 上连续. 则任意两个原函数只差一个常数.

证明 设 $F_i(x)$, $i = 1, 2$ 为 $f(x)$ 的两个原函数. 则 $F(x) = F_1(x) - F_2(x)$ 满足

$$F'(x) = 0.$$

对任意的两点 $x_1, x_2 \in (a, b)$,由中值定理

$$F(x_1) - F(x_2) = F'(\xi)(x_1 - x_2) = 0.$$

因此 $F(x_1) = F(x_2)$. 即 $F(x) \equiv C$ 在 I 上. 所以 $F_1(x) = F_2(x) + C$ 对任意的 $x \in I$ 成立.

□

常数只影响函数的位置, 不影响其形状. 在这个意义上, 原函数是唯一的. (6.1) 是一个常系数的微分方程. 求原函数的过程, 是一个解一阶线性微分方程的过程.

例 6.1 $F(x) = \dfrac{1}{3}x^3$ 是 $f(x) = x^2$ 在 $(-\infty, +\infty)$ 上的一个原函数.

数学上, 研究任何方程, 都需要解决存在唯一性. 唯一性我们已经谈过了, 现在剩下两个问题:

· 存在性: 满足何种条件的函数必定存在原函数?

· 如何求出原函数?

第一个问题具有极端的重要性, 其证明现在还不是时候, 到第 7 章我们再来证明. 不过我们先给出答案.

定理 6.2 若函数 $f(x)$ 在区间 I 上连续, 则 $f(x)$ 在 I 上存在原函数 $F(x)$.

这可不是一般的结果, 称为微积分的基本定理. 说明局部和整体存在一一对应的关系. 我们通过局部的性质完全复原了函数本身. 这自然是预料中的事: 无穷尽地在每一点观测一个连续函数, 不尽收眼底都不可能. 剩下的就是给定一个连续函数如何求原函数的问题了.

在学习导数的时候, 我们是从一个特殊的极限, 即 $\dfrac{\Delta y}{\Delta x}$ 出发, 计算得到函数关于自变量的变化率. 但是对于原函数我们并没有具体的方法来进行 "计算". 我们在导数那一章中求得了不少初等函数的导数. 现在将它们反过来就可以得到一些基本积分公式:

(1) $\displaystyle\int 0 \mathrm{d}x = C$.

(2) $\displaystyle\int 1 \mathrm{d}x = \int \mathrm{d}x = x + C$.

(3) $\displaystyle\int x^{\alpha} \mathrm{d}x = \dfrac{x^{\alpha+1}}{\alpha+1} + C\,(\alpha \neq -1, x > 0)$.

(4) $\displaystyle\int \dfrac{1}{x} \mathrm{d}x = \ln|x| + C\,(x \neq 0)$.

(5) $\displaystyle\int \mathrm{e}^x \mathrm{d}x = \mathrm{e}^x + C$.

(6) $\displaystyle\int a^x \mathrm{d}x = \dfrac{a^x}{\ln a} + C\,(a > 0, a \neq 1)$.

(7) $\displaystyle\int \cos ax \mathrm{d}x = \dfrac{1}{a}\sin ax + C\,(a \neq 0)$.

(8) $\displaystyle\int \sin ax \mathrm{d}x = -\dfrac{1}{a}\cos ax + C\,(a \neq 0)$.

(9) $\displaystyle\int \sec^2 x \mathrm{d}x = \tan x + C$.

(10) $\int \csc^2 x \mathrm{d}x = -\cot x + C$.

(11) $\int \sec x \cdot \tan x \mathrm{d}x = \sec x + C$.

(12) $\int \csc x \cdot \cot x \mathrm{d}x = -\csc x + C$.

(13) $\int \dfrac{\mathrm{d}x}{\sqrt{1-x^2}} = \arcsin x + C = -\arccos x + C$.

(14) $\int \dfrac{\mathrm{d}x}{1+x^2} = \arctan x + C = -\operatorname{arccot} x + C$.

其中和以后 C 统一表示常数. 上述积分公式, 读者必须牢记. 因为这些公式从某种意义上来说, 并不是计算得到的. 而是我们在学习导数时所进行的积累. 在记住这些公式之后, 我们才能思考如何从这些公式出发, 总结得到不定积分法则, 从而求出其他一些不定积分的公式.

6.2　换元积分法

由复合函数求导法, 可以导出换元积分法. 我们的目标是想求得 $\int f(x)\mathrm{d}x$, 但是往往 $f(x)$ 的形式比较复杂, 我们没法和 6.1 节学习的积分公式对应起来. 此时我们可以想办法把复杂的积分向我们熟悉的积分靠拢. 比如我们研究 $\int 2x e^{x^2} \mathrm{d}x$, 可以设新变量 $t = x^2$, 我们就可以发现原积分变成了 $\int e^t \mathrm{d}t$. 我们知道这个积分的原函数是 e^t, 所以我们很容易就可以知道 $\int 2x e^{x^2} \mathrm{d}x$ 的答案是 $e^{x^2} + C$. 基于这一思想, 如果我们知道 $\int f(x)\mathrm{d}x$, 可设新变量为

$$x = \varphi(t). \tag{6.2}$$

于是

$$\int f(x)\mathrm{d}x = \int f(\varphi(t))\varphi'(t)\mathrm{d}t. \tag{6.3}$$

我们写成如下的定理.

定理 6.3(第一换元积分法)　设函数 $f(x)$ 在区间 I 上有定义, $\varphi(t)$ 在区间 J 上可导, 且 $\varphi(J) \subseteq I$. 如果不定积分 $\int f(x)\mathrm{d}x$ 在 I 上存在, 则不定积分 $\int f(\varphi(t))\varphi'(t)\mathrm{d}t$ 在 J 上也存在, 且 (6.3) 成立.

证明　利用复合函数求导法得

$$\mathrm{d}\left(\int f(x)\mathrm{d}x\right) = f(x)\mathrm{d}x = f(\varphi(t))\varphi'(t)\mathrm{d}t = \mathrm{d}\left(\int f(\varphi(t))\varphi'(t)\mathrm{d}t\right).$$

即得. □

例 6.2 求 $\int \sin^3 x \cos x \mathrm{d}x$. 利用 (6.3),

$$\int \sin^3 x \cos x \mathrm{d}x = \int \sin^3 x \mathrm{d}\sin x = \int t^3 \mathrm{d}t = \frac{t^4}{4} + C = \frac{\sin^4 x}{4} + C.$$

例 6.3 求 $\int \tan x \mathrm{d}x$. 令 $\cos x = t$. 利用 (6.3),

$$\int \tan x \mathrm{d}x = -\int \frac{\mathrm{d}\cos x}{\cos x} = -\int \frac{\mathrm{d}t}{t} = -\ln|t| + C = -\ln|\cos x| + C.$$

例 6.4 求 $\int \dfrac{\mathrm{d}x}{a^2 \sin^2 x + b^2 \cos^2 x}$. 令 $\tan x = t$. 利用 (6.3),

$$\int \frac{\mathrm{d}x}{a^2 \sin^2 x + b^2 \cos^2 x} = \int \frac{\mathrm{d}t}{a^2 t^2 + b^2} = \frac{1}{ab} \int \frac{\mathrm{d}\frac{a}{b}t}{1 + \left(\frac{a}{b}t\right)^2} = \frac{1}{ab} \arctan \frac{a}{b} t + C.$$

例 6.5 求 $\int \sin^3 x \mathrm{d}x$. 利用 (6.3),

$$\int \sin^3 x \mathrm{d}x = -\int (1 - \cos^2 x) \mathrm{d}\cos x = -\cos x + \frac{\cos^3 x}{3} + C.$$

例 6.6 求 $\int \dfrac{\mathrm{d}x}{\sqrt{x}\left(1 + \sqrt{x}\right)}$. 利用 (6.3),

$$\int \frac{\mathrm{d}x}{\sqrt{x}\left(1 + \sqrt{x}\right)} = 2 \int \frac{\mathrm{d}\sqrt{x}}{1 + \sqrt{x}} = 2\ln\left(1 + \sqrt{x}\right) + C.$$

从上面的例子可以看出, 使用第一换元积分法的关键是把被积表达式凑成
$$f(\varphi(t))\varphi'(t)\mathrm{d}t$$
的形式, 从而可以选取变换 $x = \varphi(t)$, 使其化为易于积分的 $\int f(x)\mathrm{d}x$, 所以第一换元积分法本质上是将被积表达式拆成两部分. 下面我们换一个思路, 令 $x = \varphi(t)$, 那么根据微分的形式不变性, 我们可以考虑将 $\mathrm{d}x$ 分解开来, 得到 $\mathrm{d}x = \varphi'(t)\mathrm{d}t$, 而被积表达式 $f(x)$ 可以看作是 t 的函数 $f(\varphi(t))$, 这样我们就可以把对 x 的积分转化为对 t 的积分. 总结一下可得如下定理 6.4.

定理 6.4(第二换元积分法) 设函数 $f(x)$ 在区间 I 上有定义, $\varphi(t)$ 在区间 J 上可导, $\varphi(J) = I$, 且 $x = \varphi(t)$ 在区间 J 上存在反函数 $t = \varphi^{-1}(x)$, $x \in I$. 如果不定积分 $\int f(x)\mathrm{d}x$ 在 I 上存在, 则当不定积分 $\int f(\varphi(t))\varphi'(t)\mathrm{d}t = G(t) + C$ 在 J 上存在时, 在 I 上有

$$\int f(x)\mathrm{d}x = G(\varphi^{-1}(x)) + C.$$

证明　设 $\int f(x)\mathrm{d}x = F(x) + C$. 对于任何 $t \in J$, 有

$$\frac{\mathrm{d}}{\mathrm{d}t}(F(\varphi(t)) - G(t)) = F'(\varphi(t))\varphi'(t) - G'(t)$$

$$= f(\varphi(t))\varphi'(t) - f(\varphi(t))\varphi'(t) = 0.$$

所以存在常数 C_1, 使得 $F(\varphi(t)) - G(t) = C_1$ 对于任何 $t \in J$ 成立, 从而 $G(\varphi^{-1}(x)) = F(x) - C_1$ 对于任何 $x \in I$ 成立. 因此, 对于任何 $x \in I$, 有

$$\frac{\mathrm{d}}{\mathrm{d}x}(G(\varphi^{-1}(x)) = F'(x) = f(x),$$

即 $G(\varphi^{-1}(x))$ 为 $f(x)$ 的原函数.　　　　　　　　　　　　　□

从证明过程中我们可以看到, 我们本质上还是利用公式

$$\int f(x)\mathrm{d}x = \int f(\varphi(t))\varphi'(t)\mathrm{d}t,$$

只不过从左端积分求右端积分的时候, 即为第一换元积分法, 利用右端积分求左端积分的时候, 就是第二换元积分法了. 这样一来, 当函数 $f(x)$ 比较复杂时, 我们可以试图通过把 x 写成 t 的函数, 这样就可以得到一个比较简单的容易得到原函数的 t 的函数来求不定积分, 再把 t 代回 x 的函数就可以得到 $f(x)$ 的原函数了.

例 6.7　求 $\displaystyle\int\frac{\mathrm{d}x}{\sqrt{x}+x}$. 令 $\sqrt{x}=t$, 则有 $x=t^2$.

$$\int\frac{\mathrm{d}x}{\sqrt{x}+x} = \int\frac{2t}{t+t^2}\mathrm{d}t = \int\frac{2}{1+t}\mathrm{d}t = 2\ln(1+\sqrt{x}) + C.$$

例 6.8　求 $\displaystyle\int\sqrt{a^2-x^2}\mathrm{d}x(a>0)$. 令 $x=a\sin t, |t|<\dfrac{\pi}{2}$, 则

$$\int\sqrt{a^2-x^2}\mathrm{d}x = \int a^2\cos^2 t\mathrm{d}t = \frac{a^2}{2}t + \frac{a^2}{2}\sin t\cos t + C$$

$$= \frac{a^2}{2}\arcsin\frac{x}{a} + \frac{1}{2}x\sqrt{a^2-x^2} + C.$$

例 6.9　求 $\displaystyle\int\frac{\mathrm{d}x}{\sqrt{x^2-a^2}}(a>0, |x|>a)$. 令 $x=a\sec t\left(0<t<\dfrac{\pi}{2}\right)$,

$$\int\frac{\mathrm{d}x}{\sqrt{x^2-a^2}} = \int\frac{a\sec t\cdot\tan t}{a\tan t}\mathrm{d}t = \int\frac{\mathrm{d}t}{\cos t}$$

$$= \ln|\sec t + \tan t| + C$$

$$= \ln\left|x + \sqrt{x^2-a^2}\right| + C.$$

例 6.10 求 $\int \dfrac{\mathrm{d}x}{\sqrt{x^2+a^2}}\,(a>0)$. 令 $x=a\tan t\left(0<t<\dfrac{\pi}{2}\right)$,

$$\int \frac{\mathrm{d}x}{\sqrt{x^2+a^2}} = \int \frac{\mathrm{d}t}{\sec t \cdot \cos^2 t} = \int \frac{\mathrm{d}t}{\cos t}$$

$$= \ln|\sec t + \tan t| + C$$

$$= \ln\left|x+\sqrt{x^2+a^2}\right| + C.$$

例 6.11 求 $\int \tan x\,\mathrm{d}x$. 令 $\cos x=t$, 则

$$\int \tan x\,\mathrm{d}x = -\int \frac{\mathrm{d}\cos x}{\cos x} = -\int \frac{\mathrm{d}t}{t} = -\ln|t| + C = -\ln|\cos x| + C.$$

6.3 分部积分法

在 6.2 节我们学习换元积分法, 本质上是利用了复合求导公式, 在这一节, 我们还是要从微分中汲取灵感, 通过求导法则来归纳得到求积分的法则. 由乘积求导法 $(u(x)v(x))' = u'(x)v(x)+u(x)v'(x)$, 可以导出分部积分法.

定理 6.5（分部积分法） 若 $u(x)$ 与 $v(x)$ 可导, 不定积分 $\int u'(x)v(x)\mathrm{d}x$ 存在, 则 $\int u(x)v'(x)\mathrm{d}x$ 也存在, 并有

$$\int u(x)v'(x)\mathrm{d}x = u(x)v(x) - \int u'(x)v(x)\mathrm{d}x.$$

分部积分法所根据的公式是

$$\mathrm{d}(uv) = u\mathrm{d}v + v\mathrm{d}u.$$

由此可以得出

$$\int u\mathrm{d}v = uv - \int v\mathrm{d}u.$$

如果 $u=f(x),v=g(x)$ 都是 x 的函数, 则

$$\int f(x)g'(x)\mathrm{d}x = f(x)g(x) - \int g(x)f'(x)\mathrm{d}x.$$

所以我们可以看到, 我们运用分部积分法的关键是把被积函数 $f(x)\mathrm{d}x$ 改写为 $u\mathrm{d}v$ 的形式, 而改写的目的还是我们希望由 $u\mathrm{d}v$ 得到简单的易积分的 $v\mathrm{d}u$ 的形式. 如何简化被积函数, 我们可以从以下例子中总结规律.

例 6.12 求积分 $\int x\cos x\mathrm{d}x$. 令 $u=x,\mathrm{d}v=\cos x\mathrm{d}x$, 则

$$du = dx, \quad v = \sin x \,(\text{此处没有必要写上常数项}).$$

因此

$$\int x\cos x\,dx = \int x\,d\sin x = x\sin x - \int \sin x\,dx = x\sin x + \cos x + C.$$

这个方法, 使原来求 $x\cos x$ 的积分的较难问题变为求 $\sin x$ 的积分的较易问题. 分部积分的公式, 还可以做以下的推广: 假定 u 与 v 各有 $n+1$ 阶的微商

$$u', v', u'', v'', \cdots, u^{(n+1)}, v^{(n+1)}.$$

运用分部积分法可知

$$\int uv^{(n+1)}dx = \int u\,dv^{(n)} = uv^{(n)} - \int v^{(n)}du = uv^{(n)} - \int v^{(n)}u'dx,$$

同样地, 得到

$$\int u'v^{(n)}dx = u'v^{(n-1)} - \int u''v^{(n-1)}dx,$$

$$\int u''v^{(n-1)}dx = u''v^{(n-2)} - \int u'''v^{(n-2)}dx,$$

$$\cdots\cdots$$

$$\int u^{(n)}v'dx = u^{(n)}v - \int u^{(n+1)}vdx.$$

逐步代入, 即得

$$\int uv^{(n+1)}dx = uv^{(n)} - u'v^{(n-1)} + u''v^{(n-2)} - \cdots + (-1)^n u^{(n)}v + (-1)^{n+1}\int u^{(n+1)}vdx.$$

如果 u 是一个 x 的 n 次多项式, 则 $u^{(n+1)} = 0$, 右端的式子就表达了左端的积分.

例 6.13　求 $\int x^3\ln x\,dx$. 令 $u = \ln x, dv = x^3dx$, 则

$$du = \frac{dx}{x}, \quad v = \frac{x^4}{4}.$$

因此

$$\int x^3\ln x\,dx = \frac{1}{4}x^4\ln x - \frac{1}{4}\int x^3dx = \frac{1}{4}x^4\ln x - \frac{1}{16}x^4 + C.$$

例 6.14　求 $\int \arctan x\,dx$. 令 $u = \arctan x, \ dv = dx$, 则

$$\int \arctan x\,dx = x\arctan x - \int x\,d\arctan x = x\arctan x - \int \frac{x}{1+x^2}dx$$

$$= x\arctan x - \frac{1}{2}\ln(x^2+1) + C.$$

例 6.15　求 $\int x^2\sin x\,dx$. 令 $u = x^2, dv = \sin x\,dx$,

$$\int x^2 \sin x dx = \int x^2 d(-\cos x) = -x^2 \cos x - \int (-\cos x) dx^2$$

$$= -x^2 \cos x + 2 \int x \cos x dx$$

$$= -x^2 \cos x + 2(x \sin x + \cos x) + C.$$

例 6.16 求 $\int x e^{ax} dx$. 令 $u = x$, $dv = e^{ax} dx$, 则

$$\int x e^{ax} dx = \frac{1}{a} x e^{ax} - \frac{1}{a} \int e^{ax} dx = \frac{1}{a} x e^{ax} - \frac{1}{a^2} e^{ax} + C.$$

例 6.17 求 $\int e^{ax} \cos bx dx$ 及 $\int e^{ax} \sin bx dx$. 分别令 $u = \cos bx, dv = e^{ax} dx$ 及 $u = \sin bx$, $dv = e^{ax} dx$, 则得

$$\int e^{ax} \cos bx dx = \frac{1}{a} e^{ax} \cos bx + \frac{b}{a} \int e^{ax} \sin bx dx,$$

$$\int e^{ax} \sin bx dx = \frac{1}{a} e^{ax} \sin bx - \frac{b}{a} \int e^{ax} \cos bx dx.$$

这样一来, 两个积分中的每一积分都能用另一积分来表达, 因此由这两个式子解出

$$\int e^{ax} \cos bx dx = \frac{b \sin bx + a \cos bx}{a^2 + b^2} e^{ax} + C,$$

$$\int e^{ax} \sin bx dx = \frac{a \sin bx - b \cos bx}{a^2 + b^2} e^{ax} + C'.$$

例 6.18 求 $J_n = \int \dfrac{dx}{(x^2 + a^2)^n}$. 令 $u = \dfrac{1}{(x^2 + a^2)^n}$, 则

$$J_n = \int \frac{dx}{(x^2 + a^2)^n} = \frac{x}{(x^2 + a^2)^n} + 2n \int \frac{x^2}{(x^2 + a^2)^{n+1}} dx.$$

由于

$$\int \frac{x^2}{(x^2 + a^2)^{n+1}} dx = \int \frac{(x^2 + a^2) - a^2}{(x^2 + a^2)^{n+1}} dx$$

$$= \int \frac{dx}{(x^2 + a^2)^n} - a^2 \int \frac{dx}{(x^2 + a^2)^{n+1}} = J_n - a^2 J_{n+1},$$

因此

$$J_n = \frac{x}{(x^2 + a^2)^n} + 2n(J_n - a^2 J_{n+1}).$$

即

$$J_{n+1} = \frac{1}{2na^2} \cdot \frac{x}{(x^2+a^2)^n} + \frac{2n-1}{2n} \cdot \frac{1}{a^2} J_n.$$

这一公式称为所要求的积分 J_n 的循环公式, 它把积分 J_{n+1} 的计算化为 J_n 的计算. 则

$$J_1 = \frac{1}{a} \arctan \frac{x}{a} + C.$$

故由循环公式可知

$$J_2 = \frac{1}{2a^2} \cdot \frac{x}{x^2+a^2} + \frac{1}{2a^3} \arctan \frac{x}{a} + C'.$$

$$J_3 = \frac{1}{4a^2} \cdot \frac{x}{(x^2+a^2)^2} + \frac{3}{8a^4} \cdot \frac{x}{x^2+a^2} + \frac{3}{8a^5} \arctan \frac{x}{a} + C'',$$

等等.

注 6.1　分部积分法可以用来处理一般的反函数积分问题, 直接由分部积分得

$$\int f(x)\mathrm{d}x = xf(x) - \int x \mathrm{d}f(x). \tag{6.4}$$

由 $f(x)=t$, 得到反函数 $x = f^{-1}(t)$, 于是

$$\int f(x)\mathrm{d}x = xf(x) - \int f^{-1}(t)\mathrm{d}t. \tag{6.5}$$

6.4　有理函数的不定积分

这一节我们来考虑更为复杂的有理函数的不定积分. 有理函数是指由两个多项式函数的商所表示的函数, 其一般形式为

$$R(x) = \frac{P(x)}{Q(x)} = \frac{\alpha_0 x^n + \alpha_1 x^{n-1} + \cdots + \alpha_n}{\beta_0 x^m + \beta_1 x^{m-1} + \cdots + \beta_m},$$

其中 n, m 为非负整数.

首先我们来概括一下我们已经得到的一些结果. 在前面几节的学习中我们已经会求以下五种函数的积分:

Ⅰ. 多项式,

Ⅱ. $\dfrac{A}{x-a}$,

Ⅲ. $\dfrac{A}{(x-a)^k}$　$(k=2,3,\cdots)$,

Ⅳ. $\dfrac{Mx+N}{x^2+px+q}$　$(p^2-4q<0)$,

$$\text{V．}\quad \frac{Mx+N}{(x^2+px+q)^m}\quad (m=2,3,\cdots)(p^2-4q<0).$$

关于 V，利用变换 $t=x+\dfrac{p}{2}$，$a^2=q-\dfrac{p^2}{4}$，有

$$\int\frac{Mx+N}{(x^2+px+q)^m}\mathrm{d}x=\frac{M}{2}\int\frac{2t\mathrm{d}t}{(t^2+a^2)^m}+\left(N-\frac{Mp}{2}\right)\int\frac{\mathrm{d}t}{(t^2+a^2)^m}. \tag{6.6}$$

(6.6)右端第一个积分可以直接算出：

$$\int\frac{2t\mathrm{d}t}{(t^2+a^2)^m}=-\frac{1}{m-1}\cdot\frac{1}{(t^2+a^2)^{m-1}}+C=-\frac{1}{m-1}\cdot\frac{1}{(x^2+px+q)^{m-1}}+C.$$

(6.6)右端第二个积分的算法见 6.3 节例 6.18.

下面我们来说明任何有理函数的积分都可以转化为以上五种函数的积分之和.

若 $F(x)$ 与 $G(x)$ 为实系数的多项式，则 $F(x)/G(x)$ 就称为有理分式，特别当 $F(x)$ 的次数低于 $G(x)$ 的次数时，就称为真分式. 由除法可知，任一有理分式可以写成

$$\frac{F(x)}{G(x)}=H(x)+\frac{P(x)}{Q(x)},$$

此处 $H(x)$ 是实系数的多项式，而 $P(x)/Q(x)$ 是既约的真分式(即 $P(x)$ 的次数小于 $Q(x)$，且不存在次数大于 0 的多项式，同时除尽 $P(x)$ 与 $Q(x)$). 因此，有理分式的积分问题化为真分式的积分问题了.

定理 6.6　任一真分式

$$\frac{P(x)}{Q(x)}$$

是上述 II，III，IV，V 的真分式的和.

证明　命 $Q(x)=(x-a)^k\cdots(x^2+px+q)^m$.

(1)若 $Q(x)=(x-a)^k Q_1(x),Q_1(a)\neq0,k\geqslant1$，要证明存在 A 及 $P_1(x)$，使

$$\frac{P(x)}{Q(x)}=\frac{A}{(x-a)^k}+\frac{P_1(x)}{(x-a)^{k-1}Q_1(x)}.$$

等式双方乘以 $Q(x)$ 得

$$P(x)=AQ_1(x)+(x-a)P_1(x).$$

由 $Q_1(a)\neq0$ 得

$$A=\frac{P(a)}{Q_1(a)}.$$

即取这样的 A，则 $P(x)-AQ_1(x)$ 一定可为 $x-a$ 除尽，因而定出 $P_1(x)$ 来. 即得所证.

(2)若 $Q(x) = (x^2 + px + q)^m Q_1(x)(p^2 < 4q)$，而 $Q_1(x)$ 不含有因子 $x^2 + px + q$，要证明存在常数 M, N 及多项式 $P_1(x)$ 使

$$\frac{P(x)}{Q(x)} = \frac{Mx + N}{(x^2 + px + q)^m} + \frac{P_1(x)}{(x^2 + px + q)^{m-1} Q_1(x)}.$$

两边乘以 $Q(x)$ 得

$$P(x) = (Mx + N)Q_1(x) + (x^2 + px + q)P_1(x).$$

确定 M 与 N 使 $P(x) - (Mx + N)Q_1(x)$ 是 $x^2 + px + q$ 的倍数. 假设以 $x^2 + px + q$ 除 $P(x)$ 与 $Q_1(x)$ 后的余式分别是 $\alpha x + \beta$ 与 $\gamma x + \delta$，因此问题化为确定 M 与 N 使 $x^2 + px + q$ 整除

$$\alpha x + \beta - (Mx + N)(\gamma x + \delta).$$

以 $x^2 + px + q$ 除此式得余式

$$[(p\gamma - \delta)M - \gamma N + \alpha]x + (q\gamma M - \delta N + \beta),$$

因此必须

$$\begin{cases} (p\gamma - \delta)M - \gamma N + \alpha = 0, \\ q\gamma M - \delta N + \beta = 0. \end{cases}$$

由这组方程解出 M 与 N，必须行列式

$$\begin{vmatrix} p\gamma - \delta & -\gamma \\ q\gamma & -\delta \end{vmatrix} = \delta^2 - p\gamma\delta + q\gamma^2$$

异于零. 当 $\gamma \neq 0$，则 $\delta^2 - p\gamma\delta + q\gamma^2 = \gamma^2 \left[\left(-\frac{\delta}{\gamma} \right)^2 + p \left(-\frac{\delta}{\gamma} \right) + q \right] \neq 0$，否则多项式

$x^2 + px + q = 0$ 有一实根 $-\dfrac{\delta}{\gamma}$，这是不可能的; 当 $\gamma = 0$ 时，δ 必非零，否则 $Q_1(x)$ 是

$x^2 + px + q$ 的倍数了，亦不可能. $P_1(x)$ 可以看作是 $x^2 + px + q$ 除 $P(x) - (Mx + N)Q_1(x)$ 后所得的商.

(3)综合(1)与(2)逐步进行下去可知

$$\frac{P(x)}{Q(x)} = \frac{A_k}{(x-a)^k} + \frac{A_{k-1}}{(x-a)^{k-1}} + \cdots + \frac{A_1}{x-a} + \cdots$$
$$+ \frac{M_m x + N_m}{(x^2 + px + q)^m} + \frac{M_{m-1} x + N_{m-1}}{(x^2 + px + q)^{m-1}} + \cdots + \frac{M_1 x + N_1}{(x^2 + px + q)} + \cdots. \tag{6.7}$$

定理证毕. □

综上所述，我们一定可以将真分式 $\dfrac{P(x)}{Q(x)}$ 表示成形式(6.7)，但每次这么操作过

于麻烦. 所以在实际操作中除了以上所说的逐步做的方法, 还可以采用以下的待定系数法. 若 $Q(x)$ 的次数是 n, 将 (6.7) 式右边的 $A_k, A_{k-1}, \cdots, A_1, \cdots, M_m, N_m, \cdots, M_1, N_1$ 看成待定系数, 则一共 n 个. (6.7) 式两边乘以 $Q(x)$, 比较系数, 共得 n 个关于待定系数的线性方程(因 $P(x)$ 的次数低于 n). 由此可以确定这 n 个待定系数, 由于分解为形式 (6.7) 的可能性已由定理 6.6 建立, 所以方程组是不会矛盾的. 又无论方程组的常数项如何(即 $P(x)$ 的系数), 都是可解的, 所以这 n 个方程的系数行列式必异于零, 因此解是唯一的, 也就是说, 将 $P(x)/Q(x)$ 分解为形如 (6.7) 式的表示法是唯一的.

例 6.19 分解

$$\frac{2x^2 + 2x + 13}{(x-2)(x^2+1)^2}.$$

命

$$\frac{2x^2 + 2x + 13}{(x-2)(x^2+1)^2} = \frac{A}{x-2} + \frac{Bx+C}{x^2+1} + \frac{Dx+E}{(x^2+1)^2},$$

由恒等式

$$2x^2 + 2x + 13 = A(x^2+1)^2 + (Bx+C)(x^2+1)(x-2) + (Dx+E)(x-2),$$

得

$$\begin{cases} A + B = 0, \\ -2B + C = 0, \\ 2A + B - 2C + D = 2, \\ -2B + C - 2D + E = 2, \\ A - 2C - 2E = 13, \end{cases}$$

因此

$$A = 1, \quad B = -1, \quad C = -2, \quad D = -3, \quad E = -4.$$

所以

$$\frac{2x^2 + 2x + 13}{(x-2)(x^2+1)^2} = \frac{1}{x-2} - \frac{x+2}{x^2+1} - \frac{3x+4}{(x^2+1)^2}.$$

由于我们已经知道 Ⅰ 到 Ⅴ 的积分该如何来求, 因此对于所有的有理分式, 我们一定可以求得其不定积分.

6.5　三角函数有理式的不定积分

由 $u(x), v(x)$ 及常数经过有限次四则运算所得到的函数称为关于 $u(x), v(x)$ 的有理式, 并用 $R(u(x), v(x))$ 表示.

由基本三角函数及实数, 经有限次加、减、乘、除运算所得的式子, 称为三角有理函数, 如

$$\sin^3 x, \quad \frac{1}{1+\cos x}, \quad \frac{1}{\sin x},$$

$$\frac{1+\sin x}{\tan x(1+\cos x)}, \quad \frac{\sqrt{3}\cos x}{\cot x - 5\sin x}, \quad \frac{\sin 3x}{\cos 5x}$$

等都是三角有理函数. 用 $\int R(\sin x, \cos x)\mathrm{d}x$ 表示三角函数有理式的不定积分, 一般通过变换 $t = \tan\dfrac{x}{2}$, 可把它化为有理函数的不定积分. 这是因为我们有万能公式,

$$\sin x = \frac{2t}{1+t^2}, \quad \cos x = \frac{1-t^2}{1+t^2}, \quad \mathrm{d}x = \frac{2}{1+t^2}\mathrm{d}t.$$

所以

$$\int R(\sin x, \cos x)\mathrm{d}x = \int R\left(\frac{2t}{1+t^2}, \frac{1-t^2}{1+t^2}\right)\frac{2}{1+t^2}\mathrm{d}t.$$

这样一来, 我们就可以把三角函数有理式的积分转化为有理分式的积分, 从而可以把这些积分算出来. 上述变换也称万能变换, 所谓 "万能" 是指对所有三角有理函数求积分时都能用. 不过具体解题时并不需要硬套公式, 灵活采用合适的形式更简便.

例 6.20　求积分 $\displaystyle\int\frac{\mathrm{d}x}{1+2\cos x}$. 注意

$$\int\frac{\mathrm{d}x}{1+2\cos x} = \int\frac{\mathrm{d}x}{1+2\left(\cos^2\dfrac{x}{2} - \sin^2\dfrac{x}{2}\right)}$$

$$= \int\frac{2\mathrm{d}\left(\dfrac{x}{2}\right)}{\left(\sec^2\dfrac{x}{2} + 2 - 2\tan^2\dfrac{x}{2}\right)\cos^2\dfrac{x}{2}}$$

$$= \int\frac{2\mathrm{d}\tan\dfrac{x}{2}}{3 - \tan^2\dfrac{x}{2}} = \frac{1}{\sqrt{3}}\ln\left|\frac{\sqrt{3} + \tan\dfrac{x}{2}}{\sqrt{3} - \tan\dfrac{x}{2}}\right| + C.$$

万能变换不是指对所有三角有理函数采用这个变换求积分最方便. 其实对某些三角有理函数来说, 采用其他变换更方便. 下面我们讨论三种特殊三角有理函数的求积分问题.

(1) 若 $R(-u,v) = -R(u,v)$，我们可以证明

$$R(u,v) = uR_1(u^2,v),$$

其中 R_1 也是两个变数的有理函数.

因此

$$\int R(\sin x, \cos x) \mathrm{d}x = \int \sin x R_1(\sin^2 x, \cos x) \mathrm{d}x$$

$$= -\int R_1(1 - \cos^2 x, \cos x) \mathrm{d}\cos x$$

$$= -\int R_1(1 - t^2, t) \mathrm{d}t.$$

这表明，若被积函数关于 $\sin x$ 是奇函数，总可以作 $\cos x = t$ 的变换，把积分变成关于 t 的有理函数的积分.

例 6.21 求积分 $\int \dfrac{\sin 2x}{\sin^2 x + \cos x} \mathrm{d}x$. 注意

$$\int \frac{\sin 2x}{\sin^2 x + \cos x} \mathrm{d}x = \int \frac{2\sin x \cos x}{\sin^2 x + \cos x} \mathrm{d}x = -2 \int \frac{\cos x \mathrm{d}\cos x}{1 - \cos^2 x + \cos x}$$

$$= -2 \int \frac{t \mathrm{d}t}{1 + t - t^2} = \int \frac{-2t + 1 - 1}{1 + t - t^2} \mathrm{d}t$$

$$= \int \frac{\mathrm{d}(1 + t - t^2)}{1 + t - t^2} - \int \frac{\mathrm{d}t}{\dfrac{5}{4} - \left(\dfrac{1}{2} - t\right)^2}$$

$$= \ln|1 + t - t^2| + \frac{1}{\sqrt{5}} \ln\left|\frac{\sqrt{5} + 1 - 2t}{\sqrt{5} - 1 + 2t}\right| + C$$

$$= \ln|1 + \cos x - \cos^2 x| + \frac{1}{\sqrt{5}} \ln\left|\frac{\sqrt{5} + 1 - 2\cos x}{\sqrt{5} - 1 + 2\cos x}\right| + C.$$

(2) 若 $R(u,-v) = -R(u,v)$, 同理有

$$R(u,v) = vR_1(u,v^2) ,$$

R_1 为两个变数的有理函数. 这时

$$\int R(\sin x, \cos x) \mathrm{d}x = \int \cos x R_1(\sin x, \cos^2 x) \mathrm{d}x$$

$$= \int R_1(\sin x, 1 - \sin^2 x) \mathrm{d}\sin x$$

$$= \int R_1(t, 1 - t^2) \mathrm{d}t.$$

这表明，若被积函数关于 $\cos x$ 是奇函数，总可以作 $\sin x = t$ 的变换，把积分变成关于 t 的有理函数的积分.

例 6.22　求积分 $\displaystyle\int\frac{\cos^3 x}{1+\sin^2 x}\mathrm{d}x$. 注意

$$\int\frac{\cos^3 x}{1+\sin^2 x}\mathrm{d}x = \int\frac{1-\sin^2 x}{1+\sin^2 x}\mathrm{d}\sin x$$

$$= \int\frac{1-t^2}{1+t^2}\mathrm{d}t = \int\frac{2\mathrm{d}t}{1+t^2} - \int 1\mathrm{d}t$$

$$= 2\arctan t - t + C = 2\arctan\sin x - \sin x + C.$$

(3) 若 $R(-u,-v)=R(u,v)$, 则有

$$R(u,v) = R_1\!\left(\frac{u}{v},v^2\right),$$

其中 R_1 为两变数的有理函数.

因此

$$\int R(\sin x,\cos x)\mathrm{d}x = \int R_1\!\left(\frac{\sin x}{\cos x},\cos^2 x\right)\mathrm{d}x$$

$$= \int R_1\!\left(\tan x,\frac{1}{1+\tan^2 x}\right)\frac{\mathrm{d}\tan x}{1+\tan^2 x}$$

$$= \int R_1\!\left(t,\frac{1}{1+t^2}\right)\frac{\mathrm{d}t}{1+t^2}.$$

这表明, 若被积函数关于 $\sin x,\cos x$ 是偶函数, 总可作 $\tan x=t$ 的变换, 把积分变成关于 t 的有理函数积分.

例 6.23　求积分

$$\int\frac{\mathrm{d}x}{a^2\sin^2 x + b^2\cos^2 x}\quad(ab\neq 0).$$

实际上,

$$\int\frac{\mathrm{d}x}{a^2\sin^2 x + b^2\cos^2 x} = \frac{1}{a}\int\frac{\mathrm{d}a\tan x}{a^2\tan^2 x + b^2}$$

$$= \frac{1}{ab}\arctan\frac{a\tan x}{b} + C.$$

对上面三种特殊情况所述变换, 相对于万能变换来说较方便, 对某些特殊情形有时还有更简捷的方法.

例 6.24　求积分 $\displaystyle\int\sin^4 x\,\mathrm{d}x$. 这个问题中被积函数关于 $\sin x,\cos x$ 是偶函数, 所以总可作 $\tan x=t$ 的变换变成 t 的有理函数积分, 但这样做的计算量较大, 我们可以采用下面的较快的解法.

(法一) $\displaystyle\int \sin^4 x \mathrm{d}x = \int \left(\frac{1-\cos 2x}{2}\right)^2 \mathrm{d}x = \int \left(\frac{1}{4} - \frac{1}{2}\cos 2x + \frac{1}{4}\cos^2 2x\right)\mathrm{d}x$

$\displaystyle\qquad = \int \left(\frac{1}{4} - \frac{1}{2}\cos 2x + \frac{1}{8} + \frac{1}{8}\cos 4x\right)\mathrm{d}x$

$\displaystyle\qquad = \frac{3}{8}x - \frac{1}{4}\sin 2x + \frac{1}{32}\sin 4x + C.$

(法二) $\displaystyle\int \sin^4 x \mathrm{d}x = -\int \sin^3 x \mathrm{d}\cos x$

$\displaystyle\qquad = -\sin^3 x \cos x + \int \cos x \mathrm{d}\sin^3 x$

$\displaystyle\qquad = -\sin^3 x \cos x + 3\int \sin^2 x \cos^2 x \mathrm{d}x$

$\displaystyle\qquad = -\sin^3 x \cos x + 3\int \sin^2 x \mathrm{d}x - 3\int \sin^4 x \mathrm{d}x,$

$\displaystyle\int \sin^4 x \mathrm{d}x = -\frac{1}{4}\sin^3 x \cos x + \frac{3}{4}\int \frac{1-\cos 2x}{2}\mathrm{d}x$

$\displaystyle\qquad = -\frac{1}{4}\sin^3 x \cos x + \frac{3}{8}x - \frac{3}{16}\sin 2x + C.$

6.6 某些无理根式的不定积分

在前面我们讨论了有理函数的不定积分、对于一些特别的无理根式的不定积分, 我们也可以利用变换的方法, 将其化为有理函数的不定积分.

6.6.1 $\displaystyle\int R\left(x, \sqrt[m]{\frac{ax+b}{cx+d}}\right)\mathrm{d}x$ 型积分

设 $R(u,v)$ 是 u,v 的有理函数, 则积分

$$\int R\left(x, \sqrt[m]{\frac{ax+b}{cx+d}}\right)\mathrm{d}x$$

是无理函数的积分, 其中 m 为正整数, $ad-bc \neq 0$. 例如, 积分

$$\int \frac{\mathrm{d}x}{\sqrt{x+1} + 2x\sqrt{x+1} + 1} \quad 和 \quad \int \frac{\mathrm{d}x}{\sqrt{x+2} + \sqrt[3]{x+2}}$$

是属于上述无理函数的积分. 对于这样的无理函数的积分, 我们可以将其化为有理函数的积分. 其基本思路是通过换元, 将无理根式替换掉, 那么我们就可以得到有理函数的积分了. 事实上, 令

$$\frac{ax+b}{cx+d}=t^m,$$

则

$$x=\frac{dt^m-b}{a-ct^m}, \quad dx=\frac{m(ad-bc)t^{m-1}}{(a-ct^m)^2}dt,$$

所以

$$\int R\left(x, \sqrt[m]{\frac{ax+b}{cx+d}}\right)dx = \int R\left(\frac{dt^m-b}{a-ct^m}, t\right)\frac{m(ad-bc)t^{m-1}}{(a-ct^m)^2}dt.$$

这样一来, 我们就得到了没有根号的有理分式的积分, 根据我们前面的分析, 这样的积分我们总是可以求出的.

*例 6.25　求积分 $\int\frac{1-\sqrt{x+1}}{1+\sqrt[3]{x+1}}dx$. 令 $x+1=t^6$, 则

$$\int\frac{1-\sqrt{x+1}}{1+\sqrt[3]{x+1}}dx = 6\int\frac{t^5-t^8}{1+t^2}dt, \quad \frac{t^5-t^8}{1+t^2}=P_6(t)+\frac{Bt+C}{1+t^2},$$

为了确定常数 B,C, 我们可以将上式第二个等式两边乘 $1+t^2$, 再令 $t=i=\sqrt{-1}$, 得

$$i-1=Bi+C,$$

即 $B=1, C=-1$. 为了确定 6 次多项式 $P_6(t)$, 我们有

$$\begin{aligned}
P_6(t) &= \frac{t^5-t^8}{1+t^2}-\frac{t-1}{1+t^2}=\frac{1-t^8-t+t^5}{1+t^2}\\
&=\frac{(1-t^4)(1+t^4)-t(1-t^4)}{1+t^2}\\
&=(1-t^2)(1+t^4)-t(1-t^2)\\
&=1-t-t^2+t^3+t^4-t^6.
\end{aligned}$$

所以

$$\begin{aligned}
\int\frac{1-\sqrt{x+1}}{1+\sqrt[3]{x+1}}dx &= 6\int\frac{t^5-t^8}{1+t^2}dx\\
&=6\int\left[-t^6+t^4+t^3-t^2-t+1+\frac{t-1}{1+t^2}\right]dt\\
&=-\frac{6}{7}t^7+\frac{6}{5}t^5+\frac{3}{2}t^4-2t^3-3t^2+6t+3\ln(1+t^2)-6\arctan t+C\\
&=-\frac{6}{7}(x+1)^{\frac{7}{6}}+\frac{6}{5}(x+1)^{\frac{5}{6}}+\frac{3}{2}(x+1)^{\frac{2}{3}}-2(x+1)^{\frac{1}{2}}-3(x+1)^{\frac{1}{3}}\\
&\quad +6(x+1)^{\frac{1}{6}}+3\ln[1+(1+x)^{\frac{1}{3}}]-6\arctan(1+x)^{\frac{1}{6}}+C.
\end{aligned}$$

6.6.2　二项式微分式积分

积分 $\int x^m(a+bx^n)^p\,dx$ 称为二项式微分式的积分, 其中 a,b 为常数, m,n,p 为有理数. 当 p,n 为有理数时, 被积函数是根式套根式; 当 $n=1,p,m$ 为有理数时, 根式内的线性分式一个为 x, 另一个为 $a+bx$. 为此作变换先消除根式套根式的情形, 令

$$x^n=t,$$

则 $x=t^{\frac{1}{n}}, dx=\dfrac{1}{n}t^{\frac{1}{n}-1}\,dt$. 积分变为

$$\int x^m(a+bx^n)^p\,dx = \int t^{\frac{m}{n}}(a+bt)^p\frac{1}{n}t^{\frac{1}{n}-1}\,dt$$

$$=\frac{1}{n}\int t^{\frac{m+1}{n}-1}(a+bt)^p\,dt$$

$$=\frac{1}{n}\int t^{\frac{m+1}{n}+p-1}\left(\frac{a+bt}{t}\right)^p\,dt.$$

现在只要根式内为同一线性分式, 积分就属于已讨论过的情形. 从表达式看出: 当 p 是整数时, 最多含有一个根式. 根式内的线性分式为 t, 所以可积; 当 $\dfrac{m+1}{n}$ 是整数时, 最多含有一个根式, 根式内的线性分式为 $a+bt$, 所以也可积; 当 $\dfrac{m+1}{n}+p$ 是整数时, 最多含有一个根式, 根式内的线性分式为 $\dfrac{a+bt}{t}$, 所以也可积. 除去这三种情形外, 圣彼得堡数学学派的奠基人切比雪夫 (Pafnuty Lvovich Chebyshev, 1821—1894) 证明了二项式微分式的积分是积不出来的, 即原函数是非初等函数.

例 6.26　求积分 $\int\sqrt{x^2+\dfrac{1}{x^2}}\,dx$. 由

$$\int\sqrt{x^2+\frac{1}{x^2}}\,dx = \int x^{-1}(1+x^4)^{\frac{1}{2}}\,dx$$

看出 $\dfrac{m+1}{n}=\dfrac{0}{4}$ 为整数, 所以积分总是可以积出来的. 具体计算为

$$\int\sqrt{x^2+\frac{1}{x^2}}\,dx = \int\frac{\sqrt{1+x^4}}{x}\,dx = \frac{1}{2}\int\frac{\sqrt{1+x^4}}{x}\,dx^2$$

$$=\frac{1}{2}\int\frac{\sqrt{1+t^2}}{t}\,dt = \frac{1}{2}\int\frac{1+t^2}{t\sqrt{1+t^2}}\,dt$$

$$= \frac{1}{2} \int \frac{t}{\sqrt{1+t^2}} \mathrm{d}t + \frac{1}{2} \int \frac{\mathrm{d}t}{t^2 \sqrt{1+\dfrac{1}{t^2}}}$$

$$= \frac{1}{2} \sqrt{1+t^2} - \frac{1}{2} \ln \left| \frac{1}{t} + \sqrt{1+\frac{1}{t^2}} \right| + C$$

$$= \frac{1}{2} \sqrt{1+x^4} - \frac{1}{2} \ln \left| \frac{1+\sqrt{1+x^4}}{x^2} \right| + C.$$

6.6.3　$\int R\left(x, \sqrt{ax^2+bx+c}\right)\mathrm{d}x$ 型积分

设 $R(u,v)$ 是 u,v 的有理函数, 积分

$$\int R\left(x, \sqrt{ax^2+bx+c}\right)\mathrm{d}x$$

也是无理函数的积分. 对于这样的积分, 我们的思路也是将根号通过换元来进行消除.针对根号里式子的符号的不同, 我们分三种情形来进行分析.

第一种情形: $a>0,\ b^2-4ac<0$. 曲线

$$y = \sqrt{ax^2+bx+c}$$

在 x 轴之上. 首先我们看出曲线有两条渐近线, 一条渐近线为

$$y = \sqrt{a}x + \frac{b}{2\sqrt{a}}.$$

若取截距 t 为参数作平行于渐近线的直线, 该直线交曲线于一点 (x,y). 当截距 t 变动时, 交点也随之变化, 所以交点坐标 x,y 是 t 的函数.

当交点 (x,y) 在以 t 为截距, $\sqrt{a}$ 为斜率的直线上时, 有

$$y = \sqrt{a}x + t,$$

又交点在曲线上, 有

$$\sqrt{ax^2+bx+c} = \sqrt{a}x + t.$$

两边平方得

$$ax^2 + bx + c = ax^2 + 2\sqrt{a}xt + t^2,$$

解出

$$x = \frac{t^2-c}{b-2\sqrt{a}t}.$$

因而

$$y = \sqrt{a}x + t = \frac{-\sqrt{a}t^2 + bt - \sqrt{a}c}{b - 2\sqrt{a}t}.$$

既然 x 和 y 都是 t 的有理函数, 所以积分可化为关于 t 的有理函数积分, 进而我们可以求出该不定积分. 若从渐近线 $y=-\sqrt{a}x-\dfrac{b}{2\sqrt{a}}$ 出发, 类似地, 我们可以作变换:

$$\sqrt{ax^2+bx+c}=-\sqrt{a}x+t,$$

把所求的积分变为关于 t 的有理函数的积分.

除去取截距作参数外, 也可以取斜率作参数 t. 因曲线与 y 轴的交点为 $\left(0,\sqrt{c}\right)$, 过该点并以 t 为斜率作直线, 此直线交曲线于一点 (x,y). 当 t 变动时, 点 (x,y) 也随之变化, 所以点的坐标 x,y 可以看成 t 的函数. 作直线

$$y=tx+\sqrt{c}.$$

又交点在曲线上, 则有

$$\sqrt{ax^2+bx+c}=tx+\sqrt{c}.$$

两边平方得

$$ax^2+bx+c=t^2x^2+2\sqrt{c}tx+c.$$

所以

$$x=\frac{2\sqrt{c}t-b}{a-t^2},$$

因而

$$y=tx+\sqrt{c}=\frac{\sqrt{c}t^2-bt+a\sqrt{c}}{a-t^2}.$$

既然 x,y 都是 t 的有理函数, 所求的积分可以化为关于 t 的有理函数的积分, 进而可以进行求解.

第二种情形: $a>0,b^2-4ac>0$. 设方程

$$ax^2+bx+c=0$$

的两个实根为 $\alpha,\beta(\alpha<\beta)$, 则曲线

$$y=\sqrt{ax^2+bx+c}$$

只在区间 (α,β) 之外有图形. 这时除可以采用第一种情形的变换外, 还可以化为已讨论过的无理函数的积分, 即(设 $x>\beta$)

$$\int R\left(x,\sqrt{ax^2+bx+c}\right)\mathrm{d}x=\int R\left(x,\sqrt{a}(x-\beta)\sqrt{\frac{x-\alpha}{x-\beta}}\right)\mathrm{d}x.$$

第三种情形: $a<0,\ b^2-4ac>0$. 设方程

$$ax^2+bx+c=0$$

的两个实根为 $\alpha,\beta(\alpha<\beta)$, 则曲线

$$y=\sqrt{ax^2+bx+c}$$

只在区间 $(\alpha<\beta)$ 内有图形. 当 $c>0$ 时除可以采用第一种情形的变换外, 还可以化为已讨论过的无理函数的积分, 即

$$\int R\left(x,\sqrt{ax^2+bx+c}\right)\mathrm{d}x=\int R\left(x,\sqrt{-a}(\beta-x)\sqrt{\frac{x-\alpha}{\beta-x}}\right)\mathrm{d}x.$$

至于 $a<0,b^2-4ac<0$ 情形, 根式无意义, 所以不必讨论.

例 6.27　求积分 $\displaystyle\int\frac{\mathrm{d}x}{x+\sqrt{x^2-x+1}}$. 积分属于第一种情形. 作变换:

$$\sqrt{x^2-x+1}=-x+t\quad\left(\sqrt{x^2-x+1}+x=t\right),$$

解出

$$x=\frac{t^2-1}{2t-1},\quad \mathrm{d}x=2\frac{t^2-t+1}{(2t-1)^2}\mathrm{d}t.$$

所以

$$\int\frac{\mathrm{d}x}{x+\sqrt{x^2-x+1}}=2\int\frac{t^2-t+1}{t(2t-1)^2}\mathrm{d}t$$

$$=\int\left[\frac{2}{t}-\frac{3}{2t-1}+\frac{3}{(2t-1)^2}\right]\mathrm{d}t$$

$$=2\ln|t|-\frac{3}{2}\ln|2t-1|-\frac{3}{2(2t-1)}+C$$

$$=2\ln\left|x+\sqrt{x^2-x+1}\right|-\frac{3}{2}\ln\left|2x+2\sqrt{x^2-x+1}-1\right|$$

$$-\frac{3}{2\left(2x+2\sqrt{x^2-x+1}-1\right)}+C.$$

　　在本章我们介绍了很多求不定积分的类型和例子. 和求微分不一样, 求不定积分需要更多技巧. 连续函数的原函数一定存在, 可是如何求出来则是另一回事, 这和求导数不是一个难度. 初等函数求导数仍然是初等函数, 可是一些连续函数的原函数却不能用初等函数表达. 例如: 在概率论中有名的函数 e^{-x^2} 的不定积分

$$\int\mathrm{e}^{-x^2}\mathrm{d}x \tag{6.8}$$

就无法用有限步求出原函数. 这样的函数还有很多, 下面的几个函数都是

$$\int \sin x^2 \mathrm{d}x, \quad \int \cos x^2 \mathrm{d}x, \quad \int \frac{\sin x}{x} \mathrm{d}x, \quad \int \frac{\cos x}{x} \mathrm{d}x,$$

$$\int \frac{\mathrm{d}x}{\sqrt{1-k^2 \sin^2 x}}, \qquad \int \sqrt{1-k^2 \sin^2 x} \mathrm{d}x. \tag{6.9}$$

这些结果被称为刘维尔定理, 是法国数学家刘维尔(Joseph Liouville, 1809—1882)所证明的, 证明需要一点简单代数的知识. 但无穷的步骤则可以求到原函数. 由指数函数的泰勒公式(5.156):

$$\mathrm{e}^{-x^2} = \sum_{n=0}^{\infty} (-1)^n \frac{x^{2n}}{n!},$$

我们得到

$$\int \mathrm{e}^{-x^2} \mathrm{d}x = \sum_{n=0}^{\infty} (-1)^n \frac{x^{2n+1}}{n!(2n+1)} + C. \tag{6.10}$$

我们又一次地领略到无穷的魅力.

6.7 习　　题

1. 求一曲线, 使在其上每一点 (x,y) 处的切线斜率为 $\dfrac{\ln x}{x}$, 且通过点 $(1,2)$.

2. 求下列不定积分:

(1) $\displaystyle\int \mathrm{e}^{2x^2+\ln x} \mathrm{d}x$;

(2) $\displaystyle\int \frac{\mathrm{d}x}{(x+1)(x^2+1)}$;

(3) $\displaystyle\int \frac{x}{\sqrt{4x+2}} \mathrm{d}x$;

(4) $\displaystyle\int \frac{\mathrm{d}x}{x^2\sqrt{1-x^2}}$;

(5) $\displaystyle\int \mathrm{e}^x\left(\frac{1}{x}+\ln x\right)\mathrm{d}x$;

(6) $\displaystyle\int \frac{x(\arccos x)^2}{\sqrt{1-x^2}} \mathrm{d}x$;

(7) $\displaystyle\int x \arcsin x \mathrm{d}x$;

(8) $\displaystyle\int \frac{\mathrm{d}x}{1+\sqrt{x}}$;

(9) $\displaystyle\int \mathrm{e}^{\sqrt{x}} \mathrm{d}x$;

(10) $\displaystyle\int \frac{\mathrm{d}x}{x\sqrt{x^2-1}}$;

(11) $\displaystyle\int \frac{1-\tan x}{1+\tan x} \mathrm{d}x$;

(12) $\displaystyle\int \frac{x^2-x}{(x-2)^3} \mathrm{d}x$;

(13) $\displaystyle\int \frac{\mathrm{d}x}{\cos^4 x}$;

(14) $\displaystyle\int \sin^4 x \mathrm{d}x$;

(15) $\displaystyle\int \frac{x-5}{x^3-3x^2+4}dx$;

(16) $\displaystyle\int \arctan\left(1+\sqrt{x}\right)dx$;

(17) $\displaystyle\int \frac{x^7}{x^4+2}dx$;

(18) $\displaystyle\int \frac{\tan x}{1+\tan x+\tan^2 x}dx$;

(19) $\displaystyle\int \frac{\arcsin x}{x^2}dx$;

(20) $\displaystyle\int e^x\left(\frac{1-x}{1+x^2}\right)^2 dx$.

3. 设 $f'(\sin^2 x)=\cos^2 x$, 求 $f(x)$.

4. 建立 $I_n = \displaystyle\int \frac{dx}{x^n\sqrt{x^2+1}}$ 的递推计算公式.

5. 导出下列不定积分对于正整数 n 的递推公式:

(1) $\displaystyle\int \frac{dx}{\cos^n x}$;

(2) $\displaystyle\int \frac{dx}{\sin^n x}$.

6. 求 $\displaystyle\int (ax+b)^m dx\ (m\neq-1)$.

7. 命 $P(x)=a_n x^n+a_{n-1}x^{n-1}+\cdots+a_0$, 求 $\displaystyle\int P(x)e^{ax}dx, \int P(x)\sin ax dx, \int P(x)\cos bx dx$.

8. 命 $J_{k,m}=\displaystyle\int x^k \log^m x dx(k\neq-1)$, 求证:

$$J_{k,m}=\frac{1}{k+1}x^{k+1}\log^m x-\frac{m}{k+1}J_{k,m-1}.$$

并具体算出 $J_{3,2}$.

9. 命 $I_n=\displaystyle\int x^n e^{ax}\sin bx dx, J_n=\int x^n e^{ax}\cos bx dx$, 求证:

$$I_n=x^n\frac{a\sin bx-b\cos bx}{a^2+b^2}e^{ax}-\frac{na}{a^2+b^2}I_{n-1}+\frac{nb}{a^2+b^2}J_{n-1},$$

$$J_n=x^n\frac{b\sin bx+a\cos bx}{a^2+b^2}e^{ax}-\frac{nb}{a^2+b^2}I_{n-1}-\frac{na}{a^2+b^2}J_{n-1}.$$

并具体算出 I_1 及 J_1.

10. 求下列不定积分:

(1) $\displaystyle\int \frac{dx}{x^4+x^2+1}$;

(2) $\displaystyle\int \frac{x^9}{(x^{10}+2x^5+2)^2}dx$;

(3) $\displaystyle\int \frac{x^{3n-1}}{(x^{2n}+1)^2}dx$;

(4) $\displaystyle\int \frac{\cos^3 x}{\cos x+\sin x}dx$;

(5) $\displaystyle\int \frac{dx}{x+\sqrt{x^2-x+1}}$;

(6) $\displaystyle\int \frac{1+x^4}{(1-x^4)^{\frac{3}{2}}}dx$.

11. 求下列不定积分.

(1) 求 $\displaystyle\int\frac{1+\sin x}{1+\cos x}\mathrm{d}x$.

(2) 求 $\displaystyle\int\frac{\sin x-\cos x}{\sin x+2\cos x}\mathrm{d}x$.

(3) 求 $\displaystyle\int\frac{1}{\sqrt[3]{(x+1)^2(x-1)^4}}\mathrm{d}x$.

(4) 求 $\displaystyle\int\frac{\mathrm{d}x}{\sqrt{x}\left(1+\sqrt[3]{x}\right)}$.

(5) 求 $\displaystyle\int\frac{\mathrm{d}x}{A^2\sin^2x+B^2\cos^2x}$.

(6) 求 $\displaystyle\int\frac{1}{\sin x\sqrt{1+\cos x}}\mathrm{d}x$.

第7章

定 积 分

7.1　定积分概念

我们在第3章开头谈到17世纪数学面临的四个问题, 现在我们考虑第四个问题, 求曲边梯形的面积.

寻求物体的面积、体积、长度有现实的意义. 我们在第 3 章中讲了祖冲之求阿基米德早已发现的球的体积的公式. 这些规则图形的面积、体积、长度(例如圆周长)是 17 世纪以前各个民族的数学追求. 即使到 17 世纪, 以发现行星三大定律闻名的开普勒仍然醉心于体积的计算. 他有一个观点是: 圆的面积就是无穷多个三角形面积的和, 而这些三角形是由圆的内接正多边形构成的. 魏晋时期的数学家刘徽与第一个证明出勾股定理的赵爽(约182—250)同时创造割圆术求圆的面积. 现在回顾这些工作也特别有意思. 例如圆的上半圆内接的正 n 边形所形成的等腰曲边三角形像西瓜切开一样放在下边, 中间的部分用下半圆内接的正 n 边形所形成的等腰曲边三角形填充, 就形成了如下的图 7.1.

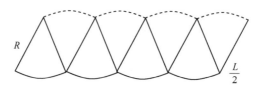

图 7.1　圆面积的计算

显然当内接正多边形增加的时候, 每个三角形的高度逼近半径, 而底边的长度逼近半圆的周长. 所以圆的面积近似等于 $\dfrac{L}{2}R$, 其中 R 是半径, L 是周长. 因为 $L = 2R\pi$, 于是圆的面积等于 πR^2. 我们可以看出周长与半径成正比例关系, 面积与半径成平方关系.

我们说过, 圆周虽然也是曲线, 但却是最简单的曲线. 圆的半径的倒数 $\dfrac{1}{R}$ 决定了圆的弯曲程度, 称为圆的曲率. 曲率越小, 圆弯曲程度越小. 反之, 圆的弯曲程度越大.

求曲边梯形的面积在历史上是个难题. 阿基米德用巧妙的方法得到抛物线下曲边梯形的面积, 他用的方法称为"穷竭法": 首先要根据曲线形的几何特性, 选定用某种类型的直线形去逼近. 例如求圆的面积时, 用内接或外切的正边形去逼近圆, 每一个图形都有一个特殊的办法. 这都是因为古人还不能掌握"无穷"这个概念. 我们在第 3 章图 3.3 谈到一个很简单的办法, 求得抛物线围成的面积, 就是阿基米德的"穷竭法"之一. "穷竭法"利用直线形去逼近曲线形, 但在最后的步骤中我们和"穷竭法"还是有很大区别的. "穷竭法"用间接法证, 新的方法用到无穷的矩形, 取极限. 阿基米德所求的非常的一般, 办法非常的巧妙, 避免无穷, 但实际上不能不用无穷. 我们略作修正, 还是用极限, 但看看他的主要想法. 假设在坐标系下抛物线由 $f(x) = \ell x^2 + mx + n$ 描述. 我们要求抛物线 A, B 两点间曲边与坐标轴所围的面积, 如图 7.2.

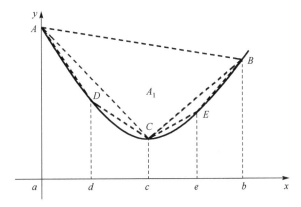

图 7.2 阿基米德穷竭法求抛物梯形的面积

设 A 对应 a, B 对应 b. 在 a, b 取中间点 c, 对应抛物线上的点为 C. 令

$$A_1 = \triangle ABC. \tag{7.1}$$

然后取 a, c 的中点 d 对应抛物线上 D 点, c, b 的中点 e 对应抛物线上 E 点. 因此

$$c = a + \frac{b-a}{2}, \quad d = a + \frac{c-a}{2}, \quad e = c + \frac{b-c}{2}. \tag{7.2}$$

用 $S_{\text{梯形 } abBA}$ 表示 $abBA$ 围成的梯形的面积 (这个好算多了), 其他类似. S_{A_1} 表示 $\triangle ABC$ 的面积, 其他类似. 于是有

$$
\begin{aligned}
S_{A_1} &= S_{\text{梯形 } abBA} - S_{\text{梯形 } acCA} - S_{\text{梯形 } cbBC} \\
&= \frac{f(a)+f(b)}{2}(b-a) - \frac{f(a)+f(c)}{2}(c-a) - \frac{f(c)+f(b)}{2}(b-c) \\
&= \frac{\ell}{8}(b-a)^3.
\end{aligned}
\tag{7.3}
$$

令

$$A_2 = \triangle ADC + \triangle BCE. \tag{7.4}$$

类似于(7.3),

$$S_{\triangle ADC} = \frac{\ell}{8}(c-a)^3, \quad S_{\triangle BCE} = \frac{\ell}{8}(b-c)^3. \tag{7.5}$$

于是

$$S_{A_2} = \frac{\ell}{8}\Big[(c-a)^3 + (b-c)^3\Big] = \frac{1}{4}\frac{\ell}{8}(b-a)^3 = RS_{A_1}, \quad R = \frac{1}{4}. \tag{7.6}$$

这个过程可以重复得到

$$S_{A_2} = RS_{A_1}, \quad S_{A_3} = RS_{A_2} = R^2 S_{A_1}, \quad \cdots, \quad S_{A_n} = R^{n-1} S_{A_1}. \tag{7.7}$$

前面 n 个三角形的面积和为

$$S_{A_1}[1 + R + R^2 + \cdots + R^{n-1}] = S_{A_1}\frac{1-R^n}{1-R} \to \frac{S_{A_1}}{1-R} \quad (n \to \infty). \tag{7.8}$$

于是抛物线下包围的面积为

$$S_{梯形\ abBA} - \frac{S_{A_1}}{1-R} = \frac{f(a)+f(b)}{2}(b-a) - \frac{\ell}{6}(b-a)^3. \tag{7.9}$$

但是求椭圆的长度却在 17 世纪也难住了数学家. 一直要到 18 世纪才能正确地求出椭圆的长度. 我们来试试求曲线 $y = f(x)$ 在正半轴区间 $[a,b]$ 间曲边梯形的长度. 假设函数是连续的, 在 (a,b) 间为正, 那么如何求呢? 自然是把 $[a,b]$ 划分成小的区间:

$$a < x_1 < x_2 < \cdots < x_n = b. \tag{7.10}$$

在区间 $[x_{i-1}, x_i]$ 内, 曲线的长度用割线的长度近似:

$$\widehat{x_{i-1}x_i} = \sqrt{(f(x_i)-f(x_{i-1}))^2 + (x_i - x_{i-1})^2} = \sqrt{1 + \left(\frac{f(x_i)-f(x_{i-1})}{\Delta x_i}\right)^2}\,\Delta x_i,$$

这里 $\Delta x_i = x_i - x_{i-1}$, 如图 7.3 所示: 当 $\Delta x_i \to 0$ 时, 我们就得到曲线的弧长:

$$\widehat{y_{a \to b}} = \lim_{\Delta x_i \to 0}\sum_{i=1}^{n}\widehat{x_{i-1}x_i} = \lim_{\Delta x_i \to 0}\sum_{i=1}^{n}\sqrt{1+(f'(x_{i-1}))^2}\,\Delta x_i. \tag{7.11}$$

可以看出, 整体的思想和微积分一样. 但如果没有统一的办法, 仍然需要极强的技巧. 例如令 $x_i = \dfrac{i}{n}$ 求抛物线 $y = x^2$, 在区间 $[0,1]$ 上的长度, 就导致一个复杂的极限

$$\lim_{n \to \infty}\frac{1}{n}\sum_{i=1}^{n}\sqrt{1 + \frac{2(i-1)^2}{n^2}}. \tag{7.12}$$

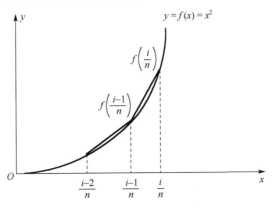

图 7.3 曲线的长度计算

求这个极限需要特殊的技巧. 再看同样的函数所围曲边梯形的面积. 由图 7.3,区间 $[x_{i-1}, x_i]$ 内由割线组成的梯形面积是

$$S_{\widehat{x_{i-1}x_i}} = \frac{f(x_i) + f(x_{i-1})}{2} \Delta x_i. \tag{7.13}$$

所以曲边梯形的面积是

$$\lim_{\Delta x_i \to 0} \sum_{i=1}^{n} S_{\widehat{x_{i-1}x_i}} = \lim_{\Delta x_i \to 0} \sum_{i=1}^{n} \frac{f(x_i) + f(x_{i-1})}{2} \Delta x_i. \tag{7.14}$$

令 $x_i = \dfrac{i}{n}$ 并利用求和公式 (3.22),求抛物线 $y = x^2$,在区间 $[0,1]$ 上所围曲边梯形的面积为

$$\lim_{n \to \infty} \sum_{i=1}^{n} \frac{1}{n^3} \frac{2i^2 - 2i + 1}{2} = \frac{1}{3}. \tag{7.15}$$

这是我们在 (3.32) 得到的. 我们把 (7.15) 看作积分,记为

$$\int_0^1 x^2 \mathrm{d}x = \frac{1}{3}. \tag{7.16}$$

和导数一样,(7.16) 是一种无穷小的累积运算. 我们把那些割线代替直线形成的梯形(不受物理条件)无限制地缩小,在无穷小的地方,它们就是曲边梯形的面积,然后再"无限"地累加起来. 这是一种从局部到整体的办法,天衣无缝地阐述了如何从局部到整体运算. 这些例子虽然看上去已经非常现代化了,但要求出解,还需要不同函数不同技巧,这不是现代数学的思想. 现代数学虽然不敢说要求出任意曲边梯形的面积,但至少敢说,可以求出几乎我们能遇到的曲边梯形的面积. 这需要发展一种一般的理论,使得上面的例子变成个简单的练习,定积分的出现就是为了完成这个任务. 数学分析定义的定积分称为黎曼积分. 还有更一般意义的积分我们称

为勒贝格(Henri Léon Lebesgue, 1875—1941)积分, 勒贝格积分极大地扩展了黎曼积分, 这需要在另一门课程实变函数中讨论.

我们从一个物理问题开始. 假设一个点沿着数轴运动, $s(t)$ 表示物体在 t 时刻的坐标. 在第 3 章, 我们说过 $v(t) = s'(t)$ 是其时刻 t 的速度. 我们假定速度连续变化, 就像我们经常坐出租车一样不停地运动. 在任意时间区间 $\Delta t_i = [t_{i-1}, t_i]$ 内, 我们可以用其中任意点的速度 $v(\tau_i), \tau_i \in [t_{i-1}, t_i]$ 表示时间区间 $[t_{i-1}, t_i]$ 的速度, 这个时间区间所走过的路程为 $v(\tau_i)\Delta t_i$. 于是在 $t_0 < t_1 < \cdots < t_n = t$ 内有近似公式:

$$s(t) - s(t_0) \approx \sum_{i=1}^{n} v(\tau_i)\Delta t_i. \tag{7.17}$$

自然地, 区间越分越细, 使得 $\lambda = \max_{1 \leqslant i \leqslant n} |\Delta t_i| \to 0$, 则有

$$s(t) - s(t_0) = \lim_{\lambda \to 0} \sum_{i=1}^{n} v(\tau_i)\Delta t_i. \tag{7.18}$$

定义 7.1 设闭区间 $[a,b]$ 上有 $n+1$ 个点, 依次为

$$a = x_0 < x_1 < x_2 < \cdots < x_{n-1} < x_n = b, \tag{7.19}$$

它们把 $[a,b]$ 分成 n 个小区间构成对 $[a,b]$ 的一个**分割**

$$T : \Delta_i = [x_{i-1}, x_i], \quad i = 1, 2, \cdots, n, \tag{7.20}$$

记为

$$T = \{x_0, x_1, \cdots, x_n\} \quad \text{或} \quad \{\Delta_1, \Delta_2, \cdots, \Delta_n\}. \tag{7.21}$$

小区间 Δ_i 的长度为 $\Delta x_i = x_i - x_{i-1}$, 并记

$$\| T \| = \max_{1 \leqslant i \leqslant n} \Delta x_i, \tag{7.22}$$

称为**分割 T 的模**.

定义 7.2 设 f 是定义在 $[a,b]$ 上的一个函数, 对于 $[a,b]$ 的一个分割 $T = \{\Delta_1, \Delta_2, \cdots, \Delta_n\}$, 任取点 $\xi_i \in \Delta_i, i = 1, 2, \cdots, n$, 并作和式

$$S = \sum_{i=1}^{n} f(\xi_i)\Delta x_i, \tag{7.23}$$

称此和式为函数 f 在 $[a,b]$ 上的一个积分和, 也称**达布和**.

$$S_M = \sum_{i=1}^{n} f_i^M \Delta x_i, \quad f_i^M = \max_{x \in \Delta_i} f(x) \tag{7.24}$$

称为 f 的**达布上和**. 同理, 可以定义**达布下和**:

$$S_m = \sum_{i=1}^{n} f_i^m \Delta x_i, \quad f_i^m = \min_{x \in \Delta_i} f(x), \tag{7.25}$$

$f_i^M - f_i^m$ 称为 Δ_i 上的**振幅**.

定义 7.3　设 f 是定义在 $[a,b]$ 上的一个函数, J 是一个确定的实数. 若对于任给的正数 ε, 总存在某一正数 δ, 使得对 $[a,b]$ 的任何分割 T, 以及在其上任意选取的点列 $\{\xi_i\}$, 只要 $\|T\| < \delta$, 就有

$$\left| \sum_{i=1}^n f(\xi_i)\Delta x_i - J \right| < \varepsilon, \tag{7.26}$$

则称函数 f 在区间 $[a,b]$ 上**可积**或**黎曼可积**; 数 J 称为 f 在 $[a,b]$ 上的**定积分**或**黎曼积分**, 记作

$$J = \int_a^b f(x)\mathrm{d}x, \tag{7.27}$$

其中 f 称为**被积函数**, x 称为**积分变量**, $[a,b]$ 称为**积分区间**, a,b 分别称为这个定积分的**下限**和**上限**.

显然, 当 $f(x) \geq 0$ 时, $\int_a^b f(x)\mathrm{d}x$ 就是 $y = f(x)$ 和 x 轴围成的曲边梯形的面积. 定义 7.3 还蕴含了显然的事实

$$\int_a^b f(x)\mathrm{d}x = -\int_b^a f(x)\mathrm{d}x. \tag{7.28}$$

注 7.1　把定积分定义的 ε-δ 说法和函数极限的 ε-δ 说法相对照, 便会发现两者有相似的陈述方式, 因此我们也常用极限符号来表达定积分, 即把它写作

$$J = \lim_{\|T\| \to 0} \sum_{i=1}^n f(\xi_i)\Delta x_i = \int_a^b f(x)\mathrm{d}x.$$

然而, 积分和的极限与函数的极限之间其实有着很大的区别: 在函数极限 $\lim_{x \to a} f(x)$ 中, 对每一个极限变量 x 来说, $f(x)$ 的值是唯一确定的; 而对于积分和的**极限**而言, 每一个 $\|T\|$ 并不唯一对应积分和的一个值, 这使得积分和的极限要比通常的函数极限复杂得多. 和穷竭法最大的区别是, 我们在 (7.26) 中 $\xi \in \Delta_i$ 可以取任意值.

注 7.2　定积分作为积分和的极限, 它的值只与被积函数 f 和积分区间 $[a,b]$ 有关, 而与积分变量所用的符号无关.

例 7.1　求在区间 $[0, 1]$ 上, 以抛物线 $y = x^3$ 为曲边的曲边三角形的面积. 因为 $y = x^3$ 在 $[0, 1]$ 上连续, 所求面积为

$$S = \int_0^1 x^3 \mathrm{d}x = \lim_{\|T\| \to 0} \sum_{i=1}^n \xi_i^3 \Delta x_i.$$

取等分分割

$$T = \left\{ 0, \frac{1}{n}, \frac{2}{n}, \cdots, \frac{n-1}{n}, 1 \right\}, \quad \|T\| = \frac{1}{n};$$

并取 $\xi_i = \dfrac{i-1}{n}$, $i = 1, \cdots, n$. 则有

$$S = \int_0^1 x^3 \mathrm{d}x = \lim_{n \to \infty} \sum_{i=1}^{n} \left(\frac{i-1}{n} \right)^3 \cdot \frac{1}{n} = \frac{1}{4}.$$

注意这里我们用到 (3.23),

$$\sum_{i=1}^{n} i^3 = \frac{n^2(n+1)^2}{4}. \tag{7.29}$$

7.2　牛顿-莱布尼茨公式

这一节我们来看一个重要的事实. 称为微积分的基本定理. 这是莱布尼茨和牛顿的伟大成就, 也是有史以来最伟大的数学成果之一.

令 $F(x)$ 表示 x 轴与曲线 $f(x)$ 在 $[a,x]$ 之间的面积. 则

$$F(x_1) - F(x)$$

就是如图 7.4 中区间 $[x, x_1]$ 之间曲边梯形的面积. 令

$$M = \max_{x \leqslant t \leqslant x_1} f(t), \quad m = \min_{x \leqslant t \leqslant x_1} f(t).$$

则有

$$(x_1 - x)m \leqslant F(x_1) - F(x) \leqslant (x_1 - x)M. \tag{7.30}$$

即

$$m \leqslant \frac{F(x + \Delta x) - F(x)}{\Delta x} \leqslant M.$$

假定 $f(x)$ 是连续的, 当 $x_1 \to x$ 时 $m, M \to f(x)$. 因此由 (7.30),

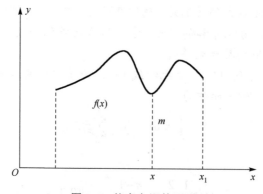

图 7.4　基本定理的证明

$$F'(x) = \lim_{x_1 \to x} \frac{F(x_1) - F(x)}{x_1 - x} = f(x). \tag{7.31}$$

直观上, 表示当 x 增加时, $f(x)$ 与 x 轴所围曲边梯形面积的变化率等于曲线在 x 点处的高.

定理 7.1(牛顿-莱布尼茨公式) 若函数 f 在 $[a,b]$ 上连续, 且存在原函数 F, 即 $F'(x) = f(x)$, $x \in [a,b]$, 则 f 在 $[a,b]$ 上可积, 且

$$\int_a^b f(x)\mathrm{d}x = F(b) - F(a) = F(x)\Big|_a^b. \tag{7.32}$$

证明 由定积分定义, 任给 $\varepsilon > 0$, 要证存在 $\delta > 0$, 当 $\|T\| < \delta$ 时, 有 $\left| \sum_{i=1}^n f(\xi_i)\Delta x_i - [F(b) - F(a)] \right| < \varepsilon$. 下面证明满足如此要求的 δ 确实是存在的.

对于 $[a,b]$ 的任一分割 $T = \{a = x_0, x_1, x_2, \cdots, x_{n-1}, x_n = b\}$, 在每个小区间 $[x_{i-1}, x_i]$ 上, 对 $F(x)$ 使用定理 5.9, 则分别存在 $\eta_i \in (x_{i-1}, x_i)$, $i = 1, 2, \cdots, n$, 使得

$$F(b) - F(a) = \sum_{i=1}^n [F(x_i) - F(x_{i-1})] = \sum_{i=1}^n F'(\eta_i)\Delta x_i = \sum_{i=1}^n f(\eta_i)\Delta x_i.$$

因为 f 在 $[a,b]$ 上连续, 从而一致连续, 所以对上述 $\varepsilon > 0$, 存在 $\delta > 0$, 当 $x', x'' \in [a,b]$ 且 $|x' - x''| < \delta$ 时, 有

$$\left| f(x') - f(x'') \right| < \frac{\varepsilon}{b - a}.$$

于是, 当 $\Delta x_i \leqslant \|T\| < \delta$ 时, 任取 $\xi_i \in [x_{i-1}, x_i]$ 有 $|\xi_i - \eta_i| < \delta$. 于是

$$\left| \sum_{i=1}^n f(\xi_i)\Delta x_i - [F(b) - F(a)] \right| = \left| \sum_{i=1}^n [f(\xi_i) - f(\eta_i)]\Delta x_i \right|$$

$$\leqslant \sum_{i=1}^n \left| f(\xi_i) - f(\eta_i) \right| \Delta x_i \leqslant \frac{\varepsilon}{b - a} \cdot \sum_{i=1}^n \Delta x_i = \varepsilon. \qquad \square$$

由 (7.32), 令 $F(x) = f(x)$, 立刻得到微积分的基本定理.

推论 7.1 若函数 $f(x)$ 在 $[a,b]$ 上连续可微, 则

$$\int_a^x f'(t)\mathrm{d}t = f(x) - f(a). \tag{7.33}$$

我们终于见到庐山的真面目. 当初第 3 章, 我们为了研究曲线 $f(x)$, 无穷近距离地观测 $f(x)$ 得到每一点的切线, 这等价于知道每一点的斜率 $f'(x)$, 这自然是局部的性质. 现在我们把每一点的斜率积分, 完全还原了 $f(x)$, 差别仅仅是位置, 这自然是整体的性质.

例 7.2　利用牛顿-莱布尼茨公式计算下列定积分:

$$\int_0^1 e^x dx; \quad \int_0^{\pi/2} \cos x dx; \quad \int_e^{e^2} \frac{dx}{x \ln x}; \quad \int_4^9 \left(\sqrt{x} + \frac{1}{\sqrt{x}} \right) dx.$$

事实上, 利用牛顿-莱布尼茨公式来计算定积分十分方便:

$$\int_0^1 e^x dx = e^x \Big|_0^1 = e - 1,$$

$$\int_0^{\pi/2} \cos x dx = \sin x \Big|_0^{\pi/2} = 1,$$

$$\int_e^{e^2} \frac{dx}{x \ln x} = \ln(\ln x) \Big|_e^{e^2} = \ln 2,$$

$$\int_4^9 \left(\sqrt{x} + \frac{1}{\sqrt{x}} \right) dx = \frac{2}{3} x^{\frac{3}{2}} + 2 x^{\frac{1}{2}} \Big|_4^9 = \frac{44}{3}.$$

我们说过, 任何的数学问题, 都有存在唯一性的问题, 一些代数的规则使得求积分变得简单. 下面几节我们就来讨论存在性与规则.

7.3　可　积　条　件

下面的定理表明, 我们定义达布上和(7.24)和下和(7.25)是合理的.

定理 7.2　若函数 f 在 $[a,b]$ 上可积, 则 f 在 $[a,b]$ 上必定有界.

证明　用反证法, 若 f 在 $[a,b]$ 上无界, 则对于 $[a,b]$ 的任一分割 T, 必存在属于 T 的某个小区间 Δ_k, f 在 Δ_k 上无界. 在 $i \neq k$ 的各个小区间 Δ_i 上任意取定 ξ_i, 并记

$$G = \left| \sum_{i \neq k} f(\xi_i) \Delta x_i \right|.$$

现对任意大的正数 M, 由于 f 在 Δ_k 上无界, 故存在 $\xi_k \in \Delta_k$, 使得

$$|f(\xi_k)| > \frac{M + G}{\Delta x_k}.$$

于是有

$$\left| \sum_{i=1}^n f(\xi_i) \Delta x_i \right| \geq \left| f(\xi_k) \Delta x_k \right| - \left| \sum_{i \neq k} f(\xi_i) \Delta x_i \right| > \frac{M + G}{\Delta x_k} \cdot \Delta x_k - G = M.$$

由此可见, 对于无论多小的 $\|T\|$, 按上述方法选取点集 ξ_i 时, 总能使积分和的绝对值大于任何预先给出的正数, 这与 f 在 $[a,b]$ 上可积相矛盾.　　　　　□

定理 7.3　f 在 $[a,b]$ 上可积的充分必要条件是对任意的分割 $T = \{\Delta_1, \Delta_2, \cdots, \Delta_n\}$, 其达布上和与下和的差满足

$$\lim_{\|T\| \to 0} (S_M - S_m) = \lim_{\|T\| \to 0} \sum_{i=1}^{n} [f_i^M - f_i^m] \Delta x_i = 0.$$

证明 必要性. 假设积分存在, 任给分割 T, 当 $\|T\| < \delta$ 时,

$$J - \varepsilon < \sum_{i=1}^{n} f(\xi_i) \Delta x_i < J + 2\varepsilon.$$

因为 $\xi_i \in \Delta_i$ 是任意的, 两端取上下确界得

$$J - \varepsilon < \sum_{i=1}^{n} f_i^M \Delta x_i < J + \varepsilon, \quad J - \varepsilon < \sum_{i=1}^{n} f_i^m \Delta x_i < J + \varepsilon.$$

因此

$$\sum_{i=1}^{n} [f_i^M - f_i^m] \Delta x_i < 2\varepsilon. \tag{7.34}$$

充分性. 如果我们把 $\Delta_i = [x_{i-1}, x_i]$ 加细, 得到 $\Delta'_{i1} = [x_{i-1}, x'_i], \Delta'_{i2} = [x'_i, x_i]$, 则 f 在 $\{\Delta'_{i1}, \Delta'_{i2}\}$ 上的达布上和不超过 $f_i^M \Delta x_i$. 因此达布上和是单调递减的. 由于达布上和总有界, 不超过 f 在 $[a, b]$ 的上界乘以 $b - a$, 因此达布上和当 $\|T\| \to 0$ 时总有极限 J. 同理, 达布下和也一定存在极限 J. 于是由 (7.34) 得

$$\left| \sum_{i=1}^{n} f(\xi_i) \Delta x_i - J \right| < 2\varepsilon. \tag{7.35}$$

因此 f 可积. □

因为达布上下和的差总是非负的, 所以从定理 7.3 立刻就有

推论 7.2 若 f 在 $[a, b]$ 上可积, 则在任何子区间 $[c, d] \subset [a, b]$ 可积.

定理 7.4 对于任意的划分 T_1 和 T_2, T_1 上的达布下和不超过 T_2 上的达布上和.

证明 我们把 T_i, $i = 1, 2$ 上的达布上下和分别记为 $S_M^{T_i}$ 和 $S_m^{T_i}$. 把 T_1 和 T_2 合起来得到一个新的划分 T. 其上的达布上下和分别记为 S_M^T 和 S_m^T. 根据定理 7.3 的证明过程

$$S_M^T \leqslant S_M^{T_i}, \quad S_m^{T_i} \leqslant S_m^T, \quad i = 1, 2.$$

因此

$$S_m^{T_1} \leqslant S_m^T \leqslant S_M^T \leqslant S_M^{T_2}.$$

这就是所要证明的. □

定理 7.5 若 f 为 $[a, b]$ 上的连续函数, 则 f 在 $[a, b]$ 上可积.

证明 由于函数 $f(x)$ 连续, 因此对任意给定的分割 T, 对任意的 $\varepsilon > 0$, 存在 δ 使得当 $\|T\| < \delta$ 时,

$$\left| f_i^M - f_i^m \right| < \frac{\varepsilon}{b - a} \text{ 在 } \Delta_i \text{ 成立.}$$

于是达布上下和的差

$$\sum_{i=1}^{n}[f_i^M - f_i^m]\Delta x_i \leqslant \varepsilon.$$

由定理 7.3, 即得定理成立. □

定理 7.6 若 f 是 $[a,b]$ 上只有有限个间断点的有界函数, 则 f 在 $[a,b]$ 上可积.

证明 由推论 7.2, 不妨设 b 是间断点. f 在 $[a,b-\delta']$ 上连续, 因此可积. 设 f 在 $[a,b]$ 上的上确界为 M, 任给 $\varepsilon>0$, 取 δ' 使得 $M\delta'<\varepsilon$. 设在 $[a,b-\delta']$ 上的达布上下和的差:

$$\sum_{\Delta_i \in [a,b-\delta']}[f_i^M - f_i^m] < \varepsilon.$$

于是整个的达布上下和的差:

$$\sum_{\Delta_i \notin [a,b-\delta']}[f_i^M - f_i^m] + \sum_{\Delta_i \in [b-\delta',b]}[f_i^M - f_i^m] \leqslant \varepsilon + 2M\delta' < 3\varepsilon.$$

从而 f 可积. □

定理 7.7 若 f 为 $[a,b]$ 上的单调函数, 则 f 在 $[a,b]$ 上可积.

证明 不妨设 $f(x)$ 是单调递增函数. 任意一个分割 $T=\{\Delta_1,\cdots,\Delta_n\}, \|T\|<\varepsilon$. $f(x)$ 在 Δ_i 上的振幅为

$$f_i^M - f_i^m = f(x_i) - f(x_{i-1}).$$

任给 $\varepsilon>0$, 取

$$\delta = \frac{\varepsilon}{f(b)-f(a)}.$$

则当 $\|T\|<\delta$ 时,

$$\sum_{i=1}^{n}[f_i^M - f_i^m]\Delta x_i < \delta\sum_{i=1}^{n}[f_i^M - f_i^m] = \delta[f(b)-f(a)] = \varepsilon. \quad \square$$

例 7.3 证明黎曼函数 $R(x)$:

$$R(x) = \begin{cases} \dfrac{1}{q}, & x=\dfrac{p}{q}, p,q \text{ 为整数}, \\ 0, & x=0,1 \text{或为无理数时}, \end{cases}$$

在区间 $[0,1]$ 上可积, 且 $\displaystyle\int_0^1 R(x)\mathrm{d}x = 0$.

实际上, 黎曼函数在 $x=0,1$ 以及一切无理点处连续, 在 $(0,1)$ 上的有理点间断, 且有非零的值, 但是这些值为 $\dfrac{1}{q}$, 当 q 增大时, $\dfrac{1}{q}$ 变小. 因此任给 $\varepsilon>0$, 在 $(0,1)$ 上

使 $\dfrac{1}{q} > \dfrac{\varepsilon}{2}$ 的点只有有限个, 设它们为 $r_1, r_2, \cdots, r_k$. 由于它们只有 k 个, 我们可以作足够

细的分割, 使得 $\|T\| < \dfrac{\varepsilon}{2k}$. 这时所有含有 $\{r_i\}$ 中点的小区间的个数至多有 $2k$ 个, 将

这类小区间记为 $\{\Delta_i'\}$, f 在这些区间中的振幅 ω_i' 小于等于 $\dfrac{1}{2}$, 剩余的小区间记为

$\{\Delta_i''\}$, f 在这些区间中的振幅 ω_i'' 小于等于 $\dfrac{\varepsilon}{2}$. 将这两部分合起来, 就可证得

$$\sum_{i=1}^{n} \omega_i \Delta x_i = \sum_{i=1}^{2k} \omega_i' \Delta x_i' + \sum_{i=1}^{n-2k} \omega_i'' \Delta x_i'' < \varepsilon.$$

所以 f 在 $[0,1]$ 上可积.

由于 f 在 $[0,1]$ 上可积, 所以当我们取 ψ_i 全为无理点时, 可得

$$\int_0^1 R(x)\mathrm{d}x = \lim_{\|T\| \to 0} \sum_{i=1}^{n} R(\psi_i) \Delta x_i = 0.$$

7.4　定积分的性质

本节给出定积分运算的一些基本性质. 有了这些性质, 定积分运算就变得简单
得多.

定理 7.8(性质 1)　若 f 在 $[a,b]$ 上可积, k 为常数, 则 kf 在 $[a,b]$ 上也可积, 且

$$\int_a^b kf(x)\mathrm{d}x = k \int_a^b f(x)\mathrm{d}x.$$

证明　当 $k=0$ 时结论显然成立. 当 $k \ne 0$ 时, 由于

$$\left| \sum_{i=1}^{n} kf(\xi_i) \Delta x_i - kJ \right| = |k| \cdot \left| \sum_{i=1}^{n} f(\xi_i) \Delta x_i - J \right|,$$

其中 $J = \displaystyle\int_a^b f(x)\mathrm{d}x$, 因此当 f 在 $[a,b]$ 上可积时, 由定义, 任给 $\varepsilon > 0$, 存在 $\delta > 0$, 当
$\|T\| < \delta$ 时,

$$\left| \sum_{i=1}^{n} f(\xi_i) \Delta x_i - J \right| < \frac{\varepsilon}{|k|}.$$

从而

$$\left| \sum_{i=1}^{n} kf(\xi_i) \Delta x_i - kJ \right| < \varepsilon,$$

即 kf 在$[a,b]$上可积, 且

$$\int_a^b kf(x)\mathrm{d}x = k\int_a^b f(x)\mathrm{d}x. \qquad\qquad \square$$

下面的定理 7.9 由定义是显然的.

定理7.9(性质 2)　若 f,g 都在$[a,b]$上可积, 则 $f\pm g$ 在$[a,b]$上也可积, 且

$$\int_a^b [f(x)\pm g(x)]\mathrm{d}x = \int_a^b f(x)\mathrm{d}x \pm \int_a^b g(x)\mathrm{d}x.$$

定理7.10(性质 3)　若 f 都在$[a,b]$上可积, 则 $|f|$ 在$[a,b]$上也可积.

证明　任给分割 T. 对任意的 $\xi_i',\xi_i''\in\Delta_i$,

$$\big\||f(\xi_i')|-|f(\xi_i'')|\big\| \le |f(\xi_i')-f(\xi_i'')|.$$

因此达布上下和的差满足

$$\sum_{i=1}^n (|f|_i^M - |f|_i^m)\Delta x_i \le \sum_{i=1}^n |f_i^M - f_i^m|\Delta x_i \to 0 \quad (\|T\|\to 0). \qquad \square$$

定理7.11(性质 4)　若 f,g 都在$[a,b]$上可积, 则 $f\cdot g$ 在$[a,b]$上也可积.

证明　设 $|f(x)|\le K, |g(x)|\le K$. 任给分割 T, 对任意的 $\xi_i',\xi_i''\in\Delta_i$,

$$f(\xi_i')g(\xi_i') - f(\xi_i'')g(\xi_i'') = [f(\xi_i')-f(\xi_i'')]g(\xi_i') + [g(\xi_i')-g(\xi_i'')]f(\xi_i'').$$

于是达布上下和的差满足

$$\sum_{i=1}^n [(fg)_i^M - (fg)_i^m]\Delta x_i \le K\sum_{i=1}^n \{[f_i^M - f_i^m]+[g_i^M - g_i^m]\}\Delta x_i \to 0 \quad (\|T\|\to 0). \qquad \square$$

定理7.12(性质 5)　f 在$[a,b]$上可积的充要条件是: 任给 $c\in(a,b)$, f 在$[a,c]$ 与 $[c,b]$上都可积, 且

$$\int_a^b f(x)\mathrm{d}x = \int_a^c f(x)\mathrm{d}x + \int_c^b f(x)\mathrm{d}x.$$

证明　先证明充分性. 由于 f 在$[a,c]$ 与 $[c,b]$上都可积, 故任给 $\varepsilon>0$, 分别存在对$[a,c]$ 与 $[c,b]$的分割 T' 与 T'', 使得达布上下和的差

$$\sum_{T'}[f_i^M - f_i^m]\Delta x_i' < \frac{\varepsilon}{2}, \quad \sum_{T''}[f_i^M - f_i^m]\Delta x_i'' < \frac{\varepsilon}{2}.$$

现令 $T=T'+T''$, 它是对$[a,b]$的一个分割, 且有达布上下和的差

$$\sum_{T}[f_i^M - f_i^m]\Delta x_i = \sum_{T'}[f_i^M - f_i^m]\Delta x_i' + \sum_{T''}[f_i^M - f_i^m]\Delta x_i'' < \varepsilon.$$

由此证得 f 在$[a,b]$上可积.

再证明必要性.已知 f 在 $[a,b]$ 上可积，故任给 $\varepsilon > 0$，存在对 $[a,b]$ 的某分割 T，使得达布上下和的差满足 $\sum\limits_{T}[f_i^M - f_i^m]\Delta x_i < \varepsilon$．在 T 上再增加一个分点 c，得到一个新的分割 T^*．所以

$$\sum_{T^*}[f_i^M - f_i^m]\Delta x_i^* \leqslant \sum_{T}[f_i^M - f_i^m]\Delta x_i < \varepsilon.$$

分割 T^* 在 $[a,c]$ 与 $[c,b]$ 上的部分分别构成对 $[a,c]$ 与 $[c,b]$ 的分割，记为 T' 与 T''，则有

$$\sum_{T'}[f_i^M - f_i^m]\Delta x_i' \leqslant \sum_{T^*}[f_i^M - f_i^m]\Delta x_i^* < \varepsilon,$$

$$\sum_{T''}[f_i^M - f_i^m]\Delta x_i'' \leqslant \sum_{T^*}[f_i^M - f_i^m]\Delta x_i^* < \varepsilon.$$

这就证得 f 在 $[a,c]$ 与 $[c,b]$ 上都可积. $\qquad\square$

由定理 7.12 立刻得到推论 7.3.

推论 7.3 如果 f 在 $[a,b]$ 上可积，则

$$F(x) = \int_a^x f(t)\mathrm{d}t$$

是连续函数．且在 $f(x)$ 的任何连续点 x_0, $F'(x_0) = f(x_0)$.

定理 7.13（性质 6）　设 f 为 $[a,b]$ 上的可积函数．若 $f(x) \geqslant 0, x \in [a,b]$，则

$$\int_a^b f(x)\mathrm{d}x \geqslant 0.$$

证明　由于在 $[a,b]$ 上 $f(x) \geqslant 0$，因此 f 的任一积分和都为非负．由 f 在 $[a,b]$ 上可积，则有

$$\int_a^b f(x)\mathrm{d}x = \lim_{\|T\| \to 0} \sum_{i=1}^n f(\xi_i)\Delta x_i \geqslant 0. \qquad\square$$

我们用定理 7.13 来看一个奇妙的性质.

$$\int_0^1 \frac{1}{1+x^2}\,\mathrm{d}x = \arctan x\Big|_0^1 = \frac{\pi}{4}. \tag{7.36}$$

圆周率实在是个奇妙的数，是数学里的常客．我们在第 3 章中谈到等比序列求和：

$$1 + q + q^2 + \cdots + q^{n-1} = \frac{1-q^n}{1-q}$$

或者

$$\frac{1}{1-q} = 1 + q + q^2 + \cdots + q^{n-1} + \frac{q^n}{1-q}.$$

代入 $q = -x^2$ 就得到

$$\frac{1}{1+x^2} = 1 - x^2 + x^4 - x^6 + \cdots + (-1)^{n-1}x^{2n-2} + R_n(x), \quad R_n(x) = (-1)^n \frac{x^{2n}}{1+x^2}. \quad (7.37)$$

上式两边积分就得到

$$\int_0^1 \frac{1}{1+x^2}\mathrm{d}x = 1 - \frac{1}{3} + \frac{1}{5} - \frac{1}{7} + \cdots + (-1)^{n-1}\frac{1}{2n-1} + T_n, \quad T_n = (-1)^n \int_0^1 \frac{x^{2n}}{1+x^2}\mathrm{d}x. \quad (7.38)$$

但因为

$$\frac{x^{2n}}{1+x^2} \leqslant x^{2n}, \quad 0 \leqslant x \leqslant 1,$$

由定理 7.13,

$$|T_n| \leqslant \int_0^1 x^{2n}\mathrm{d}x = \frac{1}{2n+1}.$$

因此由 (7.36) 序列

$$S_n = 1 - \frac{1}{3} + \frac{1}{5} - \frac{1}{7} + \cdots + (-1)^{n-1}\frac{1}{2n-1} \to \frac{\pi}{4}, \quad (7.39)$$

而且收敛速度为

$$\left| S_n - \frac{\pi}{4} \right| < \frac{1}{2n+1}. \quad (7.40)$$

这个是关于 π 的计算的莱布尼茨公式.

下面的定理说明黎曼可积函数必须充满连续点.

定理 7.14 在区间 $[a,b]$ 上黎曼可积的函数 $f(x)$ 的连续点稠密.

证明 为证定理结论, 我们只需要证明在该区间的任意小区间里都至少有一个连续点就行了, 不妨设该小区间就是 $[a,b]$. 给定任意的分划 $T: a = x_0 < x_1 < \cdots < x_n = b$, 必然有达布上下和的差满足

$$\sum_{i=1}^{n}(f_i^M - f_i^m)\Delta x_i = \sum_{i=1}^{n}\omega_i\Delta x_i \to 0 \quad (\|T\| \to 0),$$

其中 $\omega_i = f_i^M - f_i^m$. 令

$$\sum_{i=1}^{n}\omega_i\Delta x_i < b - a,$$

则至少有一个 $\omega_i < 1$. 即存在 $[\alpha_1, \beta_1]$ 使得

$$|f(x_1) - f(x_2)| < 1, \quad \forall x_1, x_2 \in [\alpha_1, \beta_1].$$

取 $[a_1, b_1]$ 为 $[\alpha_1, \beta_1]$ 三等分中间的一段. 对区间 $[a_1, b_1]$ 应用

$$\sum_{i=1}^{n}\omega_i\Delta x_i<\frac{1}{2}(b_1-a_1),$$

则至少有一个 $\omega_k<1/2$，即存在 $[\alpha_2,\beta_2]$ 使得

$$|f(x_1)-f(x_2)|<\frac{1}{2},\quad\forall x_1,x_2\in[\alpha_2,\beta_2].$$

三等分 $[\alpha_2,\beta_2]$ 中间的一段记为 $[a_2,b_2]$．继续这个过程就得到

$$[a_1,b_1]\supseteq[a_2,b_2]\supseteq\cdots\supseteq[a_n,b_n]\supseteq\cdots,$$

使得

$$|f(x_1)-f(x_2)|<\frac{1}{n},\quad\forall x_1,\ x_2\in[\alpha_n,\beta_n]\supset[a_n,b_n],$$

$$b_n-a_n=\frac{\beta_n-\alpha_n}{3},\quad n=1,2,\cdots.$$

由闭区间套定理 3.15，存在 $x_0\in[a_n,b_n]$, $n=1,2,\cdots,$

$$\alpha_n<a_n\leqslant x_0\leqslant b_n<\beta_n,\quad n=1,2,\cdots.$$

任给 $\varepsilon>0$，存在 n_0 使得 $1/n_0<\varepsilon$．取 $\delta=b_{n_0}-a_{n_0}=\dfrac{\beta_{n_0}-\alpha_{n_0}}{3}$．当 $|x-x_0|<\delta$ 时，$x\in[\alpha_{n_0},\beta_{n_0}]$，于是

$$|f(x)-f(x_0)|<\frac{1}{n_0}<\varepsilon.\qquad\qquad\square$$

现在我们来叙述定积分的几个主要的结论．

定理 7.15（积分第一中值定理）　若 f 在 $[a,b]$ 上连续，则至少存在一点 $\xi\in[a,b]$，使得

$$\int_a^b f(x)\mathrm{d}x=f(\xi)(b-a).\tag{7.41}$$

证明　由于 f 在 $[a,b]$ 上连续，因此存在最大值 M 和最小值 m．由

$$m\leqslant f(x)\leqslant M,\quad x\in[a,b].$$

使用积分不等式性质得到

$$m(b-a)\leqslant\int_a^b f(x)\mathrm{d}x\leqslant M(b-a),$$

或

$$m\leqslant\frac{1}{b-a}\int_a^b f(x)\mathrm{d}x\leqslant M.$$

再由连续函数的介值性，至少存在一点 $\xi\in[a,b]$，使得

$$f(\xi) = \frac{1}{b-a} \int_a^b f(x)\mathrm{d}x. \qquad\qquad \Box$$

积分第一中值定理的几何意义为, 若 f 在 $[a,b]$ 上非负连续, 则 $y=f(x)$ 在 $[a,b]$ 上的曲边梯形面积等于以 $f(\xi)$ 为高, $[a,b]$ 为底的矩形面积. 而 $\dfrac{1}{b-a}\displaystyle\int_a^b f(x)\mathrm{d}x$ 则可理解为 $f(x)$ 在区间 $[a,b]$ 上所有函数值的平均值.

定理 7.16(推广的积分第一中值定理)　若 f 与 g 都在 $[a,b]$ 上连续, 且 $g(x)$ 在 $[a,b]$ 上不变号, 则至少存在一点 $\xi\in[a,b]$, 使得

$$\int_a^b f(x)g(x)\mathrm{d}x = f(\xi)\int_a^b g(x)\mathrm{d}x.$$

证明　不妨设 $g(x)\geqslant 0, x\in[a,b]$. 这时有

$$mg(x)\leqslant f(x)g(x)\leqslant Mg(x), \quad x\in[a,b],$$

其中 M,m 分别为 f 在 $[a,b]$ 上的最大、最小值. 由定积分的不等式性质, 得到

$$m\int_a^b g(x)\mathrm{d}x \leqslant \int_a^b f(x)g(x)\mathrm{d}x \leqslant M\int_a^b g(x)\mathrm{d}x.$$

若 $\displaystyle\int_a^b g(x)\mathrm{d}x = 0$, 则由上式知 $\displaystyle\int_a^b f(x)g(x)\mathrm{d}x = 0$. 若 $\displaystyle\int_a^b g(x)\mathrm{d}x > 0$, 则得

$$m \leqslant \frac{\displaystyle\int_a^b f(x)g(x)\mathrm{d}x}{\displaystyle\int_a^b g(x)\mathrm{d}x} \leqslant M.$$

由连续函数的介值性, 必至少有一点 $\xi\in[a,b]$, 使得

$$f(\xi) = \frac{\displaystyle\int_a^b f(x)g(x)\mathrm{d}x}{\displaystyle\int_a^b g(x)\mathrm{d}x}. \qquad\qquad \Box$$

引理 7.1　设 $x_1 > x_2 > \cdots > x_n > 0$ 是一组单调递减序列, $y_1, y_2, \cdots, y_n$ 是实数. 如果

$$s_1 = y_1, \quad s_2 = y_1 + y_2, \quad \cdots, \quad s_n = y_1 + y_2 + \cdots + y_n \in [A,B],$$

则

$$S = x_1 y_1 + x_2 y_2 + \cdots + x_n y_n \in [Ax_1, Bx_1].$$

证明　把 S 写为

$$S = x_1 s_1 + x_2(s_2 - s_1) + \cdots + x_n(s_n - s_{n-1})$$
$$= s_1(x_1 - x_2) + s_2(x_2 - x_3) + \cdots + s_{n-1}(x_{n-1} - x_n) + s_n x_n.$$

因为 $x_i - x_{i-1}, i = 2,3,\cdots,n$ 都是正的, 因此

$$S > A(x_1 - x_2 + x_2 - x_3 + \cdots + x_{n-1} - x_n + x_n) = Ax_1.$$

同理可证 $S < Bx_1$. □

定理 7.17(积分第二中值定理) 设函数 f 在 $[a,b]$ 上可积.

(i)若函数 g 在 $[a,b]$ 上单调递减,且 $g(x) \geq 0$,则存在 $\xi \in [a,b]$,使得

$$\int_a^b f(x)g(x)\mathrm{d}x = g(a)\int_a^\xi f(x)\mathrm{d}x;$$

(ii)若函数 g 在 $[a,b]$ 上单调递增,且 $g(x) \geq 0$,则存在 $\eta \in [a,b]$,使得

$$\int_a^b f(x)g(x)\mathrm{d}x = g(b)\int_\eta^b f(x)\mathrm{d}x.$$

(iii)若函数 g 在 $[a,b]$ 上单调,则存在 $\xi \in [a,b]$,使得

$$\int_a^b f(x)g(x)\mathrm{d}x = g(a)\int_a^\xi f(x)\mathrm{d}x + g(b)\int_\xi^b f(x)\mathrm{d}x.$$

证明 我们只证 (i) 和 (iii),(ii) 的证明类似. 给定分割 $T:\{a < x_1 < x_2 < \cdots\}$,$\int_a^b f(x)g(x)\mathrm{d}x$ 达布和

$$I = f(a)g(a)(x_1 - a) + f(x_1)g(x_1)(x_2 - x_1) + \cdots$$

的极限就是积分 $\int_a^b f(x)g(x)\mathrm{d}x$. 显然 I 位于

$$I_1 = \sum_i f_i^M g(x_{i-1})\Delta x_i, \quad I_2 = \sum_i f_i^m g(x_{i-1})\Delta x_i$$

之间,且

$$I_1 - I_2 \leq g(a)\sum_i [f_i^M - f_i^m]\Delta x_i \to 0 \quad (\|T\| \to 0).$$

所以对于任意的 $\mu_i \in [f_i^m, f_i^M]$,

$$I_1' = \sum_i \mu_i \Delta x_i \to \int_a^b f(x)g(x)\mathrm{d}x \quad (\|T\| \to 0).$$

由中值定理 7.15 我们选取 μ_i 使得

$$\mu_i(x_i - x_{i-1}) = \int_{x_{i-1}}^{x_i} f(x)\mathrm{d}x.$$

由于 $g(x)$ 单调递减,非负,所以由引理 7.1,可知 I_1' 在

$$Ag(a), \quad Bg(a), \quad A = \min_{a \leq c \leq b}\int_a^c f(x)\mathrm{d}x, \quad B = \max_{a \leq c \leq b}\int_a^c f(x)\mathrm{d}x$$

之间. 因此 I_1' 的极限也在 $Ag(a)$ 与 $Bg(a)$ 之间. 但 $\int_a^c g(x)\mathrm{d}x$ 是 c 的连续函数,因此存

在 ξ 使得

$$\int_a^b f(x)g(x)\mathrm{d}x = g(a)\int_a^\xi f(x)\mathrm{d}s, \quad a \leqslant \xi \leqslant b.$$

(iii) 设 $F(x) = \int_a^x f(t)\mathrm{d}t$. 则由分部积分

$$\int_a^b f(x)g(x)\mathrm{d}x = g(x)F(x)\Big|_a^b - \int_a^b F(x)g'(x)\mathrm{d}x.$$

再由 $g'(x)$ 在 $[a,b]$ 上不变号，根据定理 7.15, 存在 $\xi \in [a,b]$，使得

$$\int_a^b F(x)g'(x)\mathrm{d}x = F(\xi)\int_a^b g'(x)\mathrm{d}x = F(\xi)(g(b) - g(a)).$$

于是

$$\begin{aligned}
\int_a^b f(x)g(x)\mathrm{d}x &= g(b)\int_a^b f(x)\mathrm{d}x - F(\xi)(g(b) - g(a)) \\
&= g(b)\left[\int_a^b f(x)\mathrm{d}x - \int_a^\xi f(x)\mathrm{d}x\right] + g(a)\int_a^\xi f(x)\mathrm{d}x \\
&= g(b)\int_\xi^b f(x)\mathrm{d}x + g(a)\int_a^\xi f(x)\mathrm{d}x.
\end{aligned}$$

□

例 7.4　求极限 $\lim\limits_{x\to+\infty} \ln\left(\int_0^x \mathrm{e}^{t^2}\mathrm{d}t\right)^{\frac{1}{x^2}}$. 利用洛必达法则得到

$$\lim_{x\to+\infty} \ln\left(\int_0^x \mathrm{e}^{t^2}\mathrm{d}t\right)^{\frac{1}{x^2}} = \lim_{x\to+\infty} \frac{\ln\left(\int_0^x \mathrm{e}^{t^2}\mathrm{d}t\right)}{x^2} = \lim_{x\to+\infty} \frac{\mathrm{e}^{x^2}}{2x\int_0^x \mathrm{e}^{t^2}\mathrm{d}t}$$

$$= \lim_{x\to+\infty} \frac{2x\mathrm{e}^{x^2}}{2\int_0^x \mathrm{e}^{t^2}\mathrm{d}t + 2x\mathrm{e}^{x^2}} = \lim_{x\to+\infty} \frac{\mathrm{e}^{x^2} + 2x^2\mathrm{e}^{x^2}}{2\mathrm{e}^{x^2} + 2x^2\mathrm{e}^{x^2}} = 1.$$

7.5　定积分的应用

这一节我们来求一些常用的积分. 下面的换元积分法与分部积分法起着特别的作用.

定理 7.18(定积分换元积分法)　设函数 f 在 $[a,b]$ 上连续，φ 在 $[\alpha,\beta]$ 上连续可微, 且满足

$$\varphi(\alpha) = a, \quad \varphi(\beta) = b, \quad \varphi([\alpha,\beta]) \subseteq [a,b],$$

则有定积分换元公式:

$$\int_a^b f(x)\mathrm{d}x = \int_\alpha^\beta f(\varphi(t))\varphi'(t)\mathrm{d}t. \tag{7.42}$$

证明 由于 $f(x)$ 连续, $F(x) = \int_a^x f(t)\mathrm{d}t$ 是 $f(x)$ 的一个原函数. 由复合函数求导法则

$$\frac{\mathrm{d}}{\mathrm{d}t}(F(\varphi(t))) = F'(\varphi(t))\varphi'(t) = f(\varphi(t))\varphi'(t).$$

所以 $F(\varphi(t))$ 是 $f(\varphi(t))\varphi'(t)$ 的一个原函数. 于是由微积分基本定理即得结论. □

定理 7.19(定积分分部积分法) 若 $f(x),g(x)$ 为 $[a,b]$ 上的连续可微函数. 则有定积分分部积分公式:

$$\int_a^b f(x)g'(x)\mathrm{d}x = f(x)g(x)\Big|_a^b - \int_a^b f'(x)g(x)\mathrm{d}x. \tag{7.43}$$

证明 因为 fg 是 $fg' + f'g$ 的一个原函数, 所以

$$f(x)g(x)\Big|_a^b = \int_a^b (fg)'(x)\mathrm{d}x = \int_a^b f(x)g'(x)\mathrm{d}x + \int_a^b f'(x)g(x)\mathrm{d}x. \quad □$$

连续运用分部积分 (7.43) 就得到推广的分部积分公式.

定理 7.20(推广的分部积分法) 若 $f(x),g(x)$ 为 $[a,b]$ 上有 $n+1$ 阶连续导数, 则有

$$\int_a^b f(x)g^{(n+1)}(x)\mathrm{d}x = [f(x)g^{(n)}(x) - f'(x)g^{(n-1)}(x) + \cdots (-1)^n f^{(n)}(x)g(x)]_a^b$$

$$+ (-1)^{n+1} \int_a^b f^{(n+1)}(x)g(x)\mathrm{d}x. \tag{7.44}$$

令 $g(x) = (b-x)^n$, 则

$$g' = -n(b-x)^{n-1}, \quad g'' = n(n-1)(b-x)^{n-2}, \quad \cdots, \quad g^{(n)} = (-1)^n n!, \quad g^{(n+1)} = 0.$$

于是由 (7.44) 得

$$0 = (-1)^n \left[n!f(b) - n!f(a) - n!f'(a)(b-a) - \frac{n!}{2}f''(a)(b-a)^2 - \cdots - f^{(n)}(a)(b-a)^n \right]$$

$$+ (-1)^{n+1} \int_a^b f^{(n+1)}(x)(b-x)^n \mathrm{d}x.$$

令 $b = x, a = x_0$, 得

$$f(x) = f(x_0) + f'(x_0)(x-x_0) + \frac{f''(x_0)}{2!}(x-x_0)^2 + \cdots + \frac{f^{(n)}(x_0)}{n!}(x-x_0)^n$$

$$+ \frac{1}{n!} \int_{x_0}^x f^{(n+1)}(t)(x-t)^n \mathrm{d}t. \tag{7.45}$$

这个泰勒展式是精确的公式, 其中没有含有未知的部分. 例如由积分中值定理, 可以得出我们以前知道的公式

$$\frac{1}{n!}\int_{x_0}^{x} f^{(n+1)}(t)(x-t)^n \mathrm{d}t = \frac{1}{n!}f^{(n+1)}(\xi)\int_{x_0}^{x}(x-t)^n \mathrm{d}t$$

$$= \frac{f^{(n+1)}(\xi)}{(n+1)!}(x-x_0)^{(n+1)}, \quad \xi \in (x_0, x). \tag{7.46}$$

有了这些准备，我们就可以求出许多定积分.

例 7.5　计算 $I_n = \int_0^{\frac{\pi}{2}} \sin^n x \mathrm{d}x$. 分部积分得

$$I_n = \int_0^{\frac{\pi}{2}} \sin^{n-1} \mathrm{d}(-\cos x) = -\sin^{n-1}x\cos x \Big|_0^{\frac{\pi}{2}} + (n-1)\int_0^{\frac{\pi}{2}} \sin^{n-2}x\cos^2 x \mathrm{d}x.$$

因为 $1-\sin^2 x = \cos^2 x$，于是

$$I_n = (n-1)I_{n-2} - (n-1)I_n.$$

于是

$$I_n = \frac{n-1}{n}I_{n-2}. \tag{7.47}$$

因此

$$I_{2n} = \int_0^{\frac{\pi}{2}} \sin^{2n}x \mathrm{d}x = \frac{(2n-1)(2n-3)\cdots 3\cdot 1}{2n(2n-2)\cdots 4\cdot 2}\cdot\frac{\pi}{2}. \tag{7.48}$$

注意当 $0 < x < \dfrac{\pi}{2}$ 时，

$$\sin^{2n+1}x < \sin^{2n}x < \sin^{2n-1}x.$$

于是

$$\int_0^{\frac{\pi}{2}} \sin^{2n+1}x \mathrm{d}x < \int_0^{\frac{\pi}{2}} \sin^{2n}x \mathrm{d}x < \int_0^{\frac{\pi}{2}} \sin^{2n-1}x \mathrm{d}x.$$

再由 (7.48) 知

$$\frac{2n(2n-2)\cdots 4\cdot 2}{(2n+1)(2n-1)\cdots 3\cdot 1} < \frac{(2n-1)(2n-3)\cdots 3\cdot 1}{2n(2n-2)\cdots 4\cdot 2}\cdot\frac{\pi}{2} < \frac{(2n-2)(2n-4)\cdots 4\cdot 2}{(2n-1)(2n-3)\cdots 3\cdot 1}.$$

即

$$\left[\frac{2n(2n-2)\cdots 4\cdot 2}{(2n-1)(2n-3)\cdots 3\cdot 1}\right]^2 \frac{1}{2n+1} < \frac{\pi}{2} < \left[\frac{2n(2n-2)\cdots 4\cdot 2}{(2n-1)(2n-3)\cdots 3\cdot 1}\right]^2 \frac{1}{2n}.$$

但是

$$\left[\frac{2n(2n-2)\cdots 4\cdot 2}{(2n-1)(2n-3)\cdots 3\cdot 1}\right]^2 \left(\frac{1}{2n} - \frac{1}{2n+1}\right) < \frac{1}{2n}\cdot\frac{\pi}{2} \to 0.$$

我们得到沃利斯(John Wallis, 1616—1703)公式:

$$\frac{\pi}{2} = \lim_{n \to \infty} \frac{2 \cdot 2 \cdot 4 \cdot 4 \cdots (2n)(2n)}{1 \cdot 3 \cdot 3 \cdot 5 \cdot 5 \cdots (2n-1)(2n+1)}. \tag{7.49}$$

7.5.1 弧长的计算

我们在 (7.11) 已经谈到了求曲线的弧长. 如果是平面曲线 $y = f(x)$, 其在 $[a,b]$ 上的弧长根据 (7.11) 就是

$$\widehat{y_{a \to b}} = \int_a^b \sqrt{1 + (f'(x))^2}\,\mathrm{d}x. \tag{7.50}$$

现在我们比较正式地说明曲线. 设 $C = \widehat{AB}$ 是一条没有自交点的非闭的平面曲线. 在 C 上从 A 到 B 依次取分点:

$$A = P_0, P_1, P_2, \cdots, P_{n-1}, P_n = B,$$

它们称为对曲线 C 的一个分割, 记为 T . 然后用线段连接 T 中的每相邻两点, 得到 C 的 n 条弦 $\overline{P_{i-1}P_i}(i = 1, \cdots, n)$, 这 n 条弦又成为 C 的一条内接折线. 记

$$\|T\| = \max_{1 \leqslant i \leqslant n} |P_{i-1}P_i|, \quad s_T = \sum_{i=1}^n |P_{i-1}P_i|,$$

分别表示最长弦的长度和折线的总长度.

定义 7.4 如果存在有限极限 $\lim_{\|T\| \to 0} s_T = s$, 即任给 $\varepsilon > 0$, 恒存在 $\delta > 0$, 使得对 C 的任何分割 T , 只要 $\|T\| < \delta$, 就有 $|s_T - s| < \varepsilon$, 则称曲线 C 是可求长的, 并把极限 s 定义为曲线 C 的弧长.

定理 7.21 设曲线 C 是一条没有自交点的非闭的平面曲线, $x = x(t), y = y(t)$, $t \in [a,b]$ 给出. 若 $x(t)$ 与 $y(t)$ 在 $[a,b]$ 上连续可微, 则 C 是可求长的, 且弧长为

$$s = \int_a^b \sqrt{[x'(t)]^2 + [y'(t)]^2}\,\mathrm{d}t. \tag{7.51}$$

显然 (7.50) 是一般参数曲线的特殊情形: $x(t) = t, y(t) = f(t)$.

把 $s(t)$ 记为曲线的弧长, 显然有

$$\mathrm{d}s^2 = \mathrm{d}x^2 + \mathrm{d}y^2, \tag{7.52}$$

称为曲线的弧长微分.

定义 7.5 设曲线 C 由参数方程 $x = x(t), y = y(t), t \in [\alpha, \beta]$ 给出. 如果 $x(t)$ 与 $y(t)$ 在 $[a,b]$ 上连续可微, 且 $x'(t)$ 与 $y'(t)$ 不同时为零, 则称 C 为一条光滑曲线.

描述曲线最重要的量是曲率. 我们在 (5.145) 中谈到了曲线在一点处用二阶导数得到一个密切圆, 密切圆是曲线接近程度最好的圆. 其弯曲程度决定了曲线的弯曲程度. 因为圆的半径的倒数描述了圆的弯曲程度, 因此, 密切圆的半径的倒数定义为曲线的曲率, 描述了曲线在一点的弯曲程度. 我们在 (5.147) 求出了平面曲线 $y = f(x)$ 密切圆的半径. 现在我们对一般曲线叙述这个概念, 弯曲程度是曲线的局部性质.

设曲线 C 由参数方程 $x = x(t), y = y(t), t \in [\alpha, \beta]$ 给出. 设 $\alpha(t)$ 表示曲线在点 $P(x(t), y(t))$ 处切线的倾角, $\Delta\alpha = \alpha(t + \Delta t) - \alpha(t)$ 表示动点由 P 沿曲线移至 $Q(x(t + \Delta t), y(t + \Delta t))$ 时切线倾角的增量. 若 $\overset{\frown}{PQ}$ 之长为 Δs, 则称 $\bar{K} = \left| \dfrac{\Delta\alpha}{\Delta s} \right|$ 为弧段 $\overset{\frown}{PQ}$ 的平均曲率. 如果存在有限极限

$$K = \left| \lim_{\Delta t \to 0} \frac{\Delta\alpha}{\Delta s} \right| = \left| \lim_{\Delta s \to 0} \frac{\Delta\alpha}{\Delta s} \right| = \left| \frac{\mathrm{d}\alpha}{\mathrm{d}s} \right|,$$

则称此极限 K 为曲线 C 在点 P 处的曲率.

由于 C 为光滑曲线, 故

$$\alpha(t) = \arctan \frac{y'(t)}{x'(t)}.$$

此式与 (7.52) 一起得到

$$\frac{\mathrm{d}\alpha}{\mathrm{d}s} = \frac{\alpha'(t)}{s'(t)} = \frac{x'(t)y''(t) - x''(t)y'(t)}{[x'^2(t) + y'^2(t)]^{3/2}}. \tag{7.53}$$

相当于把单位切向量的起点放在圆心, 单位切向量关于弧长的微分就描述了曲线的弯曲.

简单地说, 单位切向量的导数就是曲率. 于是得到曲率的计算公式:

$$K(t) = \frac{\left| x'(t)y''(t) - x''(t)y'(t) \right|}{(x'^2(t) + y'^2(t))^{3/2}}. \tag{7.54}$$

若曲线由 $y = f(x)$ 表示, 则相应的曲率公式为

$$K(x) = \frac{\left| f''(x) \right|}{(1 + f'^2(x))^{3/2}}. \tag{7.55}$$

这和用密切圆的解释 (5.147) 是一样的. 数学分析里, 用密切圆比较容易理解. 在我们的另一门课微分几何里用单位切向量的导数描述曲率更为合适, 都仅仅用到了二阶导数.

圆周

$$x = R\sin t, \quad y = R\cos t$$

的曲率正是半径的倒数 $K = 1/R$.

例 7.6 求椭圆

$$x = a\cos t, \quad y = b\sin t, \quad a > b > 0$$

的曲率. 按照公式 (7.54), 我们求到

$$K(t) = \frac{ab}{[(a^2 - b^2)\sin^2 t + b^2]^{3/2}}.$$

显然, 在 $t = 0, \pi$ (长轴端点) 处曲率最大, 椭圆弯曲最厉害. 当 $t = \dfrac{\pi}{2}, \dfrac{3\pi}{2}$ (短轴端点)

时, 曲率最小, 椭圆弯曲程度最小.

现在我们来看抛物线的长度计算. 设 $f(x) = x^2$, 从 (7.50) 得

$$\widehat{y_{a \to b}} = \int_a^b \sqrt{1 + (f'(x))^2}\, dx. \tag{7.56}$$

这个积分有相当的技巧, 如果放在别的地方, 会记不住. 放在求抛物线长度, 就必须掌握. 令

$$x = \sinh t.$$

则

$$\sqrt{1 + x^2} = \cosh t, \quad dx = \cosh t\, dt.$$

但

$$x + \sqrt{1 + x^2} = \sinh t + \cosh t = e^t, \quad \sinh 2t = 2\cosh t \sinh t = 2x\sqrt{1 + x^2}.$$

于是

$$\int \sqrt{1 + x^2}\, dx = \int \cosh^2 t\, dt = \frac{t}{2} + \frac{1}{4}\sinh 2t = \frac{1}{2}\ln\left(x + \sqrt{1 + x^2}\right) + \frac{x}{2}\sqrt{1 + x^2} + C. \tag{7.57}$$

从而抛物线 $y = x^2$ 一段的长度为

$$\widehat{y_{a \to b}} = \int_a^b \sqrt{1 + 4x^2}\, dx = \frac{1}{2}\int_{2a}^{2b} \sqrt{1 + x^2}\, dx = \frac{1}{2}[F(2b) - F(2a)],$$

$$F(x) = \frac{1}{2}\ln\left(x + \sqrt{1 + x^2}\right) + \frac{x}{2}\sqrt{1 + x^2}. \tag{7.58}$$

利用积分, 我们把一个复杂的极限 (7.12) 化为简单形式.

例 7.7　现在我们求椭圆的长度. 假设椭圆为

$$\frac{x^2}{a^2} + \frac{y^2}{b^2} = 1, \quad a \geqslant b > 0.$$

由对称性, 我们只求第一象限的长度. 令

$$x(t) = a\sin t, \quad y(t) = b\cos t, \quad 0 \leqslant t \leqslant \frac{\pi}{2}.$$

于是曲线的长度为

$$\widehat{y_{0 \to a}} = \int_0^{\frac{\pi}{2}} \sqrt{(x'(t))^2 + (y'(t))^2}\, dt = \int_0^{\frac{\pi}{2}} \sqrt{a^2\cos^2 t + b^2\sin^2 t}\, dt = \int_0^{\frac{\pi}{2}} a\sqrt{1 - k^2\sin^2 t}\, dt, \tag{7.59}$$

这里 $k^2 = 1 - \dfrac{b^2}{a^2}$ 是非常奇特的, (7.59) 右边被积函数并没有初等函数的原函数, 称为椭圆积分. 当然我们可以求取近似解.

7.5.2 面积的计算

例 7.8 现在我们求椭圆的面积. 假设椭圆为

$$\frac{x^2}{a^2} + \frac{y^2}{b^2} = 1, \quad a \geqslant b > 0.$$

由对称性, 我们只求第一象限的面积, 令

$$S = \int_0^a y\mathrm{d}x = b\int_0^b \sqrt{1 - \frac{x^2}{a^2}}\mathrm{d}x = ab\int_0^1 \sqrt{1-t^2}\mathrm{d}t$$

$$= \frac{1}{2}ab\left(t\sqrt{1-t^2} + \arcsin t\right)\Big|_0^1 = \frac{\pi}{4}ab. \tag{7.60}$$

圆周率真是个奇妙的数, 到处能看出其身影. 我们也看到, 通过积分, 可以发现新数. 上面的积分表明

$$\frac{\pi}{4} = \int_0^1 \sqrt{1-x^2}\mathrm{d}x. \tag{7.61}$$

由连续曲线 $y = f(x)(\geqslant 0)$, 以及直线 $x = a, x = b(a < b)$ 和 x 轴所围曲边梯形的面积为

$$A = \int_a^b f(x)\mathrm{d}x = \int_a^b y\mathrm{d}x. \tag{7.62}$$

一般地, 由上、下两条连续曲线 $y = f_2(x)$ 与 $y = f_1(x)$ 以及两条直线 $x = a$ 与 $x = b(a < b)$ 所围的平面图形, 它的面积计算公式为

$$A = \int_a^b [f_2(x) - f_1(x)]\mathrm{d}x.$$

例 7.9 求由抛物线 $y^2 = x$ 与直线 $x - 2y - 3 = 0$ 所围平面图形的面积 A. 抛物线与直线的交点为 $P(1,-1)$ 与 $Q(9,3)$, 因此用 $x = 1$ 把图形分成两个部分, 它们的面积为

$$A_1 = \int_0^1 \left[\sqrt{x} - \left(-\sqrt{x}\right)\right]\mathrm{d}x = \frac{4}{3},$$

$$A_2 = \int_1^9 \left(\sqrt{x} - \frac{x-3}{2}\right)\mathrm{d}x = \frac{28}{3}.$$

所以 $A = A_1 + A_2 = \frac{32}{3}$.

7.5.3 旋转体的体积

现在我们用平行截面面积求体积. 设 Ω 为三维空间中的一个立体, 它夹在垂直于 x 轴的两平面 $x = a$ 与 $x = b$ 之间 $(a < b)$. 若在任意一点 $x \in [a,b]$ 处作垂直于 x 轴的平面, 它截得 Ω 的截面面积显然是 x 的函数, 记为 $A(x), x \in [a,b]$, 并称之为 Ω 的截面面积函数. 如图 7.5, 给定 $[a,b]$ 间一个分划 $T: a = x_0 < x_1 < \cdots < x_n = b$. 在 $[x_{i-1}, x_i]$ 间

任取切片 $A(\xi_i)$. 则体积近似为

$$\Delta V_i = A(\xi_i)\Delta x_i.$$

则立体 Ω 的体积为

$$V = \lim_{\|T\|\to 0}\sum_{i=1}^{n}A(\xi_i)\Delta x_i = \int_a^b A(x)\mathrm{d}x. \tag{7.63}$$

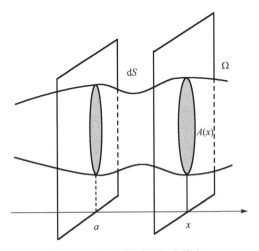

图 7.5　平行截面面积求体积

例 7.10　球的体积的积分算法. 如图 7.6 所示: 半球离开球心高度 x 的截面圆半径为 $\sqrt{R^2-x^2}$, 所以切片圆的面积为 $\pi(R^2-x^2)$. 于是半球的体积为

$$\int_0^R \pi(R^2-x^2)\mathrm{d}x = \frac{2}{3}\pi R^3. \tag{7.64}$$

所以球的体积为 (3.30). 比起 (3.30) 来, (7.64) 要简单得多. 历史上的难题变成了平凡的不能再平凡的东西, 微积分的力量可见一斑.

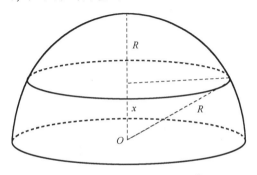

图 7.6　半球的体积积分计算

例 7.11　求椭球

$$\frac{x^2}{a^2}+\frac{y^2}{b^2}+\frac{z^2}{c^2}=1$$

的体积. 设想半椭球是由平行于 x 轴的椭圆的切片构成的, $0 \leqslant x \leqslant a$. 在 x 处, 是一个椭圆:

$$\frac{y^2}{b^2\left(1-\dfrac{x^2}{a^2}\right)}+\frac{z^2}{c^2\left(1-\dfrac{x^2}{a^2}\right)}=1.$$

这个椭圆的面积, 我们从 (7.60) 知道, 面积等于

$$\pi bc\left(1-\frac{x^2}{a^2}\right).$$

于是整个椭球的体积为

$$V=2\pi bc\int_0^a\left(1-\frac{x^2}{a^2}\right)\mathrm{d}x=\frac{4}{3}\pi abc. \tag{7.65}$$

设 f 是 $[a,b]$ 上的连续函数, Ω 是由平面图形 $0 \leqslant |y| \leqslant |f(x)|$, $a \leqslant x \leqslant b$ 绕 x 轴旋转一周所得的旋转体. 那么易知截面面积函数为

$$A(x)=\pi[f(x)]^2, \quad x\in[a,b].$$

因此旋转体 Ω 的体积公式为

$$V=\pi\int_a^b[f(x)]^2\,\mathrm{d}x. \tag{7.66}$$

例 7.12　高为 h, 底圆半径为 r 的圆锥体的体积, 如图 7.7 所示: 相当于 $y=\dfrac{r}{h}x, x\in[0,h]$ 的图形绕 x 轴转一圈. 于是圆锥的体积为

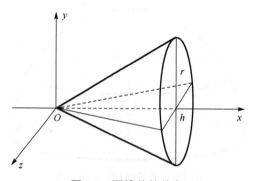

图 7.7　圆锥体的体积

$$V = \pi \int_0^h [f(x)]^2 \mathrm{d}x = \pi \int_0^h \left(\frac{r}{h}x\right)^2 \mathrm{d}x = \frac{1}{3}\pi r^2 h. \tag{7.67}$$

这和我们在中学学到的公式是一样的.

7.5.4 旋转面的侧面积

本节的最后, 我们来求旋转面的侧面积. 设有平面光滑曲线
$$C : y = f(x) \leqslant 0, \quad x \in [a,b]. \tag{7.68}$$

这段曲线绕 x 旋转一周得到曲面. 我们来求其表面积. x 轴上两点 x 与 $x+\Delta x$ 分别做垂直于 x 轴的平面, 在旋转曲面上截下夹在两个圆形截线间的狭长带子, 如图 7.8 所示: 于是区间 $[x, x+\Delta x]$ 内的旋转面就是一个圆台. x 处底盘的半径是 $y = f(x)$, $x+\Delta x$ 处底盘的半径是 $f(x+\Delta x)$, 圆台的母线长度为 $\sqrt{\Delta x^2 + \Delta y^2}$, 其中 $\Delta y = f(x + \Delta x) - f(x)$. 其侧面积为

$$\begin{aligned}
\Delta S_x &= \pi[f(x) + f(x+\Delta x)]\sqrt{\Delta x^2 + \Delta y^2} \\
&= \pi[2f(x) + \Delta y]\sqrt{1 + \left(\frac{\Delta y}{\Delta x}\right)^2}\,\Delta x \\
&= 2\pi f(x)\sqrt{1 + f'^2(x)}\,\Delta x + o(\Delta x).
\end{aligned}$$

因此整个的侧面积为

$$S = \lim_{\|T\| \to 0} \sum_{i=1}^n 2\pi f(x_i)\sqrt{1 + f'^2(x_i)}\,\Delta x_i = 2\pi \int_a^b f(x)\sqrt{1 + f'^2(x)}\mathrm{d}x. \tag{7.69}$$

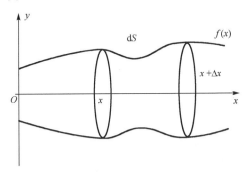

图 7.8　旋转面的侧面积

例 7.13　计算圆周 $x^2 + y^2 = R^2$ 在 $[x_1, x_2] \subset [-R, R]$ 绕 x 轴旋转的球带的侧面积. 根据公式 (7.69),

$$S = 2\pi \int_{x_1}^{x_2} \sqrt{R^2 - x^2} \sqrt{1 + \frac{x^2}{R^2 - x^2}}\mathrm{d}x = 2\pi R \int_{x_1}^{x_2} \mathrm{d}x = 2\pi R(x_2 - x_1). \tag{7.70}$$

当 $x_1 = -R, x_2 = R$ 就得到球的表面积:

$$S_{球} = 4\pi R^2. \tag{7.71}$$

以上的计算都可以称为微元法. 选取的时候需要特别小心. 例如计算旋转面的侧面积的时候, 在 $[x, x+\Delta x]$ 内, 曲线变动的微元由 (7.52) 是 $\mathrm{d}s = \sqrt{1 + f'^2(x)}\mathrm{d}x$, 每一个圆的周长是 $2\pi f(x)$, 因此侧面积的微元是

$$\mathrm{d}S = 2\pi f(x)\mathrm{d}s = 2\pi f(x)\sqrt{1 + f'^2(x)}\mathrm{d}x. \tag{7.72}$$

不能用 $[x, x+\Delta x]$ 内的圆柱体的侧面积做微元. 因为圆柱体的侧面积做微元的话, 是用三维空间 (圆柱体) 的变化来逼近二维空间 (曲面的表面积), 会出现错误. 我们在线积分的时候再谈这个问题. 例如计算底半径为 R、高为 h 的圆锥的侧面积, 利用 (7.69) 的办法, $f(x) = \dfrac{R}{h}x$, 如图 7.9 得到微元

$$\mathrm{d}S = 2\pi f(x)\mathrm{d}s = 2\pi\frac{R}{h}x\sqrt{1 + \left(\frac{R}{h}\right)^2}. \tag{7.73}$$

所以侧面积等于

$$S = 2\pi\frac{R}{h}\sqrt{1 + \left(\frac{R}{h}\right)^2}\int_0^h x\mathrm{d}x = \pi h R\sqrt{1 + \left(\frac{R}{h}\right)^2} = \pi R\ell, \tag{7.74}$$

其中 $\ell = \sqrt{h^2 + R^2}$ 是圆锥的母线. 运用微元法, 设母线长为 ℓ, 如图 7.10 由三角形相似关系得

$$\frac{x}{R} = \frac{\ell_1}{\ell}.$$

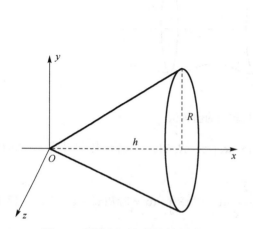

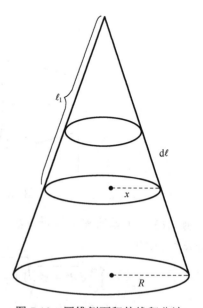

图 7.9　圆锥侧面积的旋转面法　　　　　图 7.10　圆锥侧面积的线积分法

所以面积的微元为

$$dS = 2\pi x d\ell_1 = 2\pi \frac{\ell}{R} x dx.$$

因此表面积为

$$S = 2\pi \frac{\ell}{R} \int_0^R x dx = \pi R \ell. \tag{7.75}$$

这和(7.74)得到的是一样的.

7.6 瑕积分与反常积分

假设 $a < b$，函数在 $[a,b]$ 上不可以积分，但对任意的点 $\xi \in [a,b), f(x)$ 在 $[a,\xi]$ 内可以积分，且

$$\lim_{\xi \to b} \int_a^\xi f(x)dx = F(b-0) - F(a) \tag{7.76}$$

存在，其中 $F(x)$ 为 $f(x)$ 的原函数，我们认为这样的积分仍然存在，称为**瑕积分**，仍然记作 $\int_a^b f(x)dx$，b 称为**瑕点**. 例如

$$\int_0^1 \frac{dx}{\sqrt{1-x}} = \lim_{\xi \to 1} \int_0^\xi \frac{1}{\sqrt{1-x}} dx = \lim_{\xi \to 1} 2\left[1 - \sqrt{1-\xi}\right] = 2, \tag{7.77}$$

其中 $x = 1$ 是瑕点.

另一种可能是对任意有限的 $b, f(x)$ 在 $[a,b]$ 上都可以积分. 我们记

$$\int_a^{+\infty} f(x)dx = \lim_{b \to +\infty} \int_a^b f(x)dx. \tag{7.78}$$

称为反常积分. 如果不收敛，就称为发散. 例如

$$\int_1^b \frac{1}{x^p} dx = \begin{cases} \dfrac{1}{1-p}(b^{1-p} - 1), & p \neq 1, \\ \ln b, & p = 1. \end{cases}$$

于是

$$\int_1^{+\infty} \frac{1}{x^p} dx = \begin{cases} \dfrac{1}{p-1}, & p > 1, \\ +\infty, & p \leqslant 1. \end{cases}$$

也就是说 $p > 1$ 时积分收敛，$p \leqslant 1$ 时积分发散.

利用无穷积分我们得到圆周率

$$\int_{-\infty}^{+\infty} \frac{1}{1+x^2} \, dx = \arctan x \Big|_{-\infty}^{+\infty} = \frac{\pi}{2} - \left(-\frac{\pi}{2}\right) = \pi \, . \tag{7.79}$$

无穷积分经常产生新的有趣的数, 这个就是例子. 现在我们给出正式的定义.

定义 7.6 设函数 $f(x)$ 定义在区间 $[a,b)$ 上, 并且在任何的闭区间 $[a,B] \subset [a,b)$ 上可积. 如果下面的极限存在(或者称为收敛)

$$\int_a^b f(x) \, dx = \lim_{B \to b^-} \int_A^B f(x) \, dx,$$

称为函数 $f(\cdot)$ 在 $[a,b)$ 上的瑕积分. $b = \infty$ 时, 也称反常积分(或称广义积分). 类似地, 如果函数 $f(x)$ 定义在区间 $(a,b]$ 上, 并且在任何的闭区间 $[A,b] \subset (a,b]$ 上可积. 则定义

$$\int_a^b f(x) \, dx = \lim_{A \to a^+} \int_A^b f(x) \, dx.$$

当 $a = -\infty$ 时, 也称为反常积分. 如果 f 定义在整个 $\mathbb{R}$ 上, 且对任意的 $a \in (-\infty, +\infty)$

$$\int_{-\infty}^a f(x) \, dx, \quad \int_a^{+\infty} f(x) \, dx$$

都收敛, 则定义

$$\int_{\mathbb{R}} f(x) \, dx = \int_{-\infty}^a f(x) \, dx + \int_a^{+\infty} f(x) \, dx. \tag{7.80}$$

同理, 如果对有界区间 $[a,b]$ 存在一点 $c \in (a,b)$ 使得 f 在 $[a,c]$ 和 $[c,b]$ 上的瑕积分都存在, 我们也称 f 在 $[a,b]$ 中的瑕积分存在, 记为

$$\int_a^b f(x) \, dx = \int_a^c f(x) \, dx + \int_c^b f(x) \, dx. \tag{7.81}$$

不收敛的反常积分或者瑕积分称为发散的.

注意要使得(7.80)有意义, 必须证明此定义与 a 无关. 事实上, 如果对任意的 $a, \int_a^{+\infty} f(x) \, dx$ 都收敛, 则对任意的 $b \in (-\infty, +\infty)$,

$$\int_b^B f(x) \, dx = \int_b^a f(x) \, dx + \int_a^B f(x) \, dx.$$

令 $B \to +\infty$ 得

$$\int_b^{+\infty} f(x) \, dx = \int_b^a f(x) \, dx + \int_a^{+\infty} f(x) \, dx.$$

同理,

$$\int_{-\infty}^b f(x) \, dx = \int_a^b f(x) \, dx + \int_{-\infty}^a f(x) \, dx.$$

于是

$$\int_{-\infty}^{b} f(x)\mathrm{d}x + \int_{b}^{+\infty} f(x)\mathrm{d}x = \int_{-\infty}^{a} f(x)\mathrm{d}x + \int_{a}^{+\infty} f(x)\mathrm{d}x.$$

所以 (7.80) 与 a 无关. 对 (7.81) 也可以同样地处理.

如果只考虑在对称区间 $[-a,a]$ 上的极限, 则有如下较弱的定义.

注意定义 7.6 中 f 在 b 的任何邻域中都可能是无界的.

定义 7.7 设函数 $f(x)$ 定义在任意的区间 $[-a,a], a>0$ 上可积. 如果下面的极限存在 (或者称为收敛)

$$\lim_{a \to +\infty} \int_{-a}^{a} f(x)\mathrm{d}x = (C) \int_{-\infty}^{\infty} f(x)\mathrm{d}x$$

称为函数 f 的柯西主值.

例 7.14

$$(C) \int_{-\infty}^{\infty} x\mathrm{d}x = 0.$$

但反常积分发散.

下面的命题是显然的.

命题 7.1 设函数 f,g 在 $[a,b]$ 上的瑕积分或者反常积分存在, 则

(i) 对任意的常数 c_1, c_2, 有

$$\int_{a}^{b} [c_1 f(x) + c_2 g(x)]\mathrm{d}x = c_1 \int_{a}^{b} f(x)\mathrm{d}x + c_2 \int_{a}^{b} g(x)\mathrm{d}x.$$

(ii) 对任意的 $c \in (a,b)$,

$$\int_{a}^{b} f(x)\mathrm{d}x = \int_{a}^{c} f(x)\mathrm{d}x + \int_{c}^{b} f(x)\mathrm{d}x.$$

(iii) 如果 $f,g \in C^1[a,b)$, 并且极限 $\lim\limits_{x \to b, x \in [a,b)} (fg)(x)$ 存在, 则函数 fg' 和 $f'g$ 在 $[a,b)$ 上的反常积分或者瑕积分同时存在或者不存在. 当它们同时存在时, 有

$$\int_{a}^{b} f(x)g'(x)\mathrm{d}x = \lim_{x \to b, x \in [a,b)} (fg)(x) - f(a)g(a) - \int_{a}^{b} f'(x)g(x)\mathrm{d}x.$$

下面我们只讨论

$$F(b) = \int_{a}^{b} f(x)\mathrm{d}x$$

的反常积分或者瑕积分, 因为其他的情况是一样的.

定理 7.22 (柯西准则) 如果函数 f 定义在 $[a,b)$ 上, 并且在任意的闭区间 $[a,B] \subset [a,b)$ 上可积. 则 $\int_{a}^{b} f(x)\mathrm{d}x$ 可积的充分必要条件是, 对任何的 $\varepsilon > 0$, 存在

$B \in [a,b)$ 使得对于满足 $B < b_1$ 的任意的 $[b_1, b_2] \subset [a,b)$，有

$$\left| \int_{b_1}^{b_2} f(x)\mathrm{d}x \right| < \varepsilon.$$

证明　这是因为

$$F(b_2) - F(b_1) = \int_{b_1}^{b_2} f(x)\mathrm{d}x \Rightarrow \int_a^{b_2} f(x)\mathrm{d}x - \int_a^{b_1} f(x)\mathrm{d}x = \int_{b_1}^{b_2} f(x)\mathrm{d}x.$$

所以命题的条件也就是 $\lim\limits_{B \to b} F(B)$ 极限存在的柯西准则.　　　　□

定理 7.23　如果非负函数 $f(x)$ 的任何有限积分都有界:

$$\int_a^b f(x)\mathrm{d}x \leqslant M, \quad \forall b > 0,$$

则

$$\int_a^{+\infty} f(x)\mathrm{d}x$$

收敛.

证明　这是因为 $F(b) = \int_a^b f(x)\mathrm{d}x$ 是 b 的单调有界函数. 利用定理 4.12 即得.　□

定义 7.8　如果

$$\int_a^b |f(x)|\mathrm{d}x < \infty,$$

则 $\int_a^b f(x)\mathrm{d}x$ 称为绝对收敛. 如果反常积分收敛但不绝对收敛, 称为条件收敛.

由定理 7.22, 绝对收敛的反常积分或者瑕积分也一定收敛.

例 7.15　讨论积分 $\int_0^{+\infty} \left[\left(1 - \dfrac{\sin x}{x}\right)^{-\frac{1}{3}} - 1 \right] \mathrm{d}x$ 是否绝对收敛?

由于

$$\int_0^{+\infty} \left[\left(1 - \frac{\sin x}{x}\right)^{-\frac{1}{3}} - 1 \right] \mathrm{d}x = \int_0^1 \left(1 - \frac{\sin x}{x}\right)^{-\frac{1}{3}} \mathrm{d}x - \int_0^1 \mathrm{d}x + \int_1^{+\infty} \left[\left(1 - \frac{\sin x}{x}\right)^{-\frac{1}{3}} - 1 \right] \mathrm{d}x,$$

其中 $\int_0^1 \left(1 - \dfrac{\sin x}{x}\right)^{-\frac{1}{3}} \mathrm{d}x$ 以 $x = 0$ 为瑕点, 而 $\left(1 - \dfrac{\sin x}{x}\right)^{-\frac{1}{3}} = \left[-\dfrac{1}{3!}x^2 + o(x^2) \right]^{-\frac{1}{3}}$ 与 $\dfrac{1}{x^{\frac{2}{3}}}$ 同阶

$(x \to 0)$. 所以 $\int_0^1 \left(1 - \dfrac{\sin x}{x}\right)^{-\frac{1}{3}} \mathrm{d}x$ 收敛, 又因 $1 - \dfrac{\sin x}{x} > 0$, 收敛即为绝对收敛.

其次对积分 $\int_1^{+\infty}\left[\left(1-\dfrac{\sin x}{x}\right)^{-\frac{1}{3}}-1\right]\mathrm{d}x$ ，当 $x>1$ 时，$\left|\dfrac{\sin x}{x}\right|<1$，可利用 $(1+x)^\alpha$ 的幂级数展开有

$$\left(1-\frac{\sin x}{x}\right)^{-\frac{1}{3}}-1=\frac{1}{3}\frac{\sin x}{x}+o\left(\frac{1}{x^2}\right),$$

于是 $\int_1^{+\infty}\left[\left(1-\dfrac{\sin x}{x}\right)^{-\frac{1}{3}}-1\right]\mathrm{d}x=\dfrac{1}{3}\int_1^{+\infty}\dfrac{\sin x}{x}\mathrm{d}x+\int_1^{+\infty}o\left(\dfrac{1}{x^2}\right)\mathrm{d}x.$

因为当 $x\in\left[n\pi+\dfrac{\pi}{4},n\pi+\dfrac{3\pi}{4}\right]$ 时，

$$|\sin x|\geqslant\sin\frac{\pi}{4}=\frac{\sqrt{2}}{2}.$$

因此由 (3.40)，

$$\int_1^{+\infty}\frac{|\sin x|}{x}\mathrm{d}x\geqslant\sum_{n=1}^{\infty}\int_{\left(n+\frac{1}{4}\right)\pi}^{\left(n+\frac{3}{4}\right)\pi}\frac{|\sin x|}{x}\mathrm{d}x\geqslant\sum_{n=1}^{\infty}\frac{2\sqrt{2}}{4n+3}=+\infty.$$

积分不绝对收敛. 而 $\int_1^{+\infty}o\left(\dfrac{1}{x^2}\right)\mathrm{d}x$ 是绝对收敛，故 $\int_0^{+\infty}\left[\left(1-\dfrac{\sin x}{x}\right)^{-\frac{1}{3}}-1\right]\mathrm{d}x$ 不是绝对收敛.

下面的定理称为比较定理.

定理 7.24 设函数 f,g 定义在区间 $[a,b)$ 上，并且对任意的 B，在 $[a,B]\subset[a,b)$ 上可积. 如果

$$0\leqslant f(x)\leqslant g(x),\quad\forall x\in[a,B),$$

则当积分 $\int_a^b g(x)\mathrm{d}x$ 收敛时，$\int_a^b f(x)\mathrm{d}x$ 也收敛，且

$$\int_a^b f(x)\mathrm{d}x\leqslant\int_a^b g(x)\mathrm{d}x.$$

证明 由假设和定理 7.22，对任意的 $\varepsilon>0$，存在 $B\in[a,b)$ 使得对于满足 $B<b_1$ 的任意的 $[b_1,b_2]\subset[a,b)$，有

$$\int_{b_1}^{b_2}f(x)\mathrm{d}x\leqslant\int_{b_1}^{b_2}g(x)\mathrm{d}x<\varepsilon.$$

再由定理 7.22 即得结论. □

定理7.25(阿贝尔-狄利克雷判别法)　设 f,g 定义在 $[a,b)$ 上，且在任意的闭区间 $[A,B]\subset[a,b)$ 上可积. 再设 g 是单调函数，则反常积分或者瑕积分

$$\int_a^b f(x)g(x)\mathrm{d}x$$

收敛的充分条件是下面的条件之一成立：

(a) 积分 $\int_a^b f(x)\mathrm{d}x$ 收敛且 g 在 $[a,b)$ 上有界.

(b) 函数 $F(b)=\int_a^b f(x)\mathrm{d}x$ 在 $[a,b)$ 上有界且 $\lim\limits_{x\to b}g(x)=0$.

证明　对于任意的 $b_1,b_2\in[a,b)$，根据第二中值定理 7.17,

$$\int_{b_1}^{b_2} f(x)g(x)\mathrm{d}x = g(b_1)\leqslant\int_{b_1}^{\xi} f(x)\mathrm{d}x + g(b_2)\int_{\xi}^{b_2} f(x)\mathrm{d}x,$$

其中 $\xi\in(b_1,b_2)$. 根据柯西准则定理 7.22 即知道

$$\int_a^b f(x)g(x)\mathrm{d}x$$

收敛.

例7.16　狄利克雷积分

$$\int_0^{+\infty}\frac{\sin x}{x}\mathrm{d}x \tag{7.82}$$

条件收敛但不绝对收敛. 由例 7.15, 积分 (7.82) 不绝对收敛, 但积分 (7.82) 是收敛的. 实际上由第二中值定理 7.17, 对任意的 $c,d>0$,

$$\int_c^d\frac{\sin x}{x}\mathrm{d}x = \frac{1}{c}\int_c^{\xi}\sin x\mathrm{d}x = -\frac{1}{c}(\cos\xi-\cos c)\to 0\quad(c,d\to\infty),\quad c<\xi<d.$$

由定理 7.22, 积分 (7.82) 收敛.

例7.17　我们计算欧拉-泊松(Poisson, 1781—1840)积分

$$K=\int_0^{+\infty}\mathrm{e}^{-x^2}\mathrm{d}x. \tag{7.83}$$

这个是我们今后要学习的另一门重要课程概率论中正态分布的密度函数, 它并没有原函数. 假定 $x\neq 0$. 由第 5 章习题 2 可得

$$1-x^2<\mathrm{e}^{-x^2}<\frac{1}{1+x^2},$$

这里第一个不等号只对 $0<x<1$ 正确, 第二个不等号对任意 $x>0$ 都成立. 因此

$$(1-x^2)^n<\mathrm{e}^{-nx^2},\quad 0<x<1;$$

$$\mathrm{e}^{-nx^2}<\frac{1}{(1+x^2)^n},\quad x>0.$$

取积分得

$$\int_0^1 (1-x^2)^n \mathrm{d}x < \int_0^1 \mathrm{e}^{-nx^2} \mathrm{d}x < \int_0^\infty \mathrm{e}^{-nx^2} \mathrm{d}x < \int_0^\infty \frac{\mathrm{d}x}{(1+x^2)^n}.$$

利用变量代换 $u = \sqrt{n}x$ 得

$$\int_0^\infty \mathrm{e}^{-nx^2} \mathrm{d}x = \frac{K}{\sqrt{n}}.$$

由 (7.48),

$$\int_0^1 (1-x^2)^n \mathrm{d}x = \int_0^{\frac{\pi}{2}} \sin^{2n+1} x \mathrm{d}x = \frac{2 \cdot 4 \cdot 6 \cdots (2n-2)(2n)}{1 \cdot 3 \cdot 5 \cdots (2n+1)},$$

$$\int_0^\infty \frac{1}{(1+x^2)^n} \mathrm{d}x = \int_0^{\frac{\pi}{2}} \sin^{2n-2} x \mathrm{d}x = \frac{1 \cdot 3 \cdots (2n-3)\pi}{2 \cdot 4 \cdots (2n-2)2}.$$

所以

$$\sqrt{n} \frac{2 \cdot 4 \cdot 6 \cdots (2n-2)(2n)}{1 \cdot 3 \cdot 5 \cdots (2n+1)} < K < \sqrt{n} \frac{1 \cdot 3 \cdots (2n-3)}{2 \cdot 4 \cdots (2n-2)} \frac{\pi}{2}.$$

平方得

$$\frac{n}{2n+1} \cdot \frac{(2 \cdot 4 \cdot 6 \cdots (2n-2)(2n))^2}{(1 \cdot 3 \cdot 5 \cdots (2n-1))^2 (2n+1)} < K^2 < \frac{n}{2n-1} \frac{(1 \cdot 3 \cdots (2n-3))^2 (2n-1)}{(2 \cdot 4 \cdots (2n-2))^2} \left(\frac{\pi}{2}\right)^2.$$

注意沃利斯公式 (7.49), 取极限得

$$\frac{1}{2} \frac{\pi}{2} \leqslant K^2 \leqslant \frac{1}{2} \frac{\pi}{2}. \tag{7.84}$$

于是

$$K = \int_0^{+\infty} \mathrm{e}^{-x^2} \mathrm{d}x = \frac{\sqrt{\pi}}{2}. \tag{7.85}$$

无穷的妙用在积分里也可以发现很多, 我们在 (7.44) 中令 $f(x) = x^n$, $g(x) = \mathrm{e}^{-x}$ 得到欧拉公式:

$$n! = \int_0^{+\infty} x^n \mathrm{e}^{-x} \mathrm{d}x. \tag{7.86}$$

我们就利用公式 (7.86) 来估计 $n!$. 由 (7.86),

$$n! = \int_0^{+\infty} x^n \mathrm{e}^{-x} \mathrm{d}x = \int_{-\sqrt{n}}^{+\infty} \left(n + \sqrt{n}t\right)^n \mathrm{e}^{-(n+\sqrt{n}t)} \sqrt{n} \mathrm{d}t = \frac{n^n}{\mathrm{e}^n} \int_{-\sqrt{n}}^{+\infty} \left(1 + \frac{t}{\sqrt{n}}\right)^n \mathrm{e}^{-\sqrt{n}t} \mathrm{d}t.$$

注意当 $n \to \infty$ 时, 如果有

$$\lim_{n\to+\infty}\int_{-\sqrt{n}}^{+\infty}\left(1+\frac{t}{\sqrt{n}}\right)^n e^{-\sqrt{n}t}dt = \int_{-\infty}^{+\infty} e^{-\frac{t^2}{2}}dt = \sqrt{2\pi}. \tag{7.87}$$

我们立刻得到斯特林(James Stirling, 1692—1770)公式:

$$\lim_{n\to\infty}\frac{n!}{\dfrac{n^n}{e^n}\sqrt{2\pi n}} = 1. \tag{7.88}$$

现在我们来证明(7.87). 定义函数

$$f_n(t) = \begin{cases} 0, & t \leqslant -\sqrt{n}, \\ \left(1+\dfrac{t}{\sqrt{n}}\right)^n e^{-\sqrt{n}t}, & t \geqslant -\sqrt{n}. \end{cases} \tag{7.89}$$

下面定理的证明只涉及函数点点的收敛, 和序列收敛差不多.

定理 7.26　对任意的 $t \in \mathbb{R}, f_n(t) \to e^{-t^2/2} (n \to \infty)$.

证明　只需要证明

$$\ln f_n(t) = n\ln\left(1+\frac{t}{\sqrt{n}}\right) - \sqrt{n}t \to -\frac{t^2}{2}.$$

对 $n > 4t^2, |t/\sqrt{n}| < 1/2$. 我们有

$$\ln(1+x) = x - \frac{x^2}{2} + o(|x|^3), \quad |x| \leqslant \frac{1}{2}.$$

因此

$$\ln f_n(t) = n\left(\frac{t}{\sqrt{n}} - \frac{\left(\dfrac{t}{\sqrt{n}}\right)^2}{2} + O\left(\left(\frac{t}{\sqrt{n}}\right)^3\right)\right) - \sqrt{n}t = -\frac{t^2}{2} + o\left(\frac{t^3}{\sqrt{n}}\right).$$

所以

$$\lim_{n\to\infty}\ln f_n(t) = -\frac{t^2}{2}. \qquad \square$$

定理 7.27　$f_n(t) \leqslant g(t)$, 这里

$$g(t) = \begin{cases} e^{-t^2/2}, & t < 0, \\ (1+t)e^{-t}, & t \geqslant 0. \end{cases} \tag{7.90}$$

证明　下面证明 $\ln f_n(t) \leqslant \ln g(t)$:

$$\ln f_n(t) = n\ln\left(1+\frac{t}{\sqrt{n}}\right) - \sqrt{n}t \leqslant \ln g(t) = \begin{cases} e^{-\frac{t^2}{2}}, & -\sqrt{n} < t \leqslant 0, \\ \ln(1+t) - t, & t \geqslant 0. \end{cases}$$

分两种情况: 第一, $\ln f_n(t) \leqslant -t^2/2, -\sqrt{n} < t \leqslant 0$. 我们看误差

$$\ln f_n(t) + \frac{t^2}{2} = n\ln\left(1 + \frac{t}{\sqrt{n}}\right) - \sqrt{n}t + \frac{t^2}{2}, \tag{7.91}$$

在 $t = 0$ 时为零, 导数

$$\frac{n}{1 + \dfrac{t}{\sqrt{n}}} \frac{1}{\sqrt{n}} - \sqrt{n} + t = \frac{t^2}{t + \sqrt{n}} > 0.$$

因此误差在 $-\sqrt{n} < t < 0$ 上是单调递增函数.

第二, $\ln f_n(t) \leqslant \ln(1+t) - t, t \geqslant 0$. $n = 1$ 时是显然的. 只证 $n > 1$. 我们来证明

$$\ln(1+t) - t - \ln f_n(t) = \ln(1+t) - t - n\ln\left(1 + \frac{t}{\sqrt{n}}\right) + \sqrt{n}t \tag{7.92}$$

在 $t \geqslant 0$ 是单调递增函数. 这个函数在 $t = 0$ 时为零. 其导数在 $t > 0$ 时为

$$\frac{1}{1+t} - 1 - \frac{n}{1 + \dfrac{t}{\sqrt{n}}} \frac{1}{\sqrt{n}} + \sqrt{n} = \frac{\left(\sqrt{n}-1\right)t^2}{(t+1)\left(t+\sqrt{n}\right)} > 0.$$

得证. $\qquad\qquad\qquad\qquad\qquad\qquad\qquad\qquad\qquad\qquad\qquad\qquad\qquad\qquad\qquad\square$

由定理 7.26、定理 7.27 得到 (7.87):

$$\lim_{n \to +\infty} \int_{-\sqrt{n}}^{+\infty} f_n(t)\mathrm{d}t = \int_{-\infty}^{+\infty} \mathrm{e}^{-\frac{t^2}{2}} \mathrm{d}t = \sqrt{2\pi}, \tag{7.93}$$

这个需要用到控制收敛定理, 我们知道有这个事实, 是另一门课程实变函数的主要定理之一.

*7.7　阶 的 估 计

一元微分、积分定义以后, 我们需要做一些收敛的估计. 我们在前面讲到了, 一个数列, 收敛固然重要, 但估计其收敛速度更为要紧. 我们在斯特林公式 (7.88) 中看到了仅仅用微分积分得到的漂亮的估计. 这一节我们就系统地谈谈阶的估计. 主要是针对两种极端情况, 无穷小量和无穷大量. 只是我们需要一点无穷级数与无穷函数的简单事实. 所以可以在学了第 8 章和第 9 章以后再来看就没有问题了.

定义 7.9　(i) 如果函数 $f(x)$ 满足

$$\lim_{x \to x_0} f(x) = 0,$$

我们称 $f(x)$ 是当 $x \to x_0$ 时的**无穷小量**, 记作

$$f(x) = o(1), \quad x \to x_0.$$

特别如果序列 $\{a_n\}$ 满足

$$\lim_{n \to \infty} a_n = 0,$$

记为

$$a_n = o(1).$$

(ii) 如果

$$\lim_{x \to \infty} |f(x)| = \infty,$$

我们称 $f(x)$ 是当 $x \to \infty$ 时的**无穷大量**. 特别

$$\lim_{n \to \infty} |a_n| = \infty,$$

a_n 为无穷大量.

(iii) 如果 $g(x) \geq 0$ 且存在常数 $M > 0$ 使得

$$|f(x)| \leq Mg(x), \quad x \in (a,b),$$

就称 $g(x)$ 是 $f(x)$ 的强函数, 记为

$$f(x) = O(g(x)), \quad x \in (a,b).$$

特别, 如果 $b_n \geq 0$ 且存在 $M > 0$ 使得

$$|a_n| \leq Mb_n,$$

则

$$a_n = O(b_n).$$

(iv) 如果

$$\lim_{x \to x_0} \frac{f(x)}{g(x)} = 1,$$

则称 $f(x)$ 与 $g(x)$ 当 $x \to x_0$ 时等价, 记为

$$f(x) \sim g(x), \quad x \to x_0.$$

特别

$$\lim_{n \to \infty} \frac{a_n}{b_n} = 1,$$

则

$$a_n \sim b_n.$$

例 **7.18**

$$\sin x \sim x, \quad x \to 0.$$

这是因为从 $\sin x$ 的泰勒展式得到

$$\sin x = x + O(x^3).$$

或者

$$\sin x = x - \frac{x^3}{3!} + O(x^5), \quad \cos x = 1 - \frac{x^2}{2} + O(x^4), \quad x \to 0.$$

例 **7.19** 求极限

$$\lim_{n \to \infty} \cos^n \frac{x}{\sqrt{n}}.$$

注意

$$\left(\cos \frac{x}{\sqrt{n}} \right)^n = \left(1 - \frac{x^2}{2n} + O\left(\frac{1}{n^2} \right) \right)^n = e^{n \ln \left(1 - \frac{x^2}{2n} + O\left(\frac{1}{n^2} \right) \right)}$$

$$= e^{n \left(-\frac{x^2}{2n} + O\left(\frac{1}{n^2} \right) \right)} = e^{-\frac{x^2}{2} \left(1 + O\left(\frac{1}{n} \right) \right)} = e^{-\frac{x^2}{2}} \left(1 + O\left(\frac{1}{n} \right) \right).$$

因此

$$\cos^n \frac{x}{\sqrt{n}} = e^{-\frac{x^2}{2}} \left(1 + O\left(\frac{1}{n} \right) \right) \to e^{-\frac{x^2}{2}}, \quad n \to \infty.$$

不仅得到收敛性, 也得到收敛的速度. 特别地

$$\cos^n \frac{x}{\sqrt{n}} \sim e^{-\frac{x^2}{2}}, \quad n \to \infty.$$

例 **7.20** 我们在第 3 章中的 (3.40) 中证明了调和数列

$$a_n = \sum_{k=1}^{n} \frac{1}{k} \to \infty \quad (n \to \infty),$$

但我们没有估计到其趋于无穷大的阶数. 现在我们来讨论这一问题, 由于

$$\ln\left(1 + \frac{1}{k} \right) = \frac{1}{k} + O\left(\frac{1}{k^2} \right).$$

所以

$$\sum_{k=1}^{n} \frac{1}{k} = \sum_{k=1}^{n} \ln\left(1 + \frac{1}{k} \right) + \sum_{k=1}^{\infty} C_k, \quad C_k = O\left(\frac{1}{k^2} \right).$$

由此得到(下面的定理用到一点无穷级数的和的结果, 等到第 8 章学到了, 可以再回过头来看)

$$\sum_{k=1}^{n}\frac{1}{k}=\ln(n+1)+\sum_{k=1}^{\infty}C_k-\sum_{k=n+1}^{\infty}C_k=\ln n+\gamma+O\left(\frac{1}{n}\right), \tag{7.94}$$

其中 γ 为一常数. 特别是

$$\sum_{k=1}^{n}\frac{1}{k}\sim\ln n,\quad n\to\infty. \tag{7.95}$$

上面的例子表明, 无穷小、无穷大的比较, 使得我们能得到收敛的速度. 利用 (7.95) 我们可以得到 $n!$ 的一个粗略估计. 首先有如下的等式:

$$\ln k=\int_k^{k+1}\ln k\,\mathrm{d}t=\int_k^{k+1}(\ln k-\ln t)\,\mathrm{d}t+\int_k^{k+1}\ln t\,\mathrm{d}t.$$

于是由 (7.95) 得

$$
\begin{aligned}
\ln(n-1)! &=\sum_{k=1}^{n-1}\ln k=\int_1^n\ln t\,\mathrm{d}t-\sum_{k=1}^{n-1}\int_k^{k+1}\ln\frac{t}{k}\,\mathrm{d}t\\
&=n\ln n-n+1-\sum_{k=1}^{n-1}\int_0^1\ln\left(1+\frac{t}{k}\right)\mathrm{d}t\\
&=n\ln n-n+1-\sum_{k=1}^{n-1}\left(\frac{1}{2k}+O\left(\frac{1}{k^2}\right)\right)\\
&=n\ln n-n+1-\frac{1}{2}\ln(n-1)+C+O\left(\frac{1}{n}\right),
\end{aligned}
\tag{7.96}
$$

其中 C 为常数. 由此得到

$$\ln n!=(n+1)\ln(n+1)-n-\frac{1}{2}\ln n+C+O\left(\frac{1}{n}\right) \tag{7.97}$$

或者

$$n!=(n+1)^{n+1}\frac{1}{\mathrm{e}^n}\frac{1}{\sqrt{n}}\mathrm{e}^C\left(1+O\left(\frac{1}{n}\right)\right). \tag{7.98}$$

7.7.1　斯特林公式的收敛速度

我们先从另一种办法导出斯特林公式 (7.88) 的收敛速度. 我们在第 5 章中得到泰勒级数展开:

$$\ln(1+x)=\sum_{k=1}^{\infty}(-1)^{k-1}\frac{x^k}{k},\quad\forall x\in(-1,1]. \tag{7.99}$$

假设 $|x|<1$, 立刻得到

$$\ln\frac{1+x}{1-x}=\ln(1+x)-\ln(1-x)=2x\left(1+\frac{x^2}{3}+\cdots+\frac{x^{2n}}{2n+1}+\cdots\right). \tag{7.100}$$

在 (7.100) 中取 $x = \dfrac{1}{2n+1}$ 得到

$$\frac{1+x}{1-x} = \frac{1 + \dfrac{1}{2n+1}}{1 - \dfrac{1}{2n+1}} = \frac{n+1}{n}.$$

于是

$$\ln\frac{n+1}{n} = \frac{2}{2n+1}\left[1 + \frac{1}{3(2n+1)^2} + \frac{1}{5(2n+1)^4} + \cdots\right]. \tag{7.101}$$

即

$$\left(n + \frac{1}{2}\right)\ln\frac{n+1}{n} = 1 + \frac{1}{3(2n+1)^2} + \frac{1}{5(2n+1)^4} + \cdots. \tag{7.102}$$

由此

$$1 < \left(n + \frac{1}{2}\right)\ln\frac{n+1}{n} < 1 + \frac{1}{3}\left[\frac{1}{(2n+1)^2} + \frac{1}{(2n+1)^4} + \cdots\right] = 1 + \frac{1}{12n(n+1)}. \tag{7.103}$$

取指数得

$$\mathrm{e} < \left(1 + \frac{1}{n}\right)^{n+\frac{1}{2}} < \mathrm{e}^{1 + \frac{1}{12n(n+1)}}. \tag{7.104}$$

令

$$a_n = \frac{n!\mathrm{e}^n}{n^{n+\frac{1}{2}}}. \tag{7.105}$$

则

$$\frac{a_n}{a_{n+1}} = \frac{\left(1 + \dfrac{1}{n}\right)^{n+\frac{1}{2}}}{\mathrm{e}}.$$

从 (7.104) 得

$$1 < \frac{a_n}{a_{n+1}} < \mathrm{e}^{\frac{1}{12n(n+1)}} = \frac{\mathrm{e}^{\frac{1}{12n}}}{\mathrm{e}^{\frac{1}{12(n+1)}}}.$$

从而

$$a_n > a_{n+1}, \quad a_n \mathrm{e}^{-\frac{1}{12n}} < a_{n+1}\mathrm{e}^{-\frac{1}{12(n+1)}}.$$

这两个单调序列有共同的极限 a , 且

$$a_n \mathrm{e}^{\frac{1}{12n}} < a < a_n.$$

于是存在 $\theta \in (0,1)$ 使得

$$a = a_n \mathrm{e}^{\frac{\theta}{12n}}.$$

于是由定义 (7.105) 得

$$n! = a\sqrt{n}\left(\frac{n}{\mathrm{e}}\right)^n \mathrm{e}^{\frac{\theta}{12n}}, \quad (2n)! = a\sqrt{2n}\left(\frac{2n}{\mathrm{e}}\right)^{2n} \mathrm{e}^{\frac{\theta'}{24n}}, \theta' \in (0,1). \tag{7.106}$$

再由 (7.88), 我们知道这里 $a = \sqrt{2\pi}$.

我们也可以从我们沃利斯公式 (7.49) 求到 a . 实际上, 由沃利斯公式 (7.49) 和 (7.106) 得

$$\begin{aligned}
\frac{\pi}{2} &= \lim_{n\to\infty} \frac{2\cdot 2\cdot 4\cdot 4\cdots(2n)(2n)}{1\cdot 3\cdot 3\cdot 5\cdot 5\cdots(2n-1)(2n+1)} \\
&= \lim_{n\to\infty} \frac{1}{2n+1}\left[\frac{2\cdot 4\cdots(2n)}{1\cdot 3\cdot 5\cdots(2n-1)}\right]^2 \\
&= \lim_{n\to\infty} \frac{1}{2n+1}\left[\frac{(2\cdot 4\cdots(2n))^2}{(2n)!}\right]^2 \\
&= \lim_{n\to\infty} \frac{1}{2n+1}\left[\frac{2^{2n}(n!)^2}{(2n)!}\right]^2 \\
&= \lim_{n\to\infty} \frac{1}{2n+1} a^2 \cdot \frac{n}{2} \cdot \mathrm{e}^{\frac{2\theta - \theta'}{12n}} = \frac{a^2}{4}. \tag{7.107}
\end{aligned}$$

于是 $a = \sqrt{2\pi}$. 从而

$$n! = \sqrt{2\pi n}\left(\frac{n}{\mathrm{e}}\right)^n \mathrm{e}^{\frac{\theta}{12n}}. \tag{7.108}$$

比起 (7.88) 来, 我们得到了界的估计:

$$\frac{n!}{\sqrt{2\pi n}\left(\frac{n}{\mathrm{e}}\right)^n} = \mathrm{e}^{\frac{\theta}{12n}}, \quad 0 < \theta < 1. \tag{7.109}$$

因此

$$n! = \sqrt{2\pi n}\left(\frac{n}{\mathrm{e}}\right)^n\left(1 + O\left(\frac{1}{n}\right)\right). \tag{7.110}$$

这自然是了不起的成绩: 我们不仅得到极限, 也得到极限的收敛速度. 由于 (7.107) 的右端的极限都是恒等式, 我们也知道沃利斯公式 (7.49) 收敛的速度为

$$\frac{2 \cdot 2 \cdot 4 \cdot 4 \cdots (2n)(2n)}{1 \cdot 3 \cdot 3 \cdot 5 \cdot 5 \cdots (2n-1)(2n+1)} = \frac{n\pi}{2n+1} \cdot \mathrm{e}^{\frac{2\theta-\theta'}{12n}}$$

$$= \frac{\pi}{2}\left(1 - \frac{1}{2n+1}\right)\mathrm{e}^{\frac{2\theta-\theta'}{12n}} = \frac{\pi}{2} + O\left(\frac{1}{n}\right). \tag{7.111}$$

另一个比较简单的办法来自于积分估计.

定理 7.28 设 $x \geqslant a, f(x)$ 非负单调递增, 则当 $\xi \geqslant a$ 时

$$\left| \sum_{a \leqslant n \leqslant \xi} f(n) - \int_a^\xi f(x)\mathrm{d}x \right| \leqslant f(\xi). \tag{7.112}$$

证明 如图 7.11: 取 $[\xi] = b$ 得

$$\int_a^b f(x)\mathrm{d}x = \sum_{i=a}^{b-1} \int_i^{i+1} f(x)\mathrm{d}x \begin{cases} \geqslant \sum_{i=a}^{b-1} f(i), \\ \leqslant \sum_{i=a}^{b-1} f(i+1), \end{cases}$$

也就是

$$f(a) + \cdots + f(b-1) \leqslant \int_a^b f(x)\mathrm{d}x \leqslant f(a+1) + \cdots + f(b).$$

但因为

$$0 \leqslant \int_b^\xi f(x)\mathrm{d}x \leqslant f(\xi).$$

合起来就得到定理. □

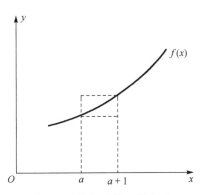

图 7.11 单调递增函数积分

现在考虑

$$f(x) = \ln x, \quad \xi \geqslant 1, \quad T(\xi) = \sum_{1 \leqslant n \leqslant \xi} \ln n.$$

由 (7.112),

$$\left| T(\xi) - \int_1^\xi \ln x \, \mathrm{d}x \right| \leqslant \ln \xi.$$

即

$$\left| T(\xi) - \xi \ln \xi + \xi - 1 \right| \leqslant \ln \xi.$$

当 ξ 是整数时有

$$n \ln n - n + 1 - \ln n \leqslant \ln n! \leqslant n \ln n - n + 1 + \ln n,$$

也就是

$$n^{n-1} \mathrm{e}^{-n+1} \leqslant n! \leqslant n^{n+1} \mathrm{e}^{-n+1}$$

或者

$$\frac{\mathrm{e}}{n} \leqslant \frac{n!}{\left(\dfrac{n}{\mathrm{e}}\right)^n} \leqslant \mathrm{e} \cdot n, \tag{7.113}$$

是个粗略的估计.

7.7.2　二项式系数的渐近估计

我们现在从 (7.110) 来估计在 (5.38) 定义的二项式系数

$$\mathrm{C}_n^k = \frac{n!}{k!(n-k)!}, \quad k = 1, 2, \cdots, n. \tag{7.114}$$

这个问题在另一门课程概率论中有重要的意义. 一个伯努利 (Jocob Bernoulli, 1654 —1705) 试验, 在 n 次试验中 k 次成功的概率为

$$\mathrm{C}_n^k p^k (1-p)^{n-k}, \quad 0 < p < 1, \tag{7.115}$$

其中 p 是每次试验中成功的概率, $1-p$ 是失败的概率. 如果成功记为 1, 失败为 0, 则 n 次试验得到一个数列:

$$(a_1, a_2, \cdots, a_n), \quad a_i = 0 \text{ 或者 } 1, \quad i = 1, 2, \cdots, n.$$

如果这个试验 n 无限制地拉长, 就得到

$$(a_1, a_2, \cdots)$$

对应一个二进制的 $[0,1]$ 之间的数

$$a = \frac{a_1}{2} + \frac{a_2}{2^2} + \cdots.$$

换句话说, 样本点的个数变成了 [0,1] 中任意一个数. 这个时候这个点的概率是

$$\lim_{n \to \infty} C_n^k p^k (1-p)^{n-k}. \tag{7.116}$$

如果 k 是任意有限数, 自然有 (7.116) 式收敛到 0. 问题在于如果 $k \to \infty$ 时, (7.116) 会如何? 这就涉及估计 C_n^k 的问题. 首先,

$$\frac{C_n^{k+1}}{C_n^k} = \frac{k!(n-k)!}{n!} \frac{n!}{(k+1)!(n-k-1)!} = \frac{n-k}{k+1} = \frac{n+1}{k+1} - 1. \tag{7.117}$$

于是当 $k \leqslant \dfrac{n}{2} - \dfrac{1}{2}$ 时,

$$C_n^{k+1} \geqslant C_n^k;$$

而当 $k \geqslant \dfrac{n}{2} - \dfrac{1}{2}$ 时,

$$C_n^{k+1} \leqslant C_n^k.$$

这就说明 C_n^k 在 $[n/2]$ 时达到最大值. 这个也可以从二项式系数具有对称性: $C_n^k = C_n^{n-k}$ 看出. 由 (7.110),

$$C_n^k = \frac{n!}{k!(n-k)!} = \frac{\sqrt{2\pi n}\left(\dfrac{n}{e}\right)^n \left(1 + O\left(\dfrac{1}{k}\right)\right)}{\sqrt{2\pi k}\left(\dfrac{k}{e}\right)^k \sqrt{2\pi(n-k)}\left(\dfrac{n-k}{e}\right)^{n-k}}$$

$$= \left(\frac{n}{2\pi k(n-k)}\right)^{\frac{1}{2}} \left(\frac{n}{k}\right)^k \left(\frac{n}{n-k}\right)^{n-k} \left(1 + O\left(\frac{1}{k}\right)\right).$$

令

$$k = \frac{n}{2} - \ell, \quad \ell = o(n), \tag{7.118}$$

于是

$$\left(\frac{n}{k(n-k)}\right)^{\frac{1}{2}} = \left(\frac{n}{\left(\dfrac{n}{2}\right)^2 - \ell^2}\right)^{\frac{1}{2}} = 2\left(\frac{1}{n}\right)^{\frac{1}{2}} \left(1 + O\left(\frac{\ell^2}{n^2}\right)\right),$$

$$\left(\frac{n}{k}\right)^k \left(\frac{n}{n-k}\right)^{n-k} = 2^n \left(1 - \frac{2\ell}{n}\right)^{\ell - \frac{n}{2}} \left(1 + \frac{2\ell}{n}\right)^{-\ell - \frac{n}{2}}.$$

进一步,

$$\left(1-\frac{2\ell}{n}\right)^{\ell-\frac{n}{2}}=\mathrm{e}^{\left(\ell-\frac{n}{2}\right)\ln\left(1-\frac{2\ell}{n}\right)}=\mathrm{e}^{\left(\ell-\frac{n}{2}\right)\left(-\frac{2\ell}{n}-\frac{2\ell^2}{n^2}+O\left(\frac{\ell^3}{n^3}\right)\right)}=\mathrm{e}^{\ell-\frac{\ell^2}{n}+O\left(\frac{\ell^3}{n^2}\right)}.$$

同理,

$$\left(1+\frac{2\ell}{n}\right)^{-\ell-\frac{n}{2}}=\mathrm{e}^{-\ell-\frac{\ell^2}{n}+O\left(\frac{\ell^3}{n^2}\right)}.$$

于是

$$C_n^k\sim\left(\frac{2}{n\pi}\right)^{\frac{1}{2}}2^n\mathrm{e}^{-\frac{2\ell^2}{n}+O\left(\frac{\ell^3}{n^2}\right)}. \tag{7.119}$$

所以当 $\ell=0$ 时, C_n^k 达到最大, 最大值为

$$\left(\frac{2}{n\pi}\right)^{\frac{1}{2}}2^n. \tag{7.120}$$

当 $\ell=o(n)$ 时,

$$C_n^k\sim C_n^{n/2}\mathrm{e}^{-\frac{2\ell^2}{n}+O\left(\frac{\ell^3}{n^2}\right)}. \tag{7.121}$$

当 $\ell=o\left(\sqrt{n}\right)$ 时, $C_n^k\sim C_n^{n/2}$. 特别, $p=1/2$ 时, 由 (7.116)、(7.119) 得

$$\lim_{k\to\infty,k\leqslant n}C_n^kp^k(1-p)^{n-k}\leqslant\lim_{n\to\infty}\left(\frac{2}{n\pi}\right)^{\frac{1}{2}}\left(1+O\left(\frac{1}{n}\right)\right)=0. \tag{7.122}$$

至于一般情况的 (7.116), 令

$$b_k=C_n^kp^k(1-p)^{n-k}. \tag{7.123}$$

则

$$\frac{b_k}{b_{k-1}}=\frac{(n-k+1)p}{kq}=1+\frac{(n+1)p-k}{kq},\quad q=1-p.$$

于是有

- 当 $k<(n+1)p$ 时, $b_k>b_{k-1}$;
- 当 $k>(n+1)p$ 时, $b_k<b_{k-1}$;
- 当 $k=(n+1)p$ 时, $b_k=b_{k-1}$.

所以存在正整数 m 使得

$$(n+1)p-1<m\leqslant(n+1)p,\quad m=(n+1)p-\ell,\quad 0\leqslant\ell<1.$$

m 称为 n 重伯努利试验中成功最多的次数. 从而由 (7.110),

$$b_m = \frac{n! \, p^{(n+1)p-\ell} q^{(n+1)q-1+\ell}}{[(n+1)p-\ell]![(n+1)q-1+\ell]!}$$

$$= \frac{\sqrt{2\pi n}\left(\dfrac{n}{e}\right)^n p^{(n+1)p-\ell} q^{(n+1)q-1+\ell}\left(1+O\left(\dfrac{1}{n}\right)\right)}{\sqrt{2\pi[(n+1)p-\ell]}\left(\dfrac{(n+1)p-\ell}{e}\right)^{(n+1)p-\ell} \sqrt{2\pi[(n+1)q-1+\ell]}\left(\dfrac{(n+1)q-1+\ell}{e}\right)^{(n+1)q-1+\ell}}$$

$$= \frac{1}{\sqrt{2\pi npq}} \frac{(np)^{(n+1)p-\ell}(nq)^{(n+1)q-1+\ell}}{(np+p-\ell)^{(n+1)p-\ell}(nq-p+\ell)^{(n+1)q-1+\ell}}\left(1+O\left(\frac{1}{n}\right)\right)$$

$$= \frac{1}{\sqrt{2\pi npq}}\left(1+O\left(\frac{1}{n}\right)\right).$$

当 $p = q = \dfrac{1}{2}$，我们就得到 (7.122). 结果不是一般的漂亮.

7.7.3 Basel 问题的极限与收敛率

我们在第 3 章中的 (3.24) 讨论了级数

$$S_{-2}(n) = 1 + \frac{1}{2^2} + \frac{1}{3^2} + \cdots + \frac{1}{n^2}. \tag{7.124}$$

这是个单调递增的级数, 从第 3 章中的 (3.26) 可以知道级数是收敛的, 而且我们有收敛速率 (3.27). 这个问题在历史上特别有名, 首先在 1644 年由意大利数学家蒙格利 (Pietro Mengoli, 1626—1686) 提出. 后来由欧拉给出了答案 (3.25). 这个问题称为 Bassel 问题, 目前有许多的办法求到极限. 其中一个就是利用 (7.48). 注意

$$I_{2n} = \int_0^{\frac{\pi}{2}} \sin^{2n} x \, \mathrm{d}x$$

$$= -\int_0^{\frac{\pi}{2}} \sin^{2n}\left(\frac{\pi}{2} - x\right) \mathrm{d}x = \int_0^{\frac{\pi}{2}} \cos^{2n} x \, \mathrm{d}x.$$

$$= \frac{(2n-1)(2n-3)\cdots 3\cdot 1}{2n(2n-2)\cdots 4\cdot 2} \cdot \frac{\pi}{2} = \frac{(2n)!}{4^n (n!)^2} \cdot \frac{\pi}{2}. \tag{7.125}$$

定义

$$J_n = \int_0^{\frac{\pi}{2}} x^2 \cos^{2n} x \, \mathrm{d}x. \tag{7.126}$$

利用分部积分, 我们很容易得到

$$I_{2n} = \frac{(2n)!}{4^n (n!)^2} \frac{\pi}{2} = n(2n-1)J_{n-1} - 2n^2 J_n, \quad n > 0. \tag{7.127}$$

因此

$$\frac{\pi}{4n^2} = \frac{4^{n-1}[(n-1)!]^2}{(2n-2)!} J_{n-1} - \frac{4^n (n!)^2}{(2n)!} J_n. \tag{7.128}$$

上式两端求和得到

$$\frac{\pi}{4} \sum_{n=1}^{N} \frac{1}{n^2} = \sum_{n=1}^{N} \frac{4^{n-1}[(n-1)!]^2}{(2(n-1))!} J_{n-1} - \sum_{n=1}^{N} \frac{4^n (n!)^2}{(2n)!} J_n$$

$$= J_0 + \left[\frac{4^{2-1}[(2-1)!]^2}{(2(2-1))!} J_{2-1} - \frac{4^1 (1!)^2}{2!} J_1 \right] + \cdots - \frac{4^N (N!)^2}{(2N)!} J_N.$$

上式中间的项由(7.128)都是零. 于是

$$\frac{\pi}{4} \sum_{n=1}^{N} \frac{1}{n^2} = J_0 - \frac{4^N (N!)^2}{(2N)!} J_N = \frac{\pi^3}{24} - \frac{4^N (N!)^2}{(2N)!} J_N. \tag{7.129}$$

注意

$$x < \frac{\pi}{2} \sin x, \quad 0 < x < \frac{\pi}{2}. \tag{7.130}$$

我们有

$$J_N < \frac{\pi^2}{4} \int_0^{\frac{\pi}{2}} \sin^2 x \cos^{2N} x \, dx$$

$$= \frac{\pi^2}{4} \left(\int_0^{\frac{\pi}{2}} \cos^{2N} x \, dx - \int_0^{\frac{\pi}{2}} \cos^{2N+2} x \, dx \right)$$

$$= \frac{\pi^2}{4} (I_{2N} - I_{2N+2}) = \frac{\frac{\pi^2}{8} I_{2N}}{N+1}. \tag{7.131}$$

再由(7.48),

$$0 < \frac{4^N (N!)^2}{(2N)!} J_N < \frac{\pi^3}{16(N+1)}. \tag{7.132}$$

由此及(7.129)得

$$\sum_{n=1}^{N} \frac{1}{n^2} = \frac{\pi^2}{6} - O\left(\frac{1}{N}\right), \quad 0 < O\left(\frac{1}{N}\right) < \frac{\pi^2}{4(N+1)}. \tag{7.133}$$

这是比第 3 章中(3.27)稍微粗略的估计.

在结束这章前, 我们指出一个事实, 称为芭芭拉引理, 是罗马尼亚数学家芭芭拉(Ioan Barbalat, 1907—)在 1959 年首先提出的. 这个引理阐述了函数和导数在无穷远点的关系, 在系统稳定性中有基本的重要性. 首先我们知道, 一般来说, $\lim\limits_{x \to +\infty} f(x) = 0$ 与 $\lim\limits_{x \to +\infty} f'(x) = 0$ 互不包含. 即

$\lim\limits_{x \to +\infty} f'(x) = 0$ 无法得到 $\lim\limits_{x \to +\infty} f(x) = 0$. 例如 $f(x) = \sin(\ln x),\ x > 0$;

$\lim\limits_{x \to +\infty} f(x) = 0$ 也无法得到 $\lim\limits_{x \to +\infty} f'(x) = 0$. 例如 $f(x) = \dfrac{\sin x^2}{x}$.

但却有下面的引理.

定理 7.29(芭芭拉引理) 假设 $f(x)$ 在 $x \in (x_0, +\infty)$ 上可微且 $\lim\limits_{x \to +\infty} f(x) = A$ 存在. 如果 $f'(x)$ 在 $(x_0, +\infty)$ 上一致连续, 则

$$\lim_{x \to +\infty} f'(x) = 0.$$

证明 因为 $f'(x)$ 一致连续, 对任给的 $\varepsilon > 0$, 存在 $\delta > 0$, 使得

$$\left| f'(x+\delta) - f'(x) \right| < \frac{\varepsilon}{2}, \quad \forall x \in (x_0, +\infty).$$

再由 $\lim\limits_{x \to +\infty} f(x) = A$, 存在 $x_1 > x_0$ 使得

$$\left| f(x) - A \right| < \frac{\delta}{4}\varepsilon, \quad \left| f(x+\delta) - A \right| < \frac{\delta}{4}\varepsilon, \quad \forall x > x_1.$$

由中值定理

$$f(x+\delta) - f(x) = f'(\xi)\delta, \quad \xi \in (x, x+\delta), \quad x > x_1.$$

由此

$$\left| f'(\xi)\delta \right| = \left| f(x+\delta) - A - [f(x) - A] \right| < \frac{\delta}{2}\varepsilon.$$

因此

$$\left| f'(\xi) \right| < \frac{\varepsilon}{2}.$$

因为 $\xi \in (x, x+\delta)$, 所以 $|x - \xi| < \delta$. 因此

$$\left| f'(x) \right| \leqslant \left| f'(\xi) \right| + \left| f'(x) - f'(\xi) \right| < \varepsilon, \quad \forall x > x_1.$$

故 $\lim\limits_{x \to +\infty} f'(x) = 0$.

7.8 习　题

1. 证明: 若 φ 在 $[0,a]$ 上连续, f 二阶可导, 且 $f''(x) \geqslant 0$, 则有

$$\frac{1}{a}\int_0^a f(\varphi(t))\mathrm{d}t \geqslant f\left(\frac{1}{a}\int_0^a \varphi(t)\mathrm{d}t\right).$$

2. 证明下列命题:

(1)若 f 在 $[a,b]$ 上连续增,

$$F(x) = \frac{1}{x-a}\int_a^x f(t)\mathrm{d}t, \quad x \in (a,b], \quad F(x) = f(a), \quad x = a,$$

则 F 为 $[a,b]$ 上的增函数.

(2)若 f 在 $[0,+\infty)$ 上连续, 且 $f(x) > 0$, 则

$$\varphi(x) = \frac{\displaystyle\int_0^x tf(t)\mathrm{d}t}{\displaystyle\int_0^x f(t)\mathrm{d}t}$$

为 $(0,+\infty)$ 上的严格增函数. 如果要使 φ 在 $[0,+\infty)$ 上为严格增, 试问应如何补充定义 $\varphi(0)$.

3. 求下列定积分：

(1) $\displaystyle\int_0^1 \frac{x}{(1+x)^a}\mathrm{d}x$;

(2) $\displaystyle\int_0^1 \ln\left(1+\sqrt{x}\right)\mathrm{d}x$;

(3) $\displaystyle\int_0^{\frac{a}{\sqrt{2}}} \frac{\mathrm{d}x}{(a^2-x^2)^{3/2}}$;

(4) $\displaystyle\int_1^{\sqrt{3}} \frac{\sqrt{1+x^2}}{x}\mathrm{d}x$;

(5) $\displaystyle\int_0^4 \frac{\sqrt{x}}{1+x}\mathrm{d}x$;

(6) $\displaystyle\int_0^1 \arcsin\sqrt{\frac{x}{1+x}}\mathrm{d}x$.

4. 设函数 $\varphi(x)$ 在闭区间 $[A,B]$ 上连续, $f(x)$ 在 $[a,b]$ 上可积, 且当 $a \leqslant x \leqslant b$ 时 $A \leqslant f(x) \leqslant B$. 证明函数 $\varphi(f(x))$ 在 $[a,b]$ 上可积.

5. 设 f 在 $[a,b]$ 上可积. 证明 f 的连续点在 $[a,b]$ 中是稠密的, 即对于任意区间 $(\alpha,\beta) \subset [a,b]$, 总存在一点 $x_0 \in (\alpha,\beta)$, 使 f 在 x_0 连续.

6. 证明: 若 f 在 $[a,b]$ 上连续, 且 $f(x) > 0$, 则

$$\ln\left(\frac{1}{b-a}\int_a^b f(x)\mathrm{d}x\right) \geqslant \frac{1}{b-a}\int_a^b \ln f(x)\mathrm{d}x.$$

7. 设 f 在 $[0,a]$ 上连续可微, 且 $f(0) = 0$, 则

$$\int_0^a |f(x)f'(x)|\mathrm{d}x \leqslant \frac{a}{2}\int_0^a [f'(x)]^2\mathrm{d}x.$$

8. 设函数 $f(x)$ 在 $[a,b]$ 上连续, 且对任意区间 $[\alpha,\beta] \subset [a,b]$, 均有

$$\left| \int_{\alpha}^{\beta} f(x)\mathrm{d}x \right| \leqslant M(\beta - \alpha)^{1+\delta}, \quad M > 0, \quad \delta > 0.$$

求证：$f(x) \equiv 0$.

9. 设函数 $f(x)$ 在 $[a,b]$ 上连续，且 $\int_a^b f(x)\mathrm{d}x = 0$，$\int_a^b xf(x)\mathrm{d}x = 0$. 求证：至少存在两点 $x_1, x_2 \in (a,b)$，使得 $f(x_1) = f(x_2) = 0$.

10. 设 $f(x)$ 在 $[a,b]$ 上连续，且对 $[a,b]$ 上任一满足 $\int_a^b g(x)\mathrm{d}x = 0$ 的连续函数 $g(x)$，都有 $\int_a^b f(x) \cdot g(x)\mathrm{d}x = 0$. 求证：$f(x)$ 在 $[a,b]$ 上为一常数.

11. 设 $f(x)$ 在 $(-\infty, +\infty)$ 内连续，且 $g(x) = f(x)\int_0^x f(t)\mathrm{d}t$ 是 $(-\infty, +\infty)$ 上的单调递减函数. 求证：$f(x) \equiv 0$.

12. 设函数 $f(x)$ 在 $[a,b]$ 上连续，非负（即 $f(x) \geqslant 0$），且 $\int_a^b f(x)\mathrm{d}x = 0$，求证：$f(x) \equiv 0$.

13. 设函数 $f(x)$ 在 $[a,b]$ 上连续，且 $\int_a^b f(x)\mathrm{d}x = 0$，求证：在 (a,b) 内至少存在一点 ξ，使得 $f(\xi) = 0$.

14. 设 $f(x)$ 在 $[a,b]$ 上可积，且 $\int_a^b f(x)\mathrm{d}x > 0$，求证：存在区间 $[\alpha, \beta] \in [a,b]$，使得在 $[\alpha, \beta]$ 上，$f(x) > 0$.

15. 设 $f(x)$ 在 $[0,1]$ 上有连续导数，且 $f(1) - f(0) = 1$，求证：

$$\int_0^1 (f'(x))^2 \mathrm{d}x \geqslant 1.$$

16. 设函数 $f(x)$ 在 $[0,1]$ 上连续，且 $1 \leqslant f(x) \leqslant 2$，求证：

$$\int_0^1 f(x)\mathrm{d}x \int_0^1 \frac{1}{f(x)}\mathrm{d}x \leqslant \frac{9}{8}.$$

17. 证明施瓦茨不等式：若 f 和 g 在 $[a,b]$ 上可积，则

$$\left(\int_a^b f(x)g(x)\mathrm{d}x \right)^2 \leqslant \int_a^b f^2(x)\mathrm{d}x \cdot \int_a^b g^2(x)\mathrm{d}x.$$

18. 若 f 在 $[0,a]$ 上连续可微，且 $f(0) = 0$，则

$$\int_0^a |f(x)f'(x)|\mathrm{d}x \leqslant \frac{a}{2}\int_0^a [f'(x)]^2 \mathrm{d}x.$$

19. 设函数 $g(x), h(x)$ 在 $[a,b]$ 上皆连续，且 $g(x) \geqslant h(x)$，$\int_a^b g(x)\mathrm{d}x = \int_a^b h(x)\mathrm{d}x$. 求证：$g(x) \equiv h(x)$.

20. 设函数 $f(x)$ 在 $[a,b]$ 上连续, 求证: $\exists \psi \in (a,b)$, 使得 $\int_a^b f(x)\mathrm{d}x = f(\psi)(b-a)$.

21. 设 $f(x)$ 在 $[a,b]$ 上可积, 且 $\int_a^b f(x)\mathrm{d}x > 0$. 求证: 存在区间 $[\alpha,\beta] \subset [a,b]$, 使得在 $[\alpha,\beta]$ 上, $f(x) > 0$.

22. 设 $f(x)$ 在 $[0,1]$ 上有连续导数, 且 $f(1) - f(0) = 1$. 求证: $\int_0^1 (f'(x))^2 \mathrm{d}x \geqslant 1$.

23. 求极限 $\displaystyle\lim_{n\to\infty} \frac{1}{n} \sum_{k=1}^n \sin\frac{k\pi}{n}$.

24. 设 $f(x) \in R[0,1]$, 且 $f(x) \geqslant a > 0$. 求证: $\displaystyle\int_0^1 \frac{1}{f(x)}\mathrm{d}x \geqslant \frac{1}{\displaystyle\int_0^1 f(x)\mathrm{d}x}$.

25. 设 $f(x) \geqslant 0, f''(x) \leqslant 0 (\forall x \in [a,b])$. 求证:

$$\max_{a \leqslant x \leqslant b} |f(x)| \leqslant \frac{2}{b-a} \int_a^b f(x)\mathrm{d}x.$$

26. 求证: $\displaystyle\int_0^{\frac{\pi}{2}} \sin(\sin x)\mathrm{d}x \leqslant \int_0^{\frac{\pi}{2}} \cos(\cos x)\mathrm{d}x$.

27. 设 $f(x)$ 在 $[a,b]$ 上连续且单调增加, 求证:

$$\int_a^b x f(x)\mathrm{d}x \geqslant \frac{a+b}{2} \int_a^b f(x)\mathrm{d}x.$$

28. 设 $f(x)$ 是在 $(-\infty, +\infty)$ 上的周期函数, 周期为 T , 并满足:

(1) $|f(x) - f(y)| \leqslant L|x-y| (\forall x, y \in (-\infty, +\infty))$, 其中 L 为常数;

(2) $\int_0^T f(x)\mathrm{d}x = 0$.

求证: $\displaystyle\max_{x \in [0,T]} |f(x)| \leqslant \frac{1}{2} LT$.

29. 设 $x_0 = 25, x_n = \arctan x_{n-1} (n = 1, 2, \cdots)$. 证明: 数列 x_n 收敛, 并求出其极限.

30. 设 f 在 $[0,1]$ 上连续且恒大于零. 证明

$$\ln \int_0^1 f(x)\mathrm{d}x \geqslant \int_0^1 \ln f(x)\mathrm{d}x.$$

31. 设 f 在 $[a,b]$ 上可积. 证明 f 的连续点在 $[a,b]$ 中是稠密的, 即对于任意区间 $(\alpha,\beta) \subset [a,b]$, 总存在一点 $x_0 \in (\alpha,\beta)$, 使 f 在 x_0 连续.

32. 设函数 f 在 $[0,\pi]$ 上连续, 且 $\int_0^\pi f(\theta)\cos\theta \mathrm{d}\theta = \int_0^\pi f(\theta)\sin\theta \mathrm{d}\theta = 0$. 证明存在 $\alpha, \beta \in (0,\pi)$, 使得 $f(\alpha) = f(\beta) = 0$.

33. 设 f 在 $(-\infty, +\infty)$ 上可微, $f(0) = 0$, 且 $|f'(x)| \leqslant |f(x)|$, 证明 $f(x) \equiv 0$.

34. 设 f 有连续的一阶导数, 且 $0 < f'(x) < \dfrac{1}{x^2} (1 \leqslant x < +\infty)$.

证明 $\lim\limits_{n \to \infty} f(n)$ 存在.

35. 求由抛物线 $y = x^2$ 与 $y = 2 - x^2$ 所围图形的面积.

36. 求由曲线 $x = t - t^3, y = 1 - t^4$ 所围图形的面积.

37. 求曲线 $x = a\cos^3 t, y = a\sin^3 t$ 所围平面图形绕 x 轴旋转所得立体的体积.

38. 求曲线 $\sqrt{x} + \sqrt{y} = 1$ 的弧长.

39. 求 a, b 的值, 使椭圆 $x = a\cos t, y = b\sin t$ 的周长等于正弦曲线 $y = \sin x$ 在 $0 \leqslant x \leqslant 2\pi$ 上一段的长.

40. 求平面曲线 $\dfrac{x^2}{a^2} + \dfrac{y^2}{b^2} = 1$ 绕 y 轴所得旋转曲面的面积.

41. 求极坐标曲线 $r = a(1 + \cos\theta)$ 绕极轴旋转所得旋转曲面的面积.

42. 求证: 球带的面积等于球的最大圆周长与球带高的乘积.

43. 求半球面积 $z = \sqrt{R^2 - x^2 - y^2}$ 的重心.

44. 求圆柱面 $x^2 + y^2 = a^2$ 与两平面 $z = 0, z = 2(x + a)$ 所围立体的体积和侧面积.

45. 有一半径 $R = 3\text{m}$ 的圆形溢水洞, 水半满, 求水作用在闸门上的压力.

46. 设 $f(2) = \dfrac{1}{2}, f'(2) = 0, \displaystyle\int_0^2 f(x)\mathrm{d}x = 1$, 求 $\displaystyle\int_0^1 x^2 f''(2x)\mathrm{d}x$.

47. 设 $f(x)$ 在 $[a, b]$ 上二阶连续可微, 求证:
$$f(x) - f(a) - f'(a)(x - a) = \int_a^x f''(t)(x - t)\mathrm{d}t \quad (\forall x \in [a, b]).$$

48. 设 f 在 $[0, +\infty)$ 上连续, 且 $\lim\limits_{x \to +\infty} f(x) = A$, 证明
$$\lim_{x \to +\infty} \frac{1}{x} \int_0^x f(t)\mathrm{d}t = A.$$

49. 设 f 是定义在 $(-\infty, +\infty)$ 上的一个连续周期函数, 周期为 p, 证明
$$\lim_{x \to +\infty} \frac{1}{x} \int_0^x f(t)\mathrm{d}t = \frac{1}{p} \int_0^p f(t)\mathrm{d}t.$$

50. 设 $f(x)$ 在 $[0, 1]$ 上连续, 且 $f(x) > 0$, 求极限 $\lim\limits_{n \to \infty} \sqrt[n]{f\left(\dfrac{1}{n}\right) f\left(\dfrac{2}{n}\right) \cdots f\left(\dfrac{n-1}{n}\right) f(1)}$.

51. $f(x)$ 在 $[0, 1]$ 上有连续二阶导数, $f(0) = f(1) = 0, f(x) \neq 0$ (当 $x \in (0, 1)$ 时), 试证明:
$$\int_0^1 \left| \frac{f''(x)}{f(x)} \right| \mathrm{d}x \geqslant 4.$$

52. 积分
$$\int_0^{+\infty} \left[\left(1 - \frac{\sin x}{x}\right)^{-\frac{1}{3}} - 1 \right] \mathrm{d}x$$

是否收敛? 是否绝对收敛? 证明所述结论.

53. 证明: 若 $f(x)$ 连续可微, 积分 $\int_a^{+\infty} f(x)\mathrm{d}x$ 和 $\int_a^{+\infty} f'(x)\mathrm{d}x$ 都收敛, 则 $x \to +\infty$ 时, 有 $f(x) \to 0$.

54. 设 $f(x)$ 在每个有限区间 $[a,b]$ 上可积, 并且 $\lim\limits_{x \to +\infty} f(x) = A$, $\lim\limits_{x \to -\infty} f(x) = B$ 存在. 求证: 对任何一个实数 $a > 0$,

$$\int_{-\infty}^{+\infty} [f(x+a) - f(x)]\mathrm{d}x$$

存在并求出它的值.

55. 设 $f(x)$ 为连续实值函数, 对所有 x, 有 $f(x) \geqslant 0$, 且 $\int_0^{+\infty} f(x)\mathrm{d}x < +\infty$. 当 $n \to \infty$ 时, 求证:

$$\frac{1}{n}\int_0^n xf(x)\mathrm{d}x \to 0.$$

56. 设 $f(x)$ 在 $[0,+\infty)$ 上连续导数, 且 $\lim\limits_{x \to +\infty} f(x) = A$. 求: $\lim\limits_{n \to \infty}\int_0^1 f(nx)\mathrm{d}x = A$.

57. 设 $f(x)$ 在 $[0,1]$ 上连续. 求证: $\lim\limits_{h \to 0^+}\int_0^1 \dfrac{h}{h^2 + x^2} f(x)\mathrm{d}x = \dfrac{\pi}{2} f(0)$.

第 **8** 章

数 项 级 数

我们在第 3 章数列极限和第 5 章一元微积分, 特别是第 5 章中泰勒级数 (5.154) 不可避免地需要无穷级数. 一个无穷的级数事实上是部分和的极限.

$$S = a_1 + a_2 + \cdots + a_n + \cdots$$

可以理解成部分和数列 $\{S_N\}_{N=1}^{\infty}$:

$$S_N = \sum_{n=1}^{N} a_n$$

当 $N \to \infty$ 时的极限, 所以无穷级数实际上是极限的一部分. 早期的微积分大师们就不断地使用级数. 最早的级数是公比小于 1 的无穷几何级数, 我们在第 3 章的 (3.18) 中求到了这种等比级数的和:

$$S = a + aq + aq^2 + \cdots + aq^n + \cdots = \frac{a}{1-q}, \quad |q| < 1. \tag{8.1}$$

我们也在第 3 章的 (3.53) 求到

$$e = 1 + \frac{1}{1!} + \frac{1}{2!} + \cdots + \frac{1}{n!} + \cdots. \tag{8.2}$$

在 (7.133) 求到 Bessel 问题的解:

$$\sum_{n=1}^{\infty} \frac{1}{n^2} = \frac{\pi^2}{6}. \tag{8.3}$$

我们对这几种无穷级数的收敛证明了收敛的速率. 我们也在第 3 章的 (3.40) 求到调和级数不可能是有限的:

$$S = 1 + \frac{1}{2} + \frac{1}{3} + \cdots + \frac{1}{n} + \cdots = \infty. \tag{8.4}$$

历史上有非常有意思的办法来证明调和级数不是有限的. 例如伯努利是这样证明的:

$$\frac{1}{2}+\frac{1}{3}+\frac{1}{4}+\cdots = \frac{1}{1\cdot 2}+\frac{2}{2\cdot 3}+\frac{3}{3\cdot 4}+\cdots$$

$$=\left(\frac{1}{1\cdot 2}+\frac{1}{2\cdot 3}+\frac{1}{3\cdot 4}+\cdots\right)+\left(\frac{1}{2\cdot 3}+\frac{1}{3\cdot 4}+\cdots\right)+\left(\frac{1}{3\cdot 4}+\frac{1}{4\cdot 5}+\cdots\right)$$

$$=1+\left(1-\frac{1}{2}\right)+\left(1-\frac{1}{2}-\frac{1}{6}\right)+\left(1-\frac{1}{2}-\frac{1}{6}-\frac{1}{12}\right)+\cdots$$

$$=1+\frac{1}{2}+\frac{1}{3}+\cdots = S.$$

从而 $S-1=S$. 所以 S 不可能是有穷的. 我们也在 (7.94) 中得到了调和级数收敛到无穷的阶:

$$\sum_{k=1}^{n}\frac{1}{k}=\ln n+\gamma+O\left(\frac{1}{n}\right), \tag{8.5}$$

其中 γ 称为欧拉常数. 历史上, 欧拉有非常绝妙的办法求到这个估计. 注意我们在第 5 章中有对数函数的泰勒展式:

$$\ln(1+x)=\sum_{k=1}^{\infty}(-1)^{k-1}\frac{x^{k}}{k}, \quad \forall x\in(-1,1). \tag{8.6}$$

于是

$$\ln\left(1+\frac{1}{x}\right)=\frac{1}{x}-\frac{1}{2x^{2}}+\frac{1}{3x^{3}}-\frac{1}{4x^{4}}+\cdots. \tag{8.7}$$

由此出发得

$$\frac{1}{x}=\ln\frac{1+x}{x}+\frac{1}{2x^{2}}-\frac{1}{3x^{3}}+\frac{1}{4x^{4}}-\cdots. \tag{8.8}$$

于是

$$\frac{1}{n}=\ln\frac{1+n}{n}+\frac{1}{2n^{2}}-\frac{1}{3n^{3}}+\frac{1}{4n^{4}}-\cdots. \tag{8.9}$$

注意到

$$\ln\frac{2}{1}+\ln\frac{3}{2}+\cdots+\ln\frac{1+n}{n}=\ln(1+n),$$

(8.9) 的左右两边分别相加就得到

$$1+\frac{1}{2}+\frac{1}{3}+\cdots+\frac{1}{n}=\ln(1+n)+C_{n}. \tag{8.10}$$

欧拉发现, 当 n 很大的时候, 并不影响 $C_{n}\approx\gamma=0.577218$ 太多.

　　事实上, 无穷级数是数学分析三大组成部分之一, 是逼近理论的基础, 是研究函数、进行近似计算的一种有用的工具, 在自然科学、工程技术和许多数学分支中都有广泛的应用. 级数理论的主要内容是研究级数的收敛性以及级数的应用.

　　在中学数学里我们知道, 对于有限个实数 $u_{1},u_{2},\cdots,u_{n}$ 相加后还是一个实数, 现在我们要做"无穷多个"实数相加. 又是这个无穷让我们和初等数学分野. 在第 3 章里我们谈到庄子"一尺之棰, 日取其半, 万世不竭"的说法, 在古希腊的数学中这样的例子被哲学家、数学家发扬光大, 做了系统的研究. 其中著名的问题之一是芝诺悖论, 也叫阿基里斯和龟的问题. 阿基里斯是希腊传说中一个善走的神, 可是芝诺却说在某种情况下他甚至永远也追不上一只龟, 这是怎么回事呢? 假定阿基里斯的速度是龟的 10 倍, 开始的时候他在龟后面 10 米. 当阿基里斯走完这落后的 10 米时, 这段时间龟也在往前走, 龟已经向前走了 1 米, 接着当阿基里斯走完落后的 1 米时, 龟又向前走了 1/10 米,⋯, 照这样推下去, 阿基里斯每赶上龟一段路, 龟又向前走了这段路的 1/10, 于是阿基里斯永远也追不上龟. 这自然不可能是事实, 那么问题究竟在哪里出错了呢?

让我们求出阿基里斯追赶龟的时间. 假设阿基里斯的速度是 10 千米/时, 按照芝诺的设计, 走完第一段需要的时间是 1 小时, 走完第二段路的时间是 1/10 小时, 走完第二段路的时间是 $1/10^2$ 小时,⋯, 因此阿基里斯追上龟的时间就是一个无穷级数

$$1+\frac{1}{10}+\frac{1}{10^2}+\cdots+\frac{1}{10^n}+\cdots.$$

显然地, 这是一个等比级数, 其和在 (8.1) 中得到是 $\frac{10}{9}$. 当然阿基里斯能够追赶得上龟. 芝诺悖论的问题出在他把本是连续的路程问题与离散的问题等同, 黑格尔曾从哲学的角度给予正确的反驳.

必须注意, 无穷级数的求和和有穷级数的求和非常的不同. 人类的计算能力是有限的, 求无穷级数的和必然遇到有限和无限的矛盾. 如果简单地用有限项相加的原则来处理无穷级数就会出现许多谬误. 例如有限项相加有结合律, 但是对无穷级数使用结合律就会出问题, 例如

$$1-1+1-1+\cdots+1-1+\cdots=(1-1)+(1-1)+\cdots+(1-1)+\cdots=0.$$

同时还有

$$1-1+1-1+\cdots+1-1+\cdots=1+(-1+1)+(-1+1)+\cdots+(-1+1)+\cdots=1,$$

产生矛盾, 因此, 我们需要对"无穷多项相加"建立严格的理论. 直到 19 世纪初, 我们在第 3 章建立的极限理论才给无穷级数求和奠定了理论基础.

8.1 无穷级数的收敛性

定义 8.1 给定一个无穷数列 $\{a_n\}_{n=1}^{\infty}$. 我们将表达式

$$a_1+a_2+\cdots+a_n+\cdots$$

称为**常数项无穷级数**(或数项级数, 或级数), 也可以简单记为 $\sum\limits_{n=1}^{\infty} a_n$ 或 $\sum a_n$.

对每个正整数 n, 记

$$S_n := a_1 + a_2 + \cdots + a_n,$$

我们称 S_n 为级数的第 n 个部分和. 我们得到一个新的数列 $\{S_n\}$, 并称 $\{S_n\}$ 为级数的**部分和数列**. 若 $\{S_n\}$ 收敛, 则称**级数收敛**, 称 $S = \lim\limits_{n\to\infty} S_n$ 为级数的和, 并记

$$a_1 + a_2 + \cdots + a_n + \cdots = \sum_{n=1}^{\infty} a_n = \lim_{n\to\infty} S_n = S.$$

如级数收敛, 则称差值

$$r_n = S - S_n = a_{n+1} + a_{n+2} + \cdots$$

为级数的**余项**. 如果存在不依赖于 n 的常数 $M, \omega > 0$ 使得

$$|r_n| \leqslant M\mathrm{e}^{-\omega n}, \quad n = 1, 2, \cdots, \tag{8.11}$$

则称级数**指数收敛**. 如果存在 $k \geqslant 1$ 使得

$$|r_n| \leqslant \frac{M}{n^k}, \quad n = 1, 2, \cdots, \tag{8.12}$$

则称级数**多项式收敛**. 若 $\{S_n\}$ 发散, 则称**级数发散**.

注 8.1 对于收敛的无穷级数, 我们可以得到该级数的和. 但是如果级数不收敛, 则该级数的和就没有意义, 例如, 如果令 $S = 1 + 2 + 4 + 8 + \cdots$, 则

$$S = 1 + 2 + 4 + 8 + \cdots = 1 + 2(1 + 2 + 4 + 8 + \cdots) = 1 + 2S,$$

这样就得到了 $S = -1$, 显然是不对的.

定理 8.1(级数收敛的柯西准则) 给定数列 $\{a_n\}_{n=1}^{\infty}$. 则级数 $\sum a_n$ 收敛的充要条件是 $\{S_n\}$ 是柯西数列.

即对任意正实数 ε, 都存在正整数 N, 使得对任意正整数 $n > m > N$, 我们都有

$$|S_n - S_m| = |a_{m+1} + \cdots + a_n| < \varepsilon.$$

证明 直接将数列的柯西准则应用到部分和数列 $\{S_n\}$ 即可证明此定理. □

下面我们给出数列收敛的一个必要条件.

推论 8.1 给定数列 $\{a_n\}_{n=1}^{\infty}$. 若级数 $\sum a_n$ 收敛, 则 $\lim\limits_{n\to\infty} a_n = 0$.

证明 因为级数 $\sum a_n$ 收敛, 所以根据级数收敛的柯西准则, 我们得到 $\{S_n\}$ 是柯西数列. 由定理 8.1, 任取正实数 ε, 则存在正整数 N, 使得对于任意正整数

$n > N+1$，取 $m = n-1$，我们都有

$$|a_n| = |S_n - S_{n-1}| < \varepsilon.$$

因此 $\lim\limits_{n \to \infty} a_n = 0$. □

那么，推论 8.1 是否为充分条件呢? 我们再来看调和级数

$$\sum_{n=1}^{\infty} \frac{1}{n} = 1 + \frac{1}{2} + \frac{1}{3} + \cdots + \frac{1}{n} + \cdots.$$

例 8.1 调和级数 $1 + \frac{1}{2} + \frac{1}{3} + \cdots + \frac{1}{n} + \cdots$ 是发散的. 事实上, 对于任意正整数 N,
我们有

$$S_{2N+2} - S_N = \sum_{i=N+1}^{2N+2} \frac{1}{i} = \frac{1}{N+1} + \cdots + \frac{1}{2N+2} \geq \frac{N+1}{2N+2} = \frac{1}{2}.$$

根据级数收敛的柯西准则, 此级数发散.

由调和级数发散的例 8.1, 我们就知道推论 8.1 不是级数收敛的充分条件.

例 8.2 证明级数 $\sum\limits_{n=1}^{\infty} \ln \frac{n+1}{n}$ 发散. 考虑该级数的部分和数列

$$S_n = \sum_{k=1}^{n} \ln \frac{k+1}{k} = \sum_{k=1}^{n} (\ln(k+1) - \ln k) = \ln(n+1) - \ln 1 = \ln(n+1).$$

由于 $\ln(n+1) \to \infty$, 因此级数 $\sum\limits_{n=1}^{\infty} \ln \frac{n+1}{n}$ 发散.

定理 8.2 给定数列 $\{a_n\}_{n=1}^{\infty}, \{b_n\}_{n=1}^{\infty}$. 若级数 $\sum a_n, \sum b_n$ 收敛, 则对于任意实数 a,b,
级数 $\sum (aa_n + bb_n)$ 也收敛, 而且 $\sum (aa_n + bb_n) = a\sum a_n + b\sum b_n$.

证明 记 $\{S_n\}, \{T_n\}$ 分别为级数 $\sum a_n, \sum b_n$ 的部分和数列. 则 $\{aS_n + bT_n\}$ 是级数
$\sum (aa_n + bb_n)$ 的部分和数列. 因为 $\sum a_n, \sum b_n$ 收敛, 所以根据数列极限的性质, 我
们有

$$\lim_{n \to \infty} (aS_n + bT_n) = a\lim_{n \to \infty} S_n + b\lim_{n \to \infty} T_n = a\sum a_n + b\sum b_n.$$ □

引理 8.1 给定数列 $\{a_n\}_{n=1}^{\infty}, \{b_n\}_{n=1}^{\infty}$, 如果存在正整数 N, M, 使得对于任意正整数
p, 都有 $a_{N+p} = b_{M+p}$, 则级数 $\sum a_n$ 与 $\sum b_n$ 的敛散性相同.

证明 记 $\{S_n\}, \{T_n\}$ 分别为级数 $\sum a_n, \sum b_n$ 的部分和数列. 则有 $T_n = S_{n+N-M}, T_m = S_{m+N-M}$.

　　首先假设 $\sum a_n$ 收敛. 任取正实数 ε. 因为 $\sum a_n$ 收敛, 根据级数收敛的柯西准则, 存在正整数 L, 使得对于任意的正整数 $n > m > L$, 都有 $|S_n - S_m| < \varepsilon$. 所以对于任意的正整数 $n > m > L + M + N$, 我们得到 $|T_n - T_m| = |S_{n+N-M} - S_{m+N-M}| < \varepsilon$. 再次利用级数收敛的柯西准则我们推出 $\sum b_n$ 收敛.

　　反之, 如果级数 $\sum a_n$ 发散, 则级数 $\sum b_n$ 也发散, 若不然, 可以假设 $\sum b_n$ 收敛, 那么我们可以利用相同的推导方法得到 $\sum a_n$ 也收敛, 矛盾.　　　　　　　　　□

　　定理 8.3　去掉、增加或改变级数的有限个项并不改变级数的敛散性.

　　证明　此定理可以直接利用引理 8.1 推出. 具体证明过程留作练习.　　　　□

　　定理 8.4　在收敛级数的项中任意加括号, 得到的新级数依然是收敛的, 且这两个级数的和相同.

　　证明　用数学语言表达此定理其实就是: 给定数列 $\{a_n\}_{n=1}^{\infty}$, 再给定一个严格递增整数数列 $0 =: k_0 < k_1 < k_2 < \cdots$. 对每个正整数 n, 记 $b_n := \sum_{i=k_{n-1}+1}^{k_n} a_i$. 记 $\{S_n\}$ 是 $\sum a_n$ 的部分和数列, 记 $\{T_n\}$ 是 $\sum b_n$ 的部分和数列. 假设 $\sum a_n$ 收敛. 则 $\sum b_n$ 也收敛, 并且 $\sum a_n = \sum b_n$.

　　固定正实数 ε. 因为 $\sum a_n$ 收敛, 则存在正整数 N, 使得对于任意的正整数 $l > N$, 都有 $\left|S_l - \sum a_n\right| < \varepsilon$. 对于任意的正整数 $l > N$, 我们注意到 $k_l \geqslant l$, 所以 $\left|T_l - \sum a_n\right| = \left|S_{k_l} - \sum a_n\right| < \varepsilon$. 因此 $\sum b_n$ 收敛, 并且 $\sum a_n = \sum b_n$.　　　　　　□

　　例 8.3　级数

$$\frac{1}{\sqrt{2}-1} - \frac{1}{\sqrt{2}+1} + \frac{1}{\sqrt{3}-1} - \frac{1}{\sqrt{3}+1} + \frac{1}{\sqrt{4}-1} - \frac{1}{\sqrt{4}+1} + \cdots \tag{8.13}$$

是发散的. 因为

$$\left(\frac{1}{\sqrt{2}-1} - \frac{1}{\sqrt{2}+1}\right) + \left(\frac{1}{\sqrt{3}-1} - \frac{1}{\sqrt{3}+1}\right) + \cdots + \left(\frac{1}{\sqrt{n}-1} - \frac{1}{\sqrt{n}+1}\right) + \cdots = \sum_{i=1}^{n-1} \frac{2}{i}$$

是发散的, 所以根据定理 8.4, 级数 (8.13) 也是发散的.

8.2　正 项 级 数

　　在本节中, 我们考虑一类特殊的无穷级数, 其每一项都是正的, 我们称为正项级数. 对于正项级数, 我们可以更容易求出其是否收敛, 研究正项级数的敛散性对于研究一般级数也是很有意义的.

定义 8.2 若给定数列的每一项同为正实数或负实数, 则由此数列生成的级数称为同号级数. 若给定数列的每一项同为正实数, 则由此数列生成的级数称为**正项级数**. 即 $\sum_{n=1}^{\infty} a_n$, $a_n > 0$.

注 8.2 若给定同号级数 $\sum a_n$ 的每一项都是负实数, 则 $\sum (-a_n)$ 为正项级数, 而且容易验证 $\sum a_n$ 与 $\sum (-a_n)$ 的敛散性相同, 所以对于同号级数敛散性的学习, 我们可以只专注于正项级数.

正项级数有什么特殊的性质呢? 首先, 我们考察正项级数的部分和数列

$$S_n = a_1 + a_2 + \cdots + a_n,$$

显然

$$S_n \leqslant S_{n+1}, \quad n = 1, 2, \cdots.$$

即正项级数的部分和数列是单调递增的.

定理 8.5 正项级数 $\sum a_n$ 收敛的充要条件是部分和数列 $\{S_n\}$ 有界.

证明 必要性. 因为 $\sum a_n$ 收敛, 根据级数收敛的定义, 部分和数列 $\{S_n\}$ 收敛. 因为收敛数列必有界, 所以数列 $\{S_n\}$ 有界, 必要性证毕.

充分性. 因为 $\sum a_n$ 是正项级数, 所以部分和数列 $\{S_n\}$ 是单调递增数列. 因为部分和数列 $\{S_n\}$ 有界, 所以根据数列的单调有界原理, 我们推出 $\{S_n\}$ 必收敛, 因而 $\sum a_n$ 收敛. $\qquad\square$

例 8.4 级数

$$\sum_{n=1}^{\infty} \left(\frac{1}{n} - \ln\left(1 + \frac{1}{n}\right) \right) = \gamma \tag{8.14}$$

收敛, 其中 γ 是**欧拉常数**. 一种办法是利用 (8.5):

$$S(N) = \sum_{n=1}^{N} \left(\frac{1}{n} - \ln\left(1 + \frac{1}{n}\right) \right) = \ln N + \gamma + O\left(\frac{1}{N}\right) - \ln(N+1) = \gamma + O\left(\frac{1}{N}\right).$$

这样我们甚至得到收敛的速度. 也可以直接由定理 8.5 证明之. 首先, 注意

$$\ln\left(1 + \frac{1}{n}\right) = \int_n^{n+1} \frac{1}{t} dt.$$

由定积分的性质 $\frac{1}{n+1} < \int_n^{n+1} \frac{1}{t} dt < \frac{1}{n}$ 易知

$$a_n = \frac{1}{n} - \int_n^{n+1} \frac{1}{t} dt > \frac{1}{n} - \frac{1}{n} = 0,$$

因此该级数为正项级数,

$$S(n) - S(n-1) = a_n > 0,$$

部分和数列 $S(n)$ 单调递增. 下面证明部分和数列 $S(n)$ 有上界:

$$S(n) = \sum_{k=1}^{n}\left(\frac{1}{k} - \int_k^{k+1}\frac{1}{t}\mathrm{d}t\right) = 1 + \sum_{k=1}^{n-1}\left(\frac{1}{k+1} - \int_k^{k+1}\frac{1}{t}\mathrm{d}t\right)$$

$$< 1 + \sum_{k=1}^{n-1}\left(\frac{1}{k+1} - \frac{1}{k+1}\right) = 1.$$

由定理 8.5 可知, 级数收敛. 而且欧拉常数 $\gamma \in [0,1]$.

注 8.3 反过来, 例 8.4 第二部分的证明给出了调和级数的阶的一个粗略估计. 实际上,

$$S(n) = \sum_{k=1}^{n}\left(\frac{1}{k} - \int_k^{k+1}\frac{1}{t}\mathrm{d}t\right) = \sum_{k=1}^{n}\frac{1}{k} - \int_1^{n+1}\frac{1}{t}\mathrm{d}t = \sum_{k=1}^{n}\frac{1}{k} - \ln(n+1),$$

即

$$\sum_{k=1}^{n}\frac{1}{k} = \ln(n+1) + \gamma + \varepsilon_n, \tag{8.15}$$

这里,

$$\lim_{n\to\infty}\varepsilon_n = \lim_{n\to\infty}(S(n) - \gamma) = 0.$$

由此我们可知调和级数其部分和相当于近似量 $\ln(n+1)$ 而趋近于无穷, 显然调和级数也是发散的. 自然 (8.15) 是比 (8.5) 粗略的估计, 但证明要简单得多.

定理 8.6(比较判别法) 给定两个正项级数 $\sum a_n, \sum b_n$. 假设存在正整数 N, 使得对于任意正整数 $n > N$, 都有

$$a_n \leqslant b_n.$$

则

(i) $\sum b_n$ 收敛 $\Rightarrow \sum a_n$ 收敛.

(ii) $\sum a_n$ 发散 $\Rightarrow \sum b_n$ 发散.

证明 首先假设 $\sum b_n$ 收敛. 对于任意的正实数 ε, 因为 $\sum b_n$ 收敛, 所以总存在正整数 M, 使得对于任意正整数 $n > m > M$, 都有 $\sum_{i=m+1}^{n}b_i < \varepsilon$. 根据假设对于任意正整数 $n > m > M + N$, 我们都有 $\sum_{i=m+1}^{n}a_i \leqslant \sum_{i=m+1}^{n}b_i < \varepsilon$. 所以根据数列的柯西准则我们得到 $\sum b_n$ 收敛.

下面假设 $\sum a_n$ 发散. 则存在正实数 ε, 使得对于任意正整数 M, 总存在正整数 $n > m > M$, 使得 $\sum_{i=m+1}^{n} a_i \geqslant \varepsilon$. 根据假设对于任意正整数 M, 总存在正整数 $n > m > N + M$, 使得 $\sum_{i=m+1}^{n} b_i \geqslant \sum_{i=m+1}^{n} a_i \geqslant \varepsilon$. 所以根据数列的柯西准则我们得到 $\sum a_n$ 发散. □

例 8.5 证明级数 $\sum \dfrac{1}{2^n - n}$ 是收敛的.

根据 (8.3), 级数 $\sum \dfrac{1}{n^2}$ 是收敛的. 利用数学归纳法可以证明当 $n \geqslant 5$ 时, $n^2 \leqslant 2^n - n$, 因此 $\dfrac{1}{2^n - n} \leqslant \dfrac{1}{n^2}$. 利用比较原则, 得到 $\sum \dfrac{1}{2^n - n}$ 是收敛的.

推论 8.2(比较判别法的极限形式) 给定两个正项级数 $\sum a_n$, $\sum b_n$, $b_n > 0$. 假设极限

$$\lim_{n \to \infty} \frac{a_n}{b_n} = l.$$

则有

(i) 如果 $0 < l < \infty$, 那么 $\sum a_n$ 与 $\sum b_n$ 的敛散性相同.

(ii) 如果 $l = 0$, 则 $\sum b_n$ 收敛 $\Rightarrow \sum a_n$ 也收敛.

(iii) 如果 $l = \infty$, 则 $\sum a_n$ 发散 $\Rightarrow \sum b_n$ 发散.

证明 证明过程与定理 8.6 相似, 我们留作练习. □

例 8.6 级数 $\sum \sin \dfrac{1}{n}$ 是发散的. 首先级数 $\sum \sin \dfrac{1}{n}$ 是正项级数, 由于 $\lim\limits_{x \to 0} \dfrac{\sin x}{x} = 1$, 所以我们采用比较判别法的极限形式, 与正项级数 $\sum \sin \dfrac{1}{n}$ 进行比较. 计算

$$\lim_{n \to \infty} \frac{\sin \dfrac{1}{n}}{\dfrac{1}{n}} = 1,$$

因为调和级数是发散的, 所以根据推论 8.2, $\sum \sin \dfrac{1}{n}$ 是发散的.

定理 8.7(达朗贝尔判别法或比式判别法) 给定正项级数 $\sum a_n$.

(i) 如果存在正整数 N 与实数 $0 < q < 1$, 使得对于任意正整数 $n > N$, 都有

$$\frac{a_{n+1}}{a_n} \leqslant q,$$

则级数 $\sum a_n$ 收敛.

(ii) 假设存在正整数 N, 使得对于任意正整数 $n > N$, 都有

$$\frac{a_{n+1}}{a_n} \geqslant 1,$$

则级数 $\sum a_n$ 发散.

证明 我们首先证明第一个命题. 由题目条件我们可知

$$\frac{a_2}{a_1} \leqslant q, \quad \frac{a_3}{a_2} \leqslant q, \quad \cdots, \quad \frac{a_{n+1}}{a_n} \leqslant q, \quad \cdots.$$

把各项乘在一起得到

$$\frac{a_2}{a_1} \cdot \frac{a_3}{a_2} \cdots \frac{a_{n+1}}{a_n} \leqslant q^n,$$

那么就有

$$a_{n+1} \leqslant a_1 q^n.$$

对于任意正实数 ε, 因为 $0 < q < 1$, 存在正整数 N, 使得 $q^N < (1-q)\varepsilon / a_1$. 则对于任意正整数 $m > N$, 我们都有

$$\sum_{i=m+1}^{\infty} a_i \leqslant \sum_{i=m+1}^{\infty} q^{i-1} a_1 = \frac{q^m a_1}{1-q} < \varepsilon.$$

由柯西收敛准则, $\sum a_n$ 收敛, 并且指数收敛.

下面我们证明第二个命题. 对任意正整数 M, 都存在正整数 $n := M + N + 1, m :=$ $M + N$ 满足条件 $n > m > M$, 使得 $\sum\limits_{i=m+1}^{n} a_i \geqslant a_{M+N+1} \geqslant a_{N+1}$. 根据数列的柯西准则, 我们推出 $\sum a_n$ 发散. □

推论 8.3 给定正项级数 $\sum a_n$. 假设极限 $\lim\limits_{n\to\infty} \dfrac{a_{n+1}}{a_n}$ 存在.

(i) 如果 $\lim\limits_{n\to\infty} \dfrac{a_{n+1}}{a_n} < 1$, 则 $\sum a_n$ 指数收敛.

(ii) 如果 $\lim\limits_{n\to\infty} \dfrac{a_{n+1}}{a_n} > 1$, 则 $\sum a_n$ 发散.

证明 证明过程与定理 8.7 相似, 我们留作练习. □

例 8.7 讨论级数 $\sum n x^{n-1} (x > 0)$ 的敛散性.

令 $a_n = n x^{n-1}$, 应用推论 8.3, 首先计算 $\lim\limits_{n\to\infty} \dfrac{a_{n+1}}{a_n}$:

$$\lim_{n\to\infty}\frac{a_{n+1}}{a_n} = \lim_{n\to\infty}\frac{(n+1)x^n}{nx^{n-1}} = \lim_{n\to\infty}\left(1+\frac{1}{n}\right)x = x.$$

根据推论 8.3, 当 $x<1$ 时, $\sum nx^{n-1}(x>0)$ 收敛. 当 $x>1$ 时, $\sum nx^{n-1}(x>0)$ 发散. 当 $x=1$ 时, $\sum nx^{n-1}=\sum n$ 显然发散.

当收敛的时候, 我们可以得到余项的估计. 设 $0<x+\varepsilon<1$, $\varepsilon>0$, 则有 $N>0$ 使得

$$a_{n+1} \leqslant (x+\varepsilon)^n a_1 = (x+\varepsilon)^n, \quad n>N.$$

所以

$$r_N = \sum_{n=N+1}^{\infty} a_n \leqslant \sum_{n=N}^{\infty}(x+\varepsilon)^n = \frac{(x+\varepsilon)^N}{1-x-\varepsilon} \tag{8.16}$$

是指数收敛的.

与定理 8.7 类似可得下面的定理.

定理 8.8(柯西判别法或根式判别法) 给定正项级数 $\sum a_n$.

(i) 如果存在正整数 N 与实数 $0<q<1$, 使得对于任意正整数 $n>N$, 都有

$$\sqrt[n]{a_n} \leqslant q,$$

则 $\sum a_n$ 指数收敛.

(ii) 如果存在正整数 N, 使得对于任意正整数 $n>N$, 都有

$$\sqrt[n]{a_n} \geqslant 1,$$

则 $\sum a_n$ 发散.

推论 8.4 给定正项级数 $\sum a_n$. 假设极限 $\lim_{n\to\infty}\sqrt[n]{a_n}$ 存在.

(i) 如果 $\lim_{n\to\infty}\sqrt[n]{a_n}<1$, 则 $\sum a_n$ 指数收敛.

(ii) 如果 $\lim_{n\to\infty}\sqrt[n]{a_n}>1$, 则 $\sum a_n$ 发散.

证明 证明过程与定理 8.7 相似, 我们留作练习. □

例 8.8 级数 $\sum\frac{2+(-1)^n}{2^n}$ 收敛. 应用推论 8.4, 计算可得

$$\lim_{n\to\infty}\sqrt[n]{\frac{2+(-1)^n}{2^n}} = \frac{1}{2}<1.$$

根据推论 8.4, 我们得到此级数指数收敛.

下面的定理与定理 7.28 是类似的.

定理 8.9(柯西积分判别法) 给定 $[1,+\infty)$ 上的非负递减函数 $f(x)$, 令 $a_n=f(n)$, 那么正项级数 $\sum a_n$ 与反常积分 $\int_1^{\infty}f(x)\mathrm{d}x$ 的敛散性相同. 且在收敛的情况下, 余项

$r_n = \displaystyle\sum_{k=n+1}^{\infty} a_k$ 有估计式:

$$\int_{n+1}^{\infty} f(x)\mathrm{d}x \leqslant r_n = \sum_{k=n+1}^{\infty} a_k \leqslant f(n+1) + \int_{n+1}^{\infty} f(x)\mathrm{d}x. \tag{8.17}$$

证明　由于 $f(x)$ 的单调递减性, 当 $k \leqslant x \leqslant k+1$ 时, 有

$$f(k+1) \leqslant f(x) \leqslant f(k),$$

因此

$$a_{k+1} = f(k+1) \leqslant \int_{k+1}^{k} f(x)\mathrm{d}x \leqslant f(k) = a_k,$$

不等式两边同时从 1 到 n 求和得

$$\sum_{k=1}^{n} a_{k+1} \leqslant \sum_{k=1}^{n} \int_{k}^{k+1} f(x)\mathrm{d}x = \int_{1}^{n+1} f(x)\mathrm{d}x \leqslant \sum_{k=1}^{n} a_k.$$

若反常积分 $\displaystyle\int_{1}^{\infty} f(x)\mathrm{d}x$ 收敛, 则正项级数 $\displaystyle\sum_{n=1}^{\infty} a_n$ 的部分和数列

$$S_n = \sum_{k=1}^{n} a_k = \sum_{k=1}^{n-1} a_{k+1} + a_1 \leqslant \int_{1}^{n+1} f(x)\mathrm{d}x + f(1) \leqslant \int_{1}^{\infty} f(x)\mathrm{d}x + f(1)$$

也是有界的, 因此级数 $\displaystyle\sum_{n=1}^{\infty} a_n$ 收敛.

若级数 $\displaystyle\sum_{n=1}^{\infty} a_n$ 收敛, 令 $\displaystyle\sum_{n=1}^{\infty} a_n = M$, 则

$$\int_{1}^{n+1} f(x)\mathrm{d}x \leqslant \sum_{k=1}^{n} a_k \leqslant \sum_{k=1}^{\infty} a_k,$$

积分 $\displaystyle\int_{1}^{n+1} f(x)\mathrm{d}x \leqslant M$ 对任意的自然数 n 成立. 对任意的实数 $A > 0$, 令 $[A] \leqslant A < [A]+1$, 又由 $f(x)$ 非负可知,

$$\int_{1}^{A} f(x)\mathrm{d}x \leqslant \int_{1}^{[A]+1} f(x)\mathrm{d}x \leqslant \sum_{k=1}^{\infty} a_k \leqslant M,$$

左边对 A 取极限, 得到

$$\int_{1}^{\infty} f(x)\,\mathrm{d}x \leqslant M,$$

$\displaystyle\int_{1}^{\infty} f(x)\,\mathrm{d}x$ 收敛.　　　　　　　　　　　　　　　　　　　　$\square$

例 8.9 由 (8.17) 可得收敛的一般负次幂级数, 令 $f(x) = \dfrac{1}{x^p}$,

$$\sum_{n=1}^{\infty} \frac{1}{n^p}, \quad p > 1$$

的余项满足

$$\frac{1}{p-1}\frac{1}{(N+1)^{p-1}} \leqslant r_N = \sum_{n=N+1}^{\infty} \frac{1}{n^p} \leqslant \frac{1}{p-1}\frac{1}{(N+1)^{p-1}} + \frac{1}{(N+1)^p}. \tag{8.18}$$

由此可以知道计算前 N 项所得误差的大小. 级数虽然收敛, 但收敛得很慢, 一般称为多项式收敛. 试比较 $p=2$ 时与第 3 章中 (3.27) 的估计, 左端完全相同.

8.3　一般项级数

定义 8.3　给定级数 $\sum a_n$. 若级数 $\sum |a_n|$ 收敛, 则称 $\sum a_n$ **绝对收敛**. 收敛但不是绝对收敛的级数称为**条件收敛**.

绝对收敛是非常强的一种收敛.

定理 8.10　绝对收敛级数一定收敛.

证明　我们取定一个绝对收敛级数 $\sum a_n$, 对于任意正实数 ε, 总存在正整数 N, 使得对于任意正整数 $n > m > N$, 我们都有 $\sum\limits_{i=m+1}^{n} |a_i| < \varepsilon$. 此时我们也有

$$\left| \sum_{i=m+1}^{n} a_i \right| \leqslant \sum_{i=m+1}^{n} |a_i| < \varepsilon.$$

所以 $\sum a_n$ 收敛. $\qquad\square$

例 8.10　级数 $\sum \dfrac{x}{n!} (x \in \mathbb{R})$ 是绝对收敛的. 这是因为 $a_n = \dfrac{x}{n!}$ 满足

$$\frac{|a_{n+1}|}{|a_n|} = \frac{1}{n+1} < 1, \quad n > 1.$$

下面的定理 8.11 异常重要, 说明一个绝对收敛的级数可以将和中的元素放到任何的地方其级数的和都是一样的.

定理 8.11　给定绝对收敛级数 $\sum a_n$, 再给定一个正整数集上的一个双射 F. 则 $\sum a_{F(n)}$ 收敛而且 $\sum a_n = \sum a_{F(n)}$. 实际上 $\sum a_{F(n)}$ 绝对收敛.

证明　因为 $\sum a_n$ 绝对收敛, 则存在正整数 N, 使得对于任意正整数 $n > m > N$, 我们都有

$$\sum_{i=m+1}^{n} |a_i| < \varepsilon / 2, \quad \left| \sum_{i=1}^{n} a_i - \sum a_n \right| < \varepsilon / 2.$$

因为 F 为双射，所以存在 $M \geq N+1$，使得 $\{1,2,\cdots,N+1\} \subset \{F(1),F(2),\cdots,F(M)\}$. 现在对于任意正整数 $n > M$，我们得到

$$\left| \sum_{i=1}^{n} a_{F(i)} - \sum a_n \right| = \left| \sum_{i=1}^{n} a_{F(i)} - \sum_{i=1}^{N+1} a_i + \sum_{i=1}^{N+1} a_i - \sum a_n \right|$$

$$\leq \left| \sum_{i=1}^{n} a_{F(i)} - \sum_{i=1}^{N+1} a_i \right| + \left| \sum_{i=1}^{N+1} a_i - \sum a_n \right|$$

$$\leq \sum_{i \in \{F(1),\cdots,F(n)\} \backslash \{1,\cdots,N+1\}} |a_i| + \left| \sum_{i=1}^{N+1} a_i - \sum a_n \right|$$

$$\leq \sum_{i=N+2}^{\max\{F(1),\cdots,F(n)\}} |a_i| + \left| \sum_{i=1}^{N+1} a_i - \sum a_n \right|$$

$$< \frac{\varepsilon}{2} + \frac{\varepsilon}{2} = \varepsilon.$$

所以 $\sum a_{F(n)}$ 收敛而且 $\sum a_n = \sum a_{F(n)}$. 利用这个结果我们得到 $\sum a_{F(n)}$ 其实绝对收敛. □

定理8.12（柯西定理） 给定绝对收敛级数 $\sum\limits_{n=1}^{\infty} a_n, \sum\limits_{n=1}^{\infty} b_n$，再给定一个双射 $F(n)(i)$: $\mathbb{N}^+ \to \mathbb{N}^+ \times \mathbb{N}^+$，$i = 1,2$，这里 $\mathbb{N}^+$ 表示所有正整数的集合. 也就是集合 $\{F(n)(1)\}_{n=1}^{\infty} = \{n\}_{n=1}^{\infty}; \{F(n)(2)\}_{n=1}^{\infty} = \{n\}_{n=1}^{\infty}$，且 $F(n)(k) \neq F(m)(k)$ 对所有的 $m \neq n, k = 1,2$ 成立，则 $\sum\limits_{n=1}^{\infty} a_{F(n)(1)} b_{F(n)(2)}$ 收敛，

$$\sum_{n=1}^{\infty} a_{F(n)(1)} b_{F(n)(2)} = \sum_{n=1}^{\infty} a_n \sum_{n=1}^{\infty} b_n,$$

并且 $\sum a_{F(n)(1)} b_{F(n)(2)}$ 绝对收敛.

证明 因为 $\sum\limits_{n=1}^{\infty} a_n, \sum\limits_{n=1}^{\infty} b_n$ 绝对收敛，则存在正整数 N，使得对任意正整数 $n > m > N$，我们都有

$$\sum_{i=m+1}^{n} |a_i| < \varepsilon; \quad \sum_{j=m+1}^{n} |b_j| < \varepsilon; \quad \left| \sum_{i,j=1}^{n} a_i b_j - \sum_{i=1}^{\infty} a_i \sum_{j=1}^{\infty} b_j \right| < \varepsilon.$$

因为 F 为双射，所以存在 $M \geq N+1$，使得

$$\{(i,j) : i,j = 1,2,\cdots,N+1\} \subset \{F(1),F(2),\cdots,F(M)\}.$$

现在对于任意正整数 $n > M$，我们得到

$$\left| \sum_{i=1}^{n} a_{F(i)(1)} b_{F(i)(2)} - \sum_{i=1}^{\infty} a_i \sum_{j=1}^{\infty} b_j \right|$$

$$= \left| \sum_{i=1}^{n} a_{F(i)(1)} b_{F(i)(2)} - \sum_{i,j=1}^{N+1} a_i b_j + \sum_{i,j=1}^{N+1} a_i b_j - \sum_{i=1}^{n} a_i \sum_{j=1}^{n} b_j \right|$$

$$\leqslant \left| \sum_{i=1}^{n} a_{F(i)(1)} b_{F(i)(2)} - \sum_{i,j=1}^{N+1} a_i b_j \right| + \left| \sum_{i,j=1}^{N+1} a_i b_j - \sum_{i=1}^{\infty} a_i \sum_{j=1}^{\infty} b_j \right|$$

$$\leqslant \sum_{i \in \{F(1),\cdots,F(n)\} \backslash \{(i,j): i,j=1,\cdots,N+1\}} \left| a_{F(i)(1)} b_{F(i)(2)} \right| + \left| \sum_{i,j=1}^{N+1} a_i b_j - \sum_{i=1}^{\infty} a_i \sum_{j=1}^{\infty} b_j \right|$$

$$\leqslant \sum_{i,j > N+1} |a_i| |b_j| + \left| \sum_{i,j=1}^{N+1} a_i b_j - \sum_{i=1}^{\infty} a_i \sum_{j=1}^{\infty} b_j \right|$$

$$< \varepsilon^2 + \varepsilon.$$

所以 $\sum_{n=1}^{\infty} a_{F(n)(1)} b_{F(n)(2)}$ 收敛且 $\sum_{n=1}^{\infty} a_{F(n)(1)} b_{F(n)(2)} = \sum_{n=1}^{\infty} a_n \sum b_n$. 用 $|a_i|, |b_j|$ 代替 a_i, b_j，进而我

们推导出 $\sum_{n=1}^{\infty} a_{F(n)(1)} b_{F(n)(2)}$ 绝对收敛. □

下面讨论乘积的级数

$$S_N = \sum_{n=1}^{N} a_n b_n. \tag{8.19}$$

引入

$$B_1 = b_1, \quad B_2 = b_1 + b_2, \quad \cdots, \quad B_N = b_1 + b_2 + \cdots + b_N. \tag{8.20}$$

于是

$$b_1 = B_1, \quad b_2 = B_2 - B_1, \quad \cdots, \quad b_N = B_N - B_{N-1}.$$

这样我们把和写作(阿贝尔求和法则):

$$S_N = a_1 B_1 + a_2 (B_2 - B_1) + \cdots + a_N (B_N - B_{N-1}) = \sum_{n=1}^{N-1} (a_n - a_{n+1}) B_n + a_N B_N. \tag{8.21}$$

定理 8.13(阿贝尔定理) 设

$$\sum_{n=0}^{\infty} a_n = S$$

收敛, 则

$$\sum_{n=0}^{\infty} a_n x^n$$

在 $|x| < 1$ 收敛, 且

$$\lim_{x \to 1^-} \sum_{n=0}^{\infty} a_n x^n = S. \tag{8.22}$$

证明　令

$$S_N = \sum_{n=0}^{N} a_n.$$

由 (8.21) 可知,

$$\sum_{n=0}^{N} a_n x^n = S_N x^N + \sum_{n=0}^{N-1} S_n (x^n - x^{n+1})$$

$$= S_N x^N + (1-x) \sum_{n=0}^{N-1} (S_n x^n - S x^n) + (1-x) S \sum_{n=0}^{N-1} x^n.$$

对于固定的 $|x| < 1$, 当 $N \to \infty$ 时, 显然有

$$S_N \to S, \quad \sum_{n=0}^{N-1} x^n \to \frac{1}{1-x}, \quad x^N \to 0.$$

所以当 $N \to \infty$ 时,

$$S_N x^N \to 0, \quad (1-x) S \sum_{n=0}^{N-1} x^n \to S.$$

取

$$m = \left[\frac{1}{\sqrt{1-x}} \right].$$

当 $x \to 1^-$ 时, $S_n - S = O(1)$, $n \geqslant m$. 所以

$$\sum_{n=0}^{N} (S_n - S) x^n = \sum_{n=0}^{m} (S_n - S) x^n + \sum_{n=m+1}^{N} (S_n - S) x^n$$

$$= O(m) + o\left(\sum_{n=m+1}^{N} x^n \right) = O(m) + o\left(\frac{1}{1-x} \right).$$

综合上面的讨论, 当 $n \to \infty$ 时有

$$\sum_{n=0}^{\infty} a_n x^n = S + O(m(1-x)) + o(1) = S + O(\sqrt{1-x}) + o(1),$$

$$\lim_{x \to 1^-} \sum_{n=0}^{\infty} a_n x^n = S. \tag{8.23}$$

定理证毕. □

定理 8.13 的一个直接的推论就是下面级数的乘法定理.

定理 8.14(级数的乘法定理) 设级数 $\sum_{n=1}^{\infty} a_n$ 与 $\sum_{n=1}^{\infty} b_n$ 分别收敛于 A 与 B. 记

$$c_n = a_1 b_n + a_2 b_{n-1} + \cdots + a_n b_1. \tag{8.24}$$

则当级数 $\sum c_n$ 收敛时, 必有

$$\sum_{n=1}^{\infty} c_n = AB. \tag{8.25}$$

证明 由定理 8.13, 级数

$$\sum_{n=1}^{\infty} a_n x^n, \quad \sum_{n=1}^{\infty} b_n x^n$$

在 $|x| < 1$ 时收敛. 因此

$$\sum_{n=1}^{\infty} a_n x^n \sum_{n=1}^{\infty} b_n x^n = \sum_{n=1}^{\infty} c_n x^{n+1}.$$

由此及定理 8.13, 就直接得到定理结论. □

注 8.4 注意定理 8.14 中条件 $\sum_{n=1}^{\infty} c_n$ 收敛不能去掉, 例如取

$$a_n = b_n = (-1)^n \frac{1}{\sqrt{n}},$$

此时(下面右端式子里每一项都大于 $1/n$)

$$c_n = (-1)^{n+1} \left[\frac{1}{\sqrt{n}} + \frac{1}{\sqrt{2}\sqrt{n-1}} + \cdots + \frac{1}{\sqrt{n}} \right], \quad |c_n| > 1.$$

所以 $\sum_{n=1}^{\infty} c_n$ 发散, 结论显然不成立.

引理 8.2(阿贝尔引理) 如果 a_n 单调递减(或者单调递增), 而由 (8.20) 定义的 B_i 有界:

$$|B_i| \leq L, \quad i = 1, 2, \cdots, N.$$

则

$$|S_N| = \left| \sum_{n=1}^{N} a_n b_n \right| \leq L(|a_1| + 2|a_N|). \tag{8.26}$$

证明 因为 (8.21) 最右端的差都有相同的符号, 所以

$$\left|S_N\right| \leqslant \sum_{n=1}^{N-1}\left|a_n - a_{n+1}\right|L + \left|a_N\right|L = L(\left|a_1 - a_N\right| + \left|a_N\right|) \leqslant L(\left|a_1\right| + 2\left|a_N\right|). \qquad \square$$

定理 8.15(阿贝尔判别法)　给定单调有界数列 $\{a_n\}_{n=1}^\infty$ 与收敛级数 $\sum b_n$, 则 $\sum a_n b_n$ 收敛.

证明　设 $\left|a_n\right| \leqslant K$. 任给 $\varepsilon > 0$, 存在 $N > 0$ 使得当 $n > N$ 时, 对所有的 p,

$$\left|b_{n+1} + b_{n+1} + \cdots + b_{n+p}\right| < \varepsilon. \tag{8.27}$$

于是

$$\sum_{n=N+1}^{N+m} a_n b_n = \sum_{n=1}^{m} a_{N+n} b_{n+N}.$$

由(8.26)、(8.27),

$$\left|\sum_{n=N+1}^{N+m} a_n b_n\right| \leqslant \varepsilon(\left|a_{N+1}\right| + 2\left|a_{N+m}\right|) \leqslant 3K\varepsilon. \tag{8.28}$$

由柯西准则(定理 8.1), $\sum a_n b_n$ 收敛. $\qquad \square$

定理 8.16(狄利克雷判别法)　给定单调递减数列 $\{a_n\}_{n=1}^\infty$ 且满足条件 $\lim_{n\to\infty} a_n = 0$, 再给定部分和数列有界的级数 $\sum b_n$. 则 $\sum a_n b_n$ 收敛.

证明　假定

$$\left|B_n\right| \leqslant K, \quad B_n = \sum_{k=1}^{n} b_k, \quad n = 1, 2, \cdots.$$

则由(8.28),

$$\left|\sum_{n=N+1}^{N+m} a_n b_n\right| \leqslant K(\left|a_{N+1}\right| + 2\left|a_{N+m}\right|) \to 0 \quad (N \to \infty). \tag{8.29}$$

所以 $\sum a_n b_n$ 收敛. 特别, 令 $m \to \infty$ 得余项误差

$$\left|\sum_{n=N+1}^{\infty} a_n b_n\right| \leqslant K\left|a_{N+1}\right|. \tag{8.30} \square$$

注 8.5　阿贝尔判别法可以从狄利克雷判别法得出. 事实上设 $a_n \to a(n \to \infty)$, 我们写作

$$\sum a_n b_n = \sum (a_n - a) b_n + a \sum b_n.$$

右边第二个级数由假设收敛, 第一个满足狄利克雷判别法条件.

例 8.11 本例为交错级数的莱布尼茨判别法. 设 a_n 单调递减且 $a_n \to 0(n \to \infty)$, $b_n = (-1)^{n-1}$. 则狄利克雷判别法 (定理 8.16) 条件满足. 于是

$$\sum_{n=1}^{\infty}(-1)^{n-1}a_n = a_1 - a_2 + a_3 - \cdots + (-1)^{n-1}a_n + \cdots \tag{8.31}$$

收敛. 特别地

$$\sum_{n=1}^{\infty}(-1)^{n-1}\frac{1}{n} = 1 - \frac{1}{2} + \frac{1}{3} - \cdots + (-1)^{n-1}\frac{1}{n} + \cdots \tag{8.32}$$

的收敛速度由 (8.30) 可得

$$\left|\sum_{n=N+1}^{\infty}(-1)^{n-1}\frac{1}{n}\right| \leqslant \frac{1}{N+1}. \tag{8.33}$$

这个极限由第 5 章的泰勒展式 (5.163) 有

$$\ln 2 = \sum_{n=1}^{\infty}(-1)^{n-1}\frac{1}{n}, \tag{8.34}$$

自然这个级数由 (8.5) 不是绝对收敛的, 仅仅是条件收敛.

例 8.12 令

$$a_n = (-1)^{n-1}\frac{1}{n}, \quad b_n = a_n,$$

利用 $\dfrac{1}{i(n-i+1)} = \dfrac{1}{n+1}\left(\dfrac{1}{i} + \dfrac{1}{n-i+1}\right)$,

$$\begin{aligned} c_n &= a_1 b_n + a_2 b_{n-1} + \cdots + a_n b_1 \\ &= (-1)^{n-1}\left[\frac{1}{1 \cdot n} + \frac{1}{2 \cdot (n-1)} + \cdots + \frac{1}{i \cdot (n-i+1)} + \cdots + \frac{1}{n \cdot 1}\right] \\ &= (-1)^{n-1}\frac{2}{n+1}\left(1 + \frac{1}{2} + \cdots + \frac{1}{n}\right). \end{aligned}$$

从上式 c_n 的第二行表达式可以看出, $|c_n|$ 随 n 单调递减. 所以 $\displaystyle\sum_{n=1}^{\infty}c_n$ 收敛. 由定理 8.14 和 (8.34),

$$\sum_{n=1}^{\infty}c_n = \sum_{n=1}^{\infty}(-1)^{n-1}\frac{2}{n+2}\left(1 + \frac{1}{2} + \cdots + \frac{1}{n}\right) = (\ln 2)^2.$$

例 8.13 给定单调递减极限趋于 0 的数列 $\{a_n\}$. 则下列级数

$$\sum_{n=1}^{\infty}a_n \sin nx, \quad \sum_{n=1}^{\infty}a_n \cos nx \tag{8.35}$$

都收敛, 这里 $0 < x < 2\pi$ 为任意固定的实数. 实际上, 根据狄利克雷判别法 (定理 8.16), 为证明 $\sum a_n \sin nx$ 与 $\sum a_n \cos nx$ 收敛, 我们只需要证明

$$\sum_{n=1}^{N} \sin nx \quad 与 \quad \sum_{n=1}^{N} \cos nx$$

有界. 利用积化和差公式, 我们得到

$$2\sin\frac{x}{2}\sum_{n=1}^{N}\cos nx = \sin\left(N+\frac{1}{2}\right)x - \sin\frac{x}{2}, \tag{8.36}$$

又因为 $(0 < x < 2\pi)$, 所以

$$\left|\sum_{n=1}^{N}\cos nx\right| = \left|\frac{\sin\left(N+\frac{1}{2}\right)x - \sin\frac{x}{2}}{2\sin\frac{x}{2}}\right| \leqslant \left|\frac{1}{\sin\frac{x}{2}}\right|. \tag{8.37}$$

我们得到 $\left|\sum\limits_{n=1}^{N}\cos nx\right|$ 有界, 证毕. 且从 (8.30) 得收敛速率:

$$\left|\sum_{n=N+1}^{\infty}a_n\cos nx\right| \leqslant \left|\frac{a_{N+1}}{\sin\frac{x}{2}}\right|. \tag{8.38}$$

例如

$$\left|\sum_{n=N+1}^{\infty}\frac{\cos nx}{n}\right| \leqslant \frac{1}{(N+1)\left|\sin\frac{x}{2}\right|}. \tag{8.39}$$

类似地,

$$\left|\sum_{n=1}^{N}\sin nx\right| = \left|\frac{\cos\frac{x}{2} - \cos\left(N+\frac{1}{2}\right)x}{2\sin\frac{x}{2}}\right| \leqslant \frac{1}{\left|\sin\frac{x}{2}\right|}. \tag{8.40}$$

可得 $\sum\limits_{n=1}^{\infty}a_n\sin nx$ 收敛.

对于一个无穷级数

$$S = \sum_{n=1}^{\infty}a_n = a_1 + a_2 + \cdots + a_n + \cdots, \tag{8.41}$$

如果是绝对收敛的, 我们可以把 S 写为

$$S = P - Q, \quad P = \sum_{n=1}^{\infty} p_n, \quad Q = \sum_{n=1}^{\infty} q_n, \quad p_n, q_n > 0, \quad n = 1, 2, \cdots \tag{8.42}$$

其中级数 P, Q 都收敛. 但如果不是绝对收敛的, 仅仅是条件收敛, 则 P 和 Q 必须都发散. 若不然, 我们用 k, m 分别表示级数 S 前 N 项 S_N 中正负项的数目: $k + m = N$. 则

$$S_N = P_k - Q_m, \quad S_N^* = P_k + Q_m, \quad S_N = \sum_{n=1}^{N} a_n.$$

如果有其中一个例如 P_k 收敛, 必然导致 Q_m 也收敛, 从而 S_N^* 也收敛, 这与假设矛盾. 事实上有下面非常深刻的定理 8.17, 说明条件收敛级数之所以收敛是因为正负项抵消的结果.

定理 8.17(黎曼定理)   如果级数 (8.41) 条件收敛而不绝对收敛, 则任意给定实数 B, 总可以重排序列使得其和为 B.

证明   因为此时由 (8.42) 定义的正负项级数都发散

$$P = \sum_{n=1}^{\infty} p_n = \infty, \quad Q = \sum_{n=1}^{\infty} q_n = \infty. \tag{8.43}$$

取足够多的正项使得

$$p_1 + p_2 + \cdots + p_{n_1} > B.$$

再取足够多的负项使得

$$p_1 + p_2 + \cdots + p_{n_1} - q_1 - q_2 - \cdots - q_{m_1} < B.$$

然后再放上一些正项 (从余下的项中) 使得

$$p_1 + p_2 + \cdots + p_{n_1} - q_1 - q_2 - \cdots - q_{m_1} + p_{n_1+1} + \cdots + p_{n_2} > B.$$

然后再继续取负项 (从余下的项中) 使得

$$p_1 + p_2 + \cdots + p_{n_1} - q_1 - q_2 - \cdots - q_{m_1} + p_{n_1+1} + \cdots + p_{n_2} - q_{m_1+1} - \cdots - q_{m_2} < B.$$

实际上, 我们有这样的不等式:

$$B < p_1 + p_2 + \cdots + p_{n_1} - q_1 - q_2 - \cdots - q_{m_1} + p_{n_1+1} + \cdots + p_{n_2} - q_{m_1+1} - \cdots - q_{m_2-1} < B + q_{m_2} \tag{8.44}$$

或者说

$$\left| p_1 + p_2 + \cdots + p_{n_1} - q_1 - q_2 - \cdots - q_{m_1} + p_{n_1+1} + \cdots + p_{n_2} - q_{m_1+1} - \cdots - q_{m_2-1} - B \right| < q_{m_2}. \tag{8.45}$$

这个过程可以无限做下去, 而与 B 的偏差不会超过最后新加的项的和. 因为

$$\lim_{n\to\infty} a_n = \lim_{n\to\infty} p_n = \lim_{n\to\infty} q_n = 0,$$

最后如同(8.45)所显示的那样, 必然有

$$(p_1 + p_2 + \cdots + p_{n_1}) - (q_1 + q_2 + \cdots + q_{m_1}) + \cdots + (p_{n_1+1} + \cdots p_{n_{i+1}}) - (q_{m_1+1} + \cdots q_{m_{i+1}}) + \cdots$$

收敛到 B.　　　　　　　　　　　　　　　　　　　　　　　　　　　□

8.4　无　穷　乘　积

本节我们讨论无穷乘积

$$\prod_{n=1}^{\infty}(1+a_n) = (1+a_1)(1+a_2)\cdots. \tag{8.46}$$

定义 8.4　令 $P_n = \prod_{k=1}^{n}(1+a_k)$, 称无穷乘积(8.46)收敛, 如果

$$\lim_{n\to\infty} P_n = P < \infty, \quad P \neq 0, \quad 存在. \tag{8.47}$$

如果 $P = \infty$ 或者 $P = 0$, 则称无穷乘积(8.46)发散.

定理 8.18　如果无穷乘积(8.46)收敛, 则

$$\lim_{N\to\infty}\prod_{n=N+1}^{\infty}(1+a_n) = 1.$$

证明　这从

$$\lim_{N\to\infty}\prod_{n=N+1}^{\infty}(1+a_n) = \lim_{N\to\infty}\frac{P}{P_N} = 1$$

立刻得到.　　　　　　　　　　　　　　　　　　　　　　　　　　□

如果 $a_n \geq 0$, 则显然

$$\prod_{n=1}^{\infty}(1+a_n) = a$$

收敛, 当且仅当

$$\sum_{n=1}^{\infty}\ln(1+a_n) = \ln a. \tag{8.48}$$

例 8.14　如果 $\sum_{n=1}^{\infty} a_n$ 与 $\sum_{n=1}^{\infty} a_n^2$ 都收敛, 则 $\prod_{n=1}^{\infty}(1+a_n)$ 收敛. 这是因为

$$\ln(1+a_n) = a_n + O(|a_n|^2),$$

因此 $\sum_{n=1}^{\infty} \ln(1+a_n)$ 收敛.

定理 8.19 如果 $a_n \geq 0$,则无穷乘积(8.46)的敛散性与

$$\sum_{n=1}^{\infty} a_n \tag{8.49}$$

相同.

证明 注意

$$a_1 + a_2 + \cdots + a_n \leq (1+a_1)\cdots(1+a_n) \leq e^{a_1+a_2+\cdots+a_n}. \tag{8.50}$$

由此得到结论. □

如果 $a_n = -b_n \leq 0$. 我们研究

$$\prod_{n=1}^{\infty}(1-b_n). \tag{8.51}$$

定理 8.20 如果 $b_n \geq 0, b_n \neq 1(n=1,2,\cdots)$,且 $\sum_{n=1}^{\infty} b_n$ 收敛,则 $\prod_{n=1}^{\infty}(1-b_n)$ 收敛. 此外,如果

$$0 \leq b_n < 1, \quad n=1,2,\cdots, \tag{8.52}$$

且 $\prod_{n=1}^{\infty} b_n$ 发散,则 $\prod_{n=1}^{\infty}(1-b_n)$ 发散于零.

证明 由假设,存在 $N > 0$ 使得

$$b_N + b_{N+1} + \cdots < \frac{1}{2}.$$

于是当 $n \geq N$ 时

$$(1-b_N)(1-b_{N+1}) \geq 1 - b_N - b_{N+1},$$
$$(1-b_N)(1-b_{N+1})(1-b_{N+2}) \geq (1-b_N-b_{N+1})(1-b_{N+2}) \geq 1-b_N-b_{N+1}-b_{N+2}.$$

一般来说,

$$(1-b_N)(1-b_{N+1})\cdots(1-b_n) \geq 1-b_N-\cdots-b_n > \frac{1}{2}.$$

当 $n \geq N$ 时, P_n / P_{N-1} 单调递减,且有正的下界,所以 $\lim_{n \to \infty} P_n / P_N$ 存在且大于零. 因为 $P_{N-1} \neq 0$,于是得到第一部分的结论.

注意当 $0 \leq x < 1$ 时, $1-x \leq e^{-x}$. 所以

$$0 < (1-b_1)(1-b_2)\cdots(1-b_n) \leq e^{-b_1-b_2-\cdots-b_n}.$$

上式右端趋于零. □

定义 8.5 称无穷乘积(8.46)绝对收敛, 如果

$$\prod_{n=1}^{\infty}(1+|a_n|).\tag{8.53}$$

收敛.

定理 8.21 绝对收敛的无穷乘积一定收敛.

证明 令

$$p_N = \prod_{n=1}^{N}(1+a_n),\quad P_N = \prod_{n=1}^{N}(1+|a_n|).$$

则

$$p_N - p_{N-1} = (1+a_1)\cdots(1+a_{N-1})a_N,\quad P_N - P_{N-1} = (1+|a_1|)\cdots(1+|a_{N-1}|)|a_N|.$$

显然有

$$|p_N - p_{N-1}| \leqslant P_N - P_{N-1}.$$

在假设下 P_N 有极限, 所以 $\displaystyle\sum_{N=1}^{\infty}(P_N - P_{N-1})$ 收敛. 由比较法

$$\sum_{N=1}^{\infty}(p_N - p_{N-1})$$

收敛, 也就是 p_N 有极限.

现在证明 P_N 极限不为零. 因为由定理 8.19,

$$\sum_{n=1}^{\infty}|a_n|$$

收敛, 所以 $1+a_n \to 1$, 所以级数

$$\sum_{n=1}^{\infty}\left|\frac{a_n}{1+a_n}\right|$$

也收敛. 再由定理 8.19,

$$\prod_{n=1}^{N}\left(1+\left|\frac{a_n}{1+a_n}\right|\right) > \prod_{n=1}^{N}\left(1-\frac{a_n}{1+a_n}\right) = \frac{1}{p_N}$$

也有极限. 于是 p_N 不能趋近于零. □

例 8.15 下面的乘积级数是收敛的:

$$\left(1-\frac{1}{2}\right)\left(1+\frac{1}{3}\right)\left(1-\frac{1}{4}\right)\left(1+\frac{1}{5}\right)\cdots = \frac{1}{2}\cdot\frac{4}{3}\cdot\frac{3}{4}\cdot\frac{6}{5}\cdot\frac{5}{6}\cdots = \frac{1}{2}.$$

例 8.16 乘积级数

$$\prod_{n=2}^{\infty}\left(1-\frac{1}{n^2}\right)=\frac{1}{2}.\tag{8.54}$$

因为

$$P_n=\left(1-\frac{1}{2^2}\right)\left(1-\frac{1}{3^2}\right)\cdots\left(1-\frac{1}{n^2}\right)=\frac{1}{2}\frac{n+1}{n}\to\frac{1}{2}.$$

例 8.17 我们得到沃利斯公式 (7.49) 可以写为

$$\frac{\pi}{2}=\frac{2}{1}\cdot\frac{2}{3}\cdot\frac{4}{3}\cdot\frac{4}{5}\cdots\frac{2n}{2n-1}\frac{2n}{2n+1}\cdots=2\prod_{n=1}^{\infty}\left[1-\frac{1}{(2n+1)^2}\right].\tag{8.55}$$

由此及 (8.54) 得到

$$\prod_{n=1}^{\infty}\left[1-\frac{1}{(2n)^2}\right]=\frac{\displaystyle\prod_{n=2}^{\infty}\left(1-\frac{1}{n^2}\right)}{\displaystyle\prod_{n=1}^{\infty}\left[1-\frac{1}{(2n+1)^2}\right]}=\frac{2}{\pi}.\tag{8.56}$$

无穷乘积有一个绝妙的应用, 就是欧拉关于正弦函数 $\sin x$ 在零点的展开. 欧拉有个公式 (我们暂且承认这个公式, 在另外一门课程复变函数里有对复数的详细讨论)

$$\mathrm{e}^{\mathrm{i}x}=\cos x+\mathrm{i}\sin x,$$

大概是数学上最美妙的公式之一, 其中 i 是虚数单位. 两端做 m 次方, 就得到

$$(\cos x+\mathrm{i}\sin x)^m=\mathrm{e}^{\mathrm{i}mx}=\cos mx+\mathrm{i}\sin mx.$$

把左端按照二项式展开得

$$\sum_{k=0}^{m}\mathrm{C}_m^k(\cos x)^k\mathrm{i}^{m-k}(\sin x)^{m-k}=\cos mx+\mathrm{i}\sin mx.$$

比较虚部, 我们有

$$\sin mx=m\cos^{m-1}x\sin x-\mathrm{C}_m^3\cos^{m-3}x\sin^3 x+\cdots.\tag{8.57}$$

如果 $m=2n+1$ 是奇数, 则 (8.57) 中关于 $\cos x$ 的幂次都是偶数, 则

$$\sin(2n+1)x=(2n+1)(1-\sin^2 x)^n\sin x-\mathrm{C}_m^3(1-\sin^2 x)^{n-1}\sin^3 x+\cdots,\tag{8.58}$$

即

$$\sin(2n+1)x=\sin xP(\sin^2 x),\tag{8.59}$$

其中 $P(\cdot)$ 是一 n 次多项式. 记这个多项式的零点是 $u_1,u_2,\cdots,u_n$, 我们有

$$P(u) = a(u - u_1)\cdots(u - u_n) = A\left(1 - \frac{u}{u_1}\right)\cdots\left(1 - \frac{u}{u_n}\right).$$

从 (8.59) 可以看出任何使得 $\sin x \neq 0$, $\sin(2n+1)x = 0$ 的 $\sin^2 x$ 都是 $P(u) = 0$ 的根. 在 $x \in (0, \pi/2)$ 之间, 这些根是

$$x = \frac{\pi}{2n+1}, \quad 2\frac{\pi}{2n+1}, \quad \cdots, \quad n\frac{\pi}{2n+1}.$$

于是

$$u_1 = \sin^2 \frac{\pi}{2n+1}, \quad u_2 = \sin^2 2\frac{\pi}{2n+1}, \quad \cdots, \quad u_n = \sin^2 n\frac{\pi}{2n+1}.$$

系数

$$A = \lim_{x \to 0} \frac{\sin(2n+1)x}{\sin x} = 2n+1.$$

于是我们得到

$$\sin(2n+1)x = (2n+1)\sin x\left(1 - \frac{\sin^2 x}{\sin^2 \dfrac{\pi}{2n+1}}\right)\cdots\left(1 - \frac{\sin^2 x}{\sin^2 n\dfrac{\pi}{2n+1}}\right). \tag{8.60}$$

把 x 换成 $\dfrac{x}{2n+1}$ 就得到

$$\sin x = (2n+1)\sin \frac{x}{2n+1}\left(1 - \frac{\sin^2 \dfrac{x}{2n+1}}{\sin^2 \dfrac{\pi}{2n+1}}\right)\cdots\left(1 - \frac{\sin^2 \dfrac{x}{2n+1}}{\sin^2 n\dfrac{\pi}{2n+1}}\right). \tag{8.61}$$

约定 $x \neq \pm n\pi, n = 0, 1, 2, \cdots$. 于是 $\sin x \neq 0$. 取自然数 k 使得 $(k+1)\pi > |x|$, 并设 $n > k$, 把 (8.61) 写成

$$\sin x = U_k^{(n)} \cdot V_k^{(n)}, \tag{8.62}$$

其中

$$U_k^{(n)} = (2n+1)\sin \frac{x}{2n+1}\left(1 - \frac{\sin^2 \dfrac{x}{2n+1}}{\sin^2 \dfrac{\pi}{2n+1}}\right)\cdots\left(1 - \frac{\sin^2 \dfrac{x}{2n+1}}{\sin^2 k\dfrac{\pi}{2n+1}}\right),$$

$$V_k^{(n)} = \left(1 - \frac{\sin^2 \dfrac{x}{2n+1}}{\sin^2 (k+1)\dfrac{\pi}{2n+1}}\right)\cdots\left(1 - \frac{\sin^2 \dfrac{x}{2n+1}}{\sin^2 n\dfrac{\pi}{2n+1}}\right).$$

对固定的 k, 因为

$$\lim_{n\to\infty}(2n+1)\sin\frac{x}{2n+1}=x, \quad \lim_{n\to\infty}\frac{\sin^2\dfrac{x}{2n+1}}{\sin^2 h\dfrac{\pi}{2n+1}}=\frac{x^2}{h^2\pi^2}, \quad h=1,2,\cdots,k.$$

所以

$$U_k=\lim_{n\to\infty}U_k^{(n)}=x\left(1-\frac{x^2}{\pi^2}\right)\left(1-\frac{x^2}{4\pi^2}\right)\cdots\left(1-\frac{x^2}{k^2\pi^2}\right). \tag{8.63}$$

由 (8.62),

$$V_k=\lim_{n\to\infty}V_k^{(n)} \tag{8.64}$$

存在, 从而

$$\sin x=U_k\cdot V_k. \tag{8.65}$$

当 $0<\theta<\dfrac{\pi}{2}$ 时, 我们有不等式 (5.81):

$$\frac{2}{\pi}\theta<\sin\theta<\theta.$$

所以

$$\sin^2\frac{x}{2n+1}<\frac{x^2}{(2n+1)^2},$$

以及

$$\sin^2 h\frac{\pi}{2n+1}>\frac{4}{\pi^2}\cdot\frac{h^2\pi^2}{(2n+1)^2}, \quad h=k+1,\cdots,n.$$

从而

$$1>V_k^{(n)}>\left(1-\frac{x^2}{4(k+1)^2}\right)\cdots\left(1-\frac{x^2}{4n^2}\right). \tag{8.66}$$

无穷乘积

$$\prod_{h=h_0}^{\infty}\left(1-\frac{x^2}{4h^2}\right).$$

由定理 8.20 收敛, 因为

$$\sum_{h=h_0}^{\infty}\frac{x^2}{4h^2}$$

收敛. 令

$$\hat{V}_k = \prod_{h=k+1}^{\infty} \left(1 - \frac{x^2}{4h^2}\right). \tag{8.67}$$

由定理 8.18,

$$\lim_{k\to\infty} \hat{V}_k = 1. \tag{8.68}$$

在 (8.66) 中, 令 $n \to \infty$ 得到

$$1 > V_k \geqslant \hat{V}_k.$$

于是由 (8.68) 得

$$\lim_{k\to\infty} V_k = 1.$$

于是我们最后得到著名的首先由欧拉建立的恒等式:

$$\sin x = x \prod_{n=1}^{\infty} \left(1 - \frac{x^2}{n^2\pi^2}\right). \tag{8.69}$$

令 $x = \dfrac{\pi}{2}$ 我们就又一次得到沃利斯 (Wallis) 公式 (7.49):

$$\frac{2}{\pi} = \prod_{n=1}^{\infty} \left(1 - \frac{1}{4n^2}\right). \tag{8.70}$$

8.5　阶 的 估 计

我们在第 3 章谈到极限和在本章谈到无穷级数时, 不时强调收敛的速率. 定理 8.9 提供了一个非常好的例子, 使得我们能够得出诸如 (8.18) 这样的漂亮估计. 这启示我们积分在阶的估计中的巨大威力. 这个问题十分庞大, 在本节我们举几个例子. 首先, 我们也可以用积分的办法得到调和级数 (8.10) 的阶的估计.

定理 8.22　设 $x \geqslant a, f(x)$ 是一非负的单调递减函数, 则

$$\lim_{N\to\infty} \left[\sum_{n=a}^{N} f(n) - \int_a^N f(x)\,\mathrm{d}x\right] = \alpha, \quad 0 \leqslant \alpha \leqslant f(a) \tag{8.71}$$

存在, 进一步, 如果 $\lim_{x\to\infty} f(x) = 0$, 则

$$\left|\sum_{a \leqslant n \leqslant \xi} f(n) - \int_a^\xi f(x)\mathrm{d}x - \alpha\right| \leqslant f(\xi-1), \quad \xi \geqslant a+1. \tag{8.72}$$

证明　令

$$g(\xi) = \sum_{a \leqslant n \leqslant \xi} f(n) - \int_a^\xi f(x)\mathrm{d}x.$$

则

$$g(n) - g(n+1) = -f(n+1) + \int_n^{n+1} f(x)\mathrm{d}x \geqslant -f(n+1) + f(n+1) = 0.$$

又

$$g(N) = \sum_{n=a}^{N-1} \left(f(n) - \int_n^{n+1} f(x)\mathrm{d}x \right) + f(N) \geqslant \sum_{n=a}^{N-1}(f(n) - f(n)) + f(N) = f(N) \geqslant 0.$$

所以 $g(n)$ 是一个非负单调递减函数，且

$$0 \leqslant g(n) \leqslant g(a) = f(a).$$

因此 $\lim\limits_{n\to\infty} g(n) = \alpha$ 存在，且 $0 \leqslant \alpha \leqslant f(a)$.

现在假设 $\lim\limits_{x\to\infty} f(x) = 0$，则

$$g(\xi) - \alpha = \sum_{a \leqslant n \leqslant \xi} f(n) - \int_a^\xi f(x)\mathrm{d}x - \lim_{N\to\infty}\left(\sum_{n=a}^N f(x) - \int_a^N f(x)\mathrm{d}x \right)$$

$$= \sum_{n=a}^{[\xi]} f(n) - \int_a^{[\xi]} f(x)\mathrm{d}x - \int_{[\xi]}^\xi f(x)\mathrm{d}x - \lim_{N\to\infty}\left(\sum_{n=a}^N f(n) - \int_a^N f(x)\mathrm{d}x \right)$$

$$= -\int_{[\xi]}^\xi f(x)\mathrm{d}x - \lim_{N\to\infty}\left(\sum_{n=[\xi]+1}^N f(n) - \int_{[\xi]}^N f(x)\mathrm{d}x \right)$$

$$= -\int_{[\xi]}^\xi f(x)\mathrm{d}x + \lim_{N\to\infty} \sum_{n=[\xi]+1}^N \int_{n-1}^n (f(x) - f(n))\mathrm{d}x$$

$$\begin{cases} \leqslant \displaystyle\sum_{n=[\xi]+1}^N \int_{n-1}^n (f(n-1) - f(n))\mathrm{d}x = f([\xi]) \leqslant f(\xi-1), \\ \geqslant -\displaystyle\int_{[\xi]}^\xi f(x)\mathrm{d}x \geqslant -(\xi - [\xi])f([\xi]) \geqslant -f(\xi-1). \end{cases}$$

这就是 (8.72). □

现在取 $a = 1, f(x) = \dfrac{1}{x}$. 利用 (8.71) 就得到 (8.5). 进一步，我们在第 3 章的 (3.24) 提到了负幂次：

$$S_{-k}(n) = 1 + \frac{1}{2^k} + \frac{1}{3^k} + \cdots + \frac{1}{n^k}. \tag{8.73}$$

现在我们讨论一般的负幂次级数：

$$\sum_{n=1}^{\infty} \frac{1}{n^p}, \quad p > 1 \tag{8.74}$$

的收敛性问题. 令 $f(x) = \dfrac{1}{x^p}$. 显然, 当 $x \geqslant 1$ 时, $f(x) \geqslant 0$ 且单调下降, 且 $\lim\limits_{x \to +\infty} f(x) = 0$.

于是由 (8.72) 得到

$$\left| \sum_{n=1}^{N} \frac{1}{n^p} - \int_1^N \frac{1}{x^p} \mathrm{d}x - \alpha \right| \leqslant \frac{1}{(N-1)^p}, \quad N \geqslant 2.$$

也就是

$$\left| \sum_{n=1}^{N} \frac{1}{n^p} - \frac{1}{p-1} - \alpha - \frac{1}{1-p} \frac{1}{N^{p-1}} \right| \leqslant \frac{1}{(N-1)^p}, \quad N \geqslant 2, \quad 0 \leqslant \alpha \leqslant 1. \tag{8.75}$$

或者

$$\sum_{n=1}^{N} \frac{1}{n^p} = \frac{1}{p-1} + \alpha + O\left(\frac{1}{N^{p-1}} \right), \quad p > 1. \tag{8.76}$$

如果 $0 < p < 1$, 我们也可以由 (8.75) 得到

$$\left| \sum_{n=1}^{N} \frac{1}{n^p} - \frac{1}{p-1} - \alpha - \frac{N^{1-p}}{1-p} \right| \leqslant \frac{1}{(N-1)^p}, \quad N \geqslant 2, \quad 0 \leqslant \alpha \leqslant 1. \tag{8.77}$$

也就是

$$\sum_{n=1}^{N} \frac{1}{n^p} = \frac{1}{p-1} + \alpha + \frac{N^{1-p}}{1-p} + O\left(\frac{1}{N^{p-1}} \right) \to \infty \quad (N \to \infty), \quad 0 < p < 1. \tag{8.78}$$

可见利用积分我们可以得到许多级数的收敛性与估计.

其次, 我们在 (8.21) 中得到

$$S_N = \sum_{n=1}^{N} a_n b_n = \sum_{n=1}^{N-1} (a_n - a_{n+1}) B_n + a_N B_N, \quad B_n = \sum_{k=1}^{n} b_k. \tag{8.79}$$

如果定义函数

$$S(x) = \begin{cases} \sum\limits_{1 \leqslant m \leqslant x} a_m, & x \geqslant 1, \\ 0, & x < 1. \end{cases} \tag{8.80}$$

则对可微的函数 $b(x)$ 有

$$\int_1^N S(x) b'(x) \mathrm{d}x = \sum_{n=1}^{N-1} \int_n^{n+1} S(x) b'(x) \mathrm{d}x = \sum_{n=1}^{N-1} S(n) \int_n^{n+1} b'(x) \, \mathrm{d}x$$

$$= \sum_{n=1}^{N-1} S(n)[b(n+1) - nb(n)]. \tag{8.81}$$

由此及 (8.79) 得

$$\sum_{n=1}^{N} a_n b(n) = S(N)b(N) - \int_1^N S(x)b'(x)\mathrm{d}x. \tag{8.82}$$

利用 (8.82)，我们可以做一些精细的估计.

例 8.18

$$\sum_{n=1}^{N} \sin nt \ln n = \begin{cases} O\left(\dfrac{\ln N}{t}\right), & \dfrac{1}{N} \leqslant t \leqslant \pi, \\ O(N^2 t \ln N), & 0 \leqslant t \leqslant \dfrac{1}{N}. \end{cases} \tag{8.83}$$

实际上，在 (8.82) 中取 $b(x) = \ln x, a_n = \sin nt$，则由 (8.40)，

$$|S(x)| = \left|\sum_{n \leqslant x} \sin nt\right| = O\left(\frac{1}{t}\right), \quad t \neq 0.$$

得到

$$\begin{aligned}
\sum_{n=1}^{N} \sin nt \ln n &= S(N)\ln N - \int_1^N S(x)x^{-1}\mathrm{d}x \\
&= O\left(\frac{1}{t}\right)\ln N + O\left(\frac{1}{t}\right)\int_1^N \frac{\mathrm{d}x}{x} = O\left(\frac{1}{t}\ln N\right), \quad t \neq 0.
\end{aligned}$$

当 $0 \leqslant t \leqslant \dfrac{1}{n}$ 时，由 $\sin nt \leqslant nt$，

$$\sum_{n=1}^{N} \sin nt \ln n \leqslant t\sum_{n=1}^{N} n\ln n = O(N^2 t \ln N).$$

如同例 8.11 交错级数一样，我们经常需要估计交错和

$$\sum_{n=1}^{\infty} (-1)^n f(n), \tag{8.84}$$

其中 $f(x)$ 是定义在 $[0,\infty)$ 上的正函数.

定理 8.23 设 $f(x)$ 在 $[0,\infty)$ 上为正的二阶可微函数，则

$$\sum_{n=0}^{2N+1} (-1)^n f(n) = \frac{f(0)}{2} - \frac{f(2N+2)}{2} + O\left(\int_0^{2N+2} |f''(x)|\mathrm{d}x\right). \tag{8.85}$$

证明 直接计算可知

$$f(2n+1) - f(2n) = f'(2n) + \int_{2n}^{2n+1} (2n+1-x)f''(x)\mathrm{d}x.$$

$$\frac{1}{2}\int_{2n}^{2n+2} f'(x)\mathrm{d}x = f'(2n) + \frac{1}{2}\int_{2n}^{2n+2} (2n+2-x)f''(x)\mathrm{d}x.$$

所以

$$f(2n+1) - f(2n) = \frac{1}{2}\int_{2n}^{2n+2} f'(x)\mathrm{d}x - \frac{1}{2}\int_{2n}^{2n+2} (2n+2-x)f''(x)\mathrm{d}x$$

$$+ \int_{2n}^{2n+1} (2n+1-x)f''(x)\mathrm{d}x$$

$$= \frac{1}{2}\int_{2n}^{2n+2} f'(x)\mathrm{d}x - \frac{1}{2}\int_{2n}^{2n+2} f''(x)\mathrm{d}x + \frac{1}{2}\int_{2n}^{2n+2} |x-2n-1| f''(x)\mathrm{d}x$$

$$= \frac{1}{2}\int_{2n}^{2n+2} f'(x)\mathrm{d}x - \frac{1}{2}\int_{2n}^{2n+2} (1-|x-2n-1|)f''(x)\mathrm{d}x.$$

于是

$$-\sum_{n=0}^{n}[f(2n+1) - f(2n)] + \frac{1}{2}\sum_{n=0}^{N}\int_{2n}^{2n+2} f'(x)\mathrm{d}x$$

$$= \frac{1}{2}\sum_{n=0}^{N}\int_{2n}^{2n+2} (1-|x-2n-1|)f''(x)\mathrm{d}x.$$

此即

$$\sum_{n=0}^{2N+1}(-1)^n f(n) + \frac{1}{2}\int_{0}^{2N+2} f'(x)\mathrm{d}x$$

$$= \sum_{n=0}^{N}\int_{2n}^{2n+2} O(|f''(x)|)\mathrm{d}x = O\left(\int_{0}^{2N+2} |f''(x)|\mathrm{d}x\right). \qquad \square$$

例 8.19 估计

$$\sum_{n=0}^{2N+1}(-1)^n\sqrt{n+1}. \tag{8.86}$$

令 $f(x) = \sqrt{1+x}$. 则

$$f''(x) = -\frac{1}{4}(1+x)^{-\frac{3}{2}}.$$

由定理 8.23 得

$$\sum_{n=0}^{2N+1}(-1)^n\sqrt{n+1} = -\frac{1}{2}\sqrt{2N+3} + O(1). \tag{8.87}$$

8.6 习   题

1. 判定下列级数的收敛性:

(1) $\displaystyle\sum_{n=1}^{\infty}\sin\frac{\pi}{2^n}$;

(2) $\displaystyle\sum_{n=1}^{\infty}\frac{1}{1+a^n}(a>0)$;

(3) $\displaystyle\sum_{n=1}^{\infty} n\tan\frac{\pi}{2^{n+1}}$;

(4) $\displaystyle\sum_{n=1}^{\infty}\left(\frac{n}{3n-1}\right)^{2n-1}$;

(5) $\displaystyle\sum_{n=1}^{\infty}\left(\frac{1}{a_n}\right)^n$, 其中 $a_n > 0, a_n \to 1$;

(6) $\displaystyle\sum_{n=1}^{\infty}\sqrt{\frac{n+1}{n}}$;

(7) $\displaystyle\sum_{n=1}^{\infty}\frac{1}{na+b}(a,b>0)$.

2. $a_n > 0, a_n > a_{n+1}(n=1,2,3,\cdots)$, 且 $\displaystyle\lim_{n\to\infty}a_n=0$, 证明级数

$$\sum_{n=1}^{\infty}(-1)^{n-1}\frac{a_1+a_2+\cdots+a_n}{n}$$

收敛.

3. 设级数 $\displaystyle\sum_{n=1}^{\infty}u_n$ 收敛. 证明级数 $\displaystyle\sum_{n=1}^{\infty}u_n+u_{n+1}$ 也收敛.

4. 设 $a_n \to 0$, 级数 $\displaystyle\sum_{n=1}^{\infty}b_n$ 绝对收敛. 证明级数 $\displaystyle\sum_{n=1}^{\infty}a_n^2 b_n^2$ 收敛.

5. 判定下列级数是否收敛?如果是收敛的, 是绝对收敛还是条件收敛?

(1) $\displaystyle\sum_{n=1}^{\infty}\left[\frac{\sin(na)}{n^2}-\frac{1}{\sqrt{n}}\right]$ (a 为常数);

(2) $\displaystyle\sum_{n=1}^{\infty}(-1)^n\frac{|a_n|}{\sqrt{n^2+1}}$.

6. 设 $f(x)$ 在 $x=0$ 的邻域内具有二阶连续导函数, 且 $\displaystyle\lim_{x\to0}\frac{f(x)}{x}=0$. 证明级数 $\displaystyle\sum_{n=1}^{\infty}f\left(\frac{1}{n}\right)$ 绝对收敛.

7. 设级数 $\displaystyle\sum_{n=1}^{\infty}a_n$ 的部分和数列为 $\{S_n\}$, 假设 $\displaystyle\lim_{n\to\infty}a_n=0, \lim_{n\to\infty}S_{2n}$ 存在. 证明: $\displaystyle\sum_{n=1}^{\infty}a_n$ 收敛.

8. 设正项数列 $\{a_n\}$ 单调递减, 且 $\displaystyle\sum_{n=1}^{\infty}(-1)^n a_n$ 发散, 试求

$$\sum_{n=1}^{\infty}\left(\frac{1}{1+a_n}\right)^n$$

的敛散性.

9. 设 $f(x)$ 在 $x=0$ 的某邻域内连续且具有连续的导数, 又设 $\displaystyle\lim_{x\to0}\frac{f(x)}{x}=A>0$, 讨论级数

$$\sum_{n=1}^{\infty}(-1)^{n-1}f\left(\frac{1}{n}\right)$$

是条件收敛, 绝对收敛, 还是发散?

10. 如果正项级数 $\sum\limits_{n=1}^{\infty} a_n$ 的部分和是 S_n，证明

(1) $\sum\limits_{n=2}^{\infty}\left(\dfrac{1}{S_{n-1}} - \dfrac{1}{S_n}\right)$ 收敛；

(2) 讨论 $\sum\limits_{n=2}^{\infty}\dfrac{(-1)^{n-1}a_n}{S_n^2}$ 条件收敛还是绝对收敛.

11. 判别下列级数的敛散性

(1) $\sum\limits_{n=1}^{\infty}\dfrac{x^n}{(1+x)(1+x^2)\cdots(1+x^n)}$ $(x>0)$；

(2) $\sum\limits_{n=1}^{\infty}\dfrac{\cos nx}{n}\cdot\sqrt[n]{n}\cdot\arctan\dfrac{n}{4}$；

(3) $\sum\limits_{n=1}^{\infty}\dfrac{(-1)^n}{n}\left(1+\dfrac{1}{n}\right)^n\cdot\mathrm{e}^{\frac{1}{n}}$.

第9章

函数列与函数项级数

本章我们讨论函数的无穷级数. 我们在第 5 章的 5.6.1 节中讨论了几个基本初等函数的泰勒级数. 泰勒级数当然是无穷的函数级数, 在那里, 我们用积分余项来讨论这些级数的收敛性. 本章要讨论一般无穷函数级数的收敛性, 这自然不是一件容易的事. 历史上函数项级数的收敛除去泰勒级数的多项式函数级数外, 主要的是三角函数级数的收敛性. 天文现象很多都是周期的, 18 世纪开始的时候主要研究的是行星位于观测位置之间的位置, 需要用到三角函数的插值问题, 即给定 $f(x)$ 在 $x=n$ 的值, 这里 n 是正整数, 求 $f(x)$ 在其他 x 处的值, 泰勒级数就是这样的典型例子. 欧拉在 18 世纪把他的方法用到行星扰动理论中出现的函数, 得到了函数的三角函数的无穷级数表示. 我们在第 8 章中的例 8.13 就讨论了函数级数 (8.35) 的点点收敛性. 这自然是早期的情况. 数学一旦启动, 由于不受物理条件的限制, 很快就会研究最一般的情况.

9.1 函数列及其一致收敛性的定义

无穷函数级数是指形如

$$\sum_{n=1}^{\infty} f_n(x) \tag{9.1}$$

的无穷多函数求和, 其中 $x \in E$. 其收敛是指的部分和

$$S_N(x) = \sum_{n=1}^{N} f_n(x) \tag{9.2}$$

的收敛. 所以就像数项级数可以归结为数列极限一样, 无穷函数级数可以归结为一种特殊的函数序列的极限. 因此, 我们首先需要知道函数序列是如何收敛的.

定义 9.1 定义在数集 E 上的一列函数 $\{f_n(x)\}_{n=1}^{\infty}$ 称为 E 上的**函数列**. 固定 $x \in E$, 如果数列 $\{f_n(x)\}$ 收敛, 则称 $\{f_n(x)\}$ 在 x 点**收敛**, x 称为函数列 $\{f_n(x)\}$ 的**收敛点**. 如果数列 $\{f_n(x)\}$ 发散, 则称 $\{f_n(x)\}$ 在 x 点**发散**, x 称为函数列 $\{f_n(x)\}$ 的**发散点**. 设 D

是 E 的子集, 如果 $\{f_n(x)\}$ 在 D 中任意点都收敛, 则称 $\{f_n(x)\}$ 在 D **收敛**, 函数 $D \to \mathbb{R}, x \mapsto \lim\limits_{n \to \infty} f_n(x)$ 称为 $\{f_n(x)\}$ 在 D 上的**极限函数**. 函数列 $\{f_n(x)\}$ 的所有收敛点构成的集合称为此函数列的**收敛域**.

如果仅仅看定义 9.1, 这和数列极限并无区别, 对每一个 $x \in E, \{f_n(x)\}$ 就是一个数列. 但如果

$$f_n(x) \to f(x), \quad \forall x \in E,$$

那么极限 $f(x)$ 也是一个函数. 我们关心的是 $f(x)$ 从极限中遗传了什么样的性质. 例如如果每个 $f_n(x)$ 都是连续的, 极限函数 $f(x)$ 是不是也是连续的? 此外还有可积性、可微性等其他的函数性质. 这是我们需要关心的问题. 也就是函数极限一些整体的性质. 每一点都收敛, 只是一个局部的性质, 合起来所具有的性质是一种整体的性质. 局部和整体是一个辩证的关系. 先看一些例子.

例 9.1　对任意正整数 n 与任意实数 x, 定义 $f_n(x) = x^n$, 则 $\{f_n(x)\}$ 是定义在 $\mathbb{R}$ 上的函数列. 求函数列 $\{f_n(x)\}$ 的收敛域和极限函数.

对任意的 $|x| < 1$, 有

$$\lim_{n \to \infty} f_n(x) = \lim_{n \to \infty} x^n = 0.$$

当 $x = 1, f_n(x) = 1$. 当 $x = -1$ 时函数不收敛. 当 $x > 1$ 时 $f_n(x) \to +\infty (n \to \infty)$, 而 $x < -1$ 时, $f_n(x)$ 不收敛. 因此 $f_n(x)$ 的收敛域为 $E = (-1, 1]$,

$$\lim_{n \to \infty} f_n(x) = f(x), \quad x \in (-1, 1],$$

其中

$$f(x) = \begin{cases} 0, & -1 < x < 1, \\ 1, & x = 1. \end{cases}$$

显然, $f_n(x)$ 都是连续函数, 但 $f(x)$ 并不是连续函数.

例 9.2　考察 $f_n(x)$ 的极限函数:

$$f_n(x) = \begin{cases} 1, & x \cdot n! \text{为整数}, \\ 0, & x \text{为其他值}. \end{cases}$$

当 x 为无理数时, 对任意的 n, $f_n(x) = 0, f(x) = \lim\limits_{n \to +\infty} f_n(x) = 0$; 当 x 在有理点时, 令 $x = \dfrac{p}{q}$, 这里 p, q 为整数. 当 $n \geqslant q$ 时, $x \cdot n! = \dfrac{p \cdot n!}{q}$ 为整数, 因此 $f_n(x) = 1$, $f(x) = \lim\limits_{n \to +\infty} f_n(x) = 1$. 即极限函数为

$$f(x) = \begin{cases} 0, & x \text{为无理数}, \\ 1, & x \text{为有理数}. \end{cases}$$

函数列 $f_n(x)(n=1,2,\cdots)$ 在 $[0,1]$ 上黎曼可积, 但是极限函数 $f(x)$ 没有一点是连续点, 因此黎曼不可积.

例 9.3　设 $f_n(x)=nx(1-x^2)^n, x\in[0,1]$, 则极限函数为
$$\lim_{n\to+\infty}f_n(x)=f(x)=0, \quad x\in[0,1].$$

考察它们的积分我们发现
$$\lim_{n\to+\infty}\int_0^1 f_n(x)\mathrm{d}x=\lim_{n\to+\infty}\int_0^1 nx(1-x^2)^n\mathrm{d}x=\frac{1}{2}.$$

因此
$$\lim_{n\to+\infty}\int_0^1 f_n(x)\mathrm{d}x\neq\int_0^1 f(x)\mathrm{d}x=0.$$

这告诉我们, 即使极限函数 $f(x)$ 是黎曼可积的, 那么积分和极限也不一定能换序, 即
$$\lim_{n\to+\infty}\int_a^b f_n(x)\mathrm{d}x=\int_a^b f(x)\mathrm{d}x$$

也不一定成立.

例 9.4　设 $f_n(x)=\mathrm{e}^{-n^2x^2}, x\in[0,1]$, 考察极限函数
$$f(x)=\lim_{n\to+\infty}f_n(x)=\lim_{n\to+\infty}\mathrm{e}^{-n^2x^2}=\begin{cases}0, & x\in(0,1],\\ 1, & x=0.\end{cases}$$

再考察函数列和极限函数的导数,
$$\lim_{n\to+\infty}f_n'(x)=\lim_{n\to+\infty}-2xn^2\mathrm{e}^{-n^2x^2}=0, \quad \forall x\in[0,1].$$

但是极限函数 $f(x)$ 在 $x=0$ 没有导数.

　　从以上的例题可以看出, 函数列仅是逐点收敛的局部性质还不能满足上面提出的极限函数对函数列整体性质的继承问题. 这是因为极限函数的连续性、可积性、可微性都不是仅涉及一点的性质, 而是与这一点的邻域或整个收敛区域的性质有关. 因此我们需要进一步考察函数列的一致收敛性.

　　定义 9.2　设 $\{f_n\}$ 是定义在数集 E 上的函数列, 设 f 是定义在数集 E 上的函数. 如果对任意正实数 ε, 都存在正整数 N, 使得对任意 $n>N$ 与任意 $x\in E$, 我们都有
$$\left|f_n(x)-f(x)\right|<\varepsilon.$$

则称 $\{f_n\}$ 在 E 上**一致收敛**, 并记 $f_n\rightrightarrows f$ 或 $f_n\overset{E}{\rightrightarrows}f$.

　　注 9.1　函数列 $\{f_n\}$ 在 E 上不一致收敛于 f 的充要条件是: 存在某个较小的正数 ε_0, 对任意的正数 N, 都有 E 上某一点 x_0 与某个正整数 $n_0>N$ (这里 x_0 与 n_0 的取值与 N 有关) 使得

$$\left|f_{n_0}(x_0) - f(x_0)\right| \ge \varepsilon_0.$$

注9.2 由定义 9.2 看到, 如果函数列 $\{f_n\}$ 在 E 上一致收敛, 那么对于所给的 ε, 不管 E 上哪一点 x, 总存在公共的 $N(\varepsilon)$ (即 N 的选取仅与 ε 有关, 与 x 的取值无关), 只要 $n > N$, 都有

$$\left|f_n(x) - f(x)\right| < \varepsilon.$$

因此, 如果函数列 $\{f_n\}$ 在 E 上一致收敛, 那么在 E 上必然是逐点收敛的. 但是反之不成立, 请看下面的例子.

例9.5 判别例 9.1 中的函数列 $f_n(x) = x^n$ 在区间 $E = (0,1)$ 是否一致收敛.

首先函数列 $\{f_n(x)\}$ 在 E 上逐点收敛到 $f(x) = 0$. 其次, 令 $\varepsilon_0 = 1/2$. 对任意的正数 N, 取正整数 $n > N + 1$ 及 $x_0 = \left(1 - \dfrac{1}{n}\right)^{1/n} \in (0,1)$ 有

$$\left|x_0^n - 0\right| = \left|1 - \frac{1}{n}\right| \ge \frac{1}{2} \ge \varepsilon_0.$$

因此, 函数列 $f_n(x) = x^n$ 在区间 $(0,1)$ 不一致收敛.

注 9.3 我们可以通过对例 9.5 的一个简单的数学实验来考察一致收敛和逐点收敛的区别. $f_n(x) = x^n$ 逐点收敛到 0, 令 $\varepsilon = 0.1$, 若要满足

$$\left|f_n(x) - 0\right| < 0.1,$$

则

当 $x = \dfrac{1}{2}$ 时, 需要满足 $n \ge 4$.

当 $x = \dfrac{2}{3}$ 时, 需要满足 $n \ge 6$.

当 $x = \dfrac{3}{4}$ 时, 需要满足 $n \ge 9$.

当 $x = \dfrac{5}{6}$ 时, 需要满足 $n \ge 16$.

当 $x = \dfrac{9}{10}$ 时, 需要满足 $n \ge 22$.

x 越趋近 1, n 越趋近于 ∞. 因此 n 对于 x 不是一致的.

例9.6 给定 $(0, +\infty)$ 上的函数列 $\{f_n\}$ 满足条件 $f_n(x) = nxe^{-nx^2}, \forall n \in \mathbb{N}^+, \forall x \in (0, +\infty)$. 我们来判断 $\{f_n\}$ 的一致收敛性.

显然 $\{f_n\}$ 在 $(0, +\infty)$ 上的每一点都收敛到 0. 所以 0 是 $\{f_n\}$ 的极限函数. 对于任意正整数 N, 我们取 $n := N + 100, x := 1/\sqrt{N+100}$, 则有 $f_n(x) = \sqrt{N+100}/e > 10/e > 1$. 根据注 9.1 $\{f_n\}$ 不一致收敛到 0.

9.2　一致收敛函数列的判定

本节我们来介绍函数列一致收敛的判定定理:

定理 9.1　设 $\{f_n\}$ 是定义在数集 E 上的函数列, 设 f 是定义在数集 E 上的函数. 则 $f_n \rightrightarrows f$ 当且仅当

$$\lim_{n\to\infty}\sup_{x\in E}\left|f_n(x)-f(x)\right|=0.$$

证明　必要性. 假设 $f_n \rightrightarrows f$. 取定正实数 ε. 则存在正整数 N, 使得对任意 $n \geqslant N$ 与任意 $x \in E$, 都有

$$\left|f_n(x)-f(x)\right|<\frac{\varepsilon}{2}.$$

对上式两边取上确界, 当 $n > N$ 时,

$$\sup_{x\in E}\left|f_n(x)-f(x)\right|\leqslant\frac{\varepsilon}{2}<\varepsilon.$$

因此

$$\lim_{n\to\infty}\sup_{x\in E}\left|f_n(x)-f(x)\right|=0.$$

充分性. 假设 $\lim\limits_{n\to\infty}\sup\limits_{x\in E}\left|f_n(x)-f(x)\right|=0$. 取定正实数 ε. 则存在正整数 N, 使得对任意 $n > N$, 都有

$$\sup_{x\in E}\left|f_n(x)-f(x)\right|<\varepsilon.$$

所以对任意 $n > N$ 与任意 $x \in E$, 都有

$$\left|f_n(x)-f(x)\right|\leqslant\sup_{x\in E}\left|f_n(x)-f(x)\right|<\varepsilon.$$

因此 $f_n \rightrightarrows f$.　　　　　　　　　　　　　　　　　　　　　　　　□

定理 9.1 是判定函数列一致收敛的重要方法, 在操作起来也非常方便.

例 9.7　用定理 9.1 解决前面的例 9.6: 给定 $(0,+\infty)$ 上的函数列 $\{f_n\}$ 满足条件 $f_n(x) = nx\mathrm{e}^{-nx^2}, \forall n \in \mathbb{N}^+, \forall x \in (0,+\infty)$. 我们来判断 $\{f_n\}$ 的一致收敛性.

首先 $\{f_n\}$ 在 $(0,\infty)$ 上逐点收敛到 0. 为了求

$$\sup_{x\in(0,+\infty)}\left|f_n(x)-0\right|=\sup_{x\in(0,+\infty)}nx\mathrm{e}^{-nx^2},$$

可以求出函数 $f_n(x) = nx\mathrm{e}^{-nx^2}$ 的最大值. 令

$$f_n'(x) = n\mathrm{e}^{-nx^2}+(-2xn)nx\mathrm{e}^{-nx^2}=0,$$

解得函数 $f_n(x)$ 在点 $x = \sqrt{\dfrac{1}{2n}}$ 取得最大值. 因此

$$\sup_{x \in (0, +\infty)} \left| f_n(x) - 0 \right| = \sup_{x \in (0, +\infty)} n\sqrt{\frac{1}{2n}} \mathrm{e}^{\frac{-n}{2n}} = \mathrm{e}^{-1/2} \sqrt{\frac{n}{2}}.$$

由定理 9.1,

$$\lim_{n \to \infty} \sup_{x \in E} \left| f_n(x) - 0 \right| = \lim_{n \to \infty} \mathrm{e}^{-1/2} \sqrt{\frac{n}{2}} \to \infty.$$

利用一致收敛的定义和定理 9.1 来判断函数列的一致收敛性都必须先求出函数列的极限函数, 有时求极限函数本身也是很困难的. 下面介绍函数列一致收敛的柯西准则, 无需求出函数列的极限就能判定一个函数列是否一致收敛.

定义 9.3 设 $\{f_n\}$ 是定义在数集 E 上的函数列. 如果对任意正实数 ε, 都存在正整数 N, 使得对任意 $m > n > N$ 与任意 $x \in E$, 我们都有

$$\left| f_n(x) - f_m(x) \right| < \varepsilon.$$

则称 $\{f_n\}$ 在 E 上**一致柯西**.

定理 9.2(函数列一致收敛的柯西准则) 设 $\{f_n\}$ 是定义在数集 E 上的函数列. 则 $\{f_n\}$ 在 E 上一致收敛当且仅当 $\{f_n\}$ 在 E 上一致柯西.

证明 必要性. 假设 $\{f_n(x)\}$ 在 E 上一致收敛到函数 $f(x)$. 取定正实数 ε. 则存在正整数 N, 使得对任意 $n > N$ 与任意 $x \in E$, 都有 $\left| f_n(x) - f(x) \right| < \varepsilon / 2$. 所以对任意 $m > n > N$ 与任意 $x \in E$, 都有

$$\left| f_n(x) - f_m(x) \right| \leqslant \left| f_n(x) - f(x) \right| + \left| f_m(x) - f(x) \right| < \varepsilon / 2 + \varepsilon / 2 = \varepsilon.$$

因此 $\{f_n\}$ 在 E 上一致柯西.

充分性. 假设 $\{f_n\}$ 在 E 上一致柯西. 则根据一致柯西的定义, 对每个 E 中的点 x, 数列 $\{f_n(x)\}$ 都是柯西列, 即收敛. 因此函数列 $\{f_n(x)\}$ 在 E 逐点收敛于某函数 $f(x)$. 再次用函数列一致柯西的定义, 对任意正实数 ε, 存在正整数 N, 使得对任意 $m > n > N$ 与任意 $x \in E$, 我们都有

$$\left| f_n(x) - f_m(x) \right| < \varepsilon. \tag{9.3}$$

在 (9.3) 中, 对 m 取极限, 即可得到对同样的 N, 对所有 $n > N$ 及任意的 $x \in E$ 都有

$$\left| f_n(x) - f(x) \right| < \varepsilon.$$

若不然, 存在一列点 $\{x_k\} \in E, \{n_k\} > N(k = 1, 2, \cdots), \left| f_{n_k}(x_k) - f(x_k) \right| \geqslant \varepsilon$. 与函数列 $\{f_n\}$ 在 E 上逐点收敛于 $f(x)$ 矛盾.

综上, 所以 $\{f_n\}$ 在 E 上一致收敛于 f.   □

定义 9.4　设 $\{f_n\}$ 是定义在区间 E 上的函数列. 如果 $\{f_n\}$ 在任意包含于 E 的有限闭区间上都一致收敛, 则称 $\{f_n\}$ 在 E 上**内闭一致收敛**.

例 9.8　判断例 9.5 中的函数列是否内闭一致收敛?

对任意的 $[a,b] \subset (0,1), |x^n| \leqslant b^n \to 0(n \to \infty)$, 所以 $f_n(x) = x^n$ 在 $(0,1)$ 内闭一致收敛.

9.3　一致收敛函数列的性质

对于一致收敛的函数列, 我们可以回答本章开始提出的函数列的极限函数其连续性、可积性、可微性等对于函数列相关性质的继承问题. 该问题本质上就是函数求极限、求积分、求微分与函数列极限的交换问题.

定理 9.3(求极限)　设函数列 $\{f_n(x)\}$ 在 x_0 的空心邻域 E 上一致收敛于函数 $f(x)$. 假设对任意正整数 n, 极限 $\lim\limits_{x \to x_0} f_n(x)$ 都存在. 则极限 $\lim\limits_{x \to x_0} f(x), \lim\limits_{n \to \infty} \lim\limits_{x \to x_0} f_n(x)$ 都存在且相等. 换句话说

$$\lim_{n \to \infty} \lim_{x \to x_0} f_n(x) = \lim_{x \to x_0} \lim_{n \to \infty} f_n(x). \tag{9.4}$$

证明　我们首先证明 $\lim\limits_{n \to \infty} \lim\limits_{x \to x_0} f_n(x)$ 存在. 固定正实数 ε. 因为 $\{f_n\}$ 在 E 上一致收敛, 由定理 9.2 得到 $\{f_n\}$ 在 E 上一致柯西. 所以存在正整数 N, 使得对任意 $m > n > N$ 与任意 $x \in E$, 都有 $|f_m(x) - f_n(x)| < \varepsilon / 3$. 固定 $m > n > N$. 因为极限

$$\lim_{x \to x_0} f_m(x), \quad \lim_{x \to x_0} f_n(x)$$

都存在, 所以存在 $y \in E$ 使得 $\left| \lim\limits_{x \to x_0} f_m(x) - f_m(y) \right| < \varepsilon / 3, \left| \lim\limits_{x \to x_0} f_n(x) - f_n(y) \right| < \varepsilon / 3$. 则

$$\left| \lim_{x \to x_0} f_m(x) - \lim_{x \to x_0} f_n(x) \right|$$

$$\leqslant \left| \lim_{x \to x_0} f_m(x) - f_m(y) \right| + \left| f_m(y) - f_n(y) \right| + \left| \lim_{x \to x_0} f_n(x) - f_n(y) \right|$$

$$< \frac{\varepsilon}{3} + \frac{\varepsilon}{3} + \frac{\varepsilon}{3} = \varepsilon.$$

所以 $\{\lim\limits_{x \to x_0} f_n(x)\}$ 是柯西列. 根据数列的柯西准则, 我们证得 $\lim\limits_{n \to \infty} \lim\limits_{x \to x_0} f_n(x)$ 存在.

我们证明 $\lim\limits_{x \to x_0} f(x) = \lim\limits_{n \to \infty} \lim\limits_{x \to x_0} f_n(x)$. 固定正实数 ε, 因为 $f_n \overset{E}{\rightrightarrows} f$, 所以存在正整数 N_1, 使得对任意正整数 $m > N_1$ 与任意 $y \in E$, 都有 $|f(y) - f_m(y)| < \varepsilon / 3$. 根据数列极限的定义, 存在正整数 N_2, 使得对任意 $m > N_2$, 都有

$$\left| \lim_{x \to x_0} f_m(x) - \lim_{n \to \infty} \lim_{x \to x_0} f_n(x) \right| < \varepsilon / 3.$$

令 $N = \max\{N_1, N_2\} + 1$. 根据函数极限的定义, 存在包含于 E 的 x_0 的空心邻域 O, 使

得对于任意 $y \in O$，都有 $\left| f_N(y) - \lim\limits_{x \to x_0} f_N(x) \right| < \varepsilon / 3$．因此对任意 $y \in O$，都有

$$\left| f(y) - \lim_{n \to \infty} \lim_{x \to x_0} f_n(x) \right|$$

$$= \left| f(y) - f_N(y) \right| + \left| f_N(y) - \lim_{x \to x_0} f_N(x) \right| + \left| \lim_{x \to x_0} f_N(x) - \lim_{n \to \infty} \lim_{x \to x_0} f_n(x) \right|$$

$$< \frac{\varepsilon}{3} + \frac{\varepsilon}{3} + \frac{\varepsilon}{3} = \varepsilon.$$

所以 $\lim\limits_{x \to x_0} f(x) = \lim\limits_{n \to \infty} \lim\limits_{x \to x_0} f_n(x)$． □

定理 9.4（连续性）　设函数列 $\{f_n\}$ 在区间 I 上内闭一致收敛于函数 f．如果对任意正整数 n，f_n 在 I 上都连续，则 f 在 I 上也连续．

证明　取定 $x_0 \in I$．因为 I 是区间，所以必存在包含 x_0 且包含于 I 的闭区间 $[a,b]$．因为 $\{f_n\}$ 在区间 I 上内闭一致收敛于函数 f，所以 $\{f_n\}$ 在 $[a,b]$ 上一致收敛于函数 f．我们计算

$$\lim_{x \to x_0} f(x) = \lim_{x \to x_0} \lim_{n \to \infty} f_n(x)$$

$$= \lim_{n \to \infty} \lim_{x \to x_0} f_n(x) \quad （根据定理9.3）$$

$$= \lim_{n \to \infty} f_n(x_0) \quad （因为 f_n 是一致收敛的）$$

$$= f(x_0).$$

所以 f 在 x_0 处连续．因为 x_0 是任意取定的，因此 f 在 I 上是连续的． □

下面的定理是定理 9.4 的部分逆命题，称为迪尼(Ulisse Dini, 1845—1918)定理．

定理 9.5　设函数列 $f_n(x)$ 在 $[a,b]$ 上连续，且

$$f_n(x) \geqslant f_{n+1}(x) \quad （或者 f_n(x) \leqslant f_{n+1}(x)），\quad \forall x \in [a,b], \quad n = 1,2,\cdots,$$

且极限函数

$$f(x) = \lim_{n \to \infty} f_n(x)$$

在 $[a,b]$ 上连续，则必然有

$$f_n \overset{[a,b]}{\rightrightarrows} f.$$

证明　令

$$\varphi_n(x) = f_n(x) - f(x).$$

则

$$\varphi_1(x) \geqslant \varphi_2(x) \geqslant \cdots \geqslant \varphi_n(x) \geqslant \cdots, \quad \forall x \in [a,b].$$

因为收敛，所以有

$$\lim_{n \to \infty} \varphi_n(x) = 0, \quad \forall x \in [a,b].$$

为了建立一致性, 只要证明任给 $\varepsilon > 0$, 存在 n 使得对所有的 $x \in [a,b], \varphi_n(x) < \varepsilon$ 就可以了.

我们用反证法. 如果这样的 n 不存在, 则对任意的 n, 存在 $x_n \in [a,b]$ 使得 $\varphi_n(x_n) \geqslant \varepsilon$. 由致密性定理 3.11, $\{x_n\}$ 必有收敛的子列 $x_{n_k} \to x_0$. 不失一般性, 我们就认为 $x_n \to x_0$. 由连续性对任意的 m,

$$\lim_{n \to \infty} \varphi_m(x_n) = \varphi_m(x_0).$$

另一方面, 对任意的 m, 当 $n > m$ 时

$$\varphi_m(x_n) \geqslant \varphi_n(x_n) \geqslant \varepsilon.$$

于是

$$\lim_{n \to \infty} \varphi_m(x_n) = \varphi_m(x_0) \geqslant \varepsilon.$$

这与

$$\lim_{m \to \infty} \varphi_m(x_0) = 0$$

矛盾. □

定理 9.6(可积性)　设函数列 $\{f_n(x)\}$ 在 $[a,b]$ 上一致收敛于函数 $f(x)$. 如果对任意正整数 n, $f_n(x)$ 在 $[a,b]$ 上连续, 则

$$\int_a^b f(x)\mathrm{d}x = \lim_{n \to \infty} \int_a^b f_n(x)\mathrm{d}x. \tag{9.5}$$

证明　因为 $\{f_n(x)\}$ 在 $[a,b]$ 上一致收敛于函数 $f(x)$, 并且如果对任意正整数 $n, f_n(x)$ 在 $[a,b]$ 上连续, 所以根据定理 9.4, f 在 $[a,b]$ 上连续. 取定正实数 ε. 存在正整数 N, 使得对任意 $n > N$ 与任意 $x \in [a,b]$, 都有 $|f_n(x) - f(x)| < \dfrac{\varepsilon}{(b-a)}$. 所以当 $n > N$ 时,

$$\left| \int_a^b f_n(x)\mathrm{d}x - \int_a^b f(x)\,\mathrm{d}x \right| = \int_a^b |f_n(x) - f(x)|\mathrm{d}x$$

$$\leqslant \int_a^b \frac{\varepsilon}{(b-a)}\mathrm{d}x < \varepsilon. \qquad \square$$

积分与极限可以交换是非常重要的性质. 因为积分很大程度上是一个函数的整体性质, 所以个别点上的不一致收敛很多情况下并不影响 (9.5) 的性质. 下面的定理就是一个例子.

定理 9.7　设在区间 $[a,b]$ 上 $f_n(x) \to f(x)$ 处处成立, 并存在 $M > 0$ 使得 $|f_n(x)| \leqslant M$ 对任何的 $x \in [a,b]$ 成立. 如果有一点 c 以及任意的 $\delta > 0$, 都有

$$f_n \xrightarrow{[a,c-\delta] \cup [c+\delta,b]} f, \tag{9.6}$$

则

$$\int_a^b f(x)\mathrm{d}x = \lim_{n\to\infty}\int_a^b f_n(x)\mathrm{d}x. \tag{9.7}$$

证明 任给 $\varepsilon > 0$，取 $\delta > 0$ 充分小，使得 $4\delta < \varepsilon$，则

$$\left|\int_a^b [f_n(x)-f(x)]\mathrm{d}x\right| \le \left|\int_a^{c-\delta}[f_n(x)-f(x)]\mathrm{d}x\right| + \left|\int_{c+\delta}^b [f_n(x)-f(x)]\mathrm{d}x\right|$$

$$+ \left|\int_{c-\delta}^{c+\delta} f_n(x)\mathrm{d}x\right| + \left|\int_{c-\delta}^{c+\delta} f(x)\mathrm{d}x\right|$$

$$\le \left|\int_a^{c-\delta}[f_n(x)-f(x)]\mathrm{d}x\right| + \left|\int_{c+\delta}^b [f_n(x)-f(x)]\mathrm{d}x\right| + 4\delta M$$

$$\le \left|\int_a^{c-\delta}[f_n(x)-f(x)]\mathrm{d}x\right| + \left|\int_{c+\delta}^b [f_n(x)-f(x)]\mathrm{d}x\right| + \varepsilon.$$

上式最后一个不等式右端前面两项由于(9.6)当 $n \to \infty$ 一致收敛到零. 这就得到(9.7). $\Box$

例 9.9 $f_n(x) = \dfrac{1}{1+nx}$ 在 $x \in [0,1]$ 上收敛到函数

$$f(x) = \begin{cases} 1, & x = 0, \\ 0, & x \ne 0. \end{cases}$$

但在整个 $x \in [0,1]$ 上不是一致收敛的. 事实上对任意的 $0 < \delta < 1$，

$$|f_n(x)| \le \frac{1}{1+n\delta} \to 0, \quad \forall x \in [\delta,1].$$

所以在 $[\delta,1]$ 上一致收敛. 但在 $x \in (0,\delta)$ 上，要使得

$$|f_n(x)| \le \varepsilon < 1,$$

必须使得

$$n > \frac{\dfrac{1}{\varepsilon}-1}{x} \to \infty \quad (x \to 0).$$

所以在 $(0,\delta)$ 上 $f_n(x)$ 不一致收敛. 但是 $|f_n(x)| \le 1$ 一致有界. 因此定理 9.7 的条件满足，于是

$$\lim_{n\to\infty}\int_0^1 f_n(x)\mathrm{d}x = \int_0^1 \lim_{n\to\infty} f_n(x)\mathrm{d}x = 0.$$

定理 9.8 如果 $f_n(x)$ 非负，且对固定的 x，它是关于 n 的单调递增函数，又对任意的 $c < b$，有

$$\int_a^c \lim_{n\to\infty} f_n(x)\mathrm{d}x = \lim_{n\to\infty}\int_a^c f_n(x)\mathrm{d}x, \tag{9.8}$$

则下式有一个极限存在时, 有

$$\int_a^b \lim_{n \to \infty} f_n(x)\mathrm{d}x = \lim_{n \to \infty} \int_a^b f_n(x)\mathrm{d}x, \tag{9.9}$$

这里的 b 可以为 $+\infty$.

证明 假定右边极限存在(左边存在可以同理证明), 令

$$S = \lim_{n \to \infty} \int_a^b f_n(x)\mathrm{d}x.$$

由非负性假设, 对任意的 $c < b$,

$$\int_a^c \lim_{n \to \infty} f_n(x)\mathrm{d}x = \lim_{n \to \infty} \int_a^c f_n(x)\mathrm{d}x \leqslant S.$$

所以(作为 c 单调递增函数)

$$\int_a^b \lim_{n \to \infty} f_n(x)\mathrm{d}x = I$$

存在且 $I \leqslant S$. 另一方面, 对任意的 N, 由于 $f_n(x)$ 关于 n 单调递增,

$$\int_a^b f_N(x)\mathrm{d}x \leqslant \int_a^b \lim_{n \to \infty} f_n(x)\mathrm{d}x = I.$$

令 $N \to \infty$, 知 $S \leqslant I$. 因此 $S = I$. $\qquad\qquad\square$

例 9.10 三角函数序列

$$f_n(x) = \sum_{m=1}^n \frac{\sin mx}{m}, \quad n = 1, 2, \cdots, \tag{9.10}$$

在任何区间都收敛. 实际上, 注意三角函数是周期为 2π 的函数, 且 $f_n(x)$ 为奇函数, 我们只要证明 $f_n(x)$ 在 $x \in [0, \pi]$ 上收敛就可以了.

首先由第 8 章的 (8.37) 有

$$\sum_{m=1}^n \cos mx = \frac{\sin\left(n + \frac{1}{2}\right)x - \sin\frac{x}{2}}{2\sin\frac{x}{2}}. \tag{9.11}$$

所以

$$f_n(x) = \int_0^x \frac{\sin\left(n + \frac{1}{2}\right)t - \sin\frac{t}{2}}{2\sin\frac{t}{2}}\mathrm{d}t$$

$$= \int_0^x \frac{\sin\left(n + \frac{1}{2}\right)t}{t}\mathrm{d}t + \int_0^x \left(\frac{1}{2\sin\frac{t}{2}} - \frac{1}{t}\right)\sin\left(n + \frac{1}{2}\right)t\,\mathrm{d}t - \frac{x}{2}$$

$$= \int_0^{\left(n+\frac{1}{2}\right)x} \frac{\sin t}{t} dt + \int_0^x \left(\frac{1}{2\sin\frac{t}{2}} - \frac{1}{t} \right) \sin\left(n+\frac{1}{2}\right) t dt - \frac{x}{2}. \tag{9.12}$$

根据第 8 章的 (7.82), $\int_0^\infty \frac{\sin t}{t} dt$ 收敛, 所以

$$\int_0^{\left(n+\frac{1}{2}\right)x} \frac{\sin t}{t} dt$$

有界. 又因为 $\sin u \leq u$, 我们有

$$\left| \int_0^x \left(\frac{1}{2\sin\frac{t}{2}} - \frac{1}{t} \right) \sin\left(n+\frac{1}{2}\right) t dt \right| \leq \int_0^\pi \left(\frac{1}{2\sin\frac{t}{2}} - \frac{1}{t} \right) dt$$

也有界. 所以

$$|f_n(x)| \leq M$$

一致有界. 再注意

$$\lim_{n\to\infty} \int_0^{\left(n+\frac{1}{2}\right)x} \frac{\sin t}{t} dt = \int_0^\infty \frac{\sin t}{t} dt = \frac{\pi}{2}$$

存在, 且

$$\int_0^x \left(\frac{1}{2\sin\frac{t}{2}} - \frac{1}{t} \right) \sin\left(n+\frac{1}{2}\right) t dt = -\left(\frac{1}{2\sin\frac{x}{2}} - \frac{1}{x} \right) \frac{\cos\left(n+\frac{1}{2}\right)x}{n+\frac{1}{2}}$$

$$+ \frac{1}{n+\frac{1}{2}} \int_0^x \frac{d}{dt}\left(\frac{1}{2\sin\frac{t}{2}} - \frac{1}{t} \right) \cos\left(n+\frac{1}{2}\right) t dt.$$

容易验证, 最后一个积分有界, 且当 $n \to \infty$ 时,

$$\int_0^x \left(\frac{1}{2\sin\frac{t}{2}} - \frac{1}{t} \right) \sin\left(n+\frac{1}{2}\right) t dt \to 0.$$

于是由 (9.12) 得

$$\lim_{n\to\infty} f_n(x) = \int_0^\infty \frac{\sin x}{x} dx - \frac{x}{2}, \quad x \in (0, \pi].$$

因为 $f_n(\pi) = 0$，我们又得到

$$\int_0^\infty \frac{\sin x}{x}\,\mathrm{d}x = \frac{\pi}{2}.$$

因为 $f_n(0) = 0$，所以极限函数

$$f(x) = \begin{cases} \dfrac{\pi}{2} - \dfrac{x}{2}, & 0 < x \leqslant \pi, \\ 0, & x = 0. \end{cases}$$

极限函数在 $x = 0$ 不连续，所以收敛不可能是一致收敛.

定理 9.9（可微性）　设 $\{f_n\}$ 是定义在区间 I 上的函数列. 假设

(i) $\{f_n\}$ 的收敛域是非空的；

(ii) 对任意正整数 n，f_n 在 I 上有连续的导函数；

(iii) 函数列 $\{f_n'\}$ 在 I 上内闭一致收敛于函数 g.

则存在 I 上的函数 f 满足下列条件：

(a) $\{f_n\}$ 在 I 上内闭一致收敛于 f；

(b) f 在 I 上可导且

$$\frac{\mathrm{d}}{\mathrm{d}x} \lim_{n\to\infty} f_n(x) = \lim_{n\to\infty} \frac{\mathrm{d}}{\mathrm{d}x} f_n(x). \tag{9.13}$$

证明　取定 $\{f_n\}$ 在 I 上的收敛点 x_0. 因为对任意正整数 n，f_n' 在 I 上连续，并且 $\{f_n'\}$ 在 I 上内闭一致收敛于函数 g，所以根据定理 9.4，g 也在 I 上连续. 对任意 $x \in I$，定义

$$f(x) = \int_{x_0}^x g(t)\mathrm{d}t + f(x_0). \tag{9.14}$$

对任意正整数 n 与任意 $x \in I$，我们观察到 $f_n(x) = \displaystyle\int_{x_0}^x f_n'(t)\mathrm{d}t + f_n(x_0)$. 取定包含 x_0 且包含于 I 的闭区间 $[a,b]$. 由定理条件，对任意正实数 ε，都存在正整数 N，使得对任意 $n > N$ 与任意 $x \in [a,b]$，都有 $|f_n'(x) - g(x)| < \varepsilon/(b-a)$ 且 $|f_n(x_0) - f(x)| < \varepsilon$，所以

$$\left| f_n(x) - f(x) \right| = \left| \int_{x_0}^x (f_n'(t) - g(t))\mathrm{d}t \right| + \left| f_n(x_0) - f(x) \right|$$

$$\leqslant \int_{x_0}^x |f_n'(t) - g(t)|\mathrm{d}t + \varepsilon \leqslant \int_{x_0}^x \frac{\varepsilon}{b-a}\mathrm{d}t + \varepsilon \leqslant 2\varepsilon.$$

因此 $f_n \overset{[a,b]}{\rightrightarrows} f$，即 f_n 在 I 上内闭一致收敛于 f. 则由 (9.14) 可得

$$f(x) = \int_{x_0}^x g(t)\mathrm{d}t + f(x_0).$$

根据微积分学基本定理，$f'(x) = g(x)$.　　　　　　　　　　　　　　　□

例 9.11　解释例题 9.1—例 9.4 中极限函数的性质为什么与函数列的相关性质不一致.

通过 9.2 节的判别法, 同学们可以证明例 9.1—例 9.4 中的函数都不是一致收敛到它们的极限函数(判别过程留作习题).

当然, 一致收敛并不是极限函数与函数列保持一致性质的必要条件, 请看下面的例子.

例 9.12　证明函数列

$$f_n(x) = \frac{1}{2n}\ln(1+n^2x^2), \quad n = 1, 2, \cdots$$

在 $[0,1]$ 上一致收敛, 但是其导函数列在 $[0,1]$ 上不一致收敛. 这是因为

$$f_n(x) \leqslant \frac{\ln(1+n^2)}{2n} \to 0, \quad n \to \infty,$$

对任意 $x \in [0,1]$ 成立. 对固定 $x \in [0,1]$,

$$f_n'(x) = \frac{n}{1+n^2x^2}\ln(1+n^2x^2) \to 0, \quad n \to \infty.$$

但 $f_n'\left(\dfrac{1}{n}\right) = n\ln 2 \to \infty$. 故导函数列不一致收敛.

注 9.4　在上面的例 9.12 中, 可以验证

$$\lim_{n\to\infty} f_n'(x) = 0 = [\lim_{n\to\infty} f_n(x)]'.$$

这说明, 一致收敛是极限运算与求导运算交换的充分条件, 但不是必要条件.

9.4　函数项级数的一致收敛性及判别法

本节我们讨论无穷函数级数的收敛性.

定义 9.5　设 $\{f_n\}$ 是定义在数集 E 上的函数列. 表达式

$$f_1(x) + f_2(x) + f_3(x) + \cdots$$

称为 E 上的**函数项级数**, 也记作 $\displaystyle\sum_{n=1}^{\infty} f_n(x)$ 或 $\displaystyle\sum f_n(x)$.

定义 9.6　设 $\displaystyle\sum_{n=1}^{\infty} f_n(x)$ 是定义在数集 E 上的函数项级数. 对任意正整数 n, 定义

$$S_n(x) = f_1(x) + f_2(x) + \cdots + f_n(x). \tag{9.15}$$

则 $\{S_n(x)\}$ 也是 E 上的函数列, 称为函数项级数 $\displaystyle\sum_{n=1}^{\infty} f_n(x)$ 的**部分和函数列**. 设 $x \in E$, 如果数列 $\{S_n(x)\}$ 收敛, 则称函数项级数 $\displaystyle\sum_{n=1}^{\infty} f_n(x)$ 在 x 点**收敛**, x 称为此函数项级数的**收敛点**. 如果数列 $\{S_n(x)\}$ 发散, 则称函数项级数 $\displaystyle\sum_{n=1}^{\infty} f_n(x)$ 在 x 点**发散**, x 称为此函

数项级数的**发散点**. 设 D 是 E 的子集, 如果函数项级数 $\sum_{n=1}^{\infty} f_n(x)$ 在 D 中任意点都收敛, 则称此函数项级数在 D 上**收敛**, 函数 $D \to \mathbb{R}, x \mapsto \lim_{n \to \infty} S_n(x)$ 称为此函数项级数在 D 上的**和函数**, 记为 $S(x)$. 对任意正整数 n, 定义函数项级数 $\sum_{n=1}^{\infty} f_n(x)$ 在 D 上的**余项**为 $R_n(x) = S(x) - S_n(x)$. 部分和函数列 $\{S_n\}$ 的所有收敛点构成的集合称为函数项级数 $\sum_{n=1}^{\infty} f_n(x)$ 的**收敛域**.

从定义 9.6 可以看到, 函数项级数是一种特殊的函数序列. 定义上, 需要先求有限项函数的和, 然后取极限. 这个和数列级数是一样的. 但对于函数级数我们不仅仅是关心逐点收敛的性质, 主要还是关心无穷和作为函数的一些整体的性质.

定义 9.7　设 $\sum_{n=1}^{\infty} f_n(x)$ 是定义在数集 E 上的函数项级数. 如果 $\sum_{n=1}^{\infty} f_n(x)$ 的部分和函数列在 E 上一致收敛, 则称此函数项级数在 E 上**一致收敛**.

例 9.13　给定 $\mathbb{R}$ 上的函数列 $f_n(x) = x^n$, 对任意的 $n \in \mathbb{N}^+$, $x \in \mathbb{R}$. 函数项级数 $\sum_{n=1}^{\infty} f_n(x)$ 的收敛域是 $(-1,1)$, 和函数是 $f(x) = x/(1-x), \forall x \in (-1,1)$.

定理 9.10　设 $\sum_{n=1}^{\infty} f_n(x)$ 是定义在数集 E 上的函数项级数, 设 S 是定义在 E 上的函数. 则 $S_n \rightrightarrows S$ 当且仅当

$$\lim_{n \to \infty} \sup_{x \in E} |R_n(x)| = \lim_{n \to \infty} \sup_{x \in E} |S_n(x) - S(x)| = 0. \tag{9.16}$$

证明　直接利用定理 9.1 即可证得该定理. □

定义 9.8　设 $\sum_{n=1}^{\infty} f_n(x)$ 是定义在数集 E 上的函数项级数. 如果 $\sum_{n=1}^{\infty} f_n(x)$ 的部分和函数列在 E 上一致柯西, 则称此函数项级数在 E 上**一致柯西**.

定理 9.11（函数项级数一致收敛的柯西准则）　设 $\sum_{n=1}^{\infty} f_n(x)$ 是定义在数集 E 上的函数项级数. 则 $\sum_{n=1}^{\infty} f_n(x)$ 在 E 上一致收敛当且仅当 $\sum_{n=1}^{\infty} f_n(x)$ 在 E 上一致柯西.

证明　直接利用定理 9.2 即可证得该定理. □

定义 9.9　设 $\sum_{n=1}^{\infty} f_n(x)$ 是定义在数集 E 上的函数项级数. 如果 $\sum_{n=1}^{\infty} f_n(x)$ 的部分和函数列在任意包含于 I 的有限闭区间上都一致收敛, 则称此函数项级数在 I 上内闭

一致收敛.

下面我们来介绍函数项级数一致收敛的判别法:

定理 9.12(魏尔斯特拉斯判别法、优级数判别法、M 判别法)   设 $\sum f_n(x)$ 是定义在数集 E 上的函数项级数, 设 $\sum M_n$ 是收敛的正项级数. 如果对任意正整数 n 与任意 $x \in E$, 都有 $\left|f_n(x)\right| \le M_n$. 则 $\sum f_n(x)$ 在 E 上一致收敛.

证明   取定正实数 ε. 因为 $\sum M_n$ 是收敛的正项级数, 所以存在正整数 N, 使得对任意 $m > n > N$, 都有 $\sum_{i=1}^{m} M_i - \sum_{i=1}^{n} M_i = \sum_{i=n+1}^{m} M_i < \varepsilon$. 因此对任意 $m > n > N$ 与任意 $x \in E$, 都有

$$\left|S_m(x) - S_n(x)\right| = \left|\sum_{i=n+1}^{m} f_i(x)\right| \le \sum_{i=n+1}^{m} \left|f_i(x)\right| \le \sum_{i=n+1}^{m} M_i < \varepsilon.$$

我们证得 $\sum f_n(x)$ 在 E 上一致柯西. 由定理 9.11 推出 $\sum f_n(x)$ 在 E 上一致收敛. $\square$

例 9.14   函数项级数 $\sum \dfrac{\sin nx}{n^2}$ 与 $\sum \dfrac{\cos nx}{n^2}$ 在 $\mathbb{R}$ 上是一致收敛的. 首先我们回忆 (3.27)的结论, 知道正项级数 $\sum \dfrac{1}{n^2}$ 收敛. 对于任意正整数 n 和任意实数 x, 我们都有

$$\left|\frac{\sin nx}{n^2}\right| + \left|\frac{\cos nx}{n^2}\right| \le \frac{2}{n^2}.$$

所以根据 M 判别法, $\sum \dfrac{\sin nx}{n^2}$ 与 $\sum \dfrac{\cos nx}{n^2}$ 在 $\mathbb{R}$ 上是一致收敛的.

定理 9.13(阿贝尔判别法)   设 $\sum f_n(x), \sum g_n(x)$ 是定义在数集 E 上的函数项级数且满足下列条件:

(i) $\sum f_n(x)$ 在 E 上一致收敛;

(ii)对任意 $x \in E$, 数列 $\{g_n(x)\}$ 关于 n 都是单调的;

(iii)(一致有界)存在正实数 M, 使得对任意正整数 n 与任意 $x \in E$, 都有 $\left|g_n(x)\right| \le M$.

则 $\sum f_n(x)g_n(x)$ 在 E 上一致收敛.

证明   因为 $\sum f_n(x)$ 在 E 上一致收敛, 所以存在正整数 N, 使得对任意 $m > n > N$ 与 $x \in E$, 都有

$$\left|\sum_{i=n+1}^{m} f_i(x)\right| \le \frac{\varepsilon}{6M}.$$

因为对任意 $x \in E$, 数列 $\{g_n(x)\}$ 都是单调的, 所以根据(8.26)式得到

$$\left|\sum_{i=n+1}^{m} f_i(x) g_i(x)\right| \leqslant 3 \frac{\varepsilon}{6M} M = \frac{\varepsilon}{2} < \varepsilon.$$

所以 $\sum f_n(x) g_n(x)$ 在 E 上是一致柯西的. 根据函数项级数的柯西准则证得 $\sum f_n(x) g_n(x)$ 在 E 上一致收敛. □

例 9.15 函数项级数 $\sum \frac{(-1)^n (x+n)^n}{n^{n+1}}$ 在 $[0,1]$ 上是一致收敛的. 事实上, 对于任意正整数 n 与任意 $x \in [0,1]$, 定义

$$f_n(x) := \frac{(-1)^n}{n}, \quad g_n(x) := \frac{(x+n)^n}{n^n}.$$

根据阿贝尔判别法 $\sum \frac{(-1)^n (x+n)^n}{n^{n+1}}$ 在 $[0,1]$ 上是一致收敛的.

定理 9.14(狄利克雷判别法) 设 $\sum f_n(x), \sum g_n(x)$ 是定义在数集 E 上的函数项级数且满足下列条件:

(i)(一致有界)存在正实数 M, 使得对任意正整数 n 与任意 $x \in E$, 都有 $\left|\sum_{i=1}^{n} f_i(x)\right| \leqslant M$;

(ii)对任意 $x \in E$, 数列 $\{g_n(x)\}$ 关于 n 都是单调的;

(iii) $g_n \overset{E}{\rightrightarrows} 0$.

则 $\sum f_n(x) g_n(x)$ 在 E 上一致收敛.

证明 根据第一个假设, 对任意正整数 $m > n$ 与任意 $x \in E$, 都有

$$\left|\sum_{i=n+1}^{m} f_i(x)\right| \leqslant 2M.$$

取定正实数 ε. 因为 $g_n \overset{E}{\rightrightarrows} 0$, 所以存在正整数 N, 使得对任意 $n > N$ 与任意 $x \in E$, 都有

$$|g_n(x)| < \frac{\varepsilon}{12M}.$$

则此时对任意 $m > n > N$ 与任意 $x \in E$, 因为数列 $\{g_n(x)\}$ 都是单调的, 所以根据(8.26)式得到

$$\left|\sum_{i=n+1}^{m} f_i g_i\right| \leqslant 3 \cdot 2M \frac{\varepsilon}{12M} = \frac{\varepsilon}{2} < \varepsilon.$$

所以 $\sum f_n(x) g_n(x)$ 在 E 上是一致柯西的. 根据函数项级数的柯西准则证得

$\sum f_n(x) g_n(x)$ 在 E 上一致收敛. 　　　　　　　　　　　　　　　　□

例 9.16　对任意实数 $0 < \alpha < \pi$ 以及任意单调递减且趋于 0 的数列 $\{a_n\}$,函数项级数

$$\sum a_n \cos nx$$

在 $[\alpha, 2\pi - \alpha]$ 上是一致收敛的.

事实上,对于任意正整数 n 与任意 $x \in [\alpha, 2\pi - \alpha]$,定义

$$f_n(x) := \cos nx, \quad g_n(x) := a_n.$$

部分和根据 (8.37),

$$\left| \sum_{n=1}^{N} \cos nx \right| \leqslant \frac{1}{\left| \sin \dfrac{x}{2} \right|}, \quad 0 < x < 2\pi.$$

根据狄利克雷判别法,$\sum a_n \cos nx$ 在 $[\alpha, 2\pi - \alpha]$ 上是一致收敛的.

9.5　一致收敛函数项级数的性质

现在我们来看函数级数的和函数的性质. 本质上是求极限、求积分、求微分运算和无穷求和交换的运算过程.

9.5.1　一致收敛函数项级数的性质

平行于定理 9.3,我们有

定理 9.15(求极限)　设函数项级数 $\sum\limits_{n=1}^{\infty} f_n(x)$ 在 x_0 的某空心邻域上一致收敛. 假设对任意正整数 n,极限 $\lim\limits_{x \to x_0} S_n(x)$ 都存在. 则极限 $\lim\limits_{x \to x_0} S(x)$,$\lim\limits_{n \to \infty} \lim\limits_{x \to x_0} S_n(x)$ 都存在且相等,即

$$\lim_{x \to x_0} \sum_{n=1}^{\infty} f_n(x) = \sum_{n=1}^{\infty} \lim_{x \to x_0} f_n(x). \tag{9.17}$$

我们在第 8 章中证明了阿贝尔定理 8.13:

$$\lim_{x \to 1^-} \sum_{n=0}^{\infty} a_n x^n = \sum_{n=0}^{\infty} \lim_{x \to 1^-} a_n x^n. \tag{9.18}$$

如果上式右端的极限存在. 但是这个定理的逆不成立,例如

$$f(x) = \sum_{n=0}^{\infty} (-1)^n x^n = \frac{1}{1+x}.$$

虽然 $\lim\limits_{x\to 1^-} f(x)=\dfrac{1}{2}$，但 $\sum\limits_{n=0}^{\infty}(-1)^n$ 并不收敛. 但如果给 a_n 一些限制, 则逆定理可能成立.

这就是下面的阿贝尔定理.

定理 9.16(阿贝尔定理)　如果

$$a_n = o\left(\frac{1}{n}\right),\tag{9.19}$$

则如果 (9.18) 左边极限 $\lim\limits_{x\to 1^-}\sum\limits_{n=0}^{\infty}a_n x^n$ 存在, 则 $\sum\limits_{n=0}^{\infty}\lim\limits_{x\to 1^-}a_n x^n$ 也存在.

证明　我们只需要证明

$$\sum_{n=0}^{\infty}a_n x^n - \sum_{n=0}^{N}a_n \to 0 \quad (x\to 1^-),$$

或者

$$-\sum_{n=0}^{N}a_n(1-x^n) \to 0 \quad (x\to 1^-),\tag{9.20}$$

此处 $N=\left[\dfrac{1}{1-x}\right]$ 为 $\dfrac{1}{1-x}$ 的整数部分. 由 (9.19), 对给定的 $\varepsilon>0$, 取 N 充分大, 使得 $|na_n|<\varepsilon(n>N)$. 于是

$$\left|\sum_{n=N+1}^{\infty}a_n x^n\right| = \left|\sum_{n=N+1}^{\infty}na_n\frac{x^n}{n}\right| \leqslant \frac{\varepsilon}{N+1}\sum_{n=N+1}^{\infty}x^n \leqslant \frac{\varepsilon}{(N+1)(1-x)} < \varepsilon, \quad 0<x<1.$$

又因为 $na_n\to 0(n\to\infty)$, 自然有

$$\frac{1}{N}\sum_{n=1}^{N}n|a_n| \to 0 \quad (N\to\infty).\tag{9.21}$$

这是因为对任意的 $\varepsilon>0$, 存在 M, 当 $k>M$ 时, $k|a_k|<\varepsilon$. 于是 (假设 $N>M$)

$$\frac{1}{N}\sum_{n=1}^{N}n|a_n| \leqslant \frac{1}{N}\sum_{n=1}^{M}n|a_n| + \varepsilon \to \varepsilon \quad (N\to\infty).$$

(9.21) 一般都对, 称为平均值的极限等于原序列的极限. 又因为

$$1-x^n < n(1-x), \quad \forall x\in[0,1].$$

于是

$$\left|\sum_{n=0}^{N}a_n(1-x^n)\right| \leqslant (1-x)\sum_{n=0}^{N}n|a_n| \leqslant \frac{1}{N}\sum_{n=0}^{N}n|a_n| \to 0 \quad (N\to\infty),$$

我们得到 (9.20). 定理得证.　　　　　　　　　　　　　　　　　　　　□

平行于定理 9.4, 我们有

定理 9.17(连续性)　设函数项级数 $\sum f_n(x)$ 在区间 I 上内闭一致收敛. 如果对

任意正整数 n, $f_n(x)$ 都连续, 则 $S(x)$ 也连续.

平行于定理 9.5, 我们有

定理 9.18　设函数列 $f_n(x) \geqslant 0$ 在 $[a,b]$ 上连续, 且和

$$f(x) = \sum_{n=1}^{\infty} f_n(x) \tag{9.22}$$

在 $[a,b]$ 连续, 则 (9.22) 一定是一致收敛的.

平行于定理 9.6, 我们有

定理 9.19(可积性)　设函数项级数 $S(x) = \sum f_n(x)$ 在 $[a,b]$ 上一致收敛. 如果对任意正整数 n, $f_n(x)$ 都连续, 则 $\int_a^b S(x)\mathrm{d}x = \lim_{n \to \infty} \int_a^b f_n(x)\mathrm{d}x$, 即

$$\int_a^b \sum_{n=1}^{\infty} f_n(x)\mathrm{d}x = \sum_{n=1}^{\infty} \int_a^b f_n(x)\,\mathrm{d}x. \tag{9.23}$$

由定理 9.19 和定理 9.18 我们立刻得到下面的推论 9.1.

推论 9.1　设函数列 $f_n(x) \geqslant 0$ 在 $[a,b]$ 上连续, 且和

$$f(x) = \sum_{n=1}^{\infty} f_n(x) \tag{9.24}$$

在 $[a,b]$ 连续, 则

$$\int_a^b \sum_{n=1}^{\infty} f_n(x)\mathrm{d}x = \sum_{n=1}^{\infty} \int_a^b f_n(x)\,\mathrm{d}x. \tag{9.25}$$

平行于定理 9.7 的是下面的有界收敛定理.

定理 9.20(有界收敛定理)　设在区间 $[a,b]$ 上

$$\sum_{n=1}^{\infty} f_n(x) = f(x)$$

收敛, 且对任意小的 $\delta > 0$ 在 $[a, c-\delta]$ 与 $[c+\delta, b]$ 上一致收敛. 如果

$$S_n(x) = \sum_{k=1}^{n} f_k(x) = O(1),$$

则

$$\int_a^b \sum_{n=1}^{\infty} f_n(x)\mathrm{d}x = \sum_{n=1}^{\infty} \int_a^b f_n(x)\,\mathrm{d}x. \tag{9.26}$$

平行于定理 9.8, 我们有

定理 9.21　如果 $f_n(x) \geqslant 0$ 非负, 且对任意的 $c < b$, 有

$$\int_a^c \sum_{n=1}^{\infty} f_n(x)\mathrm{d}x = \sum_{n=1}^{\infty} \int_a^c f_n(x)\,\mathrm{d}x, \tag{9.27}$$

则下式有一个极限存在时, 有

$$\int_a^b \sum_{n=1}^{\infty} f_n(x)\mathrm{d}x = \sum_{n=1}^{\infty} \int_a^b f_n(x)\,\mathrm{d}x, \tag{9.28}$$

这里的 b 可以为 ∞.

例 9.17　求证

$$\int_0^1 \ln\frac{1}{1-x}\mathrm{d}x = 1. \tag{9.29}$$

首先我们有级数

$$\ln\frac{1}{1-x} = -\ln(1-x) = x + \frac{x^2}{2} + \frac{x^3}{3} + \cdots. \tag{9.30}$$

这个来源于第 5 章的泰勒展式 (5.163), 这个级数在 $x=1$ 的附近不一致收敛. 但对任意的 $0 < c < 1$, 级数

$$\sum_{n=1}^{\infty} \frac{x^n}{n}$$

在 $[0,c]$ 中一致收敛. 所以

$$\int_0^1 \ln\frac{1}{1-x}\mathrm{d}x = \int_0^1 \sum_{n=1}^{\infty}\frac{x^n}{n}\mathrm{d}x = \sum_{n=1}^{\infty}\int_0^1 \frac{x^n}{n}\mathrm{d}x = \sum_{n=1}^{\infty}\frac{1}{n(n+1)} = \sum_{n=1}^{\infty}\left(\frac{1}{n} - \frac{1}{n+1}\right) = 1.$$

平行于定理 9.9, 我们有

定理 9.22(可微性)　设 $\{f_n(x)\}$ 是定义在区间 I 上的函数列. 假设

(i) $\{f_n(x)\}$ 的部分和函数列 $\{S_n(x)\}$ 的收敛域是非空的.

(ii) 对任意正整数 n, $f_n(x)$ 在 I 上有连续的导函数.

(iii) $\{S_n^{'}(x)\}$ 在 I 上内闭一致收敛于函数 $g(x)$. 则函数项级数 $\sum f_n(x)$ 在 I 上内闭一致收敛且 $S'(x) = g(x)$, 即

$$\frac{\mathrm{d}}{\mathrm{d}x}\sum_{n=1}^{\infty} f_n(x)\mathrm{d}x = \sum_{n=1}^{\infty}\frac{\mathrm{d}}{\mathrm{d}x}f_n(x). \tag{9.31}$$

9.5.2　应用: 没有导数的连续函数

我们见到的初等函数许多不仅是连续的, 还有可能是无穷次可微的, 甚至是解析的. 很难想象一个连续函数处处不可微, 这是直观和逻辑之间的矛盾. 数学家虽然以直觉向前推进, 但最后的检验是逻辑. 历史上魏尔斯特拉斯第一个构造了一个无穷级数的函数

$$f(x) = \sum_{n=0}^{\infty} b^n \cdot \cos(a^n \pi x), \tag{9.32}$$

其中 $0 < b < 1$, 而 a 是奇整数且 $ab > 1 + \dfrac{3}{2}\pi$. 这个函数显然是指数收敛到一个连续函

数,但魏尔斯特拉斯证明这个函数没有一点是可导的. 令人惊奇的是, 这个函数的每一项都是解析的函数. 可见无穷会产生令人难以置信的现象. 以后学到另一门课泛函分析可以抽象地简单证明: 连续但处处不可微的函数类远超过连续但至少有一点可微的函数类. 这是数学的无穷魅力所在.

现在我们来看为什么函数 (9.32) 没有有限的导数.

命题 9.1　由 (9.32) 定义的函数没有有限的导数.

证明　首先

$$\frac{f(x+h)-f(x)}{h}=\left(\sum_{n=0}^{m-1}+\sum_{n=m}^{\infty}\right)b^n\frac{\cos a^n\pi(x+h)-\cos a^n\pi x}{h}$$
$$:=S_m+R_m.$$

因为

$$\left|\cos a^n\pi(x+h)-\cos a^n\pi x\right|=\left|a^n\pi h\sin a^n\pi(x+\theta h)\right|\leqslant a^n\pi|h|,$$

其中 $0<\theta<1$. 所以

$$|S_m|\leqslant\sum_{n=0}^{m-1}\pi a^n b^n=\pi\frac{a^m b^m-1}{ab-1}<\pi\frac{a^m b^m}{ab-1}.$$

现在我们给 h 以特定的值而为 R_m 求一下限. 为此, 记

$$a^m x=\alpha_m+\xi_m,$$

其中 α_m 为一整数, 而 $-\frac{1}{2}\leqslant\xi_m<\frac{1}{2}$. 令

$$h=\frac{1-\xi_m}{a^m},$$

则有

$$0<h\leqslant\frac{3}{2a^m},\quad a^n\pi(x+h)=a^{n-m}a^m\pi(x+h)=a^{n-m}\pi(\alpha_m+1).$$

因为 a 为奇数, 所以

$$\cos a^n\pi(x+h)=\cos a^{n-m}\pi(\alpha_m+1)=(-1)^{\alpha_m+1}.$$

但

$$\cos a^n\pi x=\cos a^{n-m}\pi(\alpha_m+\xi_m)=\cos a^{n-m}\pi\alpha_m\cos a^{n-m}\pi\xi_m$$
$$=(-1)^{\alpha_m}\cos a^{n-m}\pi\xi_m,$$

所以

$$R_m=\frac{(-1)^{\alpha_m+1}}{h}\sum_{n=m}^{\infty}b^n(1+\cos a^{n-m}\pi\xi_m).$$

上式右端级数的每一项都是正的, 取第一项得

$$\left|R_m\right| > \frac{b^m}{|h|} > \frac{2}{3} a^m b^m.$$

于是

$$\left|\frac{f(x+h)-f(x)}{h}\right| \geqslant \left|R_m\right| - \left|S_m\right| > \left(\frac{2}{3} - \frac{\pi}{ab-1}\right) a^m b^m.$$

当 $ab > 1 + \frac{3}{2}\pi$ 时, 上式右端括号内的因子取正值. 所以当 $m \to \infty$ 时, 不等式的右方趋于无穷, 所以 f 在 x 点不可微. □

　　当然, 函数 (9.32) 虽然数学上极端的美妙, 但不是普通数学家可以构造出来的. 一个自然的想法是, 我们构造一个无穷的级数函数 (有穷的不大可能), 每一项都连续, 但不可微的点越来越多, 这个就是荷兰数学家范德瓦尔登 (van der Waerden, 1903—1996) 所构造的例子.

　　我们用

$$f_0(x) = 数 x \text{ 与其最接近的整数之间的差的绝对值}. \tag{9.33}$$

这个函数在每一个区间

$$\left[\frac{m}{2}, \frac{m+1}{2}\right], \quad m = 0, 1, 2, \cdots \tag{9.34}$$

上是线性的, 这里 m 为整数. 这个函数是连续的, 并有周期 1, 每一个折线的斜率为 1. 如图 9.1.

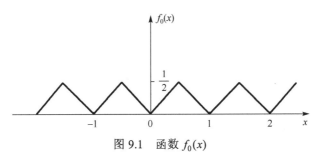

图 9.1　函数 $f_0(x)$

这个函数当然在点:

$$k, \quad k + \frac{1}{2}, \quad k = 0, \pm 1, \pm 2, \cdots \tag{9.35}$$

处不可微. 现在令

$$f_n(x) = \frac{f_0(4^n x)}{4^n}. \tag{9.36}$$

这个函数在区间

$$\left[\frac{m}{2\cdot 4^n}, \frac{m+1}{2\cdot 4^n}\right] \tag{9.37}$$

上是线性的, 而且是连续函数, 周期为 $\frac{1}{4^n}$. 这个函数在点

$$\frac{k}{4^n}, \frac{k+\frac{1}{2}}{4^n}, \quad k = 0, \pm 1, \pm 2, \cdots \tag{9.38}$$

处不可微. 每一个折线的斜率为 1. 如图 9.2.

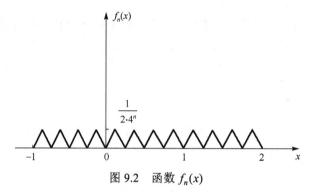

图 9.2　函数 $f_n(x)$

现在把这些函数加起来得函数级数

$$f(x) = \sum_{n=0}^{\infty} f_n(x). \tag{9.39}$$

因为

$$0 \leqslant f_n(x) \leqslant \frac{1}{2}\frac{1}{4^n}, \quad n = 0, 1, \cdots,$$

所以级数 (9.39) 一致收敛. 于是 $f(x)$ 是连续函数.

现在我们证明对任意确定的值 x_0, $f(x)$ 在 x_0 没有导数. 假定

$$\frac{s_k}{2\cdot 4^k} \leqslant x_0 < \frac{s_k+1}{2\cdot 4^k}, \tag{9.40}$$

这里 s_k 是整数. 显然, 这些闭区间

$$\Delta_k = \left[\frac{s_k}{2\cdot 4^k}, \frac{s_k+1}{2\cdot 4^k}\right], \quad k = 0, 1, 2, \cdots,$$

一个套一个. 找 $x_k \in \Delta_k$ 使得与 x_0 的距离为区间长度的一半:

$$|x_k - x_0| = \frac{1}{4^{k+1}}. \tag{9.41}$$

自然的 $x_k \to x_0 (k \to \infty)$. 我们做比

$$\frac{f(x_k) - f(x_0)}{x_k - x_0} = \sum_{n=0}^{\infty} \frac{f_n(x_k) - f_n(x_0)}{x_k - x_0}. \tag{9.42}$$

当 $n > k$ 时, 数 $\frac{1}{4^{k+1}}$ 是函数 $f_n(x)$ 的周期 $\frac{1}{4^n}$ 的整数倍, 所以

$$f_n(x_k) = f_n(x_0). \tag{9.43}$$

这样 (9.42) 只有有限项. 如果 $n \leqslant k$, 函数 $f_n(x)$ 在区间 Δ_n 上是线性的, 在 Δ_n 包含的区间 Δ_k 也是线性的, 并且

$$\frac{f_n(x_k) - f_n(x_0)}{x_k - x_0} = \pm 1, \quad n = 0, 1, 2, \cdots, k. \tag{9.44}$$

这样我们最后得到

$$\frac{f(x_k) - f(x_0)}{x_k - x_0} = \sum_{n=0}^{k} (\pm 1). \tag{9.45}$$

当 n 为奇数时, 比值等于偶整数, 当 n 为偶数时, 比值为奇整数. 这样当 $k \to \infty$ 时不可能趋向有限的极限. 因此 $f(x)$ 在 x_0 不可微.

9.6 幂 级 数

我们在第 5 章的 5.6.1 节中讨论的泰勒级数是一种一般称为幂级数的函数数列, 在那里, 我们说泰勒级数是多项式的 "无穷" 推广. 本章我们就讨论一般幂级数的收敛问题. 因为幂级数有非常好的性质, 其收敛域很特别, 是以某点为中心的区间. 最主要的是在收敛区间内, 和函数是无穷次可微的解析函数.

定义 9.10 给定数列 $\{a_n\}_{n=0}^{\infty}$ 与实数 x_0, 我们称形为

$$\sum_{n=0}^{\infty} a_n (x - x_0)^n \tag{9.46}$$

的函数项级数为**幂级数**.

下面的定理也称为阿贝尔定理.

定理 9.23(阿贝尔定理) 如果幂级数 (9.46) 在 ξ 点收敛, 则对任何的 $|x - x_0| < |\xi - x_0|$, 幂级数 (9.46) 绝对收敛. 反过来, 如果幂级数 (9.46) 在 ξ 点发散, 则对任何的 $|x - x_0| > |\xi - x_0|$, 幂级数 (9.46) 发散.

证明 因为

$$\sum_{n=0}^{\infty} a_n (\xi - x_0)^n$$

收敛, 所以

$$\lim_{n \to \infty} a_n (\xi - x_0)^n = 0.$$

于是存在 $M > 0$ 使得

$$\left| a_n (\xi - x_0) \right|^n < M, \quad n = 1, 2, \cdots.$$

从而

$$\left| a_n (x - x_0)^n \right| = \left| a_n (\xi - x_0)^n \right| \left| \frac{x - x_0}{\xi - x_0} \right|^n \leqslant M q^n, \quad q = \left| \frac{x - x_0}{\xi - x_0} \right| < 1.$$

因此余项

$$\sum_{n=N}^{\infty} \left| a_n (x - x_0)^n \right| \leqslant M \frac{q^N}{1 - q}$$

指数收敛到零. 第二部分是显然可以从第一部分得到. □

阿贝尔定理 9.23 告诉我们, 幂级数在其收敛的范围内快速地以指数收敛速率收敛, 这是幂级数的另一个大的优势. 我们因此可以给出如下的定义.

定义 9.11 数 $R \geqslant 0$ 称为幂级数 (9.46) 的**收敛半径**, 如果

(i) 当 $|x - x_0| < R$ 时幂级数 (9.46) 绝对收敛;

(ii) 当 $|x - x_0| > R$ 时幂级数 (9.46) 发散.

即

$$R = \sup \left\{ |x - x_0| \bigg| \, \text{数项级数} \sum_{n=0}^{\infty} a_n (x - x_0)^n \text{收敛} \right\}. \tag{9.47}$$

例 9.18 幂级数

$$1 + x + 2! x^2 + 3! x^3 + \cdots + n! x^n + \cdots \tag{9.48}$$

的收敛半径 $R = 0$. 而幂级数

$$e^x = 1 + x + \frac{x^2}{2!} + \cdots + \frac{x^n}{n!} + \cdots \tag{9.49}$$

的收敛半径 $R = \infty$. 这是两个极端的情况.

现在我们看收敛半径 R 如何通过系数 a_n 得到. 由 R 的定义, 当 $|x - x_0| < R$ 时, 幂级数 (9.46) 收敛. 取 $\varepsilon > 0$, 充分小使得

$$\frac{|x - x_0|}{R - \varepsilon} < 1.$$

于是

$$\sum_{n=0}^{\infty}\left|a_n(x-x_0)^n\right| = \sum_{n=0}^{\infty}\left|a_n\right|(R-\varepsilon)^n \frac{\left|x-x_0\right|^n}{(R-\varepsilon)^n}.$$

如果

$$\left|a_n\right|(R-\varepsilon)^n \leqslant M, \tag{9.50}$$

则

$$\sum_{n=0}^{\infty}\left|a_n(x-x_0)^n\right| \leqslant M\sum_{n=0}^{\infty}\frac{\left|x-x_0\right|^n}{(R-\varepsilon)^n}$$

收敛. (9.50)意思是

$$R-\varepsilon \leqslant \frac{M^{\frac{1}{n}}}{\left|a_n\right|^{\frac{1}{n}}}.$$

即

$$R \leqslant \varliminf_{n\to\infty}\left|a_n\right|^{-\frac{1}{n}}. \tag{9.51}$$

定理 9.24　幂级数 (9.46) 的收敛半径

$$R = \varliminf_{n\to\infty}\left|a_n\right|^{-\frac{1}{n}}. \tag{9.52}$$

证明　由下极限的定义, 对任何的 $\varepsilon > 0$, 存在 N, 当 $n > N$ 时,

$$\left|a_n\right|^{-\frac{1}{n}} > R-\varepsilon,$$

这个正是 (9.50). 于是当 $\left|x-x_0\right| < R-\varepsilon$ 时, 幂级数

$$\sum_{n=0}^{\infty}\left|a_n(x-x_0)^n\right| \leqslant M\sum_{n=0}^{\infty}\frac{\left|x-x_0\right|^n}{(R-\varepsilon)^n}$$

收敛.

反过来, 任给 $\varepsilon > 0$, 必然存在无穷多 n_k 使得

$$\left|a_{n_k}\right|^{-\frac{1}{n_k}} < R+\varepsilon,$$

也就是

$$\left|a_{n_k}\right| > \frac{1}{(R+\varepsilon)^{n_k}}.$$

如果 $\left|x-x_0\right| > R$, 取 $\varepsilon > 0$ 使得 $\dfrac{\left|x-x_0\right|}{R+\varepsilon} > 1$. 如此, 则

$$\left| a_{n_k} (x - x_0)^{n_k} \right| > \left| \frac{(x - x_0)^{n_k}}{(R + \varepsilon)^{n_k}} \right| > 1$$

不趋于零. 幂级数(9.46)不收敛. □

在端点 $|x - x_0| = R$ 的情况则十分复杂, 各种情况都有.

例 9.19 由(9.30),

$$\ln(1 - x) = -x - \frac{x^2}{2} - \frac{x^3}{3} - \cdots \tag{9.53}$$

的收敛半径 $R = 1$, 在 $x = -1$ 收敛, 可由(8.34)得到

$$\ln 2 = \sum_{n=1}^{\infty} (-1)^{n-1} \frac{1}{n}, \tag{9.54}$$

但在 $x = 1$ 时不收敛.

9.6.1 幂级数的性质

下面的定理与定理 9.13 再一次推出了阿贝尔定理 8.13.

定理 9.25 设 R 为幂级数(9.46)的收敛半径. 如果幂级数(9.46)在 $x - x_0 = R$ 收敛, 则在整个区间 $[0, R]$ 内收敛必然是一致的. 如果 $x - x_0 = R$ 处发散, 则级数在 $[x_0, x_0 + R)$ 内的收敛不可能一致.

证明 第一个部分很容易得到, 因为

$$\sum_{n=0}^{\infty} a_n (x - x_0)^n = \sum_{n=0}^{\infty} a_n R^n \left(\frac{x - x_0}{R} \right)^n.$$

因为级数 $\sum_{n=0}^{\infty} a_n R^n$ 收敛, 而

$$1 \geqslant \frac{x - x_0}{R} \geqslant \left(\frac{x - x_0}{R} \right)^2 \geqslant \cdots$$

为单调一致有界函数列, 由阿贝尔定理 9.13, $\sum_{n=0}^{\infty} a_n (x - x_0)^n$ 在 $[0, R]$ 内一致收敛.

第二部分的证明我们用反证法, 如果幂级数

$$\sum_{n=0}^{\infty} a_n (x - x_0)^n$$

在 $[x_0, x_0 + R)$ 一致收敛, 则对任意的 $\varepsilon > 0$ 存在 N, 当 $n > m > N$ 时,

$$\left| \sum_{k=m}^{n} a_k (x - x_0)^k \right| < \varepsilon, \quad \forall 0 \leqslant x - x_0 < R$$

成立, 令 $x - x_0 \to R$ 得到

$$\left| \sum_{k=m}^{n} a_k R^k \right| < \varepsilon,$$

这与 $\sum_{k=0}^{n} a_k R^k$ 发散矛盾. □

下面的结果是定理 9.25 和定理 9.15 的直接推论.

推论 9.2（连续性） 给定幂级数 $\sum_{n=0}^{\infty} a_n (x - x_0)^n$. 设该幂级数的收敛半径 $0 < R < +\infty$. 记该幂级数在其收敛域内的和函数为 f. 则

(i) f 在 $(x_0 - R, x_0 + R)$ 连续.

(ii) 若该级数在 $x_0 + R$（或 $x_0 - R$）处收敛, 则 f 在 $x_0 + R$（或 $x_0 - R$）处连续.

下面的定理是定理 9.19 和定理 9.25 的直接推论.

定理 9.26（可积性） 给定幂级数 $\sum_{n=0}^{\infty} a_n (x - x_0)^n$. 设该幂级数的收敛半径 $0 < R < +\infty$. 记该幂级数在其收敛域内的和函数为 f. 则

(i) f 在任意包含于 $(x_0 - R, x_0 + R)$ 的闭区间 $[c, d]$ 可积, 且

$$\int_c^d f(x)\mathrm{d}x = \sum_{n=0}^{\infty} \frac{a_n}{n+1}\left((d - x_0)^{n+1} - (c - x_0)^{n+1}\right).$$

(ii) 若该级数在 $x_0 + R$（或 $x_0 - R$）处收敛, 则 f 在 $[x_0, x_0 + R]$（或 $[x_0 - R, x_0]$）可积, 且

$$\int_{x_0}^{x_0+R} f(x)\mathrm{d}x = \sum_{n=0}^{\infty} \frac{a_n}{n+1} R^{n+1}$$

或

$$\int_{x_0-R}^{x_0} f(x)\mathrm{d}x = \sum_{n=0}^{\infty} (-1)^n \frac{a_n}{n+1} R^{n+1}.$$

下面的定理是定理 9.22、定理 9.25 和定理 9.24 的直接推论. 定理表明, 幂级数在收敛域内就是极限函数在 $x = x_0$ 的泰勒级数.

定理 9.27（可微性） 给定幂级数 $\sum_{n=0}^{\infty} a_n (x - x_0)^n$. 设该幂级数的收敛半径 $0 < R < +\infty$. 记该幂级数在其收敛域内的和函数为 f. 则

(i) f 在 $(x_0 - R, x_0 + R)$ 有无穷阶导函数.

(ii) 对于任意非负整数 p 和任意 $x \in (x_0 - R, x_0 + R)$, 有

$$f^p(x) = \sum_{n=0}^{\infty} (1+n)\cdots(p+n)a_{p+n}(x-x_0)^n,$$

(iii)对于任意非负整数 p，有 $f^p(x_0) = p!a_p$.

9.6.2 幂级数的四则运算

下面的定理称为幂级数的唯一性定理.

定理 9.28 给定幂级数 $\sum_{n=0}^{\infty} a_n(x-x_0)^n$，$\sum_{n=0}^{\infty} b_n(x-x_0)^n$. 记这两个幂级数的和函数分别为 f,g. 设这两个幂级数的收敛半径均大于 0. 设 f 与 g 在 x_0 的某邻域相等. 则 $a_0 = b_0, a_1 = b_1, a_2 = b_2, \cdots$.

证明 根据定理假设，f 与 g 在 x_0 有无穷阶导数且相等. 由定理 9.27，对于任意非负整数 p，有 $p!a_p = f^p(x_0) = g^p(x_0) = p!b_p$. 所以 $a_0 = b_0, a_1 = b_1, a_2 = b_2, \cdots$. □

作为定理 9.28 的一个应用，由欧拉恒等式(8.69)：

$$\sin x = x \prod_{n=1}^{\infty} \left(1 - \frac{x^2}{n^2\pi^2} \right). \tag{9.55}$$

再由 $\sin x$ 的泰勒展式：

$$\sin x = x - \frac{x^3}{6} - \cdots. \tag{9.56}$$

上面二式比较 x^3 系数，我们得到(7.133)：

$$\frac{1}{6} = \sum_{n=1}^{\infty} \frac{1}{n^2\pi^2}. \tag{9.57}$$

这正是欧拉最早求到这个无穷级数值的办法. □

定理 9.29 给定幂级数 $\sum_{n=0}^{\infty} a_n(x-x_0)^n$，$\sum_{n=0}^{\infty} b_n(x-x_0)^n$. 记这两个幂级数的收敛半径分别为 R_a, R_b，记这两个幂级数的和函数分别为 f,g. 则

(i)对于任意实数 λ 与任意 $|x| < R_a$，都有 $\lambda f(x) = \sum_{n=0}^{\infty} \lambda a_n(x-x_0)^n$.

(ii)对于任意 $|x| < \min\{R_a, R_b\}$，都有 $f(x) + g(x) = \sum_{n=0}^{\infty} (a_n + b_n)(x-x_0)^n$.

(iii)对于任意 $|x| < \min\{R_a, R_b\}$，都有

$$f(x)g(x) = \sum_{n=0}^{\infty} c_n(x-x_0)^n, \quad c_n = \sum_{i=0}^{n} a_i b_{n-i}, \quad n = 0, 1, 2, \cdots. \tag{9.58}$$

证明　(i)和(ii)由收敛半径定义和定理 9.24 是显然的. 我们只证(9.58), 称为幂级数的乘法公式. 令 $R = \min\{R_a, R_b\}$, 则

$$R \leqslant \varliminf_{n \to \infty} |a_n|^{-\frac{1}{n}}, \quad R \leqslant \varliminf_{n \to \infty} |b_n|^{-\frac{1}{n}}.$$

同(9.50), 存在常数 $M, \varepsilon > 0$ 使得

$$|a_n| + |b_n| \leqslant \frac{M}{(R - \varepsilon)^n}, \quad n = 0, 1, 2, \cdots.$$

于是

$$|c_n| \leqslant \sum_{i=0}^{n} |a_i b_{n-i}| \leqslant \frac{(n+1)M^2}{(R - \varepsilon)^n} \leqslant \frac{M^2}{\left(\dfrac{R - \varepsilon}{(n+1)^{\frac{1}{n}}}\right)^n}.$$

由

$$\lim_{n \to \infty} (n+1)^{\frac{1}{n}} = \lim_{n \to \infty} e^{\frac{\ln(n+1)}{n}} = 1.$$

得

$$\varliminf_{n \to \infty} |c_n|^{-\frac{1}{n}} \leqslant \lim_{n \to \infty} M^{-\frac{2}{n}} \frac{R - \varepsilon}{(n+1)^{\frac{1}{n}}} \leqslant R - \varepsilon.$$

由收敛半径定义即得(iii). □

定理 9.30　每个幂级数必然是某个函数的泰勒级数: 即给定实数列 $\{a_n\}$, 必存在函数 f 使得其泰勒级数是 $\sum\limits_{n=0}^{\infty} a_n x^n$, 即

$$f^{(n)}(0) = a_n n!.$$

证明　对 $n = 0, 1, \cdots$, 定义函数列 g_n:

$$g_n(x) = \begin{cases} a_n n!, & |x| \leqslant \dfrac{1}{2|a_n|n! + 1}, \\ 0, & |x| > \dfrac{2}{2|a_n|n! + 1}. \end{cases}$$

在其他部分, 做任意的光滑连接, 使得每个部分都是单调的, 并有有限的导数.

现在设 $f_0(x) = g_0(x)$, 当 $n \geqslant 1$ 时, 令

$$f_n(x) = \int_0^x \int_0^{x_{n-1}} \cdots \int_0^{x_2} \int_0^{x_1} g_n(x_0) \mathrm{d}x_0 \mathrm{d}x_1 \cdots \mathrm{d}x_{n-1}.$$

对任意的 $n \geq 1$，总有

$$\left| f_n^{(n-1)}(x) \right| = \left| \int_0^x g_n(t)\mathrm{d}t \right| \leq \left| \frac{2a_n n!}{2|a_n|n! + 1} \right| < 1.$$

因此对不等式

$$-1 < f_n^{(n-1)}(x) < 1, \quad n = 1, 2, \cdots$$

积分 $n - k - 1$ 次，就得到

$$\left| f_n^{(k)}(x) \right| \leq |x|^{n-k-1} \cdot \frac{1}{(n-k-1)!}, \quad k = 0, 1, 2, \cdots, n-1,$$

其中规定 $f_n^{(0)} = f_n$. 由 (7.110) 和定理 9.12，级数

$$\sum_{n=0}^{\infty} f_n^{(k)}(x) \quad (k \geq 0)$$

在每个区间上一致收敛. 令

$$f(x) = \sum_{n=0}^{\infty} f_n(x).$$

逐项求导数得

$$f^{(k)}(x) = \sum_{n=0}^{\infty} f_n^{(k)}(x), \quad k \geq 1.$$

由于 $f_n^{(k)}(0) = a_n n! \delta_{nk}$，其中

$$\delta_{nk} = \begin{cases} 1, & n = k, \\ 0, & n \neq k. \end{cases}$$

因而

$$f^{(n)}(0) = a_n n!. \qquad \qquad \square$$

9.6.3　连续函数的伯恩斯坦逼近

　　幂级数的和函数是我们在定义 5.3 中称为解析的函数类, 性质非常好. 这是一个非常小的函数类, 在另一门课程复变函数中对复变量有特殊的意义. 但幂级数令人信服的证据是任何一个连续函数都可以用幂级数任意逼近, 甚至更简单地, 任意一个连续函数都可以用多项式一致逼近. 我们反复强调, 近似是现代数学最重要的想法之一. 本节我们讨论连续函数的多项式逼近, 最早由德国数学家魏尔斯特拉斯给出. 因为任何 $[a,b]$ 间的连续函数都可以通过变换

$$x = \frac{t - a}{b - a}$$

变到 $[0,1]$ 区间, 我们不妨假设讨论的区间是 $[0,1]$. 定义在 $[0,1]$ 上的连续函数 f 的伯恩斯坦多项式是指

$$B_n(f,x) = \sum_{k=0}^{n} f\left(\frac{k}{n}\right) C_n^k x^k (1-x)^{n-k}. \tag{9.59}$$

当年伯恩斯坦 (Sergei Natanovich Bernstein, 1880—1968) 用概率论的办法非常简单地证明了 $B_n(f,x)$ 一致逼近 f. 用分析学的办法则是由苏联数学家科罗维金 (Parel Petrovich Korovkin, 1913—1985) 在 1953 年给出的证明.

引理 9.1 我们有下面的恒等式:

(i) $\displaystyle\sum_{k=0}^{n} C_n^k x^k (1-x)^{n-k} = 1$;

(ii) $\displaystyle\sum_{k=0}^{n} \frac{k}{n} C_n^k x^k (1-x)^{n-k} = x$;

(iii) $\displaystyle\sum_{k=0}^{n} \frac{k^2}{n^2} C_n^k x^k (1-x)^{n-k} = x^2 + \frac{x(1-x)}{n}$;

(iv) $\displaystyle\sum_{k=0}^{n} \left(\frac{k}{n} - x\right)^2 C_n^k x^k (1-x)^{n-k} = \frac{x(1-x)}{n}$.

证明 注意二项式

$$\sum_{k=0}^{n} C_n^k p^k q^{n-k} = (p+q)^n, \quad \forall p,q \geq 0. \tag{9.60}$$

令 $p = x, q = 1-x$ 立刻就得到 (i).

在 (9.60) 两端对 p 求导数再乘以 p 得到

$$\sum_{k=0}^{n} C_n^k k p^k q^{n-k} = np(p+q)^{n-1}. \tag{9.61}$$

令 $p = x, q = 1-x$, 即得 (ii).

当 $n \geq 2$ 时, 在 (9.61) 两端对 p 求导数再乘以 p 得到

$$\sum_{k=0}^{n} C_n^k k^2 p^k q^{n-k} = np(p+q)^{n-1} + n(n-1)p^2(p+q)^{n-2}. \tag{9.62}$$

令 $p = x, q = 1-x$ 即得 (iii) (对 $n = 1$ 也成立). 恒等式 (iv) 是 (i)—(iii) 的推论. □

引理 9.2 对于 $\delta > 0$, 我们有

$$\sum_{k=0, \left|\frac{k}{n} - x\right| \geq \delta}^{n} C_n^k x^k (1-x)^{n-k} \leq \frac{1}{4n\delta^2}.$$

证明 注意显然的不等式

$$x(1-x) \le \frac{1}{4}.$$

我们有

$$\sum_{\substack{k=0,\\ \left|\frac{k}{n}-x\right| \ge \delta}}^{n} C_n^k x^k (1-x)^{n-k} \le \sum_{\substack{k=0,\\ \left|\frac{k}{n}-x\right| \ge \delta}}^{n} \frac{\left(\frac{k}{n}-x\right)^2}{\delta^2} C_n^k x^k (1-x)^{n-k}$$

$$\le \frac{1}{\delta^2} \sum_{k=0}^{n} \left(\frac{k}{n}-x\right)^2 C_n^k x^k (1-x)^{n-k}$$

$$= \frac{1}{\delta^2} \cdot \frac{x(1-x)}{n} \le \frac{1}{4n\delta^2}. \qquad \square$$

定理 9.31 设 $f(x)$ 在 $[0,1]$ 上连续，则 $B_n(f,x)$ 一致收敛到 $f(x)$.

证明 闭区间连续的函数一致有界，且一致连续：存在 $M > 0$ 使得

$$|f(x)| \le M, \quad \forall x \in [0,1],$$

且对任意的 $\varepsilon > 0$，存在 $\delta > 0$，使得

$$|f(x_1) - f(x_2)| \le \varepsilon, \quad \forall x_1, x_2 \in [0,1], \quad |x_1 - x_2| \le \delta.$$

由引理 9.1 的 (i)，我们有

$$f(x) = \sum_{k=0}^{n} f(x) C_n^k x^k (1-x)^{n-k}.$$

于是，再由引理 9.2,

$$|B_n(f,x) - f(x)| \le \sum_{k=0}^{n} \left| f\left(\frac{k}{n}\right) - f(x) \right| C_n^k x^k (1-x)^{n-k}$$

$$= \sum_{\substack{k=0,\\ \left|\frac{k}{n}-x\right| < \delta}}^{n} \left| f\left(\frac{k}{n}\right) - f(x) \right| C_n^k x^k (1-x)^{n-k}$$

$$+ \sum_{\substack{k=0,\\ \left|\frac{k}{n}-x\right| \ge \delta}}^{n} \left| f\left(\frac{k}{n}\right) - f(x) \right| C_n^k x^k (1-x)^{n-k}$$

$$\le 2M \sum_{\substack{k=0,\\ \left|\frac{k}{n}-x\right| \ge \delta}}^{n} C_n^k x^k (1-x)^{n-k} + \varepsilon \sum_{\substack{k=0,\\ \left|\frac{k}{n}-x\right| \le \delta}} C_n^k x^k (1-x)^{n-k}$$

$$\le \frac{M}{2n\delta^2} + \varepsilon.$$

只要 n 足够大, 总有

$$\left|B_n(f,x) - f(x)\right| \le 2\varepsilon.$$ □

9.7 习　　题

1. 讨论下列函数列在所示区间上是否一致收敛或内闭一致收敛:

(1) $f_n(x) = \sqrt{x^2 + \dfrac{1}{n^2}}$, $x \in (-1,1)$;

(2) $f_n(x) = \dfrac{\sin nx}{n}$, $x \in (-\infty, +\infty)$;

(3) $f_n(x) = \dfrac{x}{1 + n^2 x^2}$, $x \in (-\infty, +\infty)$;

(4) $f_n(x) = n^2 e^{-nx}$, $x \in (0, +\infty)$;

(5) $f_n(x) = \dfrac{x}{n}$, $x \in [0, +\infty)$;

(6) $f_n(x) = \sin \dfrac{x}{n}$, $(-\infty, +\infty)$;

(7) 判断例 9.2、例 9.3、例 9.4 中的函数列是否一致收敛?

2. 证明函数项级数 $\sum \dfrac{\sin nx}{n^2}$ 与 $\sum \dfrac{\cos nx}{n^2}$ 在 $(-\infty, +\infty)$ 一致收敛.

3. 证明函数项级数 $\sum \dfrac{(-1)^n (x+n)^n}{n^{n+1}}$ 在 $[0,1]$ 一致收敛.

4. 设数列 $\{a_n\}$ 单调且收敛于 0. 证明函数项级数 $\sum a_n \cos nx$ 与 $\sum a_n \sin nx$ 在 $(0, 2\pi)$ 内闭一致收敛.

5. 设 $S(x) = \displaystyle\sum_{n=1}^{\infty} \dfrac{x^n}{n^2}, x \in [-1,1]$, 计算积分 $\displaystyle\int_0^x S(t)\mathrm{d}t$.

6. 设 $S(x) = \displaystyle\sum_{n=1}^{\infty} \dfrac{\cos nx}{n^2}, x \in (-\infty, +\infty)$, 计算积分 $\displaystyle\int_0^x S(t)\mathrm{d}t$.

7. 设 $S(x) = \displaystyle\sum_{n=1}^{\infty} n e^{-nx}, x > 0$, 计算 $\displaystyle\int_{\ln 3}^{\ln 4} S(t)\mathrm{d}t$.

8. 讨论函数项级数 $\displaystyle\sum_{n=0}^{\infty} \dfrac{x^n}{(1+x^{n+1})(1+x^n)}, x > 0$ 的收敛域和一致收敛性.

9. 设对任意正整数 n, $|u_n(x)| \le v_n(x)$. 证明如果 $\sum v_n(x)$ 一致收敛, $\sum u_n(x)$ 也一致收敛.

10. 设 $\{u_n(x)\}$ 是 $[a,b]$ 上的单调函数列.

证明: 如果 $\sum u_n(a)$ 与 $\sum u_n(b)$ 都绝对收敛, 则 $\sum u_n(x)$ 在 $[a,b]$ 上一致收敛.

11. 设 $\{u_n(x)\}$ 是 $[a,b]$ 上正的递减且收敛于零的函数列. 则函数项级数 $u_1(x)-u_2(x)+u_3(x)-u_4(x)+\cdots$ 在 $[a,b]$ 上一致收敛.

12. 设可微函数列 $\{u_n(x)\}$ 在 $[a,b]$ 上收敛, $\{u'_n(x)\}$ 在 $[a,b]$ 上一致有界. 证明 $\{u_n(x)\}$ 在 $[a,b]$ 上一致收敛.

13. 设连续函数列 $\{f_n(x)\}$ 在 $[a,b]$ 上一致收敛于 $f(x)$, 设 $g(x)$ 在 $(-\infty,+\infty)$ 上连续.

证明: $\{g(f_n(x))\}$ 在 $[a,b]$ 上一致收敛于 $g(f(x))$.

14. 证明泰勒级数展开 (5.156)、(5.158)、(5.161)、(5.163)、(5.164)、(5.165)、(5.167) 的无穷级数的收敛性.

第 10 章

傅里叶级数

我们在第 9 章中讲了幂级数, 这是第 5 章中泰勒级数的一般推广. 一个函数, 即使是连续函数, 也并不一定能展开成幂级数, 因为一个幂级数在其收敛域内是解析的. 虽然大部分的基本初等函数都是解析的, 但解析的函数类非常小. 所以指望把一个连续函数用幂级数展开是不可能的, 虽然我们在 9.6.3 节中说明任何连续函数都能用多项式无限逼近. 问题是逼近不是相等, 所以我们需要用其他的 "简单函数" 无穷地表示至少是连续的函数. 第一个这样的选择是三角函数. 正如我们在第 9 章开头所指出的那样, 历史上函数列的收敛性除去讨论泰勒级数的多项式函数外, 主要讨论的是三角函数的收敛性. 三角函数是一种周期函数, 而许多天文现象都是周期的. 把一个函数用 "无穷" 个三角函数表示出来, 称为傅里叶级数表示. 三角级数是指形如

$$\frac{1}{2} a_0 + \sum_{n=1}^{\infty} (a_n \cos nx + b_n \cos nx) \tag{10.1}$$

的任一级数. 1777 年欧拉在研究天文问题, 特别是弦振动问题的时候得到了

$$f(x) = \frac{1}{2} a_0 + \sum_{n=1}^{\infty} a_n \cos \frac{n\pi x}{l}, \tag{10.2}$$

其中

$$a_n = \frac{2}{l} \int_0^l f(s) \cos \frac{n\pi s}{l} \, \mathrm{d}s. \tag{10.3}$$

欧拉实际上利用了三角函数的正交性. 1807 年, 法国数学家傅里叶 (Jean-Baptiste Joseph Fourier, 1768—1830) 向法国科学院提交了《热的分析理论》论文, 解释当时有关热的一些实际性问题. 在该论文中, 傅里叶提出在有限闭区间内定义的任意函数都可以分解为正弦函数与余弦函数的和; 在区间 $[-\pi, \pi]$ 中的任意函数都可做如下表示:

$$\frac{a_0}{2} + \sum_{n=1}^{\infty} (a_n \cos nx + b_n \sin nx). \tag{10.4}$$

这一级数表达式现在被称为"三角级数"或者"傅里叶级数"，$a_n, b_n, n = 1, 2, \cdots$ 为实数. 这实际上也是 1753 年丹尼尔·伯努利(Daniel Bernoulli, 1700—1782)提出的猜测. 但直到 1829 年，德国数学家狄利克雷证明了以 $\dfrac{2\pi}{\alpha}$ 为周期，并在周期内有有限个极大值、极小值的任何连续函数都可以展成一致收敛的傅里叶级数，问题才最后尘埃落定.

因此傅里叶级数是一类特殊的函数项级数，傅里叶级数表示的函数其范围远比幂级数表示的函数要多得多. 我们在另一门课程实变函数中会学到，傅里叶级数表示的函数可以是不可微的，甚至是不连续的. 傅里叶级数在声学、光学、电气学、热学等领域，以及分析学、偏微分方程等学科中都起到了重要作用.

10.1 以 2π 为周期的傅里叶级数

我们知道对任意整数 k,

$$\sin kx, \quad \cos kx$$

都是周期为 2π 的周期函数，其线性组合

$$\frac{1}{2}a_0 + \sum_{k=1}^{n}(a_k \sin kx + b_k \cos kx)$$

也是以 2π 为周期的函数. 进一步，任何以 T 为周期的周期函数 $f(x+T) = f(x)$，都可以通过变量替换

$$g(x) = f\left(\frac{T}{2\pi}x\right)$$

化为周期为 2π 的函数 $g(x)$. 所以我们不妨就研究级数

$$\frac{1}{2}a_0 + \sum_{n=1}^{\infty}(a_n \sin nx + b_n \cos nx)$$

所代表的函数 $f(x)$.

定义 10.1 设 $a_0, a_1, a_2, \cdots, b_1, b_2, \cdots$ 为实数. 我们称函数项级数

$$\frac{a_0}{2} + \sum_{n=1}^{\infty}(a_n \cos nx + b_n \sin nx) \tag{10.5}$$

为**三角函数级数**.

定义 10.2 设 $\{f_n(x)\}_{n=1}^{\infty}$ 为一列 $[a, b]$ 上的可积函数. 如果对于任意的 $n \neq m$ 都有

(i) $\displaystyle\int_a^b f_n^2(x)\mathrm{d}x \neq 0$;

(ii) $\int_a^b f_n(x) f_m(x) \mathrm{d}x = 0$,

则我们称 $\{f_n(x)\}_{n=1}^\infty$ 为 $[a,b]$ 上的一个**正交函数系**.

命题 10.1　$\{1, \cos nx, \sin nx\}_{n=1}^\infty$ 是 $[-\pi, \pi]$ 上的一个正交函数系. 而且

$$\int_{-\pi}^{\pi} \cos^2 nx \mathrm{d}x = \int_{-\pi}^{\pi} \sin^2 nx \mathrm{d}x = \pi, \quad n = 1, 2, \cdots. \tag{10.6}$$

证明　直接计算可得

$$\int_{-\pi}^{\pi} 1 \cdot \cos nx \mathrm{d}x = 0, \quad \int_{-\pi}^{\pi} 1 \cdot \sin nx \mathrm{d}x = 0.$$

再利用三角公式:

$$\cos mx \cos nx = \frac{1}{2}[\cos(m-n)x + \cos(m+n)x],$$

$$\sin mx \sin nx = \frac{1}{2}[\cos(m-n)x - \cos(m+n)x],$$

$$\cos mx \sin nx = \frac{1}{2}[\sin(m+n)x - \sin(m+n)x],$$

可得

$$\begin{cases} \int_{-\pi}^{\pi} \cos mx \cos nx \mathrm{d}x = \begin{cases} \pi, & m = n, \\ 0, & m \neq n; \end{cases} \\ \int_{-\pi}^{\pi} \sin mx \sin nx \mathrm{d}x = \begin{cases} \pi, & m = n, \\ 0, & m \neq n; \end{cases} \\ \int_{-\pi}^{\pi} \cos mx \sin nx \mathrm{d}x = 0. \end{cases}$$

即证. □

由命题 10.1, 如果三角级数 (10.5) 一致收敛到函数 $f(x)$:

$$f(x) = \frac{a_0}{2} + \sum_{n=1}^\infty (a_n \cos nx + b_n \sin nx), \tag{10.7}$$

则对 (10.7) 两边逐项积分得

$$\int_{-\pi}^{\pi} f(x) \mathrm{d}x = \pi a_0.$$

对 (10.7) 两边乘以 $\cos nx$ 然后逐项积分得

$$\int_{-\pi}^{\pi} f(x) \cos nx \mathrm{d}x = \pi a_n.$$

对 (10.7) 两边乘以 $\sin nx$ 然后逐项积分得

$$\int_{-\pi}^{\pi} f(x)\sin nx\mathrm{d}x = \pi b_n.$$

因此得出

$$\begin{cases} a_0 = \dfrac{1}{\pi}\displaystyle\int_{-\pi}^{\pi} f(x)\mathrm{d}x, \\[2mm] a_n = \dfrac{1}{\pi}\displaystyle\int_{-\pi}^{\pi} f(x)\cos nx\mathrm{d}x, \\[2mm] b_n = \dfrac{1}{\pi}\displaystyle\int_{-\pi}^{\pi} f(x)\sin nx\mathrm{d}x, \quad n=1,2,\cdots. \end{cases} \tag{10.8}$$

定义 10.3　设 $f(x)$ 是以 2π 为周期且在 $[-\pi,\pi]$ 上可积的函数. 我们称由 (10.8) 定义的系数 $a_0, a_n, b_n, n=1,2,\cdots$ 为函数 f 的**傅里叶系数**; 称由此产生的三角级数

$$\frac{a_0}{2} + \sum_{n=1}^{\infty}(a_n\cos nx + b_n\sin nx)$$

为函数 f 的**傅里叶级数**.

对于周期为 2π 的函数 $f(x)$, 其傅里叶系数可以在任何一个周期内求得, 例如

$$\begin{cases} a_0 = \dfrac{1}{\pi}\displaystyle\int_0^{2\pi} f(x)\mathrm{d}x, \\[2mm] a_n = \dfrac{1}{\pi}\displaystyle\int_0^{2\pi} f(x)\cos nx\mathrm{d}x, b_n = \dfrac{1}{\pi}\displaystyle\int_0^{2\pi} f(x)\sin nx\mathrm{d}x, \quad n=1,2,\cdots. \end{cases} \tag{10.9}$$

如果 $f(x)$ 是在区间 $[-\pi,\pi]$ 上的偶函数, 则 $b_n = 0, n=1,2,\cdots$. 这是因为

$$b_n = \frac{1}{\pi}\int_0^{\pi} f(x)\sin nx\mathrm{d}x + \frac{1}{\pi}\int_{-\pi}^0 f(x)\sin nx\mathrm{d}x$$

$$= \frac{1}{\pi}\int_0^{\pi} f(x)\sin nx\mathrm{d}x - \frac{1}{\pi}\int_0^{\pi} f(-x)\sin nx\mathrm{d}x = 0.$$

同理, 对奇函数来说, $a_n = 0, n=1,2,\cdots$.

10.1.1　傅里叶级数的部分和

一个函数的傅里叶级数的部分和是可以求出来解析表达式的. 记

$$S_n(x) = \frac{1}{2}a_0 + \sum_{k=1}^n (a_k\cos kx + b_k\sin kx), \tag{10.10}$$

其中 $a_0, a_k, b_k, k=1,2,\cdots,n$ 是 $f(x)$ 的傅里叶系数 (10.8). 首先由 (8.36) 得

$$\frac{1}{2} + \sum_{k=1}^n \cos kx = \frac{\sin\left(n+\dfrac{1}{2}\right)x}{2\sin\dfrac{1}{2}x}, \tag{10.11}$$

$$\sum_{k=1}^{n} \sin kx = \frac{\cos\dfrac{x}{2} - \cos\left(n+\dfrac{1}{2}\right)x}{2\sin\dfrac{1}{2}x}. \tag{10.12}$$

于是

$$S_n(x) = \frac{1}{2\pi}\int_{-\pi}^{\pi} f(x)\mathrm{d}x + \frac{1}{\pi}\sum_{k=1}^{n}\left[\cos kx \int_{-\pi}^{\pi} f(t)\cos kt\,\mathrm{d}t + \sin kx \int_{-\pi}^{\pi} f(t)\sin kt\,\mathrm{d}t\right]$$

$$= \frac{1}{\pi}\int_{-\pi}^{\pi}\left[\frac{1}{2} + \sum_{k=1}^{n}\cos k(x-t)\right]f(t)\mathrm{d}t$$

$$= \frac{1}{2\pi}\int_{-\pi}^{\pi}\frac{\sin\left(n+\dfrac{1}{2}\right)(x-t)}{\sin\dfrac{1}{2}(x-t)}f(t)\mathrm{d}t. \tag{10.13}$$

这个积分称为狄利克雷积分. 令 $t = x + u$ 得到

$$S_n(x) = \frac{1}{2\pi}\int_{-\pi}^{\pi}\frac{\sin\left(n+\dfrac{1}{2}\right)u}{\sin\dfrac{1}{2}u}f(x+u)\mathrm{d}u$$

$$= \frac{1}{2\pi}\int_{0}^{\pi}\frac{\sin\left(n+\dfrac{1}{2}\right)u}{\sin\dfrac{1}{2}u}f(x+u)\mathrm{d}u + \frac{1}{2\pi}\int_{-\pi}^{0}\frac{\sin\left(n+\dfrac{1}{2}\right)u}{\sin\dfrac{1}{2}u}f(x+u)\mathrm{d}u$$

$$= \frac{1}{2\pi}\int_{0}^{\pi}\frac{\sin\left(n+\dfrac{1}{2}\right)u}{\sin\dfrac{1}{2}u}[f(x+u)+f(x-u)]\mathrm{d}u. \tag{10.14}$$

显然当 $f(x)=1$ 时, $S_n(x)=1$, 即

$$1 = \frac{1}{2\pi}\int_{0}^{\pi}2\frac{\sin\left(n+\dfrac{1}{2}\right)u}{\sin\dfrac{1}{2}u}\mathrm{d}u. \tag{10.15}$$

所以

$$S_n(x) - f(x) = \frac{1}{2\pi}\int_{0}^{\pi}\frac{\sin\left(n+\dfrac{1}{2}\right)u}{\sin\dfrac{1}{2}u}[f(x+u)+f(x-u)-2f(x)]\mathrm{d}u. \tag{10.16}$$

于是 $S_n(x)-f(x)\to 0$ 的问题变成上面的积分趋于零的问题了.

10.1.2　贝塞尔不等式与最佳平方逼近

现在我们给定 $(-\pi, \pi)$ 上的函数 $f(x)$，来求三角级数对于 $f(x)$ 的最优平方逼近问题

$$\min_{g} \int_{-\pi}^{\pi} |f(x) - g(x)|^2 dx, \tag{10.17}$$

其中

$$g(x) = \frac{c_0}{2} + \sum_{k=1}^{n} (c_k \cos kx + d_k \sin kx). \tag{10.18}$$

证明　设 $g(x)$ 如 (10.18) 所示，$f(x)$ 如 (10.7) 所示，则

$$\int_{-\pi}^{\pi} |f(x) - g(x)|^2 dx = \int_{-\pi}^{\pi} f^2(x) dx - 2 \int_{-\pi}^{\pi} \left[\frac{c_0}{2} + \sum_{k=1}^{n} (c_k \cos kx + d_k \sin kx) \right] f(x) dx$$

$$+ \int_{-\pi}^{\pi} \left[\frac{c_0}{2} + \sum_{k=1}^{n} (c_k \cos kx + d_k \sin kx) \right]^2 dx$$

$$= \int_{-\pi}^{\pi} f^2(x) dx - 2\pi \left[\frac{a_0 c_0}{2} + \sum_{k=1}^{n} (a_k c_k + b_k d_k) \right]$$

$$+ \pi \left[2 \left(\frac{c_0}{2} \right)^2 + \sum_{k=1}^{n} (c_k^2 + d_k^2) \right]$$

$$= \int_{-\pi}^{\pi} f^2(x) dx + \pi \left[2 \left(\frac{c_0 - a_0}{2} \right)^2 + \sum_{k=1}^{n} [(a_k - c_k)^2 + (b_k - d_k)^2] \right]$$

$$- \pi \left[\frac{a_0^2}{2} + \sum_{k=1}^{n} (a_k^2 + b_k^2) \right]$$

$$\geqslant \int_{-\pi}^{\pi} f^2(x) dx - \pi \left[\frac{a_0^2}{2} + \sum_{k=1}^{n} (a_k^2 + b_k^2) \right].$$

所以

$$\int_{-\pi}^{\pi} |f(x) - g(x)|^2 dx$$

的最小值等于

$$\min_{g} \int_{-\pi}^{\pi} |f(x) - g(x)|^2 dx = \int_{-\pi}^{\pi} f^2(x) dx - \pi \left[\frac{a_0^2}{2} + \sum_{k=1}^{n} (a_k^2 + b_k^2) \right], \tag{10.19}$$

也就是 $c_0 = a_0, c_k = a_k, d_k = b_k, k = 1, 2, \cdots$ 时最小. □

由 (10.19)，我们立刻得到贝塞尔 (Friedrich Wilhelm Bessel, 1784—1846) 不等式.

引理 10.1 (贝塞尔不等式) 设 $f(x)$ 是 $[-\pi, \pi]$ 上的可积函数. 则

$$\frac{a_0^2}{2} + \sum_{n=1}^{\infty} (a_n^2 + b_n^2) \leqslant \frac{1}{\pi} \int_{-\pi}^{\pi} f^2(x) \mathrm{d}x. \tag{10.20}$$

根据贝塞尔不等式 (10.20)，我们知道正项级数

$$\sum_{n=1}^{\infty} (a_n^2 + b_n^2)$$

收敛. 所以 $a_n^2 + b_n^2 \to 0 (n \to \infty)$. 因此 $a_n \to 0 (n \to \infty), b_n \to 0 (n \to \infty)$. 也就是

$$\lim_{n \to \infty} \int_{-\pi}^{\pi} f(x) \cos nx \mathrm{d}x = 0, \quad \lim_{n \to \infty} \int_{-\pi}^{\pi} f(x) \sin nx \mathrm{d}x = 0. \tag{10.21}$$

收敛性 (10.21) 仅仅是黎曼-勒贝格引理的特殊形式. 一般的黎曼-勒贝格引理表述如下.

引理 10.2 (黎曼-勒贝格引理) 设 $f(x)$ 是 $[a, b]$ 上的可积函数. 则

$$\lim_{\lambda \to \infty} \int_a^b f(x) \cos \lambda x \mathrm{d}x = 0, \quad \lim_{\lambda \to \infty} \int_a^b f(x) \sin \lambda x \mathrm{d}x = 0. \tag{10.22}$$

证明 任意给定 $[a, b]$ 的一个分割:

$$a = x_0 < x_1 < \cdots < x_n = b.$$

用 M_i, m_i 分别表示 $f(x)$ 在 $[x_i, x_{i+1}]$ 上的上下确界, 则

$$\int_a^b f(x) \sin \lambda x \mathrm{d}x = \sum_{i=0}^{n-1} \int_{x_i}^{x_{i+1}} [f(x) - m_i] \sin \lambda x \mathrm{d}x + \sum_{i=0}^{n-1} m_i \int_{x_i}^{x_{i+1}} \sin \lambda x \mathrm{d}x.$$

注意

$$\left| \int_{x_i}^{x_{i+1}} \sin \lambda x \mathrm{d}x \right| \leqslant \frac{2}{\lambda}.$$

我们有

$$\left| \int_a^b f(x) \sin \lambda x \mathrm{d}x \right| \leqslant \sum_{i=0}^{n-1} (M_i - m_i)(x_{i+1} - x_i) + \frac{2}{\lambda} \sum_{i=0}^{n-1} |m_i|.$$

任给 $\varepsilon > 0$, 由于 $f(x)$ 可积, 现在选取分割使得

$$\sum_{i=0}^{n-1} (M_i - m_i)(x_{i+1} - x_i) < \frac{\varepsilon}{2}.$$

对于该固定分割, 取

$$M = \frac{4}{\varepsilon} \sum_{i=0}^{n-1} |m_i|.$$

则当 $\lambda > M$ 时,

$$\left| \int_a^b f(x) \sin \lambda x \mathrm{d}x \right| < \varepsilon.$$

同理, 当 $\lambda > M$ 时,

$$\left| \int_a^b f(x) \cos \lambda x \mathrm{d}x \right| < \varepsilon.$$

定理证毕. □

10.1.3 傅里叶级数的收敛性

我们先对光滑的函数证明傅里叶级数的收敛性. 为此给出如下定义.

定义 10.4 设 $f(x)$ 是 $[a,b]$ 上的函数.

(i)如果 $f(x)$ 在 $[a,b]$ 有连续的导函数, 则称 $f(x)$ 在 $[a,b]$ 上光滑.

(ii)如果存在有限个点 $a = t_0 < t_1 < \cdots < t_n = b$, 使得对于任意 $0 \leqslant i \leqslant n-1$, f 在 (t_i, t_{i+1}) 有连续的导函数, 并且 f 与 f' 在这些端点有左、右极限, 则称 f 在 $[a,b]$ 上按段光滑.

注 10.1 设 $f(x)$ 是 $[a,b]$ 上的函数. 如果 $f(x)$ 是光滑的, 则 $f(x)$ 一定按段光滑. 如果 $f(x)$ 是按段光滑的, 则存在有限个点 $a = t_0 < t_1 < \cdots < t_n = b$, 使得 $f(x)$ 在每个开区间 (t_i, t_{i+1}) 都是连续的且在端点都有左、右极限. 我们推断 $f(x)$ 在每个闭区间 $[t_i, t_{i+1}]$ 都有界且仅有最多两个间断点 (t_i 与 t_{i+1}). 根据定理 7.6, $f(x)$ 在 $[t_i, t_{i+1}]$ 上可积. 综上 $f(x)$ 在 $[a,b]$ 上可积.

定理 10.1 假设 $f(x)$ 是直线上周期为 2π 的光滑函数, 则

$$f(x) = \frac{a_0}{2} + \sum_{n=1}^{\infty} (a_n \cos nx + b_n \sin nx), \quad \forall x \in [-\pi, \pi] \tag{10.23}$$

在点点意义下收敛, 其中 $a_0, a_n, b_n, n = 1, 2, \cdots$ 为 $f(x)$ 的傅里叶系数.

证明 首先由 (10.13) 和 (10.15), 我们有

$$S_n(x) - f(x) = \frac{1}{\pi} \int_{-\pi}^{\pi} [f(t+x) - f(x)] \frac{\sin\left(n+\frac{1}{2}\right)t}{2\sin\frac{t}{2}} \mathrm{d}t. \tag{10.24}$$

于是

$$S_n(x) - f(x) = \frac{1}{\pi} \int_{-\pi}^{\pi} \left[\frac{[f(t+x)-f(x)]\cos\frac{t}{2}}{2\sin\frac{t}{2}}\sin nt + \frac{f(t+x)-f(x)}{2}\cos nt \right] dt$$

$$= \frac{1}{\pi} \int_{-\pi}^{\pi} \left[\frac{f(t+x)-f(x)}{t}\frac{\frac{t}{2}}{\sin\frac{t}{2}}\cos\frac{t}{2}\sin nt + \frac{f(t+x)-f(x)}{2}\cos nt \right] dt.$$

因为

$$\lim_{t\to 0}\frac{f(t+x)-f(x)}{t} = f'(x), \quad \lim_{t\to 0}\frac{\frac{t}{2}}{\sin\frac{t}{2}} = 1,$$

并且 f 在 $[-\pi,\pi]$ 上是光滑的, 所以

$$\frac{f(t+x)-f(x)}{t}\frac{\frac{t}{2}}{\sin\frac{t}{2}}\cos\frac{t}{2}$$

在 $[-\pi,\pi]$ 上可积. 利用黎曼-勒贝格引理 10.2, 我们得出

$$S_n(x) \to f(x), \quad \forall x \in [-\pi,\pi]. \qquad \square$$

现在我们来处理傅里叶级数的一般收敛条件. 依据的是 (10.16) 的通项公式:

$$S_n(x) - S(x) = \frac{1}{2\pi}\int_0^{\pi}\frac{\sin\left(n+\frac{1}{2}\right)u}{\sin\frac{1}{2}u}[f(x+u)+f(x-u)-2S(x)]du. \qquad (10.25)$$

下面讨论 $S_n(x) - S(x) \to 0$ 的问题. 令

$$\phi(u) = f(x+u) + f(x-u) - 2S(x). \qquad (10.26)$$

$S_n(x) - S(x) \to 0$ 就变成

$$\lim_{n\to\infty}\int_0^{\pi}\frac{\sin\left(n+\frac{1}{2}\right)u}{\sin\frac{1}{2}u}\phi(u)du = 0. \qquad (10.27)$$

根据黎曼-勒贝格引理 10.2, 只要 $f(x)$ 可积, 则对任意的 $\delta > 0$,

$$\lim_{n\to\infty}\int_{\delta}^{\pi}\frac{\sin\left(n+\frac{1}{2}\right)u}{\sin\frac{1}{2}u}\phi(u)du = 0. \qquad (10.28)$$

于是(10.27)实际上变为求

$$\lim_{n\to\infty}\int_0^\delta \frac{\sin\left(n+\frac{1}{2}\right)u}{\sin\frac{1}{2}u}\phi(u)\mathrm{d}u=0 \tag{10.29}$$

的问题. 再根据黎曼-勒贝格引理 10.2,

$$\lim_{n\to\infty}\int_0^\delta \sin\left(n+\frac{1}{2}\right)u\left(\frac{1}{\sin\frac{1}{2}u}-\frac{1}{\frac{1}{2}u}\right)\phi(u)\mathrm{d}u=0, \tag{10.30}$$

所以(10.29)的收敛性条件又变为求

$$\lim_{n\to\infty}\int_0^\delta \frac{\phi(u)}{u}\sin\left(n+\frac{1}{2}\right)u\mathrm{d}u=0 \tag{10.31}$$

的问题. 所以如果

$$\lim_{u\to 0}\frac{\phi(u)}{u}\text{ 存在}, \tag{10.32}$$

则(10.31)成立. 我们因此证明了下面的定理. □

定理 10.2(傅里叶级数收敛定理)　设 $f(x)$ 在 $[-\pi,\pi]$ 上可积, 以 2π 为周期, 且在任意点 x_0 的极限:

$$\lim_{u\to 0}\frac{\phi(u)}{u}=\lim_{u\to 0}\frac{f(x_0+u)+f(x_0-u)-2S(x)}{u} \tag{10.33}$$

存在, 则

$$\frac{a_0}{2}+\sum_{n=1}^\infty(a_n\cos nx_0+b_n\sin nx_0)=S(x_0). \tag{10.34}$$

特别当 $f(x)$ 在 x_0 点连续, 则有

$$f(x_0)=\frac{a_0}{2}+\sum_{n=1}^\infty(a_n\cos nx_0+b_n\sin nx_0). \tag{10.35}$$

如果 $f(x)$ 在 x_0 是第一间断点, 则

$$S(x_0)=\frac{1}{2}[f(x_0+0)+f(x_0-0)],$$

我们有

$$\frac{1}{2}[f(x_0+0)+f(x_0-0)]=\frac{a_0}{2}+\sum_{n=1}^\infty(a_n\cos nx_0+b_n\sin nx_0). \tag{10.36}$$

证明　$x_0 \in [-\pi, \pi]$ 已经证明. 对任意实数 x_0. 存在唯一整数 q 与唯一实数 $-\pi \leqslant y_0 \leqslant \pi$，使得 $x_0 = 2q\pi + y_0$. 于是

$$\lim_{u \to 0} \frac{\phi(u)}{u} = \lim_{u \to 0} \frac{f(x_0 + u) + f(x_0 - u) - 2S(x_0)}{u}$$

$$= \lim_{u \to 0} \frac{f(y_0 + u) + f(y_0 - u) - 2S(x_0)}{u}, \tag{10.37}$$

从而

$$\frac{a_0}{2} + \sum_{n=1}^{\infty} (a_n \cos nx_0 + b_n \sin nx_0) = \frac{a_0}{2} + \sum_{n=1}^{\infty} [a_n \cos n(2q\pi + y_0) + b_n \sin n(2q\pi + y_0)]$$

$$= \frac{a_0}{2} + \sum_{n=1}^{\infty} (a_n \cos ny_0 + b_n \sin ny_0) = S(x_0).$$

证毕. □

定理 10.2 给出了狄利克雷的结果.

推论 10.1　设 $f(x)$ 在 $[-\pi, \pi]$ 上可积, 仅有有限个极大极小点和有限个第一类间断点, 则傅里叶级数收敛:

$$\frac{1}{2}[f(x+0) + f(x-0)] = \frac{a_0}{2} + \sum_{n=1}^{\infty} (a_n \cos nx + b_n \sin nx), \quad \forall x \in [-\pi, \pi]. \tag{10.38}$$

特别是 (10.38) 对所有分段光滑函数成立.

注 10.2　在定理 10.2 中条件 (10.33) 是必需的. 德国数学家雷蒙 (Paul David Gustavdu Bois-Reymond, 1831—1889) 有反例说明, 即使是连续函数, 其傅里叶级数在每一点都有可能发散.

另外一个问题是定理 10.2 中的收敛即使 $f(x)$ 是连续函数, 也不一定一致收敛. 但我们有下面的定理.

定理 10.3　设 $f(x)$ 在 (a, b) 为两个单调递增的连续函数之差:

$$f(x) = f_1(x) - f_2(x).$$

则在 (a, b) 的任何闭区间内, f 的傅里叶级数一致收敛到 f.

证明　如 (10.26) 所示, 将 $\phi(u)$ 写为

$$\phi(u) = [f_1(x+u) - f_2(x-u) - 2f_1(x)] - [f_2(x+u) - f_1(x-u) - 2f_2(x)]$$

$$:= \phi_1(u) - \phi_2(u),$$

则 $\phi_i(u)$ 都为 u 的单调增函数. 于是由积分第二中值定理, (10.31) 中的积分有估计:

$$\int_0^\delta \frac{\phi_1(u)}{u} \sin\left(n + \frac{1}{2}\right) u \, du = \phi_1(\delta) \int_\eta^\delta \frac{1}{u} \sin\left(n + \frac{1}{2}\right) u \, du$$

$$= \phi_1(\delta) \int_{\left(n+\frac{1}{2}\right)\eta}^{\left(n+\frac{1}{2}\right)\delta} \frac{\sin u}{u} \, du \to 0. \tag{10.39}$$

这个收敛对任何的 (a,b) 闭区间的 x 都是一致的. 这是因为, 第一, $f_1(x)$ 在此闭区间上是一致连续的:

$$|\phi_1(u)| \leqslant \varepsilon$$

对任意的 $|u| \leqslant \delta$ 成立; 第二, 由 (7.82), 积分

$$\int_0^\infty \frac{\sin u}{u} \mathrm{d}u$$

收敛. 同理可以讨论 ϕ_2 的一致收敛性. 因此 (10.31) 中的积分对闭区间上的 x 一致趋于零. 定理得证.　　　　　　　　　　　　　　　　　　　　　　□

例 10.1　将 $f(x)=x$, $x\in[0,\pi]$ 展开成正弦级数. 首先将 $f(x)=x$, $x\in[0,\pi]$ 作奇延拓至 $x\in[-\pi,\pi]$, 再对 $f(x)=x$, $x\in[-\pi,\pi]$ 作周期延拓. $f(x)=x$ 是奇函数, 所以傅里叶级数只含有正弦部分:

$$b_n = \frac{2}{\pi}\int_0^\pi x\sin nx\mathrm{d}x = (-1)^{n+1}\frac{2}{n}, \quad n=1,2,\cdots. \tag{10.40}$$

于是

$$x = 2\sum_{n=1}^\infty (-1)^{n+1}\frac{\sin nx}{x}, \quad \forall x\in(-\pi,\pi). \tag{10.41}$$

在 (10.41) 中取 $x=\dfrac{\pi}{2}$ 就得到奇数的交错级数和:

$$\frac{\pi}{4} = 1 - \frac{1}{3} + \frac{1}{5} - \cdots. \tag{10.42}$$

我们又一次看到 π 的奇妙.

例 10.2　将 $f(x)=x^2$, $x\in(-\pi,\pi)$ 展开成傅里叶级数. 首先将 $f(x)=x^2$, $x\in(-\pi,\pi)$ 作周期延拓. $f(x)=x^2$ 是偶函数, 所以傅里叶级数只含有余弦部分:

$$a_0 = \frac{2}{\pi}\int_0^\pi x^2\mathrm{d}x = \frac{2}{3}\pi^2, \quad a_n = \frac{2}{\pi}\int_0^\pi x^2\cos nx\mathrm{d}x = \frac{4\cos n\pi}{n^2} = (-1)^n\frac{4}{n^2}.$$

于是

$$x^2 = \frac{\pi^2}{3} + 4\sum_{n=1}^\infty (-1)^n\frac{\cos nx}{n^2}, \quad \forall x\in(-\pi,\pi). \tag{10.43}$$

在 (10.43) 中取 $x=0$ 得到

$$\sum_{n=1}^\infty (-1)^{n-1}\frac{1}{n^2} = \frac{\pi^2}{12}, \tag{10.44}$$

令

$$A = 1 + \frac{1}{2^2} + \cdots + \frac{1}{n^2} + \cdots.$$

则从 (10.44) 得到

$$A = \frac{\pi^2}{12} + 2\left[\frac{1}{4} + \frac{1}{16} + \cdots + \frac{1}{(2n)^2} + \cdots\right] = \frac{\pi^2}{12} + \frac{1}{2}A.$$

从而

$$A = \sum_{n=1}^{\infty} \frac{1}{n^2} = \frac{\pi^2}{6}. \tag{10.45}$$

(10.45) 正是我们分别在 (7.133) 和 (9.57) 求到的数值. 比起前面的两个来, (10.45) 的办法最为简单.

例 10.3　如果 α 不是整数, 求

$$f(x) = \cos\alpha x, \quad x \in [-\pi, \pi] \tag{10.46}$$

的傅里叶级数. 我们对 (10.46) 的函数做周期延拓, 使其成为周期为 2π 的函数, 记为 $\tilde{f}(x)$. 因为 $\tilde{f}(x)$ 是偶函数, 所以傅里叶级数只有余弦部分. 计算得

$$a_0 = \frac{2}{\pi} \int_0^\pi \cos\alpha x \mathrm{d}x = \frac{2\sin\alpha\pi}{\alpha\pi},$$

$$a_n = \frac{2}{\pi} \int_0^\pi \cos\alpha x \cos nx \mathrm{d}x$$

$$= \frac{1}{\pi} \int_0^\pi [\cos(\alpha - n)x + \cos(\alpha + n)x]\mathrm{d}x$$

$$= (-1)^n \frac{2\alpha\sin\alpha\pi}{\pi(\alpha^2 - n^2)}, \quad n = 1, 2, \cdots.$$

于是我们得到

$$\tilde{f}(x) = \frac{\sin\alpha\pi}{\pi}\left(\frac{1}{\alpha} + \sum_{n=1}^{\infty}(-1)^n\frac{2\alpha\cos nx}{\alpha^2 - n^2}\right). \tag{10.47}$$

限制在 $[-\pi, \pi]$ 就得到

$$\cos\alpha x = \frac{\sin\alpha\pi}{\pi}\left(\frac{1}{\alpha} + \sum_{n=1}^{\infty}(-1)^n\frac{2\alpha\cos nx}{\alpha^2 - n^2}\right), \quad x \in [-\pi, \pi]. \tag{10.48}$$

例 10.4　将函数 $f(x) = \begin{cases} -x, & -\pi \leqslant x < 0, \\ x, & 0 \leqslant x \leqslant \pi, \end{cases}$ 展开为傅里叶级数, 再利用傅里叶级数展开求级数 $\frac{1}{2^2} + \frac{1}{4^2} + \frac{1}{6^2} + \cdots$ 的和.

由于该函数是偶函数, 我们将 $f(x)$ 延拓成以 2π 为周期的偶函数, 并做傅里叶

余弦展开

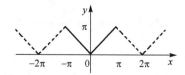

由公式可得

$$a_0 = \frac{1}{\pi} \int_{-\pi}^{\pi} f(x)\mathrm{d}x$$

$$= \frac{1}{\pi} \int_{-\pi}^{0} (-x)\mathrm{d}x + \frac{1}{\pi} \int_{0}^{\pi} x\mathrm{d}x = \pi,$$

$$a_n = \frac{1}{\pi} \int_{-\pi}^{\pi} f(x)\cos nx\mathrm{d}x$$

$$= \frac{1}{\pi} \int_{-\pi}^{0} (-x)\cos nx\mathrm{d}x + \frac{1}{\pi} \int_{0}^{\pi} x\cos nx\mathrm{d}x$$

$$= \frac{2}{n^2\pi}(\cos n\pi - 1) = \frac{2}{n^2\pi}[(-1)^n - 1]$$

$$= \begin{cases} -\dfrac{4}{(2k-1)^2\pi}, & n = 2k-1, \quad k = 1,2,\cdots, \\ 0, & n = 2k, \quad k = 1,2,\cdots. \end{cases}$$

因此, 所求函数的傅里叶展开为

$$f(x) = \frac{\pi}{2} - \frac{4}{\pi} \sum_{n=1}^{\infty} \frac{1}{(2n-1)^2} \cos(2n-1)x. \tag{10.49}$$

下面, 我们利用刚得到的傅里叶展开式(10.49)求级数的和. 将 $f(0) = 0$ 代入(10.49)得

$$0 = f(0) = \frac{\pi}{2} - \frac{4}{\pi} \sum_{n=1}^{\infty} \frac{1}{(2n-1)^2}.$$

即

$$1 + \frac{1}{3^2} + \frac{1}{5^2} + \frac{1}{7^2} + \cdots = \frac{\pi^2}{8}. \tag{10.50}$$

再令

$$s = 1 + \frac{1}{2^2} + \frac{1}{3^2} + \frac{1}{4^2} + \cdots.$$

则

$$s_1 = \frac{1}{2^2} + \frac{1}{4^2} + \frac{1}{6^2} + \cdots = \frac{1}{4}\left(1 + \frac{1}{2^2} + \frac{1}{3^2} + \frac{1}{4^2} + \cdots\right) = \frac{s}{4}.$$

另一方面, 由(10.50)

$$s_1 = s - \left(1 + \frac{1}{3^2} + \frac{1}{5^2} + \frac{1}{7^2} + \cdots\right) = \frac{s}{4}. \tag{10.51}$$

(10.51)解得

$$s = \frac{4}{3}\left(\frac{1}{3^2} + \frac{1}{5^2} + \frac{1}{7^2} + \cdots\right) = \frac{\pi^2}{6}.$$

$$s_1 = \frac{s}{4} = \frac{\pi^2}{24}.$$

我们还可以得到

$$1 - \frac{1}{2^2} + \frac{1}{3^2} - \frac{1}{4^2} + \frac{1}{5^2} - \cdots = 2\left(\frac{1}{3^2} + \frac{1}{5^2} + \frac{1}{7^2} + \cdots\right) - s = \frac{\pi^2}{12}.$$

例 10.5　求

$$\cot z = \frac{\cos z}{\sin z} \tag{10.52}$$

的傅里叶级数展式. 实际上, 在(10.48)中令 $x = \pi$ 得

$$\pi \cot \alpha\pi = \frac{1}{\alpha} + \sum_{n=1}^{\infty} \frac{2\alpha}{\alpha^2 - n^2}. \tag{10.53}$$

令 $\alpha = x$ 得

$$\pi \cot \pi x = \frac{1}{x} + \sum_{n=1}^{\infty} \frac{2x}{x^2 - n^2}, \quad x \text{ 不是整数}. \tag{10.54}$$

在 (10.54) 中令 $z = \pi x$ 就得到

$$\cot z = \frac{1}{z} + \sum_{n=1}^{\infty} \frac{2z}{z^2 - n^2\pi^2}, \quad z \neq k\pi, \quad k = 0, \pm 1, \pm 2, \cdots. \tag{10.55}$$

我们在 (8.69) 建立了欧拉恒等式:

$$\sin x = x \prod_{n=1}^{\infty} \left(1 - \frac{x^2}{n^2\pi^2}\right), \quad \forall x \in (0,1). \tag{10.56}$$

现在我们对 (10.56) 给一个基于傅里叶级数的简单证明. 首先有引理 10.3.

引理 10.3

$$\sin\pi x = \pi x \prod_{n=1}^{\infty} \left(1 - \frac{x^2}{n^2}\right), \quad \forall x \in (0,1). \tag{10.57}$$

证明 令

$$g(x) = \ln\left[\pi\prod_{n=1}^{\infty}\left(1 - \frac{x^2}{n^2}\right)\right] = \ln\pi + \sum_{n=1}^{\infty}\ln\left(1 - \frac{x^2}{n^2}\right).$$

则有

$$g(0) = \ln\pi.$$

逐项微分得

$$g'(x) = \sum_{n=1}^{\infty}\frac{2x}{x^2 - n^2}.$$

但由级数展开(10.54),

$$\pi\cot\pi x = \frac{1}{x} + \sum_{n=1}^{\infty}\frac{2x}{x^2 - n^2},$$

得到

$$\pi\cot\pi x - \frac{1}{x} = g'(x), \qquad \ln\frac{\sin\pi x}{x} = g(x) + C.$$

令 $x \to 0$ 得 $C = 0$. 所以

$$\ln\frac{\sin\pi x}{x} = g(x), \qquad \frac{\sin\pi x}{x} = \pi\prod_{n=1}^{\infty}\left(1 - \frac{x^2}{n^2}\right), \qquad \forall x \in (0,1). \qquad \square$$

推论 10.2 欧拉恒等式(10.56)对任意的 $x \in \mathbb{R}$ 成立.

证明 令

$$f(x) = \pi x\prod_{n=1}^{\infty}\left(1 - \frac{x^2}{n^2}\right).$$

则 $f(x)$ 有如下性质:

(i) $f(0) = f(1) = 0$;

(ii) $f(-x) = -f(x), \forall x \in \mathbb{R}$;

(iii) $f(x+1) = -f(x), \forall x \in \mathbb{R}$.

性质(i)和(ii)是显然的. 现在只要证(iii). 利用恒等式

$$\pi(x+1)\prod_{n=1}^{N}\left(1 - \frac{(x+1)^2}{n^2}\right) = \pi(x+1)\frac{\displaystyle\prod_{n=1}^{N}[(n+1+x)(n-1-x)]}{(N!)^2}$$

$$= -\pi x\frac{\displaystyle\prod_{n=1}^{N}(n+x)\prod_{n=1}^{N}(n-x)}{(N!)^2}\cdot\frac{N+1+x}{N-x}$$

$$= -\pi x\prod_{n=1}^{N}\left(1 - \frac{x^2}{n^2}\right)\cdot\frac{N+1+x}{N-x}.$$

上式中令 $N \to \infty$ 得

$$f(x+1) = -f(x).$$

根据 (10.57) 和性质 (i)—(iii)，我们有

$$f(x) = \sin \pi x, \quad \forall x \in \mathbb{R}.$$

因此欧拉恒等式 (10.56) 对任意的 $x \in \mathbb{R}$ 成立.　　　　　　　　　　□

10.2　以 $2L$ 为周期的傅里叶级数

定义 10.5　设 $f(x)$ 是以 $2L$ 为周期且在 $[-L, L]$ 上可积的函数. 我们称

$$\begin{cases} a_0 = \dfrac{1}{L} \displaystyle\int_{-L}^{L} f(x)\mathrm{d}x, \\[2mm] a_n = \dfrac{1}{L} \displaystyle\int_{-L}^{L} f(x)\cos\dfrac{n\pi x}{L}\mathrm{d}x, \quad n = 1, 2, \cdots, \\[2mm] b_n = \dfrac{1}{L} \displaystyle\int_{-L}^{L} f(x)\sin\dfrac{n\pi x}{L}\mathrm{d}x \end{cases} \tag{10.58}$$

为函数 f 的**傅里叶系数**；称

$$\frac{a_0}{2} + \sum_{n=1}^{\infty} \left(a_n \cos\frac{n\pi x}{L} + b_n \sin\frac{n\pi x}{L} \right) \tag{10.59}$$

为函数 f 的**傅里叶级数**.

定理 10.4 (傅里叶级数收敛定理)　设 $f(x)$ 是以 $2L$ 为周期且在 $[-L, L]$ 上按段光滑的函数. 记 $a_0, a_n, b_n, n = 1, 2, \cdots$ 为 $f(x)$ 的傅里叶系数. 则对于任意实数 x，都有

$$\frac{a_0}{2} + \sum_{n=1}^{\infty} \left(a_n \cos\frac{n\pi x}{L} + b_n \sin\frac{n\pi x}{L} \right) = \frac{f(x+0) + f(x-0)}{2}. \tag{10.60}$$

证明　定义函数 $g(x) = f\left(\dfrac{xL}{\pi}\right)$. 计算

$$g(x+2\pi) = f\left(\frac{(x+2\pi)L}{\pi}\right) = f\left(\frac{xL}{\pi} + 2L\right)$$

$$= f\left(\frac{xL}{\pi}\right) = g(x).$$

则 g 是周期为 2π 且在 $[-\pi, \pi]$ 上按段光滑的函数. 则对于任意实数 x，由 (10.8) 及变量替换，我们得到

$$\frac{f(x+0)+f(x-0)}{2}$$

$$=\frac{g\left(\dfrac{x\pi}{L}+0\right)+g\left(\dfrac{x\pi}{L}-0\right)}{2}$$

$$=\frac{\dfrac{1}{\pi}\displaystyle\int_{-\pi}^{\pi}g(x)\mathrm{d}x}{2}+\sum_{n=1}^{\infty}\left(\frac{1}{\pi}\int_{-\pi}^{\pi}g(t)\cos nt\mathrm{d}t\cos\frac{nx\pi}{L}+\frac{1}{\pi}\int_{-\pi}^{\pi}g(t)\sin nt\mathrm{d}t\sin\frac{nx\pi}{L}\right)$$

$$=\frac{1}{2L}\int_{-L}^{L}f(x)\mathrm{d}x+\sum_{n=1}^{\infty}\left(\frac{1}{L}\int_{-L}^{L}f(t)\cos\frac{nt\pi}{L}\mathrm{d}t\cos\frac{nx\pi}{L}+\frac{1}{L}\int_{-L}^{L}f(t)\sin\frac{nt\pi}{L}\mathrm{d}t\sin\frac{nx\pi}{L}\right)$$

$$=\frac{a_0}{2}+\sum_{n=1}^{\infty}\left(a_n\cos\frac{n\pi x}{L}+b_n\sin\frac{n\pi x}{L}\right). \qquad\square$$

推论 10.3 设 $f(x)$ 是以 $2L$ 为周期且在 $[-L,L]$ 上按段光滑的函数.

(i) 如果 f 是奇函数, 则 $a_0=a_1=a_2=\cdots=0$, 且对于任意 $n\geqslant 1$,

$$b_n=\frac{2}{L}\int_0^L f(x)\sin\frac{n\pi x}{L}\mathrm{d}x.$$

(ii) 如果 f 是偶函数, 则 $b_1=b_2=\cdots=0$,

$$a_0=\frac{2}{L}\int_0^L f(x)\mathrm{d}x,$$

且对于任意 $n\geqslant 1$,

$$a_n=\frac{2}{L}\int_0^L f(x)\cos\frac{n\pi x}{L}\mathrm{d}x.$$

证明 此推论可由定理 10.4 直接推出. $\qquad\square$

定义 10.6 设 $f(x)$ 是以 $2L$ 为周期且在 $[-L,L]$ 上按段光滑的函数.

(i) 如果 f 是奇函数, 则又称 f 的傅里叶级数

$$\sum_{n=1}^{\infty}b_n\sin\frac{n\pi x}{L}$$

为 f 的**正弦级数**, 这里 b_n 见推论 10.3.

(ii) 如果 f 是偶函数, 则又称 f 的傅里叶级数

$$\frac{a_0}{2}+\sum_{n=1}^{\infty}a_n\cos\frac{n\pi x}{L}$$

为 f 的**余弦级数**, 这里 a_n 见推论 10.3.

*10.2.1 傅里叶级数的 $(C,1)$ 和

为后面证明 10.2.2 节的帕塞瓦尔 (Marc-Antoine Parseval des Chênes, 1755—1836)

恒等式, 我们需要无穷级数求和的另外一个概念称为 $(C,1)$ 求和. 历史上对于普通发散级数的求和有许多办法. 历史上普通意义下的发散级数对天文学有很多的贡献. 对这种级数的研究有两大主题. 第一个主题是发现它们对固定的项数, 能逼近一个, 而且变量越大, 逼近得越好. 第二个主题自然是求和, 虽然我们无法在通常柯西意义下求和, 但在另外的意义下发散级数可以求到有限的和. 这是数学可以接纳任何有用思想的自由.

第一个主题我们不打算深入地讨论, 这在积分的估计中有很大的应用. 历史上, 拉普拉斯 (Pierre-Simon marquis de Laplace, 1749—1827) 用分部积分得到

$$\int_T^\infty e^{-x^2} dx = \frac{e^{-T^2}}{2T}\left[1 - \frac{1}{2T^2} + \frac{1\cdot 3}{(2T^2)^2} - \frac{1\cdot 3\cdot 5}{(2T^2)^3} + \cdots\right]. \tag{10.61}$$

拉普拉斯发现, 右端级数虽然不收敛, 但是对于很大的 T, 估计左端的积分则十分有效. $(C,1)$ 求和的概念极其自然, 例如欧拉定义

$$\sum_{n=0}^\infty a_n = \lim_{x\to 1^-} \sum_{n=0}^\infty a_n x^n, \tag{10.62}$$

假如右端的级数在 $x<1$ 是收敛的. 这样就导致

$$1-1+1-1+\cdots = \lim_{x\to 1^-}(1-x+x^2-x^3+\cdots) = \lim_{x\to 1^-}\frac{1}{1+x} = \frac{1}{2}. \tag{10.63}$$

弗罗贝尼乌斯 (Ferdinand Georg Frobenius, 1849—1917) 证明了, 如果幂级数 $\sum a_n x^n$ 在 $|x|<1$ 内收敛, 则

$$\lim_{x\to 1^-}\sum_{n=1}^\infty a_n x^n = \lim_{n\to\infty}\frac{S_1+S_2+\cdots+S_n}{n}, \quad S_n = \sum_{k=1}^n a_k. \tag{10.64}$$

定义 10.7　无穷级数

$$\sum_{n=1}^\infty a_n \tag{10.65}$$

称为**平均可求和**或者 $(C,1)$, 如果

$$\lim_{n\to\infty}\sigma_n \text{ 存在}, \tag{10.66}$$

其中

$$\sigma_n = \frac{S_1+S_2+\cdots+S_n}{n}, \quad S_n = \sum_{k=1}^n a_k. \tag{10.67}$$

记为

$$(C,1)\sum_{n=1}^\infty a_n = \lim_{n\to\infty}\sigma_n. \tag{10.68}$$

例 10.6 按照定义 10.7, 无穷级数

$$(C,1)\sum_{n=1}^{\infty}(-1)^n = \frac{1}{2}.$$

定理 10.5 无穷级数 $\sum_{n=1}^{\infty}a_n$ 如果收敛, 则一定可以 $(C,1)$ 求和, 且二者相等.

证明 记

$$S = \sum_{n=1}^{\infty}a_n, \quad S_n = \sum_{k=1}^{n}a_k.$$

则任给 $\varepsilon > 0$, 存在 N, 当 $n > N$ 时,

$$|S_n - S| \leqslant \varepsilon.$$

存在 $M > 0$ 使得对 $1 \leqslant n \leqslant N$,

$$|S_n - S| \leqslant M,$$

于是当 $n > N$ 时, σ_n 由 (10.67) 定义,

$$|\sigma_n - S| \leqslant \frac{|S_1 - S| + |S_2 - S| + \cdots |S_n - S|}{n} \leqslant M\frac{N}{n} + \frac{n-N}{n}\varepsilon \to \varepsilon \quad (n \to \infty).$$

定理得证. □

现在我们用平均法来求傅里叶级数的和. 令

$$S_n(x) = \frac{1}{2}a_0 + \sum_{k=1}^{n}(a_k\cos kx + b_k\sin kx), \quad \sigma_n(x) = \frac{S_0(x) + S_1(x) + \cdots + S_{n-1}(x)}{n}. \tag{10.69}$$

于是和 (10.25) 一样, 我们有

$$\sigma_n(x) = \frac{1}{2n\pi}\int_0^{\pi}\frac{\sin\frac{\tau}{2} + \sin\frac{3\tau}{2} + \cdots + \sin\left(n - \frac{1}{2}\right)\tau}{\sin\frac{\tau}{2}}[f(x+\tau) + f(x-\tau)]\mathrm{d}\tau$$

$$= \frac{1}{2n\pi}\int_0^{\pi}\left(\frac{\sin\frac{n\tau}{2}}{\sin\frac{\tau}{2}}\right)^2[f(x+\tau) + f(x-\tau)]\mathrm{d}\tau. \tag{10.70}$$

这个称为菲涅耳 (Lipót Fejér, 1880—1959) 积分. 特别是当 $f(x) = 1$ 时,

$$1 = \frac{1}{n\pi}\int_0^{\pi}\left(\frac{\sin\frac{n\tau}{2}}{\sin\frac{\tau}{2}}\right)^2\mathrm{d}\tau. \tag{10.71}$$

所以

$$\sigma_n(x) - S(x) = \frac{1}{2n\pi} \int_0^\pi \left(\frac{\sin \frac{n\tau}{2}}{\sin \frac{\tau}{2}} \right)^2 [f(x+\tau) + f(x-\tau) - 2S(x)] \mathrm{d}\tau. \tag{10.72}$$

定理 10.6　如果 $f(x)$ 只有第一类间断点, 则 $f(x)$ 的傅里叶级数平均可求和:

$$(C,1) \frac{1}{2} a_0 + \sum_{n=1}^\infty (a_n \cos nx + b_n \sin nx) = \frac{1}{2} [f(x+0) + f(x-0)]. \tag{10.73}$$

证明　令

$$\phi(\tau) = f(x+\tau) + f(x-\tau) - 2S(x), \quad S(x) = \frac{f(x+0) + f(x-0)}{2}. \tag{10.74}$$

因为对任意的 $\delta > 0$,

$$\left| \frac{1}{n} \int_\delta^\pi \frac{\sin^2 \frac{n\tau}{2}}{\sin^2 \frac{\tau}{2}} \phi(\tau) \mathrm{d}\tau \right| \leqslant \frac{1}{n} \int_\delta^\pi \frac{|\phi(\tau)|}{\sin^2 \frac{\tau}{2}} \mathrm{d}\tau \to 0 \quad (n \to \infty),$$

我们来证明,

$$\frac{1}{n} \int_0^\delta \frac{\sin^2 \frac{n\tau}{2}}{\sin^2 \frac{\tau}{2}} \phi(\tau) \mathrm{d}\tau \to 0 \quad (n \to \infty). \tag{10.75}$$

这样就有

$$\sigma_n(x) \to S(x),$$

傅里叶级数平均可求和.

现在

$$\left| \frac{1}{n} \int_0^\delta \sin^2 \frac{n\tau}{2} \left(\frac{1}{\sin^2 \frac{\tau}{2}} - \frac{1}{\left(\frac{\tau}{2}\right)^2} \right) \phi(\tau) \mathrm{d}\tau \right| \leqslant \frac{1}{n} \int_0^\delta \left(\frac{1}{\sin^2 \frac{\tau}{2}} - \frac{1}{\left(\frac{\tau}{2}\right)^2} \right) |\phi(\tau)| \mathrm{d}\tau \to 0 \quad (n \to \infty).$$

所以为了证明 (10.75), 我们只需要证明:

$$\frac{1}{n} \int_0^\delta \frac{\sin^2 \frac{n\tau}{2}}{\tau^2} \phi(\tau) \mathrm{d}\tau \to 0 \quad (n \to \infty). \tag{10.76}$$

由于 $f(x)$ 只有第一类间断点, 所以当 $\tau \to 0$ 时, $\phi(\tau) \to 0$. 于是存在 $\eta > 0$ 使得当 $\tau < \eta$ 时, $|\phi(\tau)| \leq \varepsilon$. 于是

$$\left| \frac{1}{n} \int_0^\delta \frac{\sin^2 \frac{n\tau}{2}}{\tau^2} \phi(\tau) \mathrm{d}\tau \right| \leq \frac{\varepsilon}{n} \int_0^\eta \frac{\sin^2 \frac{n\tau}{2}}{\tau^2} \mathrm{d}\tau + \frac{1}{n} \int_\eta^\delta \frac{\sin^2 \frac{n\tau}{2}}{\tau^2} |\phi(\tau)| \mathrm{d}\tau$$

$$\leq \frac{\varepsilon}{n} \int_0^\eta \frac{\sin^2 \frac{n\tau}{2}}{\tau^2} \mathrm{d}\tau + \frac{1}{n} \int_\eta^\delta \frac{|\phi(\tau)|}{\tau^2} \mathrm{d}u = I_1 + I_2.$$

显然对固定的 η, $I_2 \to 0 (n \to \infty)$, 现在主要估计 I_1. 因为

$$\frac{1}{n} \int_0^\eta \frac{\sin^2 \frac{n\tau}{2}}{\tau^2} \mathrm{d}\tau = \frac{1}{2} \int_0^{\frac{n\eta}{2}} \frac{\sin^2 v}{v^2} \mathrm{d}v \leq \frac{1}{2} \int_0^\infty \frac{\sin^2 v}{v^2} \mathrm{d}v.$$

所以 $I_1 \leq A\varepsilon$ 对 $A > 0$ 成立. 定理证毕. □

注意当 $f(x)$ 连续时, 定理 10.6 证明中的 η 的选取仅与 ε 有关而与 x 无关, 所以类似地, 可得到下面的定理.

定理 10.7 如果 $f(x)$ 在 (a, b) 上连续, $\sigma_n(x)$ 如 (10.69) 所定义, 则恒有

$$\sigma_n(x) \to f(x) \tag{10.77}$$

在 (a, b) 的任何子区间上一致成立.

10.2.2 傅里叶级数的性质

从贝塞尔不等式, 我们知道

$$\frac{a_0^2}{2} + \sum_{n=1}^\infty (a_n^2 + b_n^2) \leq \frac{1}{\pi} \int_{-\pi}^\pi f^2(x) \mathrm{d}x. \tag{10.78}$$

实际上等式一般是成立的, 这就是帕塞瓦尔恒等式.

定理 10.8(帕塞瓦尔恒等式) 如果 $f(x)$ 在 $[-\pi, \pi]$ 上连续, 则恒有

$$\frac{a_0^2}{2} + \sum_{n=1}^\infty (a_n^2 + b_n^2) = \frac{1}{\pi} \int_{-\pi}^\pi f^2(x) \mathrm{d}x, \tag{10.79}$$

其中 $a_0, a_n, b_n, n = 1, 2, \cdots$ 是 f 的傅里叶系数.

证明 由定理 10.7,

$$\sigma_n(x) \to f(x)$$

一致收敛. 所以

$$\lim_{n\to\infty}\frac{1}{\pi}\int_{-\pi}^{\pi}[f(x)-\sigma_n(x)]f(x)\,\mathrm{d}x=0. \tag{10.80}$$

而

$$\sigma_n(x)=\frac{1}{n}\sum_{m=0}^{n-1}\left(\frac{1}{2}a_0+\sum_{k=1}^{m}(a_k\cos kx+b_k\sin kx)\right)$$

$$=\frac{1}{2}a_0+\sum_{k=1}^{n-1}(a_k\cos kx+b_k\sin kx)\left(1-\frac{k}{n}\right). \tag{10.81}$$

代入 (10.80) 且逐项积分得

$$\frac{1}{\pi}\int_{-\pi}^{\pi}f^2(x)\mathrm{d}x-\frac{1}{2}a_0^2-\sum_{k=1}^{n-1}(a_k^2+b_k^2)\left(1-\frac{k}{n}\right)\to 0.$$

由贝塞尔不等式 (10.20) 知

$$S_m=\frac{1}{2}a_0^2+\sum_{k=1}^{m}(a_k^2+b_k^2)\to A \quad (m\to\infty).$$

再由定理 10.5 知

$$\frac{1}{n}\sum_{m=0}^{n-1}S_m=\frac{1}{2}a_0^2+\sum_{k=1}^{n-1}(a_k^2+b_k^2)\left(1-\frac{k}{n}\right)$$

也收敛到 A. 于是

$$\frac{a_0^2}{2}+\sum_{n=1}^{\infty}(a_n^2+b_n^2)=\frac{1}{\pi}\int_{-\pi}^{\pi}f^2(x)\mathrm{d}x.$$

定理得证. □

定理 10.8 有非常重要的意义. 在泛函分析里, 有一种函数空间 $L^2(-\pi,\pi)$, 帕塞瓦尔等式说明任何的平方可积分的函数都可以用傅里叶级数展开, 或者说函数列

$$\{1,\cos nx,\sin nx\}_{n=1}^{\infty}$$

是空间 $L^2(-\pi,\pi)$ 的一组正交基. 这在信号处理中足够了, 并不一定要追求点点意义下收敛.

例 10.7 注意到 $f(x)=x$ 的傅里叶系数 (10.40), 由帕塞瓦尔恒等式

$$\frac{1}{\pi}\int_{-\pi}^{\pi}x^2\mathrm{d}x=\sum_{n=1}^{\infty}b_n^2=\sum_{n=1}^{\infty}\frac{4}{n^2},$$

我们又一次得到

$$\sum_{n=1}^{\infty}\frac{1}{n^2}=\frac{\pi^2}{6}. \tag{10.82}$$

这个大概是最简单的办法. 以后学习了实变函数与泛函分析, 证明帕塞瓦尔恒等式就容易多了.

定理 10.9　对任何 $[-\pi, \pi]$ 上的可积函数 f, 如果 $a_0, a_n, b_n, n = 1, 2, \cdots$ 是 f 的傅里叶系数, 则总可以逐项积分得

$$\int_{-\pi}^{x} f(t)\mathrm{d}t = \frac{a_0}{2}(x + \pi) + \sum_{n=1}^{\infty} \frac{a_n \sin nx + b_n((-1)^n - \cos nx)}{n}, \quad \forall x \in [-\pi, \pi]. \quad (10.83)$$

证明　设 $f(x)$ 的傅里叶系数是 a_n, b_n. 考虑函数

$$F(x) = \int_{-\pi}^{x} \left(f(t) - \frac{a_0}{2} \right) \mathrm{d}t. \quad (10.84)$$

则 $F(x)$ 是连续的、周期的. 再令

$$f_1(t) = \begin{cases} f(t) - \dfrac{a_0}{2}, & f(t) - \dfrac{a_0}{2} \geqslant 0, \\[2mm] 0, & f(t) - \dfrac{a_0}{2} < 0, \end{cases}$$

$$f_2(t) = \begin{cases} f(t) - \dfrac{a_0}{2}, & f(t) - \dfrac{a_0}{2} < 0, \\[2mm] 0, & f(t) - \dfrac{a_0}{2} \geqslant 0. \end{cases}$$

于是

$$f(t) - \frac{a_0}{2} = f_1(t) + f_2(t).$$

因为

$$\int_{-\pi}^{x} f_1(t)\mathrm{d}t, \quad \int_{-\pi}^{x} f_2(t)\mathrm{d}t$$

都是单调递增函数, 而

$$F(x) = \int_{-\pi}^{x} f_1(t)\mathrm{d}t - \int_{-\pi}^{x} (-f_2(t))\mathrm{d}t.$$

所以 $F(x)$ 是两个单调递增函数的差. 由定理10.3, $F(x)$ 的傅里叶级数收敛:

$$F(x) = \frac{A_0}{2} + \sum_{n=1}^{\infty} (A_n \cos nx + B_n \sin nx),$$

其中计算可知 (注意 $F(-\pi) = F(\pi) = 0$),

$$A_n = -\frac{b_n}{n}, \quad B_n = \frac{a_n}{n}. \quad (10.85)$$

于是

$$F(x) = \frac{A_0}{2} + \sum_{n=1}^{\infty} \frac{a_n \sin nx - b_n \cos nx}{n}.$$

令 $x = \pi$ 得

$$\frac{1}{2} A_0 = \sum_{n=1}^{\infty} (-1)^n \frac{b_n}{n}.$$

所以

$$F(x) = \sum_{n=1}^{\infty} \frac{a_n \sin nx + b_n ((-1)^n - \cos nx)}{n}$$

即得到定理.　　　　　　　　　　　　　　　　　　　　　　　　　　　　　□

这样顺便证明了

$$\sum_{n=1}^{\infty} \frac{(-1)^n b_n}{n} \tag{10.86}$$

收敛.

由黎曼-勒贝格引理 10.2, f 的傅里叶系数满足

$$a_n \to 0, \quad b_n \to 0 \quad (n \to \infty).$$

如果 $f(x)$ 为 (有限分段) 单调递增有界函数, 则由第二中值公式

$$\int_a^b f(x) \cos nx \, dx = f(b) \int_{\xi}^b \cos nx \, dx = O\left(\frac{1}{n}\right).$$

所以

$$a_n = O\left(\frac{1}{n}\right), \quad b_n = O\left(\frac{1}{n}\right). \tag{10.87}$$

所以 (10.83) 中的收敛为绝对收敛.

如果 $f'(x)$ 的系数有 (10.87) 的性质, 则由分部积分可得

$$a_n = \int_{-\pi}^{\pi} f(x) \cos nx \, dx = f(x) \frac{\sin nx}{n} \Big|_{-\pi}^{\pi} - \frac{1}{n} \int_{-\pi}^{\pi} f'(x) \sin nx \, dx$$

$$= -\frac{1}{n} \int_{-\pi}^{\pi} f'(x) \sin nx \, dx = O\left(\frac{1}{n^2}\right) \tag{10.88}$$

导数越高, 傅里叶级数收敛得越快. 特别是当 (10.88) 成立时, 傅里叶级数满足

$$\left| \frac{1}{2} a_0 + \sum_{n=1}^{\infty} (a_n \cos nx + b_n \sin nx) \right| \leqslant \frac{1}{2} |a_0| + \sum_{n=1}^{\infty} (|a_n| + |b_n|) \leqslant \frac{1}{2} |a_0| + O\left(\sum_{n=1}^{\infty} \frac{1}{n^2}\right). \tag{10.89}$$

此时傅里叶级数一致收敛且绝对收敛.

　　作为傅里叶级数的一个应用, 我们来看看等周问题: 周长一定平面闭曲线所包围的面积圆周最大, 这是形状优化里一个典型的例子. 这个问题虽然非常古老, 但是赫尔维茨(Adolf Hurwitz, 1859—1919)在 1902 年才用分析学的办法得到完整的证明. 现在我们来介绍这个办法.

　　假设闭曲线放在二维平面内. 假设弧长参数为 $s \in [0, L]$, 做变换 $s = \dfrac{L}{2\pi} t$, 我们可以假设曲线的方程为

$$x = \phi(t), y = \psi(t), t \in (-\pi, \pi), \quad \phi(-\pi) = \phi(\pi), \quad \psi(-\pi) = \psi(\pi), \tag{10.90}$$

我们假设曲线连续可微. 于是有傅里叶展开

$$\phi(t) = \frac{a_0^2}{2} + \sum_{n=1}^{\infty}(a_n \cos nt + b_n \sin nt), \quad \psi(t) = \frac{c_0^2}{2} + \sum_{n=1}^{\infty}(c_n \cos nt + d_n \sin nt). \tag{10.91}$$

假设它们的导数有傅里叶级数展开,

$$\phi'(t) = \sum_{n=1}^{\infty}(nb_n \cos nt - na_n \sin nt), \quad \psi'(t) = \sum_{n=1}^{\infty}(nd_n \cos nt - nc_n \sin nt). \tag{10.92}$$

根据(7.51),

$$\frac{\mathrm{d}s}{\mathrm{d}t} = \sqrt{(\phi'(t))^2 + (\psi'(t))^2}.$$

由帕塞瓦尔恒等式,

$$\frac{L^2}{2\pi} = \int_{-\pi}^{\pi}[(\phi'(t))^2 + (\psi'(t))^2]\,\mathrm{d}t = \pi\sum_{n=1}^{\infty}n^2(a_n^2 + b_n^2 + c_n^2 + d_n^2). \tag{10.93}$$

曲线 Γ 所围成的面积为 A (面积的表示可以根据第 16 章(16.16)式及定理 16.4 来写出, 这里我们先当公式使用它.), 则由帕塞瓦尔恒等式,

$$A = \oint x\mathrm{d}y = \int_{-\pi}^{\pi}\phi(t)\psi'(t)\mathrm{d}t = \pi\sum_{n=1}^{\infty}(na_n d_n - nb_n c_n). \tag{10.94}$$

于是

$$\begin{aligned}
\frac{L^2}{4\pi} - A &= \frac{\pi}{2}\left[\sum_{n=1}^{\infty}n^2(a_n^2 + b_n^2 + c_n^2 + d_n^2) - 2\sum_{n=1}^{\infty}(na_n d_n - nb_n c_n)\right] \\
&= \frac{\pi}{2}\left[\sum_{n=1}^{\infty}[(na_n - d_n)^2 + (nb_n + c_n)^2] + \sum_{n=1}^{\infty}(n^2 - 1)(c_n^2 + d_n^2)\right].
\end{aligned} \tag{10.95}$$

上式各项都非负, 我们因此证明了等周不等式:

$$A \leq \frac{L^2}{4\pi}, \tag{10.96}$$

等号成立当且仅当(10.95)中各项为零:

$$na_n = d_n, nb_n = -c_n, n = 1, 2, \cdots; \quad c_n = d_n = 0, \quad n = 2, 3, \cdots,$$

即

$$c_1 = -b_1, d_1 = a_1, c_n = d_n = a_n = b_n = 0, \quad n = 2, 3, \cdots. \tag{10.97}$$

此时曲线为

$$x = \phi(t) = \frac{a_0}{2} + a_1\cos t + b_1\sin t, \quad y = \psi(t) = \frac{c_0}{2} - b_1\cos t + a_1\sin t. \tag{10.98}$$

这正是圆:

$$\left(x - \frac{a_0}{2}\right)^2 + \left(y - \frac{c_0}{2}\right)^2 = a_1^2 + b_1^2. \tag{10.99}$$

10.3　习　　题

1. 设 $x^2 = \sum\limits_{n=0}^{\infty} a_n \cos n\pi x (-\pi \leqslant x \leqslant \pi)$，求 a_2 的值.

2. 设 $f(x) = \pi - x, x \in (0, \pi)$，求 $f(x)$ 的正弦级数.

3. 将函数 $f(x) = 1 - 2x$ 在 $[-\pi, 0]$ 上展开为正弦级数和余弦级数.

4. 设 $f(x)$ 是周期为 2π 的周期函数，将 $f(x) = 2x^2$ 在 $[0, \pi]$ 上展开为正弦级数和余弦级数.

5. 将函数 $f(x) = x^2 (-\pi \leqslant x \leqslant \pi)$ 展开为余弦级数，并利用该展式求 $\sum\limits_{n=1}^{\infty} \frac{1}{n^2}$ 的和.

6. 已知 $f(x) = x$ 在 $(-\pi, \pi)$ 上的傅里叶展开式为 $x = 2\sum\limits_{n=1}^{\infty} \frac{(-1)^{n+1}}{n} \sin nx$，$|x| < \pi$. 试求 $g(x) = x\sin x$ 在 $[-\pi, \pi]$ 上的傅里叶展开式.

7. 设 $S_n(x) = \frac{1}{2} + \sum\limits_{k=1}^{n} \cos kx$，$S_0(x) = \frac{1}{2}$，$\sigma_n(x) = \frac{1}{n+1} \sum\limits_{k=0}^{n} S_k(x)$，证明:

(1) $\sigma_n(x) = \frac{1}{2(n+1)} \left(\frac{\sin\dfrac{n+1}{2}x}{\sin\dfrac{1}{2}x} \right)^2$；

(2) $\int_{-\pi}^{\pi} \sigma_n(x)\mathrm{d}x = \pi$.

8. 把下列函数展开成傅里叶级数:

$$f(x) = \begin{cases} 1, & 0 \leqslant x < \pi, \\ -1, & -\pi < x < 0. \end{cases}$$

9. 把下列函数展开成傅里叶级数:

$$f(x)=\begin{cases} x^2, & 0<x<\pi, \\ 1, & x=0, \\ -x^2, & \pi<x<2\pi, \\ 0, & x=\pi. \end{cases}$$

并推出

$$\frac{\pi^2}{8}=1+\frac{1}{3^2}+\frac{1}{5^2}+\frac{1}{7^2}+\cdots.$$

10. 把下列函数展开成正弦级数:

$$f(x)=\begin{cases} \dfrac{\pi}{4}, & 0<x<\pi, \\ 0, & x=0. \end{cases}$$

11. 已知 $\ln(1-2a\cos x+a^2)$ 的傅里叶级数 $-2\displaystyle\sum_{n=1}^{\infty}\frac{\cos nx}{n}a^n(|a|<1)$. 证明:

$$\int_0^{\pi}\ln(1-2a\cos x+a^2)\mathrm{d}x=2\pi\ln|a|.$$

12. 设 $f(x)$ 是以 2π 为周期的函数, 且满足以下条件.

$$\left|f(x)-f(y)\right|<L|x-y|^{\alpha}, \quad \alpha\in(0,1].$$

证明: $a_n=O\left(\dfrac{1}{n^{\alpha}}\right)$.

13. 证明 $\{1,\cos nx,\sin nx\}_{n=1}^{\infty}$:

(1) 是 $[-\pi,\pi]$ 上的正交函数系.

(2) 不是 $[0,\pi]$ 上的正交函数系.

14. 假设正项级数 $\dfrac{a_0}{2}\displaystyle\sum_{n=1}^{\infty}(|a_n|+|b_n|)$ 收敛. 证明三角函数级数 $\dfrac{a_0}{2}+\displaystyle\sum_{n=1}^{\infty}(a_n\cos nx+b_n\sin nx)$ 在整个数轴上一致收敛.

15. 假设三角函数级数 $\dfrac{a_0}{2}+\displaystyle\sum_{n=1}^{\infty}a_n\cos nx+b_n\sin nx$ 在整个数轴上一致收敛, 记收敛函数为 f. 证明:

$$a_0=\frac{1}{\pi}\int_{-\pi}^{\pi}f(x)\mathrm{d}x, \quad a_n=\frac{1}{\pi}\int_{-\pi}^{\pi}f(x)\cos nx\mathrm{d}x,$$

$$b_n=\frac{1}{\pi}\int_{-\pi}^{\pi}f(x)\sin nx\mathrm{d}x, \quad n=1,2,\cdots.$$

科学出版社"十四五"普通高等教育本科规划教材

数 学 分 析

（下册）

郭宝珠　韩励佳　主编

科学出版社

北　京

内 容 简 介

本书是华北电力大学数理学院数学分析教研组集体工作的总结，结合了工科数理学院教师多年教学实践经验、教育背景和研究经历的优势编写而成. 特别吸收了 20 世纪几位重要数学家的观点，展现出数学历史的画卷，又融合了自己的见解，具有工科院校数学专业基础课独有的特点和亮点. 本书注重数学史等基本素养的引导，使学习者能明白数学的概念虽然是人为的，但也是自然的. 在定义的引出、定理的证明、例题的安排等方面系统参考了多本数学分析教材，充分考虑了教学效果和需求. 同时，增加了数学知识的应用，设置了一些有特色的例子和一些有一定难度的内容，便于有兴趣的读者进一步学习，同时也指出了和其他数学课程的有机衔接，起到抛砖引玉的作用.

全书主要内容分为一元微积分和多元微积分两大部分. 一元微积分包括实数的基本理论、极限、一元微分、一元积分、级数理论；多元微积分包括多元点集的基本理论、多元微分、重积分、曲线积分和曲面积分等.

本书可作为高等院校数学、统计学、数据科学、计算机等专业学生数学分析课程的教材，也可作为相应专业学生报考研究生的辅导书或参考书，还可作为数学教学人员和其他科技研究人员的教学参考书.

图书在版编目（CIP）数据

数学分析：全 2 册 / 郭宝珠，韩励佳主编. -- 北京：科学出版社，2024.6

科学出版社"十四五"普通高等教育本科规划教材

ISBN 978-7-03-078588-6

Ⅰ. ①数⋯ Ⅱ. ①郭⋯ ②韩⋯ Ⅲ. ①数学分析－高等学校－教材
Ⅳ. ①O17

中国国家版本馆 CIP 数据核字（2024）第 105128 号

责任编辑：梁　清　孙翠勤 / 责任校对：杨聪敏
责任印制：师艳茹 / 封面设计：无极书装

科 学 出 版 社 出版
北京东黄城根北街 16 号
邮政编码：100717
http://www.sciencep.com

三河市骏杰印刷有限公司印刷
科学出版社发行　各地新华书店经销

*

2024 年 6 月第 一 版　开本：720×1000　1/16
2024 年 6 月第一次印刷　印张：36 1/4
字数：731 000
定价：118.00 元（上下册）

目　　录

第11章

多元函数的极限与连续

直到现在，我们事实上只讨论了两种函数，一种是数列 $\{a_n\}$，实际上是一种离散的函数 $f(n) = a_n$，我们关心其 $n \to \infty$ 时的极限行为，以及离散和 $\sum\limits_n f(n)$；另一种是单变量函数 $y = f(x)$，其中自变量是一维的连续实数. 我们关心的是函数的连续、可微、积分等性质. 但实际上，自变量并不一定只有一个. 例如圆柱体的体积

$$f(R, H) = \pi R^2 H \tag{11.1}$$

就是一个含有两个自变量的函数，不同底面的半径和圆柱的高决定了不同的体积. 即使是离散的数列，也有很多不止一个变量，我们在式 (7.116) 中就看到了一个二维的数列 $f(n,k) = C_n^k p^k (1-p)^{n-k}$. 我们关心

$$\lim_{n,k \to \infty, n \geqslant k} f(n,k)$$

存在时的极限. 一般来说，含有两个自变量的函数与我们的物理世界密切相关. 在三维坐标系 (x, y, z) 中，(x, y) 表示平面的区域，$z = f(x, y)$ 就可以表示以底面为区域 (x, y)，而高为 z 的柱体，而圆柱体是一种特殊情形. 在本章，我们就将研究多元函数. 我们从二元函数开始，然后直接地抽象到 n 元函数. n 元函数在物理上自然也是经常见到的，典型如式 (7.115) 中概率

$$f(a_1, a_2, \cdots, a_n) = C_n^k p^k (1-p)^{n-k} \tag{11.2}$$

表示的是 n 次伯努利试验中成功 k 次的概率，这里 a_i 中有 k 个 $1, n-k$ 个 0. 多元函数当然是一元函数的推广，因此保留着一元函数的许多性质. 但由于自变量由一个增加到多个，研究的问题更加复杂化，研究的方法更加多样化. 因此有许多一元函数没有的独特性质.

对于多元函数，我们在研究时一般采用两种思想方法. 一种是在多个自变量同时变化的情况下进行研究，我们称为多元法. 如多元函数的极限、连续、可微、重积分等是用多元法研究的. 另一种是在其中一个自变量变化，而其余的自变量暂时看作常数的情况下进行研究，即单一法. 如多元函数的偏导数、驻点等是采用单一法研究的.

本章我们将着重讨论二元函数. 在掌握了二元函数的有关理论与研究方法之后, 我们可以把它们推广到一般的多元函数中.

11.1　平面点集与多元函数

由于二元函数的定义域是坐标平面上的点集合, 在讨论二元函数之前, 首先介绍坐标平面上有关平面点集的一些基本性质.

11.1.1　平面点集

在平面上确定直角坐标系后, 所有二元有序实数对 $P = (x, y)$ 与平面上所有点之间建立了一一对应. 这里有序的意思是 (x, y) 和 (y, x) 一般是不同的平面点, 除非 $x = y$. 平面上的点可以用加法和数乘的代数方式联系起来进行有效的运算. 平面点 $P = (x_1, y_1)$, $Q = (x_2, y_2)$ 通过加法 $P + Q = (x_1 + x_2, y_1 + y_2)$ 后构成可交换的加法群, 群是近代数学最重要的代数结构之一:

(i) $P + Q = Q + P$ (可交换性).

(ii) 存在单位的零元 $O = (0, 0)$, 使得 $P + O = P$.

(iii) 对任意的 P, 存在 P' 使得 $P + P' = O$. 记 $P' = -P$.

如此定义的"加法"使得平面点有和实数一样的代数结构. 此外, 我们可以定义平面点的数乘.

(iv) 对任意实数 a 和平面点 $P = (x, y)$, 定义 $aP = (ax, ay)$.

由定义, $P - Q = (x_1 - x_2, y_1 - y_2)$. 在另一门课程解析几何中 $P = (x, y)$ 表示在直角坐标系下向量 P 的坐标. 平面上的点除去代数结构以外, 还可以引入拓扑的结构, 来衡量两个元素之间的距离. 平面点间的距离是通过以下范数实现的. 定义: 平面上的一向量 P 的坐标为 $P = (x, y)$, 则

$$\| P \| = \sqrt{x^2 + y^2}, \tag{11.3}$$

称为向量 P 的**范数**, 是向量终点到起点(原点)的距离, 通常称为欧几里得距离. 范数有三个基本性质:

(a) **非负性**　$\| P \| \geqslant 0$, $\| P \| = 0$ 当且仅当 $P = 0$;

(b) **数乘的齐次性**　$\| aP \| = |a| \| P \|$ 对任意的实数 a 和向量 P 成立;

(c) **三角不等式**　$\| P + Q \| \leqslant \| P \| + \| Q \|$.

于是 $P = (x_1, y_1)$ 到 $Q = (x_2, y_2)$ 的距离就定义成了 $\| P - Q \|$. 可以证明(见后面的定理 11.14): 平面上所有的范数都是互相等价的.

因此我们以后就以欧几里得范数(11.3)来定义两点间的距离. 除去代数与拓扑结构外, 平面点集还可以赋予几何的结构, 这是平面和直线非常不同的地方. 直线

上，我们有在加法群下的线性代数结构，也有距离定义的拓扑结构，但却难以定义几何的，至少是显然意义下的几何结构. 在平面直角坐标系下 (图 11.1)，向量 $P=(x_1,y_1)$ 和 $Q=(x_2,y_2)$ 和 $P-Q$ 构成平面三角形. 假设 P,Q 间的夹角为 θ，则 (P,Q,θ) 就唯一决定了三角形，因此 $P-Q$ 的长度为

$$\|P-Q\|^2=\|P\|^2+\|Q\|^2-2(x_1x_2+y_1y_2). \tag{11.4}$$

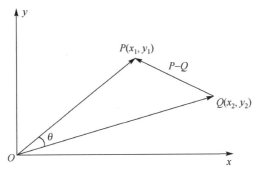

图 11.1　平面向量三角形

另一方面，由余弦定理，

$$\|P-Q\|^2=\|P\|^2+\|Q\|^2-2\|P\|\|Q\|\cos\theta \tag{11.5}$$

得

$$\cos\theta=\frac{x_1x_2+y_1y_2}{\|P\|\|Q\|}=\frac{\langle P,Q\rangle}{\|P\|\|Q\|}, \tag{11.6}$$

其中

$$\langle P,Q\rangle=x_1x_2+y_1y_2, \tag{11.7}$$

称为 P,Q 间的内积，有时也写成点积形式:

$$\langle P,Q\rangle=P\cdot Q. \tag{11.8}$$

坐标平面上满足某种条件 $\mathcal{L}$ 的点的集合称为**平面点集**，记作

$$E=\{(x,y)|(x,y)满足条件\mathcal{L}\}. \tag{11.9}$$

平面点集由于有欧几里得距离，可以用特殊的办法表述. 我们首先介绍**邻域**的概念. 设 $P_0(x_0,y_0)$ 是坐标平面上的一个点，$\delta>0$ 为任意正数，点集 $\{P\mid\|P-P_0\|<\delta\}$ 称为 P_0 的**邻域**，记作 $U(P_0;\delta)$ 或简记为 $U(P_0)$，也可以用 $N_\delta(P_0)$ 来表示.

称点集 $\{P\mid 0<\|P-P_0\|<\delta\}$ 为点 P_0 的**去心邻域**，记作 $U^\circ(P_0;\delta)$ 或 $N_\delta^\circ(P_0)$.

下面利用邻域来描述点和点集之间的关系.

任意一点 $A\in\mathbb{R}^2$ 与任意一个点集 $E\subset\mathbb{R}^2$ 之间必有以下三种关系之一.

(i)内点: 若存在点 A 的某邻域$U(A)$, 使得$U(A) \subseteq E$, 则称点 A 是点集 E 的**内点**. E 的全体内点构成的集合称为 E 的**内部**, 记作 $\text{int}E$.

(ii)外点: 若存在点 A 的某邻域$U(A)$, 使得$U(A) \bigcap E = \varnothing$, 则称点 A 是点集 E 的**外点**.

(iii)界点: 若在点 A 的任何邻域内既含有属于 E 的点, 又含有不属于 E 的点, 则称 A 是点集 E 的**界点**. 即对任何正数 δ, 恒有

$$U(A;\delta) \bigcap E \neq \varnothing 且 U(A;\delta) \bigcap E^{c} \neq \varnothing,$$

其中$E^{c} = \mathbb{R}^2 \setminus E$ 是 E 关于全平面的余集. E 的全体界点构成 E 的**边界**, 记作 ∂E.

E 的内点必定属于 E, E 的外点必定不属于 E, E 的界点可能属于 E, 也可能不属于 E. 点 A 与点集 E 的上述关系是按"点 A 在 E 内或在 E 外"来区分的. 此外, 还可按在点 A 的近旁是否密集着 E 中无穷多个点而构成另一类关系.

(i)聚点: 若在点 A 的任何空心邻域$U^{\circ}(A)$ 内都含有 E 中的点, 则称 A 是 E 的**聚点**, 聚点本身可能属于 E, 也可能不属于 E.

A 是点集 E 的聚点的定义等价于"点 A 的任何邻域$U(A)$ 都包含有 E 的无穷多个点".

(ii)孤立点: 若点 $A \in E$, 但不是 E 的聚点, 即存在某一正数 δ, 使得$U^{\circ}(A;\delta) \bigcap E = \varnothing$, 则称点 A 是 E 的**孤立点**.

显然, 孤立点一定是界点, 内点和非孤立点的界点一定是聚点, 既不是聚点, 又不是孤立点, 则必为外点.

根据点集中所属点的特征, 我们再定义一些重要的平面点集.

开集: 若平面点集所属的每一点都是 E 的内点(即 $\text{int}E = E$), 则称 E 为**开集**.

闭集: 若平面点集 E 的所有聚点都属于 E, 则称 E 为**闭集**. 若点集 E 没有聚点, 这时也称 E 为闭集.

开域: 若非空开集 E 具有连通性, 即 E 中任意两点之间都可用一条完全含于 E 的有限折线(由有限条直线段连接而成的折线)相连接, 则称 E 为**开域**(即开域就是非空连通开集).

闭域: 开域连同其边界所构成的点集称为**闭域**.

区域: 开域、闭域, 或者开域连同其一部分界点所构成的点集, 统称为**区域**.

定理 11.1 闭域是闭集, 也就是说闭域包含一切聚点.

例 11.1 设平面点集

$$E = \{(x_1, x_2) | 2 < x_1^2 + x_2^2 \leqslant 5\}.$$

那么满足 $2 < x_1^2 + x_2^2 < 5$ 的一切点都是 E 的内点; 满足 $x_1^2 + x_2^2 \leqslant 2$ 或 $5 < x_1^2 + x_2^2$ 的一切点都是 E 的外点; 满足 $x_1^2 + x_2^2 = 2$ 的点都是 E 的界点, 它们不属于 E; 满足 $x_1^2 + x_2^2 = 5$ 的点也是 E 的界点, 它们属于 E.

例 11.2 $\mathbb{R}^2$ 既是 $\mathbb{R}^2$ 中的开集又是闭集. 二维球

$$B(P_0;\delta) = \{(x_1,x_2)\,|\,\|(x_1,x_2) - P_0\| < \delta\}$$

是 $\mathbb{R}^2$ 中的开集.

11.1.2　$\mathbb{R}^2$ 上的完备性定理

一元函数极限理论的基础是实数系完备性的几个等价定理. 同样有二元函数极限理论的基础.

定理 11.2(柯西准则)　平面点列 $\{P_n = (x_n, y_n)\}$ 收敛的充要条件是: 任给正数 ε, 存在正整数 N, 使得当 $n > N$ 时, 对一切正整数 p, 都有

$$\|P_n - P_{n+p}\| < \varepsilon. \tag{11.10}$$

自然从 (11.3), P_n 收敛当且仅当 $\{x_n\}$ 和 $\{y_n\}$ 同时收敛.

证明　必要性. 设 $\lim\limits_{n\to\infty} P_n = P_0$, 则由三角不等式

$$\|P_n - P_{n+p}\| \leqslant \|P_n - P_0\| + \|P_{n+p} - P_0\|$$

和点列收敛定义, 对给定 ε, 存在正整数 N, 当 $n > N$ (也有 $n + p > N$) 时, 恒有

$$\|P_n - P_0\| < \frac{\varepsilon}{2}, \quad \|P_{n+p} - P_0\| < \frac{\varepsilon}{2}.$$

应用三角不等式, 公式 (11.10) 得证.

充分性. 当公式 (11.10) 成立时, 我们由 (11.3) 有

$$\left|x_{n+p} - x_n\right| \leqslant \|P_n - P_{n+p}\| < \varepsilon, \quad \left|y_{n+p} - y_n\right| \leqslant \|P_n - P_{n+p}\| < \varepsilon.$$

因此数列 $\{x_n\}$ 和 $\{y_n\}$ 都满足柯西收敛准则, 所以它们都收敛. 设 $\lim\limits_{n\to\infty} x_n = x_0$, $\lim\limits_{n\to\infty} y_n = y_0$. 从而由点列收敛的定义可得 $\{P_n\}$ 收敛于点 $P_0(x_0, y_0)$. $\qquad\square$

注意由范数定义的距离满足平移不变性:

$$\begin{cases} P_n \to P, \quad Q_n \to Q \text{ 可得 } P_n + Q_n \to P + Q, \\ a_n \to a, \quad P_n \to P \text{ 可得 } a_n P_n \to aP. \end{cases} \tag{11.11}$$

定理 11.3(闭域套定理)　设 $\{D_n\}$ 是 $\mathbb{R}^2$ 中的闭域列, 它满足
(i) $D_n \supseteq D_{n+1}$, $n = 1, 2, \cdots$,
(ii) $d_n = d(D_n)$, $\lim\limits_{n\to\infty} d_n = 0$,

则存在唯一的点 $P_0 \in D_n, n = 1, 2, \cdots$, 这里 $d(D_n)$ 表示区域 D_n 的直径:

$$d(D_n) = \max\{\|P - Q\|, \forall P, Q \in D_n\}.$$

证明　任取点列 $P_n \in D_n$, $n = 1, 2, \cdots$. 由于 $D_{n+p} \subseteq D_n$, 因此 $P_n, P_{n+p} \in D_n$, 从而有

$$\|P_n - P_{n+p}\| \leqslant d_n \to 0, \quad n \to \infty.$$

由定理 11.2 知, 存在 $P_0 \in \mathbb{R}^2$, 满足

$$\lim_{n \to \infty} P_n = P_0.$$

任意取定 n, 对任何正整数 p 有

$$P_{n+p} \in D_{n+p} \subseteq D_n.$$

再令 $p \to \infty$, 由 D_n 是闭域, 从而必定是闭集. 因此 P_0 为 D_n 的聚点必属于 D_n, 即

$$P_0 = \lim_{p \to \infty} P_{n+p} \in D_n, \quad n = 1, 2, \cdots.$$

最后证明 P_0 的唯一性. 若还有 $P_0' \in D_n$, $n = 1, 2, \cdots$, 则由

$$\| P_0 - P_0' \| \leqslant \| P_0 - P_n \| + \| P_0' - P_n \| \leqslant 2d_n \to 0, \quad n \to \infty,$$

可得 $\| P_0 - P_0' \| = 0$, 即 $P_0 = P_0'$. □

　　显然, 闭域套定理是 $\mathbb{R}$ 中闭区间套定理的直接推广且把 $\{D_n\}$ 改为闭集套时, 结论仍成立.

　　推论 11.1　对闭域套定理中的闭域套 $\{D_n\}$, 任给 $\varepsilon > 0$, 存在 $N \in \mathbb{N}_+$, 当 $n > N$ 时, 有 $D_n \subseteq U(P_0; \varepsilon)$.

　　定理 11.4(聚点定理)　设 $E \subseteq \mathbb{R}^2$ 为有界无限点集, 则 E 在 $\mathbb{R}^2$ 中至少有一个聚点.

　　证明　应用闭域套定理证明. 由于 E 是平面有界集合, 因此存在一个闭正方形 D_1 包含它. 连接正方形对边中点, 把 D_1 分成四个小的闭正方形, 则在这四个小闭正方形中, 至少有一个小闭正方形含有 E 中无限多个点. 记这个小闭正方形为 D_2. 再对正方形 D_2 如上方法分成四个更小的闭正方形, 其中又至少有一个小闭正方形含有 E 的无限多个点. 如此下去得到一个闭正方形序列:

$$D_1 \supset D_2 \supset D_3 \supset \cdots.$$

闭正方形序列 $\{D_n\}$ 的边长随着 n 趋向于无限而趋向于零. 由闭域套定理, 存在一点 $M_0 \in D_n, n = 1, 2, \cdots$.

　　现证明 M_0 就是 E 的聚点. 任取 M_0 的 ε 邻域 $U(M_0; \varepsilon)$, 当 n 充分大时, 正方形的边长可小于 $\varepsilon / 2$, 即有 $D_n \subset U(M_0; \varepsilon)$. 又由 D_n 的取法可知 $U(M_0; \varepsilon)$ 中含有 E 的无限多个点, 因此 M_0 是 E 的聚点. □

　　定理 11.5(子列收敛定理)　有界无限点列 $\{P_n\} \subset \mathbb{R}^2$ 必存在收敛子列 $\{P_{n_k}\}$.

　　证明　设 $P_n = (x_n, y_n)$. 则 $\{x_n\}$ 有界, 因此存在收敛子列 $x_{n_k} \to x^*$. 再由 $\{y_{n_k}\}$ 有界, 存在收敛子列 $y_{n_{k_m}} \to y^*$, 于是 $P_{n_{k_m}} = (x_{n_{k_m}}, y_{n_{k_m}}) \to (x^*, y^*)$. □

　　与一元情形类似, 定理 11.3 与定理 11.5 等价. 证明留给读者.

　　定理 11.6(有限覆盖定理)　设 $D \subset \mathbb{R}^2$ 为一有界闭域, Δ_α 为一开域族, 它覆盖了 D (即 $D \subseteq \bigcup_\alpha \Delta_\alpha$), 则在 $\{\Delta_\alpha\}$ 中必存在有限个开域 $\Delta_1, \Delta_2, \cdots, \Delta_n$, 它们同样覆盖了 D (即 $D \subset \bigcup_{i=1}^n \Delta_i$).

在更一般的情况下, 可将定理中的 D 改设为有界闭集, 而 $\Delta_\alpha \subseteq \mathbb{R}^2$ 为一族开集, 此时定理结论依然成立. 本定理的证明与一元的有限覆盖定理类似, 在此省略.

11.1.3　二元函数

函数(或映射)是两个集合之间的一种确定的对应关系. $\mathbb{R}$ 到 $\mathbb{R}$ 的映射是一元函数, 而 $\mathbb{R}^2$ 到 $\mathbb{R}$ 的映射是二元函数.

定义 11.1　设平面点集 $D \subseteq \mathbb{R}^2$, 若按照某对应法则 f 在 D 中每一点 $P(x, y)$ 都有唯一确定的实数 z 与之对应, 则称 f 为定义在 D 上的**二元函数**（或称 f 为 D 到 $\mathbb{R}$ 的一个**映射**）, 记作

$$f(x, y) = z, \quad \forall P = (x, y) \in D, \tag{11.12}$$

其中 D 称为函数 f 的**定义域**, 而 $f(D) \subset \mathbb{R}$ 称为 f 的**值域**.

如果说一元函数描述的是二维欧几里得空间中的曲线, 则二元函数描述的是三维欧几里得空间中的曲面, 所以几何意义非常直观. 一元函数我们要研究导数, 二元函数也是如此. 不过一元函数只能求曲线的长度、曲边梯形的面积, 那么二元函数就使得我们需要求曲面的面积、曲顶柱体的体积. 图 11.2 就是一个一般的二元函数在三维直角坐标系 (x, y, z) 下的几何图形.

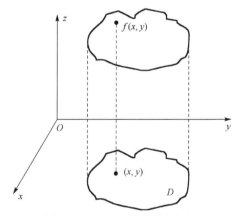

图 11.2　二元函数的几何图形

例 11.3　函数 $z = 3x + 9y$ 的图像是 $\mathbb{R}^3$ 中的一个平面, 其定义域是 $\mathbb{R}^2$, 值域是 $\mathbb{R}$.

例 11.4　函数 $z = \sqrt{1 - (x^2 + y^2)}$ 的定义域为 xOy 平面上的单位圆域 $\{(x, y) \mid x^2 + y^2 \leq 1\}$, 值域为 $[0, 1]$, 它的图像是以原点为中心的单位球面的上半部分.

若二元函数的值域是有界数集, 则称该函数为**有界函数**. 若值域是无界数集, 则称该函数为**无界函数**.

与一元函数相类似, f 在 D 上无界的充要条件是存在 $\{P_k\} \subset D$, 使得 $\lim\limits_{k \to \infty} f(P_k) = \infty$, 这里 $D \subset \mathbb{R}^2$.

11.1.4 n 元函数

二元函数的几何意义非常明确. 我们也会遇到更加一般的 n 元函数. 例如(11.2).

定义 11.2 所有有序实数组 $P = (x_1, x_2, \cdots, x_n)$ 的全体称为 n 维向量空间, 简称 n 维空间, 记作 $\mathbb{R}^n$. 在加法的意义下, $\mathbb{R}^n$ 中所有的元素构成空间的可交换的加法群: 设 $P = (x_1, x_2, \cdots, x_n)$, $Q = (y_1, y_2, \cdots, y_n)$, 定义 $P + Q = (x_1 + y_1, x_2 + y_2, \cdots, x_n + y_n)$. 则有

(i) $P + Q = Q + P$ (可交换性);

(ii) 存在单位的零元 $O = (0, 0, \cdots, 0)$, 使得 $P + O = P$;

(iii) 对任意的 P, 存在 P' 使得 $P + P' = O$. 记 $P' = -P$.

对任意的 $P = (x_1, x_2, \cdots, x_n)$ 和任意实数 a, 定义数乘 $aP = (ax_1, ax_2, \cdots, ax_n)$. 称 $\mathbb{R}^n$ 为 n 维线性空间.

定义 11.3 $\mathbb{R}^n$ 中元素间的距离由以下范数定义:

$$\| P \| = \sqrt{x_1^2 + x_2^2 + \cdots + x_n^2}, \tag{11.13}$$

即 $P = (x_1, x_2, \cdots, x_n)$ 到 $Q = (y_1, y_2, \cdots, y_n)$ 的距离定义为 $\| P - Q \|$. 范数的三个基本的性质也成立:

(a) 非负性 $\| P \| \geqslant 0$, $\| P \| = 0$ 当且仅当 $P = 0$;

(b) 数乘的齐次性 $\| aP \| = |a| \| P \|$ 对任意的实数 a, 向量 P 成立;

(c) 三角不等式 $\| P + Q \| \leqslant \| P \| + \| Q \|$.

证明   (a) 和 (b) 是显然的. 下面证明 (c). 令

$$P = (x_1, x_2, \cdots, x_n), \quad Q = (y_1, y_2, \cdots, y_n).$$

则 (c) 等价于

$$\sqrt{\sum_{i=1}^{n} x_i^2} + \sqrt{\sum_{i=1}^{n} y_i^2} \geqslant \sqrt{\sum_{i=1}^{n} (x_i + y_i)^2}.$$

平方上式得

$$\sum_{i=1}^{n} x_i^2 + \sum_{i=1}^{n} y_i^2 + 2\sqrt{\sum_{i=1}^{n} x_i^2 \sum_{i=1}^{n} y_i^2} \geqslant \sum_{i=1}^{n} (x_i^2 + 2x_i y_i + y_i^2).$$

所以只要证明下面的柯西-施瓦茨(Karl Hermann Amandus Schwarz, 1843—1921)不等式:

$$\left(\sum_{i=1}^{n} x_i y_i \right)^2 \leqslant \sum_{i=1}^{n} x_i^2 \sum_{i=1}^{n} y_i^2. \tag{11.14}$$

由于

$$\sum_{i=1}^{n} x_i^2 \sum_{j=1}^{n} y_j^2 - \sum_{i=1}^{n} x_i y_i \sum_{j=1}^{n} x_j y_j = \sum_{i<j} (x_i^2 y_j^2 + x_j^2 y_i^2 - 2x_i y_j x_j y_i)$$

$$= \sum_{i<j} (x_i y_j - x_j y_i)^2 \geqslant 0. \tag{11.15}$$

因此 (11.14) 成立. 证毕.　　　　　　　　　　　　　　　　　　　□

注意 (11.15) 等号成立, 或者说 (c) 等号成立当且仅当

$$\frac{x_1}{y_1} = \frac{x_2}{y_2} = \cdots = \frac{x_n}{y_n} = t.$$

也就是 $P = tQ$, 即 P 和 Q 位于一直线上.

在 $\mathbb{R}^n$ 的范数拓扑下, 可以和 $\mathbb{R}^2$ 一样定义 $\mathbb{R}^n$ 中的点的邻域、开集、闭集、聚点等完全类似的概念. 特别是 11.1.2 节中的柯西准则定理 11.2、闭域套定理 11.3、聚点定理 11.4、子列收敛定理 11.5 和有限覆盖定理 11.6 都是成立的. 特别是闭域套定理 11.3 有更加一般的结论, 并不需要收缩球的半径趋于零.

定理 11.7(收缩球定理)　设

$$B(x_n, r_n) = \{x \in \mathbb{R}^n \mid \|x - x_n\| \leqslant r_n\}, \quad n = 1, 2, \cdots.$$

满足

$$B(x_1, r_1) \supseteq B(x_2, r_2) \supseteq \cdots \supseteq B(x_n, r_n) \supseteq \cdots.$$

则 r_n 必为单调下降序列, 且 $\{x_n\}$ 为柯西序列, 因此存在 $x_0 \in \mathbb{R}^n$ 使得

$$x_0 \in \bigcap_{n=1}^{\infty} B(x_n, r_n).$$

证明　证明极具几何意义, 设 $m > n$. 如图 11.3.

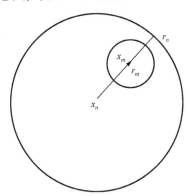

图 11.3　收缩球半径示意图

沿两个球心方向的单位向量为

$$\frac{x_m - x_n}{\|x_m - x_n\|}.$$

以 x_m 为球心, 沿上述单位向量到达 $B(x_m, r_m)$ 的圆周的点为

$$y = x_m + \frac{x_m - x_n}{\|x_m - x_n\|} r_m \in B(x_m, r_m) \subseteq B(x_n, r_n),$$

所以

$$\| y - x_n \| \leqslant r_n .$$

上式即为

$$\| x_m - x_n \| + r_m \leqslant r_n , \tag{11.16}$$

所以 $r_m \leqslant r_n$, 所以 $\{r_n\}$ 为单调下降序列, 因此是柯西序列. 令 $r_n \to r_0 (n \to \infty)$. (11.16) 也说明了 $\{x_n\}$ 必为柯西序列, 从而当 $n \to \infty$ 时, $x_n \to x_0$. 在(11.16)中令 $m \to \infty$, 得

$$\| x_n - x_0 \| + r_0 \leqslant r_n . \tag{11.17}$$

因此

$$B(x_0, r_0) \subseteq B(x_n, r_n), \quad \forall n \geqslant 1 . \qquad \square$$

定义 11.4 一个 n 元函数是从 $n (n \geqslant 2)$ 维空间 $\mathbb{R}^n$ 的点集 D 到实数集上唯一确定的对应关系, 称为多元函数. D 称为定义域, $f(D)$ 称为值域. 若点 $P(x_1, x_2, \cdots, x_n) \in D$, 对应的元素为 y, 记为 $y = f(P)$ 或记为 $y = f(x_1, x_2, \cdots, x_n)$, 称 y 为点 P 在函数 f 作用下的像.

定义 11.5 $\mathbb{R}^n$ 上一个内积是一个二元的函数:

$$\langle \cdot, \cdot \rangle : \mathbb{R}^n \times \mathbb{R}^n \to \mathbb{R}$$

需要满足下面的四个条件:

(1) 对称性 $\langle P, Q \rangle = \langle Q, P \rangle$;

(2) 加法的分配律 $\langle P + Q, Z \rangle = \langle P, Z \rangle + \langle Q, Z \rangle$;

(3) 数乘乘法 $\langle \alpha P, Q \rangle = \alpha \langle P, Q \rangle$;

(4) 正定性 $\langle P, P \rangle \geqslant 0$ 且 $\langle P, P \rangle = 0$ 当且仅当 $P = 0$,

对任意的 $P, Q, Z \in \mathbb{R}^n$, 任意的实数 α 成立.

柯西-施瓦茨不等式(11.14)是数学里一个十分基础的不等式. 它表明, 内积可以在 $\mathbb{R}^n$ 中推广:

$$\langle P, Q \rangle = P \cdot Q = \sum_{i=1}^{n} x_i y_i, \quad \forall P = (x_1, x_2, \cdots, x_n), \quad Q = (y_1, y_2, \cdots, y_n) . \tag{11.18}$$

内积有时也记成 $P \cdot Q$, 称为数量积. 这样任意的向量 $P, Q \in \mathbb{R}^n$ 中可以定义角度

$$\cos \theta = \frac{|\langle P, Q \rangle|}{\| P \| \| Q \|}, \tag{11.19}$$

这样 P 和 Q 垂直, 当且仅当

$$\langle P, Q \rangle = 0 . \tag{11.20}$$

垂直的向量满足勾股定理

$$\| P - Q \|^2 = \| P \|^2 + \| Q \|^2 . \tag{11.21}$$

欧几里得范数(11.13)是内积(11.18)诱导的范数

$$\| P \|^2 = \sqrt{\langle P, P \rangle}. \tag{11.22}$$

11.2　二元函数的极限

与一元函数类似,多元函数同样可以定义极限,它是多元微积分的基础. 为了简单,我们从二元函数开始,因为二元函数有直观的几何意义. 从二元函数到多元函数的推广并无本质的区别. 自变量个数的增多,导致二元函数的极限要比一元函数的极限复杂得多. 本节介绍二元函数的极限,重点介绍重极限与累次极限的区别与联系.

11.2.1　二元函数极限的概念

定义 11.6　设 f 为定义在 $D \subset \mathbb{R}^2$ 上的二元函数, P_0 为 D 的一个聚点, A 是一个确定的实数. 若对任给正数 ε, 总存在某正数 δ, 使得当 $P \in U^\circ(P_0; \delta) \bigcap D$ 时, 都有

$$|f(P) - A| < \varepsilon,$$

则称 f 在 D 上当 $P \to P_0$(也就是 $\| P - P_0 \| \to 0$)时以 A 为**极限**, 记作

$$\lim_{P \to P_0} f(P) = A. \tag{11.23}$$

在对于 $P \in D$ 不致产生误解时, 也可简单地写作

$$\lim_{P \to P_0} f(P) = A. \tag{11.24}$$

当 P, P_0 分别用坐标 $(x, y), (x_0, y_0)$ 表示时, 也常写作

$$\lim_{(x,y) \to (x_0, y_0)} f(x, y) = A. \tag{11.25}$$

例 11.5　根据定义验证 $\lim\limits_{(x,y) \to (2,1)} (x^2 + xy + y^2) = 7$. 实际上, 因为

$$\begin{aligned}
|x^2 + xy + y^2 - 7| &= |(x^2 - 4) + xy - 2 + (y^2 - 1)| \\
&= |(x+2)(x-2) + (x-2)y + 2(y-1) + (y+1)(y-1)| \\
&\leqslant |x-2||x+y+2| + |y-1||y+3|.
\end{aligned}$$

取点 $(2,1)$ 的 $\delta = 1$ 的方邻域 $\{(x,y) \mid |x-2| < 1, |y-1| < 1\}$. 由于

$$|y+3| = |y-1+4| < |y-1| + 4 < 5,$$

以及

$$|x+y+2| = |(x-2) + (y-1) + 5| \leqslant |x-2| + |y-1| + 5 < 7.$$

所以

$$\left|x^2 + xy + y^2 - 7\right| \leqslant 7|x-2| + 5|y-1| < 7(|x-2| + |y-1|).$$

设 ε 为任给的正数, 取 $\delta = \min\left\{1, \dfrac{\varepsilon}{14}\right\}$. 则当 $|x-2| < \delta$, $|y-1| < \delta$, $(x,y) \neq (2,1)$ 时, 有

$$\left|x^2 + xy + y^2 - 7\right| < 7 \cdot 2\delta = 14\delta < \varepsilon,$$

即 $\lim\limits_{(x,y)\to(2,1)} (x^2 + xy + y^2) = 7$.

例 11.6 定义二元函数

$$f(x,y) = \frac{x^2 y^2}{x^2 + y^2}, \quad (x,y) \neq (0,0),$$

则 $\lim\limits_{(x,y)\to(0,0)} f(x,y) = 0$. 事实上, 由于

$$0 \leqslant f(x,y) = \frac{x^2 y^2}{x^2 + y^2} \leqslant x^2 + y^2,$$

对任意给定的 $\varepsilon > 0$, 取 $\delta = \sqrt{\varepsilon}$. 当 $0 < \sqrt{x^2 + y^2} < \delta$ 时, 有

$$0 \leqslant f(x,y) \leqslant \delta^2 = \varepsilon,$$

因此,

$$\lim\limits_{(x,y)\to(0,0)} f(x,y) = 0.$$

下述定理及其推论相当于数列极限的子列定理与一元函数极限的海涅归结原理(定理 4.10, 而且证明方法也相似). 读者可通过它们进一步认识定义 11.6 中 "$P \to P_0$" 所包含的意义.

定理 11.8 $\lim\limits_{P\to P_0} f(P) = A$ 的充要条件是: 对于 D 的任一子集 E, 只要 P_0 是 E 的聚点, 就有

$$\lim\limits_{P\to P_0} f(P) = A.$$

推论 11.2 设 $E_1 \subseteq D, P_0$ 是 E_1 的聚点. 若 $\lim\limits_{P\to P_0, P\in E_1} f(P)$ 不存在, 则 $\lim\limits_{P\to P_0} f(P)$ 也不存在.

推论 11.3 设 $E_1, E_2 \subset D$, P_0 是它们的聚点, 若存在极限

$$\lim\limits_{P\to P_0, P\in E_1} f(P) = A_1, \quad \lim\limits_{P\to P_0, P\in E_2} f(P) = A_2,$$

但 $A_1 \neq A_2$, 则 $\lim\limits_{P\to P_0} f(P)$ 不存在.

推论 11.4　极限 $\lim\limits_{P \to P_0} f(P)$ 存在的充要条件是: 对于 D 中任一满足条件 $P_n \neq P_0$ 且 $\lim\limits_{n \to \infty} P_n = P_0$ 的点列 $\{P_n\}$, 它所对应的数列 $\{f(P_n)\}$ 都收敛.

例 11.7　讨论函数

$$f(x,y) = \frac{xy}{x^2 + y^2}, \quad (x,y) \neq (0,0)$$

在原点 $(0,0)$ 处极限的存在性. 因为

$$\left| f(x,y) \right| = \frac{1}{2} \frac{2|xy|}{x^2 + y^2} \leqslant \frac{1}{2},$$

所以函数 f 在其定义域上是有界的, 但是它在原点处的极限不存在. 这是因为, 取点列 $s_i = \left(\dfrac{1}{i}, 0 \right)$ 与 $t_i = \left(\dfrac{1}{i}, \dfrac{1}{i} \right)$, $i = 1,2,3,\cdots$, $f(s_i) = 0$, $f(t_i) = \dfrac{1}{2}(i = 1,2,\cdots)$, 而 $\lim\limits_{i \to \infty} s_i = \lim\limits_{i \to \infty} t_i = 0$, 所以函数 f 在原点处的极限不存在.

例 11.8　讨论函数

$$f(x,y) = \frac{x^2 y}{x^4 + y^2}, \quad (x,y) \neq (0,0)$$

在原点 $(0,0)$ 处极限的存在性. 显然函数 f 在坐标轴 $x = 0$ (原点除外), 有 $f(x,y) = 0$; 当沿直线 $y = kx$ 趋向于原点时, 有

$$\lim_{x \to 0} \frac{kx^3}{x^4 + k^2 x^2} = \lim_{x \to 0} \frac{kx}{x^2 + k^2} = 0,$$

其中 k 为任意固定的实数. 这表明, 当点沿着指向原点的任意直线趋向于原点时, 函数 f 趋向于零. 当点沿抛物线 $y = x^2$ 趋向于原点时, f 保持常数 $\dfrac{1}{2}$. 所以函数 f 在原点处的极限不存在.

另外, 我们给出当 $P(x,y) \to P_0(x_0,y_0)$ 时, $f(x,y) \to \infty$ 的定义.

定义 11.7　设 D 为二元函数 f 的定义域, $P_0(x_0,y_0)$ 是 D 的一个聚点. 若对任给正数 M, 总存在点 P_0 的一个 δ 邻域, 使得当 $P(x,y) \in U^{\circ}(P_0; \delta) \bigcap D$ 时, 都有 $f(P) > M$, 则称 f 在 D 上当 $P \to P_0$ 时, 存在**非正常极限** $+\infty$, 记作

$$\lim_{(x,y) \to (x_0,y_0)} f(x,y) = +\infty$$

或

$$\lim_{P \to P_0} f(P) = +\infty.$$

类似可定义

$$\lim_{P \to P_0} f(P) = -\infty \quad \text{与} \quad \lim_{P \to P_0} f(P) = \infty.$$

例 11.9 设 $f(x,y)=\dfrac{1}{2x^2+3y^2}$. 证明 $\lim\limits_{(x,y)\to(0,0)} f(x,y)=+\infty$. 因为

$$2x^2+3y^2 < 4(x^2+y^2),$$

对任给正数 M, 取

$$\delta = \frac{1}{2\sqrt{M}},$$

当

$$\sqrt{x^2+y^2} < \delta = \frac{1}{2\sqrt{M}}$$

时, 有

$$2x^2+3y^2 < \frac{1}{M},$$

即

$$\frac{1}{2x^2+3y^2} > M.$$

此题得证.

　　二元函数极限的四则运算法则与一元函数极限的四则运算法则相仿, 特别把 $f(x,y)$ 看作点函数 $f(P)$ 时, 相应定理的证法也完全相同, 这里就不一一列出.

11.2.2　累次极限

定义 11.8　设 $f(x,y),(x,y)\in D$, D 在 x 轴、y 轴上的投影分别为 X,Y, 即

$$X=\{x|(x,y)\in D\}, \quad Y=\{y|(x,y)\in D\},$$

x_0,y_0 分别是 X,Y 的聚点. 若对每一个 $y\in Y(y\ne y_0)$, 存在极限 $\lim\limits_{x\to x_0} f(x,y)$, 它一般与 y 有关, 故记作

$$\varphi(y)=\lim_{x\to x_0} f(x,y),$$

如果进一步还存在极限

$$L=\lim_{y\to y_0} \varphi(y),$$

则称此极限 L 为 $f(x,y)$ 先对 $x(\to x_0)$, 后对 $y(\to y_0)$ 的累次极限, 记作

$$L=\lim_{y\to y_0}\lim_{x\to x_0} f(x,y).$$

　　类似地可以定义先对 y 后对 x 的累次极限

$$K=\lim_{x\to x_0}\lim_{y\to y_0} f(x,y).$$

累次极限与重极限是两个不同的概念, 它们的存在性没有必然的蕴涵关系.

例 11.10　计算函数

$$f(x,y) = \frac{x^2 y}{x^4 + y^2}$$

在原点的两个累次极限, 事实上,

$$\lim_{x \to 0} \lim_{y \to 0} \frac{x^2 y}{x^4 + y^2} = 0.$$

同理可得

$$\lim_{y \to 0} \lim_{x \to 0} \frac{x^2 y}{x^4 + y^2} = 0.$$

即 f 的两个累次极限都存在而且相等.

例 11.11　设 $f(x,y) = \dfrac{x^2 + 3y - 1}{x + y + x^3}$, 求函数 f 在点 $(2,1)$ 的两个累次极限. 事实上,

$$\lim_{x \to 2} \lim_{y \to 1} \frac{x^2 + 3y - 1}{x + y + x^3} = \frac{6}{11}.$$

同理可得

$$\lim_{y \to 2} \lim_{x \to 1} \frac{x^2 + 3y - 1}{x + y + x^3} = \frac{6}{11}.$$

例 11.12　设函数

$$f(x,y) = x \sin \frac{1}{y} + y \sin \frac{1}{x},$$

f 在原点的两个累次极限均不存在, 但是极限存在.

$$\lim_{(x,y) \to (0,0)} f(x,y) = 0.$$

事实上, 对任何 $y \neq 0$, 当 $x \to 0$ 时, f 的第二项不存在极限. 同理, 对任何 $x \neq 0$, 当 $y \to 0$ 时, f 的第一项不存在极限. 但

$$\left| x \sin \frac{1}{y} + y \sin \frac{1}{x} \right| \leqslant |x| + |y|,$$

故按重极限的定义可知 f 的重极限存在, 且 $\lim\limits_{(x,y) \to (0,0)} f(x,y) = 0$.

下述定理告诉我们: 重极限与累次极限在一定条件下也是有联系的.

定理 11.9　若 $f(x,y)$ 在点 (x_0, y_0) 存在重极限

$$\lim_{(x,y)\to(x_0,y_0)} f(x,y)$$

与累次极限

$$\lim_{x\to x_0}\lim_{y\to y_0} f(x,y),$$

则它们必相等.

证明 设

$$\lim_{(x,y)\to(x_0,y_0)} f(x,y) = A.$$

则 $\forall \varepsilon > 0, \exists \delta > 0$，使得当 $(x,y) \in U^{\circ}((x_0,y_0);\delta)$ 时，有

$$\left| f(x,y) - A \right| < \varepsilon. \tag{11.26}$$

又因为

$$\lim_{x\to x_0}\lim_{y\to y_0} f(x,y)$$

也存在，则对满足 $0 < \left| x - x_0 \right| < \delta$ 的 x，存在极限

$$\lim_{y\to y_0} f(x,y) = \varphi(x). \tag{11.27}$$

在 (11.26) 中，令 $y \to y_0$，由 (11.27) 可得

$$\left| \varphi(x) - A \right| \leqslant \varepsilon.$$

所以可得 $\lim\limits_{x\to x_0} \varphi(x) = A$，即

$$\lim_{x\to x_0}\lim_{y\to y_0} f(x,y) = \lim_{(x,y)\to(x_0,y_0)} f(x,y) = A. \qquad \square$$

由这个定理可导出如下两个便于应用的推论.

推论 11.5 若累次极限

$$\lim_{x\to x_0}\lim_{y\to y_0} f(x,y), \quad \lim_{y\to y_0}\lim_{x\to x_0} f(x,y)$$

和重极限

$$\lim_{(x,y)\to(x_0,y_0)} f(x,y)$$

都存在，则三者相等.

推论 11.6 若累次极限

$$\lim_{x\to x_0}\lim_{y\to y_0} f(x,y) \quad \text{与} \quad \lim_{y\to y_0}\lim_{x\to x_0} f(x,y)$$

存在但不相等，则重极限 $\lim\limits_{(x,y)\to(x_0,y_0)} f(x,y)$ 必不存在.

推论 11.5 给出了累次极限次序可交换的一个充分条件, 推论 11.6 可被用来否定重极限的存在性.

现在所谈极限的情况比一元函数复杂得多. 就二维空间而言, 沿各种路线接近一点. 例如, 函数

$$f(x,y) = \frac{xy}{x^2+y^2}, \tag{11.28}$$

当沿直线 $y = \lambda x$ 趋近于 $(0,0)$ 时,

$$\lim_{x \to 0} f(x, \lambda x) = \frac{\lambda}{1+\lambda^2}, \tag{11.29}$$

可见每一个直线方向的极限都存在, 但是数值随着方向而改变,

又如

$$f(x,y) = \frac{x^2 - y^2 + x^3 + y^3}{x^2 + y^2}, \tag{11.30}$$

则由于先后求极限的顺序不同, 结果各异. 如

$$\lim_{y \to 0}[\lim_{x \to 0} f(x,y)] = \lim_{y \to 0} \frac{-y^2 + y^3}{y^2} = -1, \tag{11.31}$$

$$\lim_{x \to 0}[\lim_{y \to 0} f(x,y)] = \lim_{x \to 0} \frac{x^2 + x^3}{x^2} = 1. \tag{11.32}$$

这表明在处理多元函数极限时必须小心,

$$\lim_{(x,y) \to 0}, \quad \lim_{x \to 0}\lim_{y \to 0}, \quad \lim_{y \to 0}\lim_{x \to 0}$$

包含不同意义. 比如上例中, 第一种极限不存在, 第二、第三种各异.

11.3　二元函数的连续性

多元函数是一元函数的推广, 因此多元函数的连续性既保留着一元函数连续性的许多性质, 也有某些差异. 这些差异主要是由多元函数的 "多元" (即自变量由一个增加到多个) 而产生的. 本节我们介绍二元函数的连续性, 二元函数连续性的定义比一元函数更一般化, 但它们的局部性质与在有界闭域上的整体性质则完全相同.

11.3.1　二元函数连续性的概念

定义 11.9　设 f 为定义在点集 $D \subseteq \mathbb{R}^2$ 上的二元函数, $P_0 \in D$ (或者是 D 的聚点, 或者是 D 的孤立点). 对于任意 $\varepsilon > 0$, 存在 $\delta > 0$, 当 $P \in U(P_0; \delta) \bigcap D$, 有

$$\left|f(P)-f(P_0)\right|<\varepsilon, \tag{11.33}$$

则称 f 关于集合 D 在点 P_0 **连续**. 简称 f 在点 P_0 连续.

若 f 在 D 上任何点都关于集合 D 连续, 则称 f 为 D 上的**连续函数**.

由上述定义知道: 若 P_0 是 D 的孤立点. 则 P_0 必定是 f 关于 D 的连续点; 若 P_0 是 D 的聚点, 则 f 关于 D 在 P_0 连续等价于

$$\lim_{P\to P_0,P\in D} f(P)=f(P_0). \tag{11.34}$$

如果 P_0 是 D 的聚点, 而式 (11.34) 不成立 (其含义与一元函数的对应情形相同), 则称 P_0 是 f 的**不连续点** (或称间断点). 特别当式 (11.34) 左边极限存在但不等于 $f(P_0)$ 时, P_0 是 f 的**可去间断点**.

例 11.13 讨论函数

$$f(x,y)=\begin{cases} \dfrac{x^{\alpha}}{x^2+y^2}, & (x,y)\neq(0,0),\alpha>0, \\ 0, & (x,y)=(0,0) \end{cases}$$

在点 $(0,0)$ 的连续性. 引入极坐标变换: $x=r\cos\theta,\ y=r\sin\theta$, 则当 $r\to 0$ 时 $(x,y)\to(0,0)$ 并且有

$$\frac{x^{\alpha}}{x^2+y^2}=r^{\alpha-2}(\cos\theta)^{\alpha}.$$

故我们分 $\alpha>2$ 和 $\alpha\leqslant 2$ 两种情况进行讨论. 由于当 $\alpha>2$ 且 $r\to 0$ 时,

$$\left|f(r\cos\theta,r\sin\theta)\right|=\left|r^{\alpha-2}(\cos\theta)^{\alpha}\right|\leqslant r^{\alpha-2}\to 0,$$

因此 $\lim\limits_{(x,y)\to(0,0)} f(x,y)=0=f(0,0)$, 此时 f 在点 $(0,0)$ 连续; 当 $\alpha\leqslant 2$ 时, $\lim\limits_{(x,y)\to(0,0)} f(x,y)$ 不存在, 此时 f 在点 $(0,0)$ 间断.

若二元函数在某一点连续, 则与一元函数一样, 可以证明它在这一点近旁具有局部有界性、局部保号性以及相应的有理运算的各个法则. 下面证明二元复合函数的连续性定理, 其余留给读者自己去证明.

定理 11.10 (复合函数的连续性) 设函数 $u=\varphi(x,y)$ 和 $v=\psi(x,y)$ 在 xy 平面上点 $P_0(x_0,y_0)$ 的某邻域上有定义, 并在点 P_0 连续; 函数 $f(u,v)$ 在 uv 平面上点 $Q_0(u_0,v_0)$ 的某邻域上有定义, 并在点 Q_0 连续, 其中 $u_0=\varphi(x_0,y_0)$ 和 $v_0=\psi(x_0,y_0)$. 则复合函数 $g(x,y)=f[\varphi(x,y),\psi(x,y)]$ 在点 P_0 也连续.

证明 由 f 在点 Q_0 连续可知: 任给正数 ε, 存在相应正数 η, 使得当 $|u-u_0|<\eta$, $|v-v_0|<\eta$ 时, 有

$$\left|f(u,v)-f(u_0,v_0)\right|<\varepsilon.$$

又由 φ,ψ 在点 P_0 连续可知：对上述正数 η，总存在正数 δ，使得当 $|x-x_0|<\delta$，$|y-y_0|<\delta$ 时，有

$$|u-u_0|=\left|\varphi(x,y)-\varphi(x_0,y_0)\right|<\eta,$$
$$|v-v_0|=\left|\psi(x,y)-\psi(x_0,y_0)\right|<\eta.$$

综合起来，当 $|x-x_0|<\delta,|y-y_0|<\delta$ 时，便有

$$\left|g(x,y)-g(x_0,y_0)\right|=\left|f(u,v)-f(u_0,v_0)\right|<\varepsilon.$$

所以复合函数 $f(\varphi(x,y),\psi(x,y))$ 在点 $P_0(x_0,y_0)$ 连续. $\qquad\square$

例 11.14　设 $f(x,y)=\cos(x+y)$，则 f 在 $\mathbb{R}^2$ 上连续. 实际上，$x+y$ 是一个二元多项式，在 $\mathbb{R}^2$ 上处处连续，令 $\varphi(t)=\cos t$，则 φ 是 $\mathbb{R}$ 上的连续函数，所以通过复合之后，$f(x,y)=\cos(x+y)$ 在 $\mathbb{R}^2$ 上连续.

定义 11.10　$D\subset\mathbb{R}^2$，$f:D\to\mathbb{R}$. 如果任意给定 $\varepsilon>0$，总存在 $\delta>0$，使得当 $x,y\in D$ 且 $\|x-y\|<\delta$ 时，有 $|f(x)-f(y)|<\varepsilon$，则称 f 在 D 上**一致连续**.

由定义可知，常值函数在任何点集 D 上是一致连续的.

例 11.15　函数

$$f(x,y)=\frac{xy}{x^2+y^2},\quad x^2+y^2>0$$

在其定义域 $\mathbb{R}^2\setminus\{0\}$ 上不一致连续. 事实上，当 $x\neq0$ 时，$\|(x,x)-(x,0)\|=|x|$ 可以要多小就有多小，但是

$$\left|f(x,x)-f(x,0)\right|=\frac{1}{2}.$$

由此可见 f 在其定义域上不一致连续.

11.3.2　有界闭域上连续函数的性质

定理 11.11(有界性与最大、最小值定理)　若函数 f 在有界闭域 $D\subseteq\mathbb{R}^2$ 上连续，则 f 在 D 上有界，且能取得最大值与最小值.

证明　先证 f 在 D 上有界：假设 f 在 D 上无界，则对每个正整数 n，必存在互不相同的 $P_n\in D$，使得

$$|f(P_n)|>n,\quad n=1,2,\cdots.\qquad(11.35)$$

于是得一个有界无限点列 $\{P_n\}\subseteq D$，由子序列收敛定理 11.5，$\{P_n\}$ 存在收敛子列 $\{P_{n_k}\}$，设 $\lim\limits_{k\to\infty}P_{n_k}=P_0$，所以 P_0 是 D 的聚点，又因为 D 是闭集，知 $P_0\in D$. 由于 f 在 D 上连续，所以在点 P_0 也连续，因此有

$$\lim_{k\to\infty}f(P_{n_k})=f(P_0).$$

这与不等式(11.35)相矛盾, 所以 f 在 D 上有界. $\qquad\square$

定理 11.12(一致连续性定理) 若函数 f 在有界闭域 $D \subseteq \mathbb{R}^2$ 上连续, 则 f 在 D 上一致连续. 即对任何 $\varepsilon > 0$, 总存在只依赖于 ε 的正数 δ, 使得对一切点 P, Q, 只要 $\|P-Q\| < \delta$, 就有 $|f(P)-f(Q)| < \varepsilon$.

证明 应用聚点定理 11.4 证明. 假设 f 在 D 上连续而不一致连续, 则存在某 $\varepsilon_0 > 0$, 对于任意小的 $\delta > 0$, 例如 $\delta = \dfrac{1}{n}$, $n = 1, 2, \cdots$, 总有相应的 $P_n, Q_n \in D$, 虽然 $\|P_n - Q_n\| < \dfrac{1}{n}$, 但是 $|f(P_n)-f(Q_n)| \geq \varepsilon_0$.

由于 D 为有界闭域, 因此存在收敛子列 $\{P_{n_k}\} \subset \{P_n\}$, 并设 $\lim\limits_{k \to \infty} P_{n_k} = P_0 \in D$. 在 $\{Q_n\}$ 中取出与 P_{n_k} 下标相同的子列 $\{Q_{n_k}\}$, 又因

$$0 \leqslant \|P_{n_k} - Q_{n_k}\| < \frac{1}{n_k} \to 0, \quad k \to \infty,$$

从而有 $\lim\limits_{k \to \infty} Q_{n_k} = \lim\limits_{k \to \infty} P_{n_k} = P_0$. 最后, 由 f 在 P_0 连续, 得到

$$\lim_{k \to \infty} |f(P_{n_k}) - f(Q_{n_k})| = |f(P_0) - f(P_0)| = 0.$$

这与 $|f(P_{n_k}) - f(Q_{n_k})| \geq \varepsilon_0 > 0$ 相矛盾. 所以 f 在 D 上一致连续. $\qquad\square$

定理 11.13(介值定理) 设函数 f 在区域 $D \subseteq \mathbb{R}^2$ 上连续, 若 P_1, P_2 为 D 中任意两点, 且 $f(P_1) < f(P_2)$, 则对任何满足不等式

$$f(P_1) < \mu < f(P_2) \tag{11.36}$$

的实数 μ, 必存在点 $P_0 \in D$, 使得 $f(P_0) = \mu$. 特别地, 如果 D 中两点的函数值异号:

$$f(P_1)f(P_2) < 0, \tag{11.37}$$

则必有 D 中点 P_0 满足 $f(P_0) = 0$.

证明 令 $x = x(t)$, $y = y(t)$, $\alpha \leqslant t \leqslant \beta$, 为一条连续曲线, 且 $(x(\alpha), y(\alpha)) = P_1$, $(x(\beta), y(\beta)) = P_2$. 对任意 $t \in [\alpha, \beta]$, 定义 $F(t) = f(x(t), y(t))$, 则 $F(t)$ 为 $[\alpha, \beta]$ 上的连续函数, 满足 $F(\alpha) < \mu < F(\beta)$. 则根据一元函数介值定理(定理 4.19), 存在 $\alpha \leqslant \gamma \leqslant \beta$, 使得 $F(\gamma) = f(x(\gamma), y(\gamma)) = \mu$. 则点 $(x(\gamma), y(\gamma))$ 为所要的点. $\qquad\square$

实际上, 定理 11.11 与定理 11.12 中的有界闭域 D 可以改写为有界闭集(证明过程无原则性变化). 但是, 介值定理中所考察的点集 D 只能假设是一区域, 这是为了保证它具有连通性, 而一般的开集或闭集不一定具有这一特性. 此外, 由定理 11.13 可知, 若 f 为区域 D 上连续函数, 则 $f(D)$ 必定是一个区间(有限或无限).

最后, 我们指出所有关于二元函数的结论对 n 元函数都是成立的. 这是因为二元函数的极限、连续的概念可以完全平行地推广到 n 元函数上去, 而并无本质的区

别. 自然地, 关于二元连续函数的定理, 如有界性与最大、最小值定理 11.11, 一致连续性定理 11.12 对于 n 元函数也是自然成立的, 只要把 D 换为 $\mathbb{R}^n$ 中的区域即可. 现在我们来证明在 $\mathbb{R}^n$ 上, 所有的范数都是等价的.

定理 11.14　任意给定平面点的欧几里得范数 (11.13) 和任意的范数 $\|\cdot\|_1$, 一定存在 $C_i > 0$, $i = 1, 2$ 使得

$$C_1 \| P \| \leqslant \| P \|_1 \leqslant C_2 \| P \| \tag{11.38}$$

对所有的 P 成立.

证明　令

$$e_i = (0, \cdots, 1, 0, \cdots, 0) \in \mathbb{R}^n,$$

也就是第 i 个分量为 1, 其他分量为零的点. 任何的 $P = (x_1, x_2, \cdots, x_n)$, 都可以唯一地表示为

$$P = x_1 e_1 + x_2 e_2 + \cdots + x_n e_n. \tag{11.39}$$

对任何给定的范数 $\|\cdot\|_1$, 定义

$$F(P) = F(x_1, x_2, \cdots, x_n) = \left\| \sum_{i=1}^{n} x_i e_i \right\|_1 = \| P \|_1.$$

在欧几里得范数 (11.13) 下, $F(\cdot)$ 是连续的. 事实上, 对 $Q = (y_1, y_2, \cdots, y_n)$, 利用 (11.14) 我们有

$$\begin{aligned}
\left| F(P) - F(Q) \right| &\leqslant |x_1 - y_1| \| e_1 \|_1 + |x_2 - y_2| \| e_2 \|_1 + \cdots + |x_n - y_n| \| e_n \|_1 \\
&\leqslant \sqrt{\sum_{i=1}^{n} (x_i - y_i)^2} \sqrt{\sum_{i=1}^{n} \| e_i \|_1^2} = M \| P - Q \|.
\end{aligned} \tag{11.40}$$

在欧几里得范数下单位球面

$$S = \{ P \in \mathbb{R}^n \mid \| P \| = 1 \},$$

由有界性与最大、最小值定理 11.11, 可知

$$C_1 \leqslant \left| F(P) \right| \leqslant C_2, \quad \forall P \in S. \tag{11.41}$$

显然 $C_1 \neq 0$. 对任意由 (11.39) 给定的点 $P \neq 0$, 有

$$\frac{P}{\| P \|} \in S.$$

但

$$F(P) = \| P \| F\left(\frac{P}{\| P \|} \right).$$

由 (11.41) 得

$$C_1 \|P\| \leq |F(P)| \leq C_2 \|P\|, \quad \forall P \in \mathbb{R}^n, \ P \neq 0. \tag{11.42}$$

上式对 $P = 0$ 显然成立. 上式就是所需要的结论. 　　　　　　　　　　□

定理 11.14 仅仅说明在距离的意义下, $\mathbb{R}^n$ 的所有范数都是等价的. 这样, 点 $P \to P_0$ 当且仅当点 P 的每个分量收敛到点 P_0 的每个分量. 但是, 只有欧几里得范数 (11.13) 是由内积诱导的范数, 或者说只有欧几里得范数才是我们熟知的平面几何到 $\mathbb{R}^n$ 中几何的推广. 例如范数

$$\|P\|_1 = \max_{1 \leq i \leq n} |x_i|, \quad \forall P = (x_1, x_2, \cdots, x_n) \in \mathbb{R}^n \tag{11.43}$$

就不是内积诱导的. 为证明这一点, 我们来看内积诱导的范数有什么样的性质. 从内积定义 (11.5), 我们得到

$$\begin{aligned}
\|P + Q\|^2 &= \langle P + Q, P + Q \rangle = \|P\|^2 + \|Q\|^2 + 2\langle P, Q \rangle, \\
\|P - Q\|^2 &= \langle P - Q, P - Q \rangle = \|P\|^2 + \|Q\|^2 - 2\langle P, Q \rangle.
\end{aligned} \tag{11.44}$$

于是有平行四边形公式 (图 11.4):

$$\|P + Q\|^2 + \|P - Q\|^2 = 2(\|P\|^2 + \|Q\|^2). \tag{11.45}$$

平行四边形对角线的平方和等于边长的平方和. 在 $\mathbb{R}^2$ 中取 $P = (1, -1), Q = (1, 1)$. 可以验证范数 (11.43) 并不满足 (11.45).

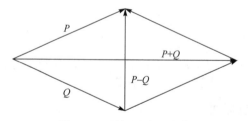

图 11.4 　平行四边形公式

反过来, 如果范数满足 (11.45), 则此范数一定是内积诱导的范数. 证明的办法还是从 (11.44) 出发. 因为范数诱导的内积必然满足

$$\langle P, Q \rangle = \frac{1}{4}[\|P + Q\|^2 - \|P - Q\|^2]. \tag{11.46}$$

我们来证明在平行四边形公式 (11.45) 下 (11.46) 一定满足内积定义 (11.5) 的所有条件.

首先, 任给 $P, Q, Z \in \mathbb{R}^n$, 由定义 (11.46) 和 (11.45), 有

$$\langle P, Z \rangle + \langle Q, Z \rangle = \frac{1}{4}[\|P + Z\|^2 + \|Q + Z\|^2 - \|P - Z\|^2 - \|Q - Z\|^2]$$

$$= \frac{1}{2}\left(\left\| \frac{P+Q}{2}+Z \right\|^2 - \left\| \frac{P+Q}{2}-Z \right\|^2 \right)$$

$$= 2\left\langle \frac{P+Q}{2},Z \right\rangle. \tag{11.47}$$

在 (11.46) 中取 $Q=0$，有 $\langle P,0 \rangle = 0$．在 (11.47) 中取 $Q=0$ 得

$$\langle P,Z \rangle = 2\left\langle \frac{P}{2},Z \right\rangle.$$

此式中 P 换成 $P+Q$ 再利用 (11.47) 得

$$\langle P+Q,Z \rangle = \langle P,Z \rangle + \langle Q,Z \rangle. \tag{11.48}$$

令

$$f(t) = \langle tP,Q \rangle, \quad t \in \mathbb{R}. \tag{11.49}$$

则由 (11.48)，$f(t)$ 满足

$$f(t_1+t_2) = f(t_1) + f(t_2).$$

根据范数的三角不等式

$$\|t_nP \pm Q\| \leqslant \|[t_nP \pm Q]-[tP \pm Q]\| + \|tP \pm Q\|,$$

$$\|tP \pm Q\| \leqslant \|[t_nP \pm Q]-[tP \pm Q]\| + \|t_nP \pm Q\|$$

可得

$$\varlimsup_{n \to \infty} \|t_nP \pm Q\| \leqslant \|tP \pm Q\| \leqslant \varliminf_{n \to \infty} \|t_nP \pm Q\|.$$

因此

$$\|t_nP \pm Q\| \to \|tP \pm Q\|, \quad t_n \to t,$$

所以 $f(t)$ 是连续函数．由命题 4.1，$f(t)$ 为线性函数

$$f(t) = f(1)t.$$

因此

$$\langle tP,Q \rangle = t\langle P,Q \rangle.$$

内积的条件都满足．所以平行四边形公式 (11.45) 是 $\mathbb{R}^n$ 中欧几里得几何的特征刻画.

11.4　习　　题

1. 判断下列平面点集中哪些是开集、闭集、有界集、区域，并分别指出它们的聚点与边界点:

(1) $\{(x,y)|\ x,y$ 为 $[0,1]$ 上的有理数$\}$;　　　　　　(2) $\{(x,y)|\ y < x^2\}$;

(3) $\{(x,y)|\ xy = 0\}$;

(4) $\{(x,y)|\ x^2 + y^2 \neq 1\}$;

(5) $\{(x,y)|0 \leqslant y \leqslant 2, y \leqslant x \leqslant 2y+2\}$;

(6) $\{(x,y)|\ x^2 + y^2 = 1 \ 或 \ y = 0, 0 \leqslant x \leqslant 1\}$;

(7) $\{(x,y)|\ x^2 + y^2 \leqslant 1 \ 或 \ y = 0, 1 \leqslant x \leqslant 2\}$;

(8) $\left\{(x,y)\ \middle|\ y = \sin\dfrac{1}{x}, x > 0\right\}$.

2. 证明: 点列 $\{(x_n, y_n)\}$ 收敛于 (x_0, y_0) 的充要条件是 $\lim\limits_{n \to \infty} x_n = x_0$ 和 $\lim\limits_{n \to \infty} y_n = y_0$.

3. 求下列各函数的定义域, 画出定义域的图形, 并说明是何种点集.

(1) $f(x,y) = \sqrt{1 - x^2 - y^2}$;

(2) $f(x,y) = \dfrac{1}{2x^2 + 3y^2}$;

(3) $f(x,y) = x + \sqrt{y}$;

(4) $f(x,y) = \ln(-1 - x^2 - y^2 + z^2)$;

(5) $f(x,y) = \arcsin\dfrac{y}{x}$;

(6) $f(x,y) = \arcsin\dfrac{x}{y^2} + \arcsin(1 - y)$.

4. 试求下列极限(包括非正常极限):

(1) $\lim\limits_{(x,y) \to (0,0)} \dfrac{x^2 + b^2}{a^2 + y^2}$;

(2) $\lim\limits_{(x,y) \to (1,2)} \dfrac{9}{2x + 3y}$;

(3) $\lim\limits_{(x,y) \to (1,0)} \dfrac{\ln(x + \mathrm{e}^y)}{\sqrt{x^2 + y^2}}$;

(4) $\lim\limits_{(x,y) \to (0,0)} \dfrac{xy + 1}{x^4 + y^4}$;

(5) $\lim\limits_{(x,y) \to (0,a)} \dfrac{\sin xy}{y}$;

(6) $\lim\limits_{(x,y) \to (0,2)} (1 + x)^{\frac{1}{x(x+y)}}$;

(7) $\lim\limits_{(x,y) \to (0,0)} \dfrac{x^2 + y^2}{|x| + |y|}$;

(8) $\lim\limits_{(x,y) \to (0,0)} \dfrac{\arctan(x^3 + y^3)}{x^2 + y^2}$.

5. 讨论下列函数在点 $(0,0)$ 的重极限与累次极限:

(1) $f(x,y) = \dfrac{x - y}{x + y}$;

(2) $f(x,y) = y\sin\dfrac{1}{x}$;

(3) $f(x,y) = \dfrac{x^2 y^2}{x^2 y^2 + (x - y)^2}$;

(4) $f(x,y) = \dfrac{x^3 + y^3}{x^2 + y}$;

(5) $f(x,y) = \dfrac{\mathrm{e}^x - \mathrm{e}^y}{\sin xy}$;

(6) $f(x,y) = \dfrac{x^2 y^2}{x^3 + y^3}$.

6. 试求下列极限:

(1) $\lim\limits_{(x,y) \to (+\infty, +\infty)} (x^2 + y^2)\mathrm{e}^{-(x+y)}$;

(2) $\lim\limits_{(x,y) \to (+\infty, a)} \left(1 + \dfrac{1}{xy}\right)^{\frac{x^2}{x+y}}$, $a \neq 0$;

(3) $\lim\limits_{(x,y) \to (+\infty, +\infty)} \left(1 + \dfrac{1}{xy}\right)^{x\sin y}$;

(4) $\lim\limits_{(x,y) \to (+\infty, a)} \left(1 + \dfrac{1}{x}\right)^{\frac{x^2}{x+y}}$.

7. 证明下列极限不存在:

(1) $\lim\limits_{(x,y) \to (0,0)} \dfrac{xy}{x + y}$;

(2) $\lim\limits_{(x,y) \to (0,0)} \dfrac{x^2 + y^2}{1 + (x - y)^4}$;

(3) $\displaystyle\lim_{(x,y)\to(0,0)}\frac{x^2y^2}{x^2y^2+(x-y)^2}$;　　　　　　　(4) $\displaystyle\lim_{(x,y)\to(0,0)}\frac{\ln(1+xy)}{x+\tan y}$.

8. 函数

$$f(x,y)=\begin{cases}x+y\sin\dfrac{1}{x}, & x\neq 0,\\[2mm] 0, & x=0,\end{cases}$$

问: $f(x,y)$ 在原点 $(0,0)$ 的二重极限和累次极限是否存在? 若存在, 求其值.

9. 设 $f(x)$ 和 $g(x)$ 分别在区间 $[a,b]$, $[c,d]$ 上连续, 定义

$$F(x,y)=\int_a^x f(s)\mathrm{d}s\cdot\int_c^y g(t)\mathrm{d}t\quad(a\leqslant x\leqslant b,c\leqslant y\leqslant d).$$

试应用 $\varepsilon\text{-}\delta$ 方法证明 $F(x,y)$ 在 $D=\{(x,y)|\ a\leqslant x\leqslant b,c\leqslant y\leqslant d\}$ 内连续.

10. 证明: 对于函数

$$f(x,y)=\frac{x^2y^2}{x^2y^2+(x-y)^2},$$

有

$$\lim_{x\to 0}\{\lim_{y\to 0}f(x,y)\}=\lim_{y\to 0}\{\lim_{x\to 0}f(x,y)\}=0,$$

然而 $\displaystyle\lim_{x\to 0,y\to 0}f(x,y)$ 不存在.

11. 证明: 对于函数

$$f(x,y)=(x+y)\sin\frac{1}{x}\sin\frac{1}{y},$$

累次极限 $\displaystyle\lim_{x\to 0}\{\lim_{y\to 0}f(x,y)\}$ 和 $\displaystyle\lim_{y\to 0}\{\lim_{x\to 0}f(x,y)\}=0$ 不存在, 然而存在 $\displaystyle\lim_{(x,y)\to(0,0)}f(x,y)=0$.

12. 证明: 函数

$$f(x,y)=\begin{cases}x\sin\dfrac{1}{y}, & y\neq 0,\\[2mm] 0, & y=0\end{cases}$$

的不连续点的集合不是闭集.

13. 证明: 对于函数

$$f(x,y)=\begin{cases}\dfrac{x^2y}{x^4+y^4}, & x^2+y^2\neq 0,\\[2mm] 0, & x^2+y^2=0,\end{cases}$$

在点 $(0,0)$ 处沿过此点的每一射线 $x=t\cos\alpha,y=t\sin\alpha(0\leqslant t<+\infty)$ 连续, 即存在

$$\lim_{t\to 0}f(t\cos\alpha,t\sin\alpha)=f(0,0),$$

但此函数在点 $(0,0)$ 并非连续的.

14. 设 $f(x,y)$ 在 $G=\{(x,y)|\ x^2+y^2<1\}$ 上有定义, 若

(1) $f(x,0)$ 在点 $x=0$ 处连续;

(2) f'_y 在 G 上有界,

证明 $f(x,y)$ 在 $(0,0)$ 处连续.

15. 设函数 $f(x,y)$ 在原点附近有定义, 令

$$F(r,\theta)=f(r\cos\theta,r\sin\theta)\quad(r\geqslant0,0\leqslant\theta<2\pi).$$

如果 $F(r,\theta)$ 满足如下条件:

(1) $\forall\theta\in[0,2\pi],F(r,\theta)$ 对 r 连续;

(2)对任意 $\varepsilon>0$, 存在 $\delta>0$, 当 $|\theta-\theta'|<\delta$ 时, 有 $|F(r,\theta)-F(r,\theta')|<\varepsilon$, 对于 r 一致成立.

证明: 函数 $f(x,y)$ 在原点 $(0,0)$ 处连续.

16. 设

$$f(x,y)=\frac{3}{2-xy},\quad(x,y)\in D=[0,1)\times[0,1),$$

证明: f 在 D 上连续, 但不一致连续.

17. 若函数 $f(x,y)$ 在某区域 G 内对变量 x 是连续的, 并满足对变量 y 的利普希茨条件, 即

$$|f(x,y')-f(x,y'')|\leqslant L|y'-y''|,$$

其中 L 为常数, 则此函数在该区域内是连续的.

18. 证明: 若函数 $f(x,y)$ 分别对每个变量 x 和 y 是连续的, 并对其中的一个是单调的, 则此函数对两个变量的总体是连续的(杨定理).

19. 设 f 在有界开集 E 上一致连续, 证明:

(1)可将 f 连续延拓到 E 的边界;

(2) f 在 E 上有界.

20. 设 $f(x)$ 在 $\mathbb{R}^n$ 中的有界开区域 D 内连续, 试证明: $f(x)$ 在 D 内一致连续的充要条件为 $\forall x_0\in\partial D$, $\lim\limits_{x\to x_0,x\in D}f(x)$ 存在. (这里 ∂D 表示 D 的全体边界点组成的集合)

21. 设 $f(x)$ 在 $\mathbb{R}^n$ 上连续, $\lim\limits_{x\to+\infty}f(x)$ 存在. 试证明 f 在 $\mathbb{R}^n$ 上一致连续.

22. 设 $f(t)$ 在区间 (a,b) 内连续可导, 函数

$$F(x,y)=\frac{f(x)-f(y)}{x-y}(x\neq y),\quad F(x,y)=f'(x)$$

定义在区域 $D=(a,b)\times(a,b)$ 上. 证明: 对任何 $c\in(a,b)$, 有

$$\lim\limits_{(x,y)\to(c,c)}F(x,y)=f'(c).$$

第12章

多元函数微分学

我们在第 11 章中讨论了多元函数的连续问题. 下一个题目自然是多元函数的微分问题. 给定一个二元函数 $z = f(x, y)$，固定其中一个变量，就变成另一个变量的一元函数微分问题. 当然，不能简单地这样看，因为现在是两个变元一起变化. 求一元函数 $y = f(x)$ 导数的过程

$$f'(x) = g(x)$$

的逆过程相当于求解一个简单的常微分方程: 知道函数 $y = f(x)$ 的导数 $g(x)$，求原函数 $f(x)$. 如果变量是多元的，其逆过程就会相当于求解偏微分方程. 这是我们在另外两门课程常微分方程与偏微分方程需要专门讨论的课题. 现在首要的是如何定义多元函数的微分. 历史上，偏导数的演算是由欧拉研究流体力学问题的一系列文章中提出的. 实际上，两个或多个变量的函数的偏导数研究的主要动力来自早期偏微分方程方面的工作. 欧拉在 1734 年的一篇文章中证明，对二元函数 $z = f(x, y)$，恒成立

$$\frac{\partial^2 z}{\partial x \partial y} = \frac{\partial^2 z}{\partial y \partial x}.$$

上式中的偏导数是指固定其中一个变量，另一个变量做一元函数的微分. 多元函数的变量替换，偏导数的反演和函数行列式出现在欧拉 1748 年到 1766 年的其他文章. 偏导数演算由法国数学家达朗贝尔(Jean-Baptiste Rond d'Alembert，1717—1783)在 1744 年与 1745 年的动力学著作中得以推广.

本章介绍多元函数的偏导数、全微分、可微性等一系列概念，并介绍它们的性质和有关的运算法则，并简单介绍这些理论在几何和分析学中的应用. 这些并非一元函数的简单推广. 从一元到多元的微积分有本质上的差别，虽然在很多地方它们看起来十分相似. 为简单起见，我们只对二元函数讨论，多元和二元函数之间并无本质的差别.

12.1 可 微 性

设 $P_0(x_0, y_0), P(x, y) \in D, \Delta x = x - x_0, \Delta y = y - y_0$，则称

$$\Delta z = \Delta f(x_0, y_0) = f(x, y) - f(x_0, y_0)$$
$$= f(x_0 + \Delta x, y_0 + \Delta y) - f(x_0, y_0)$$

为函数 f 在点 P_0 的**全增量**. 和一元函数一样, 可用增量形式来描述连续性, 即当

$$\lim_{(\Delta x, \Delta y) \to (0,0)} \Delta z = 0$$

时, f 在点 P_0 连续.

如果在全增量中取 $\Delta x = 0$ 或 $\Delta y = 0$, 则相应的函数增量称为**偏增量**, 记作

$$\Delta_x f(x_0, y_0) = f(x_0 + \Delta x, y_0) - f(x_0, y_0),$$
$$\Delta_y f(x_0, y_0) = f(x_0, y_0 + \Delta y) - f(x_0, y_0).$$

一般来说, 函数的全增量并不等于相应的两个偏增量之和.

定义 12.1　设函数 $z = f(x, y)$ 在 $P_0(x_0, y_0)$ 的某邻域 $U(P_0)$ 上有定义, 对于 $U(P_0)$ 中的点 $P(x, y) = (x_0 + \Delta x, y_0 + \Delta y)$, 若函数 f 在点 P_0 处的全增量 Δz 可表示为

$$\Delta z = f(x_0 + \Delta x, y_0 + \Delta y) - f(x_0, y_0) = A\Delta x + B\Delta y + o(\rho), \tag{12.1}$$

其中 A, B 是仅与点 P_0 有关的常数, $\rho = \sqrt{\Delta x^2 + \Delta y^2}$, $o(\rho)$ 是较 ρ 高阶的无穷小量, 则称函数 f 在点 P_0 可微. 并称式 (12.1) 中关于 $\Delta x, \Delta y$ 的线性函数 $A\Delta x + B\Delta y$ 为函数 f 在点 P_0 的全微分, 记作

$$\mathrm{d}z \big|_{P_0} = \mathrm{d}f(x_0, y_0) = A\Delta x + B\Delta y. \tag{12.2}$$

由 (12.1) 和 (12.2) 可见 $\mathrm{d}z$ 是 Δz 的线性主部, 特别当 $|\Delta x|, |\Delta y|$ 充分小时, 全微分 $\mathrm{d}z$ 可作为全增量 Δz 的近似值, 即

$$f(x, y) \approx f(x_0, y_0) + A(x - x_0) + B(y - y_0). \tag{12.3}$$

在使用上, 有时也把式 (12.1) 写成如下形式:

$$\Delta z = A\Delta x + B\Delta y + \alpha\Delta x + \beta\Delta y, \tag{12.4}$$

这里

$$\lim_{(\Delta x, \Delta y) \to (0,0)} \alpha = \lim_{(\Delta x, \Delta y) \to (0,0)} \beta = 0. \tag{12.5}$$

例 12.1　考察函数 $f(x, y) = x^2 y$ 在点 (x_0, y_0) 处的可微性. 在点 (x_0, y_0) 处函数 f 的全增量为

$$\Delta f(x_0, y_0) = (x_0 + \Delta x)^2 (y_0 + \Delta y) - x_0^2 y_0$$
$$= x_0^2 \Delta y + 2x_0 y_0 \Delta x + 2x_0 \Delta x \Delta y + (\Delta x)^2 y_0 + (\Delta x)^2 \Delta y.$$

$$\frac{|2x_0 \Delta x \Delta y|}{\rho} = 2|x_0| \rho \frac{|\Delta x|}{\rho} \frac{|\Delta y|}{\rho} \leqslant 2|x_0| \rho \to 0 \quad (\rho \to 0).$$

$$\frac{\left|y_0(\Delta x)^2\right|}{\rho} = \rho\frac{\left|y_0\Delta x\right|}{\rho}\frac{\left|\Delta x\right|}{\rho} \leqslant \left|y_0\right|\rho \to 0 \quad (\rho \to 0).$$

$$\frac{\left|(\Delta x)^2\Delta y\right|}{\rho^2} = \rho\frac{\left|\Delta x\right|}{\rho}\frac{\left|\Delta x\right|}{\rho}\frac{\left|\Delta y\right|}{\rho} \leqslant \rho \to 0 \quad (\rho \to 0).$$

因此

$$2x_0\Delta x\Delta y = o(\rho), \quad (\Delta x)^2 y_0 = o(\rho), \quad (\Delta x)^2\Delta y = o(\rho^2),$$

从而函数 f 在点 (x_0, y_0) 可微, 且

$$\mathrm{d}f = x_0^2\Delta y + 2x_0 y_0\Delta x.$$

12.1.1　偏导数

由一元函数微分学知道, 若 $f(x)$ 在点 x_0 可微, 则函数增量 $f(x_0 + \Delta x) - f(x) = A\Delta x + o(\Delta x)$, 其中 $A = f'(x_0)$. 同样, 若二元函数 f 在点 (x_0, y_0) 可微, 则 f 在点 (x_0, y_0) 处的全增量可由 (12.1) 式表示.

现在讨论其中 A, B 的值与函数 f 的关系. 为此, 在 (12.4) 式中令 $\Delta y = 0(\Delta x \neq 0)$, 这时得到 Δx 关于 x 的偏增量 $\Delta_x z$, 且有

$$\Delta_x z = A\Delta x + \alpha\Delta x \quad 或 \quad \frac{\Delta_x z}{\Delta x} = A + \alpha.$$

现让 $\Delta x \to 0$, 由上式便得 A 的一个极限表示式

$$A = \lim_{\Delta x \to 0}\frac{\Delta_x z}{\Delta x} = \lim_{\Delta x \to 0}\frac{f(x_0 + \Delta x, y_0) - f(x_0, y_0)}{\Delta x}. \tag{12.6}$$

容易看出, (12.6) 式右边的极限正是关于 x 的一元函数 $f(x, y_0)$ 在 $x = x_0$ 处的导数. 类似地, 令 $\Delta x = 0(\Delta y \neq 0)$, 由 (12.4) 式又可得到

$$B = \lim_{\Delta y \to 0}\frac{\Delta_y z}{\Delta y} = \lim_{\Delta y \to 0}\frac{f(x_0, y_0 + \Delta y) - f(x_0, y_0)}{\Delta y} \tag{12.7}$$

是关于 y 的一元函数 $f(x_0, y)$ 在 $y = y_0$ 处的导数.

二元函数当固定其中一个自变量时, 它对另一个自变量的导数称为偏导数, 定义如下.

定义 12.2　设函数 $z = f(x, y), (x, y) \in D$. 若 $(x_0, y_0) \in D$ 且 $f(x, y_0)$ 在 x_0 的某一邻域内有定义, 则当极限

$$\lim_{\Delta x \to 0}\frac{\Delta_x f(x_0, y_0)}{\Delta x} = \lim_{\Delta x \to 0}\frac{f(x_0 + \Delta x, y_0) - f(x_0, y_0)}{\Delta x} \tag{12.8}$$

存在时, 称这个极限为函数 f 在点 (x_0, y_0) 关于 x 的**偏导数**, 记作

$$f_x(x_0, y_0) \quad \text{或} \quad z_x(x_0, y_0), \quad \frac{\partial f}{\partial x}\bigg|_{(x_0, y_0)}, \quad \frac{\partial z}{\partial x}\bigg|_{(x_0, y_0)}.$$

同样定义 f 在点 (x_0, y_0) 关于 y 的偏导数 $f_y(x_0, y_0)$ 或 $\dfrac{\partial f}{\partial y}\bigg|_{(x_0, y_0)}$.

注意这里的符号 $\dfrac{\partial}{\partial x}, \dfrac{\partial}{\partial y}$ 专用于偏导数算符, 与一元函数的导数符号 $\dfrac{\mathrm{d}}{\mathrm{d}x}$ 相仿, 但又有差别.

另外在上述定义中, f 在点 (x_0, y_0) 存在关于 x (或 y) 的偏导数, f 至少在 $\{(x, y) \mid y = y_0, |x - x_0| < \delta\}$ (或 $\{(x, y) \mid x = x_0, |y - y_0| < \delta\}$) 上必须有定义.

若函数 $z = f(x, y)$ 在区域 D 上每一点 (x, y) 都存在对 x (或对 y) 的偏导数, 则得到函数 $z = f(x, y)$ 在区域 D 上对 x (或对 y) 的**偏导函数**(也简称**偏导数**), 记作

$$f_x(x, y) \quad \text{或} \quad \frac{\partial f(x, y)}{\partial x} \quad \left(f_y(x, y) \quad \text{或} \quad \frac{\partial f(x, y)}{\partial y}\right).$$

也可简单地写作 f_x, z_x 或 $\dfrac{\partial f}{\partial x}, \dfrac{\partial z}{\partial x}\left(f_y, z_y \text{ 或 } \dfrac{\partial f}{\partial y}, \dfrac{\partial z}{\partial y}\right)$.

由偏导数的定义还知道, 函数 f 对某一个变量求偏导数, 是先把其他自变量看作常数, 从而变成一元函数的求导问题. 因此有关一元函数求导的一些基本法则, 对多元函数求偏导数仍然适用.

例 12.2　设函数 $f(x, y) = xy + x^2 + y^2$, 求 $f_x(x, y), f_y(x, y), f_x(0, 1)$ 及 $f_y(2, 1)$. 求 $f_x(x, y)$ 时, 把 y 看作常数, 故 $f_x(x, y) = y + 2x, f_x(0, 1) = 1$; 求 $f_y(x, y)$ 时, 把 x 看作常数, 故 $f_y(x, y) = x + 2y, f_y(2, 1) = 4$.

例 12.3　求函数 $f(x, y) = x^y (x > 0)$ 的偏导数. 求 $f_x(x, y)$ 时, 把 y 看作常数, 故 $f_x(x, y) = yx^{y-1}$; 求 $f_y(x, y)$ 时, 把 x 看作常数, 故 $f_y(x, y) = x^y \ln x$.

例 12.4　已知理想气体的状态方程 $pV = RT$ (R 为常数), 证明

$$\frac{\partial p}{\partial V} \cdot \frac{\partial V}{\partial T} \cdot \frac{\partial T}{\partial p} = -1.$$

事实上, 因为对于 $p = \dfrac{RT}{V}, \dfrac{\partial p}{\partial V} = -\dfrac{RT}{V^2}$; 而 $V = \dfrac{RT}{p}, \dfrac{\partial V}{\partial T} = \dfrac{R}{p}$; 而 $T = \dfrac{pV}{R}, \dfrac{\partial T}{\partial p} = \dfrac{V}{R}$, 所以我们有 $\dfrac{\partial p}{\partial V} \cdot \dfrac{\partial V}{\partial T} \cdot \dfrac{\partial T}{\partial p} = -\dfrac{RT}{V^2} \cdot \dfrac{R}{p} \cdot \dfrac{V}{R} = -\dfrac{RT}{Vp} = -1$.

12.1.2　可微性

由偏导数的定义及 (12.6) 和 (12.7) 两式可得如下定理.

定理 12.1 (可微的必要性)　若二元函数 f 在其定义域内一点 (x_0, y_0) 可微, 则

f 在该点关于每个自变量的偏导数都存在, 且

$$\Delta z = A\Delta x + B\Delta y + o(\rho),$$

其中 $A = f_x(x_0, y_0)$, $B = f_y(x_0, y_0)$.

　　证明　若 f 在点 (x_0, y_0) 处可微, 则 f 在 (x_0, y_0) 的全增量

$$\Delta z = f(x_0 + \Delta x, y_0 + \Delta y) - f(x_0, y_0) = A\Delta x + B\Delta y + \alpha\Delta x + \beta\Delta y.$$

令 $\Delta y \to 0$, 得

$$\Delta_x z = f(x_0 + \Delta x, y_0) - f(x_0, y_0) = A\Delta x + \alpha\Delta x,$$

$$\frac{\Delta_x z}{\Delta x} = \frac{f(x_0 + \Delta x, y_0) - f(x_0, y_0)}{\Delta x} = A + \alpha.$$

令 $\Delta x \to 0$, 得 f 在 (x_0, y_0) 关于 x 的偏导数存在且 $A = f_x(x_0, y_0)$. 类似可得 $B = f_y(x_0, y_0)$. □

　　因此函数 f 在点 (x_0, y_0) 的全微分 (12.2) 可唯一地表示为

$$\mathrm{d}f\big|_{(x_0, y_0)} = f_x(x_0, y_0)\cdot\Delta x + f_y(x_0, y_0)\cdot\Delta y.$$

　　与一元函数一样, 自变量增量等于自变量的微分, 即

$$\Delta x = \mathrm{d}x, \quad \Delta y = \mathrm{d}y.$$

所以 f 在点 (x_0, y_0) 的全微分又可表示为

$$\mathrm{d}f\big|_{(x_0, y_0)} = f_x(x_0, y_0)\mathrm{d}x + f_y(x_0, y_0)\mathrm{d}y.$$

若函数 f 在区域 D 内的每一点 (x, y) 都可微, 则称函数 f 在区域 D 上可微, 且函数 f 在区域 D 上的全微分为

$$\mathrm{d}f(x, y) = f_x(x, y)\mathrm{d}x + f_y(x, y)\mathrm{d}y.$$ □

　　例 12.5　考察函数

$$f(x, y) = \begin{cases} \dfrac{xy}{x^2 + y^2}, & x^2 + y^2 \neq 0, \\ 0, & x^2 + y^2 = (0,0) \end{cases}$$

在原点的偏导数及可微性. 实际上,

$$f_x(0,0) = \lim_{\Delta x \to 0}\frac{f(0 + \Delta x, 0) - f(0,0)}{\Delta x} = \lim_{\Delta x \to 0}\frac{0 - 0}{\Delta x} = 0.$$

同理得 $f_y(0,0) = 0$. 但

$$\lim_{\rho \to 0}\frac{\Delta z}{\rho} = \lim_{\rho \to 0}\frac{\Delta x\Delta y}{\sqrt[3/2]{(\Delta x)^2 + (\Delta y)^2}},$$

上述极限不存在, 所以函数在点 $(0,0)$ 不可微.

定理 12.2（可微的充分条件）　若函数 f 的偏导数在点 (x_0, y_0) 的某邻域上存在, 且函数 $f_x(x,y)$ 与 $f_y(x,y)$ 在点 (x_0, y_0) 连续, 则函数 f 在点 (x_0, y_0) 可微.

证明　因为

$$\Delta z = f(x_0 + \Delta x, y_0 + \Delta y) - f(x, y)$$
$$= [f(x_0 + \Delta x, y_0 + \Delta y) - f(x_0 + \Delta x, y_0)] + [f(x_0 + \Delta x, y_0) - f(x_0, y_0)],$$

以及 $f_x(x,y), f_y(x,y)$ 都存在, 所以当 $\Delta x, \Delta y$ 充分小时, 应用一元函数的拉格朗日中值定理得

$$\Delta z = f_y(x_0 + \Delta x, y_0 + \theta_1 \Delta y)\Delta y + f_x(x_0 + \theta_2 \Delta x, y_0)\Delta x,$$

其中 $0 < \theta_1, \theta_2 < 1$.

又已知 $f_x(x,y), f_y(x,y)$ 在点 (x_0, y_0) 处都连续, 故有

$$f_y(x + \Delta x, y + \theta_1 \Delta y) = f_y(x, y) + \alpha, \quad f_x(x + \theta_2 \Delta x, y) = f_x(x, y) + \beta,$$

其中当 $\Delta x \to 0, \Delta y \to 0$ 时, α, β 都趋于零. 故

$$\Delta z = f_x(x_0, y_0)\Delta x + f_y(x_0, y_0)\Delta y + \alpha \Delta x + \beta \Delta y.$$

从而可得 f 在点 (x_0, y_0) 处可微.　　　　　　　　　　　　　　□

注 12.1　偏导数连续并不是函数可微的必要条件, 如下面函数

$$f(x,y) = \begin{cases} (x^2 + y^2)\sin\dfrac{1}{x^2 + y^2}, & x^2 + y^2 \neq 0, \\ 0, & x^2 + y^2 = 0 \end{cases}$$

在原点 $(0,0)$ 处可微, 但 f_x, f_y 在原点不连续. 这是因为

$$\Delta z = f(0 + \Delta x, 0 + \Delta y) - f(0, 0)$$
$$= ((\Delta x)^2 + (\Delta y)^2)\sin\frac{1}{\sqrt{(\Delta x)^2 + (\Delta y)^2}}$$
$$= 0 \cdot \Delta x + 0 \cdot \Delta y + ((\Delta x)^2 + (\Delta y)^2)\sin\frac{1}{\sqrt{(\Delta x)^2 + (\Delta y)^2}}.$$

又因为

$$\lim_{\Delta x \to 0, \Delta y \to 0} \frac{(\Delta x)^2 + (\Delta y)^2}{\rho}\sin\frac{1}{\sqrt{(\Delta x)^2 + (\Delta y)^2}}$$
$$= \lim_{\Delta x \to 0, \Delta y \to 0} \frac{(\Delta x)^2 + (\Delta y)^2}{\sqrt{(\Delta x)^2 + (\Delta y)^2}}\sin\frac{1}{\sqrt{(\Delta x)^2 + (\Delta y)^2}}$$
$$= \lim_{\Delta x \to 0, \Delta y \to 0} \sqrt{(\Delta x)^2 + (\Delta y)^2}\sin\frac{1}{\sqrt{(\Delta x)^2 + (\Delta y)^2}} = 0,$$

即

$$((\Delta x)^2 + (\Delta y)^2)\sin\frac{1}{\sqrt{(\Delta x)^2 + (\Delta y)^2}} = o(\rho).$$

所以 f 在原点 $(0,0)$ 处可微. 但当 $x^2 + y^2 \neq 0$ 时,

$$f_x(x,y) = 2x\sin\frac{1}{\sqrt{x^2 + y^2}} - \frac{x}{\sqrt{x^2 + y^2}}\cos\frac{1}{x^2 + y^2}.$$

当 $x^2 + y^2 = 0$ 时,

$$f_x(0,0) = \lim_{\Delta x \to 0}\frac{f(0 + \Delta x, 0) - f(0,0)}{\Delta x} = \lim_{\Delta x \to 0}\frac{(\Delta x)^2\sin\dfrac{1}{\sqrt{(\Delta x)^2}}}{\Delta x} = 0.$$

所以

$$f_x(x,y) = \begin{cases} 2x\sin\dfrac{1}{\sqrt{x^2 + y^2}} - \dfrac{x}{\sqrt{x^2 + y^2}}\cos\dfrac{1}{x^2 + y^2}, & x^2 + y^2 \neq 0, \\ 0, & x^2 + y^2 = 0. \end{cases}$$

因为 $f_x(x,y)$ 在原点 $(0,0)$ 的极限不存在, 从而在原点不连续. 同理, f_y 在原点不连续.

若 $z = f(x,y)$ 在点 (x_0, y_0) 的偏导数 f_x, f_y 连续, 则称 f 在点 (x_0, y_0) **连续可微**.

定理 12.3　设函数 f 在点 (x_0, y_0) 的某邻域内存在偏导数, 若 (x,y) 属于该邻域, 则存在 $\xi = x_0 + \theta_1(x - x_0)$ 和 $\eta = y_0 + \theta_2(y - y_0)$, $0 < \theta_1, \theta_2 < 1$ 使得

$$f(x,y) - f(x_0, y_0) = f_x(\xi, y)(x - x_0) + f_y(x_0, \eta)(y - y_0). \tag{12.9}$$

注 12.2　注意多元函数, 函数的连续、偏导数、可微之间的关系与一元函数的情形不一样.

- $z = f(x,y)$ 在点 (x_0, y_0) 可微, 则 f 在点 (x_0, y_0) 处的偏导数 f_x 和 f_y 存在.
- $z = f(x,y)$ 在点 (x_0, y_0) 处的偏导数 f_x 和 f_y 存在, f 在点 (x_0, y_0) 不一定可微.
- f 在 (x_0, y_0) 可微, 则 f 在 (x_0, y_0) 连续.
- f 在 (x_0, y_0) 连续, 函数 f 在点 (x_0, y_0) 不一定可微.
- f 在点 (x_0, y_0) 连续, f_x, f_y 在点 (x_0, y_0) 不一定存在.
- f_x, f_y 在点 (x_0, y_0) 存在, f 在点 (x_0, y_0) 不一定连续.

12.1.3　可微性的几何意义及应用

我们知道, 一元函数表示平面上的曲线, 而求导数的目的是求得相应点的切线

来 "无限" 地逼近此点的曲线. 二元函数的几何意义非常的直观. 因为二元函数是空间的曲面, 求偏导数可以得到相应点的切平面来 "无限" 地逼近曲面.

设

$$S: z = f(x, y)$$

代表一曲面, 如果

$$C: z(t) = f(x(t), y(t)).$$

当 t 变化时, 由 (5.26), 空间曲线的切线向量为

$$(x'(t), y'(t), z'(t)).$$

注意 $z'(t) = f_x x'(t) + f_y y'(t)$. 在空间经过曲面上的点 $P = (x_0, y_0, z_0)$ 的切线 $(X(\tau), Y(\tau), Z(\tau))$ 方程为

$$X(\tau) = x_0 + x'(t)\tau, \quad Y(\tau) = y_0 + y'(t)\tau, \quad Z(\tau) = z_0 + z'(t)\tau, \quad \tau \in \mathbb{R}.$$

由此得

$$Z = z_0 + f_x(x_0, y_0)(X - x_0) + f_y(x_0, y_0)(Y - y_0). \tag{12.10}$$

这个方程称为曲面在点 (x_0, y_0) 的切平面. 这样过此点的所有曲面上的曲线, 如果有切线, 就一定在切平面上. 由内积定义 (11.18), (12.10) 意味着

$$\langle (X - x_0, Y - Y_0, Z - z_0), (f_x(x_0, y_0), f_y(x_0, y_0), -1) \rangle = 0. \tag{12.11}$$

这说明向量 $(f_x(x_0, y_0), f_y(x_0, y_0), -1)$ 垂直于切平面, 称为点 P 的法向量. 过切点 P 的法线方程是

$$\frac{X - x_0}{f_x(x_0, y_0)} = \frac{Y - y_0}{f_y(x_0, y_0)} = \frac{Z - z_0}{-1}. \tag{12.12}$$

一般的切平面为如下的定义 12.3.

定义 12.3 设 M_0 是曲面 S 上一点, Π 为通过点 M_0 的一个平面, 曲面 S 上的动点 Q 到定点 M_0 和到平面 Π 的距离分别为 d 与 h. 若当 Q 在 S 上以任何方式趋近于 M_0 时, 恒有 $\dfrac{h}{d} \to 0$, 则称平面 Π 为曲面 S 在点 M_0 处的**切平面**, M_0 为切点.

定理 12.4 曲面 $z = f(x, y)$ 在点 $P(x_0, y_0, f(x_0, y_0))$ 存在不平行于 z 轴的切平面 Π 的充要条件为函数 f 在点 $P_0(x_0, y_0)$ 可微.

证明 充分性. 若函数 f 在点 P_0 可微, 则由定义

$$\Delta z = z - z_0 = f_x(x_0, y_0)(x - x_0) + f_y(x_0, y_0)(y - y_0) + o(\rho).$$

下面证明过 P_0 的平面 Π 就是 $z = f(x, y)$ 在 P_0 的切平面. 由定义 12.3,

$$h = \frac{\left| z - z_0 - f_x(x_0, y_0)(x - x_0) - f_y(x_0, y_0)(y - y_0) \right|}{\sqrt{1 + f_x^2(x_0, y_0) + f_y^2(x_0, y_0)}}$$

$$= \frac{o(\rho)}{\sqrt{1 + f_x^2(x_0, y_0) + f_y^2(x_0, y_0)}},$$

$$d = \sqrt{(x - x_0)^2 + (y - y_0)^2 + (z - z_0)^2} = \sqrt{\rho^2 + (z - z_0)^2} > \rho,$$

$$0 \leqslant \frac{h}{d} < \frac{h}{\rho} = \frac{o(\rho)}{\rho} \frac{1}{\sqrt{1 + f_x^2(x_0, y_0) + f_y^2(x_0, y_0)}} \to 0, \quad \text{当} \rho \to 0.$$

所以平面 Π:

$$Z - z_0 = f_x(x_0, y_0)(X - x_0) + f_y(x_0, y_0)(Y - y_0)$$

是 $z = f(x, y)$ 在点 P_0 的切平面.

必要性. 若曲面 $z = f(x, y)$ 在点 $P(x_0, y_0, f(x_0, y_0))$ 存在不平行于 x 轴的切平面, 且 $Q(x, y, z)$ 是曲面上任意一点, 则点 Q 到这个平面的距离为

$$h = \frac{\left| z - z_0 - f_x(x_0, y_0)(x - x_0) - f_y(x_0, y_0)(y - y_0) \right|}{\sqrt{1 + f_x^2(x_0, y_0) + f_y^2(x_0, y_0)}}.$$

由切平面的定义知, 当 Q 充分接近 P_0 时, $\dfrac{h}{d} \to 0$, 对于充分接近 P_0 的 Q 有

$$\frac{h}{d} = \frac{\left| z - z_0 - f_x(x_0, y_0)(x - x_0) - f_y(x_0, y_0)(y - y_0) \right|}{d\sqrt{1 + f_x^2(x_0, y_0) + f_y^2(x_0, y_0)}} < \frac{1}{2\sqrt{1 + f_x^2(x_0, y_0) + f_y^2(x_0, y_0)}},$$

所以

$$\left| z - z_0 - f_x(x_0, y_0)(x - x_0) - f_y(x_0, y_0)(y - y_0) \right| < \frac{d}{2} = \frac{\sqrt{\rho^2 + (z - z_0)^2}}{2},$$

且

$$\left| z - z_0 \right| - \left| f_x(x_0, y_0)(x - x_0) \right| - \left| f_y(x_0, y_0)(y - y_0) \right|$$

$$\leqslant \left| z - z_0 - f_x(x_0, y_0)(x - x_0) - f_y(x_0, y_0)(y - y_0) \right|$$

$$< \frac{\sqrt{\rho^2 + (z - z_0)^2}}{2} < \frac{1}{2}(\rho + \left| z - z_0 \right|).$$

$$\frac{1}{2} \left| z - z_0 \right| < \left| f_x(x_0, y_0)(x - x_0) \right| + \left| f_y(x_0, y_0)(y - y_0) \right| + \frac{1}{2}\rho.$$

从而可得

$$\frac{|z-z_0|}{\rho} < 2\left(|f_x(x_0,y_0)|\frac{|(x-x_0)|}{\rho} + |f_y(x_0,y_0)|\frac{|(y-y_0)|}{\rho}\right) + 1$$

$$< 2\left(|f_x(x_0,y_0)| + |f_y(x_0,y_0)|\right) + 1.$$

进而

$$\frac{d}{\rho} = \frac{\sqrt{\rho^2 + |z-z_0|^2}}{\rho} = \sqrt{1 + \left(\frac{|z-z_0|}{\rho}\right)^2} < 1 + \frac{|z-z_0|}{\rho}$$

$$< 2\left(|f_x(x_0,y_0)| + |f_y(x_0,y_0)| + 1\right), \quad 有界.$$

于是当 $\rho \to 0$ 时, 有

$$\frac{|z-z_0 - f_x(x_0,y_0)(x-x_0) - f_y(x_0,y_0)(y-y_0)|}{\rho}$$

$$= \frac{h}{d} \cdot \frac{d}{\rho} \cdot \sqrt{1 + f_x^2(x_0,y_0) + f_y^2(x_0,y_0)} \to 0, \quad 当 \rho \to 0.$$

即

$$|z-z_0| = f_x(x_0,y_0)(x-x_0) + f_y(x_0,y_0)(y-y_0) + o(\rho).$$

所以函数 $z=f(x,y)$ 在点 (x_0,y_0) 处可微. $\qquad\square$

例 12.6 在马鞍面 $z=xy$ 上求一点, 使此点的法线与平面 $x+3y+z=0$ 垂直, 并写出此法线方程. 事实上, 过马鞍面上 (x,y,z) 的法向量为 $\boldsymbol{n}=(y,x,-1)$; 平面 $x+3y+z=0$ 上任意点的法向量为 $(1,3,1)$. 要是结论成立当且仅当

$$\frac{y}{1} = \frac{x}{3} = \frac{-1}{1},$$

由此可得 $x=-3, y=-1, z=3$, 即所求马鞍面上的点为 $(-3,-1,3)$, 过此点的法线方程为

$$x+3 = \frac{y+1}{3} = z-3.$$

例 12.7 设锥面 $z=xf\left(\dfrac{y}{x}\right)$ 的顶点为 $(0,0,0)$, 其中 $f(\cdot)$ 为可导函数, 证明它的切平面都经过顶点. 事实上, 我们在锥面上任取不是顶点的点 $P_0(x_0,y_0,z_0)$, 那么过该点的法向量为

$$\left(f\left(\frac{y_0}{x_0}\right) - \frac{y_0}{x_0} f'\left(\frac{y_0}{x_0}\right), f'\left(\frac{y_0}{x_0}\right), -1\right),$$

进一步可求得过该点的切平面为

$$z - z_0 = \left(f\left(\frac{y_0}{x_0}\right) - \frac{y_0}{x_0} f'\left(\frac{y_0}{x_0}\right) \right)(x - x_0) + f'\left(\frac{y_0}{x_0}\right)(y - y_0),$$

因为 $z_0 = x_0 f\left(\dfrac{y_0}{x_0}\right)$, 所以有

$$z = \left(f\left(\frac{y_0}{x_0}\right) - \frac{y_0}{x_0} f'\left(\frac{y_0}{x_0}\right) \right)x + f'\left(\frac{y_0}{x_0}\right)y,$$

显然经过顶点 $(0,0,0)$.

12.2　复合函数微分法

和一元函数一样, 应用复合函数的微分法则, 可以求出绝大部分函数的微分. 对多元函数也一样. 本节就讨论多元复合函数的可微性、偏导数和全微分.

12.2.1　复合函数的求导法则

设函数

$$x = \varphi(s,t) \quad \text{与} \quad y = \psi(s,t) \tag{12.13}$$

定义在 (s,t) 平面的区域 D 上, 函数

$$z = f(x,y) \tag{12.14}$$

定义在 (x,y) 平面的区域 D_1 上, 且

$$\{(x,y) \mid x = \varphi(s,t), y = \psi(s,t), (s,t) \in D\} \subseteq D_1,$$

则函数

$$z = F(s,t) = f(\varphi(s,t), \psi(s,t)), \quad (s,t) \in D \tag{12.15}$$

是以 (12.14) 为**外函数**, (12.13) 为**内函数**的**复合函数**. 其中 (x,y) 称为函数 F 的中间变量, (s,t) 为 F 的自变量.

定理 12.5　若函数 $x = \varphi(s,t), y = \psi(s,t)$ 在点 $(s,t) \in D$ 可微, $z = f(x,y)$ 在点 $(x,y) = (\varphi(s,t), \psi(s,t))$ 可微, 则复合函数

$$z = f(\varphi(s,t), \psi(s,t))$$

在点 (s,t) 可微, 且它关于 s 与 t 的偏导数分别为

$$\frac{\partial z}{\partial s} = \frac{\partial z}{\partial x} \cdot \frac{\partial x}{\partial s} + \frac{\partial z}{\partial y} \cdot \frac{\partial y}{\partial s}, \quad \frac{\partial z}{\partial t} = \frac{\partial z}{\partial x} \cdot \frac{\partial x}{\partial t} + \frac{\partial z}{\partial y} \cdot \frac{\partial y}{\partial t}.$$

上式称为**链式法则**.

证明　因 $x = \varphi(s,t)$ 在点 (s,t) 可微, 我们有

$$\Delta x = \frac{\partial x}{\partial s}\Delta s + \frac{\partial x}{\partial t}\Delta t + \alpha_1 \Delta s + \beta_1 \Delta t \,.$$

因 $y = \psi(s,t)$ 在点 (s,t) 可微, 得

$$\Delta y = \frac{\partial y}{\partial s}\Delta s + \frac{\partial y}{\partial t}\Delta t + \alpha_2 \Delta s + \beta_2 \Delta t \,.$$

又因为 $z = f(x,y)$ 在点 (x,y) 可微, 得

$$\Delta z = \frac{\partial z}{\partial x}\Delta x + \frac{\partial z}{\partial y}\Delta y + \alpha \Delta x + \beta \Delta y \,.$$

即

$$\Delta z = \left(\frac{\partial z}{\partial x} + \alpha\right)\Delta x + \left(\frac{\partial z}{\partial y} + \beta\right)\Delta y \,.$$

将 $\Delta x, \Delta y$ 代入上式得

$$\Delta z = \left(\frac{\partial z}{\partial x} + \alpha\right)\left(\frac{\partial x}{\partial s}\Delta s + \frac{\partial x}{\partial t}\Delta t + \alpha_1 \Delta s + \beta_1 \Delta t\right)$$
$$+ \left(\frac{\partial z}{\partial y} + \beta\right)\left(\frac{\partial y}{\partial s}\Delta s + \frac{\partial y}{\partial t}\Delta t + \alpha_2 \Delta s + \beta_2 \Delta t\right).$$

整理后得

$$\Delta z = \left(\frac{\partial z}{\partial x}\frac{\partial x}{\partial s} + \frac{\partial z}{\partial y}\frac{\partial y}{\partial s}\right)\Delta s + \left(\frac{\partial z}{\partial x}\frac{\partial x}{\partial t} + \frac{\partial z}{\partial y}\frac{\partial y}{\partial t}\right)\Delta t + \overline{\alpha}\Delta s + \overline{\beta}\Delta t \,.$$

其中

$$\lim_{\Delta s\to 0, \Delta t\to 0}\overline{\alpha} = 0, \qquad \lim_{\Delta s\to 0, \Delta t\to 0}\overline{\beta} = 0.$$

所以复合函数 $z = f(\varphi(s,t), \psi(s,t))$ 在点 (s,t) 可微, 且它关于 s 与 t 的偏导数分别为

$$\frac{\partial z}{\partial s} = \frac{\partial z}{\partial x}\cdot\frac{\partial x}{\partial s} + \frac{\partial z}{\partial y}\cdot\frac{\partial y}{\partial s},$$
$$\frac{\partial z}{\partial t} = \frac{\partial z}{\partial x}\cdot\frac{\partial x}{\partial t} + \frac{\partial z}{\partial y}\cdot\frac{\partial y}{\partial t}.$$

$\square$

例 12.8　设 $z = e^{xy^2}, x = \dfrac{\xi}{\sqrt{1+\eta^2}}, y = \sqrt{\xi}\sin\eta$, 求 $\dfrac{\partial z}{\partial \xi}, \dfrac{\partial z}{\partial \eta}$. 实际上,

$$\frac{\partial z}{\partial \xi} = \frac{\partial z}{\partial x}\frac{\partial x}{\partial \xi} + \frac{\partial z}{\partial y}\frac{\partial y}{\partial \xi} = y^2 e^{xy^2}\frac{1}{\sqrt{1+\eta^2}} + 2xy e^{xy^2}\frac{\sin\eta}{2\sqrt{\xi}}$$

$$= \frac{2\xi\sin^2\eta}{\sqrt{1+\eta^2}}e^{\frac{\xi^2\sin^2\eta}{\sqrt{1+\eta^2}}},$$

$$\frac{\partial z}{\partial \eta} = \frac{\partial z}{\partial x}\frac{\partial x}{\partial \eta} + \frac{\partial z}{\partial y}\frac{\partial y}{\partial \eta} = y^2 e^{xy^2}\frac{-\xi\eta}{\sqrt{(1+\eta^2)^3}} + 2xye^{xy^2}\sqrt{\xi}\cos\eta$$

$$= \xi\left[\frac{2\xi\sin^2\eta}{\sqrt{1+\eta^2}} - \frac{\eta\sin^2\eta}{(1+\eta^2)^{\frac{3}{2}}}\right]e^{\frac{\xi^2\sin^2\eta}{\sqrt{1+\eta^2}}}.$$

例 12.9 求 $z = e^{xy}\sin(x^2+y^2)$ 的偏导数. 实际上, 令 $u = xy, v = x^2+y^2$, 则 $z = e^u\sin v$. 由链式法则

$$\frac{\partial z}{\partial x} = \frac{\partial z}{\partial u}\frac{\partial u}{\partial x} + \frac{\partial z}{\partial v}\frac{\partial v}{\partial x} = (e^u\sin v)y + 2(e^u\cos v)x$$

$$= e^{xy}(y\sin(x^2+y^2) + 2x\cos(x^2+y^2)),$$

$$\frac{\partial z}{\partial y} = \frac{\partial z}{\partial u}\frac{\partial u}{\partial y} + \frac{\partial z}{\partial v}\frac{\partial v}{\partial y} = (e^u\sin v)x + 2(e^u\cos v)y$$

$$= e^{xy}(x\sin(x^2+y^2) + 2y\cos(x^2+y^2)).$$

例 12.10 设 $z = f(u,v,w) + g(u,w),\ u = u(x,y), v = v(x,y),\ w = w(x)$, 且 g, u, v 及 w 均可微, 试求 $\dfrac{\partial z}{\partial x}$. 实际上,

$$\frac{\partial z}{\partial x} = \frac{\partial f}{\partial u}\frac{\partial u}{\partial x} + \frac{\partial f}{\partial v}\frac{\partial v}{\partial x} + \frac{\partial f}{\partial w}\frac{\mathrm{d}w}{\mathrm{d}x} + \frac{\partial g}{\partial u}\frac{\partial u}{\partial x} + \frac{\partial g}{\partial w}\frac{\mathrm{d}w}{\mathrm{d}x}$$

$$= \left(\frac{\partial f}{\partial u} + \frac{\partial g}{\partial u}\right)\frac{\partial u}{\partial x} + \frac{\partial f}{\partial v}\frac{\partial v}{\partial x} + \left(\frac{\partial f}{\partial w} + \frac{\partial g}{\partial w}\right)\frac{\mathrm{d}w}{\mathrm{d}x}.$$

例 12.11 设 $u = u(x,y)$ 可微, 在极坐标变换 $x = r\cos\theta, y = r\sin\theta$ 下证明

$$\left(\frac{\partial u}{\partial r}\right)^2 + \frac{1}{r^2}\left(\frac{\partial u}{\partial \theta}\right)^2 = \left(\frac{\partial u}{\partial x}\right)^2 + \left(\frac{\partial u}{\partial y}\right)^2.$$

实际上, 由链式法则

$$\frac{\partial u}{\partial r} = \frac{\partial u}{\partial x}\frac{\partial x}{\partial r} + \frac{\partial u}{\partial y}\frac{\partial y}{\partial r} = \frac{\partial u}{\partial x}\cos\theta + \frac{\partial u}{\partial y}\sin\theta,$$

$$\frac{\partial u}{\partial \theta} = \frac{\partial u}{\partial x}\frac{\partial x}{\partial \theta} + \frac{\partial u}{\partial y}\frac{\partial y}{\partial \theta} = \frac{\partial u}{\partial x}(-r\sin\theta) + \frac{\partial u}{\partial y}r\cos\theta.$$

于是

$$\left(\frac{\partial u}{\partial r}\right)^2 + \frac{1}{r^2}\left(\frac{\partial u}{\partial \theta}\right)^2 = \left(\frac{\partial u}{\partial x}\cos\theta + \frac{\partial u}{\partial y}\sin\theta\right)^2 + \frac{1}{r^2}\left(\frac{\partial u}{\partial x}(-r\sin\theta) + \frac{\partial u}{\partial y}r\cos\theta\right)^2$$

$$= \left(\frac{\partial u}{\partial x}\right)^2 + \left(\frac{\partial u}{\partial y}\right)^2.$$

12.2.2 复合函数的全微分

若以 (x, y) 为自变量的函数 $z = f(x, y)$ 可微, 则其全微分为

$$dz = \frac{\partial z}{\partial x} dx + \frac{\partial z}{\partial y} dy . \tag{12.16}$$

如果 x, y 作为中间变量又是自变量 (s, t) 的可微函数

$$x = \varphi(s, t), \quad y = \psi(s, t),$$

则由定理 12.5 知道, 复合函数 $z = f(\varphi(s, t), \psi(s, t))$ 是可微的, 其全微分为

$$
\begin{aligned}
dz &= \frac{\partial z}{\partial s} ds + \frac{\partial z}{\partial t} dt \\
&= \left(\frac{\partial z}{\partial x} \frac{\partial x}{\partial s} + \frac{\partial z}{\partial y} \frac{\partial y}{\partial s} \right) ds + \left(\frac{\partial z}{\partial x} \frac{\partial x}{\partial t} + \frac{\partial z}{\partial y} \frac{\partial y}{\partial t} \right) dt \\
&= \frac{\partial z}{\partial x} \left(\frac{\partial x}{\partial s} ds + \frac{\partial x}{\partial t} dt \right) + \frac{\partial z}{\partial y} \left(\frac{\partial y}{\partial s} ds + \frac{\partial y}{\partial t} dt \right).
\end{aligned} \tag{12.17}
$$

由于 x, y 又是 (s, t) 的可微函数, 因此同时有

$$dx = \frac{\partial x}{\partial s} ds + \frac{\partial x}{\partial t} dt, \quad dy = \frac{\partial y}{\partial s} ds + \frac{\partial y}{\partial t} dt. \tag{12.18}$$

将 (12.18) 式代入 (12.17) 式, 得到与 (12.16) 式完全相同的结果. 这就是关于多元函数的**一阶(全)微分形式不变性**.

必须指出, 在 (12.16) 式中当 x, y 作为自变量时, dx 和 dy 各自独立取值; 当 x, y 作为中间变量时, dx 和 dy 如 (12.18) 式所示, 它们的值由 s, t, ds, dt 确定. 利用微分形式不变性, 能更有条理地计算复杂函数的全微分.

例 12.12. $u = \ln \dfrac{z^2}{x^2 + y^2}$, 求全微分 du 及全部的偏导数. 实际上,

$$
\begin{aligned}
du &= d \ln \frac{z^2}{x^2 + y^2} = \frac{x^2 + y^2}{z^2} d \left(\frac{z^2}{x^2 + y^2} \right) \\
&= \frac{x^2 + y^2}{z^2} \frac{(x^2 + y^2) d(z^2) - z^2 d(x^2 + y^2)}{(x^2 + y^2)^2} \\
&= \frac{2(x^2 + y^2) z dz - z^2 (2x dx + 2y dy)}{(x^2 + y^2) z^2} \\
&= -\frac{2x}{x^2 + y^2} dx - \frac{2y}{x^2 + y^2} dy + \frac{2}{z} dz.
\end{aligned}
$$

由于在这个表达式中 dx, dy, dz 的系数分别是 $\dfrac{\partial u}{\partial x}, \dfrac{\partial u}{\partial y}, \dfrac{\partial u}{\partial z}$，于是三个偏导数为

$$\frac{\partial u}{\partial x} = -\frac{2x}{x^2 + y^2}, \quad \frac{\partial u}{\partial y} = -\frac{2y}{x^2 + y^2}, \quad \frac{\partial u}{\partial z} = \frac{2}{z}.$$

12.3 方向导数与梯度

在许多问题中，不仅要知道函数在坐标轴方向上的变化率（即偏导数），而且还要设法求得函数在其他特定方向上的变化率. 这就是本节所要讨论的方向导数.

定义 12.4 设三元函数 f 在点 $P_0(x_0, y_0, z_0)$ 的某邻域 $U(P_0) \subseteq \mathbb{R}^3$ 有定义，l 为从点 P_0 出发的射线，$P(x, y, z)$ 为 l 上且含于 $U(P_0)$ 内的任一点，以 ρ 表示 P 与 P_0 两点间的距离. 若极限

$$\lim_{\rho \to 0^+} \frac{f(P) - f(P_0)}{\rho} = \lim_{\rho \to 0^+} \frac{\Delta_l f}{\rho}$$

存在，则称此极限为函数 f 在点 P_0 沿方向 l 的**方向导数**，记作

$$\left. \frac{\partial f}{\partial l} \right|_{P_0}, \quad f_l(P_0) \quad \text{或} \quad f_l(x_0, y_0, z_0).$$

定理 12.6 设函数 $u = f(x, y, z)$ 在点 $P_0(x_0, y_0, z_0)$ 处可微，则函数 $f(x, y, z)$ 在点 P_0 沿任一方向 l 的方向导数都存在，且

$$\frac{\partial f(P_0)}{\partial l} = f_x(x_0, y_0, z_0) \cos\alpha + f_y(x_0, y_0, z_0) \cos\beta + f_z(x_0, y_0, z_0) \cos\gamma,$$

其中 $\cos\alpha, \cos\beta, \cos\gamma$ 是向量 l 的方向余弦.

证明 由已知函数 f 在点 P_0 可微，得

$$\Delta f = f(P) - f(P_0) = f_x(P_0)\Delta x + f_y(P_0)\Delta y + f_z(P_0)\Delta z + o(\rho).$$

上式两边同除以 ρ，

$$\frac{f(P) - f(P_0)}{\rho} = f_x(P_0)\frac{\Delta x}{\rho} + f_y(P_0)\frac{\Delta y}{\rho} + f_z(P_0)\frac{\Delta z}{\rho} + \frac{o(\rho)}{\rho}.$$

并令 $\rho \to 0$ 取极限，得

$$\frac{\partial f(P_0)}{\partial l} = f_x(x_0, y_0, z_0) \cos\alpha + f_y(x_0, y_0, z_0) \cos\beta + f_z(x_0, y_0, z_0) \cos\gamma,$$

其中 $\cos\alpha, \cos\beta, \cos\gamma$ 是向量 l 的方向余弦. □

注 12.3 可微可得方向导数存在，反之不成立. 方向导数存在不能得出偏导数存在，偏导数存在也不能推出方向导数存在.

例 12.13 求 $u = x^2 y + y^2 z + z^2 x$ 在点 $M_0(1,1,1)$ 处沿向量 $l = (1,-2,1)$ 方向的方向导数. 实际上, 由于函数 u 可微, 且

$$\left.\frac{\partial u}{\partial x}\right|_{M_0} = (2xy + z^2)\big|_{M_0} = 3,$$

$$\left.\frac{\partial u}{\partial y}\right|_{M_0} = (2yz + x^2)\big|_{M_0} = 3,$$

$$\left.\frac{\partial u}{\partial z}\right|_{M_0} = (2xz + y^2)\big|_{M_0} = 3,$$

且 l 的方向余弦为

$$\cos\alpha = \frac{1}{\sqrt{6}}, \quad \cos\beta = \frac{-2}{\sqrt{6}}, \quad \cos\gamma = \frac{1}{\sqrt{6}}.$$

故

$$\left.\frac{\partial u}{\partial l}\right|_{M_0} = \frac{3}{\sqrt{6}} + \frac{-6}{\sqrt{6}} + \frac{3}{\sqrt{6}} = 0.$$

定义 12.5 设函数 $f(x,y,z)$ 在点 $P_0(x_0,y_0,z_0)$ 存在对所有自变量的偏导数, 则称向量

$$(f_x(x_0,y_0,z_0), f_y(x_0,y_0,z_0), f_z(x_0,y_0,z_0))$$

为函数 $f(x,y,z)$ 在点 P_0 的**梯度向量**(简称**梯度**), 记作

$$\nabla f = (f_x(P_0), f_y(P_0), f_z(P_0)). \tag{12.19}$$

向量 ∇f 的长度(或模)依据欧几里得范数(11.13)定义为

$$\|\nabla f\| = \sqrt{f_x(P_0)^2 + f_y(P_0)^2 + f_z(P_0)^2}.$$

现在我们说明方向导数与梯度之间的关系. 方向导数

$$\frac{\partial f}{\partial l} = f_x\cos\alpha + f_y\cos\beta + f_z\cos\gamma,$$

梯度

$$\nabla f = (f_x, f_y, f_z)$$

方向

$$l = (\cos\alpha, \cos\beta, \cos\gamma)$$

可得

$$\frac{\partial f}{\partial l} = \nabla f \cdot l = \|\nabla f\|\cos(\nabla f, l).$$

所以方向导数是梯度在方向 l 上的投影. 当 l 与 ∇f 方向一致时, 方向导数取最大值:

$$\max\left(\frac{\partial f}{\partial l}\right) = \|\nabla f\|. \tag{12.20}$$

这说明 ∇f 的方向为: f 变化率最大的方向; $\|\nabla f\|$ 为最大变化率. 这就是说, f 在 P_0 的梯度方向是 f 的值增长最快的方向, 且沿这一方向的变化率就是梯度的模; 而当 l 与梯度向量反方向时, 方向导数取得最小值 $-\|\nabla f(P_0)\|$.

　　例 12.14　设 $f(x,y,z) = xy - y^2 z + z e^x$. 求 f 在点 $P_0(1,0,2)$ 处变化最快的方向及最大变化率. 因为 $f_x(1,0,2) = 2e, f_y(1,0,2) = 1, f_z(1,0,2) = e$. 故

$$\nabla f(1,0,2) = (2e, 1, e),$$

这是函数在点 $(1,0,2)$ 处变化最快的方向. 又因为 $\|\nabla f(1,0,2)\| = \sqrt{1 + 5e^2}$, 故最大变化率为 $\sqrt{1 + 5e^2}$.

12.4　泰勒公式与极值问题

12.4.1　高阶偏导数

　　和一元函数一样, 多元函数也可以求高阶导数. 这是由于 $z = f(x,y)$ 的偏导函数 $f_x(x,y), f_y(x,y)$ 仍然是自变量 x 与 y 的函数, 如果它们关于 x 与 y 的偏导数也存在, 则说函数 f 具有二阶偏导数, 二元函数的二阶偏导数有如下四种情形:

$$\frac{\partial}{\partial x}\left(\frac{\partial z}{\partial x}\right) = \frac{\partial^2 z}{\partial x^2} = f_{xx}(x,y),$$

$$\frac{\partial}{\partial y}\left(\frac{\partial z}{\partial x}\right) = \frac{\partial^2 z}{\partial x \partial y} = f_{xy}(x,y),$$

$$\frac{\partial}{\partial x}\left(\frac{\partial z}{\partial y}\right) = \frac{\partial^2 z}{\partial y \partial x} = f_{yx}(x,y),$$

$$\frac{\partial}{\partial y}\left(\frac{\partial z}{\partial y}\right) = \frac{\partial^2 z}{\partial y^2} = f_{yy}(x,y).$$

类似地可定义更高阶的偏导数, $z = f(x,y)$ 的三阶偏导数共有 8 种情形, 如

$$\frac{\partial}{\partial x}\left(\frac{\partial^2 z}{\partial x^2}\right) = \frac{\partial^3 z}{\partial x^3} = f_{x^3}(x,y),$$

$$\frac{\partial}{\partial y}\left(\frac{\partial^2 z}{\partial x^2}\right) = \frac{\partial^3 z}{\partial x^2 \partial y} = f_{x^2 y}(x,y),$$

$$\cdots\cdots$$

定理 12.7 若 $f_{xy}(x,y)$ 和 $f_{yx}(x,y)$ 在开区域 $U(P_0)$ 中定义, $P_0 = (x_0, y_0)$, 且 f_x, f_y, f_{xy}, f_{yx} 在 $U(P_0)$ 都存在. 如果 f_{xy} 和 f_{yx} 在点 (x_0, y_0) 连续, 则

$$f_{xy}(x_0, y_0) = f_{yx}(x_0, y_0). \tag{12.21}$$

证明 考察

$$W = \frac{f(x_0 + h, y_0 + k) - f(x_0 + h, y_0) - f(x_0, y_0 + k) + f(x_0, y_0)}{hk}$$

$$= \frac{\phi(x_0 + h) - \phi(x_0)}{h},$$

其中 h, k 足够小使得 $(x_0 + h, y_0 + k) \in U(P_0)$,

$$\phi(x) = \frac{f(x, y_0 + k) - f(x, y_0)}{k}.$$

于是

$$\phi'(x) = \frac{f_x(x, y_0 + k) - f_x(x, y_0)}{k}$$

存在且连续. 由拉格朗日中值定理

$$W = \phi'(x_0 + \theta h) = \frac{f_x(x_0 + \theta h, y_0 + k) - f_x(x_0 + \theta h, y_0)}{k}, \quad 0 < \theta < 1.$$

因为 f_{xy} 存在, 再次用拉格朗日中值定理得

$$W = f_{xy}(x_0 + \theta h, y_0 + \theta' k), \quad 0 < \theta' < 1.$$

用同样的办法得到

$$W = f_{yx}(x_0 + \tau h, y_0 + \tau' k), \quad 0 < \tau, \tau' < 1.$$

令 $h, k \to 0$ 即得 (12.21).

定理 12.7 的结论对 n 元函数的混合偏导数也成立. 如三元函数 $u = f(x, y, z)$, 若下述六个三阶混合偏导数

$$f_{xyz}(x, y, z), \quad f_{yzx}(x, y, z), \quad f_{zxy}(x, y, z),$$

$$f_{xzy}(x, y, z), \quad f_{yxz}(x, y, z), \quad f_{zyx}(x, y, z)$$

在某一点都连续, 则在这一点六个混合偏导数都相等. 同样, 若二元函数 $z = f(x, y)$ 在点 (x, y) 存在直到 n 阶的连续混合偏导数, 则在这一点 $m(\leq n)$ 阶混合偏导数都与顺序无关. 因为初等函数的偏导数仍为初等函数, 而初等函数在其定义域内是连续的, 故求初等函数的高阶导数可以选择方便的求导顺序. 今后除特别指出外, 都假设相应阶数的混合偏导数连续, 从而混合偏导数与求导顺序无关. 但定理 12.7 中的条件不能去掉.

例 **12.15** 考察函数

$$f(x,y) = \begin{cases} xy\dfrac{x^2-y^2}{x^2+y^2}, & x^2+y^2>0, \\ 0, & x=y=0. \end{cases}$$

直接计算得

$$f_x(x,y) = \begin{cases} y\left[\dfrac{x^2-y^2}{x^2+y^2}+\dfrac{4x^2y^2}{(x^2+y^2)^2}\right], & x^2+y^2>0, \\ 0, & x=y=0. \end{cases}$$

当 $x=0$ 时,

$$f_x(0,y) = -y,$$

因此

$$f_{yx}(0,0) = -1.$$

另一方面

$$f_{xy}(0,0) = 1.$$

下面讨论复合函数的高阶偏导数. 设 z 通过中间变量 x,y 而成为 s,t 的函数, 即

$$z = f(x,y),$$

其中 $x=\varphi(s,t), y=\psi(s,t)$. 若函数 f,φ,ψ 都具有连续的二阶偏导数, 而作为复合函数的 z 对 s,t 同样存在二阶连续偏导数. 具体计算如下:

$$\frac{\partial z}{\partial s} = \frac{\partial z}{\partial x}\frac{\partial x}{\partial s} + \frac{\partial z}{\partial y}\frac{\partial y}{\partial s},$$

$$\frac{\partial z}{\partial t} = \frac{\partial z}{\partial x}\frac{\partial x}{\partial t} + \frac{\partial z}{\partial y}\frac{\partial y}{\partial t}.$$

显然 $\dfrac{\partial z}{\partial s}$ 与 $\dfrac{\partial z}{\partial t}$ 仍然是 s,t 的复合函数, 其中 $\dfrac{\partial z}{\partial x},\dfrac{\partial z}{\partial y}$ 是 x,y 的函数, $\dfrac{\partial x}{\partial s},\dfrac{\partial x}{\partial t},\dfrac{\partial y}{\partial s},\dfrac{\partial y}{\partial t}$ 是 s,t 的函数. z 关于 s,t 的二阶偏导数

$$\frac{\partial^2 z}{\partial s^2} = \frac{\partial}{\partial s}\left(\frac{\partial z}{\partial x}\right)\frac{\partial x}{\partial s} + \frac{\partial z}{\partial x}\cdot\frac{\partial}{\partial s}\left(\frac{\partial x}{\partial s}\right) + \frac{\partial}{\partial s}\left(\frac{\partial z}{\partial y}\right)\frac{\partial y}{\partial s} + \frac{\partial z}{\partial y}\cdot\frac{\partial}{\partial s}\left(\frac{\partial y}{\partial s}\right)$$

$$= \left(\frac{\partial^2 z}{\partial x^2}\frac{\partial x}{\partial s} + \frac{\partial^2 z}{\partial x\partial y}\frac{\partial y}{\partial s}\right)\frac{\partial x}{\partial s} + \frac{\partial z}{\partial x}\cdot\frac{\partial^2 x}{\partial s^2} + \left(\frac{\partial^2 z}{\partial y\partial x}\frac{\partial x}{\partial s} + \frac{\partial^2 z}{\partial y^2}\frac{\partial y}{\partial s}\right)\frac{\partial y}{\partial s} + \frac{\partial z}{\partial y}\frac{\partial^2 y}{\partial s^2}$$

$$= \frac{\partial^2 z}{\partial x^2}\left(\frac{\partial x}{\partial s}\right)^2 + 2\frac{\partial^2 z}{\partial x\partial y}\frac{\partial x}{\partial s}\cdot\frac{\partial y}{\partial s} + \frac{\partial^2 z}{\partial y^2}\left(\frac{\partial y}{\partial s}\right)^2 + \frac{\partial z}{\partial x}\cdot\frac{\partial^2 x}{\partial s^2} + \frac{\partial z}{\partial y}\frac{\partial^2 y}{\partial s^2}.$$

同理可得

$$\frac{\partial^2 z}{\partial t^2} = \frac{\partial^2 z}{\partial x^2}\left(\frac{\partial x}{\partial t}\right)^2 + 2\frac{\partial^2 z}{\partial x \partial y}\frac{\partial x}{\partial t}\frac{\partial y}{\partial t} + \frac{\partial^2 z}{\partial y^2}\left(\frac{\partial y}{\partial t}\right)^2 + \frac{\partial z}{\partial x}\frac{\partial^2 x}{\partial t^2} + \frac{\partial z}{\partial y}\frac{\partial^2 y}{\partial t^2},$$

$$\frac{\partial^2 z}{\partial s \partial t} = \frac{\partial^2 z}{\partial x^2}\frac{\partial x}{\partial s}\frac{\partial x}{\partial t} + \frac{\partial^2 z}{\partial x \partial y}\left(\frac{\partial x}{\partial s}\frac{\partial y}{\partial t} + \frac{\partial x}{\partial t}\frac{\partial y}{\partial s}\right)$$

$$+ \frac{\partial^2 z}{\partial y^2}\frac{\partial y}{\partial s}\frac{\partial y}{\partial t} + \frac{\partial z}{\partial x}\frac{\partial^2 x}{\partial s \partial t} + \frac{\partial z}{\partial y}\frac{\partial^2 y}{\partial s \partial t} = \frac{\partial^2 z}{\partial t \partial s}.$$

例 12.16　求函数 $z = \mathrm{e}^{x+2y}$ 的二阶偏导数及 $\dfrac{\partial^3 z}{\partial y \partial x^2}$. 实际上,

$$\frac{\partial z}{\partial x} = \mathrm{e}^{x+2y}, \quad \frac{\partial z}{\partial y} = 2\mathrm{e}^{x+2y}, \quad \frac{\partial^2 z}{\partial x^2} = \mathrm{e}^{x+2y},$$

$$\frac{\partial^2 z}{\partial x \partial y} = 2\mathrm{e}^{x+2y}, \quad \frac{\partial^2 z}{\partial y \partial x} = 2\mathrm{e}^{x+2y}, \quad \frac{\partial^2 z}{\partial y^2} = 4\mathrm{e}^{x+2y},$$

$$\frac{\partial^3 z}{\partial y \partial x^2} = \frac{\partial}{\partial x}\left(\frac{\partial^2 z}{\partial y \partial x}\right) = 2\mathrm{e}^{x+2y}.$$

例 12.17　证明函数 $u = \dfrac{1}{r}, r = \sqrt{x^2 + y^2 + z^2}$ 满足拉普拉斯方程

$$\Delta u = \frac{\partial^2 u}{\partial x^2} + \frac{\partial^2 u}{\partial y^2} + \frac{\partial^2 u}{\partial z^2} = 0.$$

实际上,

$$\frac{\partial u}{\partial x} = \frac{\mathrm{d} u}{\mathrm{d} r}\frac{\partial r}{\partial x} = -\frac{1}{r^2}\frac{\partial r}{\partial x} = -\frac{1}{r^2} \cdot \frac{x}{r} = -\frac{x}{r^3},$$

$$\frac{\partial^2 u}{\partial x^2} = -\frac{1}{r^3} + \frac{3x}{r^4} \cdot \frac{\partial r}{\partial x} = -\frac{1}{r^3} + \frac{3x^2}{r^5}.$$

利用对称性, 有

$$\frac{\partial^2 u}{\partial y^2} = -\frac{1}{r^3} + \frac{3y^2}{r^5}, \quad \frac{\partial^2 u}{\partial z^2} = -\frac{1}{r^3} + \frac{3z^2}{r^5}.$$

所以

$$\frac{\partial^2 u}{\partial x^2} + \frac{\partial^2 u}{\partial y^2} + \frac{\partial^2 u}{\partial z^2} = -\frac{3}{r^3} + \frac{3(x^2 + y^2 + z^2)}{r^5} = 0.$$

例 12.18 设 $z = f\left(x^2 y, \dfrac{y}{x}\right)$, 求 $\dfrac{\partial^2 z}{\partial x^2}, \dfrac{\partial^2 z}{\partial y \partial x}$. 实际上, 已知

$$\frac{\partial z}{\partial x} = 2xy f_u\left(x^2 y, \frac{y}{x}\right) - \frac{y}{x^2} f_v\left(x^2 y, \frac{y}{x}\right),$$

其中 $u = x^2 y, v = \dfrac{y}{x}$. 因为 $f_u\left(x^2 y, \dfrac{y}{x}\right), f_v\left(x^2 y, \dfrac{y}{x}\right)$ 通过中间变量与自变量 x, y 有关, 由链式法则,

$$\frac{\partial^2 z}{\partial x^2} = 2y f_u\left(x^2 y, \frac{y}{x}\right) + 2xy\left(2xy f_{uu}\left(x^2 y, \frac{y}{v}\right) - \frac{y}{x^2} f_{uv}\left(x^2 y, \frac{y}{x}\right)\right)$$

$$+ \frac{2y}{x^3} f_v\left(x^2 y, \frac{y}{x}\right) - \frac{y}{x^2}\left(2xy f_{vu}\left(x^2 y, \frac{y}{x}\right) - \frac{y}{x^2} f_{vv}\left(x^2 y, \frac{y}{x}\right)\right)$$

$$= 4x^2 y^2 f_{uu}\left(x^2 y, \frac{y}{x}\right) - \frac{4y^2}{x} f_{uv}\left(x^2 y, \frac{y}{x}\right) + \frac{y^2}{x^4} f_{vv}\left(x^2 y, \frac{y}{x}\right)$$

$$+ 2y f_u\left(x^2 y, \frac{y}{x}\right) + \frac{2y}{x^3} f_v\left(x^2 y, \frac{y}{x}\right).$$

类似地有

$$\frac{\partial^2 z}{\partial y \partial x} = 2x f_u\left(x^2 y, \frac{y}{x}\right) + 2xy\left(x^2 f_{uu}\left(x^2 y, \frac{y}{x}\right) + \frac{1}{x} f_{uv}\left(x^2 y, \frac{y}{x}\right)\right)$$

$$- \frac{1}{x^2} f_v\left(x^2 y, \frac{y}{x}\right) - \frac{y}{x^2}\left(x^2 f_{vu}\left(x^2 y, \frac{y}{x}\right) + \frac{1}{x} f_{vv}\left(x^2 y, \frac{y}{x}\right)\right)$$

$$= 4x^3 y f_{uu}\left(x^2 y, \frac{y}{x}\right) + y f_{uv}\left(x^2 y, \frac{y}{x}\right) - \frac{y}{x^3} f_{vv}\left(x^2 y, \frac{y}{x}\right)$$

$$+ 2x f_u\left(x^2 y, \frac{y}{x}\right) - \frac{1}{x^2} f_v\left(x^2 y, \frac{y}{x}\right).$$

例 12.19 设三元函数 $w = f(x + y + z, xyz)$, 其中 f 具有二阶连续偏导数, 求 $\dfrac{\partial w}{\partial x}, \dfrac{\partial^2 w}{\partial z \partial x}$. 因为函数 f 的第一个中间变量等于 $x + y + z$, 第二个中间变量等于 xyz, 故由链式法则

$$\frac{\partial w}{\partial x} = f_1(x + y + z, xyz) + yz f_2(x + y + z, xyz),$$

其中函数 $f_1(x + y + z, xyz)$ 和 $f_2(x + y + z, xyz)$ 的中间变量仍与 x, y, z 有关, 所以

$$\frac{\partial^2 w}{\partial z \partial x} = f_{11}(x+y+z, xyz) + xyf_{12}(x+y+z, xyz)$$

$$+ yf_2(x+y+z, xyz) + yz(f_{21}(x+y+z, xyz) + xyf_{22}(x+y+z, xyz))$$

$$= f_{11}(x+y+z, xyz) + y(x+z)f_{12}(x+y+z, xyz)$$

$$+ xyf_{22}(x+y+z, xyz) + yf_2(x+y+z, xyz).$$

12.4.2　中值定理

定理 12.8（中值定理）　设 $D \subseteq \mathbb{R}^n$ 为凸域，函数 $f : D \to \mathbb{R}$ 在 D 中处处可微. 则任给 $x, y \in D$，存在 $\theta \in (0,1)$，使得

$$f(x) - f(y) = \nabla f(\xi) \cdot (x - y), \quad \xi = \theta x + (1-\theta)y. \tag{12.22}$$

证明　令 $\sigma(t) = tx + (1-t)y$. 由 D 为凸域可知当 $t \in [0,1]$ 时，$\sigma(t) \in D$. 对一元函数 $\varphi(t) = f \circ \sigma(t)$ 应用微分中值定理可知存在 $\theta \in (0,1)$，使得 $\varphi(1) - \varphi(0) = \varphi'(\theta)$. 因此我们有

$$\varphi(1) - \varphi(0) = \nabla f(\xi) \cdot \sigma'(\theta) = \nabla f(\xi) \cdot (x - y),$$

其中 $\xi = \sigma(\theta) = \theta x + (1-\theta)y$. 由 $f(x) = \varphi(1), f(y) = \varphi(0)$ 可知结论成立.　□

推论 12.1　若函数 f 在区域 D 上存在偏导数，且

$$f_x = f_y \equiv 0,$$

则 f 在区域 D 上为常量函数.

请读者作为练习自己证明.

12.4.3　泰勒公式

由一元函数的泰勒公式我们知道，如果函数 $f(t)$ 在 t_0 的邻域内有直到 $n+1$ 阶的各阶导数，则当 $|\Delta t|$ 充分小时，成立

$$f(t_0 + \Delta t) = f(t_0) + \frac{f'(t_0)}{1!}\Delta t + \frac{f''(t_0)}{2!}\Delta t^2 + \cdots$$

$$+ \frac{f^{(n)}(t_0)}{n!}\Delta t^n + \frac{f^{(n+1)}(t_0 + \theta\Delta t)}{(n+1)!}\Delta t^{n+1}, \ 0 < \theta < 1.$$

现在从这个公式出发建立多元函数的泰勒公式，该公式对理论研究及实际计算都很有意义，因为它提供了用多项式近似地表示已知函数的方法. 下面给出二元函数的泰勒公式及推导过程，多元情形完全类似.

定理 12.9　设函数 $f(x,y)$ 在点 $P_0 = (x_0, y_0)$ 的邻域 $U(P_0)$ 内有直到 $n+1$ 阶的连续偏导数（简记为 $f \in C^{n+1}(U(P_0))$）. 则在此邻域内成立如下公式：

$$f(x_0 + \Delta x, y_0 + \Delta y)$$

$$= f(x_0, y_0) + \left(\Delta x \frac{\partial}{\partial x} + \Delta y \frac{\partial}{\partial y} \right) f(x_0, y_0)$$

$$+ \frac{1}{2!} \left(\Delta x \frac{\partial}{\partial x} + \Delta y \frac{\partial}{\partial y} \right)^2 f(x_0, y_0) + \cdots + \frac{1}{n!} \left(\Delta x \frac{\partial}{\partial x} + \Delta y \frac{\partial}{\partial y} \right)^n f(x_0, y_0)$$

$$+ \frac{1}{(n+1)!} \left(\Delta x \frac{\partial}{\partial x} + \Delta y \frac{\partial}{\partial y} \right)^{n+1} f(x_0 + \theta \Delta x, y_0 + \theta \Delta y) \quad (0 < \theta < 1). \quad (12.23)$$

其中

$$\left(\Delta x \frac{\partial}{\partial x} + \Delta y \frac{\partial}{\partial y} \right)^m f(x_0, y_0) = \sum_{i=0}^{m} C_m^i \frac{\partial^m}{\partial x^i \partial y^{m-i}} f(x_0, y_0) \Delta x^i \Delta y^{m-i}.$$

证明　作函数

$$F(t) = f(x_0 + t\Delta x, y_0 + t\Delta y).$$

由定理的假设, 一元函数 $F(t)$ 在 $[0,1]$ 上满足定理 5.28 的条件, 于是

$$F(1) = F(0) + \frac{F'(0)}{1!} + \frac{F''(0)}{2!} + \cdots + \frac{F^{(n)}(0)}{n!} + \frac{F^{(n+1)}(\theta)}{(n+1)!} \quad (0 < \theta < 1). \quad (12.24)$$

应用复合函数求导法则, 可求得 $F(t)$ 的各阶导数

$$F^{(m)}(t) = \left(\Delta x \frac{\partial}{\partial x} + \Delta y \frac{\partial}{\partial y} \right)^m f(x_0 + t\Delta x, y_0 + t\Delta y), \quad m = 1, 2, \cdots, n+1. \quad (12.25)$$

当 $t = 0$, 我们有

$$F^{(m)}(0) = \left(\Delta x \frac{\partial}{\partial x} + \Delta y \frac{\partial}{\partial y} \right)^m f(x_0, y_0), \quad m = 1, 2, \cdots, n+1 \quad (12.26)$$

及

$$F^{(m+1)}(\theta) = \left(\Delta x \frac{\partial}{\partial x} + \Delta y \frac{\partial}{\partial y} \right)^{m+1} f(x_0 + \theta \Delta x, y_0 + \theta \Delta y), \quad m = 1, 2, \cdots, n. \quad (12.27)$$

将 (12.26)、(12.27) 代入 (12.25) 即可得所求的泰勒公式.　　　　　　　□

　　记

$$r_n = \frac{1}{(n+1)!} \left(\Delta x \frac{\partial}{\partial x} + \Delta y \frac{\partial}{\partial y} \right)^{n+1} f(x_0 + \theta \Delta x, y_0 + \theta \Delta y) \quad (0 < \theta < 1), \quad (12.28)$$

称为**拉格朗日余项**. 公式 (12.23) 称为**带有拉格朗日余项的泰勒公式**.

　　注 12.4　若泰勒公式中只要求余项 $r_n = o(\rho^n)\left(\rho = \sqrt{(\Delta x)^2 + (\Delta y)^2} \right)$, 则 f 只需在

$U(P_0)$ 内存在直到 n 阶连续偏导数,

$$f(x_0 + \Delta x, y_0 + \Delta y) = f(x_0, y_0) + \sum_{k=1}^{n} \frac{1}{k!} \left(\Delta \frac{\partial}{\partial x} + \Delta \frac{\partial}{\partial y} \right)^k f(x_0, y_0) + o(\rho^n). \quad (12.29)$$

此公式称为带有佩亚诺余项的泰勒公式.

例 12.20   写出在点 $(-1, 2)$ 附近函数 $f(x, y) = 2x^2 - xy - y^2 - 6x - 3y + 5$ 的泰勒多项式. 因为

$$f_x(x, y) = 4x - y - 6, \quad f_y(x, y) = -x - 2y - 3, \quad f_{xx} = 4, \quad f_{xy} = -1, \quad f_{yy} = -2,$$

而更高阶偏导数都是零, 故二阶泰勒公式就是泰勒多项式. 又

$$f(1, -2) = 5, \quad f_x(1, -2) = 0, \quad f_y(1, -2) = 0,$$

所以有

$$\begin{aligned}
f(1 + h, -2 + k) &= f(1, -2) + f_x(1, -2)h + f_y(1, -2)k \\
&\quad + \frac{1}{2!}[f_{xx}(\theta h, \theta k)h^2 + 2f_{xy}(\theta h, \theta k)hk + f_{yy}(\theta h, \theta k)k^2] \\
&= 5 + \frac{1}{2}(4h^2 - 2hk - 2k^2) = 5 + 2h^2 - hk - k^2,
\end{aligned}$$

其中 $0 < \theta < 1$. 将 $1 + h = x, -2 + k = y$ 代入, 得

$$f(x, y) = 5 + 2(x - 1)^2 - (x - 1)(y + 2) - (y + 2)^2.$$

12.4.4   极值问题

我们在一元函数的微分里, 利用导数求到许多函数的极值. 对多元函数, 同样可以.

定义 12.6   设函数 f 在点 $P_0(x_0, y_0)$ 的某邻域 $U(P_0)$ 内有定义. 若对于任何点 $P(x, y) \in U(P_0)$, 成立不等式

$$f(P) \leqslant f(P_0) \quad (\text{或} f(P) \geqslant f(P_0)),$$

则称函数 f 在点 P_0 取得**极大**（或**极小**）**值**, 点 P_0 称为 f 的**极大**（或**极小**）**值点**. 极大值、极小值统称**极值**. 极大值点、极小值点统称**极值点**.

定理 12.10（极值必要条件）   若函数 f 在点 $P_0(x_0, y_0)$ 存在偏导数, 且在 P_0 取得极值, 则有

$$f_x(x_0, y_0) = f_y(x_0, y_0) = 0. \qquad (12.30)$$

反之, 若函数 f 在点 P_0 满足 (12.30), 则称点 P_0 为 f 的**稳定点**. 定理说明: 若 f 存在偏导数, 则其极值点必是稳定点. 但稳定点并不都是极值点.

证明 因为点 $P_0(x_0,y_0)$ 是函数 f 的极值点, 点 $P_0(x_0,y_0)$ 也是关于变量 x 的一元函数 $f(x,y_0)$ 的极值点, 从而 $\dfrac{\partial f}{\partial x}\Big|_{P_0}=0$. 同理可得 $\dfrac{\partial f}{\partial y}\Big|_{P_0}=0$. □

定理 12.11（极值的充分条件） 若函数 f 在点 $P_0=(x_0,y_0)$ 的某邻域内有二阶连续偏导数, 且 $f_x(x_0,y_0)=0, f_y(x_0,y_0)=0$, 记

$$A=f_{xx}(x_0,y_0), \quad B=f_{xy}(x_0,y_0), \quad C=f_{yy}(x_0,y_0).$$

则

(i) 若 $AC-B^2>0$, 且 $A>0$, 则 (x_0,y_0) 是函数 $f(x,y)$ 的极小值点; 若 $A<0$, 则 (x_0,y_0) 是函数 $f(x,y)$ 的极大值点;

(ii) 若 $AC-B^2<0$, 则 (x_0,y_0) 不是函数 $f(x,y)$ 的极值点;

(iii) 若 $AC-B^2=0$, 则 (x_0,y_0) 可能是极值点, 也可能不是极值点.

证明 由二元函数的泰勒公式, 并注意到

$$f_x(x_0,y_0)=f_y(x_0,y_0)=0.$$

我们有

$$\begin{aligned}
\Delta z &= f(x_0+h,y_0+k)-f(x_0,y_0)\\
&= \frac{1}{2}[f_{xx}(x_0+\theta h,y_0+\theta k)h^2+2f_{xy}(x_0+\theta h,y_0+\theta k)hk\\
&\quad +f_{yy}(x_0+\theta h,y_0+\theta k)k^2].
\end{aligned}$$

由于 $f(x,y)$ 的二阶偏导数在点 (x_0,y_0) 连续, 所以

$$\begin{aligned}
f_{xx}(x_0+\theta h,y_0+\theta k)&=A+\alpha,\\
f_{xy}(x_0+\theta h,y_0+\theta k)&=B+\beta,\\
f_{yy}(x_0+\theta h,y_0+\theta k)&=C+\gamma.
\end{aligned}$$

当 $h\to0, k\to0$ 时, α,β,γ 为无穷小量. 于是

$$\begin{aligned}
\Delta z &= \frac{1}{2}(Ah^2+2Bhk+Ck^2)+\frac{1}{2}(\alpha h^2+2\beta hk+\gamma k^2)\\
&= \frac{1}{2}Q(h,k)+o(\rho^2) \quad (\rho=\sqrt{h^2+k^2}).
\end{aligned}$$

因此当 $|h|,|k|$ 很小时, Δz 的正负号可由 $Q(h,k)$ 确定.

(i) 当 $AC-B^2>0$ 时, 必有 $A\neq0$, 且 A 与 C 同号, 又因为

$$Q(h,k) = \frac{1}{A}[(A^2h^2 + 2ABhk + B^2k^2) + (AC - B^2)k^2]$$

$$= \frac{1}{A}[(Ah + Bk)^2 + (AC - B^2)k^2].$$

当 $A > 0$ 时, $Q(h,k) > 0$, 从而 $\Delta z > 0$, 因此 $f(x,y)$ 在点 (x_0, y_0) 有极小值. 当 $A < 0$ 时, $Q(h,k) < 0$, 从而 $\Delta z < 0$, 因此 $f(x,y)$ 在点 (x_0, y_0) 有极大值.

(ii) 当 $AC - B^2 < 0$ 时, 若 A, C 不全为零, 无妨设 $A \neq 0$, 则

$$Q(h,k) = \frac{1}{A}[(Ah + Bk)^2 + (AC - B^2)k^2].$$

当 (x,y) 沿直线 $A(x - x_0) + B(y - y_0) = 0$ 接近 (x_0, y_0) 时, 有 $Ah + Bk = 0$, 故 $Q(h,k)$ 与 A 异号. 当 (x,y) 沿直线 $y - y_0 = 0$ 接近 (x_0, y_0) 时, 有 $k = 0$, 故 $Q(h,k)$ 与 A 同号. 由此可见 Δz 在 (x_0, y_0) 邻近有正有负, 因此 $f(x,y)$ 在点 (x_0, y_0) 无极值. 若 $A = C = 0$, 则必有 $B \neq 0$, 不妨设 $B > 0$, 此时

$$Q(h,k) = Ah^2 + 2Bhk + Ck^2 = 2Bhk.$$

对点 $(x_0 + h, y_0 + k)$ 当 h, k 同号时, $Q(h,k) > 0$, 从而 $\Delta z > 0$, 当 h, k 异号时, $Q(h,k) < 0$, 从而 $\Delta z < 0$, 可见 Δz 在 (x_0, y_0) 邻近有正有负, 因此 $f(x,y)$ 在点 (x_0, y_0) 无极值.

(iii) 当 $AC - B^2 = 0$ 时, 若 $A \neq 0$, 则 $Q(h,k) = \frac{1}{A}(Ah + Bk)^2$. 若 $A = 0$, 则 $B = 0$, $Q(h,k) = Ck^2$, $Q(h,k)$ 可能为零或非零. 此时

$$\Delta z = \frac{1}{2}Q(h,k) + o(\rho^2).$$

因为 $Q(h,k) = 0$, Δz 的正负号由 $o(\rho^2)$ 确定, 因此不能断定 (x_0, y_0) 是否为极值点. □

最大(小)值问题, 简称最值问题. 我们知道函数 f 在闭域上连续, 可得函数 f 在闭域上可达到最值. 最值可能存在的点为稳定点、偏导数不存在的点及边界上的最值点. 特别, 当区域内部最值存在, 且只有一个极值点 P 时, $f(P)$ 为极大(小)值, 可得 $f(P)$ 为最大(小)值. 我们总结求函数 $z = f(x,y)$ 极值的一般步骤:

- 第一步 解方程组 $f_x(x,y) = 0$, $f_y(x,y) = 0$ 求出实数解, 得到稳定点. 再求出偏导数不存在的点.
- 第二步 对于每一个稳定点 (x_0, y_0), 求出二阶偏导数的值:

$$A = f_{xx}(x_0, y_0), \quad B = f_{xy}(x_0, y_0), \quad C = f_{yy}(x_0, y_0).$$

- 第三步 定出 $AC - B^2$ 的符号. 从而确定该稳定点是否为极值点.

例 12.21 求函数 $u = x^3 + y^3 - 3xy$ 的极值.

经计算

$$u_x = 3x^2 - 3y, \quad u_y = 3y^2 - 3x,$$
$$u_{xx} = 6x, \quad u_{xy} = -3, \quad u_{yy} = 6y.$$

令 $u_x = u_y = 0$. 解得驻点 $(0,0)$ 和 $(1,1)$. 对于驻点 $(0,0)$, 因为 $AC - B^2 = -9 < 0$, 故函数在原点处不取得极值.

对于驻点 $(1,1)$, 因为 $AC - B^2 = 36 - 9 > 0$, 又 $A = 6 > 0$, 故函数取得极小值 $u(1,1) = -1$.

例 12.22　用铁板做一个体积为 2 立方米的有盖长方体水箱, 问当长、宽、高各取怎样的尺寸时, 才能使用料最省? 为求解, 可设水箱长、宽分别为 x, y（单位: 米）, 则高为 $\dfrac{2}{xy}$（米）, 水箱所用材料的面积为

$$A = 2\left(xy + y \cdot \frac{2}{xy} + x \cdot \frac{2}{xy}\right) = 2\left(xy + \frac{2}{x} + \frac{2}{y}\right) \quad (x, y > 0).$$

令 $A_x = 2\left(y - \dfrac{2}{x^2}\right) = 0, A_y = 2\left(x - \dfrac{2}{y^2}\right) = 0$, 得驻点 $\left(\sqrt[3]{2}, \sqrt[3]{2}\right)$. 根据实际问题可知最小值在定义域内存在, 因此可断定此唯一驻点就是最小值点. 即当长、宽均为 $\sqrt[3]{2}$ 米, 高为 $\dfrac{2}{\sqrt[3]{2}\sqrt[3]{2}} = \sqrt[3]{2}$（米）时, 水箱所用材料最省.

在实际问题中, 常常要从一组观测数据出发, 预测函数 $y = f(x)$ 的表达式. 从几何上看, 就是由给定的一组数据 (x_i, y_i) 去描绘曲线 $y = f(x)$ 的近似图形, 这条近似的曲线称为**拟合曲线**, 要求这条拟合曲线能够反映出所给数据的总趋势. 作拟合曲线的方法很多, 这里介绍用线性函数作拟合曲线的方法称为**最小二乘法**.

例 12.23（最小二乘法问题）　设通过观测或实验得到一列点 $(x_i, y_i), i = 1, 2, \cdots, n$. 它们大体上在一条直线上, 即大体上可用直线方程来反映变量 x 与 y 之间的相应关系. 现确定一条直线使得与这 n 个点的偏差平方和最小. 设所求直线方程为

$$y = ax + b,$$

所测得的 n 个点为 $(x_i, y_i)(i = 1, 2, \cdots, n)$. 现确定 a, b, 使得

$$f(a, b) = \sum_{i=1}^{n} (ax_i + b - y_i)^2$$

为最小. 为此, 假设

$$f_a = 2\sum_{i=1}^{n} x_i(ax_i + b - y_i) = f_b = 2\sum_{i=1}^{n} (ax_i + b - y_i) = 0.$$

整理上述方程, 得

$$a\sum_{i=1}^{n}x_i^2 + b\sum_{i=1}^{n}x_i = \sum_{i=1}^{n}x_i y_i, \quad a\sum_{i=1}^{n}x_i + bn = \sum_{i=1}^{n}y_i.$$

求此方程组的解, 即得 $f(a,b)$ 的稳定点

$$\bar{a} = \frac{n\sum_{i=1}^{n}x_i y_i - \left(\sum_{i=1}^{n}x_i\right)\left(\sum_{i=1}^{n}y_i\right)}{n\sum_{i=1}^{n}x_i^2 - \left(\sum_{i=1}^{n}x_i\right)^2},$$

$$\bar{b} = \frac{\left(\sum_{i=1}^{n}x_i^2\right)\left(\sum_{i=1}^{n}y_i\right) - \left(\sum_{i=1}^{n}x_i y_i\right)\left(\sum_{i=1}^{n}x_i\right)}{n\sum_{i=1}^{n}x_i^2 - \left(\sum_{i=1}^{n}x_i\right)^2}.$$

又因为

$$A = f_{aa} = 2\sum_{i=1}^{n}x_i^2 > 0, \quad B = f_{ab} = 2\sum_{i=1}^{n}x_i,$$

$$C = f_{bb} = 2n, \quad D = AC - B^2 = 4n\sum_{i=1}^{n}x_i^2 - 4\left(\sum_{i=1}^{n}x_i\right)^2 > 0,$$

由极值的充分条件, 可知 $f(a,b)$ 在点 $(\bar{a},\bar{b})$ 处取得极小值. 由实际问题可知这极小值为最小值.

例 12.24　给定 $\mathbb{R}^n$ 中的圆

$$y_1^2 + y_2^2 + \cdots + y_n^2 = R^2,$$

求最大面积的内接 $n+1$ 边形. 当 $n=2$ 时就是圆内面积最大的内接三角形.

令 $x_i, i = 1, 2, \cdots, n, n+1$ 表示多角形各边所对应的中心角, 则

$$x_1 + x_2 + \cdots + x_{n+1} = 2\pi,$$

由此

$$x_{n+1} = 2\pi - (x_1 + x_2 + \cdots + x_n).$$

面积等于

$$S = \frac{1}{2}R^2\sin x_1 + \frac{1}{2}R^2\sin x_2 + \cdots + \frac{1}{2}R^2\sin x_{n+1}.$$

则变成函数

$$f(x_1, x_2, \cdots, x_n) = \sin x_1 + \sin x_2 + \cdots + \sin x_n + \sin(2\pi - x_1 - x_2 - \cdots - x_n)$$

在闭有界区域

$$D = \{x = (x_1, x_2, \cdots, x_n) \in \mathbb{R}^n | \ x_i \geq 0, i = 1, 2, \cdots, n, x_1 + x_2 + \cdots + x_n \leq 2\pi\}$$

上的极大值问题. $\nabla f = 0$ 等价于

$$\begin{cases} \cos x_1 - \cos(x_1 + x_2 + \cdots + x_n) = 0, \\ \cdots\cdots \\ \cos x_n - \cos(x_1 + x_2 + \cdots + x_n) = 0. \end{cases}$$

区域中唯一的稳定点是

$$x_1 = x_2 + \cdots = x_n = \frac{2\pi}{n+1}, \ \text{因而也有} \ x_{n+1} = \frac{2\pi}{n+1}. \tag{12.31}$$

当 $n = 2$ 时, 此点为

$$(x_1, x_2) = \left(\frac{2\pi}{3}, \frac{2\pi}{3}\right).$$

此时

$$f = \frac{3\sqrt{3}}{2}.$$

而在边界上 $x_1 = 0, x_2 = 0, x_1 + x_2 = 2\pi$ 上 $f = 0$. 所以稳定点取得最大值. 即在圆的内接三角形中等边三角形的面积最大. 现在假设 n 时, (12.31)是 f 在 D 中取最大值的点, 此时最大值为

$$\max_{x \in D} f = n \sin \frac{2\pi}{n}. \tag{12.32}$$

我们证明对 $n+1$ 也是对的. 这只要把

$$(n+1) \sin \frac{2\pi}{n+1}$$

和 f 在边界上的值比较就可以了. 例如取 $x_n = 0$, 则 f 变为

$$f = \sin x_1 + \sin x_2 + \cdots + \sin x_{n-1} + \sin(2\pi - x_1 - x_2 - \cdots - x_{n-1}).$$

按照归纳假设, 这个最大值是 $n \sin \frac{2\pi}{n}$. 但函数

$$\frac{\sin z}{z}, \quad 0 < z < \pi$$

是单调递减函数. 因此

$$n\sin\frac{2\pi}{n} < (n+1)\sin\frac{2\pi}{n+1}.$$

由归纳法, (12.32)对所有的 n 都成立.

最小二乘的一般形式是求解多元一次线性代数方程组:

$$Ax = b, \tag{12.33}$$

其中 A 为 $m \times n$ 的矩阵, $x \in \mathbb{R}^n$, $b \in \mathbb{R}^m$,

$$A = \begin{pmatrix} a_{11} & a_{12} & \cdots & a_{1n} \\ a_{21} & a_{22} & \cdots & a_{2n} \\ \vdots & \vdots & & \vdots \\ a_{m1} & a_{m2} & \cdots & a_{mn} \end{pmatrix}.$$

在另一门课程高等代数中, 我们知道(12.33)的解有三种情况: (a)有唯一的解; (b)有无穷多个解; (c)没有解. 一般对第三种情况重视不够, 其实第三种情况非常有意思. 我们多次强调, 现代数学并不总是强调精确的解, 近似的解一样重要. 所谓最小二乘解是求 $x_0 \in \mathbb{R}^n$ 使得

$$\|Ax_0 - b\| = \inf_{x \in \mathbb{R}^n} \|Ax - b\|.$$

这等价于(欧几里得范数的平方求导数更方便)

$$\|Ax_0 - b\|^2 = \inf_{x \in \mathbb{R}^n} \|Ax - b\|^2. \tag{12.34}$$

这就是一般最小二乘的形式. 令二次函数

$$f(x) = \|Ax - b\|^2 = \langle Ax - b, Ax - b \rangle = \langle A^\top Ax, x \rangle - 2\langle A^\top b, x \rangle - \|b\|^2,$$

其中 $A^\top$ 表示 A 的转置. 函数 $f(x)$ 自然是 $\mathbb{R}^n$ 上的连续可微函数, 非负的函数自然有极小值. 求梯度得

$$\nabla f(x) = 2A^\top Ax - 2A^\top b.$$

由定理 12.10, 得

$$A^\top Ax_0 = A^\top b, \tag{12.35}$$

且解一定存在. 这是用分析的手段解决代数问题的一个典型事例.

例 12.25 求下列方程的最小二乘解.

$$a_i x + c_i y = b_i, \quad i = 1, 2, \cdots, n.$$

此时

$$A = \begin{pmatrix} a_1 & c_1 \\ a_2 & c_2 \\ \vdots & \vdots \\ a_n & c_n \end{pmatrix}, \quad b = \begin{pmatrix} b_1 \\ b_2 \\ \vdots \\ b_n \end{pmatrix}.$$

直接计算, (12.35) 变为了

$$\begin{cases} \|a\|^2 x + \langle a,c \rangle y = \langle a,b \rangle, \\ \langle a,c \rangle x + \|c\|^2 y = \langle c,b \rangle. \end{cases} \tag{12.36}$$

其中 $a = (a_1,a_2,\cdots,a_n)^\top, c = (c_1,c_2,\cdots,c_n)^\top$. 从柯西-施瓦茨不等式 (11.14) 也知道 (12.36) 的左端矩阵行列式 $a \neq c$ 时不为零.

12.5 习 题

1. 求下列函数的偏导数:

(1) $u = x^4 + y^3 - 5xy^2$;

(2) $u = y\cos x$;

(3) $u = \dfrac{x}{\sqrt{x^2 + y^2 + z^2}}$;

(4) $u = \tan\dfrac{x^2}{y}$;

(5) $u = \arctan\dfrac{y}{x}$;

(6) $u = e^{x^2 + y^2 + 3z^3}$;

(7) $u = xye^{\sin(xy)}$;

(8) $u = xy\sin\left(1/\sqrt{x^2 + y^2}\right)$.

2. 设 $f(x,y) = \arctan\dfrac{x+y}{1-xy}$, 求 $f_x(0,0), f_y(0,0)$.

3. (1) 证明函数 $z = \sqrt{x^2 + y^2}$ 在点 $(0,0)$ 连续但偏导数不存在.

(2) 判断函数 $z = 1 - \sqrt{x^2 + y^2}$ 在点 $(0,0)$ 是否可微?

(3) 证明其在点 $(0,0)$ 的任何方向导数都是 -1.

4. 试用极坐标 $x = r\cos\theta, y = r\sin\theta$ 换写下列微分方程:

(1) $\left(x\dfrac{dy}{dx} - y\right)^2 = 2xy\left(1 + \left(\dfrac{dy}{dx}\right)^2\right)$;

(2) $\dfrac{dx}{dt} = y + kx(x^2 + y^2), \dfrac{dy}{dt} = -x + ky(x^2 + y^2)$.

5. 证明:

$$f(x,y) = \begin{cases} \dfrac{xy(x-y)}{\sqrt{x^2 + y^2}}, & \text{当} (x,y) \neq (0,0), \\ 0, & \text{当} (x,y) = (0,0) \end{cases}$$

在 $(0,0)$ 可微, 并求 $\mathrm{d}f(0,0)$.

6. 证明:

$$f(x,y) = \begin{cases} \dfrac{xy}{\sqrt{x^2 + y^2}}, & \text{当} x^2 + y^2 \neq 0, \\ 0, & \text{当} x^2 + y^2 = (0,0) \end{cases}$$

在点 $(0,0)$ 的邻域内连续而且偏导数有界, 但在 $(0,0)$ 不可微.

7. 设 f,φ,ψ 是连续可微函数, 求下列函数的偏导数及全微分:

(1) $u = f\left(x, \dfrac{x}{y}\right)$;

(2) $u = f(ax + by, xy)$;

(3) $u = f(\varphi(x), \phi(y), \varphi(x)\phi(y))$;

(4) $u = f(x^2 + y^2, x^2 - y^2, 2xy)$.

8. 求下列复合函数的偏导数或导数:

(1) 设 $z = \arctan\dfrac{y}{x}$, $x = e^{2t} + 1$, $y = e^{2t} - 1$, 求 $\dfrac{dz}{dt}$;

(2) 设 $z = \ln\left(\sin\dfrac{x}{\sqrt{y}}\right)$, $x = \dfrac{t}{2}$, $y = \sqrt{t^2 + 1}$, 求 $\dfrac{dz}{dt}$;

(3) 设 $z = u^2 \ln v$, $u = \dfrac{y}{x}$, $v = x^2 + y^2$, 求 $\dfrac{\partial z}{\partial x}, \dfrac{\partial z}{\partial y}$;

(4) 设 $z = y e^{\frac{x}{y}}$, 求 $\dfrac{\partial z}{\partial x}, \dfrac{\partial z}{\partial y}$;

(5) 设 $z = x^2 \ln y$, $x = \dfrac{u}{v}$, $y = uv$, 求 $\dfrac{\partial z}{\partial u}, \dfrac{\partial z}{\partial v}$.

9. 设 $z = (x + y)^{xy}$, 求 dz .

10. 设 $z = \dfrac{y}{f(x^2 - y^2)}$, 其中 f 为可微函数, 证明

$$\frac{1}{x}\frac{\partial z}{\partial x} + \frac{1}{y}\frac{\partial z}{\partial y} = \frac{z}{y^2}.$$

11. 设 $z = \sin y + f(\sin x - \sin y)$, 其中 f 为可微函数, 证明

$$\frac{\partial z}{\partial x}\sec x + \frac{\partial z}{\partial y}\sec y = 1.$$

12. 设 $f(u)$ 是可微函数, $F(x,t) = f(x + 2t) + f(3x - 2t)$. 试求 $F_x(0,0)$ 与 $F_t(0,0)$.

13. 设 $f(x,y,z)$ 具有性质 $f(tx, t^k y, t^m z) = t^n f(x,y,z)(t > 0)$, 证明:

(1) $f(x,y,z) = x^n f\left(1, \dfrac{y}{x^k}, \dfrac{z}{x^m}\right)$;

(2) $xf_x(x,y,z) + kyf_y(x,y,z) + mzf_z(x,y,z) = nf(x,y,z)$.

14. 求函数 $u = x^2 - xy - 2y^2$ 在点 $(1,2)$ 沿着与 x 轴正向构成 $\dfrac{\pi}{3}$ 角的方向导数.

15. 求函数 $u = x^3 - 2x^3 y + xy^2 + 1$ 在点 $(1,2)$ 沿着从该点到点 $(4,6)$ 的方向导数.

16. 求函数 $u = xy + yz + zx$ 在点 $(2,1,3)$ 沿着从该点到点 $(5,5,15)$ 的方向导数.

17. 求函数 $u = x^2 + 2y^2 + 3z^2 + xy - 4x + 2y - 4z$ 在点 $A = (0,0,0)$ 及 $B = \left(5, -3, \dfrac{2}{3}\right)$ 的梯度及它们

的模.

18. 设函数 $u = \ln\left(\dfrac{1}{r}\right)$，其中 $r = \sqrt{(x-a)^2 + (y-b)^2 + (z-c)^2}$，求 u 的梯度，并指出在哪个点上成立等式 $|\nabla u| = 1$．

19. 证明：(1) $\nabla(u+c) = \nabla u (c$ 为常数)；

(2) $\nabla(au + bv) = a\nabla u + b\nabla v (a, b$ 为常数)；

(3) $\nabla(uv) = u\nabla v + v u$；

(4) $\nabla f(u) = f'(u)\nabla u$．

20. 求下列函数的高阶偏导数：

(1) $z = \sin(ax + by)$，所有二阶偏导数；

(2) $z = x\ln(xy)$，求 $\dfrac{\partial^3 z}{\partial x^2 \partial y}, \dfrac{\partial^3 z}{\partial x \partial y^2}$；

(3) $z = f(xy^2, x^2 y)$，所有二阶偏导数；

(4) $z = f(\sin x, \cos x, e^{x+y})$，所有二阶偏导数；

(5) $z = f(x^2, \ln y, xy)$，求 z_x, z_{xx}, z_{xy}．

21. 设 $u = f(x, y), x = r\cos\theta, y = r\sin\theta$，证明：

$$\frac{\partial^2 u}{\partial r^2} + \frac{1}{r}\frac{\partial u}{\partial r} + \frac{1}{r^2}\frac{\partial^2 u}{\partial \theta^2} = \frac{\partial^2 u}{\partial x^2} + \frac{\partial^2 u}{\partial y^2}.$$

22. 设 $u = f(r), r^2 = x_1^2 + x_2^2 + \cdots + x_n^2$，证明：

$$\frac{\partial^2 u}{\partial x_1^2} + \frac{\partial^2 u}{\partial x_2^2} + \cdots + \frac{\partial^2 u}{\partial x_n^2} = \frac{d^2 u}{dr^2} + \frac{n-1}{r}\frac{du}{dr}.$$

23. 求下列函数在指定点处的泰勒公式：

(1) $f(x, y) = 2x^2 - xy - y^2 - 6x - 3y + 5$ 在点 $(1, 2)$；

(2) $f(x, y, z) = x^3 + y^3 + z^3 - 3xyz$ 在点 $(1, 1, 1)$；

(3) $f(x, y) = \ln(1 + x + y)$ 在点 $(0, 0)$；

(4) $f(x, y) = \sin(x^2 + y^2)$ 在点 $(0, 0)$ (到二项为止)；

(5) $f(x, y) = x^y$ 在点 $(1, 1)$ (到二项为止)．

24. 求下列函数的极值点：

(1) $f(x, y) = x^2 + (y - 1)^2$；

(2) $f(x, y) = e^{2x}(x + y^2 + 2y)$；

(3) $f(x, y) = xy\sqrt{1 - \dfrac{x^2}{a^2} - \dfrac{y^2}{b^2}}(a > 0, b > 0)$；

(4) $f(x, y) = x^2 + xy + y^2 - 4\ln x - 10\ln y$；

(5) $f(x, y) = x - 2y + \ln\sqrt{x^2 + y^2} + 3\arctan\dfrac{y}{x}$．

25. 求下列函数在指定范围内的最大值与最小值：

(1) $f(x,y) = x^2 - y^2$, $\{(x,y) \mid x^2 + y^2 \leqslant 4\}$;

(2) $f(x,y) = x^2 - xy + y^2$, $\{(x,y) \mid |x| + |y| \leqslant 1\}$;

(3) $f(x,y) = \sin x + \sin y - \sin(x+y)$, $\{(x,y) \mid x \geqslant 0, y \geqslant 0, x+y \leqslant 2\pi\}$.

26. 在已知周长为 $2p$ 的一切三角形中，求出面积为最大的三角形.

27. 在 xy 平面上求一点，使它到三直线 $x = 0, y = 0$ 及 $x + 2y - 16 = 0$ 的距离平方和最小.

28. 设 $f(x,y,z) = x^2 y + y^2 z + z^2 x$，证明

$$f_x + f_y + f_z = (x+y+z)^2.$$

29. 证明：函数 $u = \dfrac{1}{2a\sqrt{\pi t}} e^{-\frac{(x-b)^2}{4a^2 t}}$ (a,b 为常数) 满足热传导方程

$$\frac{\partial u}{\partial t} = a^2 \frac{\partial^2 u}{\partial x^2}.$$

30. 证明：函数 $u = \ln \sqrt{(x-a)^2 + (y-b)^2}$ (a,b 为常数) 满足**拉普拉斯方程**

$$\frac{\partial^2 u}{\partial x^2} + \frac{\partial^2 u}{\partial y^2} = 0.$$

31. 证明：若函数 $u = f(x,y)$ 满足拉普拉斯方程

$$\frac{\partial^2 u}{\partial x^2} + \frac{\partial^2 u}{\partial y^2} = 0,$$

则函数 $v = f\left(\dfrac{x}{x^2 + y^2}, \dfrac{y}{x^2 + y^2}\right)$ 也满足此方程.

32. 设函数 $u = \varphi(x + \phi(y))$，证明

$$\frac{\partial u}{\partial x} \frac{\partial^2 u}{\partial x \partial y} = \frac{\partial u}{\partial y} \frac{\partial^2 u}{\partial x^2}.$$

第 13 章

隐函数定理及其应用

我们常常会碰到一些函数, 因变量与自变量是通过方程联系起来的. 例如圆的方程

$$x^2 + y^2 = 1$$

表达了 x 与 y 之间的函数关系. 容易知道, 它在 $(0,1)$ 这一点及其某个邻域内也唯一地确定了一个函数

$$y = \sqrt{1 - x^2},$$

这个函数在 $x = 0$ 的近旁连续, 且具有连续导数. 但在 $(-1,0)$ 和 $(1,0)$ 这两点的任何邻域内却不具有这种性质了. 这时对于 $x = -1$ 的右邻域或 $x = 1$ 的左邻域内任何一个值 x, 将获得两个 y 值

$$y = \pm\sqrt{1 - x^2},$$

因此唯一性遭到破坏. 此外还容易知道, 单位圆在 $(-1,0)$ 点和 $(1,0)$ 点处的切线是垂直于 x 轴的, 因此在这两点处不存在有限导数.

一般地, 我们需要讨论在什么条件下, 在适合方程 $F(x,y) = 0$ 的点的邻域内由方程可以确定唯一一个函数 $y = f(x)$, 并且它具有我们所需要的性质, 例如连续性、可微性. 上述函数 f 被称为**隐函数**.

13.1　隐函数存在性条件的分析

为了考察隐函数的存在性, 我们需要作一些简单的讨论.

首先, $y = f(x)$ 可以看作曲面 $z = F(x,y)$ 与坐标平面 $z = 0$ 的交线, 因此隐函数要存在, 至少交集不能为空, 即存在点 $P(x_0, y_0)$, 使得 $F(x_0, y_0) = 0$ 和 $y_0 = f(x_0)$.

其次, 方程 $F(x,y) = 0$ 能在点 P 附近确定一个连续函数, 表现为上述交集是一条通过点 P 的连续曲线段. 如果曲面 $z = F(x,y)$ 在点 P 存在切平面, 且切平面与坐标平面 $z = 0$ 相交于直线 l, 那么曲面 $z = F(x,y)$ 在点 P 附近亦必与坐标平面 $z = 0$ 相交 (其交线在点 P 处的切线正是 l). 为此, 设 F 在点 P 可微, 且 $F_y(P) \neq 0$, 则可使上述切平面存在, 并满足与 $z = 0$ 相交成直线的要求.

　　如果进一步要求上述隐函数 $y = f(x)$ 在点 x_0 可微, 则在 F 为可微的假设下, 通过对

$$F(x, f(x)) = 0$$

关于 x 求导, 依链式法则可得

$$F_x(P) + F_y(P) \cdot f'(x_0) = 0.$$

从而

$$f'(x_0) = -\frac{F_x(P)}{F_y(P)}.$$

由此可见, $F_y(P) \neq 0$ 这个条件不仅对于隐函数的存在性重要, 而且对于隐函数的求导也同样重要.

13.2　隐函数定理

定理 13.1　设 $F(x, y)$ 满足如下条件:

(i) 在区域 $D = [x_0 - a, x_0 + a] \times [y_0 - b, y_0 + b]$ 上 F_x 和 F_y 连续;

(ii) $F(x_0, y_0) = 0$;

(iii) $F_y(x_0, y_0) \neq 0$,

则

　　(a) 在 (x_0, y_0) 的某邻域 $[x_0 - \alpha, x_0 + \alpha] \times [y_0 - \beta, y_0 + \beta] \subset D$ 内, $F(x, y) = 0$ 唯一决定了一个隐函数 $y = f(x)$, 使得 $F(x, f(x)) = 0$, 且 $y_0 = f(x_0)$;

　　(b) $y = f(x)$ 在 $[x_0 - \alpha, x_0 + \alpha]$ 内连续;

　　(c) $y = f(x)$ 在 $[x_0 - \alpha, x_0 + \alpha]$ 内有连续导数, 且

$$y' = -\frac{F_x(x, y)}{F_y(x, y)}.$$

　　证明　由条件 (i), $F(x, y)$ 在 D 上连续. 现在对三个结论分别证明如下.

　　(a) 由条件 (iii), 不妨设 $F_y(x_0, y_0) > 0$. 由 F_y 的连续性可知 F_y 在 (x_0, y_0) 的某个邻域内大于 0. 为了方便, 不妨设在 D 上 $F_y(x, y) > 0$. 因为 $F_y(x, y)$ 在整个 D 大于 0, 因此将 $x = x_0$ 固定, 让 y 在 $[y_0 - b, y_0 + b]$ 内变化, 显然有

$$F_y(x_0, y) > 0, \quad y \in [y_0 - b, y_0 + b],$$

这就表明了, 当 $x = x_0$ 固定的时候, 一元函数 $F(x_0, y)$ 在 $[y_0 - b, y_0 + b]$ 上是 y 的严格递增函数. 又由条件 (ii) 和 $F(x_0, y)$ 的严格递增性可知

$$F(x_0, y_0 - b) < 0, \quad F(x_0, y_0 + b) > 0.$$

再让 x 变动, 考虑一元连续函数 $F(x, y_0 - b)$. 因为 $F(x_0, y_0 - b) < 0$, 所以存在 $\alpha_1 > 0$, 在 $[x_0 - \alpha_1, x_0 + \alpha_1]$ 内

$$F(x, y_0 - b) < 0.$$

同理, 存在 $\alpha_2 > 0$, 在 $[x_0 - \alpha_2, x_0 + \alpha_2]$ 内

$$F(x, y_0 + b) > 0.$$

取 $\alpha = \min\{\alpha_1, \alpha_2\}$, 于是在 $[x_0 - \alpha, x_0 + \alpha]$ 内同时有

$$F(x, y_0 - b) < 0, \quad F(x, y_0 + b) > 0.$$

任取 $\overline{x} \in [x_0 - \alpha, x_0 + \alpha]$, 由上面的讨论可知

$$F(\overline{x}, y_0 - b) < 0, \quad F(\overline{x}, y_0 + b) > 0.$$

固定 $\overline{x}$, 考察一元连续函数 $F(\overline{x}, y)$. 由零点存在定理可知: 存在 $\overline{y} \in (y_0 - b, y_0 + b)$, 使得

$$F(\overline{x}, \overline{y}) = 0.$$

由于 $F_y(\overline{x}, y) > 0$, 所以 $F(\overline{x}, y)$ 关于 y 严格递增. 故使得 $F(\overline{x}, \overline{y}) = 0$ 的 $\overline{y}$ 是唯一的. 由 $\overline{x}$ 的任意性可知: 任取 $x \in [x_0 - \alpha, x_0 + \alpha]$, 总能从 $F(x, y) = 0$ 得到唯一确定的 y 与 x 相对应. 这就是函数关系, 记为 $y = f(x)$. 对于 x_0, 自然有 $y_0 = f(x_0)$, 这就证明了结论 (a).

　　(b) 现证 f 在 $[x_0 - \alpha, x_0 + \alpha]$ 上连续. 任取 $x_1 \in [x_0 - \alpha, x_0 + \alpha]$, 记 $y_1 = f(x_1)$. 任取 $\varepsilon > 0$, 作两根平行线

$$y = y_1 + \varepsilon \quad 和 \quad y = y_1 - \varepsilon.$$

由刚才的证明可知

$$F(x_1, y_1 + \varepsilon) > 0, \quad F(x_1, y_1 - \varepsilon) < 0.$$

又由 $F(x, y)$ 的连续性可知: 存在 $\delta > 0$, 对任意的 $x \in [x_1 - \delta, x_1 + \delta]$, 有

$$F(x, y_1 + \varepsilon) > 0, \quad F(x, y_1 - \varepsilon) < 0.$$

现在固定 x, 考虑 y 的函数 $F(x, y)$, 它是关于 y 严格递增且连续的函数. 于是在 $(y_1 - \varepsilon, y_1 + \varepsilon)$ 内存在唯一的零点 y, 即

$$F(x, y) = 0.$$

这就表示, 对于邻域 $[x_1 - \delta, x_1 + \delta]$ 内的任何 x, 它所对应的函数值 y, 成立着

$$|y - y_1| < \varepsilon,$$

这就是所要证明的连续性.

　　(c) 最后证明 $y = f(x)$ 的可微性. 设 $\overline{x}$ 和 $\overline{x} + \Delta x$ 是 $[x_0 - \alpha, x_0 + \alpha]$ 内的任意两点, 记

$$\overline{y} = f(\overline{x}), \quad \overline{y} + \Delta y = f(\overline{x} + \Delta x),$$

由 $y = f(x)$ 的定义可知

$$F(\overline{x}, \overline{y}) = 0, \quad F(\overline{x} + \Delta x, \overline{y} + \Delta y) = 0.$$

所以

$$\begin{aligned}
0 &= F(\overline{x} + \Delta x, \overline{y} + \Delta y) - F(\overline{x}, \overline{y}) \\
&= F(\overline{x} + \Delta x, \overline{y} + \Delta y) - F(\overline{x} + \Delta x, \overline{y}) + F(\overline{x} + \Delta x, \overline{y}) - F(\overline{x}, \overline{y}) \\
&= F_y(\overline{x} + \Delta x, \overline{y} + \theta_1 \Delta y) \Delta y + F_x(\overline{x} + \theta_2 \Delta x, \overline{y}) \Delta x,
\end{aligned}$$

这里 $\theta_1, \theta_2 \in (0,1)$. 所以

$$\frac{\Delta y}{\Delta x} = -\frac{F_x(\overline{x} + \theta_2 \Delta x, \overline{y})}{F_y(\overline{x} + \Delta x, \overline{y} + \theta_1 \Delta y)}.$$

由于 $y = f(x)$ 和 F_x, F_y 的连续性以及 $F_y(x, y) \neq 0$, 在上式两端取极限 $\Delta x \to 0$ 得

$$f'(\overline{x}) = \lim_{\Delta x \to 0} \frac{\Delta y}{\Delta x} = -\frac{F_x(\overline{x}, \overline{y})}{F_y(\overline{x}, \overline{y})},$$

由 $\overline{x}$ 的任意性说明 f 在 $[x_0 - \alpha, x_0 + \alpha]$ 可导, 且 f' 连续. 证毕. □

定理 13.1 虽然告诉我们函数的存在性, 但是要显式地求解 $y = f(x)$ 却很难. 这个可以从一元函数的牛顿迭代公式 (5.85) 得到启发, 构造

$$y_{n+1}(x) = y_n(x) - \frac{F(x, y_n(x))}{F_y(x_0, y_0)} = \mathcal{F}(x, y_n(x)), \quad y_1(x) = y_0, \quad n = 1, 2, \cdots. \quad (13.1)$$

数学上 $\mathcal{F}$ 是一个映射:

$$\mathcal{F}(x, y) = y - \frac{F(x, y)}{F_y(x_0, y_0)}.$$

因为

$$\mathcal{F}_y(x_0, y_0) = 0,$$

对 $0 < \alpha < 1$, 存在 $\eta > 0$, 使得当

$$|x - x_0| \leq \eta, \quad |y - y_0| \leq \eta$$

时,

$$\mathcal{F}_y(x, y) < \alpha < 1.$$

注意 $\mathcal{F}(x_0, y_0) = y_0$. 所以只要 $|x - x_0| \leq \delta < \eta$ 足够小, 就有

$$|\mathcal{F}(x, y_0) - y_0| \leq (1 - \alpha)\eta.$$

令

$$D = \left\{ x \,\middle|\, |x - x_0| \leqslant \delta \right\}, \quad E = \left\{ y \,\middle|\, |y - y_0| \leqslant \eta \right\}.$$

对于任意的 $x \in D$, 考察映射:

$$\mathcal{F}(x, \cdot): E \to \mathbb{R}.$$

则对任意的 $z \in E$, 有

$$
\begin{aligned}
\left| \mathcal{F}(x, z) - y_0 \right| &\leqslant \left| \mathcal{F}(x, z) - \mathcal{F}(x, y_0) \right| + \left| \mathcal{F}(x, y_0) - y_0 \right| \\
&\leqslant \left| \mathcal{F}_y(x, \xi) \right| \left| z - y_0 \right| + \left| \mathcal{F}(x, y_0) - y_0 \right| \\
&\leqslant \alpha \eta + (1 - \alpha) \eta = \eta,
\end{aligned}
$$

其中 $\xi \in E$. 于是

$$\mathcal{F}: E \to E.$$

而且 $\mathcal{F}$ 是一个压缩的映射. 实际上, 对任意的 $y_1, y_2 \in E$,

$$\left| \mathcal{F}(x, y_1) - \mathcal{F}(x, y_2) \right| \leqslant \left| \mathcal{F}_y(x, \xi) \right| \left| y_1 - y_2 \right| \leqslant \alpha \left| y_1 - y_2 \right|, \quad \xi \in E.$$

根据定理 5.18, 存在唯一的 $y \in E$ 使得

$$\mathcal{F}(x, y) = y,$$

也就是

$$F(x, y) = 0.$$

并且由序列

$$y_{n+1} = \mathcal{F}(x, y_n)$$

迭代产生, 并且指数收敛到 y. 这个 y 由 x 唯一确定, 所以 $y = y(x)$.

　　从上面的证明当中, 我们归纳出隐函数的求导公式

$$y' = -\frac{F_x(x, y)}{F_y(x, y)}. \tag{13.2}$$

当我们需要计算隐函数的高阶导数时, 只需要对 (13.2) 再求导. 这里只列出二阶导的公式:

$$y'' = \frac{2 F_x F_y F_{xy} - F_y^2 F_{xx} - F_x^2 F_{yy}}{F_y^3}. \tag{13.3}$$

　　最后, 我们可以类似地理解由方程 $F(x_1, x_2, \cdots, x_n, y) = 0$ 所确定的 n 元隐函数的概念. 下面的定理 13.2 和定理 13.1 的证明是完全类似的.

　　定理 13.2　设 $F(x_1, x_2, \cdots, x_n, y)$ 满足如下条件:

　　(i) 在区域 $D = [x_1^{(0)} - a_1, x_1^{(0)} + a_1] \times \cdots \times [x_n^{(0)} - a_n, x_n^{(0)} + a_n] \times [y^{(0)} - b, y^{(0)} + b]$ 上具有对一切变量的连续偏导数;

(ii) $F(x_1^{(0)}, \cdots, x_n^{(0)}, y^{(0)}) = 0$；

(iii) $F_y(x_1^{(0)}, \cdots, x_n^{(0)}, y^{(0)}) \neq 0$，

则

(a) 在 $(x_1^{(0)}, \cdots, x_n^{(0)}, y^{(0)})$ 的某邻域 Δ 内，$F(x_1, \cdots, x_n, y) = 0$ 唯一决定了一个隐函数 $y = f(x_1, \cdots, x_n)$，使得 $y^{(0)} = f(x_1^{(0)}, \cdots, x_n^{(0)})$；

(b) $y = f(x_1, \cdots, x_n)$ 在 Δ 内连续；

(c) $f(x_1, \cdots, x_n)$ 在 Δ 内对各个变量有连续偏导数，且

$$f_{x_i} = -\frac{F_{x_i}(x_1, \cdots, x_n, y)}{F_y(x_1, \cdots, x_n, y)} \quad (i = 1, 2, \cdots, n).$$

此时，$F(x_1, \cdots, x_n, y) = 0$ 的解可以用 (13.1) 类似构造：

$$y_{m+1} = y_m - \frac{F(x_1, x_2, \cdots, x_n, y_m)}{F_y(x_1^{(0)}, \cdots, x_n^{(0)}, y_m(x_1^{(0)}, \cdots, x_n^{(0)}))}, \quad y_1(x) = y^{(0)}, \quad m = 1, 2, \cdots. \quad (13.4)$$

13.3 隐函数求导的例子

例 13.1 设方程

$$F(x, y) = y - x - \frac{1}{2}\sin y = 0.$$

由于 F 及其偏导数 F_x, F_y 在平面上任一点都连续，且

$$F(0, 0) = 0, \quad F_y(x, y) = 1 - \frac{1}{2}\cos y > 0.$$

故依定理 13.1，上述方程确定了一个连续可导的隐函数 $y = f(x)$．按公式 (13.2)，其导数为

$$f'(x) = \frac{1}{1 - \frac{1}{2}\cos y} = \frac{2}{2 - \cos y}.$$

例 13.2 讨论

$$F(x, y) = x^3 + y^3 - 3xy = 0$$

所确定的隐函数 $y = f(x)$ 的一阶与二阶导数．在曲线 $F(x, y) = 0$ 上使得 $F_y = 3(y^2 - x) = 0$ 的点是 $(0, 0)$ 和 $\left(\sqrt[3]{4}, \sqrt[3]{2}\right)$．除这两点外，曲线在其他各点附近都能确定隐函数 $y = f(x)$．由公式 (13.2)，得到

$$y' = -\frac{F_x}{F_y} = \frac{y - x^2}{y^2 - x}.$$

由于

$$2F_x F_y F_{xy} = -54(y^2 - x)(x^2 - y),$$

$$F_y^2 F_{xx} = 54x(y^2 - x)^2, \quad F_x^2 F_{yy} = 54y(x^2 - y)^2,$$

于是根据公式 (13.2) 可得

$$y''(x) = \frac{2F_x F_y F_{xy} - F_y^2 F_{xx} - F_x^2 F_{yy}}{F_y^3} = -\frac{2xy}{(y^2 - x)^3}.$$

例 13.3　求由方程

$$F(x, y, z) = xyz^3 + x^2 + y^3 - z = 0$$

在 $(0,0,0)$ 附近所确定的二元隐函数 $z = f(x,y)$ 的偏导. 因为

$$F(0,0,0) = 0, \quad F_z(0,0,0) = -1 \neq 0,$$

且 F, F_x, F_y 和 F_z 处处连续, 根据隐函数定理 13.2, 在原点 $(0,0,0)$ 附近能唯一确定连续可微的隐函数 $z = f(x,y)$, 且可以求得它的偏导数如下:

$$\frac{\partial z}{\partial x} = -\frac{F_x}{F_z} = \frac{yz^3 + 2x}{1 - 3xyz^2},$$

$$\frac{\partial z}{\partial y} = -\frac{F_y}{F_z} = \frac{xz^3 + 3y^2}{1 - 3xyz^2}.$$

13.4　隐 函 数 组

现在考察方程组

$$\begin{cases} F_1(x_1, \cdots, x_m, y_1, \cdots, y_n) = 0, \\ F_2(x_1, \cdots, x_m, y_1, \cdots, y_n) = 0, \\ \qquad \cdots\cdots \\ F_n(x_1, \cdots, x_m, y_1, \cdots, y_n) = 0, \end{cases} \tag{13.5}$$

它有 n 个方程、$n + m$ 个未知数. 若取定 $x_1, \cdots, x_m$, 就成了包含 n 个未知数与 n 个方程的方程组. 若有某点集 $\Omega \subset \mathbb{R}^m$ 上的函数组

$$\begin{cases} y_1 = \varphi_1(x_1, \cdots, x_m), \\ y_2 = \varphi_2(x_1, \cdots, x_m), \\ \qquad \cdots\cdots \\ y_n = \varphi_n(x_1, \cdots, x_m), \end{cases} \tag{13.6}$$

用它去替换 (13.5) 左端的所有变量 y_i 后，(13.5) 式变成了 Ω 上的恒等式，我们称函数组 (13.6) 为方程组 (13.5) 在集合 Ω 上的解，也称 (13.6) 是方程组 (13.5) 确定的隐函数组.

用向量的记号，我们可以把 (13.5) 写成

$$F(X, Y) = 0, \quad F = \begin{pmatrix} F_1 \\ F_2 \\ \vdots \\ F_n \end{pmatrix} \in \mathbb{R}^n,$$

$$X = (x_1, x_2, \cdots, x_m) \in \mathbb{R}^m, \quad Y = (y_1, y_2, \cdots, y_n) \in \mathbb{R}^n.$$

(13.6) 于是写成

$$Y = \Phi(X).$$

13.4.1 隐函数组的局部存在性与可微性

对于方程组 $F(X, Y) = 0$，设 $F(X_0, Y_0) = 0$，F 在 (X_0, Y_0) 有连续的一阶偏导数. 令 $Z = (X, Y)$，$Z_0 = (X_0, Y_0)$，则可以得到下面的近似公式：

$$F(Z) = F(Z) - F(Z_0) \approx DF(Z_0)(Z - Z_0),$$

其中

$$DF = \begin{pmatrix} F_{1x_1} & \cdots & F_{1x_m} & F_{1y_1} & \cdots & F_{1y_n} \\ F_{2x_1} & \cdots & F_{2x_m} & F_{2y_1} & \cdots & F_{2y_n} \\ \vdots & & \vdots & \vdots & & \vdots \\ F_{nx_1} & \cdots & F_{nx_m} & F_{ny_1} & \cdots & F_{ny_n} \end{pmatrix}. \tag{13.7}$$

易知

$$DF(Z_0)(Z - Z_0) = D_X F(Z_0)(X - X_0) + D_Y F(Z_0)(Y - Y_0),$$

其中 $D_X F, D_Y F$ 分别是 F 关于 X 与 Y 的偏导数，定义类似于 (13.7). 于是，(13.5) 便近似地成为线性方程组

$$D_X F(Z_0)(X - X_0) + D_Y F(Z_0)(Y - Y_0) = 0,$$

它有唯一解的充要条件是

$$\det D_Y F(Z_0) \neq 0. \tag{13.8}$$

注 13.1 $D_Y F$ 的行列式又被称为雅可比 (Carl Gustav Jacob Jacobi, 1804—1851) 行列式，它的具体形式如下：

$$|D_Y F| = \left| \frac{\partial F}{\partial y_1}, \cdots, \frac{\partial F}{\partial y_n} \right| = \begin{vmatrix} F_{1y_1} & \cdots & F_{1y_n} \\ \vdots & & \vdots \\ F_{ny_1} & \cdots & F_{ny_n} \end{vmatrix}. \tag{13.9}$$

很多时候, 我们也把它记为

$$\frac{\partial(F_1, \cdots, F_n)}{\partial(y_1, \cdots, y_n)}. \tag{13.10}$$

可以预料, 上述条件是隐函数组存在定理的一个重要条件, 这就是下面的**隐函数组定理**. 证明类似于定理 13.1.

定理 13.3 (隐函数组定理) 设 $G \subset \mathbb{R}^m \times \mathbb{R}^n$ 是一开集, $X \in \mathbb{R}^m, Y \in \mathbb{R}^n$. $F(X, Y) \in \mathbb{R}^n$ 满足

(i) F 关于自变量 X, Y 具有一阶连续偏导数;

(ii) $(X_0, Y_0) \in G, F(X_0, Y_0) = 0$;

(iii) $\det D_Y F(X_0, Y_0) \neq 0$.

则 $\mathbb{R}^m$ 中存在 X_0 的一个邻域 $U(X_0)$ 及唯一的函数 $\Phi(X)$ 满足

(a) Φ 在 $U(X_0)$ 上具有一阶连续偏导数 $D_X \Phi = -(D_Y F)^{-1} D_X F$;

(b) 任取 $X \in U(X_0), (X, \Phi(X)) \in G$ 且 $F(X, \Phi(X)) = 0$;

(c) $Y_0 = \Phi(X_0)$.

例 13.4 讨论方程组

$$\begin{cases} F(x, y, u, v) = u^2 + v^2 - x^2 - y = 0, \\ G(x, y, u, v) = -u + v - xy + 1 = 0, \end{cases} \tag{13.11}$$

在点 $P(2, 1, 1, 2)$ 附近能确定怎样的隐函数组, 并求其偏导数. 首先 $F(P) = G(P) = 0$, 即 P 满足初始条件. 再求出 F, G 的所有一阶偏导数

$$F_x = -2x, \quad F_y = -1, \quad F_u = 2u, \quad F_v = 2v,$$
$$G_x = -y, \quad G_y = -x, \quad G_u = -1, \quad G_v = 1.$$

容易验算, 在 P 处的六个雅可比行列式中只有

$$\frac{\partial(F, G)}{\partial(x, v)} = 0.$$

因此, 只有 x, v 难以肯定能否作为以 y, u 为自变量的隐函数. 除此之外, 在 P 的附近任何两个变量都可作为以其余变量为自变量的隐函数. 如果我们想求 $x = x(u, v)$, $y = y(u, v)$ 的偏导数, 只需对方程组 (13.11) 分别关于 u, v 求偏导, 得到

$$\begin{cases} 2u - 2xx_u - y_u = 0, \\ -1 - yx_u - xy_u = 0 \end{cases} \tag{13.12}$$

和

$$\begin{cases} 2v - 2xx_v - y_v = 0, \\ 1 - yx_v - xy_v = 0. \end{cases} \tag{13.13}$$

由(13.12)解出

$$x_u = \frac{2xu+1}{2x^2-y}, \quad y_u = -\frac{2x+2yu}{2x^2-y}.$$

由(13.13)解出

$$x_v = \frac{2xv-1}{2x^2-y}, \quad y_v = \frac{2x-2yv}{2x^2-y}.$$

13.4.2　反函数组与坐标变换

在这一节, 我们考虑向量值函数

$$Y = \Phi(X), \tag{13.14}$$

其定义域 Ω 是 $\mathbb{R}^m$ 中的一个开区域, 值域属于同一空间 $\mathbb{R}^m$. 若对于任意 $Y \in \Phi(\Omega)$ 都有唯一确定的 $X \in \Omega$ 与之对应, 使之满足

$$\Phi(X) = Y,$$

那么由此可以确定 X 是 Y 的函数, 称为 $Y = \Phi(X)$ 的反函数, 记为

$$X = \Phi^{-1}(Y). \tag{13.15}$$

这个反函数的定义域是 $\Phi(\Omega)$, 值域是 Ω. 有时候 Φ 也被称为坐标变换, Φ^{-1} 被称为逆变换.

反函数组的存在性问题其实是隐函数组存在性问题的特例. 只需要令

$$F(X,Y) = Y - \Phi(X), \tag{13.16}$$

然后将定理 13.3 应用于上述向量值函数, 便可以得到某个局部范围的反函数组存在性定理.

定理 13.4　设函数组(13.14)在 $\Omega \subset \mathbb{R}^m$ 上连续, 点 X_0 是 Ω 的内点, 且满足

$$Y_0 = \Phi(X_0), \quad \left.\frac{\partial Y}{\partial X}\right|_{X_0} \neq 0.$$

则在 Y_0 的某邻域 U 上存在唯一的反函数(13.15), 使得 $U = \Phi(\Omega)$. 此外, 反函数 (13.15)在 U 上存在连续的一阶偏导数

$$\frac{\partial X}{\partial Y} = \left(\frac{\partial Y}{\partial X}\right)^{-1}. \tag{13.17}$$

证明 鉴于 (13.16)，反函数组的存在性已经分析得很清楚了. 接下来我们只证明 (13.17). 注意到

$$X = \Phi^{-1}(\Phi(X)).$$

对上述表达式两端关于 X 求偏导数可得

$$I_d = \frac{\partial \Phi^{-1}}{\partial Y} \cdot \frac{\partial \Phi}{\partial X},$$

其中 I_d 是单位矩阵, 从而 (13.17) 成立. □

下面我们给出两个在古典微分几何以及偏微分方程中常用的坐标变换.

例 13.5（极坐标变换） 对于映射

$$\Phi: \mathbb{R}^+ \times \left[\left(\frac{-\pi}{2}, \frac{\pi}{2}\right) \cup \left(\frac{\pi}{2}, \frac{3\pi}{2}\right)\right] \to \mathbb{R}^2 \setminus \{(0, y) \mid y \in \mathbb{R}\},$$

$$(r, \theta) \mapsto (x, y) = (r\cos\theta, r\sin\theta),$$

由于

$$\frac{\partial(x, y)}{\partial(r, \theta)} = \det \begin{pmatrix} \cos\theta & -r\sin\theta \\ \sin\theta & r\cos\theta \end{pmatrix} = r > 0,$$

所以 Φ 存在逆变换 Φ^{-1}. 事实上, 可以写出它的具体表达式

$$r = \sqrt{x^2 + y^2},$$

$$\theta = \begin{cases} \arctan\dfrac{y}{x}, & x > 0, \\[2mm] \pi + \arctan\dfrac{y}{x}, & x < 0. \end{cases}$$

例 13.6（球坐标变换） 映射

$$\Phi: \mathbb{R}^+ \times (0, \pi) \times \left[\left(-\frac{\pi}{2}, \frac{\pi}{2}\right) \cup \left(\frac{\pi}{2}, \frac{3\pi}{2}\right)\right] \to \mathbb{R}^3 \setminus \{(0, y, z) \mid y, z \in \mathbb{R}\},$$

$$(r, \varphi, \theta) \mapsto (x, y, z) = (r\sin\varphi\cos\theta, r\sin\varphi\sin\theta, r\cos\varphi)$$

的雅可比行列式为

$$\frac{\partial(x, y, z)}{\partial(r, \varphi, \theta)} = r^2 \sin\varphi > 0.$$

所以 Φ 存在逆变换 Φ^{-1}, 它的具体表达式为

$$r = \sqrt{x^2 + y^2 + z^2}, \quad \varphi = \arccos \frac{z}{r},$$

$$\theta = \begin{cases} \arctan \dfrac{y}{x}, & x > 0, \\ \pi + \arctan \dfrac{y}{x}, & x < 0. \end{cases}$$

13.5　几 何 应 用

一元函数, 甚至二元函数都有非常明确的几何意义. 我们在前面的章节经常提到这些概念, 本节我们比较系统地阐述曲线、切线、平面、切平面.

13.5.1　曲线的切线和法平面

首先, 我们给出简单曲线的定义. 设 $x \in C([a,b], \mathbb{R}^m)$ 满足条件: 任取 $t_1, t_2 \in [a,b]$, 只要 $t_1 \neq t_2$, 就有 $x(t_1) \neq x(t_2)$ (即 x 是单射), 则称此函数值的集合

$$L = \{x(t) \mid t \in [a,b]\}$$

为 $\mathbb{R}^m$ 中的简单曲线, $x = x(t)$ 称为 L 的参数方程. 又若 $x(a) = x(b)$, 则称 L 为简单闭曲线. 又若 x 具有一阶连续导数, 且 $x'(t) \neq 0$ (任取 $t \in [a,b]$) 以及 $x'(a) = x'(b)$, 则称 L 为光滑曲线.

现在把 L 的参数方程用坐标分量的形式写出来

$$x_1 = x_1(t), \quad \cdots, \quad x_m = x_m(t).$$

设 $x^0 = x(t_0)$ 是 L 上一个固定的点, $x(t)$ 是另外一个运动的点. 过这两点的直线被称为割线, 它的参数方程为

$$X - x^0 = \lambda(x(t) - x^0),$$

其中 λ 是参数, X 是割线上的动点. 此割线方程又可写成

$$\frac{X_1 - x_1^0}{x_1(t) - x_1(t_0)} = \cdots = \frac{X_m - x_m^0}{x_m(t) - x_m(t_0)}.$$

把上面表达式的分母都除以 $t - t_0$, 仍然是原来的割线方程

$$\frac{X_1 - x_1^0}{\dfrac{x_1(t) - x_1(t_0)}{t - t_0}} = \cdots = \frac{X_m - x_m^0}{\dfrac{x_m(t) - x_m(t_0)}{t - t_0}}.$$

L 的切线被定义成割线的"极限", 即是说, 让上面的 $t \to t_0$ 可得切线的方程:

$$\frac{X_1 - x_1^0}{x_1'(t_0)} = \cdots = \frac{X_m - x_m^0}{x_m'(t_0)}. \tag{13.18}$$

向量 $\boldsymbol{x}'(t_0) = (x_1'(t_0), \cdots, x_m'(t_0))$ 称为过 x^0 的切向量.

过 x^0 并以向量 $\boldsymbol{x}'(t_0)$ 为法向量的平面称为 L 的在 x^0 的法平面, 它的方程是

$$\boldsymbol{x}'(t_0) \cdot (X - x^0) = x_1'(t_0)(X_1 - x_1^0) + \cdots + x_m'(t_0)(X_m - x_m^0) = 0. \tag{13.19}$$

很多时候, 我们遇到的曲线方程是由方程或方程组给出的, 例如

$$\mathbb{R}^2 \text{上的曲线} s: F(x, y) = 0 \tag{13.20}$$

和

$$\mathbb{R}^3 \text{上的曲线} l: \begin{cases} F(x, y, z) = 0, \\ G(x, y, z) = 0 \end{cases} \tag{13.21}$$

是两个曲面相交所成的曲线. 同理, $\mathbb{R}^m$ 上的曲线方程由 $m - 1$ 个方程组确定. 下面我们用比较直观的 $\mathbb{R}^2$ 或者 $\mathbb{R}^3$ 中的曲线说明, 这些概念在 $\mathbb{R}^n$ 中可以没有任何困难地推广.

我们首先考虑 $\mathbb{R}^2$ 中由 (13.20) 定义的曲线 s. 设它在 $P(x_0, y_0)$ 的某邻域上满足隐函数定理的条件, 于是在 P 附近可以确定连续可微的隐函数 $y = f(x)$ (或 $x = g(y)$). 从而该曲线在 P 存在切线和法线, 其方程分别为

$$y - y_0 = f'(x_0)(x - x_0) \quad (\text{或} x - x_0 = g'(y_0)(y - y_0))$$

与

$$y - y_0 = -\frac{1}{f'(x_0)}(x - x_0) \quad \left(\text{或} x - x_0 = -\frac{1}{g'(y_0)}(y - y_0)\right).$$

由于

$$f'(x) = -\frac{F_x}{F_y} \quad \left(\text{或} g'(y) = -\frac{F_y}{F_x}\right),$$

所以 s 在 $P(x_0, y_0)$ 的切线与法线 (垂直于切线的直线) 方程为

$$\begin{aligned} &\text{切线} \quad F_x(x_0, y_0)(x - x_0) + F_y(x_0, y_0)(y - y_0) = 0, \\ &\text{法线} \quad F_y(x_0, y_0)(x - x_0) - F_x(x_0, y_0)(y - y_0) = 0. \end{aligned} \tag{13.22}$$

下面讨论 $\mathbb{R}^3$ 中由 (13.21) 所定义的曲线 l. 假设它在 $P(x_0, y_0, z_0)$ 的某邻域上满足隐函数组定理的条件 (不妨设 $\left.\dfrac{\partial(F, G)}{\partial(x, y)}\right|_P \neq 0$), 则方程组 (13.21) 在 P 附近能确定唯一

的连续可微隐函数组

$$x = \varphi(z), \quad y = \psi(z), \tag{13.23}$$

使得 $x_0 = \varphi(z_0)$, $y_0 = \psi(z_0)$, 且

$$\frac{\mathrm{d}x}{\mathrm{d}z} = -\frac{\dfrac{\partial(F,G)}{\partial(z,y)}}{\dfrac{\partial(F,G)}{\partial(x,y)}}, \quad \frac{\mathrm{d}y}{\mathrm{d}z} = -\frac{\dfrac{\partial(F,G)}{\partial(z,x)}}{\dfrac{\partial(F,G)}{\partial(x,y)}}.$$

因此在 P 附近 l 的参数方程为

$$x = \varphi(z), \quad y = \psi(z), \quad z = z.$$

于是在 P 处 l 的切线方程为

$$\frac{x - x_0}{\left.\dfrac{\mathrm{d}x}{\mathrm{d}z}\right|_P} = \frac{y - y_0}{\left.\dfrac{\mathrm{d}y}{\mathrm{d}z}\right|_P} = \frac{z - z_0}{1},$$

即

$$\frac{x - x_0}{\left.\dfrac{\partial(F,G)}{\partial(z,y)}\right|_P} = \frac{y - y_0}{\left.\dfrac{\partial(F,G)}{\partial(z,x)}\right|_P} = \frac{z - z_0}{\left.\dfrac{\partial(F,G)}{\partial(x,y)}\right|_P}. \tag{13.24}$$

按(13.24)式, l 在 P 的法平面方程是

$$\left.\frac{\partial(F,G)}{\partial(z,y)}\right|_P (x - x_0) + \left.\frac{\partial(F,G)}{\partial(z,x)}\right|_P (y - y_0) + \left.\frac{\partial(F,G)}{\partial(x,y)}\right|_P (z - z_0) = 0. \tag{13.25}$$

同样可以推出: 当 $\dfrac{\partial(F,G)}{\partial(z,y)}$ 或 $\dfrac{\partial(F,G)}{\partial(z,x)}$ 在 P 不等于 0 时, l 在 P 处的切线方程与法平面方程依然分别取(13.24)和(13.25)的形式.

13.5.2 曲面的切平面与法线

$\mathbb{R}^3$ 中的参数曲面是如下的连续映射

$$\begin{aligned} T : \Omega &\to \mathbb{R}^3, \\ (u,v) &\mapsto (x,y,z), \end{aligned} \tag{13.26}$$

其中 $\Omega \subset \mathbb{R}^2$ 的一个区域. 我们先看简单的情形, 曲面由参变量表示

$$x = \varphi(u,v), \quad y = \psi(u,v), \quad z = h(u,v). \tag{13.27}$$

如果把 v 看作常数, 则(13.27)就是一条曲线. 根据(13.18), 曲线在 (u,v) 的切线为

$$\frac{X-x}{\varphi_u} = \frac{Y-y}{\psi_u} = \frac{Z-z}{h_u}. \tag{13.28}$$

同理, 把 u 看作常数, 则有切线:

$$\frac{X-x}{\varphi_v} = \frac{Y-y}{\psi_v} = \frac{Z-z}{h_v}. \tag{13.29}$$

这两条切线决定一个平面称为曲面的切平面. 就像研究曲线要研究切线一样, 研究曲面就非得研究每点的切平面不可. 这是因为, 直线、平面是我们能够掌握的. 经过点 (x,y,z) 的平面, 可以写为

$$A(X-x) + B(Y-y) + C(Z-z) = 0. \tag{13.30}$$

因为平面经过两条直线, 所以

$$\begin{cases} A\varphi_u + B\psi_u + Ch_u = 0, \\ A\varphi_v + B\psi_v + Ch_v = 0. \end{cases} \tag{13.31}$$

因此得出

$$A:B:C = \begin{vmatrix} \psi_u & h_u \\ \psi_v & h_v \end{vmatrix} : \begin{vmatrix} h_u & \varphi_u \\ h_v & \varphi_v \end{vmatrix} : \begin{vmatrix} \varphi_u & \psi_u \\ \varphi_v & \psi_v \end{vmatrix}.$$

故平面就是

$$\begin{vmatrix} \psi_u & h_u \\ \psi_v & h_v \end{vmatrix}(X-x) + \begin{vmatrix} h_u & \varphi_u \\ h_v & \varphi_v \end{vmatrix}(Y-y) + \begin{vmatrix} \varphi_u & \psi_u \\ \varphi_v & \psi_v \end{vmatrix}(Z-z) = 0. \tag{13.32}$$

限制考虑 (13.26) 所代表的曲面. 我们总假设 T 具有一阶连续偏导数 T_u, T_v. 如 (13.32) 所示, 如果在 (u_0, v_0) 这个点, 如下关系成立:

$$T_u \times T_v \big|_{(u_0, v_0)} = \left(\frac{\partial(y,z)}{\partial(u,v)}, \frac{\partial(x,z)}{\partial(u,v)}, \frac{\partial(y,x)}{\partial(u,v)} \right) \bigg|_{(u_0, v_0)} \neq 0, \tag{13.33}$$

则称 (u_0, v_0) 是参数曲面的正则点, 其中 $T_u \times T_v$ 是解析几何中两个向量间的向量积. 两个向量 $\boldsymbol{F} = (x_1, y_1, z_1), \boldsymbol{G} = (x_2, y_2, z_2)$ 的**向量积** (也称外积) 定义为

$$\boldsymbol{F} \times \boldsymbol{G} = (x_2 y_3 - x_3 y_2, x_3 y_1 - x_1 y_3, x_1 y_2 - x_2 y_1). \tag{13.34}$$

简单说, 向量积 $\boldsymbol{F} \times \boldsymbol{G}$ 是一个向量, 垂直于 $\boldsymbol{F}$ 和 $\boldsymbol{G}$.

若 Ω 上的所有点都是 T 的正则点, 那么就称 T 是正则参数曲面. 由 (13.33), 不妨设

$$\frac{\partial(y,x)}{\partial(u,v)} \bigg|_{(u_0, v_0)} \neq 0.$$

由反函数定理知: 存在点 (u_0, v_0) 的邻域 U, 使得 T 在 U 上有反函数

$$u = u(x, y), \quad v = v(x, y).$$

这时

$$z = z(u, v) = z(u(x, y), v(x, y)),$$

把上式右端记为 $z = Z(x, y)$ 称为正则参数曲面 T 的蒙日 (Monge, 1746—1818) 形式. 反过来, 不难验证: 由 Monge 形式给出的曲面 $T(x, y) = (x, y, Z(x, y))$ 都是正则的, 其切平面由 (12.11) 给出.

下面我们引入一般曲面 (13.26) 的切平面. 设 $P(u_0, v_0)$ 是 T 的一个正则点, 那么由正则点的定义可知: $T_u(u_0, v_0)$ 和 $T_v(u_0, v_0)$ 是 $\mathbb{R}^3$ 中的线性无关的向量, 由它们张成的平面便被称为 P 点的切平面, 切平面中的向量被称为切向量, 这和 (13.32) 所表示的是一样的. 容易知道:

$$\boldsymbol{n}(u_0, v_0) = \frac{T_u \times T_v}{|T_u \times T_v|}\bigg|_{(u_0, v_0)}$$

是该切平面的单位法向量. 故法线方程为

$$\frac{X - x_0}{\dfrac{\partial(y, z)}{\partial(u, v)}\bigg|_{(u_0, v_0)}} = \frac{Y - y_0}{\dfrac{\partial(x, z)}{\partial(u, v)}\bigg|_{(u_0, v_0)}} = \frac{Z - z_0}{\dfrac{\partial(y, x)}{\partial(u, v)}\bigg|_{(u_0, v_0)}}$$

其中 $(x_0, y_0, z_0) = T(u_0, v_0)$. 切平面方程为

$$\frac{\partial(y, z)}{\partial(u, v)}\bigg|_{(u_0, v_0)} (X - x_0) + \frac{\partial(x, z)}{\partial(u, v)}\bigg|_{(u_0, v_0)} (Y - y_0) + \frac{\partial(y, x)}{\partial(u, v)}\bigg|_{(u_0, v_0)} (Z - z_0) = 0. \quad (13.35)$$

这和 (13.32) 是一致的.

很多时候, 我们遇到的曲面方程是隐式的, 即

$$F(x, y, z) = 0.$$

若它在 $P(x_0, y_0, z_0)$ 附近满足隐函数定理的条件(不妨设 $F_z(x_0, y_0, z_0) \neq 0$), 则在 P 附近可以确定唯一的隐函数 $z = f(x, y)$ 使得 $z_0 = f(x_0, y_0)$ (即该曲面的参数方程由 Monge 形式给出), 且

$$\frac{\partial z}{\partial x} = -\frac{F_x(x, y, z)}{F_z(x, y, z)}, \quad \frac{\partial z}{\partial y} = -\frac{F_y(x, y, z)}{F_z(x, y, z)}.$$

于是该点的切平面和法线方程分别为

$$F_x(x_0, y_0, z_0)(x - x_0) + F_y(x_0, y_0, z_0)(y - y_0) + F_z(x_0, y_0, z_0)(z - z_0) = 0$$

和

$$\frac{x - x_0}{F_x(x_0, y_0, z_0)} = \frac{y - y_0}{F_y(x_0, y_0, z_0)} = \frac{z - z_0}{F_z(x_0, y_0, z_0)}.$$

例 13.7 椭球面

$$\frac{x^2}{a^2} + \frac{y^2}{b^2} + \frac{z^2}{c^2} = 1$$

在点 (x, y, z) 的切平面是

$$\frac{2x}{a^2}(X - x) + \frac{2y}{b^2}(Y - y) + \frac{2z}{c^2}(Z - z) = 0,$$

即

$$\frac{x}{a^2}(X - x) + \frac{y}{b^2}(Y - y) + \frac{z}{c^2}(Z - z) = 0.$$

13.6 条 件 极 值

在求多元目标函数 $M(X)$, $X \in \mathbb{R}^m$ 的最大值或最小值时, 往往会遇到这样一种情况: 数值函数 $M(X)$ 的自变量 X 受到某些条件的限制, 即 $F(X) = (F_1(X), \cdots, F_n(X)) = 0 (n < m)$. 抽象成数学模型就是

$$\begin{cases} \max M(X) \ \text{或} \ \min M(X), \\ F(X) = 0. \end{cases} \tag{13.36}$$

例如, 要设计一个容量为 V 的无盖水箱, 试问长、宽、高各等于多少时, 其表面积最小? 设长、宽、高分别为 x, y, z, 则表面积为

$$M(x, y, z) = 2(xz + yz) + xy.$$

依题意, 自变量 (x, y, z) 不仅要符合定义域 $x > 0, y > 0, z > 0$, 而且还要满足条件

$$F(x, y, z) = xyz = V.$$

13.6.1 条件极值的必要条件和拉格朗日乘数法

我们从最简单的情况 "求 M 的最大值" 入手, 以二维情形为例:

$$\begin{cases} \max M(x, y), \\ F(x, y) = 0, \end{cases} \tag{13.37}$$

其中 M 和 F 都是可微数值函数.

若把约束条件看作 (x, y) 所满足的曲线方程, 并设上面的点 $P(x_0, y_0)$ 为 M 的最大值点, 且在 P 附近由约束条件可以确定唯一的隐函数 $y = g(x)$, 则 $x = x_0$ 必定也是 $h(x) = M(x, g(x))$ 的最大值点. 故

$$h'(x_0) = M_x(x_0, y_0) + M_y(x_0, y_0)g'(x_0) = 0. \tag{13.38}$$

而当 F 满足隐函数定理的条件时,

$$g'(x_0) = -\frac{F_x(x_0, y_0)}{F_y(x_0, y_0)}. \tag{13.39}$$

把 (13.39) 代入 (13.38) 可得

$$M_x(x_0, y_0) F_y(x_0, y_0) - M_y(x_0, y_0) F_x(x_0, y_0) = 0.$$

上式表明向量 $(M_x(x_0, y_0), M_y(x_0, y_0))$ 与向量 $(F_x(x_0, y_0), F_y(x_0, y_0))$ 线性相关. 设

$$(M_x(x_0, y_0), M_y(x_0, y_0)) + \lambda_0 (F_x(x_0, y_0), F_y(x_0, y_0)) = 0, \tag{13.40}$$

引入辅助变量 λ 和辅助函数

$$L(x, y, \lambda) = M(x, y) + \lambda F(x, y).$$

则 (13.40) 以及 $F(x_0, y_0) = 0$ 等价于

$$\begin{cases} \dfrac{\partial L}{\partial x}(x_0, y_0, \lambda_0) = 0, \\[2mm] \dfrac{\partial L}{\partial y}(x_0, y_0, \lambda_0) = 0, \\[2mm] \dfrac{\partial L}{\partial \lambda}(x_0, y_0, \lambda_0) = 0, \end{cases}$$

这样就把条件极值问题转化成了无条件极值问题. 这种方法称为**拉格朗日乘数法**, L 称为**拉格朗日函数**, λ 称为**拉格朗日乘数**.

　　类比上述思想, 我们不加证明地给出如下定理 13.5.

　　定理 13.5　设数值函数 M 和向量值函数 F 在区域 $D \subset \mathbb{R}^m$ 上连续可微. 若 D 的内点

$$X_0 = (x_1^{(0)}, \cdots, x_m^{(0)})$$

是 (13.36) 的解, 且矩阵

$$\begin{pmatrix} F_{1x_1} & \cdots & F_{1x_m} \\ \vdots & & \vdots \\ F_{nx_1} & \cdots & F_{nx_m} \end{pmatrix}\Bigg|_{X_0}$$

的秩为 n, 则存在 $\Lambda_0 = (\lambda_1^{(0)}, \cdots, \lambda_n^{(0)})$, 使得 (X_0, Λ_0) 为如下拉格朗日函数

$$L(X, \Lambda) = M(X) + \langle \Lambda, F(X) \rangle$$

的稳定点, 即

$$\frac{\partial L}{\partial X}(X_0, \Lambda_0) = 0, \quad \frac{\partial L}{\partial \Lambda}(X_0, \Lambda_0) = 0.$$

13.6.2　几个例子

例 13.8　用拉格朗日乘数法求解本节开头提到的水箱问题. 这时所求问题的拉格朗日函数是

$$L(x, y, z, \lambda) = 2(xz + yz) + xy + \lambda(xyz - V).$$

对 L 求偏导, 并令它们都等于 0:

$$\begin{cases} L_x = 2z + y + \lambda yz = 0, \\ L_y = 2z + x + \lambda xz = 0, \\ L_z = 2(x + y) + \lambda xy = 0, \\ L_\lambda = xyz - V = 0. \end{cases}$$

求解上述方程组, 得

$$x = y = \sqrt[3]{2V}, \quad z = \sqrt[3]{V/4}, \quad \lambda = -\frac{4}{\sqrt[3]{2V}}.$$

此时表面积为 $3(2V)^{2/3}$.

例 13.9　求函数 $f(x_1, \cdots, x_n) = \sum_{i=1}^{n} a_i x_i^2 \ (a_i > 0)$ 在条件

$$\sum_{i=1}^{n} x_i = c, x_i > 0, \quad i = 1, \cdots, n$$

下的最小值. 实际上, 作拉格朗日函数

$$L(x_1, \cdots, x_n, \lambda) = \sum_{i=1}^{n} a_i x_i^2 + \lambda \left(\sum_{i=1}^{n} x_i - c \right).$$

于是, 从

$$\frac{\partial L}{\partial x_i} = 2a_i x_i + \lambda = 0$$

可解出 $x_i = -\dfrac{\lambda}{2a_i}$, 代入 $\sum_{j=1}^{n} x_j = c$ 有

$$\lambda = -\frac{2c}{\sum_{j=1}^{n} \dfrac{1}{a_j}},$$

从而求得最小值点

$$x_i = \dfrac{\dfrac{c}{a_i}}{\displaystyle\sum_{j=1}^{n}\dfrac{1}{a_j}},$$

最小值为 $\dfrac{c^2}{\displaystyle\sum_{j=1}^{n}\dfrac{1}{a_j}}$.

特别地, 当 $a_i = 1(i=1,\cdots,n)$ 时, 函数 $f(x_1,\cdots,x_n) = \displaystyle\sum_{i=1}^{n}x_i^2$ 在条件 $\displaystyle\sum_{i=1}^{n}x_i = c$ 下的最小

值点为 $x_j = \dfrac{c}{n}$, $i=1,\cdots,n$, 最小值为 $\dfrac{c^2}{n}$. 从而得到

$$\sum_{i=1}^{n}x_i^2 \geqslant \frac{\left(\displaystyle\sum_{i=1}^{n}x_i\right)^2}{n}.$$

例 13.10　求点 (a,b,c) 到曲面

$$Ax + By + Cz = D$$

的最短距离. 实际上, 设 r 为 (a,b,c) 到 (x,y,z) 的距离, 则

$$r^2 = (x-a)^2 + (y-b)^2 + (z-c)^2.$$

作拉格朗日函数

$$f(x,y,z) = (x-a)^2 + (y-b)^2 + (z-c)^2 + \lambda(Ax+By+Cz-D).$$

由

$$\begin{cases} f_x = 2(x-a) + \lambda A = 0, \\ f_y = 2(y-b) + \lambda B = 0, \\ f_z = 2(z-c) + \lambda C = 0 \end{cases}$$

得

$$x = a - \frac{1}{2}\lambda A, \quad y = b - \frac{1}{2}\lambda B, \quad z = c - \frac{1}{2}\lambda C. \tag{13.41}$$

代入 $Ax + By + Cz = D$ 得

$$\lambda = \frac{2(Aa + Bb + Cc - D)}{A^2 + B^2 + C^2}. \tag{13.42}$$

由于 $(x,y,z) \to \infty$ 时, $r \to \infty$, 所以最短距离一定存在. 因此(13.41)就是平面上的点,

其到 (a,b,c) 的距离就是到平面的最短距离, 其中 λ 由 (13.42) 给出.

例 13.11　在曲面论的微分几何中, 曲面上曲线的法曲率满足

$$k_n(X) = \frac{X^\top B X}{X^\top A X}, \quad X = (x_1, x_2) \in \mathbb{R}^2,$$

其中 X 表示曲线的方向, 矩阵 A 是度量矩阵, 是一个对称正定矩阵, B 是曲线的第二基本形式构成的对称矩阵, 现在我们求 $k_n(X)$ 的极值, 由于齐次性, 不妨认为是在 $X^\top A X = 1$ 下, 求 $k_n(X) = X^\top B X$ 的条件极值. 由于 $X^\top A X = 1$ 表示椭圆 (想想为什么?), 因此 X 在一个闭区域上, 而 $k_n(X) = X^\top B X$ 显然是 X 的连续函数, 所以存在性没有任何问题. 引入拉格朗日乘数 λ, 就变成了求函数

$$f(X) = X^\top B X - \lambda X^\top A X$$

的无条件极值问题. 显然极值向量 X 满足必要条件:

$$D_X f(X) = 2BX - 2\lambda A X = 0.$$

于是

$$BX = \lambda A X, \lambda = \frac{X^\top B X}{X^\top A X}.$$

所以拉格朗日乘数 λ 正好对应极值向量的法曲率, 假设 $k_n(X)$ 在 $X = X_M$ 上达到最大值 k_M, 在 $X = X_m$ 达到极小值 k_m, 则

$$BX_M = k_M A X_M, \quad BX_m = k_m A X_m.$$

于是

$$X_m^\top B X_M = k_M X_m^\top A X_M, \quad X_M^\top B X_m = k_m X_M^\top A X_m.$$

所以当 $k_M \neq k_m$ 时, $X_M^\top A X_m = 0$, 在这样的度量下, 说明 X_m 垂直于 X_M. 特别是因为

$$(B - k_n A) X = 0$$

有非零解 X_m, X_M, 得到

$$|B - k_n A| = 0$$

是一个关于 k_n 的二次方程. 两个根的乘积 $k_m k_M$ 可以通过 A, B 计算出来, 称为曲面的高斯曲率, 描述了曲面的弯曲程度。

13.7　习　　题

1. 求下列方程所确定的隐函数的导数或偏导数:

(1) $\sin y + e^x - xy^2 = 0$, 求 y';

(2) $x^y = y^x$，求 y'；

(3) $z^3 - 3xyz = 1$，求 $\dfrac{\partial z}{\partial x}, \dfrac{\partial z}{\partial y}, \dfrac{\partial^2 z}{\partial x^2}$ 和 $\dfrac{\partial^2 z}{\partial x \partial y}$；

(4) $f(x+y, y+z, z+x) = 0$，求 $\dfrac{\partial z}{\partial x}$ 和 $\dfrac{\partial z}{\partial y}$；

(5) $z = f(xz, z-y)$，求 $\dfrac{\partial z}{\partial x}, \dfrac{\partial z}{\partial y}$ 和 $\dfrac{\partial^2 z}{\partial x^2}$；

(6) $\begin{cases} z - x^2 - y^2 = 0, \\ x^2 + 2y^2 + 3z^2 = 4, \end{cases}$ 求 $\dfrac{\mathrm{d}y}{\mathrm{d}x}, \dfrac{\mathrm{d}z}{\mathrm{d}x}, \dfrac{\mathrm{d}^2 y}{\mathrm{d}x^2}$ 和 $\dfrac{\mathrm{d}^2 z}{\mathrm{d}x^2}$；

(7) $\begin{cases} xu + yv = 0, \\ yu + xv = 1, \end{cases}$ 求 $\dfrac{\partial u}{\partial x}, \dfrac{\partial u}{\partial y}, \dfrac{\partial^2 u}{\partial x^2}$ 和 $\dfrac{\partial^2 u}{\partial x \partial y}$；

(8) $\begin{cases} u = f(ux, v+y), \\ v = g(u-x, v^2 y), \end{cases}$ 求 $\dfrac{\partial u}{\partial x}$ 和 $\dfrac{\partial v}{\partial x}$；

(9) $\begin{cases} x = u + v, \\ y = u - v, \\ z = u^2 v^2, \end{cases}$ 求 $\dfrac{\partial z}{\partial x}$ 和 $\dfrac{\partial z}{\partial y}$.

2. 设 f 是一元函数，试问应该对 f 提出什么条件，方程
$$2f(xy) = f(x) + f(y)$$
在点 $(1,1)$ 的邻域内就能确定唯一的 y 为 x 的函数？

3. 设 $f(x, y)$ 具有二阶连续偏导数. 在极坐标变换下，求
$$\frac{\partial^2 f}{\partial x^2} + \frac{\partial^2 f}{\partial y^2}$$
关于极坐标的表达式.

4. 设 $f(x, y, z)$ 具有二阶连续偏导数. 在球坐标变换下，求
$$\frac{\partial^2 f}{\partial x^2} + \frac{\partial^2 f}{\partial y^2} + \frac{\partial^2 f}{\partial z^2}$$
关于球坐标的表达式.

5. 设 $f(x, y)$ 具有二阶连续偏导数. 证明：通过适当线性变换
$$\begin{cases} u = x + \lambda y, \\ v = x + \mu y, \end{cases}$$
可以将方程
$$A\frac{\partial^2 f}{\partial x^2} + 2B\frac{\partial^2 f}{\partial x \partial y} + C\frac{\partial^2 f}{\partial y^2} = 0 \quad (AC - B^2 < 0)$$
化简为
$$\frac{\partial^2 f}{\partial u \partial v} = 0 \,.$$

并说明此时 λ, μ 为方程 $A + 2Bt + Ct^2 = 0$ 的两个相异实根. 特别地, 若

$$A = -1, \quad B = 0, \quad C = 1,$$

上述二阶偏微分方程被称为一维波动方程.

    6. 求笛卡儿叶形线

$$2(x^3 + y^3) - 9xy = 0$$

在点 $(2,1)$ 的切线与法线.

    7. 求球面 $x^2 + y^2 + z^2 = 50$ 与锥面 $x^2 + y^2 = z^2$ 所截出的曲线在 $(3,4,5)$ 处的切线与法平面方程.

    8. 求椭球面 $x^2 + 2y^2 + 3z^2 = 6$ 在 $(1,1,1)$ 处的切平面与法线方程.

第14章

含参量积分

对多元函数其中的一个自变量进行积分形成的函数称为含参量积分, 它可用来构造新的非初等函数, 也为后续重积分的计算奠定基础. 本章就系统地讨论含参量的积分, 包含正常积分和反常积分两种形式.

14.1 含参量正常积分

设 $f(x,y)$ 是定义在矩形区域 $R=[a,b]\times[c,d]$ 上的二元函数. 当 x 取 $[a,b]$ 上的定值时, 函数 $f(x,y)$ 是定义在 $[c,d]$ 上以 y 为自变量的一元函数. 倘若这时 $f(x,y)$ 在 $[c,d]$ 上可积, 则其积分值

$$I(x) = \int_c^d f(x,y)\mathrm{d}y, \quad x\in[a,b]$$

是定义在 $[a,b]$ 上的函数.

一般地, 设 $f(x,y)$ 为定义在区域

$$G = \{(x,y)\,|\,c(x)\leqslant y\leqslant d(x), a\leqslant x\leqslant b\}$$

上的二元函数, 其中 $c(x),d(x)$ 为定义在 $[a,b]$ 上的连续函数, 若对于 $[a,b]$ 上每一固定的 x 值, $f(x,y)$ 作为 y 的函数在闭区间 $[c(x),d(x)]$ 上可积, 则其积分值

$$F(x) = \int_{c(x)}^{d(x)} f(x,y)\mathrm{d}y, \quad x\in[a,b]$$

是定义在 $[a,b]$ 上的函数.

用积分形式所定义的这两类函数 $I(x)$ 与 $F(x)$ 统称为定义在 $[a,b]$ 上的含参量 x 的(正常)积分, 或简称为含参量积分.

14.1.1 含参量正常积分的连续性

定理 14.1($I(x)$ 的连续性) 若二元函数 $f(x,y)$ 在矩形区域 $R=[a,b]\times[c,d]$ 上连续, 则函数

$$I(x) = \int_c^d f(x,y)\mathrm{d}y \tag{14.1}$$

在 $[a,b]$ 上连续.

　　证明　设 $x \in [a,b]$，对充分小的 Δx，有 $x + \Delta x \in [a,b]$ (若 x 为区间的端点，则仅考虑 $\Delta x > 0$ 或 $\Delta x < 0$)，于是

$$I(x + \Delta x) - I(x) = \int_c^d [f(x + \Delta x, y) - f(x, y)] \mathrm{d}y, \tag{14.2}$$

由于 $f(x, y)$ 在有界闭区域 R 上连续，从而一致连续，即对任意 $\varepsilon > 0$，总存在 $\delta > 0$，对 R 内任意两点 (x_1, y_1) 与 (x_2, y_2)，只要

$$|x_1 - x_2| < \delta, \quad |y_1 - y_2| < \delta,$$

就有

$$\left| f(x_1, y_1) - f(x_2, y_2) \right| < \varepsilon. \tag{14.3}$$

所以由 (14.2)、(14.3) 可得，当 $|\Delta x| < \delta$ 时，

$$\begin{aligned} \left| I(x + \Delta x) - I(x) \right| &\leqslant \int_c^d \left| f(x + \Delta x, y) - f(x, y) \right| \mathrm{d}y \\ &< \int_c^d \varepsilon \mathrm{d}x = \varepsilon(d - c). \end{aligned}$$

即 $I(x)$ 在 $[a,b]$ 上连续.　　　　　　　　　　　　　　　　　　　　　　　　　　　□

　　同理可证：若 $f(x, y)$ 在矩形区域 R 上连续，则含参量 y 的积分

$$J(y) = \int_a^b f(x, y) \mathrm{d}x \tag{14.4}$$

在 $[c,d]$ 上连续.

　　定理 14.2 ($(F(x)$ 的连续性)　若二元函数 $f(x, y)$ 在区域 $G = \{(x, y) \mid c(x) \leqslant y \leqslant d(x), a \leqslant x \leqslant b\}$ 上连续，其中 $c(x), d(x)$ 为 $[a,b]$ 上的连续函数，则函数

$$F(x) = \int_{c(x)}^{d(x)} f(x, y) \mathrm{d}y \tag{14.5}$$

在 $[a,b]$ 上连续.

　　证明　对积分 (14.5) 用换元积分法，令

$$y = c(x) + t(d(x) - c(x)).$$

当 y 在 $c(x)$ 与 $d(x)$ 之间取值时，t 在 $[0,1]$ 上取值，且

$$\mathrm{d}y = (d(x) - c(x)) \mathrm{d}t.$$

所以从 (14.5) 式可得

$$F(x) = \int_{c(x)}^{d(x)} f(x,y)\mathrm{d}y$$

$$= \int_0^1 f(x, c(x) + t(d(x) - c(x)))(d(x) - c(x))\mathrm{d}t.$$

由于被积函数

$$f(x, c(x) + t(d(x) - c(x)))(d(x) - c(x))$$

在矩形区域 $[a,b] \times [0,1]$ 上连续, 由定理 14.1 得积分 (14.5) 所确定的函数 $F(x)$ 在 $[a,b]$ 上连续.　　　　　　　　　　　　　　　　　　　　　　　　　　　　　$\square$

下面的定理 14.3 和定理 14.4 说明积分号下可以求导数.

14.1.2　含参量正常积分的可微性

定理 14.3($I(x)$ 的可微性)　若函数 $f(x,y)$ 与其偏导数 $f_x(x,y)$ 都在矩形区域 $R = [a,b] \times [c,d]$ 上连续, 则函数

$$I(x) = \int_c^d f(x,y)\mathrm{d}y$$

在 $[a,b]$ 上可微, 且

$$I'(x) = \int_c^d f_x(x,y)\mathrm{d}y .$$

证明　对于 $[a,b]$ 内任意一点 x, 设 $x + \Delta x \in [a,b]$ (若 x 为区间的端点, 则讨论单侧区间), 则

$$\frac{I(x + \Delta x) - I(x)}{\Delta x} = \int_c^d \frac{f(x + \Delta x, y) - f(x,y)}{\Delta x}\mathrm{d}y.$$

由微分学的拉格朗日中值定理及 $f_x(x,y)$ 在有界闭域 R 上连续(从而一致连续), 对任意的 $\varepsilon > 0$, 存在 $\delta > 0$, 只要 $|\Delta x| < \delta$ 时, 就有

$$\left| \frac{f(x + \Delta x, y) - f(x,y)}{\Delta x} - f_x(x,y) \right| = \left| f_x(x + \theta \Delta x, y) - f_x(x,y) \right| < \varepsilon,$$

其中 $\theta \in (0,1)$. 因此

$$\left| \frac{\Delta I}{\Delta x} - \int_c^d f_x(x,y)\mathrm{d}y \right| \leqslant \int_c^d \left| \frac{f(x + \Delta x, y) - f(x,y)}{\Delta x} - f_x(x,y) \right| \mathrm{d}y$$

$$\leqslant \varepsilon(d - c).$$

这就证明了对任意 $x \in [a,b]$, 有

$$I'(x) = \int_c^d f_x(x,y)\mathrm{d}y .　　　　　　　　　　\square$$

例 14.1　设 $y \in (-1,1)$, 计算

$$J(y) = \int_0^\pi \ln(1 - 2y\cos x + y^2)\mathrm{d}x.$$

对任意的 $y \in (-1,1)$，取包含 y 的闭区间 $[-b,b]$，$y \in [-b,b]$，

$$f(x,y) = \ln(1 - 2y\cos x + y^2)$$

在 $[-b,b] \times [0,\pi]$ 上连续可微，所以由定理 14.3，积分号下可以求导数

$$J'(y) = \int_0^\pi f_y(x,y)\mathrm{d}x = \int_0^\pi \frac{-2\cos x + 2y}{1 - 2y\cos x + y^2}\mathrm{d}x.$$

当 $y = 0$ 时，显然有 $J'(0) = -2\int_0^\pi \cos x\mathrm{d}x = 0$．对 $y \neq 0$，用 $t = \tan\dfrac{x}{2}$ 求出原函数，计算得

$$J'(y) = \int_0^\pi \frac{-2\cos x + 2y}{1 - 2y\cos x + y^2}\mathrm{d}x$$

$$= \frac{1}{y}\int_0^\pi \left(1 + \frac{y^2 - 1}{1 - 2y\cos x + y^2}\right)\mathrm{d}x$$

$$= \frac{1}{y}\left[x - 2\arctan\left(\frac{1+y}{1-y}\tan\frac{x}{2}\right)\right]\Bigg|_0^\pi = 0.$$

因为

$$J'(y) = 0, \quad y \in (-1,1),$$

所以 $J(y) = C$ 是个常数．但 $J(y) = J(0) = 0$，于是 $J(y) \equiv 0$．

下面的定理 14.4 十分重要，我们在定积分里面学的变上限积分就是该定理的特殊情形．

定理 14.4（$F(x)$ 的可微性）　设 $f(x,y), f_x(x,y)$ 在 $R = [a,b] \times [p,q]$ 上连续，$c(x)$，$d(x)$ 为定义在 $[a,b]$ 上其值含于 $[p,q]$ 内的可微函数，则函数

$$F(x) = \int_{c(x)}^{d(x)} f(x,y)\mathrm{d}y$$

在 $[a,b]$ 上可微，且

$$F'(x) = \int_{c(x)}^{d(x)} f_x(x,y)\mathrm{d}y + f(x,d(x))d'(x) - f(x,c(x))c'(x).$$

证明　把 $F(x)$ 看作复合函数：

$$F(x) = H(x,c,d) = \int_c^d f(x,y)\mathrm{d}y, \quad c = c(x), d = d(x).$$

由复合函数求导法则及变动上限积分的性质，有

$$F'(x) = \frac{\partial H}{\partial x} + \frac{\partial H}{\partial c}\frac{\mathrm{d}c}{\mathrm{d}x} + \frac{\partial H}{\partial d}\frac{\mathrm{d}d}{\mathrm{d}x}$$

$$= \int_{c(x)}^{d(x)} f_x(x,y)\mathrm{d}y + f(x,d(x))d'(x) - f(x,c(x))c'(x). \qquad \square$$

14.1.3　含参量正常积分的可积性

事实上，在 $f(x,y)$ 连续性假设下，同时存在两个求积顺序不同的积分:

$$\int_a^b \left[\int_c^d f(x,y)\mathrm{d}y \right] \mathrm{d}x \quad 与 \quad \int_c^d \left[\int_a^b f(x,y)\mathrm{d}x \right] \mathrm{d}y.$$

为书写简便起见，今后将上述两个积分写作

$$\int_a^b \mathrm{d}x \int_c^d f(x,y)\mathrm{d}y \quad 与 \quad \int_c^d \mathrm{d}y \int_a^b f(x,y)\mathrm{d}x.$$

前者表示 $f(x,y)$ 先对 y 求积然后对 x 求积，后者则表示求积顺序相反. 它们统称为 **累次积分**. 下面两个定理告诉我们，在 $f(x,y)$ 连续性假设下，累次积分与求积顺序无关.

定理 14.5　若 $f(x,y)$ 在矩形区域 $R = [a,b] \times [c,d]$ 上连续，则由 (14.1) 定义的 $I(x)$ 与由 (14.4) 定义的 $J(y)$ 分别在 $[a,b]$ 和 $[c,d]$ 上可积.

下面给出积分次序交换的定理.

定理 14.6　若 $f(x,y)$ 在矩形区域 $R = [a,b] \times [c,d]$ 上连续，则

$$\int_a^b \mathrm{d}x \int_c^d f(x,y)\mathrm{d}y = \int_c^d \mathrm{d}y \int_a^b f(x,y)\mathrm{d}x. \qquad (14.6)$$

证明　记

$$I_1(u) = \int_a^u \mathrm{d}x \int_c^d f(x,y)\mathrm{d}y, \quad I_2(u) = \int_c^d \mathrm{d}y \int_a^u f(x,y)\mathrm{d}x,$$

其中 $u \in [a,b]$. 现在分别求 $I_1(u)$ 与 $I_2(u)$ 的导数.

$$I_1'(u) = \frac{\mathrm{d}}{\mathrm{d}u} \int_a^u I(x)\mathrm{d}x = I(u).$$

对于 $I_2(u)$，令 $H(u,y) = \int_a^u f(x,y)\mathrm{d}x$，则有

$$I_2(u) = \int_c^d H(u,y)\mathrm{d}y.$$

因为 $H(u,y)$ 与 $H_u(u,y) = f(u,y)$ 都在 R 上连续，由定理 14.3，

$$I_2'(u) = \frac{\mathrm{d}}{\mathrm{d}u} \int_c^d H(u,y)\mathrm{d}y = \int_c^d H_u(u,y)\mathrm{d}y = \int_c^d f(u,y)\mathrm{d}y = I(u).$$

故得 $I_1'(u) = I_2'(u)$，因此对一切 $u \in [a,b]$，有 $I_1(u) = I_2(u) + k$（k 为常数）. 当 $u = a$ 时，$I_1(a) = I_2(a) = 0$，于是 $k = 0$，即得

$$I_1(u) = I_2(u), \quad u \in [a,b].$$

取 $u = b$ 就得到所要证明的.　　　　　　　　　　　　　　　　　　　□

例 14.2　求 $\lim\limits_{a \to 0} \int_a^{1+a} \dfrac{\mathrm{d}x}{1+x^2+a^2}$. 实际上, 记 $I(a) = \int_a^{1+a} \dfrac{\mathrm{d}x}{1+x^2+a^2}$. 由于 $a, 1+a$ 以

及 $\dfrac{1}{1+x^2+a^2}$ 都是 a 和 x 的连续函数, 由定理 14.1 可知 $I(a)$ 在 $a = 0$ 处连续, 所以

$$\lim_{a \to 0} I(a) = I(0) = \int_0^1 \frac{\mathrm{d}x}{1+x^2} = \frac{\pi}{4}.$$

例 14.3　设 $\varphi(x) = \int_x^{x^2} \dfrac{\sin(xy)}{y} \mathrm{d}y, x \in [1,2]$, 求 $\varphi'(x)$. 令 $f(x,y) = \dfrac{\sin(xy)}{y}$. 则

$f_x(x,y) = \cos(xy)$ 在矩形区域 $[1,2] \times [1,4]$ 连续, 积分上下限在 $[1,2]$ 上可微. 于是由定理 14.3 得

$$\varphi'(x) = \int_x^{x^2} \cos(xy)\mathrm{d}y + \frac{\sin x^3}{x^2} \cdot 2x - \frac{\sin x^2}{x}$$

$$= \frac{1}{x} \sin(xy)\Big|_x^{x^2} + \frac{2\sin x^3}{x} - \frac{\sin x^2}{x}$$

$$= \frac{3\sin x^3}{x} - \frac{2\sin x^2}{x}.$$

例 14.4　求 $I = \int_0^1 \dfrac{x^b - x^a}{\ln x} \mathrm{d}x(b > a > 0)$. 因为 $\int_a^b x^y \mathrm{d}y = \dfrac{x^b - x^a}{\ln x}$, 所以

$$I = \int_0^1 \mathrm{d}x \int_a^b x^y \mathrm{d}y.$$

又由于函数 x^y 在 $R = [0,1] \times [a,b]$ 上满足定理 14.6 的条件, 所以交换积分顺序得到

$$I = \int_a^b \mathrm{d}y \int_0^1 x^y \mathrm{d}x = \int_a^b \frac{1}{1+y} \mathrm{d}y = \ln \frac{1+b}{1+a}.$$

例 14.5　定理 14.6 中的连续性条件是必要的. 例如, 函数

$$f(x,y) = \frac{y^2 - x^2}{(x^2 + y^2)^2}, \quad x, y \in [0,1].$$

在 $x, y \in [0,1]$ 中不满足定理 14.6 的条件, 因为 $x = 0, y = 0$ 是间断点, 故

$$\int_0^1 f(x,y)\mathrm{d}x = \frac{x}{x^2 + y^2}\Big|_0^1 = \frac{1}{1+y^2} \quad (y > 0),$$

$$\int_0^1 \mathrm{d}y \int_0^1 f(x,y)\mathrm{d}x = \arctan y\Big|_0^1 = \frac{\pi}{4}.$$

而

$$\int_0^1 \mathrm{d}x \int_0^1 f(x,y)\mathrm{d}y = -\frac{\pi}{4}.$$

故积分次序不能交换.

14.2 含参量反常积分

处理含参量反常积分的思想方法与前面 7.6 节处理反常积分的方法类似. 此外, 我们在学习含参量反常积分的一致收敛性的判别法时可与第 9 章函数项级数的一致收敛性的判别法比较学习.

设函数 $f(x,y)$ 定义在无界区域 $R = J \times [c, +\infty)$ 上, 其中 J 是任意区间. 若对任意的 $x \in J$, 反常积分

$$I(x) = \int_c^{+\infty} f(x,y)\mathrm{d}y \tag{14.7}$$

都收敛, 则 $I(x)$ 是 J 上的函数. 称 $I(x)$ 为定义在 J 上的含参量 x 的无穷反常积分, 简称含参量反常积分.

14.2.1 含参量反常积分的一致收敛性及判别法

定义 14.1 若含参量反常积分 (14.7) 与函数 $I(x)$ 满足对任意 $\varepsilon > 0$, 存在 $N > c$, 使得当 $M > N$ 时, 对一切 $x \in J$, 都有

$$\left| \int_c^M f(x,y)\mathrm{d}y - I(x) \right| < \varepsilon,$$

即

$$\left| \int_M^{+\infty} f(x,y)\mathrm{d}y \right| < \varepsilon,$$

则称含参量反常积分 (14.7) 在 J 上一致收敛于 $I(x)$.

下面的定理 14.7 说明积分号下可以取极限.

定理 14.7 设 $f(x,y)$ 在 $x \geq a, y \geq c$ 上连续, 假设 $f(x,y)$ 当 $y \to y_0$ 时在 x 的任何有限区间都一致收敛到可积函数 $g(x)$. 如果

$$I(y) = \int_a^{\infty} f(x,y)\mathrm{d}x$$

在 $y \geq c$ 上一致收敛, 则

$$\lim_{y \to y_0} I(y) = \int_a^{\infty} g(x)\mathrm{d}x.$$

证明　由于 $I(y)$ 的一致收敛性和 $g(x)$ 的可积性, 对任何的 $\varepsilon > 0$, 可取 N 充分大使得

$$\left| \int_N^\infty f(x,y)\mathrm{d}x \right| \leqslant \frac{\varepsilon}{3}(y > c), \quad \int_N^\infty |g(x)|\mathrm{d}x \leqslant \frac{\varepsilon}{3}.$$

因为 $f(x,y)$ 在 $[a,N]$ 中一致收敛到 $g(x)$, 所以存在 $\delta > 0$ 使得当 $|y - y_0| < \delta$ 时 (如果 $y_0 = \infty$, 则存在 $M > 0$ 使得当 $y > M$ 时),

$$|f(x,y) - g(x)| < \frac{\varepsilon}{3(N-a)}.$$

于是

$$\left| \int_a^N f(x,y)\mathrm{d}x - \int_a^N g(x)\mathrm{d}x \right| < \frac{\varepsilon}{3}(|y - y_0| < \delta \text{或者} y > M).$$

所以当 $|y - y_0| < \delta$ (或者 $y > M$ 时),

$$\left| \int_a^\infty f(x,y)\mathrm{d}x - \int_a^\infty g(x)\mathrm{d}x \right| < \varepsilon. \qquad \square$$

下面的例子说明反常积分号下取无穷极限仅仅靠一致收敛不够.

例 14.6　考察函数列

$$f_n(x) = \begin{cases} \dfrac{x}{n^2}, & x \in [0,n), \\[2mm] \dfrac{2n-x}{n^2}, & x \in [n,2n), \quad n = 1,2,\cdots. \\[2mm] 0, & x \in [2n,\infty), \end{cases}$$

因为

$$|f_n(x)| \leqslant \frac{1}{n}, \quad \forall x \in [0,\infty), \quad n = 1,2,\cdots,$$

所以 $f_n(x)$ 在 $[0,\infty)$ 上一致趋于零. 但显然有

$$\lim_{n \to \infty} \int_0^\infty f_n(x)\mathrm{d}x = 1 \neq 0.$$

定理 14.8（一致收敛的柯西准则）　含参量反常积分 (14.7) 在 J 上一致收敛的充要条件是: 任给 $\varepsilon > 0$, 存在 $N > c$, 使得当 $A_1, A_2 > N$ 时, 对一切的 $x \in J$, 都有

$$\left| \int_{A_1}^{A_2} f(x,y)\mathrm{d}y \right| < \varepsilon.$$

证明　必要性. 若 $I(x) = \int_c^{+\infty} f(x,y)\mathrm{d}y$ 在 J 上一致收敛, 则对任意的 $\varepsilon > 0$, 存在

$N > c$, 使得对所有的 $A > N$ 及 $x \in J$, 有

$$\left| \int_c^A f(x,y)\mathrm{d}y - I(x) \right| < \frac{\varepsilon}{2}.$$

因此, 对任意的 $A_1, A_2 > N$,

$$\left| \int_{A_1}^{A_2} f(x,y)\mathrm{d}x \right| = \left| \int_c^{A_1} f(x,y)\mathrm{d}x - \int_c^{A_2} f(x,y)\mathrm{d}x \right|$$

$$\leqslant \left| \int_c^{A_1} f(x,y)\mathrm{d}x - I(x) \right| + \left| \int_c^{A_2} f(x,y)\mathrm{d}x - I(x) \right| < \frac{\varepsilon}{2} + \frac{\varepsilon}{2} = \varepsilon.$$

充分性. 若对任给的 $\varepsilon > 0$, 存在 $N > c$ 使得对所有的 $A_1, A_2 > N$,

$$\left| \int_{A_1}^{A_2} f(x,y)\mathrm{d}y \right| < \varepsilon.$$

则令 $A_2 \to +\infty$, 得 $\left| \int_M^{+\infty} f(x,y)\mathrm{d}y \right| \leqslant \varepsilon$. 这就证明了 $I(x) = \int_c^{+\infty} f(x,y)\mathrm{d}y$ 在 J 上一致收敛. □

例 14.7 积分

$$I(y) = \int_0^\infty y\mathrm{e}^{-xy}\mathrm{d}x$$

在 $y \in [0,1]$ 中不一致收敛. 因为

$$\int_A^\infty y\mathrm{e}^{-xy}\mathrm{d}x = \int_{yA}^\infty \mathrm{e}^{-t}\mathrm{d}t = \mathrm{e}^{-Ay} \to 1 \quad (y \to 0).$$

所以 $I(y)$ 不一致收敛.

含参量反常积分一致收敛性与函数项级数一致收敛之间的联系可以用下述定理来描述.

定理 14.9 含参量反常积分 (14.7) 在 J 上一致收敛的充要条件是: 对任一趋于 $+\infty$ 的单调递增数列 $\{A_n\}$ (其中 $A_1 = c$), 函数项级数

$$\sum_{n=1}^\infty \int_{A_n}^{A_{n+1}} f(x,y)\mathrm{d}y = \sum_{n=1}^\infty u_n(x) \tag{14.8}$$

在 J 上一致收敛, 其中 $u_n(x) = \int_{A_n}^{A_{n+1}} f(x,y)\mathrm{d}y$.

证明 必要性. 由 (14.7) 在 J 上一致收敛, 故对任给的 $\varepsilon > 0$, 存在 $M > c$, 使得当 $A'' > A' > M$ 时, 对一切 $x \in J$, 总有

$$\left| \int_{A'}^{A''} f(x,y)\mathrm{d}y \right| < \varepsilon.$$

又由 $A_n \to +\infty (n \to \infty)$，所以对正数 M，存在正整数 N，只要当 $m > n > N$ 时，就有 $A_m > A_n > M$．则对一切 $x \in J$，就有

$$\left| u_n(x) + \cdots + u_m(x) \right| = \left| \int_{A_n}^{A_{m+1}} f(x,y)\mathrm{d}y + \cdots + \int_{A_n}^{A_{n+1}} f(x,y)\mathrm{d}y \right|$$

$$= \left| \int_{A_n}^{A_{m+1}} f(x,y)\mathrm{d}y \right| < \varepsilon.$$

这就证明了级数 (14.8) 在 J 上一致收敛．

充分性．我们使用反证法．假若 (14.7) 在 J 上不一致收敛，则存在 $\varepsilon_0 > 0$，对所有的 $M > c$，存在 $A'' > A' > M$ 和 $x' \in J$，使得

$$\left| \int_{A'}^{A''} f(x',y)\mathrm{d}y \right| \geqslant \varepsilon_0.$$

现取 $M_1 = \max\{1,c\}$，则存在 $A_2 > A_1 > M_1$ 及 $x_1 \in [a,b]$，使得

$$\left| \int_{A_1}^{A_2} f(x_1,y)\mathrm{d}y \right| \geqslant \varepsilon_0.$$

一般地，取 $M_n = \max\{n, A_{2(n-1)}\} (n \geqslant 2)$，则有 $A_{2n} > A_{2n-1} > M_n$ 及 $x_n \in J$，使得

$$\left| \int_{A_{2n-1}}^{A_{2n}} f(x_n,y)\mathrm{d}y \right| \geqslant \varepsilon_0. \tag{14.9}$$

由上述所得到的数列 $\{A_n\}$ 是递增数列，且 $\lim\limits_{n\to\infty} A_n = +\infty$．现在考虑级数

$$\sum_{n=1}^{\infty} u_n(x) = \sum_{n=1}^{\infty} \int_{A_n}^{A_{n+1}} f(x,y)\mathrm{d}y.$$

由 (14.9) 式知存在正数 ε_0，对任何正整数 N，只要 $n > N$，就有某个 $x_0 \in J$，使得

$$\left| u_{2n}(x_n) \right| = \left| \int_{A_{2n}}^{A_{2n+1}} f(x_n,y)\mathrm{d}y \right| \geqslant \varepsilon_0.$$

这与级数 (14.8) 在 J 上一致收敛的假设矛盾．故含参量反常积分在 J 上一致收敛．　□

定理 14.10（魏尔斯特拉斯判别法）　设有函数 $g(y)$，使得

$$\left| f(x,y) \right| \leqslant g(y), \quad x \in J, c \leqslant y < +\infty.$$

若 $\int_c^{+\infty} g(y)\mathrm{d}y$ 收敛，则 $\int_c^{+\infty} f(x,y)\mathrm{d}y$ 在 J 上一致收敛．

证明　由于 $\int_c^{+\infty} g(y)\mathrm{d}y$ 收敛，存在 $N > c$，对所有的 $A_1, A_2 > N$ 有

$$\left| \int_{A_1}^{A_2} g(y)\mathrm{d}y \right| < \varepsilon.$$

因此, 对所有的 $A_1, A_2 > N$ 及 $x \in [c,d]$, 我们都有

$$\left| \int_{A_1}^{A_2} f(x,y)\mathrm{d}x \right| \leqslant \left| \int_{A_1}^{A_2} g(y)\mathrm{d}y \right| < \varepsilon.$$

从而 $\int_c^{+\infty} f(x,y)\mathrm{d}y$ 在 J 上一致收敛. □

定理 14.11 (狄利克雷判别法)　如果下面两个条件满足

(i) 对一切实数 $N > c$, 含参量正常积分

$$\int_c^N f(x,y)\mathrm{d}y$$

对参量 x 在 J 上一致有界, 即存在正数 M, 对一切 $N > c$ 及一切 $x \in J$, 都有

$$\left| \int_c^N f(x,y)\mathrm{d}y \right| \leqslant M;$$

(ii) 对每一个 $x \in J$, 函数 $g(x,y)$ 关于 y 单调且当 $y \to +\infty$ 时, 对参量 x, $g(x,y)$ 一致收敛于 0, 则含参量反常积分

$$\int_c^{+\infty} f(x,y)g(x,y)\mathrm{d}y$$

在 J 上一致收敛.

证明　任给 $\varepsilon > 0$, 存在 $N > c$, 使得对所有的 $A > N$, 有 $|g(x,A)| < \dfrac{\varepsilon}{2M}$. 于是, 对所有的 $A_1, A_2 > N$, 由定理 7.17, 存在 $\xi \in (A_1, A_2)$,

$$\left| \int_{A_1}^{A_2} f(x,y)g(x,y)\mathrm{d}y \right| = \left| g(x,A_1) \int_{A_1}^{\xi} f(x,y)\mathrm{d}y + g(x,A_2) \int_{\xi}^{A_2} f(x,y)\mathrm{d}y \right|$$

$$\leqslant |g(x,A_1)| \left| \int_{A_1}^{\xi} f(x,y)\mathrm{d}y \right| + |g(x,A_2)| \left| \int_{\xi}^{A_2} f(x,y)\mathrm{d}y \right|$$

$$\leqslant \frac{\varepsilon}{2M} \cdot M + \frac{\varepsilon}{2M} \cdot M = \varepsilon.$$

由一致收敛的柯西准则, $\int_c^{+\infty} f(x,y)g(x,y)\mathrm{d}y$ 在 J 上一致收敛. □

例 14.8　积分

$$\int_0^\infty \frac{x \sin yx}{\alpha^2 + x^2} \mathrm{d}x \quad (\alpha > 0)$$

在 $y \geqslant y_0 (> 0)$ 中一致收敛. 事实上, 当 $y \geqslant y_0$ 时,

$$\left| \int_0^A \sin yx \mathrm{d}x \right| = \left| \frac{1 - \cos Ay}{y} \right| \leqslant \frac{2}{y_0}.$$

而 $\dfrac{x}{\alpha^2 + x^2}$ 与 y 无关, 当 $x \geqslant \alpha$ 时单调递减, 且当 $x \to \infty$ 时趋于零. 所以由定理 14.10,

$$\int_0^\infty \frac{x \sin yx}{y^2 + x^2} \mathrm{d}x$$

在 $y \geqslant y_0$ 中一致收敛.

定理 14.12 (阿贝尔判别法) 如果下面两个条件满足

(i) $\displaystyle\int_c^{+\infty} f(x,y)\mathrm{d}y$ 在 J 上一致收敛;

(ii) 对每一个 $x \in J$, 函数 $g(x,y)$ 为 y 的单调函数, 且对参量 x, $g(x,y)$ 在 J 上一致有界,

则含参量反常积分 $\displaystyle\int_c^{+\infty} f(x,y)g(x,y)\mathrm{d}y$ 在 J 上一致收敛.

与定理 14.11 证明类似, 留作练习.

例 14.9 判别反常积分

$$I(\alpha) := \int_0^\infty \mathrm{e}^{-\alpha x} \frac{\sin x}{x} \mathrm{d}x$$

在区间 $[0,\infty)$ 是否一致收敛.

我们来验证定理 14.12 中的阿贝尔判别法的条件. 首先, 反常积分 $\displaystyle\int_0^\infty \frac{\sin x}{x} \mathrm{d}x$ 收敛, 故一致收敛. 其次, $x \in [0,\infty)$, $\mathrm{e}^{-\alpha x}$ 是 x 的单调函数, 并且 $\mathrm{e}^{-\alpha x} \leqslant 1$ 关于 α, x 一致有界, 阿贝尔判别法的两个条件都满足, 故含参量反常积分 $I(\alpha)$ 一致收敛.

14.2.2 含参量反常积分的性质

一致收敛含参量反常积分的性质与一致收敛函数项级数的性质是类似的, 证明思路也是类似的, 可以比较学习.

定理 14.13 (连续性) 设 $f(x,y)$ 在 $J \times [c, +\infty)$ 上连续, 若含参量反常积分

$$I(x) = \int_c^{+\infty} f(x,y)\mathrm{d}y$$

在 J 上一致收敛, 则 $I(x)$ 在 J 上连续.

注 14.1 这个定理也证明了在一致收敛的条件下, 极限运算与积分运算可以交换:

$$\lim_{x \to x_0} \int_c^{+\infty} f(x,y)\mathrm{d}y = \int_c^{+\infty} f(x_0,y)\mathrm{d}y = \int_c^{+\infty} \lim_{x \to x_0} f(x,y)\mathrm{d}y \,.$$

证明 由定理 14.9, 对任一单调递增且趋于 $+\infty$ 的数列 $\{A_n\}(A_1 = c)$, 函数项级数

$$I(x) = \sum_{n=1}^{\infty} \int_{A_n}^{A_{n+1}} f(x,y)\mathrm{d}y = \sum_{n=1}^{\infty} u_n(x)$$

在 J 上一致收敛. 又由于 $f(x,y)$ 在 $J \times [c, +\infty)$ 上连续, 故每个 $u_n(x)$ 都在 J 上连续. 根据函数项级数的连续性定理(定理 9.17), 函数 $I(x)$ 在 J 上连续.　　　　□

　　下面的定理 14.14 表明, 在满足定理的条件下, 求导运算和积分运算可以交换. 反常积分下可以求导数.

　　定理 14.14 (可微性)　设 $f(x,y)$ 与 $f_x(x,y)$ 在区域 $J \times [c, +\infty)$ 上连续. 若 $I(x) = \int_c^{+\infty} f(x,y)\mathrm{d}y$ 在 J 上收敛, $\int_c^{+\infty} f_x(x,y)\mathrm{d}y$ 在 J 上一致收敛, 则 $I(x)$ 在 J 上可微, 且

$$I'(x) = \int_c^{+\infty} f_x(x,y)\mathrm{d}y.$$

　　证明　对任一单调递增且趋于 $+\infty$ 的数列 $\{A_n\}(A_1 = c)$, 令

$$u_n(x) = \int_{A_n}^{A_{n+1}} f(x,y)\mathrm{d}y,$$

由定理 14.3 推得

$$u_n'(x) = \int_{A_n}^{A_{n+1}} f_x(x,y)\mathrm{d}y.$$

由 $\int_c^{+\infty} f(x,y)\mathrm{d}y$ 在 J 上一致收敛及定理 14.9, 可得函数项级数

$$\sum_{n=1}^{\infty} u_n'(x) = \sum_{n=1}^{\infty} \int_{A_n}^{A_{n+1}} f_x(x,y)\mathrm{d}y$$

在 J 上一致收敛, 因此根据函数项级数的逐项求导定理(定理 9.22), 即得

$$I'(x) = \sum_{n=1}^{\infty} u_n'(x) = \sum_{n=1}^{\infty} \int_{A_n}^{A_{n+1}} f_x(x,y)\mathrm{d}y = \int_c^{+\infty} f_x(x,y)\mathrm{d}y,$$

或写作

$$\frac{\mathrm{d}}{\mathrm{d}x} \int_c^{+\infty} f(x,y)\mathrm{d}y = \int_c^{+\infty} \frac{\partial}{\partial x} f(x,y)\mathrm{d}y.　　　　□$$

　　下面的定理是说反常积分下可以求积分.

　　定理 14.15 (可积性)　设 $f(x,y)$ 在 $[a,b] \times [c, +\infty)$ 上连续, 若 $I(x) = \int_c^{+\infty} f(x,y)\mathrm{d}y$ 在 $[a,b]$ 上一致收敛, 则 $I(x)$ 在 $[a,b]$ 上可积, 且

$$\int_a^b \mathrm{d}x \int_c^{+\infty} f(x,y)\mathrm{d}y = \int_c^{+\infty} \mathrm{d}y \int_a^b f(x,y)\mathrm{d}x.$$

证明　由定理 14.13, $I(x)$ 在 $[a,b]$ 上连续, 从而 $I(x)$ 在 $[a,b]$ 上可积. 设 $u_n(x) = \int_{A_n}^{A_{n+1}} f(x,y)\mathrm{d}y$, 函数项级数 $\{u_n(x)\}$ 在 $[a,b]$ 上一致收敛, 且各项 $u_n(x)$ 在 $[a,b]$ 上连续, 因此根据函数项级数逐项求积定理(定理 9.19), 以及含参量正常积分交换积分次序有

$$\int_a^b I(x)\mathrm{d}x = \sum_{n=1}^{\infty} \int_a^b u_n(x)\mathrm{d}x = \sum_{n=1}^{\infty} \int_a^b \mathrm{d}x \int_{A_n}^{A_{n+1}} f(x,y)\mathrm{d}y$$

$$= \sum_{n=1}^{\infty} \int_{A_n}^{A_{n+1}} \mathrm{d}y \int_a^b f(x,y)\mathrm{d}x = \int_c^{+\infty} \mathrm{d}y \int_a^b f(x,y)\mathrm{d}x. \qquad \square$$

下面的定理说的是两个反常积分在积分号下积分.

定理 14.16(积分交换次序)　设 $f(x,y)$ 在 $x \geq a, y \geq c$ 上连续, 且积分

$$\int_a^{\infty} f(x,y)\mathrm{d}x \quad 与 \quad \int_c^{\infty} f(x,y)\mathrm{d}y$$

分别在 $y \geq c$ 与 $x \geq a$ 的任意有限区间上一致收敛. 如果

$$\int_c^{\infty} \mathrm{d}y \int_a^{\infty} |f(x,y)|\mathrm{d}x \quad 与 \quad \int_a^{\infty} \mathrm{d}x \int_c^{\infty} |f(x,y)|\mathrm{d}y$$

至少有一个存在, 则

$$\int_a^{\infty} \mathrm{d}x \int_c^{\infty} f(x,y)\mathrm{d}y = \int_c^{\infty} \mathrm{d}y \int_a^{\infty} f(x,y)\mathrm{d}x$$

都存在.

证明　不妨设

$$\int_a^{\infty} \mathrm{d}x \int_c^{\infty} |f(x,y)|\mathrm{d}y$$

存在. 因为

$$\int_a^{\infty} f(x,y)\mathrm{d}x$$

在 y 的任何有限区间都一致收敛, 由定理 14.15, 对任何的 $C > c$,

$$\int_c^C \mathrm{d}y \int_a^{\infty} f(x,y)\mathrm{d}x = \int_a^{\infty} \mathrm{d}x \int_c^C f(x,y)\mathrm{d}y .$$

又因为

$$\left| \int_c^C f(x,y)\mathrm{d}y \right| \leq \int_c^{\infty} |f(x,y)|\mathrm{d}y ,$$

令

$$F(x,C) = \int_c^C f(x,y)\mathrm{d}y, \quad g(x) = \int_c^{\infty} |f(x,y)|\mathrm{d}y.$$

由假设 $\int_a^\infty g(x)\mathrm{d}x < \infty$. 由定理 14.10,

$$\int_a^\infty \mathrm{d}x \int_c^C f(x,y)\mathrm{d}y$$

对于 $C \geq c$ 一致收敛. 由定理 14.7,

$$\int_c^\infty \mathrm{d}y \int_a^\infty f(x,y)\mathrm{d}x = \lim_{C\to\infty} \int_c^C \mathrm{d}y \int_a^\infty f(x,y)\mathrm{d}x = \lim_{C\to\infty} \int_a^\infty \mathrm{d}x \int_c^C f(x,y)\mathrm{d}y$$

$$= \int_a^\infty \mathrm{d}x \int_c^\infty f(x,y)\mathrm{d}y.　\qquad\qquad \square$$

我们可以用含参量反常积分来计算许多十分困难的反常积分计算问题.

例 14.10　计算泊松（Poisson）型积分

$$\varphi(r) = \int_0^{+\infty} \mathrm{e}^{-x^2} \cos rx\,\mathrm{d}x.$$

由于 $\left| \mathrm{e}^{-x^2} \cos rx \right| \leq \mathrm{e}^{-x^2}$ 对任一实数 r 成立及反常积分 $\int_0^{+\infty} \mathrm{e}^{-x^2}\mathrm{d}x$ 收敛, 所以积分 $\varphi(r)$ 在 $r \in (-\infty, +\infty)$ 上收敛. 考察含参量反常积分

$$\int_0^{+\infty} (\mathrm{e}^{-x^2} \cos rx)'_r\,\mathrm{d}x = \int_0^{+\infty} -x\mathrm{e}^{-x^2} \sin rx\,\mathrm{d}x. \qquad (14.10)$$

由于 $\left| -x\mathrm{e}^{-x^2} \sin rx \right| \leq x\mathrm{e}^{-x^2}$ 对一切 $x \geq 0,\ -\infty < r < +\infty$ 成立及反常积分 $\int_0^{+\infty} x\mathrm{e}^{-x^2}\mathrm{d}x$ 收敛, 根据比较判别法, 含参量反常积分 (14.10) 在 $(-\infty, +\infty)$ 上一致收敛. 综合上述结果, 由定理 14.14 即得

$$\varphi'(r) = \int_0^{+\infty} -x\mathrm{e}^{-x^2} \sin rx\,\mathrm{d}x = \lim_{A\to+\infty} \int_0^A -x\mathrm{e}^{-x^2} \sin rx\,\mathrm{d}x$$

$$= \lim_{A\to\infty} \left(\frac{1}{2}\mathrm{e}^{-x^2} \sin rx \Big|_0^A - \frac{1}{2}\int_0^A r\mathrm{e}^{-x^2} \cos rx\,\mathrm{d}x \right)$$

$$= -\frac{r}{2}\int_0^{+\infty} \mathrm{e}^{-x^2} \cos rx\,\mathrm{d}x = \frac{r}{2}\varphi(r).$$

于是有

$$\ln\varphi(r) = -\frac{r^2}{4} + \ln c,\quad \varphi(r) = c\mathrm{e}^{-\frac{r^2}{4}}.$$

从而 $\varphi(0) = c$, 由 (7.85), 得到 $\varphi(0) = \int_0^{+\infty} \mathrm{e}^{-x^2}\mathrm{d}x = \frac{\sqrt{\pi}}{2}$, 所以 $c = \frac{\sqrt{\pi}}{2}$. 因此

$$\varphi(r) = \frac{\sqrt{\pi}}{2}\mathrm{e}^{-\frac{r^2}{4}}.$$

例 **14.11** 计算

$$I = \int_0^{+\infty} e^{-px} \frac{\sin bx - \sin ax}{x} dx \quad (p > 0, b > a).$$

因为 $\dfrac{\sin bx - \sin ax}{x} = \displaystyle\int_a^b \cos xy dy$,所以

$$I = \int_0^{+\infty} e^{-px} \frac{\sin bx - \sin ax}{x} dx = \int_0^{+\infty} e^{-px} \left(\int_a^b \cos xy dy \right) dx$$

$$= \int_0^{+\infty} dx \int_a^b e^{-px} \cos xy dy. \tag{14.11}$$

由于 $\left| e^{-px} \cos xy \right| \leqslant e^{-px}$ 及反常积分 $\displaystyle\int_0^{+\infty} e^{-px} dx$ 收敛,根据定理 14.10,含参量反常积分

$$\int_0^{+\infty} e^{-px} \cos xy dx$$

在区间 $[a,b]$ 上一致收敛. 由于 $e^{-px} \cos xy$ 在 $[0,+\infty) \times [a,b]$ 上连续,根据定理 14.15 交换积分 (14.11) 的顺序,

$$I = \int_a^b dy \int_0^{+\infty} e^{-px} \cos xy dx$$

$$= \int_a^b \frac{p}{p^2 + y^2} dy = \arctan \frac{b}{p} - \arctan \frac{a}{p}.$$

下面的例 14.12 在控制理论中有重要的应用.

例 **14.12** 计算 $\displaystyle\int_0^{+\infty} \frac{\sin bx}{x} dx, \ b > 0$.

(法一)在例 14.11 中,令 $a = 0$,则有

$$F(p) = \int_0^{+\infty} e^{-px} \frac{\sin bx}{x} dx = \arctan \frac{b}{p} \quad (p > 0).$$

由阿贝尔判别法(定理 14.12)可得含参量反常积分 $F(p)$ 在 $p \geqslant 0$ 上一致收敛. 于是由定理 14.13,$F(p)$ 关于 $p \geqslant 0$ 连续,则有

$$\int_0^{+\infty} \frac{\sin bx}{x} dx = F(0) = \lim_{p \to 0^+} F(p) = \lim_{p \to 0^+} \arctan \frac{b}{p} = \frac{\pi}{2}.$$

(法二)考虑反常积分

$$I(\alpha) := \int_0^\infty e^{-\alpha x} \frac{\sin x}{x} dx.$$

由例 14.9 可知,$I(\alpha)$ 关于 α 在 $[0,+\infty)$ 上一致收敛,因此对 $I(\alpha)$ 求导,求导可以与积分换序

$$I'(\alpha) = \int_0^\infty (-x) e^{-\alpha x} \frac{\sin x}{x} dx = -\int_0^\infty \sin x e^{-\alpha x} dx = -\frac{1}{\alpha^2 + 1},$$

$$I(\alpha) = \int_0^\alpha I'(t)\mathrm{d}t + I(0) = -\int_0^\alpha \frac{1}{t^2+1}\mathrm{d}t + I(0) = I(0) - \arctan\alpha,$$

为了确定常数 $I(0)$, 我们考虑 $I(\infty)$, 一方面,

$$|I(\infty)| = \left| \lim_{\alpha\to+\infty} \int_0^\infty \mathrm{e}^{-\alpha x}\frac{\sin x}{x}\mathrm{d}x \right| \leqslant \lim_{\alpha\to+\infty}\int_0^\infty \mathrm{e}^{-\alpha x}\mathrm{d}x = 0.$$

另一方面

$$I(\infty) = -\lim_{\alpha\to+\infty}\arctan(\alpha) + I(0) = -\frac{\pi}{2} + I(0),$$

因此

$$\int_0^\infty \frac{\sin x}{x}\mathrm{d}x = I(0) = \frac{\pi}{2}.$$

下面的积分称为菲涅耳(Fresnel)积分, 结果出乎意外.

例 14.13

$$\int_0^\infty \sin x^2 \mathrm{d}x = \frac{1}{2}\sqrt{\frac{\pi}{2}}.　\qquad (14.12)$$

实际上, 令 $x^2 = t$ 得

$$\int_0^\infty \sin x^2\mathrm{d}x = \frac{1}{2}\int_0^\infty \frac{\sin t}{\sqrt{t}}\mathrm{d}t.$$

由 (7.85) 得

$$\frac{1}{\sqrt{t}} = \frac{2}{\sqrt{\pi}}\int_0^\infty \mathrm{e}^{-tu^2}\mathrm{d}u.$$

所以

$$\int_0^\infty \frac{\sin t}{\sqrt{t}}\mathrm{e}^{-kt}\mathrm{d}t = \frac{2}{\sqrt{\pi}}\int_0^\infty \mathrm{e}^{-kt}\sin t\mathrm{d}t\int_0^\infty \mathrm{e}^{-tu^2}\mathrm{d}u.$$

由定理 14.16 积分可交换次序, 于是

$$\int_0^\infty \frac{\sin t}{\sqrt{t}}\mathrm{e}^{-kt}\mathrm{d}t = \frac{2}{\sqrt{\pi}}\int_0^\infty \mathrm{d}u\int_0^\infty \mathrm{e}^{-(k+u^2)t}\sin t\mathrm{d}t = \frac{2}{\sqrt{\pi}}\int_0^\infty \frac{\mathrm{d}u}{1+(k+u^2)^2}.$$

由阿贝尔定理 14.12, 左边的积分关于 $k \geqslant 0$ 一致收敛, 所以可以在积分号下令 $k \to 0$ 取极限. 而右端也能在积分号下取极限得

$$\int_0^\infty \frac{\sin t}{\sqrt{t}}\mathrm{d}t = \frac{2}{\sqrt{\pi}}\int_0^\infty \frac{\mathrm{d}u}{1+u^4} = \frac{2}{\sqrt{\pi}}\frac{\pi}{2\sqrt{2}} = \sqrt{\frac{\pi}{2}}.$$

所以 (14.12) 成立.

14.3　欧 拉 积 分

B 函数(Betta 函数)与 Γ 函数(Gamma 函数)是由含参量反常积分定义的两类有联系的特殊函数, 它们在应用中经常出现, 统称为欧拉积分.

Γ 函数在分析学、概率论、偏微分方程和组合数学中有重要的应用. Γ 函数起源于阶乘的推广, 阶乘只定义了正整数点的值, 但是我们想把阶乘函数扩展到所有实数甚至是复数. 18 世纪, 大数学家欧拉找到了 Γ 函数.

Γ 函数从它诞生开始就被许多数学家进行研究, 包括高斯、勒让德、魏尔斯特拉斯、刘维尔(Joseph Liouville, 1809—1982)等等. 这个函数在现代数学分析中被深入研究, 在概率论中也是无处不在, 利用 Γ 函数可以定义许多概率分布, 如 Γ 分布、β 分布、狄利克雷分布、χ^2 分布和 t 分布等, 这些分布广泛应用于贝叶斯(Thomas Bayes, 1701—1761)推理、随机过程(如排队模型)、生成统计模型(如潜在狄利克雷分配)和变分推理等. 对于数据科学家、机器学习工程师等人员来说, Γ 函数可能是应用最广泛的函数之一. 本节还将揭示 B 函数与 Γ 函数二者所具有的联系.

14.3.1　Γ函数

定义 14.2　Γ 函数定义为含参变量的反常积分:

$$\Gamma(s) = \int_0^{+\infty} x^{s-1}e^{-x}dx, \quad s > 0. \tag{14.13}$$

引理 14.1　Γ 函数 (14.13) 在 $(0, \infty)$ 有定义且连续.

证明　将 Γ 函数写为如下两积分之和:

$$\Gamma(s) = \int_0^{+\infty} x^{s-1}e^{-x}dx = \int_0^1 x^{s-1}e^{-x}dx + \int_1^{+\infty} x^{s-1}e^{-x}dx$$
$$= I(s) + J(s),$$

其中 $I(s) = \int_0^1 x^{s-1}e^{-x}dx$, $J(s) = \int_1^{+\infty} x^{s-1}e^{-x}dx$. 当 $s > 1$ 时, $I(s)$ 为正常积分; 当 $0 < s < 1$ 时, $I(s)$ 为收敛的无界函数反常积分. $J(s)$ 对任何实数 s, 都是收敛的, 所以, Γ 函数 $\Gamma(s) = \int_0^{+\infty} x^{s-1}e^{-x}dx$ 在 $s > 0$ 时收敛. 又因为对任意的 $\delta > 0$, (14.13) 在 $s \in [\delta, \infty)$ 上一致收敛, 所以由定理 14.13, $\Gamma(s)$ 在 $s > 0$ 上连续.

Γ 函数 $s = 0$ 为瑕点.　　　　　　　　　　　　　　　　　　　　　　□

下面的定理 14.17 是显然的.

定理 14.17　对任意 $s > 0$, $\Gamma(s) > 0$ 且 $\Gamma(1) = 1$.

下面的定理 14.18 是 Γ 函数的递推公式.

定理 14.18

$$\Gamma(s+1) = s\Gamma(s) \tag{14.14}$$

对任意 $s > 0$ 成立.

证明 分部积分得

$$\Gamma(s+1) = \int_0^{+\infty} x^s e^{-x} dx = -x^s e^{-x}\Big|_0^{+\infty} + s\int_0^{+\infty} x^{s-1} e^{-x} dx = s\Gamma(s).$$

特别地, 若 s 为正整数 $n+1$, 则 (14.14) 式可以写成

$$\Gamma(n+1) = n(n+1)\cdots 2 \cdot 1\Gamma(1) = n!\int_0^{+\infty} e^{-x} dx = n!. \tag{14.15}$$

这是阶乘的 Γ 函数表示. 如果 $n < s \leqslant n+1$, 即 $0 < s - n \leqslant 1$, 我们可得到

$$\Gamma(s+1) = s\Gamma(s) = s(s-1)\Gamma(s-1) = \cdots = s(s-1)\cdots(s-n)\Gamma(s-n). \qquad \square$$

下面的不等式称为杨不等式, 1912 年由英国数学家杨 (William Henry Young, 1863—1942) 第一次给出.

引理 14.2（杨不等式） 设 $p, q > 0$ 满足 $\dfrac{1}{p} + \dfrac{1}{q} = 1$, 则对任意非负的 $A, B > 0$, 成立

$$A^{\frac{1}{p}} B^{\frac{1}{q}} \leqslant \frac{A}{p} + \frac{B}{q}. \tag{14.16}$$

证明 令

$$f(A) = \frac{1}{p} A^p + \frac{1}{q} B^q - AB.$$

则

$$f'(A) = A^{p-1} - B.$$

当 $A = B^{\frac{1}{p-1}} = B^{\frac{q}{p}}$ 时, $f(A)$ 取最小值 0. 因此

$$AB \leqslant \frac{1}{p} A^p + \frac{1}{q} B^q. \tag{14.17}$$

这与 (14.16) 是等价的. $\qquad \square$

下面的不等式称为赫尔德不等式, 由德国数学家赫尔德 (Ludwig Otto Hölder, 1859—1937) 给出.

引理 14.3（赫尔德不等式） 设 $p, q > 0$ 满足 $\dfrac{1}{p} + \dfrac{1}{q} = 1$, 则对在 $[a, b]$ 上任意的连续函数 f, g 成立

$$\int_a^b f(x)g(x)\mathrm{d}x \leqslant \left(\int_a^b \left| f(x) \right|^p \mathrm{d}x \right)^{\frac{1}{p}} \left(\int_a^b \left| g(x) \right|^p \mathrm{d}x \right)^{\frac{1}{q}}. \tag{14.18}$$

证明 令

$$A = \frac{\left| f(x) \right|}{\left(\int_a^b \left| f(x) \right|^p \mathrm{d}x \right)^{\frac{1}{p}}}, \quad B = \frac{\left| g(x) \right|}{\left(\int_a^b \left| g(x) \right|^q \mathrm{d}x \right)^{\frac{1}{q}}}.$$

应用不等式 (14.17) 并从 a 到 b 对 x 积分立刻得到 (14.18). □

定理 14.19 $\ln\Gamma(s)$ 是 $(0, +\infty)$ 上的上凸函数.

证明 只要证明对 $p \in [1, +\infty)$, $\dfrac{1}{p} + \dfrac{1}{q} = 1$, $s_1, s_2 \in (0, +\infty)$ 有不等式

$$\ln\Gamma\left(\frac{s_1}{p} + \frac{s_2}{q} \right) \leqslant \frac{1}{p}\ln\Gamma(s_1) + \frac{1}{q}\ln\Gamma(s_2).$$

事实上, 由赫尔德不等式 (14.18) 即得

$$\Gamma\left(\frac{s_1}{p} + \frac{s_2}{q} \right) = \int_0^{+\infty} x^{\frac{s_1}{p} + \frac{s_2}{q} - 1} \mathrm{e}^{-x} \mathrm{d}x = \int_0^{+\infty} \left(x^{\frac{s_1-1}{p}} \mathrm{e}^{\frac{-x}{p}} \right) \left(x^{\frac{s_2-1}{q}} \mathrm{e}^{-\frac{x}{q}} \right) \mathrm{d}x$$

$$\leqslant \left(\int_0^{+\infty} x^{s_1-1} \mathrm{e}^{-x} \mathrm{d}x \right)^{\frac{1}{p}} \left(\int_0^{+\infty} x^{s_2-1} \mathrm{e}^{-x} \mathrm{d}x \right)^{\frac{1}{q}}$$

$$= \Gamma(s_1)^{\frac{1}{p}} \Gamma(s_2)^{\frac{1}{q}}. \qquad \Box$$

让人惊奇的是, Γ 函数的以上三条性质完全确定了 Γ 函数. 这就是说, 任意定义在 $(0, +\infty)$ 上的函数, 如果具有上面三条性质, 那么它一定是 Γ 函数. 这个意想不到的结果是由丹麦数学家玻尔 (Harald August Bohr, 1887—1951) 和莫勒儒普 (Johannes Mollerup, 1872—1937) 给出的, 称为玻尔-莫勒儒普定理.

定理 14.20(玻尔-莫勒儒普定理) 如果定义于 $(0, \infty)$ 上的函数满足

(i) $f(s) > 0, \forall s \in (0, \infty), f(1) = 0$;

(ii) $f(s+1) = sf(s), \forall s \in (0, \infty)$;

(iii) $\ln f(s)$ 是上凸函数,

则必有

$$f(s) = \Gamma(s), \quad \forall s \in (0, \infty).$$

证明 令

$$F(s) = \ln f(s).$$

由条件 (i)—(ii),

$$
\begin{cases}
f(n+1) = n!, \\
F(n+1) = \ln(n!), \\
f(s+n+1) = (s+n)\cdots(s+1)sf(s), \\
F(s+n+1) = F(s) + \ln[s(s+1)\cdots(s+n)].
\end{cases}
\tag{14.19}
$$

因为 $F(s)$ 是上凸函数. 由关于上凸函数的性质(类似于定理 5.16), 对 $s \in (0,1]$, 有

$$
\frac{F(n+1) - F(n)}{(n+1) - n} \le \frac{F(s+n+1) - F(n+1)}{(s+n+1) - (n+1)} \le \frac{F(n+2) - F(n+1)}{(n+2) - (n+1)}.
$$

所以

$$
\ln n \le \frac{F(s+n+1) - \ln n!}{s} \le \ln(n+1).
$$

由此得

$$
s\ln n + \ln n! \le F(s+n+1) \le s\ln(n+1) + \ln n!.
\tag{14.20}
$$

由 (14.19)—(14.20) 得到

$$
\ln \frac{n^s \cdot n!}{s(s+1)\cdots(s+n)} \le F(s) \le \ln \frac{(n+1)^s \cdot n!}{s(s+1)\cdots(s+n)}.
$$

因此

$$
0 \le F(s) - \ln \frac{n^s \cdot n!}{s(s+1)\cdots(s+n)} \le s\ln\left(1 + \frac{1}{n}\right).
$$

所以

$$
\begin{aligned}
F(s) &= \lim_{n\to\infty} \ln \frac{n^s \cdot n!}{s(s+1)\cdots(s+n)}, \\
f(s) &= \lim_{n\to\infty} \frac{n^s \cdot n!}{s(s+1)\cdots(s+n)},
\end{aligned}
\qquad s \in (0,1].
\tag{14.21}
$$

再结合条件 (ii), 说明 $f(s)$ 唯一被确定, 因此 $f(s) = \Gamma(s)$ 对所有的 $s \in (0,\infty)$. □

推论 14.1

$$
\Gamma(s) = \lim_{n\to\infty} \frac{n^s \cdot n!}{s(s+1)\cdots(s+n)}, \quad \forall s > 0.
\tag{14.22}
$$

证明 定义

$$
f(s) = \lim_{n\to\infty} \frac{n^s \cdot n!}{s(s+1)\cdots(s+n)}.
\tag{14.23}
$$

由(14.21)，我们已经证明了

$$f(s) = \Gamma(s), \quad \forall s \in (0,1].$$

由(14.23)定义的函数 $f(s)$ 很容易看出

$$f(s+1) = sf(s), \quad \forall s > 0. \tag{14.24}$$

实际上，

$$\lim_{n\to\infty} \frac{n^{s+1} \cdot n!}{(s+1)(s+2)\cdots(s+n+1)} = s \lim_{n\to\infty} \left[\frac{n^s \cdot n!}{s(s+1)\cdots(s+n)} \left(\frac{n}{s+n+1} \right) \right]$$

$$= s \lim_{n\to\infty} \frac{n^s \cdot n!}{s(s+1)\cdots(s+n)}.$$

所以(14.24)成立. 于是

$$f(s) = \Gamma(s), \quad \forall s > 0. \qquad \square$$

下面的定理称为 Γ 函数的余元公式, 证明需要用到(8.69)或者推论 10.2 中证明的欧拉恒等式.

定理 14.21（余元公式）

$$\Gamma(s)\Gamma(1-s) = \frac{\pi}{\sin \pi s}, \quad \forall s \in (0,1). \tag{14.25}$$

证明　由(14.23),

$$\Gamma(s) = \lim_{n\to\infty} \frac{n^s \cdot n!}{s(s+1)\cdots(s+n)} = \lim_{n\to\infty} \frac{n^s}{s(s+1)\left(\frac{s}{2}+1\right)\cdots\left(\frac{s}{n}+1\right)}$$

和

$$\Gamma(1-s) = \lim_{n\to\infty} \frac{n^{1-s} \cdot n!}{(1-s)(2-s)\cdots(n+1-s)}$$

$$= \lim_{n\to\infty} \frac{n^{1-s}}{(1-s)\left(1-\frac{s}{2}\right)\cdots\left(1-\frac{s}{n}\right)(n+1-s)}.$$

由推论 10.2 中证明的欧拉恒等式, 知

$$\Gamma(s)\Gamma(1-s) = \lim_{n\to\infty} \left[\frac{1}{s(1-s^2)\left(1-\frac{s^2}{2^2}\right)\cdots\left(1-\frac{s^2}{n^2}\right)} \cdot \frac{n}{n+1-s} \right]$$

$$= \frac{1}{s\prod_{n=1}^{\infty}\left(1-\frac{s^2}{n^2}\right)} = \frac{\pi}{\sin \pi s}. \qquad \square$$

在余元公式(14.25)中, 令 $s = \dfrac{1}{2}$ 得下面的推论 14.2.

推论 14.2　$\Gamma\left(\dfrac{1}{2}\right) = \sqrt{\pi}$.

下面的定理是勒让德首先提出的, 称为 Γ 函数的倍元公式.

定理 14.22（倍元公式）

$$\Gamma(2s) = \frac{2^{2s-1}}{\sqrt{\pi}}\Gamma(s)\Gamma\left(s+\frac{1}{2}\right), \quad \forall s > 0. \tag{14.26}$$

证明　公式(14.26)可以写为

$$\Gamma(s) = \frac{2^{s-1}}{\sqrt{\pi}}\Gamma\left(\frac{s}{2}\right)\Gamma\left(\frac{s+1}{2}\right), \quad \forall s > 0.$$

令

$$f(s) = \frac{2^{s-1}}{\sqrt{\pi}}\Gamma\left(\frac{s}{2}\right)\Gamma\left(\frac{s+1}{2}\right).$$

则显然有

(a) $f(s) > 0$,

$$f(1) = \frac{1}{\sqrt{\pi}}\Gamma\left(\frac{1}{2}\right)\Gamma(1) = 1.$$

(b)

$$f(s+1) = \frac{2^{s}}{\sqrt{\pi}}\Gamma\left(\frac{s+1}{2}\right)\Gamma\left(\frac{s+2}{2}\right)$$

$$= \frac{2^{s}}{\sqrt{\pi}}\Gamma\left(\frac{s+1}{2}\right)\cdot\frac{s}{2}\Gamma\left(\frac{s}{2}\right) = sf(s).$$

(c)因为

$$\ln f(s) = (s-1)\ln 2 - \ln\sqrt{\pi} + \ln\Gamma\left(\frac{s}{2}\right) + \ln\Gamma\left(\frac{s+1}{2}\right)$$

右端的函数都是上凸函数, 所以 $\ln f(s)$ 也是上凸函数. 由玻尔-莫勒儒普定理 14.20,

$$f(s) = \Gamma(s). \qquad\qquad \square$$

Γ 函数的延拓性质　将递推公式 $\Gamma(s+1) = s\Gamma(s)$ 改写为

$$\Gamma(s) = \frac{\Gamma(s+1)}{s}.$$

当 $-1 < s < 0$ 时, $\dfrac{\Gamma(s+1)}{s}$ 有意义, 于是可应用它来定义左端函数 $\Gamma(s)$ 在 $(-1, 0)$ 内的值,

并且可推得这时 $\Gamma(s) < 0$.

类似地,利用 $\Gamma(s)$ 已在 $(-1,0)$ 内有定义这一事实,由 $\Gamma(s) = \dfrac{\Gamma(s+1)}{s}$ 又可定义 $\Gamma(s)$ 在 $(-2,-1)$ 内的值,而且这时 $\Gamma(s) > 0$. 依此下去可把 $\Gamma(s)$ 延拓到整个数轴(除 $s = 0, 1, 2, 3, \cdots$ 以外).

Γ 函数的其他形式 在应用上,Γ 函数也常以如下形式出现.

• 令 $x = y^2$,则有

$$\Gamma(s) = \int_0^{+\infty} x^{s-1} \mathrm{e}^{-x} \mathrm{d}x = 2 \int y^{2s-1} \mathrm{e}^{-y^2} \mathrm{d}y \quad (s > 0). \tag{14.27}$$

• 令 $x = py$,可得

$$\Gamma(s) = \int_0^{+\infty} x^{s-1} \mathrm{e}^{-x} \mathrm{d}x = p^s \int_0^{+\infty} y^{s-1} \mathrm{e}^{-py} \mathrm{d}y \quad (s > 0, p > 0). \tag{14.28}$$

14.3.2 B 函数

现在我们来定义与 Γ 函数相关的一个函数 B 函数.

定义 14.3 B 函数定义为

$$\mathrm{B}(p,q) = \int_0^1 x^{p-1}(1-x)^{q-1} \mathrm{d}x, \quad p > 0, \ q > 0. \tag{14.29}$$

定理 14.23 由 (14.29) 定义的函数 $\mathrm{B}(p,q)$ 对任意的 $p,q > 0$ 有定义,并且满足

(i) $\mathrm{B}(p,q) > 0$ 在定义域 $p > 0, q > 0$ 内连续.

(ii) 对称性:

$$\mathrm{B}(p,q) = \mathrm{B}(q,p).$$

(iii) 递推公式:

$$\mathrm{B}(p,q) = \frac{q-1}{p+q-1} \mathrm{B}(p,q-1) \quad (p > 0, q > 1), \tag{14.30}$$

$$\mathrm{B}(p,q) = \frac{q-1}{p+q-1} \mathrm{B}(p-1,q) \quad (p > 1, q > 0), \tag{14.31}$$

$$\mathrm{B}(p,q) = \frac{(q-1)(p-1)}{(p+q-1)(p+q-2)} \mathrm{B}(p-1,q-1) \quad (p > 1, q > 1). \tag{14.32}$$

(iv) 对于 $q > 0$,$\ln \mathrm{B}(p,q)$ 是 p 的上凸函数.

证明 (i) 由定义,$\mathrm{B}(p,q)$ 当 $p < 1$ 时,$x = 0$ 为瑕点,当 $q < 1$ 时 $x = 1$ 为瑕点,定

义域为 $p > 0, q > 0$. 任何 $p_0 > 0, q_0 > 0$, 在 $p \geqslant p_0, q \geqslant q_0$ 内，$\int_0^1 x^{p-1}(1-x)^{q-1}\mathrm{d}x$ 一致收敛，故 B-函数在定义域 $p > 0, q > 0$ 内连续.

(ii) 在积分 (14.29) 作变换 $x = 1 - y$ 得

$$B(p,q) = \int_0^1 x^{p-1}(1-x)^{q-1}\mathrm{d}x = \int_0^1 (1-y)^{p-1}y^{q-1}\mathrm{d}y = B(q,p).$$

(iii) 当 $p > 0, q > 1$ 时，有

$$B(p,q) = \int_0^1 x^{p-1}(1-x)^{q-1}\mathrm{d}x = \left.\frac{x^p(1-x)^{q-1}}{p}\right|_0^1 + \frac{q-1}{p}\int_0^1 x^p(1-x)^{q-2}\mathrm{d}x$$

$$= \frac{q-1}{p}\int_0^1 [x^{p-1} - x^{p-1}(1-x)](1-x)^{q-2}\mathrm{d}x$$

$$= \frac{q-1}{p}\int_0^1 x^{p-1}(1-x)^{q-2}\mathrm{d}x - \frac{q-1}{p}\int_0^1 x^{p-1}(1-x)^{q-1}\mathrm{d}x$$

$$= \frac{q-1}{p}B(p,q-1) - \frac{q-1}{p}B(p,q),$$

移项整理即得公式 (14.30). 由对称性及公式 (14.30) 可以推得 (14.31)，由公式 (14.30) 和 (14.31) 可以推得 (14.32).

(iv) 利用分部积分

$$B(p+1,q) = \int_0^1 x^p(1-x)^{q-1}\mathrm{d}x = \int_0^1 \left(\frac{x}{1-x}\right)^p (1-x)^{p+q-1}\mathrm{d}x$$

$$= -\frac{1}{p+q}\left.\left(\frac{x}{1-x}\right)^p (1-x)^{p+q}\right|_0^1 + \frac{p}{p+q}\int_0^1 \left(\frac{x}{1-x}\right)^{p-1}\frac{1}{(1-x)^2}(1-x)^{p+q}\mathrm{d}x$$

$$= \frac{p}{p+q}\int_0^1 x^{p-1}(1-x)^{q-1}\mathrm{d}x = \frac{p}{p+q}B(p,q). \tag{14.33}$$

对 $\alpha > 0, \beta > 0, \alpha + \beta = 1, p_1, p_2, q > 0$，由赫尔德不等式 (14.18)，我们有

$$B(\alpha p_1 + \beta p_2, q) = \int_0^1 x^{\alpha p_1 + \beta p_2 - 1}(1-x)^{q-1}\mathrm{d}x$$

$$= \int_0^1 [x^{p_1-1}(1-x)^{q-1}]^\alpha \cdot [x^{p_2-1}(1-x)^{q-1}]^\beta \mathrm{d}x$$

$$\leqslant \left(\int_0^1 x^{p_1-1}(1-x)^{q-1}\mathrm{d}x\right)^\alpha \left(\int_0^1 x^{p_2-1}(1-x)^{q-1}\mathrm{d}x\right)^\beta$$

$$= (B(p_1,q))^\alpha (B(p_2,q))^\beta. \qquad \square$$

B 函数的其他形式　　在应用上，$B(p,q)$ 函数常常写成不同的形式，下面是 $B(p,q)$ 的几种常见的形式：

- 令 $x = \cos^2 \varphi$，则有

$$B(p,q) = \int_0^1 x^{p-1}(1-x)^{q-1}dx = 2\int_0^{\frac{\pi}{2}} \sin^{2q-1}\varphi \cos^{2p-1}\varphi d\varphi; \qquad (14.34)$$

- 令 $x = \dfrac{y}{y+1}$，$1-x = \dfrac{1}{1+y}$，$dx = \dfrac{dy}{(1+y)^2}$，则有

$$B(p,q) = \int_0^1 x^{p-1}(1-x)^{q-1}dx = \int_0^{+\infty} \frac{y^{p-1}}{(1+y)^{p+q}}dy; \qquad (14.35)$$

- 考察 $\displaystyle\int_1^{+\infty} \frac{y^{p-1}}{(1+y)^{p+q}}dy$．令 $y = \dfrac{1}{t}$，则有

$$\int_1^{+\infty} \frac{y^{p-1}}{(1+y)^{p+q}}dy = -\int_1^0 \frac{t^{q-1}}{(1+t)^{p+q}}dt = \int_0^1 \frac{y^{q-1}}{(1+y)^{p+q}}dy,$$

因此

$$\int_0^{+\infty} \frac{y^{p-1}}{(1+y)^{p+q}}dy = \int_0^1 \frac{y^{p-1}+y^{q-1}}{(1+y)^{p+q}}dy = B(p,q). \qquad (14.36)$$

14.3.3　B 函数与Γ函数的关系

当 m,n 为正整数时，反复应用 B 函数的递推公式可得

$$B(m,n) = \frac{n-1}{m+n-1}B(m,n-1) = \frac{n-1}{m+n-1}\frac{n-2}{m+n-2}\cdots\frac{1}{m+1}B(m,1).$$

又由于

$$B(p,1) = \int_0^1 x^{p-1}dx = \frac{1}{p}, \quad \forall p > 0. \qquad (14.37)$$

所以

$$\begin{aligned}
B(m,n) &= \frac{n-1}{m+n-1}B(m,n-1) \\
&= \frac{n-1}{m+n-1}\frac{n-2}{m+n-2}\cdots\frac{1}{m+1}B(m,1) \\
&= \frac{n-1}{m+n-1}\frac{n-2}{m+n-2}\cdots\frac{1}{m+1}\frac{1}{m} \\
&= \frac{(n-1)!(m-1)!}{(m+n-1)!},
\end{aligned}$$

即

$$B(m,n) = \frac{\Gamma(n)\Gamma(m)}{\Gamma(n+m)}.$$

定理 14.24　对于任何实数 $p > 0$, $q > 0$ 也有关系式:

$$B(p,q) = \frac{\Gamma(p)\Gamma(q)}{\Gamma(p+q)}. \tag{14.38}$$

证明　对任意的 $q > 0$, 考察函数

$$f(p) = \frac{\Gamma(p+q)B(p,q)}{\Gamma(q)}.$$

显然有
(a) 对任意的 $p > 0, f(p) > 0$, 且由 (14.37),

$$f(1) = \frac{\Gamma(1+q)B(1,q)}{\Gamma(q)} = \frac{q\Gamma(q)\dfrac{1}{q}}{\Gamma(q)} = 1.$$

(b) 对任意的 $p > 0$, 利用 (14.33) 得

$$f(p+1) = \frac{\Gamma(p+q+1)B(p+1,q)}{\Gamma(q)} = \frac{(p+q)\Gamma(p+q)\dfrac{p}{p+q}B(p,q)}{\Gamma(q)} = pf(p).$$

(c) 对于确定的 $q > 0$, 因为 $\ln\Gamma(p+q)$ 和 $\ln B(p,q)$ 都是 p 的上凸函数, 所以

$$\ln f(p) = \ln\Gamma(p+q) + \ln B(p,q) - \ln\Gamma(q)$$

也是 p 的上凸函数. 由玻尔-莫勒儒普定理 14.20 得

$$f(p) = \Gamma(p). \qquad \Box$$

由 (14.15)、(14.19) 以及斯特林公式 (7.110), 我们有 Γ 函数在整数的渐近估计.
定理 14.25

$$\ln\Gamma(n) = \left(n - \frac{1}{2}\right)\ln n - n + C + O\left(\frac{1}{n}\right), \tag{14.39}$$

其中常数 C 可以从斯特林公式 (7.110) 计算出.

最后我们估计当 $s \to \infty$ 时, $\Gamma(s)$ 的阶.

引理 14.4　对任意常数 a, 下面的估计成立:

$$\frac{\Gamma(s)}{\Gamma(s+a)} = s^{-a} + O(s^{-a-1}), \quad s \to \infty. \tag{14.40}$$

证明　由 (14.38),

$$\frac{\Gamma(s)\Gamma(a)}{\Gamma(s+a)} = \int_0^1 x^{s-1}(1-x)^{a-1}\mathrm{d}x = \int_0^\infty (1-\mathrm{e}^{-t})^{a-1}\mathrm{e}^{-st}\mathrm{d}t$$

$$= \int_0^{\frac{1}{\sqrt{s}}} (1-\mathrm{e}^{-t})^{a-1}\mathrm{e}^{-st}\mathrm{d}t + \int_{\frac{1}{\sqrt{s}}}^\infty (1-\mathrm{e}^{-t})^{a-1}\mathrm{e}^{-st}\mathrm{d}t = I_1 + I_2. \tag{14.41}$$

现在

$$I_1 = \int_0^{\frac{1}{\sqrt{s}}} (1-\mathrm{e}^{-t})^{a-1}\mathrm{e}^{-st}\mathrm{d}t = \int_0^{\frac{1}{\sqrt{s}}} (t+O(t^2))^{a-1}\mathrm{e}^{-st}\mathrm{d}t$$

$$= \int_0^{\frac{1}{\sqrt{s}}} t^{a-1}(1+O(t))\mathrm{e}^{-st}\mathrm{d}t = \int_0^{\frac{1}{\sqrt{s}}} t^{a-1}\mathrm{e}^{-st}\mathrm{d}t + O\left(\int_0^{\frac{1}{\sqrt{s}}} t^a \mathrm{e}^{-st}\mathrm{d}t\right)$$

$$= s^{-a}\int_0^{\sqrt{s}} t^{a-1}\mathrm{e}^{-t}\mathrm{d}t + O\left(s^{-a-1}\int_0^{\sqrt{s}} t^a \mathrm{e}^{-t}\mathrm{d}t\right) = s^{-a}\Gamma(a) + O(s^{-a-1}). \tag{14.42}$$

$$I_2 = \int_{\sqrt{s}}^\infty (1-\mathrm{e}^{-t})^{a-1}\mathrm{e}^{-st}\mathrm{d}t = O\left(\int_{\sqrt{s}}^\infty \mathrm{e}^{-st}\mathrm{d}t\right) = O(s^{-a-1}). \tag{14.43}$$

由 (14.42)—(14.43) 得，当 $a>1$ 时，

$$\frac{\Gamma(s)\Gamma(a)}{\Gamma(s+a)} = s^{-a}\Gamma(a) + O(s^{-a-1}), \tag{14.44}$$

此即 (14.40). 当 $a<1$ 时，必然有整数 k 使得 $a+k>1$. 由 (14.44) 得

$$\frac{\Gamma(s)}{\Gamma(s+a+k)} = s^{-a-k} + O(s^{-a-k-1}), \tag{14.45}$$

由 Γ 的递推公式得到 (14.40). $\qquad\qquad\qquad\qquad\qquad\qquad\qquad\qquad\Box$

对 Γ 函数深刻的估计是下面的定理. 让我们再一次领略分析学的威力.

定理 14.26

$$\Gamma(s) = s^{s-\frac{1}{2}}\mathrm{e}^{-s}\sqrt{2\pi}\left(1+O\left(\frac{1}{s}\right)\right), \quad s \to \infty. \tag{14.46}$$

证明 只证明 s 非整数的情况，整数情形可以由连续性得到.

设 $s = n+a$，其中 n 是整数，$0<a<1$. 由 (14.39) 和 (14.40) 得到

$$\ln\Gamma(s) = \ln\Gamma(n+a) = \ln\Gamma(n) + a\ln n + O\left(\frac{1}{n}\right)$$

$$= \left(n-\frac{1}{2}\right)\ln n - n + C + a\ln n + O\left(\frac{1}{n}\right)$$

$$= \left(s - a - \frac{1}{2}\right)\ln(s - a) - s + a + C + a\ln(s - a) + O\left(\frac{1}{s}\right)$$

$$= \left(s - \frac{1}{2}\right)\ln s - s + C + O\left(\frac{1}{s}\right). \tag{14.47}$$

但由倍元公式 (14.26) 及 (14.47) 得

$$\ln\Gamma(2s) + \ln\Gamma\left(\frac{1}{2}\right) = (2s - 1)\ln 2 + \ln\Gamma(s) + \ln\Gamma\left(s + \frac{1}{2}\right)$$

$$= \left(2s - \frac{1}{2}\right)\ln 2s - 2s + C + \ln\Gamma\left(\frac{1}{2}\right) + O\left(\frac{1}{s}\right)$$

$$= (2s - 1)\ln 2 + \left(s - \frac{1}{2}\right)\ln s + s\ln\left(s + \frac{1}{2}\right) - 2s - \frac{1}{2} + 2C + O\left(\frac{1}{s}\right). \tag{14.48}$$

再把 (14.47) 代入 (14.48) 左端，比较两边常数项得

$$C = \ln\sqrt{2\pi}.$$

代入 (14.47) 即得 (14.46).   □

注 14.2 由 (14.15)，渐近估计 (14.46) 反过来得到斯特林公式 (7.110).

例 14.14 根据 B 函数的另外形式 (14.34)，有

$$\int_0^{\frac{\pi}{2}} \cos^{2p-1}\theta \sin^{2q-1}\theta \mathrm{d}\theta = \frac{1}{2}\mathrm{B}(p, q) = \frac{1}{2}\frac{\Gamma(p)\Gamma(q)}{\Gamma(p + q)}. \tag{14.49}$$

特别地，取 $q = \dfrac{n+1}{2}(n > -1)$, $p = \dfrac{1}{2}$，则有

$$\int_0^{\frac{\pi}{2}} \sin^n\theta \mathrm{d}\theta = \frac{1}{2}\frac{\Gamma\left(\dfrac{1}{2}\right)\Gamma\left(\dfrac{n+1}{2}\right)}{\Gamma\left(\dfrac{n}{2} + 1\right)}. \tag{14.50}$$

进而令 $n = 0$ 得到

$$\frac{\pi}{2} = \int_0^{\frac{\pi}{2}} \mathrm{d}\theta = \frac{1}{2}\frac{\Gamma\left(\dfrac{1}{2}\right)\Gamma\left(\dfrac{1}{2}\right)}{\Gamma(1)} = \frac{1}{2}\left[\Gamma\left(\frac{1}{2}\right)\right]^2.$$

由此又一次得到

$$\Gamma\left(\frac{1}{2}\right) = \sqrt{\pi}.$$

欧拉积分可以用来计算很多复杂的定积分.

例 14.15 计算积分

$$\int_0^{+\infty} \frac{1}{1+x^m} dx \quad (m>1).$$

令 $t = \dfrac{1}{1+x^m}$，则 $dx = -\dfrac{1}{m} t^{-1-\frac{1}{m}} (1-t)^{\frac{1}{m}-1} dt$，由余元公式 (14.25)

$$\int_0^{+\infty} \frac{1}{1+x^m} dx = \frac{1}{m} \int_0^1 t^{-\frac{1}{m}} (1-t)^{\frac{1}{m}-1} dt = \frac{1}{m} B\left(1-\frac{1}{m}, \frac{1}{m}\right)$$

$$= \frac{1}{m} \Gamma\left(1-\frac{1}{m}\right) \Gamma\left(\frac{1}{m}\right) = \frac{\pi}{m \sin\dfrac{\pi}{m}}.$$

欧拉积分可以用来计算很多概率统计中的问题.

例 14.16 计算概率积分 (参见 (7.85))

$$\int_0^{+\infty} e^{-x^2} dx = \frac{1}{2} \Gamma\left(\frac{1}{2}\right) = \frac{\sqrt{\pi}}{2}.$$

令 $y = x^2$，则 $x = y^{\frac{1}{2}}, dx = \dfrac{1}{2} y^{-\frac{1}{2}} dy$，所以

$$\int_0^{+\infty} e^{-x^2} dx = \int_0^{+\infty} e^{-y} \frac{1}{2} y^{-\frac{1}{2}} dy = \frac{1}{2} \Gamma\left(\frac{1}{2}\right) = \frac{\sqrt{\pi}}{2}.$$

例 14.17 在另一门课程概率论中，一个随机变量 $X \sim \chi^2(n)$，意思是其密度函数为

$$f(x) = \begin{cases} \dfrac{1}{2^{\frac{n}{2}} \Gamma\left(\dfrac{n}{2}\right)} x^{\frac{n}{2}-1} e^{-\frac{1}{2}x}, & x>0, \\ 0, & x \leqslant 0. \end{cases}$$

$\chi^2(n)$ 分布的期望 EX 定义为

$$EX = \int_0^\infty x f(x) dx.$$

令 $\dfrac{x}{2} = t$，将其转化为欧拉积分得

$$EX = \int_{-x}^{+x} x f(x) dx = \int_0^{+\infty} x \cdot \frac{\left(\dfrac{1}{2}\right)^{\frac{n}{2}}}{\Gamma\left(\dfrac{n}{2}\right)} \cdot x^{\frac{n}{2}-1} \cdot e^{-\frac{x}{2}} dx$$

$$= \frac{\left(\dfrac{1}{2}\right)^{\frac{n}{2}}}{\Gamma\left(\dfrac{n}{2}\right)} 2 \cdot \int_0^{+\infty} (2t)^{\frac{n}{2}} \cdot e^{-t} dt = \frac{\left(\dfrac{1}{2}\right)^{\frac{n}{2}} \cdot 2^{\frac{n}{2}} \cdot 2}{\Gamma\left(\dfrac{n}{2}\right)} \int_0^{+\infty} (t)^{\frac{n}{2}+1-1} \cdot e^{-t} dt$$

$$= \frac{2}{\Gamma\left(\dfrac{n}{2}\right)} \Gamma\left(\dfrac{n}{2}+1\right) = \frac{2}{\Gamma\left(\dfrac{n}{2}\right)} \cdot \frac{n}{2} \cdot \Gamma\left(\dfrac{n}{2}\right) = n.$$

14.4　习　　题

1. 考虑在 $\mathbb{R}^2$ 上定义的二元函数 $f(x,y) = \operatorname{sgn}(x-y)$. 证明: 一元函数

$$F(y) = \int_0^1 f(x,y)dx$$

在 $\mathbb{R}$ 上连续, 并描绘 $F(y)$ 的图像. (提示: 对 $y < 0$; $0 \leqslant y \leqslant 1$; $y > 1$ 分情况讨论.)

2. 设 $f(x)$ 在 $[a,b]$ 上连续, 则对任意 $x \in (a,b)$ 有

$$\lim_{h \to 0} \frac{1}{h} \int_a^x [f(t+h) - f(t)]dt = f(x) - f(a).$$

3. 计算下列极限:

(1) $\displaystyle\lim_{y \to 0} \int_{-1}^1 \sqrt{x^2 + y^2}dx$;

(2) $\displaystyle\lim_{y \to 0} \int_0^2 x^{1+y} \cos(yx)dx$;

(3) $\displaystyle\lim_{n \to \infty} \int_0^1 \frac{dx}{1 + \left(1 + \dfrac{x}{n}\right)^n}$.

4. 设 $f(x,y)$ 关于 y 的导函数 $f_y(x,y)$ 在矩形区域 $[a,b] \times [c,d]$ 上存在且连续, 则极限

$$\lim_{y \to y_0} \frac{f(x,y) - f(x,y_0)}{y - y_0}$$

存在且关于 $x \in [a,b]$ 一致收敛于 $f_y(x,y_0)$.

5. 求下列函数的导函数:

(1) $F(y) = \displaystyle\int_{-\pi}^{\pi} \frac{dx}{(1 + y\sin x)^2}$;

(2) $F(y) = \displaystyle\int_0^{x^2} e^{-xy^2}dx$;

(3) $F(y) = \displaystyle\int_{a+y}^{b+y} \frac{\sin yx}{x}dx$.

6. 设 $f(x)$ 在 $x = 0$ 的邻域 $(-\delta, \delta)$ 里连续, 证明函数

$$F(x) = \frac{1}{(n-1)!} \int_0^x (x-t)^{n-1} f(t) \mathrm{d}t$$

及其导函数 $F'(x), F''(x), \cdots, F^{(n)}(x)$ 在 $(-\delta, \delta)$ 上存在且满足

$$F(0) = F'(0) = \cdots = F^{(n-1)}(0) = 0; \quad F^{(n)}(0) = f(0).$$

7. 设 $f(t)$ 是 $\mathbb{R}$ 上的连续函数, 证明函数

$$x(t) = \int_0^t f(s) \sin(\omega(t-s)) \mathrm{d}s$$

满足带初值条件的受迫简谐振动 (常微分) 方程

$$\begin{cases} x''(t) + \omega^2 x(t) = f(t), \\ x(0) = 0, \quad x'(0) = 0. \end{cases}$$

8. 设 φ 和 ψ 分别为实数轴上的 2 阶和 1 阶可导的函数, 证明函数

$$u(x,t) = \frac{1}{2}(\varphi(x-at) + \varphi(x+at)) + \frac{1}{2a} \int_{x-at}^{x+at} \psi(\xi) \mathrm{d}\xi$$

满足带初值条件的弦振动 (偏微分) 方程

$$\begin{cases} \dfrac{\partial^2 u}{\partial t^2} = a^2 \dfrac{\partial^2 u}{\partial x^2}, \\ u(x,0) = \varphi(x), \quad \dfrac{\partial u}{\partial t}(x,0) = \psi(x). \end{cases}$$

9. 证明下列无穷积分在指定区间一致收敛:

(1) $\displaystyle\int_0^\infty \mathrm{e}^{-tx} \sin x \mathrm{d}x, a \leqslant t < \infty (a > 0)$;

(2) $\displaystyle\int_0^\infty \mathrm{e}^{-x^2} \sin(tx) \mathrm{d}x, t \in \mathbb{R}$;

(3) $\displaystyle\int_0^\infty \frac{t\cos(tx)}{x^2 + t^3} \mathrm{d}x, 1 \leqslant t \leqslant 10$.

10. 讨论下列无穷积分在指定区间上是否一致收敛:

(1) $\displaystyle\int_0^\infty \frac{\cos(xy)}{1+x^2} \mathrm{d}x, y \in (0, \infty)$;　　　　(2) $\displaystyle\int_0^\infty \frac{\cos(xy)}{\sqrt{x}} \mathrm{d}x, y \in (0, \infty)$;

(3) $\displaystyle\int_0^\infty \frac{\alpha \sin(\alpha x)}{x(x+\alpha)} \mathrm{d}x, \alpha \in (0, \infty)$;　　　　(4) $\displaystyle\int_0^\infty \frac{\sin(\alpha x)}{\alpha^2 + x^2} \mathrm{d}x, \alpha \in (0, \infty)$.

11. 当 $a > 0$ 时, 已知积分公式:

$$\int_0^\infty \mathrm{e}^{-ax^2} \mathrm{d}x = \frac{1}{2}\sqrt{\frac{\pi}{a}}, \quad \int_0^\infty \frac{\mathrm{d}x}{a+x^2} = \frac{1}{2}\frac{\pi}{\sqrt{a}}.$$

通过对参数求导求下列积分:

(1) $\displaystyle\int_0^\infty \mathrm{e}^{-ax^2} x^{2n} \mathrm{d}x$;　　　　(2) $\displaystyle\int_0^\infty \frac{\mathrm{d}x}{(a+x^2)^{n+1}}$.

12. 当 $a, b > 0$ 时, 计算下列积分:

(1) $\int_0^\infty \dfrac{\mathrm{e}^{-ax} - \mathrm{e}^{-bx}}{x}\mathrm{d}x$;

(2) $\int_0^\infty \dfrac{\mathrm{e}^{-ax^2} - \mathrm{e}^{-bx^2}}{x^2}\mathrm{d}x$;

(3) $\int_0^\infty \left(\dfrac{\mathrm{e}^{-ax} - \mathrm{e}^{-bx}}{x}\right)^2 \mathrm{d}x$;

(4) $\int_0^\infty \dfrac{\mathrm{e}^{-ax} - \mathrm{e}^{-bx}}{x}\sin(nx)\mathrm{d}x$;

(5) $\int_0^\infty x\mathrm{e}^{-ax^2}\sin(bx)\mathrm{d}x$;

(6) $\int_0^\infty \sin x^2 \cos(2ax)\mathrm{d}x$.

13. 证明 Γ 函数和 B 函数分别在其定义域内无限次可导, 并写出其各阶导函数的表达式.

14. 证明:

(1) $\int_0^\infty \mathrm{e}^{-x^2}\mathrm{d}x = \dfrac{1}{2}\Gamma\left(\dfrac{1}{2}\right), \int_0^\infty \mathrm{e}^{-x^4}\mathrm{d}x = \dfrac{1}{4}\Gamma\left(\dfrac{1}{4}\right)$;

(2) $\int_0^\infty x^m \mathrm{e}^{-x^n} = \dfrac{1}{n}\Gamma\left(\dfrac{m+1}{n}\right), m > -1, n > 0$.

15. 用公式 $B(p,q) = \dfrac{\Gamma(p)\Gamma(q)}{\Gamma(p+q)}(p,q > 0)$ 证明 $\Gamma\left(\dfrac{1}{2}\right) = \sqrt{\pi}$.

16. 若已知 $\Gamma\left(\dfrac{1}{2}\right) = \sqrt{\pi}$, 对于正整数 n 证明: $\Gamma\left(n+\dfrac{1}{2}\right) = \dfrac{(2n-1)!}{2^n}\sqrt{\pi}$.

17. 用 Γ -函数和 B -函数求下列积分:

(1) $\int_0^1 \sqrt{x-x^2}\mathrm{d}x$;

(2) $\int_{-1}^1 (1-x^2)^n \mathrm{d}x, n \in \mathbb{N}_+$;

(3) $\int_0^{\frac{\pi}{2}} \sin^3 x \cos^5 x \mathrm{d}x$;

(4) $\int_0^{\frac{\pi}{2}} \sin^6 x \cos^2 x \mathrm{d}x$;

(5) $\int_0^{\frac{\pi}{2}} \sin^n x \mathrm{d}x, n \in \mathbb{N}_+$.

18. 若已知余元公式 $\Gamma(s)\Gamma(1-s) = \dfrac{\pi}{\sin(\pi x)}$, 证明: $\int_0^{\frac{\pi}{2}} \tan^\alpha x \mathrm{d}x = \dfrac{\pi}{2\cos\left(\dfrac{\alpha\pi}{2}\right)}$.

第 15 章

重 积 分

和一元函数一样, 定义了多元函数的微分以后, 我们要讨论多元函数的积分. 因为变量不止一个, 因此称为重积分. 例如假定函数 $f(x,y)$ 定义在矩形上

$$R : a \leqslant x \leqslant b, c \leqslant y \leqslant d.$$

固定一点 $x \in [a,b]$, 我们可以定义一元函数的积分:

$$F(x) = \int_c^d f(x,y)\mathrm{d}y, \quad a \leqslant x \leqslant b. \tag{15.1}$$

当然前提是这样的积分存在. 如果

$$\int_a^b F(x)\mathrm{d}x \tag{15.2}$$

也存在, 那我们就可以定义

$$\int_a^b \left(\int_c^d f(x,y)\mathrm{d}y \right) \mathrm{d}x. \tag{15.3}$$

如果 $f(x,y)$ 是在 R 上连续的函数, 则 (15.1)—(15.3) 都可以进行. 但是如果我们先固定 y, 对 x 做以上的步骤, 就得到

$$\int_c^d \left(\int_a^b f(x,y)\mathrm{d}x \right) \mathrm{d}y. \tag{15.4}$$

这样就带来 (15.3) 和 (15.4) 是不是相等的问题. 按照第 9 章一元函数的做法, 矩形 R 可以做分割:

$$\begin{aligned} a = x_0 < x_1 < \cdots < x_{n-1} < x_n = b, \\ c = y_0 < y_1 < \cdots < y_{n-1} < y_m = d, \end{aligned} \tag{15.5}$$

这样 R 就可以划分为 mn 个小的矩形

$$R_{ij} : x_i \leqslant x \leqslant x_{i+1}, y_j \leqslant y \leqslant y_{j+1}. \tag{15.6}$$

积分 (15.2) 可以理解为

$$\sum_{i=0}^{n-1} F(\xi_i)\Delta x_i, \quad \Delta x_i = x_{i+1} - x_i, \quad \xi_i \in [x_i, x_{i+1}].$$

当 $\max\limits_{0\leqslant i\leqslant n-1}\Delta x_i\to 0$ 时的极限. 但

$$F(\xi_i)=\int_c^d f(\xi_i,y)\mathrm{d}y$$

又可以理解为

$$\sum_{j=0}^{m-1}f(\xi_i,\eta_j)\Delta y_j,\quad \Delta y_j=y_{j+1}-y_j,\quad \eta_j\in[y_j,y_{j+1}]$$

的极限. 这样就得到

$$\int_c^d\left(\int_a^b f(x,y)\mathrm{d}x\right)\mathrm{d}y=\lim_{n\to\infty}\left(\lim_{m\to\infty}\sum_{i=0}^{n-1}\sum_{j=0}^{m-1}f(\xi_i,\eta_j)\Delta x_i\Delta y_j\right). \tag{15.7}$$

如果要正确地定义二重积分, (15.3)就必须和(15.4)相等, 或者说(15.7)左端的积分次序可以交换. 由于 $\Delta x_i\Delta y_j=\Delta R_{ij}$, 其中 ΔR_{ij} 是 R_{ij} 的面积, 而 ξ,η_j 事实上是在 $R_{i,j}$ 中任意选取, 所以相当自然地, 我们可以定义重积分为

$$\iint\limits_R f(x,y)\mathrm{d}x\mathrm{d}y=\lim_{\Delta R\to 0}\sum_{i=0}^{n-1}\sum_{j=0}^{m-1}f(\xi_i,\eta_j)\Delta R_{ij}, \tag{15.8}$$

对任意的 $(\xi_i,\eta_j)\in R_{ij}, \Delta R=\max\limits_{0\leqslant i\leqslant n-1,0\leqslant j\leqslant m-1}\Delta R_{i,j}$.

15.1 二重积分的概念

15.1.1 平面图形的面积

为了研究平面图形上函数的积分, 我们首先讨论平面有界图形的面积问题. 设 Ω 是一平面有界图形, 用某一平行于坐标轴的一组直线网 T 分割这个图形(图 15.1). 这时直线网 T 的小闭矩形域 Δ_i 可分为三类: ①Δ_i 上的点都是 Ω 的内点; ②Δ_i 上的点都是 Ω 的外点; ③Δ_i 上含有 Ω 的边界点. 将所有属于第①类小矩形(图15.1中阴影部分)的面积加起来, 记这个和数为 $S_T^-(\Omega)$; 将所有属于第①类和第③类小矩形的面积加起来, 记这个和数为 $S_T^+(\Omega)$, 则有 $S_T^-(\Omega)\leqslant S_T^+(\Omega)$.

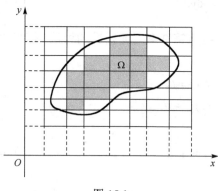

图 15.1

由确界存在定理 2.4 可知, 对于平面上所有直线网, 数集 $\{S_T^-(\Omega)\}$ 有上确界, 数

集 $\{S_T^+(\Omega)\}$ 有下确界. 记 $S^-(\Omega) = \sup_T\{S_T^-(\Omega)\}$ 为 Ω 的内面积, $S^+(\Omega) = \inf_T\{S_T^+(\Omega)\}$ 为 Ω 的外面积. 若 $S^-(\Omega) = S^+(\Omega) = S(\Omega)$, 我们也称 Ω 是可求面积的.

定理 15.1 平面有界图形 Ω 可求面积的充要条件是: 对任给的 $\varepsilon > 0$, 总存在直线网 T, 使得

$$S_T^+(\Omega) - S_T^-(\Omega) < \varepsilon.$$

证明 我们先证必要性. 设平面有界图形 Ω 的面积为 $S(\Omega)$, 则有 $S^-(\Omega) = S^+(\Omega) = S(\Omega)$. 对任给的 $\varepsilon > 0$, 由 $S^-(\Omega), S^+(\Omega)$ 和确界的定义可知, 分别存在直线网 T_1 及 T_2, 使得

$$S_{T_1}^-(\Omega) > S(\Omega) - \frac{\varepsilon}{2}, \quad S_{T_2}^+(\Omega) < S(\Omega) + \frac{\varepsilon}{2}. \tag{15.9}$$

记 T 为由 T_1 与 T_2 这两个直线网合并所成的直线网, 可证得

$$S_{T_1}^-(\Omega) \leqslant S_T^-(\Omega), \quad S_{T_2}^+(\Omega) \geqslant S_T^+(\Omega).$$

于是由 (15.9) 可得

$$S_T^-(\Omega) > S(\Omega) - \frac{\varepsilon}{2}, \quad S_T^+(\Omega) < S(\Omega) + \frac{\varepsilon}{2}.$$

从而对直线网 T 可得到 $S_T^+(\Omega) - S_T^-(\Omega) < \varepsilon$.

我们再证充分性. 设对任给的 $\varepsilon > 0$, 总存在直线网 T, 使得

$$S_T^+(\Omega) - S_T^-(\Omega) < \varepsilon.$$

因为

$$S_T^-(\Omega) \leqslant S^-(\Omega) \leqslant S^+(\Omega) \leqslant S_T^+(\Omega),$$

所以

$$S^+(\Omega) - S^-(\Omega) \leqslant S_T^+(\Omega) - S_T^-(\Omega) < \varepsilon.$$

由 ε 的任意性可得 $S^+(\Omega) = S^-(\Omega)$, 所以 Ω 是可求面积的. □

推论 15.1 平面有界图形 Ω 的面积为零的充要条件是它的外面积 $S^+(\Omega) = 0$, 即对任给的 $\varepsilon > 0$, 总存在直线网 T 使得

$$S^+(\Omega) < \varepsilon,$$

或对任给的 $\varepsilon > 0$, 平面图形 Ω 能被有限个面积总和小于 ε 的小矩形覆盖.

定理 15.2 平面有界图形 Ω 可求面积的充要条件是: Ω 的边界 K 的面积为零.

证明 由定理 15.1 可知 Ω 可求面积的充要条件是: 对任给的 $\varepsilon > 0$, 总存在直线网 T, 使得 $S_T^+(\Omega) - S_T^-(\Omega) < \varepsilon$. 由于

$$S_T^+(K) = S_T^+(\Omega) - S_T^-(\Omega),$$

所以有 $S_T^+(K) < \varepsilon$，从而可得 Ω 的边界 K 的面积为零.　　　　　　　　□

定理 15.3　若曲线 K 为定义在 $[a,b]$ 上的连续函数 $f(x)$ 的图像, 则曲线 K 的面积为零.

证明　由于 $f(x)$ 是 $[a,b]$ 上的连续函数, 所以它在 $[a,b]$ 上一致连续. 因而对任给的 $\varepsilon > 0$, 总存在 $\delta > 0$, 当把区间 $[a,b]$ 分成 n 个小区间 $[x_{i-1}, x_i](i = 1, 2, \cdots, n, x_0 = a, x_n = b)$ 并且满足

$$\max\{\Delta x_i = x_i - x_{i-1} \mid i = 1, 2, \cdots, n\} < \delta$$

时, 可使 $f(x)$ 在每个小区间 $[x_{i-1}, x_i]$ 上的振幅都成立 $\omega_i < \dfrac{\varepsilon}{b-a}$. 现把曲线 K 按自变量 $x = x_0, x_1, \cdots, x_n$ 分成 n 个小段, 这时每一个小段都能以 Δx_i 为宽, ω_i 为高的小矩形所覆盖. 由于这 n 个小矩形的面积的总和为

$$\sum_{i=1}^{n} \omega_i \Delta x_i < \frac{\varepsilon}{b-a} \sum_{i=1}^{n} \Delta x_i = \varepsilon,$$

由推论 15.1 可得曲线 K 的面积为零.　　　　　　　　□

15.1.2　二重积分的定义及存在性定理

设 $f(x,y)$ 为定义在可求面积的有界闭区域 D 上的非负连续函数. 现求以曲面 $z = f(x,y)$ 为顶, D 为底的柱体的体积(图 15.2).

我们采用类似于求曲边梯形面积的方法. 先用一组平行于坐标轴的直线网 T 把区域 D 划分成 n 个小区域 $\sigma_i(i = 1, 2, \cdots, n)$. 以 $\Delta\sigma_i$ 表示小区域 σ_i 的面积. 这个直线网也相应地把曲顶柱体分割成 n 个以 σ_i 为底的小曲顶柱体 $V_i(i = 1, 2, \cdots, n)$. 由于 $f(x,y)$ 在 D 上连续, 故当每个 σ_i 的直径都很小时, $f(x,y)$ 在 σ_i 上各处的函数值都相差无几, 因而可在 σ_i 上任取一点 (ξ_i, η_i), 用以 $f(\xi_i, \eta_i)$ 为高, σ_i 为底的小平顶柱体的体积 $f(\xi_i, \eta_i)\Delta\sigma_i$ 作为 V_i 的体积 ΔV_i 的近似值(图 15.3), 即

$$\Delta V_i \approx f(\xi_i, \eta_i)\Delta\sigma_i.$$

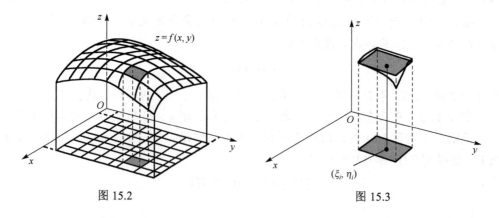

图 15.2　　　　　　　　　　　　　　　图 15.3

把这 n 个小平顶柱体的体积加起来, 就得到曲顶柱体体积 V 的近似值

$$V = \sum_{i=1}^{n} \Delta V_i \approx \sum_{i=1}^{n} f(\xi_i, \eta_i) \Delta \sigma_i.$$

当直线网 T 越来越细时, 即分割 T 的模 (类似 (7.22)) $\|T\| = \max_{1 \leq i \leq n} d_i$ (d_i 为 σ_i 的直径) 趋于零时, 就有

$$\sum_{i=1}^{n} f(\xi_i, \eta_i) \Delta \sigma_i \to V .$$

我们可以看到求曲顶柱体的体积与求曲边梯形的面积一样, 是通过 "分割、求近似和、取极限" 这三步得到的, 不同的是, 这里讨论的是定义在平面区域上的二元函数.

下面我们叙述定义在平面有界闭区域上函数 $f(x, y)$ 的二重积分的概念.

设 D 为 xy 平面上可求面积的有界闭区域, $f(x, y)$ 为定义在 D 上的函数. 用任意曲线网把 D 划分成 n 个可求面积小区域 $\sigma_i (i = 1, 2, \cdots, n)$. 用 $\Delta \sigma_i$ 表示小区域 σ_i 的面积, 这些小区间就构成 D 的一个分割 T, 用 $\|T\| = \max_{1 \leq i \leq n} d_i$ (d_i 为 σ_i 的直径) 表示分割 T 的模. 在每个 σ_i 上任取一点 (ξ_i, η_i), 作和式

$$\sum_{i=1}^{n} f(\xi_i, \eta_i) \Delta \sigma_i,$$

称它为函数 $f(x, y)$ 在 D 上属于分割 T 的一个积分和.

定义 15.1 设 $f(x, y)$ 是定义在可求面积的有界闭区域 D 上的函数. J 是一个确定数, 若对任给的 $\varepsilon > 0$, 总存在某个 $\delta > 0$, 使得对于 D 的任何一个分割 T, 当它的模 $\|T\| < \delta$ 时, 属于 T 的所有积分和都有

$$\left| \sum_{i=1}^{n} f(\xi_i, \eta_i) \Delta \sigma_i - J \right| < \varepsilon, \tag{15.10}$$

则称 $f(x, y)$ 在 D 上可积, 数 J 称为函数 $f(x, y)$ 在 D 上的二重积分, 记作

$$J = \iint_D f(x, y) \mathrm{d}\sigma, \tag{15.11}$$

其中 $f(x, y)$ 称为被积函数, x, y 称为积分变量, D 称为积分区域.

当 $f(x, y) \geq 0$ 时, 二重积分 $\iint_D f(x, y) \mathrm{d}\sigma$ 在几何上就表示以 $z = f(x, y)$ 为曲顶, D 为底的曲顶柱体的体积. 特别地, 当 $f(x, y) = 1$ 时, 二重积分 $\iint_D f(x, y) \mathrm{d}\sigma$ 的值就等于区域 D 的面积.

由二重积分定义可知, 若 $f(x,y)$ 在 D 上可积, 则与定积分一样, 对任何分割 T, 只要当 $\|T\| < \delta$ 时, (15.10)式都要成立. 因此为了计算方便, 常选取一些特殊的分割方式, 如选用平行于坐标轴的直线网来分割 D, 则每一小区域 σ 的面积 $\Delta\sigma = \Delta x \Delta y$. 此时通常把 $\iint\limits_{D} f(x,y)\mathrm{d}\sigma$ 写作

$$\iint\limits_{D} f(x,y)\mathrm{d}x\mathrm{d}y. \tag{15.12}$$

首先, 我们可以像定积分那样类似证明函数 $f(x,y)$ 在可求面积的有界闭区域 D 可积的必要条件是它在 D 上有界. 为了进一步讨论函数 $f(x,y)$ 在 D 上可积的充分条件, 与定积分类似, 先引入上和与下和的概念.

设函数 $f(x,y)$ 在 D 上有界, T 为 D 的一个分割, 它把 D 划分成 n 个可求面积小区域 $\sigma_i (i = 1, 2, \cdots, n)$. 令

$$S(T) = \sum_{i=1}^{n} M_i \Delta\sigma_i; \quad M_i = \sup_{(x,y)\in\sigma_i} f(x,y),$$

$$s(T) = \sum_{i=1}^{n} m_i \Delta\sigma_i; \quad m_i = \inf_{(x,y)\in\sigma_i} f(x,y). \tag{15.13}$$

$S(T)$ 和 $s(T)$ 分别称为函数 $f(x,y)$ 关于分割 T 的达布上和与下和. 二元函数的上和与下和具有与一元函数的上和与下和同样的性质, 此处从略. 下面列出有关二元函数的可积性定理.

定理 15.4 函数 $f(x,y)$ 在 D 上可积的充分必要条件是

$$\lim_{\|T\|\to 0}(S(T) - s(T)) = 0. \tag{15.14}$$

定理 15.5 函数 $f(x,y)$ 在 D 上可积的充分必要条件是: 对于任给的 $\varepsilon > 0$, 存在 D 的某个分割 T, 使得 $S(T) - s(T) < \varepsilon$.

定理 15.6 有界闭区域 D 上的连续函数必可积.

定理 15.7 设函数 $f(x,y)$ 是定义在有界闭区域 D 上的有界函数. 若 $f(x,y)$ 的不连续点都落在有限条光滑曲线上, 则 $f(x,y)$ 在 D 上可积.

证明 不失一般性, 可设 $f(x,y)$ 的不连续点全部落在某一条光滑曲线 L. 记 L 的长度为 l. 于是对于任给的 $\varepsilon > 0$, 把 L 等分成 $n = \left[\dfrac{l}{\varepsilon}\right] + 1$:

$$L_1, L_2, \cdots, L_n.$$

在每段 L_i 上任取一点 P_i, 使得 P_i 与其一端点的弧长为 $\dfrac{l}{2n}$. 以 P_i 为中心作边长为 ε 的

正方形 Δ_i，则 $L_i \subset \Delta_i$，从而有 $L \subset \bigcup\limits_{i=1}^{n}\Delta_i$．记 $\Delta = \bigcup\limits_{i=1}^{n}\Delta_i$，则 Δ 为一多边形．设 Δ 的面积为 S，那么

$$S \leqslant n\varepsilon^2 = \left(\left[\frac{l}{\varepsilon}\right]+1\right)\varepsilon^2 \leqslant \left(\frac{l}{\varepsilon}+1\right)\varepsilon^2 = (l+\varepsilon)\varepsilon.$$

现在把区域 Δ 分成两部分，第一部分 $D_1 = D\bigcap\Delta$，第二部分 $D_2 = D - D_1$．由于 $f(x,y)$ 在 D_2 上连续，根据定理 15.6 和定理 15.5，存在 D_2 的一个分割 T_2，使得 $S(T_2) - s(T_2) < \varepsilon$．又记 $M_\Delta = \sup\limits_{(x,y)\in\Delta} f(x,y)$，$m_\Delta = \inf\limits_{(x,y)\in\Delta} f(x,y)$，以 T 表示 T_2 与多边形 Δ 的边界所组成的区域 D 的分割，则有

$$S(T) - s(T) \leqslant [S(T_2) - s(T_2)] + [M_\Delta S - m_\Delta S] < \varepsilon + S\omega$$
$$\leqslant \varepsilon + (l+\varepsilon)\varepsilon\omega = (1 + l\omega + \varepsilon\omega)\varepsilon,$$

其中 ω 是 $f(x,y)$ 在 D 上的振幅．由于 $f(x,y)$ 在 D 上有界，故 ω 是一有限值．由定理 15.5 可得 $f(x,y)$ 在 D 上可积．

与定积分类似，二重积分有如下性质，$\qquad\qquad\qquad\qquad\qquad\square$

定理 15.8　(a)(线性性质)　若 $\iint\limits_{D}f_i(x,y)\mathrm{d}\sigma(i=1,2,\cdots,k)$ 存在，则

$$\iint\limits_{D}\sum_{i=1}^{k}c_i f_i(x,y)\mathrm{d}\sigma$$

也存在且等于

$$\sum_{i=1}^{k}c_i\int_{D}f_i(x,y)\mathrm{d}\sigma,$$

其中 c_i 为常数．

(b)(有限可加性质)　若 $D_i(i=1,2,\cdots,k)$ 是 $\mathbb{R}^2$ 中的可求面积的区域具有性质：$\bigcup\limits_{i=1}^{m}D_i = D$；当 $i \neq j$ 时，$D_i^{\circ}\bigcap D_j^{\circ} = \varnothing$，并且 $\iint\limits_{D_i}f(x,y)\mathrm{d}\sigma$ 存在，则 $\iint\limits_{D}f(x,y)\mathrm{d}\sigma$ 也存在且等于

$$\sum_{i=1}^{k}\iint\limits_{D_i}f(x,y)\mathrm{d}\sigma.$$

(c)(保号性质)　若 $f(x,y),g(x,y)$ 在 D 上可积，且 $f(x,y) \leqslant g(x,y),(x,y)\in D$，则

$$\iint\limits_{D}f(x,y)\mathrm{d}\sigma \leqslant \int_{D}g(x,y)\mathrm{d}\sigma.$$

(d)(绝对可积性质) 若 $f(x,y)$ 在 D 上可积, 则 $|f(x,y)|$ 在 D 上也可积, 且有

$$\left|\iint\limits_D f(x,y)\mathrm{d}\sigma\right| \leqslant \iint\limits_D |f(x,y)|\mathrm{d}\sigma.$$

(e)若 $f(x,y)$ 在 D 上可积, 且 $m \leqslant f(x,y) \leqslant M, \ (x,y) \in D$, 则

$$mS_D \leqslant \iint\limits_D f(x,y)\mathrm{d}\sigma \leqslant MS_D,$$

其中 S_D 是区域 D 的面积.

(f)(中值定理) 若 $f(x,y)$ 在有界闭区域 D 上连续, 则存在 $(\xi,\eta) \in D$, 使得

$$\iint\limits_D f(x,y)\mathrm{d}\sigma = f(\xi,\eta)S_D,$$

其中 S_D 是区域 D 的面积, 特别当 $f(x,y)=1$ 时, 上式就求得了 D 的面积.

中值定理的几何意义: 以 D 为底, $z=f(x,y)(f(x,y) \geqslant 0)$ 为曲顶的曲顶柱体体积等于一个同底的平顶柱体的体积, 这个平顶柱体的高等于 $f(x,y)$ 在区域 D 中某点 (ξ,η) 的函数值 $f(\xi,\eta)$.

15.2 二重积分的计算

15.2.1 直角坐标系下二重积分的计算

因为微积分的基本定理 7.1, 人们可以很方便地计算一元函数的定积分. 可是重积分就复杂了. 前文(15.7)式揭示了这样一个事实, 我们可以把重积分化为两次定积分或累次积分进行计算.

我们先讨论定义在矩形区域 $D=[a,b]\times[c,d]$ 上二重积分计算的问题.

定理15.9 设 $f(x,y)$ 在矩形区域 $D=[a,b]\times[c,d]$ 上可积, 且对每个 $x \in [a,b]$, 积分 $\int_c^d f(x,y)\mathrm{d}y$ 存在, 则累次积分

$$\int_a^b \mathrm{d}x \int_c^d f(x,y)\mathrm{d}y$$

也存在, 且

$$\iint\limits_D f(x,y)\mathrm{d}\sigma = \int_a^b \mathrm{d}x \int_c^d f(x,y)\mathrm{d}y. \tag{15.15}$$

证明 令 $F(x)=\int_c^d f(x,y)\mathrm{d}y$, 我们要证明 $F(x)$ 在 $[a,b]$ 上可积, 且积分的结果恰为二重积分. 为此, 我们对区间 $[a,b]$ 与 $[c,d]$ 分别作分割

$$a = x_0 < x_1 < \cdots < x_r = b, \quad c$$
$$= y_0 < y_1 < \cdots < y_s = d.$$

按这些分点作两组直线

$$x = x_i (i = 1, 2, \cdots, r-1), \quad y = y_k (k = 1, 2, \cdots, s-1).$$

它们把矩形 D 分为 rs 个小矩形(图 15.4),记 Δ_{ik} 为小矩形 $[x_{i-1}, x_i] \times [y_{k-1}, y_k] (i = 1, 2, \cdots, r, k = 1, 2, \cdots, s)$.

设 $f(x, y)$ 在 Δ_{ik} 上的上确界和下确界分别为 M_{ik} 和 m_{ik}. 在区间 $[x_{i-1}, x_i]$ 中任取一点 ξ_i, 于是就有不等式

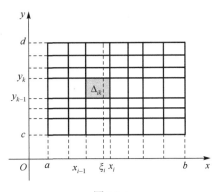

图 15.4

$$m_{ik}\Delta y_k \leqslant \int_{y_{k-1}}^{y_k} f(\xi_i, y)\mathrm{d}y \leqslant M_{ik}\Delta y_k,$$

其中 $\Delta y_k = y_k - y_{k-1}$. 因此

$$\sum_{k=1}^{s} m_{ik}\Delta y_k \leqslant F(\xi_i) = \int_c^d f(\xi_i, y)\mathrm{d}y \leqslant \sum_{k=1}^{s} M_{ik}\Delta y_k,$$

$$\sum_{i=1}^{r}\sum_{k=1}^{s} m_{ik}\Delta y_k \Delta x_i \leqslant \sum_{i=1}^{r} F(\xi_i)\Delta x_i \leqslant \sum_{i=1}^{r}\sum_{k=1}^{s} M_{ik}\Delta y_k \Delta x_i, \tag{15.16}$$

其中 $\Delta x_i = x_i - x_{i-1}$. 记 Δ_{ik} 的对角线 d_{ik} 和 $\|T\| = \max_{i,k} d_{ik}$. 由于二重积分存在, 由定理 15.4, 当 $\|T\| \to 0$ 时, $\sum_{i=1}^{r}\sum_{k=1}^{s} m_{ik}\Delta y_k \Delta x_i$ 和 $\sum_{i=1}^{r}\sum_{k=1}^{s} M_{ik}\Delta y_k \Delta x_i$ 有相同的极限, 且极限值都等于 $\iint_D f(x, y)\mathrm{d}\sigma$. 因此当 $\|T\| \to 0$ 时, 由不等式 (15.16) 可得

$$\lim_{\|T\| \to 0} \sum_{i=1}^{r} F(\xi_i)\Delta x_i = \iint_D f(x, y)\mathrm{d}\sigma. \tag{15.17}$$

由于 $\|T\| \to 0$ 时, 必有 $\max_{1 \leqslant i \leqslant r} \Delta x_i \to 0$, 因此由定积分定义, (15.17) 式左边

$$\lim_{\|T\| \to 0} \sum_{i=1}^{r} F(\xi_i)\Delta x_i = \int_a^b F(x)\mathrm{d}x = \int_a^b \mathrm{d}x \int_c^d f(x, y)\mathrm{d}y. \qquad \Box$$

由类似的证明过程, 我们可得如下的定理, 回答了 (15.7) 左端的积分次序的交换问题.

定理 15.10 设 $f(x, y)$ 在矩形区域 $D = [a, b] \times [c, d]$ 上可积, 且对每个 $y \in [a, b]$, 积分 $\int_a^b f(x, y)\mathrm{d}x$ 存在, 则累次积分

$$\int_c^d \mathrm{d}y \int_a^b f(x,y)\mathrm{d}x$$

也存在, 且

$$\iint\limits_D f(x,y)\mathrm{d}\sigma = \int_c^d \mathrm{d}y \int_a^b f(x,y)\mathrm{d}x. \tag{15.18}$$

对于一般区域的二重积分问题可以按积分区域归纳为如下两种类型: **x 型区域**(如图 15.5(a))

$$D_1 \equiv \{(x,y) \,|\, y_1(x) \leqslant y \leqslant y_2(x), a \leqslant x \leqslant b\}$$

和 **y 型区域**(如图 15.5(b))

$$D_2 \equiv \{(x,y) \,|\, x_1(y) \leqslant x \leqslant x_2(y), c \leqslant y \leqslant d\}. \tag{15.19}$$

许多常见的区域都可以分解成有限个除边界外无公共内点的 x 型区域或 y 型区域(如图 15.6 中区域分解成了两个 x 型区域和一个 y 型区域). 因而解决了 x 型区域或 y 型区域上的二重积分的计算问题, 那么一般区域上二重积分的计算问题也就得到了解决.

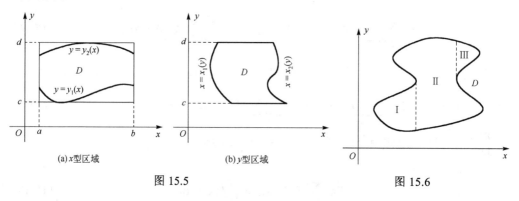

(a) x 型区域　　　　　(b) y 型区域

图 15.5　　　　　　　　　　　图 15.6

定理 15.11　若 $f_1(x,y)(f_2(x,y))$ 在 x 型 (y 型) 区域 $D_1(D_2)$ 上连续, 其中 $y_1(x)$ 和 $y_2(x)$ $(x_1(y)$ 和 $x_2(y))$ 在 $[a,b]([c,d])$ 上连续, 则

$$\iint\limits_{D_1} f_1(x,y)\mathrm{d}x\mathrm{d}y = \int_a^b \mathrm{d}x \int_{y_1(x)}^{y_2(x)} f_1(x,y)\mathrm{d}y$$

以及

$$\iint\limits_{D_2} f_2(x,y)\mathrm{d}x\mathrm{d}y = \int_c^d \mathrm{d}y \int_{x_1(y)}^{x_2(y)} f_2(x,y)\mathrm{d}x.$$

证明 我们只证明 f_1 的情况. 由于 y_1 和 y_2 在 $[a,b]$ 上连续, 所以存在矩形 $[a,b] \times [A,B] \supset D_1$. 令

$$F_1(x,y) = \begin{cases} f_1(x,y), & (x,y) \in D_1, \\ 0, & (x,y) \in [a,b] \times [A,B] \setminus D_1. \end{cases}$$

则 F_1 在 $[a,b] \times [A,B]$ 上可积, 且

$$\iint_{D_1} f_1(x,y) \mathrm{d}x\mathrm{d}y = \iint_{[a,b] \times [A,B]} F_1(x,y) \mathrm{d}x\mathrm{d}y = \int_a^b \mathrm{d}x \int_A^B F_1(x,y) \mathrm{d}y$$

$$= \int_a^b \mathrm{d}x \int_{y_1(x)}^{y_2(x)} F_1(x,y) \mathrm{d}y = \int_a^b \mathrm{d}x \int_{y_1(x)}^{y_2(x)} f_1(x,y) \mathrm{d}y. \tag{15.20}$$

f_2 的情况类似可证. □

例 15.1 设 $R = [1,2] \times [0,1]$, 计算

$$I = \iint_R \frac{x^2}{1+y^2} \mathrm{d}x\mathrm{d}y.$$

因为 $f(x,y) = x^2/(1+y^2)$ 在 R 上连续, 所以

$$I = \int_1^2 \mathrm{d}x \int_0^1 \frac{x^2}{1+y^2} \mathrm{d}y = \int_1^2 (x^2 \arctan y) \Big|_0^1 \mathrm{d}x = \int_1^2 \frac{\pi}{4} x^2 \mathrm{d}x = \frac{7}{12}\pi.$$

例 15.2 求椭球体

$$\frac{x^2}{a^2} + \frac{y^2}{b^2} + \frac{z^2}{c^2} \leqslant 1$$

的体积 V.

由椭球的对称性, 椭球体的体积 V 是椭球位于第一卦限体积 V' 的 8 倍. 再由二重积分的定义, 椭球位于第一卦限体积 V' 是以 $z = c\sqrt{1 - \dfrac{x^2}{a^2} - \dfrac{y^2}{b^2}}$ 为曲顶, 以椭圆在第一卦限部分 $D = \left\{ (x,y) \,\middle|\, 0 \leqslant y \leqslant b\sqrt{1 - \dfrac{x^2}{a^2}}, 0 \leqslant x \leqslant a \right\}$ 为底的曲顶柱体的体积.

$$V' = \iint_D c\sqrt{1 - \frac{x^2}{a^2} - \frac{y^2}{b^2}} \, \mathrm{d}x\mathrm{d}y,$$

利用例 6.8, 我们可得到

$$V = 8V' = 8\iint\limits_{D} c\sqrt{1 - \frac{x^2}{a^2} - \frac{y^2}{b^2}}\mathrm{d}x\mathrm{d}y$$

$$= 8\int_0^a \mathrm{d}x \int_0^{b\sqrt{1-\frac{x^2}{a^2}}} c\sqrt{1 - \frac{x^2}{a^2} - \frac{y^2}{b^2}}\mathrm{d}y$$

$$= \frac{8c}{b}\int_0^a \left[\frac{b^2\left(1 - \frac{x^2}{a^2}\right)}{2}\arcsin\frac{y}{\sqrt{1 - \frac{y^2}{a^2}}} + \frac{y}{2}\sqrt{b^2\left(1 - \frac{x^2}{a^2}\right) - y^2}\right]\Bigg|_0^{b\sqrt{1-\frac{x^2}{a^2}}} \mathrm{d}x$$

$$= 2bc\pi\int_0^a\left(1 - \frac{x^2}{a^2}\right)\mathrm{d}x$$

$$= \frac{4}{3}\pi abc.$$

例 15.3　计算

$$\lim_{n\to\infty} I_n = \lim_{n\to\infty}\sum_{j=0}^{2n-1}\sum_{k=0}^{j}\mathrm{e}^{\frac{j}{n}}\frac{k}{n^3}.$$

作一个简单的变形, 可得

$$I_n = \sum_{j=0}^{2n-1}\sum_{k=0}^{j}\frac{1}{n^2}\mathrm{e}^{\frac{j}{n}}\frac{k}{n}.$$

令 D 是 x 轴、y 轴以及 $x + y = 2$ 这条直线所围成的区域, 再令

$$F(x,y) = \begin{cases} \mathrm{e}^x y, & (x,y)\in D, \\ 0, & (x,y)\in[0,2]\times[0,2]\backslash D. \end{cases}$$

则

$$I_n = \sum_{j=0}^{2n-1}\sum_{k=0}^{j}F\left(\frac{j}{n},\frac{k}{k}\right)\cdot\frac{1}{n^2}.$$

$\frac{1}{n^2}$ 可以看成面积微元, 所以 I_n 可以看成二重积分 $\displaystyle\iint\limits_{[0,2]\times[0,2]} F(x,y)\mathrm{d}x\mathrm{d}y$ 的近似求和.

所以

$$\lim_{n\to\infty} I_n = \iint\limits_{[0,2]\times[0,2]} F(x,y)\mathrm{d}x\mathrm{d}y = \iint\limits_{D}\mathrm{e}^x y\mathrm{d}x\mathrm{d}y = \int_0^2\mathrm{e}^x\mathrm{d}x\int_0^x y\mathrm{d}y = \mathrm{e}^2 - 1.$$

15.2.2 二重积分的变量变换

在求二重积分时, 由于某些积分区域的边界曲线比较复杂, 仅仅将二重积分化为累次积分并不能达到简化计算的目的. 与定积分计算一样, 二重积分也有变量变换公式. 经过一个合适的变换可将积分区域变换为简单的区域, 从而可以简化二重积分的计算.

为了给出二重积分的变量变换公式, 我们先给出下面的引理.

引理 15.1 设变换 $T: x = x(u,v), y = y(u,v)$ 将 (u,v) 平面上的区域 Δ 一对一地映成 (x,y) 平面上的区域 D, 函数 $x(u,v), y(u,v)$ 在 Δ 内分别具有一阶连续偏导数且它们的雅可比行列式

$$J(u,v) = \frac{\partial(x,y)}{\partial(u,v)} \neq 0, (u,v) \in \Delta. \tag{15.21}$$

在变换 T 的作用下, 面积微元 $\mathrm{d}\sigma$ 有如下表达式:

$$\mathrm{d}\sigma = |J(u,v)| \mathrm{d}u \mathrm{d}v.$$

满足 (15.21) 的变换称为正则变换.

证明 我们令

$$\boldsymbol{r}(u,v) = (x(u,v), y(u,v)).$$

定义

$$\boldsymbol{r}_u(u,v) = (x_u(u,v), y_u(u,v)), \quad \boldsymbol{r}_v(u,v) = (x_v(u,v), y_v(u,v)).$$

考虑 (x,y) 平面上的四个点:

$$P = \boldsymbol{r}(u,v), \quad P_1 = \boldsymbol{r}(u+\Delta u, v),$$

$$P_2 = \boldsymbol{r}(u, v+\Delta v), \quad P' = \boldsymbol{r}(u+\Delta u, v+\Delta v).$$

则 (P, P_1, P', P_2) 形成一个曲边的四边形. 利用泰勒公式 (12.29),

$$PP_1 = \boldsymbol{r}(u+\Delta u, v) - \boldsymbol{r}(u,v) = [\boldsymbol{r}_u(u,v) + \varepsilon_1]\Delta u,$$

$$PP_2 = \boldsymbol{r}(u, v+\Delta v) - \boldsymbol{r}(u,v) = [\boldsymbol{r}_v(u,v) + \varepsilon_2]\Delta v,$$

其中 $\lim_{|\Delta u| \to 0} |\varepsilon_1| = 0, \lim_{|\Delta v| \to 0} |\varepsilon_2| = 0$. 于是以 PP_1 和 PP_2 为边的平行四边形面积由 (13.34) 定义的外积 (这也是外积在二维时的几何意义) 求得为

$$|PP_1 \times PP_2| = |\boldsymbol{r}_u \times \boldsymbol{r}_v + \boldsymbol{r}_u \times \varepsilon_2 + \varepsilon_1 \times \boldsymbol{r}_v + \varepsilon_1 \times \varepsilon_2|\Delta u \Delta v$$

$$= |\boldsymbol{r}_u \times \boldsymbol{r}_v|\Delta u \Delta v + o(\Delta u \Delta v). \tag{15.22}$$

$|PP_1 \times PP_2|$ 就近似 (P, P_1, P', P_2) 所形成的曲边四边形的面积. 完全类似于 (13.33), 我

们有

$$r_u \times r_v = \frac{\partial x(u,v)}{\partial u} \frac{\partial y(u,v)}{\partial v} - \frac{\partial x(u,v)}{\partial v} \frac{\partial y(u,v)}{\partial u} = J(u,v).$$

由此及(15.22)得

$$d\sigma = |J(u,v)| dudv.$$

这就是引理所要求的.　　　　　　　　　　　　　　　　　　　　　　　　□

定理 15.12　设 $f(x,y)$ 在有界闭区域 D 上连续, 变换 $T: x = x(u,v), y = y(u,v)$ 将 uv 平面上由按段光滑封闭曲线所围成的闭区域 Δ 一对一地映成 xy 平面上的闭区域 D, 函数 $x(u,v), y(u,v)$ 在 Δ 内分别具有一阶连续偏导数且它们的雅可比行列式

$$J(u,v) = \frac{\partial(x,y)}{\partial(u,v)} \neq 0, \quad (u,v) \in \Delta,$$

则

$$\iint\limits_{D} f(x,y) dxdy = \iint\limits_{\Delta} f(x(u,v),y(u,v)) |J(u,v)| dudv. \tag{15.23}$$

证明　因为 $f(x,y)$ 在有界闭区域 D 上连续, 所以二重积分

$$\iint\limits_{D} f(x,y) dxdy$$

存在. 又因为函数 $x(u,v), y(u,v)$ 在闭区域 Δ 内分别具有一阶连续偏导数, 所以可得二重积分

$$\iint\limits_{\Delta} f(x(u,v),y(u,v)) |J(u,v)| dudv.$$

也存在. 再由引理 15.1 可得(15.23).　　　　　　　　　　　　　　　　□

当 $f(x,y)$ 在有界闭区域 D 上可积时, 定理 15.12 也成立. 由于证明过于复杂, 我们这里没有给出证明.

二重积分的极坐标变换　当积分区域是圆域或圆域的一部分, 或者被积分函数的形式为 $f(x^2 + y^2)$ 时, 我们采用极坐标变换可以简化二重积分的计算. 令 $G \equiv \{(r, \theta) \mid 0 \leq r < +\infty, 0 \leq \theta \leq 2\pi\}$, 并且定义映射

$$T : \begin{cases} x = r\cos\theta, \\ y = r\sin\theta. \end{cases} \tag{15.24}$$

此时, 变换 T 的函数行列式为

$$J(r,\theta) = \begin{vmatrix} \cos\theta & -r\sin\theta \\ \sin\theta & r\cos\theta \end{vmatrix} = r.$$

容易知道，极坐标变换 T 把 $r\theta$ 平面上的矩形 $[0,R]\times[0,2\pi]$ 变换成 xy 平面上的圆域 $D = \{(x,y)\,|\,x^2 + y^2 \leqslant R^2\}$. 但对应不是一对一的，$xy$ 平面上原点 $O(0,0)$ 与 $r\theta$ 平面上直线 $r=0$ 相对应，x 轴上线段 AA' 对应于 $r\theta$ 平面上两条线段 CD 和 EF（图 15.7）. 又当 $r=0$ 时，$J(r,\theta)=0$，因此此时不满足定理 15.12 的条件. 但是，我们仍有下面的极坐标变换公式.

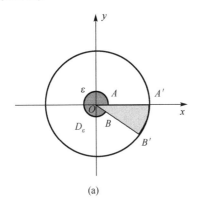 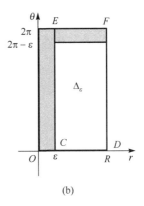

图 15.7

定理 15.13　设 $f(x,y)$ 满足定理 15.12 的条件，且在极坐标变换 (15.24) 下，xy 平面上有界闭区域 D 与 $r\theta$ 平面上区域对应 Δ，则成立

$$\iint_D f(x,y)\mathrm{d}x\mathrm{d}y = \iint_\Delta f(r\cos\theta, r\sin\theta)r\mathrm{d}r\mathrm{d}\theta. \tag{15.25}$$

证明　若 D 为圆域 $\{(x,y)\,|\,x^2+y^2 \leqslant R^2\}$，则 Δ 为 $r\theta$ 平面上矩形区域 $[0,R]\times[0,2\pi]$. 设 Δ_ε 为在圆环 $\{(x,y)\,|\,0 < \varepsilon^2 \leqslant x^2+y^2 \leqslant R^2\}$ 中除去中心角为 ε 的扇形 $BB'A'A$ 所得的区域，则在变换 (15.24) 下，D_ε 对应于 $r\theta$ 平面上的矩形区域 $[\varepsilon,R]\times[0,2\pi-\varepsilon]$. 极坐标变换 (15.24) 在 D_ε 与 Δ_ε 之间是一对一变换，且在 Δ_ε 上行列式 $J(r,\theta)>0$. 于是由定理 15.12，有

$$\iint_{D_\varepsilon} f(x,y)\mathrm{d}x\mathrm{d}y = \iint_{\Delta_\varepsilon} f(r\cos\theta, r\sin\theta)r\mathrm{d}r\mathrm{d}\theta.$$

因为 $f(x,y)$ 在有界闭区域 D 上有界，在上式中令 $\varepsilon \to 0$，可得

$$\iint_D f(x,y)\mathrm{d}x\mathrm{d}y = \iint_\Delta f(r\cos\theta, r\sin\theta)r\mathrm{d}r\mathrm{d}\theta.$$

若 D 是一般的有界闭区域，则取足够大的 $R>0$，使 D 包含在圆域 $D_R = \{(x,y)\,|\,x^2+y^2 \leqslant R^2\}$ 内，并且在 D_R 定义函数

$$F(x,y) = \begin{cases} f(x,y), & (x,y) \in D, \\ 0, & (x,y) \notin D. \end{cases}$$

函数 $F(x,y)$ 在 D_R 内至多在有限条按段光滑曲线上间断, 因此对函数 $F(x,y)$,
由前述证明有

$$\iint\limits_{D_R} F(x,y)\mathrm{d}x\mathrm{d}y = \iint\limits_{\Delta_R} F(r\cos\theta, r\sin\theta) r\mathrm{d}r\mathrm{d}\theta,$$

其中 Δ_R 为 $r\theta$ 平面矩形区域 $[0,R]\times[0,2\pi]$. 由函数 $F(x,y)$ 的定义可得所要的结论. □

现在我们介绍二重积分在极坐标下变换如何化为累次积分进行计算.

(1)若原点 $O \notin D$, 且在 xy 平面上 $\theta = $ 常数与 D 的边界至多交于两点(如图 15.8),
则 Δ 必可表示成

$$r_1(\theta) \leqslant r \leqslant r_2(\theta), \quad \alpha \leqslant \theta \leqslant \beta,$$

于是有

$$\iint\limits_{D} f(x,y)\mathrm{d}x\mathrm{d}y = \int_{\alpha}^{\beta} \mathrm{d}\theta \int_{r_1(\theta)}^{r_2(\theta)} f(r\cos\theta, r\sin\theta) r\mathrm{d}r. \tag{15.26}$$

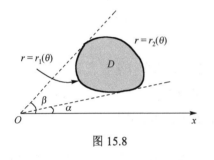

图 15.8

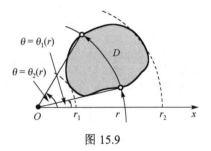

图 15.9

类似地, 若 xy 平面上在 $r = $ 常数与 D 的边界至多交于两点(图 15.9), 则 Δ 必可
表示成

$$\theta_1(r) \leqslant \theta \leqslant \theta_2(r), \quad r_1 \leqslant r \leqslant r_2,$$

于是有

$$\iint\limits_{D} f(x,y)\mathrm{d}x\mathrm{d}y = \int_{r_1}^{r_2} r\mathrm{d}r \int_{\theta_1(r)}^{\theta_2(r)} f(r\cos\theta, r\sin\theta)\mathrm{d}\theta. \tag{15.27}$$

(2)若原点 O 为 D 的内点(如图 15.10(a)), 则 D 的边界的极坐标方程为 $r = r(\theta)$, Δ
可表示为

$$0 \leqslant r \leqslant r(\theta), \quad 0 \leqslant \theta \leqslant 2\pi.$$

于是有

$$\iint\limits_{D} f(x,y)\mathrm{d}x\mathrm{d}y = \int_{0}^{2\pi} \mathrm{d}\theta \int_{0}^{r(\theta)} f(r\cos\theta, r\sin\theta) r\mathrm{d}r. \tag{15.28}$$

(3)若原点 O 在 D 的边界上(如图 15.10(b)), 则 Δ 可表示为

$$0 \leqslant r \leqslant r(\theta), \quad \alpha \leqslant \theta \leqslant \beta.$$

于是有

$$\iint\limits_{D} f(x,y)\mathrm{d}x\mathrm{d}y = \int_{\alpha}^{\beta} \mathrm{d}\theta \int_{0}^{r(\theta)} f(r\cos\theta, r\sin\theta)r\mathrm{d}r. \tag{15.29}$$

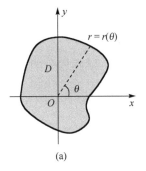 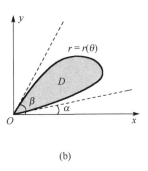

(a)   (b)

图 15.10

与极坐标变换类似, 我们也可以作下面的广义极坐标变换: 令 $G \equiv \{(r,\theta) \mid 0 \leqslant r < +\infty, 0 \leqslant \theta \leqslant 2\pi\}$, 并且定义映射

$$T : \begin{cases} x = ar\cos\theta, \\ y = br\sin\theta. \end{cases} \tag{15.30}$$

此时, 变换 T 的雅可比行列式为

$$J(r,\theta) = \begin{vmatrix} a\cos\theta & -ar\sin\theta \\ b\sin\theta & br\cos\theta \end{vmatrix} = abr.$$

我们有

$$\iint\limits_{D} f(x,y)\mathrm{d}x\mathrm{d}y = \iint\limits_{T(D)} f(ar\cos\theta, br\sin\theta)abr\mathrm{d}r\mathrm{d}\theta. \tag{15.31}$$

例 15.4 极坐标变换最著名的应用是我们在 (7.83) 求过的欧拉-泊松积分:

$$K = \int_{0}^{\infty} \mathrm{e}^{-x^2} \mathrm{d}x. \tag{15.32}$$

实际上, 利用 (15.25),

$$K^2 = \int_{0}^{\infty}\int_{0}^{\infty} \mathrm{e}^{-(x^2+y^2)}\mathrm{d}x\mathrm{d}y = \int_{0}^{\frac{\pi}{2}} \mathrm{d}\theta \int_{0}^{\infty} r\mathrm{e}^{-r^2} \mathrm{d}r = \frac{\pi}{4}.$$

所以 $K = \dfrac{\sqrt{\pi}}{2}$. 这正是 (7.85) 所得到的结果, 但这里的简单和 (7.85) 不可同日而语.

例 15.5　设区域 $\Omega \equiv \{(x,y) \mid x^2 + y^2 \leqslant 1, x \geqslant 0\}$，计算下列二重积分:

$$I \equiv \iint_\Omega \frac{1+xy}{1+x^2+y^2} \mathrm{d}x\mathrm{d}y .$$

定义映射

$$T : \mathbb{R}^2 \to \mathbb{R}^2,$$
$$(x,y) \mapsto (x,-y).$$

因为 $\det(DT) = -1$，所以 T 是正则变换，且 $T(\Omega) = \Omega$. 经过简单的变形可知

$$I = \iint_\Omega \frac{1}{1+x^2+y^2} \mathrm{d}x\mathrm{d}y + \iint_\Omega \frac{xy}{1+x^2+y^2} \mathrm{d}x\mathrm{d}y \equiv I_1 + I_2.$$

令

$$f(x,y) = \frac{xy}{1+x^2+y^2}.$$

则

$$(f \circ T)(x,y) = f(Tx,Ty) = \frac{x(-y)}{1+x^2+y^2}.$$

由定理 15.12 可知

$$I_2 = \iint_\Omega \frac{x(-y)}{1+x^2+y^2} \mathrm{d}x\mathrm{d}y = -I_2 ,$$

所以 $I_2 = 0$，

$$I = I_1 = \iint_\Omega \frac{1}{1+x^2+y^2} \mathrm{d}x\mathrm{d}y.$$

$$I_1 = \iint_\Omega \frac{1}{1+x^2+y^2} \mathrm{d}x\mathrm{d}y = \iint_{\tilde{T}^{-1}(\Omega)} \frac{r}{1+r^2} \mathrm{d}x\mathrm{d}y$$

$$= \int_{-\pi/2}^{\pi/2} \mathrm{d}\theta \int_0^1 \frac{r}{1+r^2} \mathrm{d}r = \frac{\ln 2}{2}\pi,$$

其中 $\tilde{T}$ 是极坐标变换.

例 15.6　设 $f(x)$ 是一个正的连续函数，则

$$\int_a^b f(x)\mathrm{d}x \cdot \int_a^b \frac{\mathrm{d}x}{f(x)} \geqslant (b-a)^2 . \tag{15.33}$$

这可用化成二重积分证明之. 实际上, 不等式 (15.33) 左端可以写为

$$I = \iint\limits_{\Omega} \frac{f(x)}{f(y)} \mathrm{d}x\mathrm{d}y = \iint\limits_{\Omega} \frac{f(y)}{f(x)} \mathrm{d}x\mathrm{d}y, \quad \Omega = [a,b] \times [a,b].$$

因此

$$I = \frac{1}{2} \iint\limits_{\Omega} \left[\frac{f(x)}{f(y)} + \frac{f(y)}{f(x)} \right] \mathrm{d}x\mathrm{d}y = \iint\limits_{\Omega} \frac{f^2(x) + f^2(y)}{2f(x)f(y)} \mathrm{d}x\mathrm{d}y \geqslant (b-a)^2.$$

例 15.7 (柯西-施瓦茨不等式) 设 $f(x), g(x)$ 为平方可积函数:

$$\int_a^b f^2(x)\mathrm{d}x < \infty, \quad \int_a^b g^2(x)\mathrm{d}x < \infty.$$

则有柯西-施瓦茨不等式:

$$\int_a^b f(x)g(x)\mathrm{d}x \leqslant \sqrt{\int_a^b f^2(x)\mathrm{d}x} \sqrt{\int_a^b g^2(x)\mathrm{d}x}. \tag{15.34}$$

实际上, 令

$$I = \iint\limits_{\Omega} [f(x)g(y) - f(y)g(x)]^2 \mathrm{d}x\mathrm{d}y, \quad \Omega = [a,b] \times [a,b].$$

则

$$I = \int_a^b f^2(x)\mathrm{d}x \cdot \int_a^b g^2(y)\mathrm{d}y - 2\int_a^b f(x)g(x)\mathrm{d}x \int_a^b f(y)g(y)\mathrm{d}y + \int_a^b f^2(y)\mathrm{d}y \int_a^b g^2(x)\mathrm{d}x$$

$$= 2\left\{ \int_a^b f^2(x)\mathrm{d}x \cdot \int_a^b g^2(x)\mathrm{d}x - \left[\int_a^b f(x)g(x)\mathrm{d}x \right]^2 \right\}.$$

因 $I \geqslant 0$, 所以 (15.34) 成立.

15.3 曲面的面积

计算二维曲面的表面积和求曲线的长度一样, 具有重要的意义. 我们在 (7.51) 中论述过求曲线的弧长, 本节讨论二维曲面面积的计算, 这是二重积分一个重要的应用. 假设曲面的方程是

$$S : z = f(x,y).$$

曲面在 (x,y) 平面的投影为区域 D. 在 D 上取小块 ΔD, 是曲面上 ΔS 在 (x,y) 平面的投影 (图 15.11).

在 ΔD 上取一点 (x,y), 在 S 上对应的点是 $(x,y,f(x,y))$. 在此点的切平面由

(12.11)给出

$$(X-x)\frac{\partial f}{\partial x}+(Y-y)\frac{\partial f}{\partial y}=Z-f(x,y). \tag{15.35}$$

法线的方向为 $(f_x, f_y, -1)$. 因此切平面与 (x, y) 的夹角 α 满足

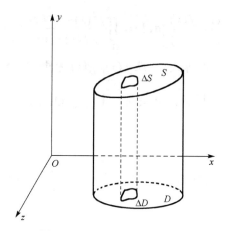

图 15.11　曲面微小元的投影

$$\cos\alpha=\pm\frac{1}{\sqrt{1+f_x^2+f_y^2}}. \tag{15.36}$$

我们可以认为 ΔD 是切平面上 $\Delta S'$ 在 (x, y) 上的投影. 于是

$$\Delta S'=\Delta D\sqrt{1+f_x^2+f_y^2}. \tag{15.37}$$

这样如同弧长是折线段的和的极限一样, S 的面积定义为 $\Delta S'$ 的和的极限:

$$S=\lim\sum\Delta S'=\lim\sum_D\sqrt{1+f_x^2+f_y^2}\Delta D.$$

从而

$$S=\iint_D\sqrt{1+f_x^2+f_y^2}\mathrm{d}D=\iint_D\sqrt{1+f_x^2+f_y^2}\mathrm{d}x\mathrm{d}y.$$

积分号下的表达式为面积的无穷小元:

$$\mathrm{d}S=\sqrt{1+f_x^2+f_y^2}\mathrm{d}x\mathrm{d}y \tag{15.38}$$

如果是一般的参数曲面

$$x=\varphi(u,v),\quad y=\psi(u,v),\quad z=h(u,v).$$

写成向量的形式是

$$\boldsymbol{r} = \boldsymbol{r}(u,v).$$

如果 u,v 是 t 的函数, 则在曲面上得出一条曲线

$$\boldsymbol{r}(t) = \boldsymbol{r}(u(t),v(t)).$$

这条曲线的切线方向是

$$\begin{cases} \dfrac{\mathrm{d}x}{\mathrm{d}t} = \dfrac{\partial \varphi}{\partial u}\dfrac{\mathrm{d}u}{\mathrm{d}t} + \dfrac{\partial \varphi}{\partial v}\dfrac{\mathrm{d}v}{\mathrm{d}t}, \\[2mm] \dfrac{\mathrm{d}y}{\mathrm{d}t} = \dfrac{\partial \psi}{\partial u}\dfrac{\mathrm{d}u}{\mathrm{d}t} + \dfrac{\partial \psi}{\partial v}\dfrac{\mathrm{d}v}{\mathrm{d}t}, \\[2mm] \dfrac{\mathrm{d}z}{\mathrm{d}t} = \dfrac{\partial h}{\partial u}\dfrac{\mathrm{d}u}{\mathrm{d}t} + \dfrac{\partial h}{\partial v}\dfrac{\mathrm{d}v}{\mathrm{d}t}. \end{cases} \tag{15.39}$$

令

$$\begin{cases} \boldsymbol{r}_u = \left(\dfrac{\partial \varphi}{\partial u}, \dfrac{\partial \psi}{\partial u}, \dfrac{\partial h}{\partial u} \right), \\[3mm] \boldsymbol{r}_v = \left(\dfrac{\partial \varphi}{\partial v}, \dfrac{\partial \psi}{\partial v}, \dfrac{\partial h}{\partial v} \right), \end{cases} \tag{15.40}$$

并假定二者不平行. 则曲线的切向量

$$\frac{\mathrm{d}\boldsymbol{r}}{\mathrm{d}t} = \frac{\mathrm{d}u}{\mathrm{d}t}\boldsymbol{r}_u + \frac{\mathrm{d}v}{\mathrm{d}t}\boldsymbol{r}_v. \tag{15.41}$$

曲线的切方向由 $\dfrac{\mathrm{d}u}{\mathrm{d}t}$ 和 $\dfrac{\mathrm{d}v}{\mathrm{d}t}$ 唯一决定. 我们写出曲线弧长的平方:

$$\begin{aligned} \mathrm{d}s^2 &= \mathrm{d}x^2 + \mathrm{d}y^2 + \mathrm{d}z^2 = \langle \mathrm{d}\boldsymbol{r}, \mathrm{d}\boldsymbol{r} \rangle \\ &= \left(\frac{\partial \varphi}{\partial u}\mathrm{d}u + \frac{\partial \varphi}{\partial v}\mathrm{d}v \right)^2 + \left(\frac{\partial \psi}{\partial u}\mathrm{d}u + \frac{\partial \psi}{\partial v}\mathrm{d}v \right)^2 + \left(\frac{\partial h}{\partial u}\mathrm{d}u + \frac{\partial h}{\partial v}\mathrm{d}v \right)^2 \\ &= E(u,v)\mathrm{d}u^2 + 2F(u,v)\mathrm{d}u\mathrm{d}v + G(u,v)\mathrm{d}v^2, \end{aligned} \tag{15.42}$$

其中

$$\begin{cases} E(u,v) = \left(\dfrac{\partial \varphi}{\partial u} \right)^2 + \left(\dfrac{\partial \psi}{\partial u} \right)^2 + \left(\dfrac{\partial h}{\partial u} \right)^2, \\[3mm] F(u,v) = \dfrac{\partial \varphi}{\partial u}\dfrac{\partial \varphi}{\partial v} + \dfrac{\partial \psi}{\partial u}\dfrac{\partial \psi}{\partial v} + \dfrac{\partial h}{\partial u}\dfrac{\partial h}{\partial v}, \\[3mm] G(u,v) = \left(\dfrac{\partial \varphi}{\partial v} \right)^2 + \left(\dfrac{\partial \psi}{\partial v} \right)^2 + \left(\dfrac{\partial h}{\partial v} \right)^2. \end{cases} \tag{15.43}$$

用向量形式写出来就是

$$E(u,v) = \langle r_u, r_u \rangle, \quad F(u,v) = \langle r_u, r_v \rangle, \quad G(u,v) = \langle r_v, r_v \rangle, \tag{15.44}$$

称为曲面的第一基本式. 显然从(15.42)看出, 第一基本式是用来计算任何曲线之间的长度的, 因此曲面上两点间的距离可以用第一基本式求出. 计算可知

$$EG - F^2 = \|r_u\|^2 \|r_v\|^2 - \langle r_u, r_v^2 \rangle = \|r_u \times r_v\|^2. \tag{15.45}$$

从一点 $A = (u,v)$ 出发, 沿 $v = c_2$ 作一微分向量 $r_u du$, 沿 $u = c_2$ 作一微分向量 $r_v dv$. 两个向量就构成切平面上平行四边形, 其面积 dS 就是曲面上的面积微元, 由

$$(r_u du) \times (r_v dv) = (r_u \times r_v) du dv. \tag{15.46}$$

就得到

$$dS = \|r_u \times r_v\| du dv = \sqrt{EG - F^2} du dv. \tag{15.47}$$

(15.38)是(15.47)的特殊情形. 曲面论是我们另一门课程古典微分几何研究的主要对象, 例如描述曲面弯曲的数称为高斯曲率, 它是曲面的法向量的导数. 换句话说, 度量一个曲面的弯曲程度需要跳出曲面之外. 但是高斯经过复杂的计算, 计算出高斯曲率可以只用第一基本式得到. 这是非常意外的理论, 由此产生了黎曼几何, 是几何学的集大成者.

例 15.8 现在我们计算三维球面:

$$x^2 + y^2 + z^2 = R^2$$

的面积. 引入参数方程

$$\begin{cases} r(\theta, \varphi) = (R\cos\theta\cos\varphi, R\sin\theta\cos\varphi, R\sin\varphi), \\ D = \left\{ (\theta, \varphi) \mid 0 \leqslant \theta \leqslant 2\pi, -\dfrac{\pi}{2} \leqslant \varphi \leqslant \dfrac{\pi}{2} \right\}. \end{cases}$$

计算得

$$r_\theta = (-R\sin\theta\cos\varphi, R\cos\theta\cos\varphi, 0),$$
$$r_\varphi = (-R\cos\theta\cos\varphi, R\sin\theta\sin\varphi, R\cos\varphi),$$
$$E = \|r_\theta^2\| = R^2\cos^2\varphi, \quad G = \langle r_\theta, r_\varphi \rangle = 0, \quad F = \|r_\varphi^2\| = R^2.$$

因此

$$S = \iint\limits_D \sqrt{EG - F^2}\, d\theta d\varphi = R^2 \int_0^{2\pi} d\theta \int_{-\frac{\pi}{2}}^{\frac{\pi}{2}} \cos\varphi d\varphi = 4\pi R^2. \tag{15.48}$$

这和(7.71)计算的是一样的.

最后我们指出, 高维的面积计算远超过一维曲线的长度计算, 里边有本质的区

别. 曲线的弧长可以定义为内接折线长度的上确界. 在微积分正确的计算之前, 人们也认为曲面的面积可以按照内接折面面积的上确界来计算. 直到 19 世纪, 德国数学家施瓦茨举例说明, 即使是圆柱面, 也有面积任意大的折面, 曲面微元只能用 (15.38) 或者 (15.47) 来定义.

15.4　三　重　积　分

15.4.1　三重积分的概念

三重积分不仅是二重积分的推广, 也是解决某些实际问题所需要的. 例如, 我们求一个空间物体 V 的质量 M 和重心坐标.

设三维欧氏空间有可求体积的有界物体 V, 它的密度函数为一有界函数 $f(x, y, z)$. 为了求它的质量, 我们首先用若干光滑曲面所组成的曲面网 T 来分割 V, 把它分割成 n 个小块 $V_1, V_2, \cdots, V_n$, ΔV_i 为小块 V_i 的体积, 在每个小块上 V_i 任取一点 (ξ_i, η_i, ζ_i), 以点 (ξ_i, η_i, ζ_i) 的密度 $f(\xi_i, \eta_i, \zeta_i)$ 近似代替小块 V_i 每一点的密度, 则 $f(\xi_i, \eta_i, \zeta_i)\Delta V_i$ 是小块 V_i 质量的近似值. 于是, 积分和

$$\sum_{i=1}^{n} f(\xi_i, \eta_i, \zeta_i)\Delta V_i$$

应是物体 V 质量的近似值. 取

$$\|T\| = \max_{1 \leqslant i \leqslant n} \{V_i \text{ 的直径}\}.$$

则

$$M = \lim_{\|T\| \to 0} \sum_{i=1}^{n} f(\xi_i, \eta_i, \zeta_i)\Delta V_i.$$

于是, 我们有如下三重积分的定义:

定义 15.2　设 $f(x, y, z)$ 是定义在三维空间可求体积的有界区域 V 上的函数. J 是一个确定数, 若对任给的 $\varepsilon > 0$, 总存在某个 $\delta > 0$, 使得对于 V 的任何一个分割 T, 当 $\|T\| < \delta$ 时, 属于分割 T 的所有积分和都有

$$\left| \sum_{i=1}^{n} f(\xi_i, \eta_i, \zeta_i)\Delta V_i - J \right| < \varepsilon, \tag{15.49}$$

则称 $f(x, y, z)$ 在 V 上可积, 数 J 称为函数 $f(x, y, z)$ 在 V 上的三重积分, 记作

$$J = \iiint_{V} f(x, y, z)\mathrm{d}\sigma \quad \text{或} \quad J = \iiint_{V} f(x, y, z)\mathrm{d}x\mathrm{d}y\mathrm{d}z, \tag{15.50}$$

其中 $f(x,y,z)$ 称为被积函数, x,y,z 称为积分变量, V 称为积分区域.

根据三重积分的定义, 如果三维欧氏空间物体 V 的密度为三元函数 $f(x,y,z)$, 则 V 的质量就是三重积分, 即

$$M = \iiint_V f(x,y,z)\mathrm{d}x\mathrm{d}y\mathrm{d}z.$$

关于三重积分的存在性和有关性质, 读者可仿照二重积分的存在性和性质写出并加以证明, 这里就不一一细述了.

15.4.2 三重积分的计算

计算三重积分的方法是将三重积分化成一次定积分与一次二重积分, 又进一步化成三次定积分. 这一过程的证明与二重积分化成二次定积分的证明类似. 仿照计算二重积分时延拓被积函数的思想, 我们可以证明如下两个定理:

定理 15.14 设 $\mathbb{R}^3$ 中的可求体积的有界区域 V 可以表示为

$$V = \{(x,y,z) \,|\, (x,y) \in D, z_1(x,y) \leqslant z \leqslant z_2(x,y)\},$$

其中 D 是 $\mathbb{R}^2$ 中的可求面积有界闭区域, $z_1(x,y), z_2(x,y)$ 为 D 上的连续函数, 若 $f(x,y,z)$ 在 V 上可积, 对任一 $(x,y) \in D, f(x,y,z)$ 作为 z 的函数在区间 $[z_1(x,y), z_2(x,y)]$ 上可积, 则有

$$\iiint_V f(x,y,z)\mathrm{d}x\mathrm{d}y\mathrm{d}z = \iint_D \mathrm{d}x\mathrm{d}y \int_{z_1(x,y)}^{z_2(x,y)} f(x,y,z)\mathrm{d}z.$$

注 15.1 我们把上述等式的右端称为 $(2,1)$ 型积分.

定理 15.15 设 $\mathbb{R}^3$ 中的可求体积的有界区域 V 可以表示为

$$V = \{(x,y,z) \,|\, a_3 \leqslant z \leqslant b_3, (x,y) \in D(z)\},$$

其中 $D(z)(a_3 \leqslant z \leqslant b_3)$ 是 $\mathbb{R}^2$ 中的可求面积有界闭区域. 若 $f(x,y,z)$ 在 V 上可积, 对任一 $z \in [a_3, b_3]$, $f(x,y,z)$ 作为 (x,y) 的函数在区域 $D(z)$ 上可积, 则有

$$\iiint_V f(x,y,z)\mathrm{d}x\mathrm{d}y\mathrm{d}z = \int_{a_3}^{b_3} \mathrm{d}z \iint_{D(z)} f(x,y,z)\mathrm{d}x\mathrm{d}y.$$

注 15.2 我们把上述等式的右端称为 $(1,2)$ 型积分.

进一步, 我们再将上述两个定理中的二重积分根据它们积分区域的形状化成两次定积分, 将三重积分化成三次定积分. 例如如果积分区域 V 可以表示为

$$V = \{(x,y,z) \,|\, z_1(x,y) \leqslant z \leqslant z_2(x,y), y_1(x) \leqslant y \leqslant y_1(x), a \leqslant x \leqslant b\},$$

这里 V 在 xy 平面上的投影区域

$$D = \{(x,y) \,|\, y_1(x) \leqslant y \leqslant y_1(x), a \leqslant x \leqslant b\}$$

是一个 x 型区域, 它对于平行于 z 轴且通过 D 内点的直线与 V 的边界至多交于两点, 则有

$$\iiint_V f(x,y,z)\mathrm{d}x\mathrm{d}y\mathrm{d}z = \int_a^b \mathrm{d}x \int_{y_1(x)}^{y_2(x)} \mathrm{d}y \int_{z_1(x,y)}^{z_2(x,y)} f(x,y,z)\mathrm{d}z.$$

类似地, 当把区域 V 投影到 zx 平面或 yz 平面上时, 也可以写出相应的累次积分公式. 对于一般复杂的区域, 我们常可以把它分解成有限个简单区域上的积分和来计算.

例 15.9 计算

$$I = \iiint_\Omega \left(\frac{x^2}{a^2} + \frac{y^2}{b^2} + \frac{z^2}{c^2} \right) \mathrm{d}x\mathrm{d}y\mathrm{d}z,$$

其中

$$\Omega \equiv \left\{ (x,y,z) \,\middle|\, \frac{x^2}{a^2} + \frac{y^2}{b^2} + \frac{z^2}{c^2} \leqslant 1 \right\}.$$

(法一) 作一个简单的变形可得

$$I = \iiint_\Omega \frac{x^2}{a^2}\mathrm{d}x\mathrm{d}y\mathrm{d}z + \iiint_\Omega \frac{y^2}{b^2}\mathrm{d}x\mathrm{d}y\mathrm{d}z + \iiint_\Omega \frac{z^2}{c^2}\mathrm{d}x\mathrm{d}y\mathrm{d}z.$$

利用定理 15.15,

$$\iiint_\Omega \frac{x^2}{a^2}\mathrm{d}x\mathrm{d}y\mathrm{d}z = \int_{-a}^a \frac{x^2}{a^2}\mathrm{d}x \iint_{D(x)} \mathrm{d}y\mathrm{d}z,$$

其中

$$D(x) \equiv \left\{ (y,z) \,\middle|\, \frac{y^2}{b^2} + \frac{z^2}{c^2} \leqslant 1 - \frac{x^2}{a^2} \right\}.$$

注意到 $D(x)$ 是椭圆, 它的面积为

$$\pi \left(b\sqrt{1 - \frac{x^2}{a^2}} \right) \left(c\sqrt{1 - \frac{x^2}{a^2}} \right) = \pi bc \left(1 - \frac{x^2}{a^2} \right),$$

于是

$$\iiint_\Omega \frac{x^2}{a^2}\mathrm{d}x\mathrm{d}y\mathrm{d}z = \int_{-a}^a \frac{\pi bc}{a^2} x^2 \left(1 - \frac{x^2}{a^2} \right) \mathrm{d}x = \frac{4\pi abc}{15}.$$

同理可得

$$\iiint\limits_{\Omega}\frac{y^2}{b^2}\mathrm{d}x\mathrm{d}y\mathrm{d}z=\frac{4\pi abc}{15},\quad \iiint\limits_{\Omega}\frac{z^2}{c^2}\mathrm{d}x\mathrm{d}y\mathrm{d}z=\frac{4\pi abc}{15}.$$

所以 $I=\dfrac{4\pi abc}{5}$.

（法二） 利用定理 15.14 可得

$$I=\iint\limits_{x^2/a^2+y^2/b^2\leqslant 1}\mathrm{d}x\mathrm{d}y\int_{-c\sqrt{1-x^2/a^2-y^2/b^2}}^{c\sqrt{1-x^2/a^2-y^2/b^2}}\left(\frac{x^2}{a^2}+\frac{y^2}{b^2}+\frac{z^2}{c^2}\right)\mathrm{d}z$$

$$=2\iint\limits_{x^2/a^2+y^2/b^2\leqslant 1}\left[\left(\frac{x^2}{a^2}+\frac{y^2}{b^2}\right)z+\frac{z^3}{3c^2}\right]_{z=c\sqrt{1-x^2/a^2-y^2/b^2}}\mathrm{d}x\mathrm{d}y.$$

令 $x=ar\cos\theta, y=br\sin\theta$，那么有

$$I=2ab\int_0^{2\pi}\mathrm{d}\theta\int_0^1 r\left[r^2z+\frac{z^3}{3c^2}\right]_{z=c\sqrt{1-r^2}}\mathrm{d}r=4\pi ab\int_0^1 r\left[r^2z+\frac{z^3}{3c^2}\right]_{z=c\sqrt{1-r^2}}\mathrm{d}r.$$

令 $r=\cos\alpha,\alpha\in[0,\pi/2]$，则

$$I=4\pi ab\int_{\pi/2}^0\cos\alpha\left[z\cos^2\alpha+\frac{z^3}{3c^2}\right]_{z=c\sin\alpha}\mathrm{d}\cos\alpha$$

$$=\frac{4\pi}{3}abc\int_0^{\pi/2}(1+2\cos^2\alpha)\sin^2\alpha\mathrm{d}\sin\alpha$$

$$=\frac{4\pi}{3}abc\int_0^1 x^2(3-2x^2)\mathrm{d}x=\frac{4\pi abc}{5}.$$

注 15.3 在实际生活当中我们所遇到的三重积分往往既可以化为 $(1,2)$ 型积分又可以化为 $(2,1)$ 型积分，所以我们应该根据积分区域的几何性质来决定到底化为哪一种积分比较便于计算.

例 15.10 计算三重积分

$$I=\iiint\limits_{\Omega}\frac{1}{x^2+y^2}\mathrm{d}x\mathrm{d}y\mathrm{d}z,$$

其中 Ω 是由平面 $x=1,x=2,z=0,y=x,z=y$ 所围成的区域.

我们打算把上述三重积分化为 $(1,2)$ 型积分. 令

$$D(x)\equiv\{(y,z)\,|\,0\leqslant z\leqslant y,0\leqslant y\leqslant x\}.$$

则

$$I = \int_1^2 dx \iint\limits_{D(x)} \frac{1}{x^2 + y^2} dydz = \int_1^2 dx \int_0^x dy \int_0^y \frac{dz}{x^2 + y^2}$$

$$= \int_1^2 dx \int_0^x \frac{y}{x^2 + y^2} dy = \frac{1}{2} \int_1^2 dx \int_0^{x^2} \frac{dy}{x^2 + y} = \frac{\ln 2}{2}.$$

例 15.11　求

$$I = \iiint\limits_V z dxdydz,$$

其中 V 是椭球体

$$\frac{x^2}{a^2} + \frac{y^2}{b^2} + \frac{z^2}{c^2} \leqslant 1$$

的上面的一半. 这个虽然不是立方体, 但可以按照立方体的原则进行计算. 首先 x 的变化范围是 $[-a, a]$. 当 x 固定时, y 的变化范围是 $\left[-\frac{b}{a}\sqrt{a^2 - x^2}, \frac{b}{a}\sqrt{a^2 - x^2} \right]$. 最后 z 的变化范围是

$$\left[0, c\sqrt{1 - \frac{x^2}{a^2} - \frac{y^2}{b^2}} \right].$$

于是

$$I = \int_{-a}^a dx \int_{-\frac{b}{a}\sqrt{a^2 - x^2}}^{\frac{b}{a}\sqrt{a^2 - x^2}} dy \int_0^{c\sqrt{1 - \frac{x^2}{a^2} - \frac{y^2}{b^2}}} z dz = \frac{c^2}{2} \int_{-a}^a dx \int_{-\frac{b}{a}\sqrt{a^2 - x^2}}^{\frac{b}{a}\sqrt{a^2 - x^2}} \left(1 - \frac{x^2}{a^2} - \frac{y^2}{b^2} \right) dy$$

$$= c^2 \int_{-a}^a dx \int_0^{\frac{b}{a}\sqrt{a^2 - x^2}} \left(1 - \frac{x^2}{a^2} - \frac{y^2}{b^2} \right) dy$$

$$= \frac{2bc^2}{3a^3} \int_{-a}^a (a^2 - x^2)^{\frac{3}{2}} dx = \frac{4bc^2}{3a^3} \int_0^a (a^2 - x^2)^{\frac{3}{2}} dx = \frac{\pi}{4} abc^2.$$

例 15.12　计算三重积分

$$I = \iiint\limits_{\Omega} (x^2 + y^2 + z) dxdydz,$$

其中 Ω 是由 $\{(0, y, y) \,|\, y \geqslant 0\}$ 绕 z 轴旋转一周而成的曲面与 $z = 1$ 所围成的区域.

我们打算把上述三重积分化为 $(1, 2)$ 型积分. 旋转面方程为 $z = \sqrt{x^2 + y^2}$. 令

$$D(z) \equiv \{(x, y) \,|\, x^2 + y^2 \leqslant z^2\}.$$

则

$$I = \int_0^1 \mathrm{d}z \iint\limits_{D(z)} (x^2 + y^2 + z)\mathrm{d}x\mathrm{d}y = \int_0^1 \mathrm{d}z \int_0^{2\pi} \int_0^z (r^2 + z)r\mathrm{d}r\mathrm{d}\theta$$

$$= 2\pi \int_0^1 \left(\frac{z^4}{4} + \frac{z^3}{2} \right) \mathrm{d}z = \frac{7\pi}{20}.$$

15.4.3　三重积分的换元

下面我们将展示如何用变量变换来计算三重积分. 设变换 $T : x = x(u,v,w), y = y(u,v,w), z = z(u,v,w)$ 把 uvw 空间中的区域 V' 一对一地映成 xyz 空间中的区域 V , 并且设函数 $x(u,v,w), y(u,v,w), z(u,v,w)$ 及它们的一阶偏导数在 V' 内连续且雅可比行列式

$$J(u,v,w) = \begin{vmatrix} \dfrac{\partial x}{\partial u} & \dfrac{\partial x}{\partial v} & \dfrac{\partial x}{\partial w} \\[2mm] \dfrac{\partial y}{\partial u} & \dfrac{\partial y}{\partial v} & \dfrac{\partial y}{\partial w} \\[2mm] \dfrac{\partial z}{\partial u} & \dfrac{\partial z}{\partial v} & \dfrac{\partial z}{\partial w} \end{vmatrix} \neq 0, \quad (u,v,w) \in V'.$$

当 $f(x,y,z)$ 为 V 上可积函数时, 与二重积分换元法一样, 可以证明成立下面的三重积分换元公式:

$$\iiint\limits_V f(x,y,z)\mathrm{d}x\mathrm{d}y\mathrm{d}z = \iiint\limits_{V'} f(x(u,v,w), y(u,v,w), z(u,v,w))|J(u,v,w)|\mathrm{d}u\mathrm{d}v\mathrm{d}w. \quad (15.51)$$

我们现在介绍在三重积分的换元中有两个最常用的变换.

1. 柱坐标变换

定义变换

$$\begin{cases} x = r\cos\theta, \\ y = r\sin\theta, \\ z = z, \end{cases} \quad (15.52)$$

其中 $0 \leqslant r < +\infty, 0 \leqslant \theta \leqslant 2\pi, -\infty < z < +\infty$.

此时, 变换 T 的雅可比行列式为

$$J(r,\theta,z) = \begin{vmatrix} \cos\theta & -r\sin\theta & 0 \\ \sin\theta & r\cos\theta & 0 \\ 0 & 0 & 1 \end{vmatrix} = r.$$

那么 (15.51) 就改写为

$$\iiint\limits_{V} f(x,y,z)\mathrm{d}x\mathrm{d}y\mathrm{d}z = \iiint\limits_{V'} f(r\cos\theta, r\sin\theta, z)r\mathrm{d}r\mathrm{d}\theta\mathrm{d}z. \tag{15.53}$$

一般来说, 当围成空间体 V 的曲面的函数或被积函数含有 $x^2 + y^2$ 或 $x^2 + y^2 + z^2$ 时, 可考虑使用柱面变换.

2. 球坐标变换

定义映射

$$\begin{cases} x = r\sin\varphi\cos\theta, \\ y = r\sin\varphi\sin\theta, \\ z = r\cos\varphi, \end{cases} \tag{15.54}$$

其中 $0 \leqslant r < +\infty, 0 \leqslant \varphi \leqslant \pi, 0 \leqslant \theta \leqslant 2\pi$.

此时, 变换 T 的雅可比行列式为

$$J(r,\varphi,\theta) = \begin{vmatrix} \sin\varphi\cos\theta & r\cos\varphi\cos\theta & -r\sin\varphi\cos\theta \\ \sin\varphi\sin\theta & r\cos\varphi\sin\theta & r\sin\varphi\cos\theta \\ \cos\varphi & -r\sin\varphi & 0 \end{vmatrix} = r^2\sin\varphi.$$

那么 (15.51) 就改写为

$$\iiint\limits_{V} f(x,y,z)\mathrm{d}x\mathrm{d}y\mathrm{d}z = \iiint\limits_{V'} f(r\sin\varphi\cos\theta, r\sin\varphi\sin\theta, r\cos\varphi)r^2\sin\varphi\mathrm{d}r\mathrm{d}\varphi\mathrm{d}\theta. \tag{15.55}$$

一般来说, 当围成空间体 V 的曲面的函数或被积函数含有 $x^2 + y^2 + z^2$ 时, 可考虑使用球面变换. 特别地, 当空间体 V 是以原点为球心、R 为半径的球体: $x^2 + y^2 + z^2 \leqslant R^2$ 时, 利用球面变换最为简单.

例 15.13　现在计算球

$$\Omega : x^2 + y^2 + z^2 = R^2$$

的体积 V 就易如反掌:

$$V = \iiint\limits_{\Omega}\mathrm{d}x\mathrm{d}y\mathrm{d}z = \int_0^{2\pi}\mathrm{d}\theta\int_{-\frac{\pi}{2}}^{\frac{\pi}{2}}\cos\psi\mathrm{d}\psi\int_0^R r^2\mathrm{d}r = 4\pi\int_0^R r^2\mathrm{d}r = \frac{4\pi R^3}{3}.$$

这正是 (3.30) 所得到.

例 15.14　计算三重积分

$$I = \iiint\limits_{\Omega} z\mathrm{d}x\mathrm{d}y\mathrm{d}z,$$

其中 Ω 是由球面 $x^2 + y^2 + z^2 = 4$ 和抛物面 $x^2 + y^2 = 3z$ 所围成的区域.

令 $G \equiv \{(r,\theta,z) \mid r > 0\}$，并且取柱坐标变换

$$T : G \to \mathbb{R}^3, \quad (r,\theta,z) \mapsto (r\cos\theta, r\sin\theta, z).$$

则

$$I = \iiint\limits_{\Omega} z\mathrm{d}x\mathrm{d}y\mathrm{d}z = \iint\limits_{T^{-1}(\Omega)} z\mathrm{d}x\mathrm{d}y\mathrm{d}z = \int_0^{2\pi} \mathrm{d}\theta \int_0^{\sqrt{3}} r\mathrm{d}r \int_{r^2/3}^{\sqrt{4-r^2}} z\mathrm{d}z = \frac{13\pi}{4}.$$

例 15.15 计算三重积分

$$I = \iiint\limits_{\Omega} (x^2 + y^2 + z^2)\mathrm{d}x\mathrm{d}y\mathrm{d}z,$$

其中 Ω 是由球面 $x^2 + y^2 + z^2 = 2z$ 所围成的区域.

令 $G \equiv \{(r,\theta,\psi) \mid 2\sin\psi > r > 0, 2\pi > \theta > 0, \pi/2 > \psi > 0\}$，并且取球坐标变换

$$T : G \to \mathbb{R}^3, \quad (r,\theta,\psi) \mapsto (r\cos\psi\cos\theta, r\cos\psi\sin\theta, r\sin\psi).$$

则

$$I = \iiint\limits_{\Omega} (x^2 + y^2 + z^2)\mathrm{d}x\mathrm{d}y\mathrm{d}z = \iiint\limits_{T^{-1}(\Omega)} r^2 \mathrm{d}x\mathrm{d}y\mathrm{d}z$$

$$= \int_0^{2\pi} \mathrm{d}\theta \int_0^{\pi/2} \cos\psi \mathrm{d}\psi \int_0^{2\sin\psi} r^4 \mathrm{d}r = \frac{32\pi}{15}.$$

15.4.4　三重积分的应用

1. 物体的重心坐标

设三维欧氏空间 $\mathbb{R}^3$ 有 n 个质量分别是 $m_1, m_2, \cdots, m_n$ 的质点组，它们坐标分别是 (ξ_1, η_1, ζ_1)，$(\xi_2, \eta_2, \zeta_2), \cdots, (\xi_n, \eta_n, \zeta_n)$. 由静力学知, 这个质点组的重心坐标分别为

$$\xi = \frac{\sum\limits_{i=1}^{n} \xi_i m_i}{\sum\limits_{i=1}^{n} m_i}, \quad \eta = \frac{\sum\limits_{i=1}^{n} \eta_i m_i}{\sum\limits_{i=1}^{n} m_i}, \quad \zeta = \frac{\sum\limits_{i=1}^{n} \zeta_i m_i}{\sum\limits_{i=1}^{n} m_i}.$$

设 V 是密度函数为 $\rho(x,y,z)$ 的三维欧氏空间 $\mathbb{R}^3$ 中的有界闭体, $\rho(x,y,z)$ 在 V 上连续. 为了求 V 的重心坐标公式, 先对 V 作分割 T, 将 V 分割成 n 个小体: $V_1, V_2,$ $\cdots, V_n$. 小体 V_i 的体积表述为 ΔV_i, 在每个小体 V_i 上任取一点 (ξ_i, η_i, ζ_i). 于是, 小体 V_i 的质量可近似表示为 $\rho(\xi_i, \eta_i, \zeta_i)\Delta V_i$. 将整个物体用这个 n 个质点组近似替代, 于是 V 的重心坐标 $(\bar{x}, \bar{y}, \bar{z})$ 分别近似为

$$\overline{x} \approx \frac{\sum\limits_{i=1}^{n} \xi_i \rho(\xi_i, \eta_i, \zeta_i) \Delta V_i}{\sum\limits_{i=1}^{n} \rho(\xi_i, \eta_i, \zeta_i) \Delta V_i}, \quad \overline{y} \approx \frac{\sum\limits_{i=1}^{n} \eta_i \rho(\xi_i, \eta_i, \zeta_i) \Delta V_i}{\sum\limits_{i=1}^{n} \rho(\xi_i, \eta_i, \zeta_i) \Delta V_i},$$

$$\overline{z} \approx \frac{\sum\limits_{i=1}^{n} \zeta_i \rho(\xi_i, \eta_i, \zeta_i) \Delta V_i}{\sum\limits_{i=1}^{n} \rho(\xi_i, \eta_i, \zeta_i) \Delta V_i}.$$

当 $\|T\| \to 0$ 时, 它们的极限都存在, 于是

$$\overline{x} = \frac{\iiint\limits_{V} x \rho(x,y,z) \mathrm{d}V}{\iiint\limits_{V} \rho(x,y,z) \mathrm{d}V}, \quad \overline{y} = \frac{\iiint\limits_{V} y \rho(x,y,z) \mathrm{d}V}{\iiint\limits_{V} \rho(x,y,z) \mathrm{d}V}, \quad \overline{x} = \frac{\iiint\limits_{V} z \rho(x,y,z) \mathrm{d}V}{\iiint\limits_{V} \rho(x,y,z) \mathrm{d}V}.$$

如果 V 是密度均匀的, 即 $\rho(x,y,z)$ 为常数, 则有

$$\overline{x} = \frac{1}{\Delta V} \iiint\limits_{V} x \mathrm{d}V, \quad \overline{y} = \frac{1}{\Delta V} \iiint\limits_{V} y \mathrm{d}V, \quad \overline{z} = \frac{1}{\Delta V} \iiint\limits_{V} z \mathrm{d}V.$$

2. 物体的转动惯量

设三维欧氏空间 $\mathbb{R}^3$ 有 n 个质量分别是 $m_1, m_2, \cdots, m_n$ 的质点组, 它们坐标分别是 (ξ_1, η_1, ζ_1), $(\xi_2, \eta_2, \zeta_2), \cdots, (\xi_n, \eta_n, \zeta_n)$. 这个质点组绕着某一个直线 l 旋转. 设这 n 个质点到直线 l 的距离分别是 $d_1, d_2, \cdots, d_n$. 由力学知, 质点组对直线 l 的转动惯量

$$J = \sum_{i=1}^{n} d_i^2 m_i.$$

特别地, 当 l 分别是 x 轴, y 轴, z 轴时, 质点组分别对 x 轴, y 轴, z 轴的转动惯量 J_x, J_y, J_z 分别是

$$J_x = \sum_{i=1}^{n} (\eta_i^2 + \zeta_i^2) m_i, \quad J_y = \sum_{i=1}^{n} (\xi_i^2 + \zeta_i^2) m_i, \quad J_z = \sum_{i=1}^{n} (\xi_i^2 + \eta_i^2) m_i.$$

设三维欧氏空间 $\mathbb{R}^3$ 中有界闭体 V 上任意一点 (x,y,z) 的密度是连续函数 $\rho(x, y, z)$, 求它对 x 轴, y 轴, z 轴的转动惯量.

应用微元法写出转动惯量的公式, 在 V 上任取一点 (x,y,z), 在"该点上的体积"是 $\mathrm{d}V$ (即点 (x,y,z) 的体积微元), "该点的质量微元"是 $\rho(x,y,z)\mathrm{d}V$, 该点到 x 轴的距离是 $\sqrt{y^2 + z^2}$. 于是, 该质点到 x 轴的转动惯量就是 $(y^2 + z^2)\rho(x,y,z)\mathrm{d}V$. 将 V 上任意一点 (x,y,z) 处的质量关于 x 轴的转动惯量在 V 上"连续相加"(即三重积分), 就

是 V 对 x 轴的转动惯量 J_x, 即

$$J_x = \iiint\limits_{V}(y^2 + z^2)\rho(x,y,z)\mathrm{d}V .$$

类似地可得, V 关于 y 轴和 z 轴的转动惯量 J_y 与 J_z 分别是

$$J_y = \iiint\limits_{V}(z^2 + x^2)\rho(x,y,z)\mathrm{d}V$$

和

$$J_z = \iiint\limits_{V}(x^2 + y^2)\rho(x,y,z)\mathrm{d}V .$$

15.5　n 重 积 分

前面谈到的二重积分、三重积分自然可以推广到 n 维空间 $\mathbb{R}^n$. 但 $\mathbb{R}^n$ 中区域的几何性质要复杂得多. 在二重积分中我们涉及线段的长、平面图形的面积. 在三重积分中我们涉及空间立体的体积. 这些概念的几何性质很直观, 但要谈 $\mathbb{R}^n$ 中的积分, 首先要弄清楚 $\mathbb{R}^n$ 中的 n 维区域体积的概念. 我们首先要定义空间图形的若尔当 (Marie Ennemand Camille Jordan, 1838—1922)测度. 现在引入简单图形的概念. 我们称 $\mathbb{R}^n$ 中的点集:

$$R = [a_1,b_1] \times [a_2,b_2] \times \cdots \times [a_n,b_n]$$

为长方体, 定义它的体积为

$$V(R) = \prod_{i=1}^{n}(b_i - a_i).$$

称有限个长方体的并集为简单图形, 记为 Q. 易知: 若 Q_1, Q_2 都是简单图形, 则 $Q_1 \bigcup Q_2$ 也是简单图形. 若组成 Q 的有限个长方体两两无公共内点, 则定义 Q 的体积为有限个长方体的体积之和; 若这有限个长方体有重叠情形, 那么我们总可以把它分解成有限个无公共内点的长方体之并, 所以 Q 的体积总是存在的, 记为 $V(Q)$.

我们用 A° 表示包含在集合 A 中的最大的开集, 用 $\overline{A}$ 表示包含 A 的最小的闭集.

定义 15.3　给定 $\mathbb{R}^n$ 中的有界集合 Ω, 令

$$V^-(\Omega) = \sup\{V(Q) \,|\, \text{简单图形 } Q \subset \Omega^\circ\}$$

以及

$$V^+(\Omega) = \inf\{V(Q) \,|\, \Omega \subset \text{简单图形 } Q\},$$

称 $V^-(\Omega)$ 与 $V^+(\Omega)$ 为 Ω 的内体积和外体积. 如果 $V^-(\Omega)=V^+(\Omega)$, 则称 Ω 是若尔当可测的, 此公共值称为 Ω 的若尔当测度, 用 $V(\Omega)$ 表示.

现在我们可以叙述什么叫 "划分空间区域".

定义 15.4 设 Ω 为 $\mathbb{R}^n$ 的若尔当可测区域, 如果将 Ω 剖分为有限个若尔当可测图形 $\Omega_1,\cdots,\Omega_m$ 之并, 且具有性质:

(a) $\bigcup\limits_{i=1}^m \Omega_i = \Omega$;

(b) 当 $i \neq j$ 时, $\overset{\circ}{\Omega}_i \bigcap \overset{\circ}{\Omega}_j = \varnothing$,

则称这种剖分 $T \equiv \{\Omega_1,\cdots,\Omega_m\}$ 为 Ω 的一种分割, $\|T\| \equiv \max\limits_{1 \leqslant i \leqslant m}\{d(\Omega_i)\}$ 称为此分割的模, 这里 $d(\Omega_i)$ 表示集合 Ω_i 的直径, 即 $d(\Omega_i) \equiv \sup\{\|x-y\| \mid x,y \in \Omega_i\}$.

我们用 A° 表示包含在集合 A 中的最大的开集, 用 $\overline{A}$ 表示包含 A 的最小的闭集.

15.5.1　n 重积分的定义

有了区域测度的概念, 我们就可以进行重积分的定义, 这和一元函数的积分在形式上就没有了区别.

定义 15.5 设 Ω 是 $\mathbb{R}^n$ 的可测图形, $f:\Omega \to \mathbb{R}$, 如果存在一实数 I, 具有下列性质: 任取 $\varepsilon > 0$, 存在 $\delta > 0$, 对 Ω 的任意一种分割 $T = \{\Omega_1,\cdots,\Omega_m\}$, 只要 $\|T\| < \delta$, 就有

$$\left|\sum_{i=1}^m f(\xi_i)V(\Omega_i) - I\right| < \varepsilon,$$

其中 ξ_i 是 Ω_i 上的任一点, 则称 f 在 Ω 上黎曼可积, 称 I 是 f 在 Ω 上的 n 重积分, 记作

$$I = \int_\Omega f(x_1,\cdots,x_n)\mathrm{d}x_1\cdots\mathrm{d}x_n \quad \text{或} \quad I = \int_\Omega f\mathrm{d}\Omega.$$

与一元函数的 (7.24) 和 (7.25) 相仿, 对分法 $T = \{\Omega_1,\cdots,\Omega_m\}$ 定义

$$S_M = \sum_{i=1}^n M_i V(\Omega_i), \quad M_i = \sup_{x \in \Omega_i} f(x),$$

$$S_m = \sum_{i=1}^n m_i V(\Omega_i), \quad m_i = \inf_{x \in \Omega_i} f(x), \quad x = (x_1, x_2, \cdots, x_n), \tag{15.56}$$

分别称为 f 的达布上和与下和. 对任意的有界函数, S_M 与 S_m 的极限一定存在, 因而有平行于定理 15.4 的如下定理.

定理 15.16 设 Ω 是 $\mathbb{R}^n$ 的可测图形, $f:\Omega \to \mathbb{R}$ 在 Ω 上重积分存在的充分必要

条件是

$$\lim_{|\Delta|\to 0}(S_M - S_m) = 0. \tag{15.57}$$

与定理 7.14 一样, 我们有

定理 15.17　设 Ω 是 $\mathbb{R}^n$ 的可测图形, $f:\Omega\to\mathbb{R}$ 在 Ω 上重积分存在, 则 f 的连续点在 Ω 中稠密.

类似一元函数的定积分, 多元函数的重积分也有如下性质.

定理 15.18　(i)(线性性质)　若 $\int_\Omega f_i \mathrm{d}\Omega (i=1,2,\cdots,k)$ 存在, 则

$$\int_\Omega \sum_{i=1}^{k} c_i f_i \mathrm{d}\Omega$$

也存在且等于

$$\sum_{i=1}^{k} c_i \int_\Omega f_i \mathrm{d}\Omega,$$

其中 c_i 为常数.

(ii)(有限可加性质)　若 $\Omega_i (i=1,2,\cdots,k)$ 是 $\mathbb{R}^n$ 中的若尔当可测图形且具有性质: $\bigcup_{i=1}^{k}\Omega_i = \Omega$; 当 $i\neq j$ 时, $\overset{\circ}{\Omega_i}\cap\overset{\circ}{\Omega_j} = \varnothing$, 且 $\int_{\Omega_i} f\mathrm{d}\Omega_i$ 存在, 则 $\int_\Omega f\mathrm{d}\Omega$ 也存在且等于

$$\sum_{i=1}^{k}\int_{\Omega_i} f\mathrm{d}\Omega_i.$$

(iii)(保号性质)　若 f,g 在 Ω 上黎曼可积, 且 $f(x_1,\cdots,x_m)\leqslant g(x_1,\cdots,x_n)$, 则

$$\int_\Omega f\mathrm{d}\Omega \leqslant \int_\Omega g\mathrm{d}\Omega.$$

(iv)(绝对可积性质)　若 f 在 Ω 上黎曼可积, 则 $|f|$ 也可积, 且有

$$\left|\int_\Omega f\mathrm{d}\Omega\right| \leqslant \int_\Omega |f|\mathrm{d}\Omega.$$

(v)(中值定理)　若 f 在有界闭区域 Ω 上连续, 则 f 一定黎曼可积, 且存在 $(\xi_1,\cdots,\xi_n)\in\Omega$, 使得

$$\int_\Omega f\mathrm{d}\Omega = f(\xi_1,\cdots,\xi_m)V(\Omega).$$

特别当 $f=1$ 时, 上式就求得了 Ω 的体积.

15.5.2 n 重积分化为累次积分

因为微积分的基本定理 7.1, 人们可以很方便地计算一元函数的定积分. 可是重积分就复杂了. 我们先看简单的情形. 这就是 (15.15) 揭示的事实, 把重积分化为累次积分进行计算. 记

$$R_m \equiv \{x = (x_1, \cdots, x_m) \mid a_i \leqslant x_i \leqslant b_i, i = 1, \cdots, m\},$$

以及

$$R_l \equiv \{y = (y_1, \cdots, y_l) \mid c_j \leqslant y_j \leqslant d_j, j = 1, \cdots, l\}.$$

我们有如下定理.

定理 15.19 设 $f(x, y)$ 在 $R_m \times R_l$ 上可积, 积分记作 $\int_{R_m \times R_l} f(x, y) \mathrm{d}[R_m \times R_l]$. 又设固定 $y \in R_l$, 函数 $f(x, y)$ 在 R_m 上可积, 积分记作 $\int_{R_m} f(x, y) \mathrm{d}R_m$, 则上述积分作为 y 的函数在 R_l 上可积, 且有

$$\int_{R_l} \mathrm{d}R_l \int_{R_m} f(x, y) \mathrm{d}R_m = \int_{R_m \times R_l} f(x, y) \mathrm{d}[R_m \times R_l].$$

对于更一般的由不等式

$$\Omega = \begin{cases} x_1^0 \leqslant x_1 \leqslant X_1, x_2^0(x_1) \leqslant x_2 \leqslant X_2(x_1), \cdots, \\ x_n^0(x_1, \cdots, x_{n-1}) \leqslant x_n \leqslant X_n(x_1, \cdots, x_{n-1}) \end{cases} \tag{15.58}$$

所围成的区域, 与定理 15.11 类似, 可以计算

$$\int_{\Omega} f(x_1, x_2, \cdots, x_n) \mathrm{d}x_1 \mathrm{d}x_2 \cdots \mathrm{d}x_n = \int_{x_1^0}^{X_1} \mathrm{d}x_1 \int_{x_2^0(x_1)}^{X_2(x_1)} \mathrm{d}x_2 \cdots \int_{x_n^0(x_1, \cdots, x_{n-1})}^{X_n(x_1, \cdots, x_{n-1})} f(x_1, x_2, \cdots, x_n) \mathrm{d}x_n. \tag{15.59}$$

由 (15.59), 我们可以得到下面的例 15.16.

例 15.16 证明半径为 $\mathbb{R}^n$ 的 n 维球体

$$B_n(R) = \{x = (x_1, x_2, \cdots, x_n) \in \mathbb{R}^n \mid x_1^2 + x_2^2 + \cdots + x_n^2 \leqslant R^n\} \tag{15.60}$$

的体积 $V_n(R)$ 为

$$V_n(R) = a_n R^n, \quad a_n = 2^n I_n I_{n-1} \cdots I_1, \quad I_m = \int_0^{\frac{\pi}{2}} \sin^m t \mathrm{d}t, \tag{15.61}$$

其中 I_m 的递推表示为 (7.47):

$$I_m = \frac{m-1}{m} I_{m-2}, \quad I_0 = \frac{\pi}{2}, \quad I_1 = 1.$$

实际上, 当 $n = 1$ 时,

$$V_1(R) = 2R, \quad a_1 = 2.$$

一般情况，由(15.59)，

$$V_n(R) = \int_{-R}^{R} \mathrm{d}x_n \int_{B_{n-1}\left(\sqrt{R^2 - x_n^2}\right)} \mathrm{d}x_1 \cdots \mathrm{d}x_{n-1} = \int_{-R}^{R} a_{n-1}(R^2 - x_n^2)^{\frac{n-1}{2}} \mathrm{d}x_n$$

$$= 2a_{n-1}\int_0^R (R^2 - x_n^2)^{\frac{n-1}{2}} \mathrm{d}x_n = \left(2a_{n-1}\int_0^{\frac{\pi}{2}} \sin^n t \mathrm{d}t\right) R^n.$$

所以递推得

$$a_n = 2a_{n-1}I_n, \quad a_1 = 2.$$

递推下去就得到(15.61).

15.5.3　n 重积分的变量变换

在一元函数的积分计算中，起重要作用的是定积分的换元. 对于重积分，也有类似的公式. 在进入主题之前，我们先要定义什么是如同(15.23)一样的正则变换. 这和一元变量换元一样，要求换元变换是可逆的. 正则变换就是对多元换元变换可逆的一种要求. 二重、三重的变换我们分别在 15.4.3 节和 15.2.2 节中谈到了，这里讨论 n 重积分的变量变换.

定义 15.6　假设变换:

$$T: G \to \mathbb{R}^n, \quad u = (u_1, \cdots, u_n) \mapsto x = (x_1, \cdots, x_n) \tag{15.62}$$

满足

(i) $T \in C^1(G, \mathbb{R}^n)$，这里 $C^1(G, \mathbb{R}^n)$ 表示定义在 G 上，n 个分量都是连续可微的多元函数全体;

(ii) 对任意 $u \in G$，有 $\left[\det\left(\dfrac{\partial T}{\partial u}\right)\right]_u \neq 0$. 此条件保证了 T 从 G 到 $T(G)$ 是单射，则称 T 是 G 内的**正则变换**.

注 15.4　为了简便，我们常常把 $\dfrac{\partial T}{\partial u}$ 记作 DT.

定理 15.20　设已知两 n 维区域

$$D: (x_1, x_2, \cdots, x_n), \quad \Delta: (y_1, y_2, \cdots y_n).$$

每一个是由连续光滑或者分片光滑曲面所围起来的. 假定它们之间有关系

$$\begin{cases} x_1 = x_1(y_1, y_2, \cdots, y_n), \\ x_2 = x_2(y_1, y_2, \cdots, y_n), \\ \cdots\cdots \\ x_n = x_n(y_1, y_2, \cdots, y_n) \end{cases} \tag{15.63}$$

建立了 1-1 对应关系. 雅可比行列式定义为

$$J = \frac{\partial(x_1, x_2, \cdots, x_n)}{\partial(y_1, y_2, \cdots, y_n)} = \begin{vmatrix} \dfrac{\partial x_1}{\partial y_1} & \dfrac{\partial x_2}{\partial y_1} & \cdots & \dfrac{\partial x_n}{\partial y_1} \\ \dfrac{\partial x_1}{\partial y_2} & \dfrac{\partial x_2}{\partial y_2} & \cdots & \dfrac{\partial x_n}{\partial y_2} \\ \vdots & \vdots & & \vdots \\ \dfrac{\partial x_1}{\partial y_n} & \dfrac{\partial x_2}{\partial y_n} & \cdots & \dfrac{\partial x_n}{\partial y_n} \end{vmatrix}.$$

如果雅可比行列式的符号不变且不为零, 则有

$$I = \overbrace{\int \cdots \int}^{n}_{D} f(x_1, x_2, \cdots, x_n) \mathrm{d}x_1 \mathrm{d}x_2 \cdots \mathrm{d}x_n$$

$$= \overbrace{\int \cdots \int}^{n}_{\Delta} f(x_1(y_1, \cdots, y_n), \cdots, x_n(y_1, \cdots, y_n)) |J| \mathrm{d}y_1 \mathrm{d}y_2 \cdots \mathrm{d}y_n. \tag{15.64}$$

证明　我们用数学归纳法来证明. 当 $n = 2, 3$ 时, 我们在二重积分、三重积分已经讨论过. 不失一般性, 我们假定 $\dfrac{\partial x_i}{\partial y_j}$ 中的一个符号不变, 不然就将区域 Δ 分成若干部分, 使得在这些部分中这一事实成立. 设这个导数为 $\dfrac{\partial x_1}{\partial y_1}$.

在积分 (15.64) 对 x_1 积分后, 可以将这一积分重新写为

$$\int_{x_1^0}^{X_1} \mathrm{d}x_1 \overbrace{\int \cdots \int}^{n-1}_{D_{x_1}} f(x_1, x_2, \cdots, x_n) \mathrm{d}x_2 \cdots \mathrm{d}x_n, \tag{15.65}$$

其中 x_1 取值范围为 $x_1^0 < x_1 < X_1$, D_{x_1} 表示固定 x_1 后, 变量 $x_2, x_3, \cdots, x_n$ 所变动的区域.

解方程 (15.63), 把 y_1 解出来, 我们就得到新的变换公式:

$$\begin{cases} x_2 = x_2(\tilde{y}_1(x_1, y_2, \cdots, y_n), y_2, \cdots, y_n) = \tilde{x}_2(x_1, y_2, \cdots, y_n), \\ \cdots\cdots \\ x_n = x_n(\tilde{y}_1(x_1, y_2, \cdots, y_n), y_2, \cdots, y_n) = \tilde{x}_n(x_1, y_2, \cdots, y_n). \end{cases} \tag{15.66}$$

再将 (15.65) 中里面的 $n-1$ 重积分变换到变量 $y_2, \cdots, y_n$, 我们得到积分

$$\int_{x_1^0}^{X_1} \mathrm{d}x_1 \underbrace{\overbrace{\int \cdots \int}^{n-1}}_{\Delta_{x_1}} f(x_1, \tilde{x}_2(x_1, y_2, \cdots, y_n), \cdots, \tilde{x}_n(x_1, y_2, \cdots, y_n)) |J^*| \mathrm{d}y_2 \cdots \mathrm{d}y_n, \tag{15.67}$$

其中

$$J^* = \frac{\partial(\tilde{x}_2,\tilde{x}_3,\cdots,\tilde{x}_n)}{\partial(y_2,y_3,\cdots,y_n)} = \begin{vmatrix} \dfrac{\partial\tilde{x}_2}{\partial y_2} & \cdots & \dfrac{\partial\tilde{x}_n}{\partial y_2} \\ \vdots & & \vdots \\ \dfrac{\partial\tilde{x}_2}{\partial y_n} & \cdots & \dfrac{\partial\tilde{x}_n}{\partial y_n} \end{vmatrix}.$$

现在把(15.67)中将 x_1 放到第一个位置, 得

$$\underbrace{\int\cdots\int}_{\Delta_*}^{n-1}\mathrm{d}y_2\cdots\mathrm{d}y_n\int_{x_1^0(y_2,\cdots,y_n)}^{X_1(y_2,\cdots,y_n)}f(x_1,\tilde{x}_2(x_1,y_2,\cdots,y_n),\cdots,\tilde{x}_n(x_1,y_2,\cdots,y_n))\times\left|J^*\right|\mathrm{d}x_1. \tag{15.68}$$

当固定 $y_2,\cdots,y_n$ 时, 按照公式(15.63), 把(15.68)中的自变量 x_1 改为 y_1, 得

$$\underbrace{\int\cdots\int}_{\Delta_*}^{n-1}\mathrm{d}y_2\cdots\mathrm{d}y_n\int_{y_1^0(y_2,\cdots,y_n)}^{Y_1(y_2,\cdots,y_n)}f(x_1(y_1,y_2,\cdots,y_n),x_n(y_1,y_2,\cdots,y_n))\cdots\times\left|J^*\frac{\partial x_1}{\partial y_1}\right|\mathrm{d}y_1. \tag{15.69}$$

还原到重积分时,

$$\underbrace{\int\cdots\int}_{\Delta}^{n}f(x_1(y_1,\cdots,y_n),\cdots,x_n(y_1,y_2,\cdots,y_n))\left|J^*\frac{\partial x_1}{\partial y_1}\right|\mathrm{d}y_1\cdots\mathrm{d}y_n. \tag{15.70}$$

为得到(15.64), 我们需要证明

$$J = J^*\frac{\partial x_1}{\partial y_1}. \tag{15.71}$$

事实上, 对复合函数(15.66)关于 $y_2,\cdots,y_n$ 微分, 并对 $\tilde{y}_1$ 的导数利用隐函数微分法则得

$$\frac{\partial\tilde{x}_i}{\partial y_j} = \frac{\partial x_i}{\partial y_j}+\frac{\partial x_i}{\partial y_1}\frac{\partial y_1}{\partial y_j} = \frac{\partial x_i}{\partial y_j}-\frac{\dfrac{\partial x_i}{\partial y_1}\dfrac{\partial x_1}{\partial y_j}}{\dfrac{\partial x_1}{\partial y_1}}, \quad i,j=2,\cdots,n.$$

这样在行列式 J 中的第 j 列上加上第一列元素的 $-\dfrac{\dfrac{\partial x_1}{\partial y_j}}{\dfrac{\partial x_1}{\partial y_1}}$ 则变为

$$\begin{vmatrix} \dfrac{\partial x_1}{\partial y_1} & \dfrac{\partial x_2}{\partial y_1} & \cdots & \dfrac{\partial x_n}{\partial y_1} \\ 0 & \dfrac{\partial \tilde{x}_2}{\partial y_2} & \cdots & \dfrac{\partial \tilde{x}_n}{\partial y_2} \\ \vdots & \vdots & & \vdots \\ 0 & \dfrac{\partial \tilde{x}_2}{\partial y_n} & \cdots & \dfrac{\partial \tilde{x}_n}{\partial y_n} \end{vmatrix} = J * \dfrac{\partial x_1}{\partial y_1}.$$

这就证明了 (15.71). □

注 15.5 注意我们在证明定理 15.20 时, 假定了 $n-1$ 维区域 D_{x_1} 和 Δ_{x_1} 每次都是由一个连续的、光滑或者分片光滑的在对应空间的曲面包围. 这些办法可以推广到反常积分情形.

15.6 习　　题

1. 设 $f(x,y)$ 在 (x_0, y_0) 点的某邻域 U 内连续, 令 $B_r \subseteq U$ 是以 (x_0, y_0) 为圆心 r 为半径的圆盘, 证明:

$$\lim_{r \to 0^+} \iint_{B_r} f(x,y) \mathrm{d}x \mathrm{d}y = f(x_0, y_0).$$

2. 利用积分中值定理, 证明:

$$1.96 \leqslant \iiint_{|x|+|y| \leqslant 10} \frac{\mathrm{d}x \mathrm{d}y}{100 + \cos^2 x + \cos^2 y} < 2.$$

3. 将下列区域 D 上的二重积分 $\iint_D f(x,y) \mathrm{d}x \mathrm{d}y$ 化成累次积分:

(1) $D: y \leqslant 2x, x \leqslant 2y, x+y \leqslant 3$;

(2) $D: 1 \leqslant x \leqslant 2, \dfrac{1}{x} \leqslant y \leqslant 2$;

(3) $D: 1 \leqslant x^2 + y^2 \leqslant 4$;

(4) $D: y \leqslant x-1, x^2+y^2 \leqslant 1$.

4. 描绘下列积分区域, 并改变积分顺序:

(1) $\displaystyle\int_1^{\mathrm{e}} \mathrm{d}x \int_0^{\ln x} f(x,y) \mathrm{d}y$;

(2) $\displaystyle\int_{-6}^2 \mathrm{d}x \int_{\frac{x^2-4}{4}}^{2-x^2} f(x,y) \mathrm{d}y$;

(3) $\displaystyle\int_{-1}^1 \mathrm{d}x \int_{-\sqrt{1-x^2}}^{1-x^2} f(x,y) \mathrm{d}y$;

(4) $\displaystyle\int_1^{2\pi} \mathrm{d}x \int_0^{\sin x} f(x,y) \mathrm{d}y$.

5. 下列等式

$$\int_0^1 \mathrm{d}x \int_0^1 \frac{x-y}{(x+y)^3} \mathrm{d}y = \int_0^1 \mathrm{d}y \int_0^1 \frac{x-y}{(x+y)^3} \mathrm{d}x$$

是否成立? 并结合二重积分化为累次积分的定理进行讨论.

6. 设 f 为 $[a,b]$ 上的连续函数, 证明:

(1) $\int_a^b \mathrm{d}x \int_a^x f(y)\mathrm{d}y = \int_a^b f(y)(b-y)\mathrm{d}y$;

(2) $\int_a^b f(x)\mathrm{d}x \int_a^x f(y)\mathrm{d}y = \frac{1}{2}\left[\int_a^b f(x)\mathrm{d}x\right]^2$.

7. 在 $[0,1]\times[0,1]$ 上定义函数

$$f(x,y) = \begin{cases} 0, & x,y \text{都是或都不是无理数,} \\ \dfrac{1}{p}, & x = \dfrac{r}{p} \text{为既约分数, } y \text{为无理数,} \\ \dfrac{1}{q}, & x \text{为无理数, } y = \dfrac{s}{q} \text{为既约分数.} \end{cases}$$

证明 f 可积, 但它的累次积分不存在.

8. 计算下列二重积分:

(1) $\iint_D (2xy + x^2)\mathrm{d}x\mathrm{d}y$, $D : y = x, y = 2x, y = 2$ 所围的区域;

(2) $\iint_D (x^2 - 3xy)\mathrm{d}x\mathrm{d}y$, $D : 1 \leqslant x \leqslant 2, \dfrac{1}{x} \leqslant y \leqslant 2$;

(3) $\iint_D \dfrac{x^2}{2 - y^2}\mathrm{d}x\mathrm{d}y$, $D = [0,1]\times[0,1]$;

(4) $\iint_D \sin(x + y)\mathrm{d}x\mathrm{d}y$, $D = \left[0, \dfrac{\pi}{2}\right] \times \left[0, \dfrac{\pi}{2}\right]$;

(5) $\iint_D \sin^2 x\mathrm{d}x\mathrm{d}y$, $D : y = 0, x = \sqrt{\dfrac{\pi}{2}}, y = x$ 所围的区域;

(6) $\iint_D x^2 y\mathrm{d}x\mathrm{d}y$, $D : |x| + |y| \leqslant 1$;

(7) $\iint_D xy^2\mathrm{d}x\mathrm{d}y$, $D : y^2 = 2x, x = \dfrac{1}{2}$ 所围的区域;

(8) $\iint_D \sqrt{x^2 + y^2}\mathrm{d}x\mathrm{d}y$, $D : 4 \leqslant x^2 + y^2 \leqslant 9$;

(9) $\iint_D \sqrt{\dfrac{1 - x^2 - y^2}{1 + x^2 + y^2}}\mathrm{d}x\mathrm{d}y$, $D : x^2 + y^2 \leqslant 1$.

9. 求下列曲线所围区域的面积:

(1) $x + y = p, x + y = q, y = ax, y = bx$, 其中 $0 < p < q, 0 < a < b$;

(2) $y^2 = 2x, y^2 = x, y = x, y = 2x$;

(3) $y^2 = px, y^2 = qx, x^2 = ay, x^2 = by$, 其中 $0 < p < q, 0 < a < b$;

(4) 椭圆 $(a_1 x + b_1 y + c_1)^2 + (a_2 x + b_2 y + c_2)^2 = 1$, 其中 $a_1 b_2 - a_2 b_1 \neq 0$.

10. 设 f 为 $\mathbb{R}$ 上的连续函数, 证明: $\iint\limits_{|x|+|y|\leqslant 1} f(x + y)\mathrm{d}x\mathrm{d}y = \int_{-1}^1 f(u)\mathrm{d}u$.

11. 设 f 为 $\mathbb{R}$ 上的连续函数, 证明:

$$\iint_{x^2+y^2\leqslant 1} f(ax+by)\mathrm{d}x\mathrm{d}y = 2\int_{-1}^{1}\sqrt{1-u^2}\,f(ku)\mathrm{d}u ,$$

其中 $k=\sqrt{a^2+b^2}$.

12. 设 f 为 $\mathbb{R}$ 上的连续函数, 证明:

$$\iint_{D} f(xy)\mathrm{d}x\mathrm{d}y = \ln 2\int_{1}^{2} f(u)\mathrm{d}u ,$$

其中 D 是由 $xy=1, xy=2, y=x, y=4x$ 在第一象限所围的区域.

13. 设 f 为 $\mathbb{R}$ 上的连续函数, 证明:

$$\int_{0}^{x}\mathrm{d}v\int_{0}^{v}\mathrm{d}u\int_{0}^{u} f(t)\mathrm{d}t = \frac{1}{2}\int_{0}^{x}(x-t)^2 f(t)\mathrm{d}t.$$

14. 计算下列累次积分, 若按给定的积分顺序不好算, 可能需要适当改变积分顺序:

(1) $\int_{0}^{1}\mathrm{d}x\int_{x}^{1}\mathrm{e}^{-y^2}\mathrm{d}y$;

(2) $\int_{\pi}^{2\pi}\mathrm{d}y\int_{y-\pi}^{\pi}\dfrac{\sin x}{x}\mathrm{d}x$;

(3) $\int_{0}^{1}\mathrm{d}z\int_{0}^{2}\mathrm{d}y\int_{0}^{1}(x^2+y^2+z^2)\mathrm{d}x$;

(4) $\int_{0}^{2}\mathrm{d}x\int_{0}^{2-\frac{x}{2}}\mathrm{d}y\int_{x}^{2}(x+y+z)\mathrm{d}z$.

15. 求下列曲面所围立体的体积:

(1) $|x|+|y|+|z|\leqslant 1$;

(2) $x^2+z^2=1, |x|+|y|=1$;

(3) $\dfrac{x^2}{a^2}+\dfrac{y^2}{b^2}+\dfrac{z}{c}=1, z=0$;

(4) $(x^2+y^2+z^2)^2=2z$;

(5) $x^2+y^2=4, x^2+z^2=4$;

(6) $z=x^2+y^2, z=x$;

(7) $x^2+y^2=1, z=0, z=(x^2+y^2)$;

(8) $z=2-\sqrt{x^2+y^2}, z=x, x=0$.

16. 计算下列三重积分:

(1) $\iiint_{V}(x^2+y^2)\mathrm{d}x\mathrm{d}y\mathrm{d}z, \quad V: r^2\leqslant x^2+y^2+z^2\leqslant R^2, z\geqslant 0$;

(2) $\iiint_{V}(x^2+y^2)\mathrm{d}x\mathrm{d}y\mathrm{d}z, \quad V: x^2+y^2=2z, z=2x$ 所围的区域;

(3) $\iiint_{V}\sqrt{x^2+y^2}\mathrm{d}x\mathrm{d}y\mathrm{d}z, \quad V: x^2+y^2=z^2, z=1$ 所围的区域;

(4) $\iiint_{V}\dfrac{\mathrm{d}x\mathrm{d}y\mathrm{d}z}{(x+y+z+1)^3}, \quad V: x+y+z\leqslant 1, x, y, z\geqslant 0$;

(5) $\iiint_{V}xy^2z^3\mathrm{d}x\mathrm{d}y\mathrm{d}z, \quad V: z=xy, y=x, x=1$;

(6) $\iiint_{V}xyz\mathrm{d}x\mathrm{d}y\mathrm{d}z, \quad V: x^2+y^2+z^2\leqslant 1, x, y, z\geqslant 0$;

(7) $\iiint_{V}z\mathrm{d}x\mathrm{d}y\mathrm{d}z, \quad V: x^2+y^2+z^2\leqslant 1, x^2+y^2\leqslant x, z\geqslant 0$;

(8) $\iiint\limits_{V} z\mathrm{d}x\mathrm{d}y\mathrm{d}z$,　$V: x^2+y^2+z^2 \leqslant 1, x^2+y^2 \leqslant z^2, z \geqslant 0$;

(9) $\iiint\limits_{V}\sqrt{1-\left(\dfrac{x^2}{a^2}+\dfrac{y^2}{b^2}+\dfrac{z^2}{c^2}\right)}\mathrm{d}x\mathrm{d}y\mathrm{d}z$,　$V:\dfrac{x^2}{a^2}+\dfrac{y^2}{b^2}+\dfrac{z^2}{c^2}\leqslant 1$;

(10) $\iiint\limits_{V}\mathrm{e}^{\frac{x^2}{a^2}+\frac{y^2}{b^2}+\frac{z^2}{c^2}}\mathrm{d}x\mathrm{d}y\mathrm{d}z$,　$V:\dfrac{x^2}{a^2}+\dfrac{y^2}{b^2}+\dfrac{z^2}{c^2}\leqslant 1$;

(11) $\iiint\limits_{V}\left(\dfrac{x^2}{a^2}+\dfrac{y^2}{b^2}+\dfrac{z^2}{c^2}\right)\mathrm{d}x\mathrm{d}y\mathrm{d}z$,　$V:\dfrac{x^2}{a^2}+\dfrac{y^2}{b^2}+\dfrac{z^2}{c^2}\leqslant 1$.

17. 求下列几何图形的质心:

(1) 曲线 $y=x^2, x+y=2$ 围成的平面区域;

(2) 曲线 $x^{2/3}+y^{2/3}=a^{2/3}(x,y\geqslant 0)$ 围成的平面区域;

(3) 曲面 $\dfrac{x^2}{a^2}+\dfrac{y^2}{b^2}=\dfrac{z^2}{c^2}, z=c(c>0)$ 围成的立体区域.

18. 讨论下列反常多重积分的收敛性:

(1) $\iint\limits_{D}\dfrac{\mathrm{d}x\mathrm{d}y}{x^2+y^2}$,　$D:|y|\leqslant x^2, x^2+y^2\leqslant 1$;

(2) $\iint\limits_{D}\dfrac{\mathrm{d}x\mathrm{d}y}{(1-x^2-y^2)^\alpha}$,　$D: x^2+y^2\leqslant 1$;

(3) $\iint\limits_{D}\dfrac{\mathrm{d}x\mathrm{d}y}{x^p y^q}, D: xy\geqslant 1, x\geqslant 1$;

(4) $\iiint\limits_{V}\dfrac{\mathrm{d}x\mathrm{d}y\mathrm{d}z}{(x^2+y^2+z^2)^p}$,　$V: x^2+y^2+z^2\leqslant 1$.

19. 计算下列反常二重积分:

(1) $\iint\limits_{x^2+y^2\leqslant 1}\ln(x^2+y^2)\mathrm{d}x\mathrm{d}y$;

(2) $\iint\limits_{x,y\geqslant 0}\dfrac{\mathrm{d}x\mathrm{d}y}{(x+y+1)^3}$;

(3) $\iint\limits_{x\geqslant y\geqslant 0}\mathrm{e}^{-(x+y)}\mathrm{d}x\mathrm{d}y$;

(4) $\iint\limits_{x,y\geqslant 0}\mathrm{e}^{-(x^2+y^2)}\mathrm{d}x\mathrm{d}y$.

20. 计算

$$I\equiv\lim_{n\to\infty}\sum_{i=1}^{n}\sum_{j=1}^{n}\sum_{k=1}^{j}\mathrm{e}^{j/n}\frac{k}{n^2(n^2+i^2)}.$$

21. 计算二重积分 $\iint\limits_{D}\left(\sqrt{x^2+y^2}+y\right)\mathrm{d}x\mathrm{d}y$,　其中 D 是 $x^2+y^2=4$ 和 $(x+1)^2+y^2=1$ 所围成的平面区域.

22. 设 $D\equiv\{(x,y,z)\,|\,x^2+y^2+z^2\leqslant 1\}$,　计算 $\iint\limits_{D}z^2\mathrm{d}x\mathrm{d}y\mathrm{d}z$.

23. 设平面区域 D 由直线 $y=2x, x=2y$ 和 $x+y=3$ 围成, 求 D 的面积.

24. 求球体 $x^2+y^2+z^2\leqslant 1$ 被圆柱面 $x^2+y^2=x$ 所割下部分(称为维维安尼(Viviani)体)的体积.

第 16 章

曲线积分

我们在第 7 章中讨论了定积分

$$\int_a^b f(x)\mathrm{d}x,$$

这是定义在直线段上的有方向的积分（即是说，$\mathrm{d}x$ 有方向，它的方向是从 a 到 b）. 现在我们要把此概念推广到曲线段上，称为"曲线积分". 这种积分有两种类型：第一型曲线积分与曲线的方向无关；第二型曲线积分与曲线的方向有关. 为简单清晰起见，也为几何意义的物理直观，在这一章，我们定义的曲线都在 $\mathbb{R}^3$ 中，因为 $\mathbb{R}^2$ 中的曲线可以看成 $\mathbb{R}^3$ 中的曲线的特例，而 $\mathbb{R}^n$ 中的曲线积分，可以从 $\mathbb{R}^3$ 中直接推广，并无任何困难.

16.1 第一型曲线积分

在定义第一型曲线积分之前，我们先要定义什么是"可求长的曲线". 在第 7 章中提到过，一个闭区间 $[a,b]$ 的划分：

$$a = a_0 < a_1 < \cdots < a_{n-1} < a_n = b$$

对应一个分割 $T = \{a = a_0, a_1, \cdots, a_n = b\}$. 定义

$$\mathcal{A} = \{T \mid T \text{是} [a,b] \text{的一个分割}\}. \tag{16.1}$$

现在给定曲线

$$L : [a,b] \to \mathbb{R}^3,$$

任取 $T \in \mathcal{A}$，定义

$$T(L) = \sum_{i=0}^{n-1} \left\| L(a_{i+1}) - L(a_i) \right\|. \tag{16.2}$$

其中，$\|\|$ 表示 (11.3) 定义的向量范数. 如果

$$\ell_L = \sup_{T \in \mathcal{A}} T(L) < \infty, \tag{16.3}$$

则称 L 是**可求长**的，ℓ_L 是 L 的弧长. 显然如果 L 可求长，那么它的一部分 $L|_{[c,d]}$（其中 $[c,d] \subset [a,b]$）也是可求长的.

现在假设曲线 $L \in C^1([a,b], \mathbb{R}^3)$，其中 $C^1([a,b], \mathbb{R}^3)$ 表示所有在 $[a, b]$ 中具有一阶连续导数的三维曲线的集合，则有

$$A(L) = \sum_{i=0}^{n-1} \left\| \int_{a_i}^{a_{i+1}} L'(t) \mathrm{d}t \right\| \leqslant \sum_{i=0}^{n-1} \int_{a_i}^{a_{i+1}} \|L'(t)\| \mathrm{d}t = \int_a^b \|L'(t)\| \mathrm{d}t.$$

故

$$\ell_L \leqslant \int_a^b \|L'(t)\| \mathrm{d}t.$$

令 $s = \int_a^t \|L'(\tau)\| \mathrm{d}\tau$，那么有

$$\mathrm{d}s = \|L'(t)\| \mathrm{d}t. \tag{16.4}$$

在二维情形，上式与我们在 (7.51) 得到的是一致的. 假设对任意的 $t \in [a,b]$，$\|L'(t)\| > 0$. 此时，s 称为弧长参数且不难验证 L 的长度 ℓ_L 为

$$\ell_L = \int_a^b \|L'(t)\| \mathrm{d}t.$$

在古典微分几何的曲线论中，弧长参数是一个非常重要且基本的概念，由此可以定义在曲线上的 Frenet 标架.

16.1.1 第一型曲线积分的定义

先从一个简单的例子入手. 设物体占有空间里的一条曲线 L. 它上的任意一点 (x, y, z) 处的线密度为 $\rho(x, y, z)$，其中 ρ 是连续函数，求此物体的质量. 用此物体上的点 $P_0, P_1, P_2, \cdots, P_n$ 把此物体划分成 n 段. 现在取其中一小段 $\widetilde{P_i P_{i+1}}$ 来分析. 在线密度连续变化的情况下，只要这一小段很短，就可以用这小段上面的任意一点 (x_i, y_i, z_i) 处的线密度 $\rho(x_i, y_i, z_i)$ 来代替这小段上的其他点的线密度，从而这小段物体的质量近似为

$$\rho(x_i, y_i, z_i) \ell_{\widetilde{P_i P_{i+1}}},$$

其中，$\ell_{\widetilde{P_i P_{i+1}}}$ 表示 $\widetilde{P_i P_{i+1}}$ 的长度. 整个物体的质量近似为

$$m \approx \sum_{i=0}^{n-1} \rho(x_i, y_i, z_i) \ell_{\widetilde{P_i P_{i+1}}}.$$

用 d 表示 n 个小弧段的最大长度. 为了计算 m 的精确值，取上式右端之和当 $d \to 0$ 的极限，从而得到

$$m = \lim_{d \to 0} \sum_{i=0}^{n-1} \rho(x_i, y_i, z_i) \ell_{\widehat{P_i P_{i+1}}}.$$

上述求不均匀的线型物体的质量, 是曲线积分最好的应用之一. 求非均匀分布的线型物体的重心和转动惯量时, 也会碰到这种特殊和式的极限. 类比这种"分割、近似求和、取极限"的思想, 我们引进如下定义.

定义 16.1 设 L 是 $\mathbb{R}^3$ 中的可求长曲线, $f(x,y,z)$ 定义在 L 上, L 被划分成 n 段:

$$L = L_1 \bigcup L_2 \bigcup \cdots \bigcup L_n,$$

ℓ_{L_i} 表示第 i 段的弧长. 在 L_i 上任取一点 (x_i, y_i, z_i), 当 $d = \max_{1 \leqslant i \leqslant n} \{\ell_{L_i}\} \to 0$ 时, 和式

$$\sum_{i=1}^{n} f(x_i, y_i, z_i) \ell_{L_i}$$

的极限存在(它不依赖于 L 的分法和点 (x_i, y_i, z_i) 的选取), 则称这一极限为 f 在 L 上的**第一型曲线积分**, 记为

$$\int_L f(x,y,z) \mathrm{d}s = \lim_{d \to 0} \sum_{i=1}^{n} f(x_i, y_i, z_i) \ell_{L_i}. \tag{16.5}$$

类似定积分, 我们在这里列出如下性质, 它们的证明参照定积分的性质可以简单得到.

定理 16.1 (第一型曲线积分的基本性质)

(1) (线性性质) 若 $\int_L f_i(x,y,z)\mathrm{d}s$ 存在, $c_i(i=1,2,\cdots,k)$ 为常数, 则 $\int_L \sum_{i=1}^{k} c_i f_i(x, y, z)\mathrm{d}s$ 也存在, 且

$$\int_L \sum_{i=1}^{k} c_i f_i(x, y, z) \mathrm{d}s = \sum_{i=1}^{k} c_i \int_L f_i(x, y, z) \mathrm{d}s.$$

(2) (有限可加性质) 若曲线段 $L_1, L_2, \cdots, L_k$ 互不相交, 且 $\int_{L_i} f(x,y,z)\mathrm{d}s (i=1,2, \cdots, k)$ 存在, 则 $\int_L f(x,y,z)\mathrm{d}s$ 也存在(其中 $L = \bigcup_{i=1}^{k} L_i$), 且

$$\int_L f(x,y,z) \mathrm{d}s = \sum_{i=1}^{k} \int_{L_i} f(x,y,z) \mathrm{d}s.$$

(3) (保号性质) 若 $\int_L f(x,y,z)\mathrm{d}s$ 与 $\int_L g(x,y,z)\mathrm{d}s$ 都存在, 且在 L 上有 $f \leqslant g$, 则

$$\int_L f(x,y,z) \mathrm{d}s \leqslant \int_L g(x,y,z) \mathrm{d}s.$$

(4)(绝对可积性质)　若 $\int_L |f(x,y,z)| \mathrm{d}s$ 存在, 则 $\int_L f(x,y,z)\mathrm{d}s$ 也存在, 且有

$$\left| \int_L f(x,y,z)\mathrm{d}s \right| \le \int_L |f(x,y,z)| \mathrm{d}s.$$

(5)(中值定理)　若 $\int_L f(x,y,z)\mathrm{d}s$ 存在, L 的弧长为 ℓ_L, 则存在常数 c, 使得

$$\int_L f(x,y,z)\mathrm{d}s = c\ell_L,$$

其中

$$\inf_L f(x,y,z) \le c \le \sup_L f(x,y,z).$$

16.1.2　第一型曲线积分的计算

定理 16.2　设 $L(t) = (x(t), y(t), z(t)) \in C^1([a,b], \mathbb{R}^3)$ 且对任意的 $t \in [a,b]$ 都有 $\|L'(t)\| > 0$. 又设 f 在 L 上连续, 则 f 在 L 上的第一型曲线积分存在, 且有

$$\int_L f(x,y,z)\mathrm{d}s = \int_a^b f(x(t),y(t),z(t))\sqrt{x'(t)^2 + y'(t)^2 + z'(t)^2}\,\mathrm{d}t.$$

证明　因为 $\|L'(t)\| > 0$, 所以 L 有弧长参数 s 满足 $\mathrm{d}s = \|L'(t)\| \mathrm{d}t$. 由反函数定理可知: 存在严格单调递增的函数 φ, 使得 $t = \varphi(s)$.

设曲线 L 被分成 n 段, 第 i 段用 L_i 表示, L_i 的弧长为 ℓ_{L_i}. 注意弧长是沿着与曲线相同的方向(如图 16.1): 在 L_i 上任取一点 (x_i, y_i, z_i), 不妨设

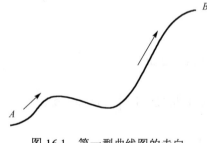

$$(x_i, y_i, z_i) = (x(t_i), y(t_i), z(t_i))$$
$$= (x(\varphi(s_i)), y(\varphi(s_i)), z(\varphi(s_i))),$$

则第一型曲线积分的和式为

$$\sum_{i=1}^n f(x_i, y_i, z_i)\ell_{L_i}$$
$$= \sum_{i=1}^n f(x(\varphi(s_i)), y(\varphi(s_i)), z(\varphi(s_i)))\Delta s_i.$$

图 16.1　第一型曲线图的走向

因为 f 在 L 上连续, 所以 $f(x(\varphi(s)), y(\varphi(s)), z(\varphi(s)))$ 是 $[0, \ell_L]$ 上的连续函数. 故

$$I \equiv \int_0^{\ell_L} f(x(\varphi(s)), y(\varphi(s)), z(\varphi(s)))\mathrm{d}s$$

存在. 综上所述, $\int_L f(x,y,z)\mathrm{d}s$ 存在且等于 I. 作变量代换: $\mathrm{d}s = \|L'(t)\| \mathrm{d}t$, 由定积分的换元公式可知定理的结论成立.　　　　　　　　　　　　　　　　　　　□

例 16.1　$B_r(x,y)$ 表示平面上以 (x,y) 为中心, 以 r 为半径的圆周. 证明: 如果二

元函数 u 在 (x, y) 连续, 那么

$$\lim_{r \to 0} \int_{B_r(x,y)} \frac{u(\xi, \eta)\mathrm{d}s}{2\pi r} = u(x, y).$$

任取 $B_r(x, y)$ 上的点 (ξ, η), 用参数把它表示为

$$\xi = x + r\cos\theta, \quad \eta = y + r\sin\theta, \quad \theta \in [0, 2\pi],$$

则 $\mathrm{d}s = r\mathrm{d}\theta$, 又因为

$$\int_{B_r(x,y)} u(\xi, \eta)\mathrm{d}s = \int_0^{2\pi} u(x + r\cos\theta, y + r\sin\theta)r\mathrm{d}\theta,$$

所以

$$\int_{B_r(x,y)} \frac{u(\xi, \eta)\mathrm{d}s}{2\pi r} = \int_0^{2\pi} \frac{u(x + r\cos\theta, y + r\sin\theta)\mathrm{d}\theta}{2\pi} = u(x, y), \quad \text{当 } r \to 0 \text{ 时}.$$

注 16.1 $\displaystyle\int_{B_r(x,y)} \frac{u(\xi, \eta)\mathrm{d}s}{2\pi r}$ 称为函数 u 的积分平均. "积分平均" 是研究偏微分方程时的一个常用技巧, 例如三维波动方程的古典解就是通过积分平均找到的.

例 16.2 设 L 为球面 $x^2 + y^2 + z^2 = 1$ 与平面 $x + y + z = 0$ 的交线, 求 $\displaystyle\int_L xy\mathrm{d}s$.

因为原点 $(0, 0, 0)$ 在平面 $x + y + z = 0$ 上, 所以 L 是球面 $x^2 + y^2 + z^2 = 1$ 的赤道. 换句话说, L 是半径为 1 的圆周. 利用轮换对称性可得

$$\int_L xy\mathrm{d}s = \frac{1}{3}\int_L (xy + yz + xz)\mathrm{d}s = \frac{1}{6}\int_L [(x + y + z)^2 - (x^2 + y^2 + z^2)]\mathrm{d}s$$

$$= -\frac{1}{6}\int_L \mathrm{d}s = -\frac{\pi}{3}.$$

例 16.3 设 L 为椭圆 $\dfrac{x^2}{a^2} + \dfrac{y^2}{b^2} = 1$, 求 $\displaystyle\int_L xy\mathrm{d}s$.

令 $L^+ = \{(x, y) \mid (x, y) \in L, x \geq 0\}$, $L^- = \{(x, y) \mid (x, y) \in L, x \leq 0\}$.

$$\int_L xy\mathrm{d}s = \int_{L^+} xy\mathrm{d}s + \int_{L^-} xy\mathrm{d}s = \int_{L^-} xy\mathrm{d}s + \int_{L^-} (-x)y\mathrm{d}s.$$

因此, 所求的曲线积分为 0.

16.2 第二型曲线积分

在物理中, 我们常常遇到像变力做功这样的问题: 空间中存在一个力场

$$F(x, y, z) = (P(x, y, z), Q(x, y, z), R(x, y, z)).$$

一个物体从 A 点沿曲线 $L : [a, b] \to \mathbb{R}^3$ 运动到 B 点, 我们来求 F 所做的功 W.

想法是这样的：设 $T = \{a = a_0, a_1, \cdots, a_n = b\}$ 是 $[a,b]$ 的一个分割．任取 $\xi_i \in [a_i, a_{i+1}]$，我们可以把 F 在 $L\big|_{[a_i, a_{i+1}]}$ 所做的功近似地看成

$$W_i \approx F(L(\xi_i)) \cdot [L(a_{i+1}) - L(a_i)],$$

其中"$\cdot$"表示内积(11.18)．那么总功

$$W \approx \sum_{i=0}^{n-1} F(L(\xi_i)) \cdot [L(a_{i+1}) - L(a_i)]$$

$$= \sum_{i=0}^{n-1} \{P(L(\xi_i))[x(a_{i+1}) - x(a_i)] + Q(L(\xi_i))[y(a_{i+1}) - y(a_i)] + R(L(\xi_i))[z(a_{i+1}) - z(a_i)]\}.$$

如果当 $\|A\| \to 0$ 时，上述和式趋于一个数并且这个极限不依赖 A 和 $\{\xi_i \mid 0 \leq i \leq n-1\}$ 的选取，那么这个数就被定义为所求之功，记为

$$W = \int_L F \cdot \mathrm{d}L = \int_L P\mathrm{d}x + Q\mathrm{d}y + R\mathrm{d}z . \tag{16.6}$$

这是我们要定义的第二型曲线积分的最好的物理应用．

16.2.1　第二型曲线积分的定义

定义 16.2　设 P, Q, R 定义在可求长曲线 $L : [a, b] \to \mathbb{R}^3$ 上，$L(a) = N_0, N_1, \cdots, N_n = L(b)$ 是 L 上的一列点．设 $N_{i+1} - N_i = (\Delta x_i, \Delta y_i, \Delta z_i)$，$\ell_{N_i N_{i+1}}$ 表示从 N_i 到 N_{i+1} 的弧长．任取 N_i 到 N_{i+1} 之间的一个点 ξ_i，如果当 $\delta = \max\{\ell_{N_i N_{i+1}} \mid 0 \leq i \leq n-1\} \to 0$ 时，和式

$$\sum_{i=0}^{n-1} \{P(\xi_i)\Delta x_i + Q(\xi_i)\Delta y_i + R(\xi_i)\Delta z_i\} \tag{16.7}$$

趋于一个数并且这个极限不依赖 N_i 和 ξ_i 的选取，那么这个数就被定义为 P, Q, R 沿 L 的第二型曲线积分，记为

$$\int_L P\mathrm{d}x + Q\mathrm{d}y + R\mathrm{d}z . \tag{16.8}$$

现在我们来比较第一型曲线积分(16.5)和第二型曲线积分(16.7)的区别．第一型曲线积分是函数值 $f(x_i, y_i, z_i)$ 乘以弧长 ℓ_{L_i}，而第二型曲线积分则是函数值 $P(\xi_i)$ 乘以曲线段在 x 轴上的投影 Δx_i，与一元积分非常类似．注意定义 16.2 中 N_i 到 N_{i+1} 的弧长 $\ell_{N_i N_{i+1}}$ 是和图 16.1 一样沿着曲线的正向计算的弧长，其在坐标轴上的投影也是沿着这个坐标轴的方向．

注 16.2　第二型曲线积分和曲线的方向有关．我们现在改变 L 的方向，即定义

$$L^*(t) = L(a + b - t),$$

那么就有

$$\int_{L^*} P \mathrm{d}x + Q \mathrm{d}y + R \mathrm{d}z = - \int_L P \mathrm{d}x + Q \mathrm{d}y + R \mathrm{d}z .$$

类似第一型曲线积分, 第二型曲线积分也有如下性质.

定理 16.3（第二型曲线积分的性质）

(1)（线性性质）　若 $\int_L P_i \mathrm{d}x + Q_i \mathrm{d}y + R_i \mathrm{d}z (i = 1, 2, \cdots, k)$ 存在, 则

$$\int_L \left(\sum_{i=1}^k c_i P_i \right) \mathrm{d}x + \left(\sum_{i=1}^k c_i Q_i \right) \mathrm{d}y + \left(\sum_{i=1}^k c_i R_i \right) \mathrm{d}z$$

也存在且等于

$$\sum_{i=1}^k c_i \left(\int_L P_i \mathrm{d}x + Q_i \mathrm{d}y + R_i \mathrm{d}z \right),$$

其中 c_i 为常数.

(2)（有限可加性质）　若曲线 L 是由曲线 $L_1, \cdots, L_k$ 首尾相接而成, 且 $\int_{L_i} P \mathrm{d}x + Q \mathrm{d}y + R \mathrm{d}z (i = 1, 2, \cdots, k)$ 存在, 则 $\int_L P \mathrm{d}x + Q \mathrm{d}y + R \mathrm{d}z$ 也存在且等于

$$\sum_{i=1}^k \int_{L_i} P \mathrm{d}x + Q \mathrm{d}y + R \mathrm{d}z.$$

第一型曲线积分与第二型曲线积分有密切的关系. 假设连续可微的曲线

$$L : \boldsymbol{r} = \boldsymbol{r}(t) \in \mathbb{R}^3, \quad t \in [a, b] . \tag{16.9}$$

如果以参数增加的方向为正的方向. 于是和 (5.26) 一样, 沿曲线的单位切向量为

$$\frac{\boldsymbol{r}'(t)}{\|\boldsymbol{r}'(t)\|}, \tag{16.10}$$

这个切向量在各个轴上的分量 $(\cos(n, x), \cos(n, y), \cos(n, z))$ 为 (这里 n 表示空间的维数, 虽然暂时 $n = 3$)

$$\begin{aligned}
\cos(n, x) &= \frac{x'(t)}{\sqrt{(x'(t))^2 + (y'(t))^2 + (z'(t))^2}}, \\
\cos(n, y) &= \frac{y'(t)}{\sqrt{(x'(t))^2 + (y'(t))^2 + (z'(t))^2}}, \\
\cos(n, z) &= \frac{z'(t)}{\sqrt{(x'(t))^2 + (y'(t))^2 + (z'(t))^2}}.
\end{aligned} \tag{16.11}$$

如果 $P(x, y, z), Q(x, y, z)$ 和 $R(x, y, z)$ 在曲线 L 上连续, 则有

$$\int_L P\mathrm{d}x = \int_a^b Px'(t)\mathrm{d}t = \int_a^b P\cos(n,x) \cdot \sqrt{(x'(t))^2 + (y'(t))^2 + (z'(t))^2}\,\mathrm{d}t$$

$$= \int_L P\cos(n,x)\mathrm{d}s. \tag{16.12}$$

对 Q, R 也有类似的公式:

$$\int_L Q\mathrm{d}y = \int_L Q\cos(n,y)\mathrm{d}s,$$

$$\int_L Q\mathrm{d}z = \int_L Q\cos(n,z)\mathrm{d}s. \tag{16.13}$$

16.2.2　第二型曲线积分的计算

在一定的条件下, 第二型曲线积分也可以转化成定积分.

定理 16.4　设有一阶连续可微的曲线 $L: x = x(t), y = y(t), z = z(t), t \in [\alpha, \beta]$, 且满足

$$\left\| L'(t) \right\|^2 = x'(t)^2 + y'(t)^2 + z'(t)^2 > 0. \tag{16.14}$$

P, Q, R 为定义在 L 上的连续函数. 那么有

$$\int_L P\mathrm{d}x + Q\mathrm{d}y + R\mathrm{d}z = \int_\alpha^\beta [P(x(t), y(t), z(t))x'(t) + Q(x(t), y(t), z(t))y'(t)$$
$$+ R(x(t), y(t), z(t))z'(t)]\mathrm{d}t.$$

证明　我们只证明

$$\int_L P\mathrm{d}x = \int_\alpha^\beta P(x(t), y(t), z(t))x'(t)\mathrm{d}t,$$

其余两个情况是类似的.

条件 (16.14) 说明 L 存在弧长参数 s, 设 $t = \varphi(s)$, 则 $\alpha = \varphi(0), \beta = \varphi(\ell_L)$, 其中 ℓ_L 是 L 的弧长(此处的 φ 与定理 16.2 中的 φ 相同). 在 L 上取分点 $N_0, N_1, \cdots, N_n$ 并且设它们所对应的弧长为 $0 = s_0, s_1, \cdots, s_n = \ell_L$. 令 $t_i = \varphi(s_i)$ 并任取 N_i 到 N_{i+1} 这一弧段上的点 M_i, 设 $L(\tau_i) = M_i$, 考虑和式

$$I = \sum_{i=0}^{n-1} P(M_i)(x(t_{i+1}) - x(t_i)).$$

由微分中值定理: 存在 $\eta_i \in (t_i, t_{i+1})$, 使得

$$x(t_{i+1}) - x(t_i) = x'(\eta_i)(t_{i+1} - t_i).$$

所以

$$I = \sum_{i=0}^{n-1} P(M_i) x'(\eta_i)(t_{i+1} - t_i)$$

$$= \sum_{i=0}^{n-1} P(M_i) x'(\tau_i)(t_{i+1} - t_i) + \sum_{i=0}^{n-1} P(M_i)[x'(\eta_i) - x'(\tau_i)](t_{i+1} - t_i) \equiv I_1 + I_2.$$

因为 P 在 L 上连续, 故 $|P|$ 有最大值 m. 因为 x' 在 $[\alpha,\beta]$ 上连续, φ 在 $[0,\ell_L]$ 上连续, 所以复合函数 $x'(\varphi)$ 和函数 φ 在 $[0,\ell_L]$ 上一致连续. 换句话说: 任取 $\varepsilon > 0$, 存在只依赖 ε 的正数 δ, 使得只要 $[0,\ell_L]$ 上的点 $\overline{s_1}, \overline{s_2}$ 满足 $|\overline{s_1} - \overline{s_2}| < \delta$, 就有 $|x'(\varphi(\overline{s_1})) - x'(\varphi(\overline{s_2}))| < \varepsilon$ 以及 $|\varphi(\overline{s_1}) - \varphi(\overline{s_2})| < \varepsilon$. 令 $\tilde{s}_i = s(\tau_i), \hat{s}_i = s(\eta_i)$. 所以

$$|I_2| \le \sum_{i=0}^{n-1} |P(M_i)| \cdot |x'(\varphi(\hat{s}_i)) - x'(\varphi(\tilde{s}_i)| \cdot (t_{i+1} - t_i)) \le m\varepsilon \sum_{i=0}^{n-1} (t_{i+1} - t_i) = m\varepsilon(\beta - \alpha).$$

由第二型曲线积分和定积分的定义可知: 如果 $\max\{|s_{i+1} - s_i| : 0 \le i \le n-1\} \to 0$, 那么 $I \to \displaystyle\int_L P\mathrm{d}x, I_1 \to \int_\alpha^\beta P(L(t))x'(t)\mathrm{d}t, I_2 \to 0$. 因此, 结论成立. $\qquad\square$

例 16.4 计算 $\displaystyle\int_L (y^2 - z^2)\mathrm{d}x + (z^2 - x^2)\mathrm{d}y + (x^2 - y^2)\mathrm{d}z$, 其中 L 为球面 $x^2 + y^2 + z^2 = 1$ 在第一卦限部分的边界曲线, 它依次是: 经过 xy 平面的部分 L_1, 经过 yz 平面的部分 L_2 和经过 zx 平面的部分 L_3.

令 $\omega = (y^2 - z^2)\mathrm{d}x + (z^2 - x^2)\mathrm{d}y + (x^2 - y^2)\mathrm{d}z$, 则

$$\omega\big|_{L_1} = -x^2\mathrm{d}y + y^2\mathrm{d}x, \quad \omega\big|_{L_2} = z^2\mathrm{d}y - y^2\mathrm{d}z, \quad \omega\big|_{L_3} = -z^2\mathrm{d}x + x^2\mathrm{d}z.$$

先看 $\displaystyle\int_{L_1} \omega$. 在参数方程 $x = \cos\theta, y = \sin\theta$ 下,

$$\int_{L_1} \omega = \int_0^{\pi/2} -(\cos^3\theta + \sin^3\theta)\mathrm{d}\theta = -2\int_0^{\pi/2} \sin^3\theta\mathrm{d}\theta = -\frac{4}{3}.$$

同理: $\displaystyle\int_{L_2} \omega = \int_{L_3} \omega = -\frac{4}{3}$, 故 $\displaystyle\int_L \omega = -4$.

例 16.5 设 L 是柱面 $x^2 + y^2 = 1$ 与平面 $y + z = 0$ 的交线, 从 z 轴正向往 z 轴负向看去为逆时针方向, 计算 $\displaystyle\int_L z\mathrm{d}x + y\mathrm{d}z$.

实际上, L 的参数方程为

$$x = \cos\theta, \quad y = \sin\theta, \quad z = -\sin\theta,$$

θ 从 0 到 2π, 则

$$\int_L z\mathrm{d}x + y\mathrm{d}z = \int_0^{2\pi} (\sin^2\theta - \sin\theta\cos\theta)\mathrm{d}\theta = \pi.$$

例 16.6 求质量为 m 的质点 M, 由 A 到 B 点时, 地球的引力所做的功.

取坐标 z 轴朝下, 在任一点的引力为

$$X = 0, \quad Y = 0, \quad Z = mg,$$

其中 g 是重力加速度. 于是全部的功为

$$\int_L mg\mathrm{d}z = mg(z_A - z_B),$$

其中 L 为任意连接 A, B 的曲线, z_A, z_B 分别表示初始点和终点. 这说明功只与位置有关, 与经过的曲线无关.

16.2.3　曲线积分求面积

利用曲线积分, 我们可以求出平面上封闭图形的面积. 假设平面区域 Ω 被封闭曲线 L 所包围. 假定平行于 y 轴的直线至多和它交于两点. y_1 表示从下到上第一次所交的坐标, y_2 表示第二次所交的坐标. a, b 表示区域最小与最大的横轴坐标, 如图 16.2 所示: 我们已经知道, 面积

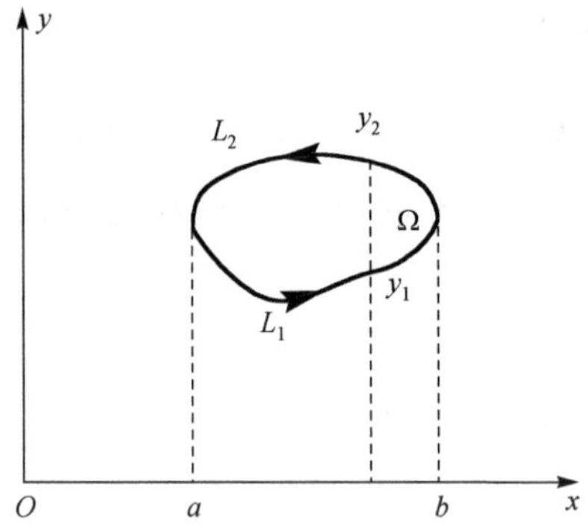

图 16.2　曲面微小元的投影

$$S_\Omega = \int_a^b (y_2 - y_1)\mathrm{d}x.$$

如果把曲线分成两部分 L_1 与 L_2, 则 L_1 是下部, L_2 是上部. 这样

$$\int_a^b y_2\mathrm{d}x = -\int_{L_2} y\mathrm{d}x, \quad \int_a^b y_1\mathrm{d}x = \int_{L_1} y\mathrm{d}x.$$

把 L 表示成沿着 L_1 从 a 到 b, 继续沿着 L_2 从 b 到 a, 则有

$$S_\Omega = \int_a^b y_2\mathrm{d}x - \int_a^b y_1\mathrm{d}x = -\left[\int_{(L_2)b}^a y\mathrm{d}x + \int_{(L_1)a}^b y\mathrm{d}x\right] = -\int_L y\mathrm{d}x. \tag{16.15}$$

同样的办法可得

$$S_\Omega = \int_L x\mathrm{d}y. \tag{16.16}$$

于是

$$S_\Omega = \frac{1}{2}\int_L x\mathrm{d}y - y\mathrm{d}x. \tag{16.17}$$

一般的图形, 我们可以分成有限个满足假设的图形求面积.

例 16.7 求曲线

$$\begin{cases} x = \dfrac{3at}{1+t^3}, \\[2mm] y = \dfrac{3at^2}{1+t^3}, \end{cases} \quad t > 0 \tag{16.18}$$

所围成的面积

$$S_D = \frac{1}{2}\int_L x\mathrm{d}y - y\mathrm{d}x = \frac{9a^2}{2}\int_0^\infty \frac{t^2}{(1+t^3)^2} = \frac{3}{2}a^2.$$

这个曲线是笛卡儿叶形线:

$$x^2 + y^3 = 3axy \tag{16.19}$$

圆圈的部分(试画出图形). (16.18)是(16.19)的参数形式 $y = tx$.

16.3　第二型曲线积分与格林公式

设二维空间的区域 D 的边界 ∂D 由一条或几条光滑曲线组成, 边界曲线的正方向规定为: 当人沿边界行走时, 区域 D 总在他的左边, 沿正方向的边界曲线记为 ∂D^+. 与上述规定方向相反的方向称为负方向, 沿负方向的边界曲线记为 ∂D^-, 如图 16.3 所示. 定向是多元微积分与一元微积分最重大的区别之一. 这个看似平凡的看法使得多重积分在坐标变换下的许多变换公式的精练成为可能, 也使得一元微积分的牛顿-莱布尼茨公式(7.32)可以推广到多元微积分中, 我们在第 18 章会专门谈论这个问题.

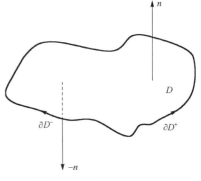

图 16.3　二维区域的定向

下面我们定义第一型区域和第二型区域.

第一型区域　$D_1 \equiv \{(x,y) \mid y_1(x) < y < y_2(x), a < x < b\}$

和

第二型区域　$D_2 \equiv \{(x,y) \mid x_1(y) < x < x_2(y), c < y < d\}$.

引理 16.1 设 D 是平面上的开区域, $P, Q \in C^1(\overline{D})$. 若 D 是第一型区域, $y_1, y_2 \in C([a,b])$, 则有

$$-\iint\limits_{D}\frac{\partial P}{\partial y}\mathrm{d}x\mathrm{d}y = \int_{\partial D^+} P(x,y)\mathrm{d}x; \tag{16.20}$$

若 D 是第二型区域, $x_1, x_2 \in C([c,d])$, 则有

$$\iint\limits_{D}\frac{\partial Q}{\partial x}\mathrm{d}x\mathrm{d}y = \int_{\partial D^+} Q(x,y)\mathrm{d}y. \tag{16.21}$$

证明　当 D 是第一型区域时, 有

$$-\iint\limits_{D}\frac{\partial P}{\partial y}\mathrm{d}x\mathrm{d}y = -\int_a^b \mathrm{d}x \int_{y_1(x)}^{y_2(x)} \frac{\partial P}{\partial y}\mathrm{d}y = -\int_a^b P(x,y_2(x))\mathrm{d}x + \int_a^b P(x,y_1(x))\mathrm{d}x. \tag{16.22}$$

我们用 $\widetilde{A_1B_1}$ 表示从 $A_1(a, y_1(a))$ 沿 $\{(x, y_1(x)) \mid x \in [a,b]\}$ 到 $B_1(b, y_1(b))$ 的有向线段; $\widetilde{A_2B_2}$ 表示从 $A_2(a, y_2(a))$ 沿 $\{(x, y_2(x)) \mid x \in [a,b]\}$ 到 $B_2(b, y_2(b))$ 的有向线段; 用 $\widetilde{A_1A_2}$ 表示从 $A_1(a, y_1(a))$ 到 $A_2(a, y_2(a))$ 的有向线段; $\widetilde{B_1B_2}$ 表示从 $B_1(b, y_1(b))$ 到 $B_2(b, y_2(b))$ 的有向线段. 因为 $y_1, y_2 \in C([a,b])$, 所以

$$-\int_a^b P(x, y_2(x))\mathrm{d}x = \int_{\widetilde{B_2A_2}} P(x,y)\mathrm{d}x$$

以及

$$\int_a^b P(x, y_1(x))\mathrm{d}x = \int_{\widetilde{A_1B_1}} P(x,y)\mathrm{d}x.$$

注意到

$$\int_{\widetilde{A_2A_1}} P(x,y)\mathrm{d}x = \int_{\widetilde{B_1B_2}} P(x,y)\mathrm{d}x = 0,$$

故

$$-\int_a^b P(x, y_2(x))\mathrm{d}x + \int_a^b P(x, y_1(x))\mathrm{d}x = \int_{\partial D^+} P(x,y)\mathrm{d}x.$$

因此 (16.20) 成立. 同理: 若 D 是第二型区域, (16.21) 也成立.

当 D 既是第一型区域, 又是第二型区域时, 由 (16.20) 和 (16.21) 可知, 下面定理 16.5 成立. 下面的定理以英国数学家格林(George Green, 1793—1841 年)命名, 称为格林公式. 这已经与一元微积分的牛顿-莱布尼茨公式(7.32)类似: 表达了函数导数在区域内部的积分等于函数在边界的积分, 但比一元的情形复杂得多.　　　　□

定理 16.5(格林公式)　设 D 是开区域且存在 D 的一个分割 $T \equiv \{D_1, \cdots, D_n\}$, 使得任一 $D_k (k=1, \cdots, n)$ 既是第一型区域, 又是第二型区域, 则

$$\iint\limits_{D}\left(\frac{\partial Q}{\partial x} - \frac{\partial P}{\partial y}\right)\mathrm{d}x\mathrm{d}y = \int_{\partial D^+} P\mathrm{d}x + Q\mathrm{d}y. \tag{16.23}$$

证明 根据引理 16.1, 有

$$\iint\limits_{D_k}\left(\frac{\partial Q}{\partial x}-\frac{\partial P}{\partial y}\right)\mathrm{d}x\mathrm{d}y=\int_{\partial D_k^+}P\mathrm{d}x+Q\mathrm{d}y \quad (k=1,\cdots,n).$$

所以

$$\iint\limits_{D}\left(\frac{\partial Q}{\partial x}-\frac{\partial P}{\partial y}\right)\mathrm{d}x\mathrm{d}y=\sum_{k=1}^{n}\int_{\partial D_k^+}P\mathrm{d}x+Q\mathrm{d}y .$$

注意到不同的 D_k 的公共边界因方向相反, 它们的第二型积分互相抵消, 只剩下

$$\int_{\partial D^+}P\mathrm{d}x+Q\mathrm{d}y .$$

所以定理成立. $\qquad\qquad\qquad\qquad\qquad\qquad\qquad\qquad\qquad\qquad\qquad\square$

注 16.3 格林公式在实践中有很多的应用. 例如, 我们要测量一个湖泊 D 的面积 S 时, 只需要利用

$$S=\iint\limits_{D}\mathrm{d}x\mathrm{d}y=\int_{\partial D^+}x\mathrm{d}y=-\int_{\partial D^+}y\mathrm{d}x=\frac{1}{2}\int_{\partial D^+}x\mathrm{d}y-y\mathrm{d}x,$$

就可以通过对湖边的第二型曲线积分的测量来得到 S 的值, 避免了到湖中央去测量.

例 16.8 计算第二型曲线积分

$$I\equiv\int_{C^+}\frac{-y\mathrm{d}x+x\mathrm{d}y}{x^2+y^2},$$

其中 $C\equiv\left\{(x,y)\left|\dfrac{x^2}{a^2}+\dfrac{y^2}{b^2}=1\right.\right\}$. 实际上, 令 $P(x,y)\equiv\dfrac{-y}{x^2+y^2}$, $Q(x,y)\equiv\dfrac{x}{x^2+y^2}$. 容易验证, 在除去原点的地方有如下公式:

$$\frac{\partial P}{\partial y}=\frac{\partial Q}{\partial x}.$$

因为原点是 $P\mathrm{d}x+Q\mathrm{d}y$ 的奇点, 所以不能用格林公式, 我们要把奇点挖掉. 以原点为圆心、ε 为半径作小圆, 边界为 C_ε. 在 C 和 C_ε 围成的区域 D_ε 上可以用格林公式. 即

$$0=\iint\limits_{D_\varepsilon}\left(\frac{\partial Q}{\partial x}-\frac{\partial P}{\partial y}\right)\mathrm{d}x\mathrm{d}y=\int_{\partial D_\varepsilon^+}P\mathrm{d}x+Q\mathrm{d}y$$

$$=\int_{C^+}P\mathrm{d}x+Q\mathrm{d}y-\int_{C_\varepsilon^+}P\mathrm{d}x+Q\mathrm{d}y.$$

因此

$$\int_{C^+}P\mathrm{d}x+Q\mathrm{d}y=\int_{C_\varepsilon^+}P\mathrm{d}x+Q\mathrm{d}y=\frac{1}{\varepsilon^2}\int_{C_\varepsilon^+}x\mathrm{d}y-y\mathrm{d}x.$$

令 $x = \varepsilon\cos\theta, y = \varepsilon\sin\theta, \theta \in [0, 2\pi]$. 则

$$I = \frac{1}{\varepsilon^2}\int_{C_\varepsilon^+} x\mathrm{d}y - y\mathrm{d}x = \int_0^{2\pi}(\cos\theta\mathrm{d}\sin\theta - \sin\theta\mathrm{d}\cos\theta) = 2\pi.$$

16.4　曲线积分与路径无关

我们说平面曲线的积分与路径无关, 指的是在区域 D 任取两点 A 和 B, 在 D 内从 A 到 B 做一曲线 L, 如果积分

$$\int_L P\mathrm{d}x + Q\mathrm{d}y$$

仅仅与 A, B 点有关, 而与从 A 到 B 的曲线 L 无关, 我们就称此积分为与路径无关的积分. 为什么要讨论这个问题? 我们在 (16.6) 中讨论过, 平面中有一个力场 $F(x, y, z) = (P(x, y, z), Q(x, y, z), R(x, y, z))$, 当一个物体从 A 点沿曲线 L 运动到 B 点时, F 所做的功

$$W = \int_L F \cdot \mathrm{d}L = \int_L P\mathrm{d}x + Q\mathrm{d}y .$$

积分与路径无关的等价的物理意义是: 力沿闭曲线做功等于零. 这正是物理中保守力的定义. 我们在高中时熟悉的电场力和重力, 它们都满足做功与路径无关, 因此都是保守力. 实际上保守力都有这种特性, 可以定义势函数, 因此保守力场又称为有势场.

我们从格林公式 (16.23) 能够猜到, 平面内闭曲线的积分与路径无关的条件是

$$\frac{\partial Q}{\partial x} = \frac{\partial P}{\partial y} . \tag{16.24}$$

这个与曲面的连通性有关系. 所谓单连通的区域就是没有洞的区域.

定义 16.3　设 D 是 $\mathbb{R}^2$ 中一个区域. 如果 D 中任何的简单闭曲线(就是没有重合点的闭曲线)所围成的有界区域都包含在 D 中, 我们就说 D 是**单连通**的, 否则称为多连通的.

引理 16.2　$\int_L P\mathrm{d}x + Q\mathrm{d}y$ 与路径无关的充分必要条件是在单连通区域 D 中的任何简单闭曲线 l, 都有

$$\int_l P\mathrm{d}x + Q\mathrm{d}y = 0 .$$

证明　如果两条路径 l_1 和 l_2 都从 A 到 B, 如图 16.4 且有

$$\int_{l_1} P\mathrm{d}x + Q\mathrm{d}y = \int_{l_2} P\mathrm{d}x + Q\mathrm{d}y .$$

因此可得

$$\int_{l_1} P\mathrm{d}x + Q\mathrm{d}y - \int_{l_2} P\mathrm{d}x + Q\mathrm{d}y = 0.$$

令 L 是这样的闭曲线, 先沿 l_1 从 A 到 B, 再沿 l_2 从 B 到 A. 因此

$$\int_L P\mathrm{d}x + Q\mathrm{d}y = 0.$$

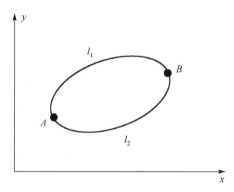

图 16.4 平面闭曲线 l

反过来是显然的, 如果都从 A 到 B 的所有封闭曲线的积分为零, 则积分

$$\int_L P\mathrm{d}x + Q\mathrm{d}y$$

与路径无关. □

定理 16.6 如果 $P, Q, \dfrac{\partial Q}{\partial x}$ 和 $\dfrac{\partial P}{\partial y}$ 在单连通区域 D 连续, 则 $\displaystyle\int_L P\mathrm{d}x + Q\mathrm{d}y$ 与路径无关的充分必要条件是 (16.24) 成立.

证明 我们用引理 16.2. 由格林公式, 如果 L 为封闭曲线, 则由 (16.23),

$$\iint_D \left(\frac{\partial Q}{\partial x} - \frac{\partial P}{\partial y} \right) \mathrm{d}x\mathrm{d}y = \int_L P\mathrm{d}x + Q\mathrm{d}y.$$

所以沿封闭积分等于零等价于

$$\iint_D \left(\frac{\partial Q}{\partial x} - \frac{\partial P}{\partial y} \right) \mathrm{d}x\mathrm{d}y = 0.$$

如果

$$\frac{\partial Q}{\partial x} - \frac{\partial P}{\partial y} \neq 0,$$

则可以找到一点 (x_0, y_0) 使得在此点

$$\frac{\partial Q}{\partial x} - \frac{\partial P}{\partial y} \neq 0.$$

由于 $\dfrac{\partial Q}{\partial x}$ 和 $\dfrac{\partial P}{\partial y}$ 是连续的, 不妨设存在中心为 (x_0, y_0), 半径为 r 的小圆 $B((x_0, y_0), r)$ 使得

$$\frac{\partial Q}{\partial x} - \frac{\partial P}{\partial y} \geqslant c > 0, \quad \forall (x, y) \in B((x_0, y_0), r).$$

如此

$$\iint\limits_{B((x_0, y_0), r)} \left(\frac{\partial Q}{\partial x} - \frac{\partial P}{\partial y} \right) \mathrm{d}x \mathrm{d}y \geqslant c\pi r^2 > 0.$$

与引理 16.2 矛盾. 反过来是显然的. □

例 16.9　定理 16.6 中的单连通性是不可去掉的. 例如

$$D = \{(x, y) \in \mathbb{R}^2 \mid x^2 + y^2 > 0\},$$

区域 D 在原点有洞.

$$L: x^2 + y^2 = 1.$$

于是

$$\int_L \frac{x\mathrm{d}y - y\mathrm{d}x}{x^2 + y^2} = \int_0^{2\pi} (\cos^2 t + \sin^2 t)\mathrm{d}t = 2\pi \neq 0.$$

但是

$$\frac{\partial}{\partial x} \frac{x}{x^2 + y^2} = \frac{\partial}{\partial y} \frac{-y}{x^2 + y^2} = \frac{y^2 - x^2}{(x^2 + y^2)^2}.$$

我们可以得到更深刻的结论. 如果 (16.24) 满足, 就有

$$\int_{(x_0, y_0)}^{(x, y)} P\mathrm{d}x + Q\mathrm{d}y = U(x, y). \tag{16.25}$$

令 y 不变, x 作为函数, 则

$$U(x + \Delta x, y) - U(x, y) = \int_{(x_0, y_0)}^{(x+\Delta x, y)} P\mathrm{d}x + Q\mathrm{d}y - \int_{(x_0, y_0)}^{(x, y)} P\mathrm{d}x + Q\mathrm{d}y.$$

由于积分与路径无关, 所以

$$U(x + \Delta x, y) - U(x, y) = \int_{(x, y)}^{(x+\Delta x, y)} P\mathrm{d}x + Q\mathrm{d}y = \int_x^{x+\Delta x} p(x, y)\mathrm{d}x.$$

因此

$$\frac{\partial U}{\partial x} = \lim_{\Delta x \to 0} \frac{U(x + \Delta x, y) - U(x, y)}{\Delta x} = P(x, y). \tag{16.26}$$

同理,

$$\frac{\partial U}{\partial y} = Q(x, y). \tag{16.27}$$

所以

$$dU = \frac{\partial U}{\partial x} dx + \frac{\partial U}{\partial y} dy = P dx + Q dy. \tag{16.28}$$

这说明了如果 (16.24) 满足, 则 $P dx + Q dy$ 是一个全微分. 如果 $dU_1 = P dx + Q dy$, 则

$$d(U - U_1) = 0.$$

所以 $U - U_1 = C$ 为常数. 自然

$$\int_A^B P dx + Q dy = \int_A^B dU = U(B) - U(A). \tag{16.29}$$

我们求出了与路径无关但与端点有关的积分.

注 16.4 格林公式 (定理 16.5) 对于连通区域也是对的, 我们可以从定理 16.5 的证明看出来, 因为多连通区域也可以分成 $D_k (k = 1, \cdots, n)$ 个区域, 每个 D_k 既是第一型区域, 又是第二型区域.

16.5 习　　题

1. 计算下列第一型曲线积分:

(1) $\int_L (x + y) ds$, 其中 L 为连接 $(1, 0)$ 及 $(0, 1)$ 的直线段;

(2) $\int_L x ds$, 其中 L 为由直线 $y = x$ 及抛物线 $y = x^2$ 所围成的区域的边界;

(3) $\int_L y^2 ds$, 其中 L 为摆线的一拱 $x = a(t - \sin t), y = a(1 - \cos t)(0 \leq t \leq 2\pi)$.

2. 计算下列第二型曲线积分:

(1) $\int_L xy dx$, 其中 L 为圆周 $(x - a)^2 + y^2 = a^2 (a > 0)$ 及 x 轴所围成的在第一象限内的区域的整个边界 (按逆时针方向绕行);

(2) $\int_L (x + y) dx - (x - y) dy$, 其中 L 为圆周 $x^2 + y^2 = 1$ (按逆时针方向绕行);

(3) $\int_\Gamma x^2 dx + z dy - y dz$, 其中 Γ 为曲线 $x = k\theta, y = a\cos\theta, z = a\sin\theta$ 上对应 θ 从 0 到 π 的一段弧.

3. 计算下列第一型曲线积分:

(1) $\int_L (x^2 + y^2 + z^2) ds$, 其中 L 为螺线 $x = a\cos t$, $y = a\sin t$, $z = bt$ $(0 \leq t \leq 2\pi)$ 的一段.

(2) $\int_L x^2 \mathrm{d}s$ ，其中 L 为圆周 $x^2 + y^2 + z^2 = a^2$ ， $x + y + z = 0$.

(3) $\int_L z \mathrm{d}s$ ，其中 L 为曲线 $x^2 + y^2 = z^2$ ， $y^2 = ax$ 上从点 $O(0,0,0)$ 到点 $A(a,a,a\sqrt{2})$ 的弧.

4. 计算下列第二型曲线积分:

(1) $\int_L (y^2 - z^2) \mathrm{d}x + 2yz \mathrm{d}y - x^2 \mathrm{d}z$ ，其中 L 为依参数增加的方向进行的曲线 $x = t$ ， $y = t^2$ ， $z = t^3$ $(0 \leqslant t \leqslant 1)$.

(2) $\int_L (y - z) \mathrm{d}x + (z - x) \mathrm{d}y + (x - y) \mathrm{d}z$ ，其中 L 为圆周 $x^2 + y^2 + z^2 = a^2$ ， $y = x \tan t$ ， $(0 < t < \pi)$ ，若从 Ox 轴的正向看去，这圆周是沿逆时针方向进行的.

(3) $\int_L y^2 \mathrm{d}x + z^2 \mathrm{d}y + x^2 \mathrm{d}z$ ，其中 L 为维维安尼曲线 $x^2 + y^2 + z^2 = a^2$ ， $x^2 + y^2 = ax$ ， $(z \geqslant 0, a > 0)$ ，若从 Ox 轴的正的部分 $(x > a)$ 看去，此曲线是沿逆时针方向进行的.

5. 利用曲线积分计算由下列曲线围成曲面的面积:

(1) 星形线 $x = a\cos^3 t$ ， $y = b\sin^3 t (0 \leqslant t \leqslant 2\pi)$.

(2) 双纽线 $(x^2 + y^2)^2 = a^2 (x^2 - y^2)$.

6. 利用格林公式计算下列曲线积分:

(1) $\int_L x^2 y \mathrm{d}x + (y - x^2) \mathrm{d}y$ ，其中 L 为平面上沿顶点 $O(0,0)$ ， $A(2,1)$ ， $B(0,1)$ 的三角形的周边.

(2) $\int_L \mathrm{e}^x [(1 - \cos y) \mathrm{d}x - (y - \sin y) \mathrm{d}y]$ ，其中 L 为区域 $0 < x < \pi$ ， $0 < y < \sin x$ 的正方向的围线.

7. 求两个二次连续可微的函数 $P(x,y)$ 和 $Q(x,y)$ ，使得积分

$$I = \int_L P(x+\alpha, y+\beta) \mathrm{d}x + Q(x+\alpha, y+\beta) \mathrm{d}y$$

对于任何封闭的围线 L 与常数 α 和 β 无关.

8. 验证下列积分与路径无关，并求它们的值:

(1) $\int_{(0,0)}^{(1,1)} (x - y)(\mathrm{d}x - \mathrm{d}y)$;

(2) $\int_{(2,1)}^{(1,2)} \varphi(x) \mathrm{d}x + \psi(y) \mathrm{d}y$ ，其中 $\varphi(x)$ ， $\psi(x)$ 为连续函数.

第17章

曲面积分

前面第16章我们学习过曲线积分, 研究了定义在平面或空间曲线段上函数的积分. 在这一章中, 我们进一步研究曲面上的函数的积分. 曲面积分和曲线积分非常相似, 也分为第一型和第二型. 第一型曲线积分和曲线弧长密切相关, 第一型曲面积分和曲面的面积密切相关, 第二型曲线积分和第二型曲面积分则分别与曲线的定向和曲面的定向有关.

17.1 第一型曲面积分

17.1.1 第一型曲面积分的概念

类似于第一型曲线积分, 我们要讨论曲面上函数的积分, 所以我们可以做一个适当的分割. 当质量分布在某一曲面块 S (设密度函数 $\rho(x,y,z)$ 在 S 上连续) 时, 曲面块 S 的质量为

$$\lim_{\|T\|\to 0}\sum_{i=1}^{n}\rho(\psi_i,\eta_i,\xi_i)\Delta S_i,$$

其中 $T=\{S_1,S_2,\cdots,S_n\}$ 为曲面块的分割, ΔS_i 表示小曲面块 S_i 的面积, $(\psi_i,\eta_i,\xi_i)(i=1,2,\cdots,n)$ 为 S_i 中任意一点, $\|T\|$ 为分割 T 的模, 即为诸 S_i 中的直径的最大值. 那么接下来与定积分、曲线积分的情况类似, 我们可以用极限的思想给出曲面积分的定义.

定义 17.1 设 S 是空间中可求面积的曲面, $f(x,y,z)$ 为定义在 S 上的函数. 对曲面 S 作分割 T, 它把 S 分成 n 个小曲面块 $S_i(i=1,2,\cdots,n)$, 以 ΔS_i 记小曲面块 S_i 的面积, 分割 T 的模 $\|T\|=\max\limits_{1\leqslant i\leqslant n}\{S_i$ 的直径 $\}$, 在 S_i 上任取一点 $(\psi_i,\eta_i,\xi_i)(i=1,2,\cdots,n)$, 若极限

$$\lim_{\|T\|\to 0}\sum_{i=1}^{n}f(\psi_i,\eta_i,\xi_i)\Delta S_i$$

存在, 且与分割 T 及 $(\psi_i,\eta_i,\xi_i)(i=1,2,\cdots,n)$ 的取法无关, 则称此极限为 $f(x,y,z)$ 在 S

上的**第一型曲面积分**, 记作

$$\iint_S f(x,y,z)\mathrm{d}S.$$

于是前面讲到的曲面块的质量可由第一型曲面积分求得.

特别地, 当 $f(x,y,z) \equiv 1$ 时, 曲面积分 $\iint_S \mathrm{d}S$ 就是曲面块 S 的面积.

第一型曲面积分的性质完全类似于第一型曲线积分, 区别只是第一型曲线积分为二元函数, 这里第一型曲面积分的研究对象为三元函数. 因此读者可以参考曲线积分的内容自行思考曲面积分的性质.

17.1.2　第一型曲面积分的计算

在计算第一型曲线积分时, 我们通过把曲线写为含参变量 t 的函数, 从而将曲线积分转化为一元函数 t 的积分. 在这里, 情况是完全一样的, 第一型曲面积分可化为二重积分, 进而方便我们进行计算.

定理 17.1　设有光滑曲面

$$S : z = z(x,y), \quad (x,y) \in D,$$

$f(x,y,z)$ 为 S 上的连续函数, 则

$$\iint_S f(x,y,z)\mathrm{d}S = \iint_D f(x,y,z(x,y))\sqrt{1+z_x^2+z_y^2}\,\mathrm{d}x\mathrm{d}y.$$

定理的证明过程和曲线积分中的定理 16.2 类似, 这里不再赘述.

例 17.1　计算曲面积分 $\iint_S (y^2+z^2)\mathrm{d}S$, 其中 S 是球面 $x^2+y^2+z^2=a^2$. 记

$$S_1 : z = \sqrt{a^2-x^2-y^2}, x^2+y^2 \leqslant a^2;$$

$$S_2 : z = -\sqrt{a^2-x^2-y^2}, x^2+y^2 \leqslant a^2.$$

根据第一型曲面积分的性质及公式得

$$\iint_S (y^2+z^2)\,\mathrm{d}S = \iint_{S_1}(y^2+z^2)\,\mathrm{d}S + \iint_{S_2}(y^2+z^2)\,\mathrm{d}S$$

$$= 2\iint_{x^2+y^2 \leqslant a^2} \frac{a(a^2-x^2)}{\sqrt{a^2-x^2-y^2}}\,\mathrm{d}x\mathrm{d}y.$$

作极坐标变换得

$$\iint_{x^2+y^2 \leqslant a^2} \frac{a^2-x^2}{\sqrt{a^2-x^2-y^2}}\,\mathrm{d}x\mathrm{d}y$$

$$= \iint_{[0,a] \times [0,2\pi]} \frac{a^2 - r^2 \cos^2\theta}{\sqrt{a^2 - r^2}} r \mathrm{d}r \mathrm{d}\theta$$

$$= \int_0^a \mathrm{d}r \int_0^{2\pi} \frac{r}{2\sqrt{a^2 - r^2}} (2a^2 - r^2 - r^2 \cos 2\theta) \mathrm{d}\theta$$

$$= \int_0^a \frac{\pi(2a^2 - r^2)}{\sqrt{a^2 - r^2}} r \mathrm{d}r \, (\diamondsuit t = r^2)$$

$$= \frac{\pi}{2} \int_0^{a^2} \left(\frac{a^2}{\sqrt{a^2 - t}} + \sqrt{a^2 - t} \right) \mathrm{d}t$$

$$= \frac{4}{3} \pi a^3,$$

于是 $\displaystyle\iint_S (y^2 + z^2) \, \mathrm{d}S = \frac{8}{3} \pi a^4.$

17.2 第二型曲面积分

在物理学中, 质点在受到力 F 的作用下在曲线上运动, 考虑此时 F 所做的功, 我们引入了第二型曲线积分. 现在将这一问题由曲线提升到曲面上, 我们可以考虑流体通过一个曲面的流量, 因此需要引入第二型曲面积分. 和第一型曲面积分不同, 这里我们需要考虑方向的问题.

17.2.1 曲面的侧

为了给曲面确定方向, 先要阐明曲面的侧的概念. 设连通曲面 S 上到处都有连续变动的切平面(或法线), M 为曲面 S 上的一点, 曲面在 M 处的法线有两个方向: 当取定其中一个指向为正方向时, 则另一个指向就是负方向. 设 M_0 为 S 上任一点, L 为 S 上任一经过点 M_0, 且不超出 S 边界的闭曲线. 又设 M 为动点, 它在 M_0 处与 M_0 有相同的法线方向, 且有如下特性: 当 M 从 M_0 出发沿 L 连续移动, 这时作为曲面上的点 M, 它的法线方向也连续地变动. 最后当 M 沿 L 回到 M_0 时, 若这时 M 的法线方向仍与 M_0 的法线方向一致, 则说这曲面 S 是**双侧曲面**, 如图 17.1 所示: 粗略地说, 双侧曲面的法线从一点出发连续移动, 当回到原来位置时方向不变. 若与 M_0 的法线方向相反, 则说 S 是**单侧曲面**. 此时曲面的内外侧无法区分. 以德国数学家默比乌斯(August Ferdinand Möbius, 1790—1868)命名的默比乌斯带就没有内外侧, 如图 17.2 所示.

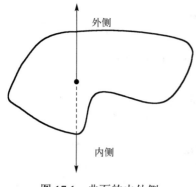

图 17.1　曲面的内外侧

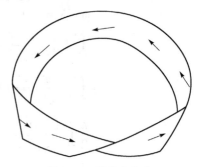

图 17.2　默比乌斯带

不过我们只考虑有方向的双侧曲面. 通常由 $z=z(x,y)$ 所表示的曲面都是双侧曲面, 当以其法线正方向与 z 轴正向的夹角成锐角的一侧为正侧时, 则另一侧为负侧. 当 S 为封闭曲面时, 通常规定曲面的外侧为正侧, 内侧为负侧.

17.2.2　第二型曲面积分的概念

与第一型曲面积分类似, 在定义了正侧之后, 我们可以对曲面进行分割, 进而利用极限的思想得到第二型曲面积分的基本定义.

定义 17.2　设 P,Q,R 为定义在双侧曲面 S 上的函数, 在 S 所指定的一侧作分割 T, 它把 S 分为 n 个小曲面 $S_1,S_2,\cdots,S_n$, 分割 T 的细度 $\|T\|=\max\limits_{1\leqslant i\leqslant n}\{S_i\text{ 的直径}\}$, 以 $\Delta S_{i_{yz}}$, $\Delta S_{i_{zx}}$, $\Delta S_{i_{xy}}$ 分别表示 S_i 在三个坐标面上的投影区域的面积, 它们的符号由 S_i 的方向来确定. 若 S_i 的法线正向与 z 轴正向成锐角时, S_i 在 xy 平面的投影区域的面积 $\Delta S_{i_{xy}}$ 为正. 反之, 若 S_i 法线正向与 z 轴正向成钝角时, 它在 xy 平面的投影区域的面积 $\Delta S_{i_{xy}}$ 为负. 在各个小曲面 S_i 上任取一点 (ψ_i,η_i,ξ_i). 若

$$\lim_{\|T\|\to 0}\sum_{i=1}^{n}P(\psi_i,\eta_i,\xi_i)\Delta S_{i_{yz}}+\lim_{\|T\|\to 0}\sum_{i=1}^{n}Q(\psi_i,\eta_i,\xi_i)\Delta S_{i_{zx}}+\lim_{\|T\|\to 0}\sum_{i=1}^{n}R(\psi_i,\eta_i,\xi_i)\Delta S_{i_{xy}}$$

存在, 且与曲面 S 的分割 T 和 (ψ_i,η_i,ξ_i) 在 S_i 上的取法无关, 则称此极限为函数 P,Q,R 在曲面 S 所指定的一侧上的第二型曲面积分, 记作

$$\iint\limits_{S}P(x,y,z)\mathrm{d}y\mathrm{d}z+Q(x,y,z)\mathrm{d}z\mathrm{d}x+R(x,y,z)\mathrm{d}x\mathrm{d}y.$$

与第二型曲线积分一样, 第二型曲面积分也有如下一些性质:

(1) (线性性质) 若 $\iint\limits_{S}P_i\mathrm{d}y\mathrm{d}z+Q_i\mathrm{d}z\mathrm{d}x+R_i\mathrm{d}x\mathrm{d}y(i=1,2,\cdots,k)$ 存在, 则有

$$\iint\limits_{S}\left(\sum_{i=1}^{k}c_{i}P_{i}\right)\mathrm{d}y\mathrm{d}z+\left(\sum_{i=1}^{k}c_{i}Q_{i}\right)\mathrm{d}z\mathrm{d}x+\left(\sum_{i=1}^{k}c_{i}R_{i}\right)\mathrm{d}x\mathrm{d}y$$

$$=\sum_{i=1}^{k}c_{i}\iint\limits_{S}P_{i}\mathrm{d}y\mathrm{d}z+Q_{i}\mathrm{d}z\mathrm{d}x+R_{i}\mathrm{d}x\mathrm{d}y,$$

其中 $c_{i}(i=1,2,\cdots,k)$ 是常数.

(2)(有限可加性质)若曲面 S 是由两两无公共内点的曲面块 $S_{1},S_{2},\cdots,S_{k}$ 所组成, 且

$$\iint\limits_{S_{i}}P\mathrm{d}y\mathrm{d}z+Q\mathrm{d}z\mathrm{d}x+R\mathrm{d}x\mathrm{d}y \quad (i=1,2,\cdots,k)$$

存在, 则有

$$\iint\limits_{S}P\mathrm{d}y\mathrm{d}z+Q\mathrm{d}z\mathrm{d}x+R\mathrm{d}x\mathrm{d}y=\sum_{i=1}^{k}\iint\limits_{S_{i}}P\mathrm{d}y\mathrm{d}z+Q\mathrm{d}z\mathrm{d}x+R\mathrm{d}x\mathrm{d}y.$$

17.2.3 第二型曲面积分的计算

与第一型曲面积分类似, 第二型曲面积分也可化为二重积分来计算. 如果曲面可以写成 $z=z(x,y)$ 的连续函数, 那么按第二型曲面积分的定义, 可以将曲面积分中的 z 替换为 x,y 的函数, 从而可以把 S 上的曲面积分化为 D_{xy} 上的二重积分进行计算. 这一结论可以写成下面的定理.

定理 17.2 设 $R(x,y,z)$ 是定义在光滑曲面

$$S:z=z(x,y), \quad (x,y)\in D_{xy}$$

上的连续函数, 以 S 的上端为正侧(这时 S 的法线方向与 z 轴正向成锐角), 则有

$$\iint\limits_{S}R(x,y,z)\mathrm{d}x\mathrm{d}y=\iint\limits_{D_{xy}}R(x,y,z(x,y))\mathrm{d}x\mathrm{d}y.$$

类似地, 对于曲面写为

$$S:x=x(y,z) \quad \text{或} \quad S:y=y(z,x)$$

的情况, 可以将积分化为 D_{yz} 或 D_{zx} 的情况进行计算.

例 17.2 计算积分

$$\iint\limits_{S}(x^{2}+y)\,\mathrm{d}y\mathrm{d}z+y\mathrm{d}z\mathrm{d}x+(x^{2}+y^{2})\mathrm{d}x\mathrm{d}y,$$

其中, S 为旋转抛物面 $z=x^{2}+y^{2}$ 在 $z\leqslant 1$ 部分并取曲面外侧

记

$$S_1 : x = \sqrt{z - y^2}, \quad z \leqslant 1;$$

$$S_2 : x = -\sqrt{z - y^2}, \quad z \leqslant 1.$$

S_1 和 S_2 在 yz 坐标平面上有相同的投影 D_{yz}，则有

$$
\begin{aligned}
\iint\limits_{S}(x^2 + y)\mathrm{d}y\mathrm{d}z &= \iint\limits_{S_1}(x^2 + y)\mathrm{d}y\mathrm{d}z + \iint\limits_{S_2}(x^2 + y)\mathrm{d}y\mathrm{d}z \\
&= \iint\limits_{D_{yz}}(z - y^2 + y)\mathrm{d}y\mathrm{d}z - \iint\limits_{D_{yz}}(z - y^2 + y)\mathrm{d}y\mathrm{d}z \\
&= 0.
\end{aligned}
$$

记

$$S_3 : y = \sqrt{z - x^2}, z \leqslant 1; \quad S_4 : y = -\sqrt{z - x^2}, z \leqslant 1;$$

S_3 和 S_4 在 zx 坐标平面上有相同的投影 $D_{zx} : x^2 \leqslant z \leqslant 1, x \in [-1, 1]$. 我们有

$$
\begin{aligned}
\iint\limits_{S} y\mathrm{d}z\mathrm{d}x &= \iint\limits_{S_3} y\mathrm{d}z\mathrm{d}x + \iint\limits_{S_4} y\mathrm{d}z\mathrm{d}x \\
&= \iint\limits_{D_{zx}} \sqrt{z - x^2}\,\mathrm{d}z\mathrm{d}x - \iint\limits_{D_{zx}}(-\sqrt{z - x^2})\,\mathrm{d}z\mathrm{d}x \\
&= 2\iint\limits_{D_{zx}} \sqrt{z - x^2}\,\mathrm{d}z\mathrm{d}x \\
&= 2\int_{-1}^{1}\mathrm{d}x\int_{x^2}^{1}\sqrt{z - x^2}\,\mathrm{d}z \\
&= \frac{4}{3}\int_{-1}^{1}(1 - x^2)^{\frac{3}{2}}\mathrm{d}x = \frac{\pi}{2},
\end{aligned}
$$

S 在 xy 坐标平面上的投影为 $D_{xy} : x^2 + y^2 \leqslant 1, S$ 的法线方向与 z 轴的正方向成钝角，有

$$
\begin{aligned}
\iint\limits_{S}(x^2 + y^2)\,\mathrm{d}x\mathrm{d}y &= -\iint\limits_{D_{xy}}(x^2 + y^2)\,\mathrm{d}x\mathrm{d}y \\
&= -\int_{0}^{2\pi}\mathrm{d}\theta\int_{0}^{1} r^3\mathrm{d}r = -\frac{\pi}{2}.
\end{aligned}
$$

综上可得

$$\iint\limits_{S}(x^2 + y)\mathrm{d}y\mathrm{d}z + y\mathrm{d}z\mathrm{d}x + (x^2 + y^2)\mathrm{d}x\mathrm{d}y = 0 + \frac{\pi}{2} + \left(-\frac{\pi}{2}\right) = 0.$$

17.2.4 两类曲面积分的联系

与曲线积分一样, 当曲面的侧确定之后, 可以建立两种类型曲面积分的联系.

设 S 为光滑曲面, 并以上侧为正侧, R 为 S 上的连续函数, 曲面积分在 S 的正侧进行. 因而有

$$\iint\limits_{S} R(x,y,z)\mathrm{d}x\mathrm{d}y = \lim_{\|T\|\to 0}\sum_{i=1}^{n} R(\psi_i,\eta_i,\xi_i)\Delta S_{i_{xy}}.$$

设 α,β,γ 分别为曲面 S 的法向量 $\boldsymbol{n}$ 在 x,y,z 轴正方向的夹角, 则 $\cos\alpha\mathrm{d}S,$ $\cos\beta\mathrm{d}S,\cos\gamma\mathrm{d}S$ 分别为面积元素 $\mathrm{d}S$ 在三个坐标平面 Oyz,Ozx,Oxy 上的投影, 如图 17.3 (参见 (15.37)): 则有

$$\begin{cases}\cos\alpha\mathrm{d}S = \mathrm{d}y\mathrm{d}z,\\ \cos\beta\mathrm{d}S = \mathrm{d}z\mathrm{d}x,\\ \cos\gamma\mathrm{d}S = \mathrm{d}x\mathrm{d}y.\end{cases} \tag{17.1}$$

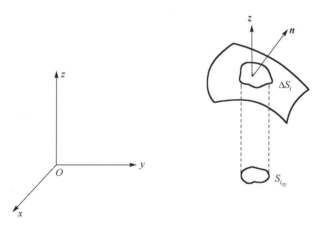

图 17.3 曲面元素及其投影

于是

$$\Delta S_i = \iint\limits_{S_{i_{xy}}} \frac{1}{\cos\gamma}\mathrm{d}x\mathrm{d}y,$$

其中 γ 是定义在 $S_{i_{xy}}$ 上的函数 (如图 17.3). 因为积分沿曲面正侧进行, 所以 γ 是锐角. 又因为 S 是光滑的, 所以 $\cos\gamma$ 在闭区域 $S_{i_{xy}}$ 上连续. 应用中值定理, 在 $S_{i_{xy}}$ 内必存在一点, 使这点的法线方向与 z 轴正向的夹角 γ_i^* 满足等式

$$\Delta S_{i_{xy}} = \cos\gamma_i^*\Delta S_i.$$

于是

$$\sum_{i=1}^{n}R(\psi_i,\eta_i,\xi_i)\Delta S_{i_{xy}} = \sum_{i=1}^{n}R(\psi_i,\eta_i,\xi_i)\cos\gamma_i^*\Delta S_i. \tag{17.2}$$

现在以 $\cos\gamma_i$ 表示曲面 S_i 在点 (x_i,y_i,z_i) 的法线方向与 z 轴正向夹角的余弦, 则由 $\cos\gamma$ 的连续性, 可得当 $\|T\|\to 0$ 时, 上式右端极限存在. 因此

$$\iint_{S}R(x,y,z)\mathrm{d}x\mathrm{d}y = \iint_{S}R(x,y,z)\cos\gamma\mathrm{d}S.$$

这里注意当改变曲面的侧时, 左边积分改变符号, 右边积分中角 γ 改为 $\gamma\pm\pi$. 因而 $\cos\gamma$ 也改变符号, 所以右边积分也相应改变了符号. 同理可证:

$$\iint_{S}P(x,y,z)\mathrm{d}y\mathrm{d}z = \iint_{S}P(x,y,z)\cos\alpha\mathrm{d}S,$$

$$\iint_{S}Q(x,y,z)\mathrm{d}z\mathrm{d}x = \iint_{S}Q(x,y,z)\cos\beta\mathrm{d}S. \tag{17.3}$$

这样, 在确定了余弦函数 $\cos\alpha,\cos\beta,\cos\gamma$ 后, 我们便可以建立两种不同类型曲面积分的联系.

定理 17.3　设 S 为光滑曲面, 正侧法向量为 $(\cos\alpha,\cos\beta,\cos\gamma)$, $P(x,y,z)$, $Q(x,y,z)$, $R(x,y,z)$ 在 S 上连续, 则

$$\iint_{S}P(x,y,z)\mathrm{d}y\mathrm{d}z + Q(x,y,z)\mathrm{d}z\mathrm{d}x + R(x,y,z)\mathrm{d}x\mathrm{d}y$$

$$= \iint_{S}(P(x,y,z)\cos\alpha + Q(x,y,z)\cos\beta + R(x,y,z)\cos\gamma)\mathrm{d}S. \tag{17.4}$$

推论 17.1　设 P,Q,R 是定义在光滑曲面 $S:z=z(x,y),(x,y)\in D$ 上的连续函数, 以 S 的上侧为正侧, 则

$$\iint_{S}P(x,y,z)\mathrm{d}y\mathrm{d}z + Q(x,y,z)\mathrm{d}z\mathrm{d}x + R(x,y,z)\mathrm{d}x\mathrm{d}y$$

$$= \iint_{S}(P(x,y,z(x,y))(-z_x) + Q(x,y,z(x,y))(-z_y) + R(x,y,z(x,y)))\mathrm{d}x\mathrm{d}y. \tag{17.5}$$

17.3　高斯公式与斯托克斯公式

17.3.1　高斯公式

一元微积分有牛顿-莱布尼茨公式 (7.32), 曲面积分有格林公式 (16.23). 特别是

格林公式建立了沿封闭曲线的曲线积分与二重积分的关系. 沿空间闭曲面的曲面积分和三重积分之间也有类似的关系, 这就是高斯公式.

定理 17.4(高斯公式)　设空间区域 V 由分片光滑的双侧封闭曲面 S 围成. 若函数 P,Q,R 在 V 上连续, 且有一阶连续偏导数, 则

$$\iiint\limits_{V}\left(\frac{\partial P}{\partial x}+\frac{\partial Q}{\partial y}+\frac{\partial R}{\partial z}\right)\mathrm{d}x\mathrm{d}y\mathrm{d}z = \iint\limits_{S}P\mathrm{d}y\mathrm{d}z + Q\mathrm{d}z\mathrm{d}x + R\mathrm{d}x\mathrm{d}y, \tag{17.6}$$

其中 S 取外侧.

证明　与格林公式 (16.23) 的证明思路类似, 可以根据 V 的类型分情形讨论. 下面只针对 xy 型区域证明 $\iiint\limits_{V}\frac{\partial R}{\partial z}\mathrm{d}x\mathrm{d}y\mathrm{d}z = \iint\limits_{S}R\mathrm{d}x\mathrm{d}y$, 对其余情形可以类似证明.

设 V 是一个 xy 型区域, 即其边界曲面 S 由曲面

$$S_1 : z = z_1(x,y), \quad (x,y)\in D_{xy},$$
$$S_2 : z = z_2(x,y), \quad (x,y)\in D_{xy},$$

以及垂直于 D_{xy} 的边界的柱面 S_3 组成. 如此一来, 则

$$\iiint\limits_{V}\frac{\partial R}{\partial z}\mathrm{d}x\mathrm{d}y\mathrm{d}z = \iint\limits_{D_{xy}}\mathrm{d}x\mathrm{d}y\int_{z_1(x,y)}^{z_2(x,y)}\frac{\partial R}{\partial z}\mathrm{d}z$$

$$= \iint\limits_{S_2}R(x,y,z)\mathrm{d}x\mathrm{d}y + \iint\limits_{-S_1}R(x,y,z)\mathrm{d}x\mathrm{d}y,$$

其中 S_1,S_2 都取正侧, 又因为 S_3 在 xy 平面上的投影面积为零, 因此积分 $\iint\limits_{S_3}R(x,y,z)$ $\mathrm{d}x\mathrm{d}y = 0$. 所以我们有

$$\iiint\limits_{V}\frac{\partial R}{\partial z}\mathrm{d}x\mathrm{d}y\mathrm{d}z = \iint\limits_{S}R\mathrm{d}x\mathrm{d}y .$$

其余情形可以类似证明.　　　　　　　　　　　　　　　　　　　　　　　□

例 17.3　计算曲面积分

$$\oiint\limits_{S} x\mathrm{d}y\mathrm{d}z + y\mathrm{d}z\mathrm{d}x + z\mathrm{d}x\mathrm{d}y,$$

其中, S 是曲面 $|x|+|y|+|z|=1$ 的外侧.

易见该积分中被积函数及积分区域皆满足高斯公式的条件, 所以

$$\oiint\limits_{S} x\mathrm{d}y\mathrm{d}z + y\mathrm{d}z\mathrm{d}x + z\mathrm{d}x\mathrm{d}y$$

$$= \iiint\limits_{V}(1+1+1)\,\mathrm{d}x\mathrm{d}y\mathrm{d}z$$

$$= 3V,$$

其中，V 为 S 所围成的正八面体，其体积为 $2 \cdot \dfrac{1}{3}(\sqrt{2})^2 \cdot 1 = \dfrac{4}{3}$，于是

$$\oiint\limits_{S} x\mathrm{d}y\mathrm{d}z + y\mathrm{d}z\mathrm{d}x + z\mathrm{d}x\mathrm{d}y = 3 \cdot \frac{4}{3} = 4.$$

17.3.2　斯托克斯公式

　　高斯公式表达了沿空间闭曲面的曲面积分和三重积分之间的关系，但在三维空间里，沿空间双侧曲面 S 的积分与沿 S 的边界曲线 L 的积分之间也有联系. 这就是斯托克斯(Sir George Gabriel Stokes，1819—1903)公式. 虽然格林公式(16.23)也表达这样的意思，但那只是给出了平面的二重积分与边界曲线积分之间的关系. 所以空间维数增加，微积分的面貌就有新的关系变化.

　　先对双侧曲面 S 的侧与其边界曲线 L 的方向作如下规定：设有人站在 S 上指定的一侧，若沿 L 行走，指定的侧总在人的左方，则人前进的方向为边界线 L 的正向；若沿 L 行走，指定的侧总在人的右方，则人前进的方向为边界线 L 的负向，这个规定方法也称为右手法则. 可以参见图 16.3.

　　定理 17.5(斯托克斯公式)　设光滑曲面 S 的边界 L 是按段光滑的连续曲线，若函数 P,Q,R 在 S (连同 L)上连续，且有一阶连续偏导数，则

$$\iint\limits_{S}\left(\frac{\partial R}{\partial y} - \frac{\partial Q}{\partial z}\right)\mathrm{d}y\mathrm{d}z + \left(\frac{\partial P}{\partial z} - \frac{\partial R}{\partial x}\right)\mathrm{d}z\mathrm{d}x + \left(\frac{\partial Q}{\partial x} - \frac{\partial P}{\partial y}\right)\mathrm{d}x\mathrm{d}y = \oint_{L} P\mathrm{d}x + Q\mathrm{d}y + Q\mathrm{d}z. \tag{17.7}$$

其中 S 的侧与 L 的方向按右手法则确定.

　　证明　先针对函数 P 展开讨论. 当曲面 S 由方程 $z = z(x,y)$ 确定时，它的正侧法线方向数为 $(-z_x, -z_y, 1)$，方向余弦为 $(\cos\alpha, \cos\beta, \cos\gamma)$，所以

$$\frac{\partial z}{\partial x} = -\frac{\cos\alpha}{\cos\gamma}, \quad \frac{\partial z}{\partial y} = -\frac{\cos\beta}{\cos\gamma}. \tag{17.8}$$

若 S 在 xy 平面上投影区域为 D_{xy}，L 在 xy 平面上的投影曲线记为 Γ，则由第二型曲线积分定义及格林公式(16.23)有

$$\oint_L P(x,y,z)\mathrm{d}x = -\iint_{D_{xy}} \frac{\partial}{\partial y}P(x,y,z(x,y))\mathrm{d}x\mathrm{d}y$$

$$= -\iint_S \left(\frac{\partial P}{\partial y} + \frac{\partial P}{\partial z}\frac{\partial z}{\partial y}\right)\mathrm{d}x\mathrm{d}y = \iint_S \frac{\partial P}{\partial z}\mathrm{d}z\mathrm{d}x - \frac{\partial P}{\partial y}\mathrm{d}x\mathrm{d}y.$$

当 S 表示为 $x = x(y,z)$ 和 $y = y(z,x)$ 时, 可以类似证明. □

斯托克斯公式, 也常写成如下形式:

$$\iint_S \begin{vmatrix} \mathrm{d}y\mathrm{d}z & \mathrm{d}z\mathrm{d}x & \mathrm{d}x\mathrm{d}y \\ \dfrac{\partial}{\partial x} & \dfrac{\partial}{\partial y} & \dfrac{\partial}{\partial z} \\ P & Q & R \end{vmatrix} = \oint_L P\mathrm{d}x + Q\mathrm{d}y + R\mathrm{d}z. \tag{17.9}$$

由斯托克斯公式 (17.7), 可导出空间曲线积分与路线无关的条件. 区域 V 称为单连通区域, 如果 V 内任一封闭曲线皆可以不经过 V 以外的点而连续收缩于属于 V 的一点. 如球体是单连通区域. 非单连通区域称为复连通区域. 如环状区域不是单连通区域, 而是复连通区域. 与平面曲线积分类似, 空间曲线积分也可得到与路线无关的下述定理.

定理 17.6 设 $\Omega \subset \mathbb{R}^3$ 为空间单连通区域. 若函数 P,Q,R 在 Ω 上连续, 且有一阶连续偏导数, 则以下四个条件是等价的:

(i) 对于 Ω 内任一按段光滑的封闭曲线 L, 有

$$\oint_L P\mathrm{d}x + Q\mathrm{d}y + Q\mathrm{d}z = 0;$$

(ii) 对于 Ω 内任一按段光滑的曲线 L, 曲线积分

$$\int_L P\mathrm{d}x + Q\mathrm{d}y + Q\mathrm{d}z$$

与路线无关;

(iii) $P\mathrm{d}x + Q\mathrm{d}y + R\mathrm{d}z$ 是 Ω 内某一函数 u 的全微分, 即

$$\mathrm{d}u = P\mathrm{d}x + Q\mathrm{d}y + R\mathrm{d}z;$$

(iv) $\dfrac{\partial P}{\partial y} = \dfrac{\partial Q}{\partial x}, \dfrac{\partial Q}{\partial z} = \dfrac{\partial R}{\partial y}, \dfrac{\partial R}{\partial x} = \dfrac{\partial P}{\partial z}$ 在 Ω 内处处成立.

这个定理的证明的思路与平面曲线积分类似, 可以参考定理 16.6 给出.

例 17.4 计算曲线积分

$$\oint_L (y - \sin x)\,\mathrm{d}x + (z - \mathrm{e}^y)\mathrm{d}y + (x+1)\mathrm{d}z,$$

其中, L 为球面 $x^2 + y^2 + z^2 = R^2$ 与平面 $\Pi : x + y + z = 0$ 的交线, 若从 x 轴正向看去,

L 是逆时针方向绕行的.

设 S 为 L 所围成的在平面上的圆形区域，并取上侧. 根据斯托克斯公式得

$$\oint_L (y - \sin x)dx + (z - e^y)dy + (x+1)dz$$

$$= \iint_S \begin{vmatrix} dydz & dzdx & dxdy \\ \dfrac{\partial}{\partial x} & \dfrac{\partial}{\partial y} & \dfrac{\partial}{\partial z} \\ y - \sin x & z - e^y & x+1 \end{vmatrix}$$

$$= -\iint_S dydz + dzdx + dxdy$$

$$= -\iint_{D_{yz}} dydz - \iint_{D_{zx}} dzdx - \iint_{D_{xy}} dxdy$$

$$= -(\Delta D_{yz} + \Delta D_{zx} + \Delta D_{xy}),$$

其中， D_{yz}, D_{zx}, D_{xy} 分别为 S 在 yz, zx, xy 坐标平面上的投影，因为 S 的法线方向的余弦为 $\dfrac{\sqrt{3}}{3}, \dfrac{\sqrt{3}}{3}, \dfrac{\sqrt{3}}{3}$ ，且 S 的面积为 πR^2 ，所以

$$\Delta D_{yz} = \Delta D_{zx} = \Delta D_{xy} = \pi R^2 \cdot \frac{\sqrt{3}}{3}.$$

于是

$$\oint_L (y - \sin x)dx + (z - e^y)dy + (x+1)dz = -\sqrt{3}\pi R^2.$$

17.4 场 论 简 介

曲线积分和曲面积分在物理学中有着特别重要的意义，它们在电磁学、流体力学、理论力学和理论物理等物理分支中有着广泛的应用.

在物理学中，场是最重要的概念之一. 例如：地球表面及外层空间中存在着引力场；每一地区存在温度场；在一个带电电荷的周围空间里存在静电场等等. 而在数学中，函数是最重要的概念之一，物理学中场的概念，从数学角度上来看即为一个或多个数量函数：温度场可以用一个数量函数来表示，而引力场和静电场可看作一向量函数，向量函数的三个分量是三个数量函数.

为了充分利用数学这个有力工具，物理学家往往采用一些特殊的术语和记号来表述有关的物理量，使其能方便地用数学工具进行表达，进而许多自然现象就能用简单的数学关系式来表达，反之数学中的很多重要定理也有了它的实际意义.

在本节中, 我们引入梯度、散度、旋度这些概念, 就曲线积分、曲面积分及相关定理的物理意义展开讨论.

17.4.1 场的概念

若对全空间或其中某一区域 V 中每一点 M, 都有一个数量(或向量)与之对应, 则称在 V 上给定了一个数量场(或向量场).

比如温度场和密度场都是数量场. 在空间中引进了直角坐标系后, 空间中点 M 的位置就可由坐标确定. 因此, 给定了某个数量场就相当于给定了数量函数 $u(x, y, z)$. 我们总假设 $u(x, y, z)$ 对每个变量都有连续的偏导数. 若这些偏导数不同时为零, 那么方程 $u(x, y, z) = c$ 就确定了一个曲面, 通常称为等值面.

重力场或速度场都是向量场. 当引进直角坐标系后, 向量场就与向量函数 $F(x, y, z)$ 相对应. 设 A 在三个坐标轴上的投影分别为 $P(x, y, z), Q(x, y, z), R(x, y, z)$, 则

$$F(x, y, z) = (P(x, y, z), Q(x, y, z), R(x, y, z)),$$

这里 P, Q, R 为所定义区域上的具有连续偏导数的数量函数.

根据上面的定义可以看到, 数量场或者向量场并不是什么新的东西, 只是几个变量的函数而已. 我们需要注意的是如何用数学上的函数来解释具体的物理现象, 这对于我们更好地理解实际问题有很大的帮助.

17.4.2 梯度场

设 $u(x, y, z)$ 是三维空间的函数, 对任意的常数 c,

$$u(x, y, z) = c$$

称为等量面, 我们在中学里知道的等高线就是等量面的例子. 等量面的法线方向:

$$\mathbf{grad}u = \left(\frac{\partial u}{\partial x}, \frac{\partial u}{\partial y}, \frac{\partial u}{\partial z} \right), \tag{17.10}$$

称为由数量函数 $u(x, y, z)$ 所定义的梯度. 我们在 (12.20) 证明了 $\mathbf{grad}u$ 的方向就是使 $\frac{\partial u}{\partial l}$ 达到最大值的方向, 它的大小就是 u 在这个方向 l 上的方向导数值. 因此我们可以定义数量场 u 在点 M 处的梯度 $\mathbf{grad}u$ 为这样的向量, 它的方向是在 M 处最大的方向导数的方向, 而它的大小是在 M 处最大方向导数值. 由梯度给出的向量场, 称为梯度场.

我们在 (12.19) 引进符号向量:

$$\nabla = \left(\frac{\partial}{\partial x}, \frac{\partial}{\partial y}, \frac{\partial}{\partial z} \right). \tag{17.11}$$

当把它作为运算符号来看待时候, 梯度可写作

$$\mathbf{grad}u = \nabla u .$$

关于梯度, 有以下基本性质:

- 若 u, v 是数量函数, 则 $\nabla(u+v) = \nabla u + \nabla v$.
- 若 u, v 是数量函数, 则 $\nabla(uv) = u(\nabla v) + (\nabla u)v$.
- 若 $\mathbf{r} = (x, y, z), \varphi = \varphi(x, y, z)$, 则 $\mathrm{d}\varphi = \langle \mathrm{d}\mathbf{r}, \nabla\varphi \rangle$.
- 若 $f = f(u), u = u(x, y, z)$, 则 $\nabla f = f'(u)\nabla u$.
- 若 $f = f(u_1, u_2, \cdots, u_m), u_i = u_i(x, y, z)(i = 1, 2, \cdots, m)$, 则 $\nabla f = \sum_{i=1}^{m} \dfrac{\partial f}{\partial u_i} \nabla u_i$.

17.4.3　散度场

在高斯公式 (17.6) 中出现了空间区域 V 上的向量函数 $F = (P, Q, R)$ 对应的一个常量:

$$\mathbf{div}F(x, y, z) = \frac{\partial P}{\partial x} + \frac{\partial Q}{\partial y} + \frac{\partial R}{\partial z} \tag{17.12}$$

称为向量函数 F 在 (x, y, z) 处的散度. 用算符表示

$$\mathbf{div}F = \nabla \cdot F . \tag{17.13}$$

设空间区域 V 有一张曲面 S, 分为 A, B 两面, 如图 17.4.

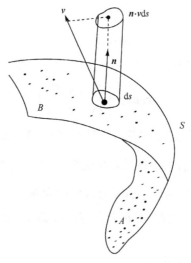

图 17.4　通量计算

在 S 的每一点做单位法向量, 指向曲面的 S 的一侧例如 B 侧. 设 F 为 V 中向量场, 则

$$\iint\limits_{S} F \cdot n \mathrm{d}S \tag{17.14}$$

称为向量从 A 到 B 的通量, 简称为 B 侧的通量. 如果 $F = (P, Q, R)$ 是一个三维的流体速度场, 则通量就是单位时间内流过曲面的流量; 如果是电场, 通量就是通过曲面的点通量.

在空间取定直角坐标系 $Oxyz$, 坐标轴上的单位向量为 i, j, k , 则向量

$$F = Pi + Qj + Rk,$$

单位法向量写为

$$n = \cos(n, x)i + \cos(n, y)j + \cos(n, z)k,$$

于是 F 在 B 侧的通量表示为

$$\iint\limits_{S} F \cdot n \mathrm{d}S = \iint\limits_{S} [P\cos(n, x) + Q\cos(n, y) + R\cos(n, z)]\mathrm{d}S.$$

由 (17.1),

$$\iint\limits_{S} f\mathrm{d}y\mathrm{d}z = \iint\limits_{S} f(x, y, z)\mathrm{d}y\mathrm{d}z = \iint\limits_{S} f\cos(n, x)\mathrm{d}S,$$

$$\iint\limits_{S} f\mathrm{d}z\mathrm{d}x = \iint\limits_{S} f(x, y, z)\mathrm{d}z\mathrm{d}x = \iint\limits_{S} f\cos(n, y)\mathrm{d}S,$$

$$\iint\limits_{S} f\mathrm{d}x\mathrm{d}y = \iint\limits_{S} f(x, y, z)\mathrm{d}x\mathrm{d}y = \iint\limits_{S} f\cos(n, z)\mathrm{d}S.$$

这样通量就可以表示为

$$\iint\limits_{S} F \cdot n \mathrm{d}S = \iint\limits_{S} P\mathrm{d}y\mathrm{d}z + Q\mathrm{d}z\mathrm{d}x + R\mathrm{d}x\mathrm{d}y. \tag{17.15}$$

高斯公式 (17.6) 因此有物理解释:

$$\iint\limits_{S} F \cdot n \mathrm{d}S = \iiint\limits_{V} \mathrm{div} F \mathrm{d}x\mathrm{d}y\mathrm{d}z . \tag{17.16}$$

散度有以下基本性质:

- 若 F, G 是向量函数, 则 $\mathbf{div}(F + G) = \mathbf{div}F + \mathbf{div}G$.
- 若 f 是数量函数, F 是向量函数, 则 $\mathbf{div}(fF) = f\mathbf{div}F + F \cdot \nabla f$.
- 若 u 是数量函数, 则 $\mathbf{div\,grad}u = \Delta u = \dfrac{\partial^2 u}{\partial x^2} + \dfrac{\partial^2 u}{\partial y^2} + \dfrac{\partial^2 u}{\partial z^2}$. Δ 称为拉普拉斯算子,

以法国数学家拉普拉斯的名字命名, 是我们在另一门课偏微分方程中的常用的算子.

17.4.4　旋度场

在斯托克斯公式(17.7)中出现了定义在空间区域 V 上的向量函数 $F(x,y,z)=(P(x,y,z),Q(x,y,z),R(x,y,z))$ 产生的一个向量场:

$$\mathbf{rot}F=\left(\frac{\partial R}{\partial y}-\frac{\partial Q}{\partial z},\frac{\partial P}{\partial z}-\frac{\partial R}{\partial x},\frac{\partial Q}{\partial x}-\frac{\partial P}{\partial y}\right) \tag{17.17}$$

称为向量函数 F 在 (x,y,z) 处的旋度. 应用算符可以将旋度表示为 $\mathbf{rot}F=\nabla\times F$. 这里我们用到向量的向量积(13.34).

设空间区域 V 有一向量场 $F=F(M),L$ 是 V 中的一条曲线, 其一端为 A, 另一端为 B. $t=t(M)$ 是 L 上指向 B 端的单位切向量, 如图 17.5.

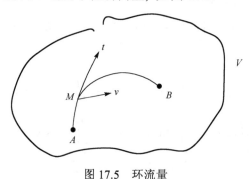

图 17.5　环流量

定义

$$\int_L F\cdot t\mathrm{d}s$$

为向量场 F 沿曲线 L 由 A 到 B 的环流量. 如果向量是力场, 环流量就是力场沿 L 从 A 到 B 所做的功; 如果向量是电场, 环流量就是单位电荷沿 L 从 A 移动到 B 时电场所做的功.

在空间取定直角坐标系 $Oxyz$, 坐标轴上的单位向量为 i,j,k, 则向量

$$F=F(M)=P(M)i+Q(M)j+R(M)k,\quad M=(x,y,z),$$

单位向量 t 写为

$$t=t(M)=\cos\alpha_M i+\cos\beta_M j+\cos\gamma_M k.$$

则向量场 F 沿 L 从 A 到 B 的环流量由(16.12)—(16.13)计算为

$$\int_L F\cdot t\mathrm{d}s=\int_L[P\cos\alpha+Q\cos\beta+R\cos\gamma]\mathrm{d}s=\int_{L_{AB}}[P\mathrm{d}x+Q\mathrm{d}y+R\mathrm{d}z]\mathrm{d}s,$$

所以斯托克斯公式(17.7)可以写为

$$\int_L F \cdot t \mathrm{d}s = \iint_S \mathbf{rot}F \cdot n \mathrm{d}s, \tag{17.18}$$

其中 n 是曲面 S 的单位法向量. 旋度有时也写作

$$\mathbf{rot}F = \mathbf{curl}F. \tag{17.19}$$

旋度有如下一些基本性质:

• 若 F, G 是向量函数, 则 $\mathbf{rot}(F+G) = \mathbf{rot}F + \mathbf{rot}G$;

• 若 f 是常值函数, F 是向量函数, 则 $\mathbf{rot}(fF) = f\mathbf{rot}F + \mathbf{grad}f \times F$;

• 若 F, G 是向量函数, 则 $\mathbf{div}(F \times G) = G \cdot \mathbf{rot}F - F \cdot \mathbf{rot}G$;

• 若 F 是向量函数, 则 $\mathbf{rot}\,\mathbf{rot}F = \nabla(\nabla \cdot F) - \Delta F$;

• 梯度的旋度为零: 若 f 是常值函数, 则 $\mathbf{rot}\,\mathbf{grad}f = 0$;

• 旋度的散度为零: 若 F 是向量函数, 则 $\mathbf{div}\,\mathbf{rot}F = 0$.

例 17.5 一刚体绕通过 O 点的一固定轴旋转, 角速度为 ω, r 表示其位置向量. 则在固定时刻, 运动学证明, 刚体中每一点 M 有速度 $F = \omega \times \overrightarrow{OM} = \omega \times r$. 由于 ω 为常向量, 所以

$$\mathbf{rot}\,F = \mathbf{rot}(\omega \times r) = (r \cdot \nabla)\omega - (\omega \cdot \nabla)r + \omega \mathbf{div}r - r\mathbf{div}\omega$$
$$= -(\omega \cdot \nabla)r + \omega \mathbf{div}r = -\omega + 3\omega = 2\omega.$$

这说明旋度可以表示向量场的旋转程度.

17.4.5 在物理上的应用

在流体力学中, 向量分析有着重要的应用. 在研究流体运动时, 出现各种各样的场, 如密度场、速度场、加速度场等等. 前面我们给出了梯度、散度、旋度的概念, 下面我们简要阐述一下它们在物理学中的应用.

• 速度场

速度向量 $F = (v_x, v_y, v_z)$ 与位置 (x, y, z) 及时间 t 有关, 微分方程

$$\frac{\mathrm{d}x}{v_x} = \frac{\mathrm{d}y}{v_y} = \frac{\mathrm{d}z}{v_z} = \mathrm{d}t$$

的解代表一簇曲线, 称为流线族. 流线族是随 t 而变化的.

如果 v_x, v_y, v_z 与 t 无关, 则流线也就是质点运动的轨迹. 微分方程组

$$\frac{\mathrm{d}x}{v_x} = \frac{\mathrm{d}y}{v_y} = \frac{\mathrm{d}z}{v_z}$$

可以理解为给了一个向量场 (v_x, v_y, v_z), 求一族曲线, 其上每一点的切线方向都与在该点场的向量相吻合. 这样的曲线也称为向量线.

· 散度

令 S 是一定向曲面的一侧, 即法向向量在 S 的一侧, 称为外面. 在无穷小时间 dt 内, 通过曲面元素 dS 的流量可以看成以 dS 为底, 以 v_n 为高的水柱的体积, 这里 v_n 是向量 v 在 S 的法线上的投影. 令 $\rho = \rho(x, y, z, t)$ 表示流体密度, 则在时间 dt 内, 通过 dS 的流量等于 $\rho v_n dSdt$. 因此在单位时间内流过 S 面的流量等于

$$\iint\limits_S \rho v_n dS = \iint\limits_S \rho v \cdot n dS,$$

这里 n 是 S 面的法向.

当 S 是一包含区域 V 的闭曲面时, 上述积分就是流体从 S 区域流出的流量. 如果将 S 缩小, 使 V 缩成一点, 这个极限就是我们前面定义的散度.

· 理想流体的运动方程

理想流体是指无黏滞性的流体. 一般来说, 物体的运动取决于外力与内力. 我们考虑一个简单的情况: 外力与质量成比例. 令 F 是作用在一单位质量上的力, 在体积元素 dV 上作用的力等于 ρdVF. 而内力就是流体中的一块 V 所受到其余部分的力. 对理想流体来说, 这等于朝向流体内部的压力. 令 S 是体积 V 的界面, 这就是曲面 S 上所受的压力. 曲面元素 dS 上所作用的力在坐标轴上的投影等于

$$-p\cos(n, x)dS, \quad -p\cos(n, y)dS, \quad -p\cos(n, z)dS,$$

这里的 $\cos(n, x), \cos(n, y), \cos(n, z)$ 表示曲面 S 的向外法线的方向余弦, p 代表单位面积上所受的压力. 根据高斯公式 (17.6), 加于 dV 上的力是

$$-\left(\frac{\partial p}{\partial x}dV, \frac{\partial p}{\partial y}dV, \frac{\partial p}{\partial z}dV\right) = -dV\mathbf{grad}p.$$

根据牛顿定律

$$\rho dVa = \rho dVF - dV\mathbf{grad}p,$$

这里 $a = \dfrac{dv}{dt} = \dfrac{d^2r}{dt^2}$ 是加速度. 所以有

$$\frac{d^2r}{dt^2} = F - \frac{1}{\rho}\mathbf{grad}p, \tag{17.20}$$

这就是理想流体的运动方程, 也是流体力学及空气动力学中的基本公式.

· 热的传导

一个物体在不同点与不同时间有不同的温度 $\varphi(x, y, z, t)$, 这样可以定义温度场这个纯量场. 向量 $-k\,\mathbf{grad}\varphi$ 称为热流向量, 其中 $k > 0$ 是比热系数. 这里取负号表示热向低处流.

取一曲面元素 $\mathrm{d}S$，在时间 $\mathrm{d}t$ 通过 $\mathrm{d}S$ 的热量与 $\mathrm{d}t\mathrm{d}S$ 及温度法向微商 $\dfrac{\partial\varphi}{\partial n}$ 成比例，即

$$\Delta Q = -k\mathrm{d}t\mathrm{d}S\,\mathbf{grad}\varphi\cdot\boldsymbol{n}.$$

因此，如果闭曲面 S 包有 V，则通过 S 的全部热量等于

$$-\mathrm{d}t\iint\limits_{S}k\,\mathbf{grad}\varphi\cdot\boldsymbol{n}\mathrm{d}S.$$

另一方面，在时间 $\mathrm{d}t$ 内，温度增加 $\mathrm{d}\varphi = \dfrac{\partial\varphi}{\partial t}\mathrm{d}t$，则 $\mathrm{d}V$ 需要输入的热量是

$$c\mathrm{d}\varphi\rho\mathrm{d}V = c\frac{\partial\varphi}{\partial t}\mathrm{d}t\rho\mathrm{d}V,$$

单位时间内需要吸收的热量等于

$$\iiint\limits_{V}c\rho\frac{\partial\varphi}{\partial t}\mathrm{d}V.$$

综上所述，有方程

$$c\rho\frac{\partial\varphi}{\partial t} = \mathbf{div}(k\,\mathbf{grad}\varphi), \tag{17.21}$$

这就是我们在另一门课程偏微分方程中著名的热传导方程. 在均匀介质的情况下，(17.21)变为

$$\frac{\partial\varphi}{\partial t} = a^2\Delta\varphi, \tag{17.22}$$

其中 $a^2 = \dfrac{k}{c\rho}$. 当温度恒温与时间无关时，就有

$$\Delta\varphi = 0. \tag{17.23}$$

17.5 习　　题

1. 计算第一型曲面积分 $\iint\limits_{S}(x+y+z)\mathrm{d}S$，其中 S 为上半球面 $x^2+y^2+z^2 = a^2, z \geq 0$.

2. 计算第一型曲面积分 $\iint\limits_{S}\dfrac{\mathrm{d}S}{x^2+y^2}$，其中 S 为柱面 $x^2+y^2 = R^2$ 被平面 $z = 0, z = H$ 所截取的部分.

3. 计算第二型曲面积分 $\iint\limits_{S}y(x-z)\mathrm{d}y\mathrm{d}z + x^2\mathrm{d}z\mathrm{d}x + (y^2+xz)\mathrm{d}x\mathrm{d}y$，其中 S 为由 $x = y = z = 0$，

$x = y = z = a$ 六个平面所围的立方体表面并取外侧为正向.

4. 计算第二型曲面积分 $\iint\limits_{S} xy\mathrm{d}y\mathrm{d}z + yz\mathrm{d}z\mathrm{d}x + xz\mathrm{d}x\mathrm{d}y$，其中 S 是由平面 $x = y = z = 0$ 和 $x + y + z = 1$ 所围的四面体表面并取外侧为正向.

5. 计算第二型曲面积分 $\iint\limits_{S} x^2\mathrm{d}y\mathrm{d}z + y^2\mathrm{d}z\mathrm{d}x + z^2\mathrm{d}x\mathrm{d}y$，其中 S 是球面 $(x-a)^2 + (y-b)^2 + (z-c)^2 = R^2$ 并取外侧为正向.

6. 应用斯托克斯公式计算曲线积分 $\oint\limits_{L} x^2 y^3\mathrm{d}x + \mathrm{d}y + z\mathrm{d}z$，其中 L 为 $y^2 + z^2 = 1, x = y$ 所交的椭圆正向.

7. 应用高斯公式计算曲面积分 $\iint\limits_{S} x^3\mathrm{d}y\mathrm{d}z + y^3\mathrm{d}z\mathrm{d}x + z^3\mathrm{d}x\mathrm{d}y$，其中 S 是单位球面 $x^2 + y^2 + z^2 = 1$ 的外侧.

8. 应用高斯公式计算三重积分 $\iiint\limits_{V}(xy + yz + zx)\mathrm{d}x\mathrm{d}y\mathrm{d}z$，其中 V 是由 $x \geq 0, y \geq 0, 0 \leq z \leq 1$ 与 $x^2 + y^2 \leq 1$ 所确定的空间区域.

9. 求第二型曲面积分：$I = \iint\limits_{S}(y-z)\mathrm{d}y\mathrm{d}z + (z-x)\mathrm{d}z\mathrm{d}x + (x-y)\mathrm{d}x\mathrm{d}y$，其中 S 是上半球面 $x^2 + y^2 + z^2 = 2Rx(z \geq 0)$ 被柱面 $x^2 + y^2 = 2rx$ 所截部分的上侧.

10. 计算第二型曲面积分：$\iint\limits_{S} x^2\mathrm{d}y\mathrm{d}z + y^2\mathrm{d}z\mathrm{d}x + z^2\mathrm{d}x\mathrm{d}y$，其中 S 是曲面 $z = x^2 + y^2$ 夹于 $z = 0$ 与 $z = 1$ 之间的部分，积分沿曲面的下侧.

11. 计算曲面积分：$\iint\limits_{S} yz\mathrm{d}y\mathrm{d}z + (x^2 + z^2)y\mathrm{d}z\mathrm{d}x + xy\mathrm{d}x\mathrm{d}y$，其中 S 为曲面 $4 - y = x^2 + z^2$，方向指向外侧.

12. 计算 $\iint\limits_{S}(x + y^2 + z^3)\mathrm{d}S$，其中 S 为六面体 $[-1,1] \times [-1,1] \times [-1,1]$ 的表面.

13. 设密度为 $\rho(x,y,z) = z$ 的曲面 $S: x = \dfrac{1}{2}(x^2 + y^2), z \in [0,1]$，试求 S 的质量及质心坐标.

14. 求向量场 $A(x,y,z) = (yz, zx, xy)$ 的散度及旋度.

15. 计算锥面 $z = \sqrt{2xy}$ 位于球面 $x^2 + y^2 + z^2 = 1$ 内的部分 S 的面积.

16. 设有向量场 $A(x,y,z)$. 证明：$\mathbf{grad}(\mathbf{div}A) - \mathbf{rot}(\mathbf{rot}A) = \Delta A$.

第 18 章

外积、微分形式、外微分与多元
微积分的基本定理

单变量微积分的核心是牛顿-莱布尼茨公式, 多变量微积分的核心是斯托克斯公式. 可是高维微积分与一维微积分有本质的差异. 单变量微积分的牛顿-莱布尼茨公式只有一个公式, 而二维的微积分有格林公式, 三维微积分则有高斯公式、斯托克斯公式. 为了这些公式, 需要用到梯度、旋度、散度等微分算子. 那么自然的问题是, 除去这些公式和微分算子, 还有没有其他的东西? 要回答这些问题, 就需要外微分的概念. 一元微积分无法定义外微分, 而多元微积分可以定义外微分. 外微分统一了二维、三维甚至高维区域的边界与内部积分的所有关系. 历史上, 在 19 世纪末, 法国数学家庞加莱(Jules Henri Poincaré, 1854—1912)提出多重积分的体积元应该有一个正负的方向. 这个观点大概是几何拓扑中最深刻的观点之一. 庞加莱关于体积定向元的发现在德国数学家弗罗贝尼乌斯和法国数学家嘉当(Elie Joseph Cartan, 1869—1951)手中发扬光大, 导致了外微分的出现. 外微分使得多元微积分在坐标变换下的拖泥带水的变换公式不依赖于坐标, 使得牛顿-莱布尼茨的公式在多元微积分中得到了推广. 可以说外微分的出现, 开启了现代流形上的微积分、微分几何等近代数学的近代篇章.

下面我们从头说起. 一元微积分的基本公式是牛顿-莱布尼茨公式(7.32):

$$\int_a^b f'(x)\,\mathrm{d}x = f(b) - f(a). \tag{18.1}$$

这个公式背后的深刻意义我们在 7.2 节已经阐述了, 曲线是无穷多的直线(切线斜率)的累加. 一般的说法是表明微分和积分是一种互逆的关系: 将区域内部的微分表达式与函数的边界值联系了起来. 二维情形也有类似的, 这就是格林公式(16.23):

$$\int_{\partial D^+} P\mathrm{d}x + Q\mathrm{d}y = \iint_D \left(\frac{\partial Q}{\partial x} - \frac{\partial P}{\partial y} \right) \mathrm{d}x\mathrm{d}y. \tag{18.2}$$

这个公式也阐明了边界积分与内部积分的关系, 但边界不是点值, 是沿曲线的第二型积分, 这个已经看出与一维有很大的差异. 公式(18.2)左端的线积分是有定向的: 方向沿着曲线积分的方向在 (x, y) 平面投影得到了 $(\mathrm{d}x, \mathrm{d}y)$. $\mathrm{d}l = (\mathrm{d}x, \mathrm{d}y)$ 代表与曲线方

向相同的向量的线微元. 三维情形平行的有高斯公式(17.6):

$$\int_{\partial D^+}[P\cos(\boldsymbol{n},x)+Q\cos(\boldsymbol{n},y)+R\cos(\boldsymbol{n},z)]\mathrm{d}s = \iint_{\partial D^+}P\mathrm{d}y\mathrm{d}z + Q\mathrm{d}z\mathrm{d}x + R\mathrm{d}x\mathrm{d}y$$

$$= \iiint_D\left(\frac{\partial P}{\partial x}+\frac{\partial Q}{\partial y}+\frac{\partial R}{\partial z}\right)\mathrm{d}x\mathrm{d}y\mathrm{d}z, \quad (18.3)$$

其中, $\boldsymbol{n}$ 是单位外法向量.

$$\int_{\partial D^+}P\cos(\boldsymbol{n},x)\mathrm{d}s = \int_{\partial D^+}P\mathrm{d}x\mathrm{d}y.$$

公式(18.3)的左端是第一型曲面积分, 是和第一型曲线积分相当的概念, 很容易理解. 中间是第二型曲面积分, 这是有方向的, 以 (x,y,z) 的右手坐标系的方向为正的方向. $\mathrm{d}S = (\mathrm{d}x\mathrm{d}y,\mathrm{d}y\mathrm{d}z,\mathrm{d}z\mathrm{d}x)$ 代表了与曲面法向同向的面积微元, $\mathrm{d}V = \mathrm{d}x\mathrm{d}y\mathrm{d}z$ 代表了右手系的三维空间的体积微元, 也是有方向的. 和第二型曲线积分定义类似, 曲面的微分元素需要在平面 (x,y) 上投影. 规定当曲面不同侧时候, $\cos(\boldsymbol{n},x)$ 变号, 这样(18.3)与曲面的侧面就无关. 如果公式(18.3)要表达所有不同方向三维区域与二维曲面边界的关系, 就需要引入外积.

三维微积分还有一个公式称为斯托克斯公式 (17.7)表达了二维曲面与一维曲线边界的关系:

$$\int_{\partial S^+}P\mathrm{d}x + Q\mathrm{d}y + R\mathrm{d}z$$

$$= \iint_S\left[\left(\frac{\partial R}{\partial y}-\frac{\partial Q}{\partial z}\right)\cos(\boldsymbol{n},x)+\left(\frac{\partial P}{\partial z}-\frac{\partial R}{\partial x}\right)\cos(\boldsymbol{n},y)+\left(\frac{\partial Q}{\partial x}-\frac{\partial P}{\partial r}\right)\cos(\boldsymbol{n},z)\right]\mathrm{d}S$$

$$= \iint_S\left(\frac{\partial R}{\partial y}-\frac{\partial Q}{\partial z}\right)\mathrm{d}y\mathrm{d}z + \left(\frac{\partial P}{\partial z}-\frac{\partial R}{\partial x}\right)\mathrm{d}z\mathrm{d}x + \left(\frac{\partial Q}{\partial x}-\frac{\partial P}{\partial r}\right)\mathrm{d}x\mathrm{d}y. \quad (18.4)$$

自然也是有方向的. 如果公式(18.4)要表达所有不同方向三维空间中曲面与曲面边界的关系, 也需要引入外积.

从逻辑类推, 四维空间应该有三个公式, n 维空间有 $n-1$ 个公式. 这是古典微积分的弱点, 微积分的基本公式随维数变化. 此外积分表达式也在变. 例如二维积分

$$\iint_D f(x,y)\mathrm{d}x\mathrm{d}y$$

中, 如果用坐标变换 $x = x(u,v), y = y(u,v)$, 则变为

$$\iint_{D'} f(x(u,v),y(u,v))\frac{\partial(x,y)}{\partial(u,v)}\mathrm{d}u\mathrm{d}v,$$

其中 $\dfrac{\partial(x,y)}{\partial(u,v)}$ 表示雅可比行列式, D' 是 (u,v) 平面由 D 变换过来的区域. 这些拖泥带水的变换使得多元微积分复杂而难以看清楚, 如何建立与坐标无关的表达式就显得非常重要了. 爱因斯坦建立物理规律的出发点就是要与坐标无关, 任何坐标系观测到的物理现象是一回事. 人为引入的坐标虽然在几何中起到了非常重要的作用, 但几何的性质并不能依赖于坐标. 这大概是数学概念的辩证法吧.

为了使得乘积 $dxdy$ 与坐标无关, 就要对乘积赋予新的意义. 解析几何中我们有两种向量的乘积, 一种是内积(11.18), 在二维空间是

$$X \cdot Y = \langle X, Y \rangle = \|X\|\|Y\|\cos\theta,$$

其中 θ 是两个向量间的夹角, 内积是个数. 另一种是(13.34)提到的向量积. 向量积与普通的乘积不同, 解析几何中 $X = (x_1, x_2, x_3), Y = (y_1, y_2, y_3)$ 的向量积定义为(13.34):

$$X \times Y = (x_2 y_3 - x_3 y_2, x_3 y_1 - x_1 y_3, x_1 y_2 - x_2 y_1) \tag{18.5}$$

是个向量, 满足

- $X \times X = 0$;
- **反对称性** $\quad X \times Y = -Y \times X$;
- **雅可比恒等式** $\quad (X \times Y) \times Z + (Y \times Z) \times X + (Z \times X) \times Y = 0$.

虽然上面的性质是我们定义一种新的代数的基本性质, 但由于向量积是向量, 不是面积, 难以推广到高维空间. 我们在积分中的微元都是表达局部面积、体积的. 所以现在我们要定义一种新的乘积, 称为外积, 记为 $X \wedge Y$, 刻画以 X 和 Y 为边的平行四边形的面积. 在三维空间中, $X \wedge Y \wedge Z$ 表示以 X, Y 和 Z 为边的六面体的体积. 例如 $X \wedge Y$ 是从 X 到 Y 的右手坐标系张成的平面的面积, 法向指上. 如果是 $Y \wedge X$ 虽然也表示 X, Y 张成的平面的面积, 但法向指下, 如图 18.1.

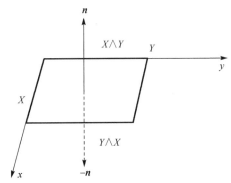

图 18.1　$X \wedge Y$ 与 $Y \wedge X$ 张成的有向平行四边形面积

在三维空间中, 设 e_1, e_2, e_3 为 $\mathbb{R}^3$ 的单位正交向量,

$$X_i = a_{i1}\boldsymbol{e}_1 + a_{i2}\boldsymbol{e}_2 + a_{i3}\boldsymbol{e}_3, \quad i = 1,2,3$$

线性无关, 则

$$V = \{X \in \mathbb{R}^3 \mid X = a_1 X_1 + a_2 X_2 + a_3 X_3, 0 \le a_i \le 1, i = 1,2,3\}$$

是由 $X_i, i=1,2,3$ 构成的六面体(不计符号). 这样可以引进外积

$$X_1 \wedge X_2 \wedge X_3 = \begin{vmatrix} a_{11} & a_{12} & a_{13} \\ a_{21} & a_{22} & a_{23} \\ a_{31} & a_{32} & a_{33} \end{vmatrix} \boldsymbol{e}_1 \wedge \boldsymbol{e}_2 \wedge \boldsymbol{e}_3, \tag{18.6}$$

其中 $\boldsymbol{e}_1 \wedge \boldsymbol{e}_2 \wedge \boldsymbol{e}_3$ 是标准正交基构成的平行六面体的体积, 相当于单位体积. 由行列式的运算法则(18.6)的启发, 我们给出如下的定义.

定义 18.1 $\mathbb{R}^3$ 空间的向量间的外积是一个代数运算, 满足

(i)(**重线性**) 任何实数 a,b 和向量 $X,Y,Z \in \mathbb{R}^3$, 有

$$(aX + bY) \wedge Z = a(X \wedge Z) + b(Y \wedge Z);$$

(ii)(**反交换性**) $X \wedge Y = -Y \wedge X$.

反交换性推出 $X \wedge X = 0$. 这和外积的性质几乎一样.

例 18.1 设 $\boldsymbol{e}_1, \boldsymbol{e}_2, \boldsymbol{e}_3$ 为 $\mathbb{R}^3$ 的单位直交向量,

$$X = a_{11}\boldsymbol{e}_1 + a_{12}\boldsymbol{e}_2 + a_{13}\boldsymbol{e}_3,$$
$$Y = a_{21}\boldsymbol{e}_1 + a_{22}\boldsymbol{e}_2 + a_{23}\boldsymbol{e}_3.$$

满足定义 18.1 的外积可以定义为

$$X \wedge Y = (a_{11}\boldsymbol{e}_1 + a_{12}\boldsymbol{e}_2 + a_{13}\boldsymbol{e}_3) \wedge (a_{21}\boldsymbol{e}_1 + a_{22}\boldsymbol{e}_2 + a_{23}\boldsymbol{e}_3)$$
$$= \begin{vmatrix} a_{11} & a_{12} \\ a_{21} & a_{22} \end{vmatrix} \boldsymbol{e}_1 \wedge \boldsymbol{e}_2 + \begin{vmatrix} a_{12} & a_{13} \\ a_{22} & a_{23} \end{vmatrix} \boldsymbol{e}_2 \wedge \boldsymbol{e}_3 + \begin{vmatrix} a_{13} & a_{11} \\ a_{23} & a_{21} \end{vmatrix} \boldsymbol{e}_3 \wedge \boldsymbol{e}_1. \tag{18.7}$$

受以上的例子启发, 我们可以认为 $\mathrm{d}x, \mathrm{d}y, \mathrm{d}z$ 为有向曲线上一段微小的长度在三个坐标轴上的投影, 称为一次微分形式. 例如在第二型曲线积分中出现的

$$\int P\mathrm{d}x + Q\mathrm{d}y + R\mathrm{d}z \tag{18.8}$$

就有微分的一次式:

$$\alpha = P\mathrm{d}x + Q\mathrm{d}y + R\mathrm{d}z. \tag{18.9}$$

$\mathrm{d}y \wedge \mathrm{d}z, \mathrm{d}z \wedge \mathrm{d}x, \mathrm{d}x \wedge \mathrm{d}y$ 为有向曲面上一块微小的面积在三个坐标平面上的投影, 称为二次外微分形式. 在第二类曲面积分中出现的

$$\iint P\mathrm{d}y\mathrm{d}z + Q\mathrm{d}z\mathrm{d}x + R\mathrm{d}x\mathrm{d}y \tag{18.10}$$

就有微分的二次式:

$$\beta = Pdydz + Qdzdx + Rdxdy . \tag{18.11}$$

$dx \wedge dy \wedge dz$ 可以看作 $\mathbb{R}^3$ 中的有向体积元, 通常表示正的体积元. 称为三次外微分形式. 于是

$$\iiint_V f(x,y,z)dx \wedge dy \wedge dz = \iiint_V f(x,y,z)dxdydz,$$
$$\iiint_V f(x,y,z)dy \wedge dx \wedge dz = -\iiint_V f(x,y,z)dxdydz. \tag{18.12}$$

因此在三重积分中出现了微分的三次式:

$$\gamma = fdxdydz . \tag{18.13}$$

以上启发例子可以让我们来引入外微分形式. 为了理解外微分, 我们首先得理解方向. 一条曲线有从 A 到 B 和从 B 到 A 两种方向. 一旦有了定向, 积分就差一个符号:

$$\int_a^b f(x)dx = -\int_b^a f(x)dx .$$

曲面也有定向问题. 这个很容易从图形上观测到: 有曲面的正侧 (内侧) 和负侧 (外侧), 如图 17.1. 我们也曾指出图 17.2 没有内外侧.

我们只考虑有方向的曲面. 曲面定向以后, 曲面的积分会差一符号. 三维空间的区域也可以定向. 我们回忆二重积分 (15.8) 的定义

$$\iint_R f(x,y)dxdy = \lim_{\Delta R \to 0} \sum_{i=0}^{n-1} \sum_{j=0}^{m-1} f(\xi_i, \eta_j)\Delta R_{ij}, \tag{18.14}$$

这里 R_{ij} 为面积微元. 由于我们没有对区域定向, 总假定 R_{ij} 是正的. 但当做变量变换的时候

$$\begin{cases} x = x(u,v), \\ y = y(u,v), \end{cases} \tag{18.15}$$

有

$$dR = dxdy = \left| \frac{\partial(x,y)}{\partial(u,v)} \right| dudv, \tag{18.16}$$

于是

$$\iint_R f(x,y)dxdy = \iint_{R'} f(x(u,v),y(u,v)) \left| \frac{\partial(x,y)}{\partial(u,v)} \right| dudv. \tag{18.17}$$

为了保证面积元为正, 雅可比行列式就必须取为绝对值. 如果曲面定向了, 面积元素可正可负, 就没有必要取绝对值了, 即

$$\iint\limits_{R} f(x,y)\mathrm{d}x\mathrm{d}y = \iint\limits_{R'} f(x(u,v),y(u,v))\frac{\partial(x,y)}{\partial(u,v)}\mathrm{d}u\mathrm{d}v. \tag{18.18}$$

这个时候,

$$\mathrm{d}x\mathrm{d}y = \frac{\partial(x,y)}{\partial(u,v)}\mathrm{d}u\mathrm{d}v = \begin{vmatrix} \dfrac{\partial x}{\partial u} & \dfrac{\partial x}{\partial v} \\[2mm] \dfrac{\partial y}{\partial u} & \dfrac{\partial y}{\partial v} \end{vmatrix}\mathrm{d}u\mathrm{d}v. \tag{18.19}$$

于是从这里得到

$$\mathrm{d}x\mathrm{d}x = \begin{vmatrix} \dfrac{\partial x}{\partial u} & \dfrac{\partial x}{\partial v} \\[2mm] \dfrac{\partial x}{\partial u} & \dfrac{\partial x}{\partial v} \end{vmatrix}\mathrm{d}u\mathrm{d}v = 0. \tag{18.20}$$

把 x,y 对调, 就得到

$$\mathrm{d}y\mathrm{d}x = \frac{\partial(y,x)}{\partial(u,v)}\mathrm{d}u\mathrm{d}v = \begin{vmatrix} \dfrac{\partial y}{\partial u} & \dfrac{\partial y}{\partial v} \\[2mm] \dfrac{\partial x}{\partial u} & \dfrac{\partial x}{\partial v} \end{vmatrix}\mathrm{d}u\mathrm{d}v = -\begin{vmatrix} \dfrac{\partial x}{\partial u} & \dfrac{\partial x}{\partial v} \\[2mm] \dfrac{\partial y}{\partial u} & \dfrac{\partial y}{\partial v} \end{vmatrix}\mathrm{d}u\mathrm{d}v. \tag{18.21}$$

此时 $\mathrm{d}x\mathrm{d}y \neq \mathrm{d}y\mathrm{d}x$. 因此符号不能颠倒, 颠倒后差一符号, 我们用外积 $\mathrm{d}x \wedge \mathrm{d}y$ 来表示, 正是我们在定义 18.1 所定义的外积所满足的性质.

18.1　微分外积、微分式与微分算子

现在我们来定义微分的外积.

定义 18.2　设 $\mathbb{R}^n$ 空间的坐标为 $(x_1,x_2,\cdots,x_n)$, 满足如下性质的微分代数运算:

$$\begin{cases} \mathrm{d}x_i \wedge \mathrm{d}x_i = 0, & i = 1,2,\cdots,n, \\ \mathrm{d}x_i \wedge \mathrm{d}x_j = -\mathrm{d}x_j \wedge \mathrm{d}x_i, & i,j = 1,2,\cdots,n, \end{cases} \tag{18.22}$$

称为微分的外积(第一条可以从第二条推出), 这与向量的向量积性质一样, 这也是向量积有时也称为向量的外积的原因. 只不过向量的向量积是向量, 而微分的外积是一种微分外积, 微分式与微分算子代数运算. $\mathrm{d}x \wedge \mathrm{d}y$ 表示 (x,y) 平面坐标轴上有向的平行四边形的面积, 其意义完全等同于图 18.1 中 $X = \mathrm{d}x, Y = \mathrm{d}y$ 所表达的几何意义.

然后定义微分形式.

定义 18.3　$\mathbb{R}^n$ 空间的一个 p 次的微分形式定义为

$$\omega_p = \sum_{i_1,i_2,\cdots,i_p} a_{i_1,i_2,\cdots,i_p}(x)\mathrm{d}x_{i_1} \wedge \cdots \wedge \mathrm{d}x_{i_p}, \quad x = (x_1,x_2,\cdots,x_n). \tag{18.23}$$

例 18.2　零次的微分形式就是函数 $f(x,y,z)$ 本身. 一次微分形式为

$$\omega_1 = P(x,y,z)\mathrm{d}x + Q(x,y,z)\mathrm{d}y + R(x,y,z)\mathrm{d}z, \tag{18.24}$$

这与普通的微分形式是一样的. 二次微分形式为

$$\omega_2 = P(x,y,z)\mathrm{d}x \wedge \mathrm{d}y + Q(x,y,z)\mathrm{d}y \wedge \mathrm{d}z + R(x,y,z)\mathrm{d}z \wedge \mathrm{d}x. \tag{18.25}$$

三次微分形式为

$$\omega_3 = f(x,y,z)\mathrm{d}x \wedge \mathrm{d}y \wedge \mathrm{d}z. \tag{18.26}$$

定义 18.4　一个 p 次的微分形式

$$\omega_p = \sum_{i_1,i_2,\cdots,i_p} a_{i_1,i_2,\cdots,i_p}(x)\mathrm{d}x_{i_1} \wedge \cdots \wedge \mathrm{d}x_{i_p}$$

与一个 q 次形式的微分形式

$$\omega_q = \sum_{j_1,j_2,\cdots,j_q} b_{j_1,j_2,\cdots,j_q}(x)\mathrm{d}x_{j_1} \wedge \cdots \wedge \mathrm{d}x_{j_q}$$

的外积定义为

$$\omega_p \wedge \omega_q = \left(\sum_{i_1,i_2,\cdots,i_p} a_{i_1,i_2,\cdots,i_p}(x)\mathrm{d}x_{i_1} \wedge \cdots \wedge \mathrm{d}x_{i_p} \right) \wedge \left(\sum_{j_1,j_2,\cdots,j_q} b_{j_1,j_2,\cdots,j_q}(x)\mathrm{d}x_{j_1} \wedge \cdots \wedge \mathrm{d}x_{j_q} \right)$$

$$= \sum_{i,j} a_{i_1,i_2,\cdots,i_p}(x) b_{j_1,j_2,\cdots,j_q}(x)\mathrm{d}x_{i_1} \wedge \cdots \wedge \mathrm{d}x_{i_p} \wedge \mathrm{d}x_{j_1} \wedge \cdots \wedge \mathrm{d}x_{j_q}, \tag{18.27}$$

其中很多项按照 (18.22) 为零：$\mathrm{d}x_{i_k} \wedge \mathrm{d}x_{i_k} = 0$, $\mathrm{d}x_{i_k} \wedge \mathrm{d}x_{j_k} = -\mathrm{d}x_{j_k} \wedge \mathrm{d}x_{i_k}$.

例 18.3　一次微分式与二次外微分式

$$\omega_1 = A(x,y,z)\mathrm{d}x + B(x,y,z)\mathrm{d}y + C(x,y,z)\mathrm{d}z,$$
$$\omega_2 = D(x,y,z)\mathrm{d}x \wedge \mathrm{d}y + E(x,y,z)\mathrm{d}y \wedge \mathrm{d}z + F(x,y,z)\mathrm{d}z \wedge \mathrm{d}x \tag{18.28}$$

的外积 $\omega_1 \wedge \omega_2$ 的计算公式为

$$\begin{aligned}
\omega_1 \wedge \omega_2 &= (A\mathrm{d}x + B\mathrm{d}y + C\mathrm{d}z) \wedge (D\mathrm{d}x \wedge \mathrm{d}y + E\mathrm{d}y \wedge \mathrm{d}z + F\mathrm{d}z \wedge \mathrm{d}x) \\
&= AD\mathrm{d}x \wedge \mathrm{d}x \wedge \mathrm{d}y + AE\mathrm{d}x \wedge \mathrm{d}y \wedge \mathrm{d}z + AF\mathrm{d}x \wedge \mathrm{d}z \wedge \mathrm{d}x \\
&\quad + BD\mathrm{d}y \wedge \mathrm{d}x \wedge \mathrm{d}y + BE\mathrm{d}y \wedge \mathrm{d}y \wedge \mathrm{d}z + BF\mathrm{d}y \wedge \mathrm{d}z \wedge \mathrm{d}x \\
&\quad + CD\mathrm{d}z \wedge \mathrm{d}x \wedge \mathrm{d}y + CE\mathrm{d}z \wedge \mathrm{d}y \wedge \mathrm{d}z + CF\mathrm{d}z \wedge \mathrm{d}z \wedge \mathrm{d}x \\
&= (AE + BF + CD)\mathrm{d}x \wedge \mathrm{d}y \wedge \mathrm{d}z, \tag{18.29}
\end{aligned}$$

其中, 我们用到

$$\mathrm{d}x \wedge \mathrm{d}x \wedge \mathrm{d}y = \mathrm{d}x \wedge \mathrm{d}z \wedge \mathrm{d}x = 0,$$
$$\mathrm{d}y \wedge \mathrm{d}x \wedge \mathrm{d}y = \mathrm{d}y \wedge \mathrm{d}y \wedge \mathrm{d}z = 0,$$

$$dz \wedge dy \wedge dz = dz \wedge dz \wedge dx = 0,$$
$$dy \wedge dz \wedge dx = (-1)^2 dx \wedge dy \wedge dz, \qquad (18.30)$$
$$dz \wedge dx \wedge dy = (-1)^2 dx \wedge dy \wedge dz.$$

由定义 18.4 可以立刻得到下面的命题.

命题 18.1　由定义 18.4 定义的外微分外积满足:

(i) **分配律**　$(\omega_p + \omega_q) \wedge \omega_k = \omega_p \wedge \omega_k + \omega_q \wedge \omega_k$.

(ii) **结合律**　$\omega_p \wedge (\omega_q \wedge \omega_k) = (\omega_p \wedge \omega_q) \wedge \omega_k$.

(iii) 一个 p 次的微分形式 ω_p 与一个 q 次的微分形式 ω_q 的外积满足(这个读者可以自己证明)

$$\omega_p \wedge \omega_q = (-1)^{pq} \omega_q \wedge \omega_p.$$

命题 18.2　给定一次外微分形式

$$\omega_1^j = \sum_{i=1}^n a_i^j(x) dx_i,$$

则有

$$\omega_1^1 \wedge \omega_1^2 \cdots \wedge \omega_1^n = \det(a_i^j(x)) dx_1 \wedge \cdots \wedge dx_n.$$

证明　根据定义

$$\omega_1^1 \wedge \cdots \wedge \omega_1^n = \left(\sum_{i_1} a_{i_1}^1(x) dx_{i_1} \right) \wedge \cdots \wedge \left(\sum_{i_n} a_{i_n}^n(x) dx_{i_n} \right)$$
$$= \sum_{i_1, \cdots, i_n} a_{i_1}^1(x) \cdots a_{i_n}^n(x) dx_{i_1} \wedge \cdots \wedge dx_{i_n}$$
$$= \sum_{i_1, \cdots, i_n} \varepsilon_{i_1, \cdots, i_n} a_{i_1}^1(x) \cdots a_{i_n}^n(x) dx_1 \wedge \cdots \wedge dx_n$$
$$= \det(a_i^j(x)) dx_1 \wedge \cdots \wedge dx_n,$$

其中用到了

$$\varepsilon_{i_1, \cdots, i_n} dx_{i_1} \wedge \cdots \wedge dx_{i_n} = dx_1 \wedge \cdots \wedge dx_n,$$

$$\varepsilon_{i_1, \cdots, i_n} = \begin{cases} 0, & i_1, \cdots, i_n \text{ 有相同的数字}, \\ -1, & i_1, \cdots, i_n \text{ 是数字 } 1, \cdots, n \text{ 的奇排列}, \\ 1, & i_1, \cdots, i_n \text{ 是数字 } 1, \cdots, n \text{ 的偶排列}. \end{cases} \qquad \Box$$

例 18.4　对数值函数

$$f_i(x_1, x_2, \cdots, x_n)$$

注意一微分形式

$$\mathrm{d}f_i = \sum_{i=1}^{n} \frac{\partial f_i}{\partial x_i} \mathrm{d}x_i, \quad i = 1, 2, \cdots, n.$$

利用命题 18.2 就得到

$$\mathrm{d}f_1 \wedge \cdots \wedge \mathrm{d}f_n = \frac{\partial(f_1, \cdots, f_n)}{\partial x_1, \cdots, x_n} \mathrm{d}x_1 \wedge \cdots \wedge \mathrm{d}x_n. \tag{18.31}$$

有了微分形式, 我们就可以定义外微分算子 d.

定义 18.5　p 次微分形式

$$\omega_p = \sum_{i_1, i_2, \cdots, i_p} a_{i_1, i_2, \cdots, i_p}(x) \mathrm{d}x_{i_1} \wedge \cdots \wedge \mathrm{d}x_{i_p}$$

的外微分定义为

$$\mathrm{d}\omega_p = \sum_{i_1, i_2, \cdots, i_p} \mathrm{d}a_{i_1, i_2, \cdots, i_p}(x) \wedge \mathrm{d}x_{i_1} \wedge \cdots \wedge \mathrm{d}x_{i_p}$$

$$= \sum_{i_1, i_2, \cdots, i_p} \sum_{j=1}^{n} \frac{\partial a_{i_1, i_2, \cdots, i_p}(x)}{\partial x_j} \mathrm{d}x_j \wedge \mathrm{d}x_{i_1} \wedge \cdots \wedge \mathrm{d}x_{i_p} \tag{18.32}$$

是一个 $p+1$ 次微分形式.

例 18.5　从 (18.32) 看出, 对 n 次的微分形式

$$\omega_n = a(x) \mathrm{d}x_1 \wedge \cdots \wedge \mathrm{d}x_n, \tag{18.33}$$

其外微分必然为零:

$$\mathrm{d}\omega_n = \sum_{j=1}^{n} \frac{\partial a(x)}{\partial x_j} \mathrm{d}x_j \wedge \mathrm{d}x_1 \wedge \cdots \wedge \mathrm{d}x_n = 0. \tag{18.34}$$

定理 18.1　对 p 次微分形式 ω_p 和 q 次微分形式 ω_q, 以及一般的微分形式 ω, 外微分 d 满足

(i) $\mathrm{d}(\omega_p \wedge \omega_q) = \mathrm{d}\omega_p \wedge \omega_q + (-1)^p \omega_p \wedge \mathrm{d}\omega_q$;

(ii) $\mathrm{d}(\mathrm{d}\omega) = 0$.

证明　设

$$\omega_p = \sum_{i_1, i_2, \cdots, i_p} a_{i_1, i_2, \cdots, i_p}(x) \mathrm{d}x_{i_1} \wedge \cdots \wedge \mathrm{d}x_{i_p},$$

$$\omega_q = \sum_{j_1, j_2, \cdots, j_q} b_{j_1, j_2, \cdots, j_q}(x) \mathrm{d}x_{j_1} \wedge \cdots \wedge \mathrm{d}x_{j_q}.$$

则由 (18.27),

$$\mathrm{d}(\omega_p \wedge \omega_q) = \sum_{i,j} \mathrm{d}(a_{i_1, i_2, \cdots, i_p}(x) b_{j_1, j_2, \cdots, j_q}(x)) \mathrm{d}x_{i_1} \wedge \cdots \wedge \mathrm{d}x_{i_p} \wedge \mathrm{d}x_{j_1} \wedge \cdots \wedge \mathrm{d}x_{j_q}$$

$$= \sum_{i,j} a_{i_1,i_2,\cdots,i_p}(x) \mathrm{d}b_{j_1,j_2,\cdots,j_q}(x) \mathrm{d}x_{i_1} \wedge \cdots \wedge \mathrm{d}x_{i_p} \wedge \mathrm{d}x_{j_1} \wedge \cdots \wedge \mathrm{d}x_{j_q}$$

$$+ \sum_{i,j} b_{j_1,j_2,\cdots,j_q}(x) \mathrm{d}a_{i_1,i_2,\cdots,i_p}(x) \mathrm{d}x_{i_1} \wedge \cdots \wedge \mathrm{d}x_{i_p} \wedge \mathrm{d}x_{j_1} \wedge \cdots \wedge \mathrm{d}x_{j_q}$$

$$= \mathrm{d}\omega_p \wedge \omega_q + (-1)^p \omega_p \wedge \omega_q.$$

这就是(i). 再设

$$\omega = \sum_{i_1,i_2,\cdots,i_m} a_{i_1,i_2,\cdots,i_m}(x) \mathrm{d}x_{i_1} \wedge \cdots \wedge \mathrm{d}x_{i_m}, \quad 1 \leqslant m \leqslant n.$$

则有

$$\mathrm{d}\omega = \sum_{i_1,i_2,\cdots,i_m} \sum_{j=1}^{n} \frac{\partial a_{i_1,i_2,\cdots,i_m}(x)}{\partial x_j} \mathrm{d}x_j \wedge \mathrm{d}x_{i_1} \wedge \cdots \wedge \mathrm{d}x_{i_m}.$$

于是

$$\mathrm{d}(\mathrm{d}\omega) = \sum_{i_1,i_2,\cdots,i_m,j=1}^{n} \frac{\partial^2 a_{i_1,i_2,\cdots,i_m}(x)}{\partial x_i \partial x_j} \mathrm{d}x_i \wedge \mathrm{d}x_j \wedge \mathrm{d}x_{i_1} \wedge \cdots \wedge \mathrm{d}x_{i_m} = 0.$$

最后一步是由于 $\mathrm{d}x_i \wedge \mathrm{d}x_j$ 出现时, 必有 $\mathrm{d}x_j \wedge \mathrm{d}x_i = -\mathrm{d}x_i \wedge \mathrm{d}x_j$ 出现, 因此相互抵消为零. 证毕. □

18.2 从微分形式看梯度、旋度和散度

零次微分形式 $\omega_0 = f$, 其外微分就是普通的全微分:

$$\mathrm{d}f = \frac{\partial f}{\partial x}\mathrm{d}x + \frac{\partial f}{\partial y}\mathrm{d}y + \frac{\partial f}{\partial z}\mathrm{d}z. \tag{18.35}$$

而梯度算子(12.19):

$$\nabla f = \frac{\partial f}{\partial x}\boldsymbol{i} + \frac{\partial f}{\partial y}\boldsymbol{j} + \frac{\partial f}{\partial z}\boldsymbol{k},$$

与零次微分形式的外微分相当, 其中 $\boldsymbol{i},\boldsymbol{j},\boldsymbol{k}$ 分别是 x,y,z 轴的单位向量.

一次微分形式:

$$\omega_1 = P\mathrm{d}x + Q\mathrm{d}y + R\mathrm{d}z \tag{18.36}$$

的外微分为

$$\mathrm{d}\omega_1 = \mathrm{d}P \wedge \mathrm{d}x + \mathrm{d}Q \wedge \mathrm{d}y + \mathrm{d}R \wedge \mathrm{d}z, \tag{18.37}$$

其中 $\mathrm{d}P, \mathrm{d}Q, \mathrm{d}R$ 按照(18.35)的全微分理解. 现在我们来计算一次微分形式的外微分 (18.37). 因为

$$dP = \frac{\partial P}{\partial x}dx + \frac{\partial P}{\partial y}dy + \frac{\partial P}{\partial z}dz,$$

$$dQ = \frac{\partial Q}{\partial x}dx + \frac{\partial Q}{\partial y}dy + \frac{\partial Q}{\partial z}dz, \qquad (18.38)$$

$$dR = \frac{\partial R}{\partial x}dx + \frac{\partial R}{\partial y}dy + \frac{\partial R}{\partial z}dz,$$

我们有

$$d\omega_1 = \left(\frac{\partial P}{\partial x}dx + \frac{\partial P}{\partial y}dy + \frac{\partial P}{\partial z}dz\right) \wedge dx + \left(\frac{\partial Q}{\partial x}dx + \frac{\partial Q}{\partial y}dy + \frac{\partial Q}{\partial z}dz\right) \wedge dy$$

$$+ \left(\frac{\partial R}{\partial x}dx + \frac{\partial R}{\partial y}dy + \frac{\partial R}{\partial z}dz\right) \wedge dz$$

$$= \left(\frac{\partial Q}{\partial x} - \frac{\partial P}{\partial y}\right)dx \wedge dy + \left(\frac{\partial R}{\partial y} - \frac{\partial Q}{\partial z}\right)dy \wedge dz + \left(\frac{\partial P}{\partial z} - \frac{\partial R}{\partial x}\right)dz \wedge dx. \qquad (18.39)$$

其中最后一步我们用到了

$$dx \wedge dx = dy \wedge dy = dz \wedge dz = 0,$$

$$dy \wedge dx = -dx \wedge dy, \quad dz \wedge dy = -dy \wedge dz, \quad dx \wedge dz = -dz \wedge dx.$$

这样 (18.38) 与向量 $F = (P, Q, R) = P\boldsymbol{i} + Q\boldsymbol{j} + R\boldsymbol{k}$ 的旋度相当:

$$\mathbf{rot}X = \left(\frac{\partial Q}{\partial x} - \frac{\partial P}{\partial y}\right)\boldsymbol{i} + \left(\frac{\partial R}{\partial y} - \frac{\partial Q}{\partial z}\right)\boldsymbol{j} + \left(\frac{\partial P}{\partial z} - \frac{\partial R}{\partial x}\right)\boldsymbol{k}. \qquad (18.40)$$

二次微分形式:

$$\omega_2 = Pdx \wedge dy + Qdy \wedge dz + Rdz \wedge dx \qquad (18.41)$$

的外微分为

$$d\omega_2 = dP \wedge dx \wedge dy + dQ \wedge dy \wedge dz + dR \wedge dz \wedge dx, \qquad (18.42)$$

其中 dP, dQ, dR 按照 (18.35) 的全微分理解. 对二次微分形式 (18.42) 计算可得

$$d\omega_2 = \left(\frac{\partial P}{\partial x} + \frac{\partial Q}{\partial y} + \frac{\partial R}{\partial z}\right)dx \wedge dy \wedge dz. \qquad (18.43)$$

这与向量 $F = (P, Q, R)$ 的散度相当:

$$\mathbf{div}F = \frac{\partial P}{\partial x} + \frac{\partial Q}{\partial y} + \frac{\partial R}{\partial z}. \qquad (18.44)$$

三次微分式

$$\omega_3 = Hdx \wedge dy \wedge dz \qquad (18.45)$$

的外微分为

$$d\omega_1 = dHdx \wedge dy \wedge dz,\qquad(18.46)$$

其中 dH 按照 (18.35) 的全微分理解. 利用 (18.34),

$$d\omega_3 = 0.\qquad(18.47)$$

外微分算子与普通微分算子运算的规则相同. 只不过普通微算子运算后是通常的乘积, 而外微分算子运算后需要进行外乘积. 从微分形式的外微分看来, 三维空间除去梯度、旋度、散度以外不会产生新的有意义的微分算子.

定理 18.2 如下的两个公式成立:

(a) 梯度的旋度为零: **rot grad** $f = 0$.

(b) 旋度的散度为零: **div rot** $F = 0$.

证明 $\omega = f$ 为零次外微分式,

$$df = \frac{\partial f}{\partial x}dx + \frac{\partial f}{\partial y}dy + \frac{\partial f}{\partial z}dz.$$

由定理 18.1 的性质 (ii), $d(df) = 0$, 由 (18.37) 就得 (a). 对 (b), 记一次外微分式 $\omega_1 = Pdx + Qdy + Rdz$, 由 (18.39),

$$d\omega_1 = \left(\frac{\partial Q}{\partial x} - \frac{\partial P}{\partial y}\right)dx \wedge dy + \left(\frac{\partial R}{\partial y} - \frac{\partial Q}{\partial z}\right)dy \wedge dz + \left(\frac{\partial P}{\partial z} - \frac{\partial R}{\partial x}\right)dz \wedge dx.$$

再由定理 18.1 的性质 (ii) $d(d\omega_1) = 0$, 即得 (b). $\qquad\Box$

因为三次微分 ω_3 满足 $d(d\omega_3) = 0$, 所以定理 18.2 也不会产生新的东西.

最后我们指出, 定理 18.1 的性质 (ii) 称为庞加莱引理, 其逆定理也成立: 即如果 p 次微分式 ω_p 满足 $d\omega_p = 0$, 则一定存在一个 $p-1$ 次微分式 ω_{p-1} 满足 $d\omega_{p-1} = \omega_p$. 例如 $\mathbb{R}^3$ 中三次微分式

$$\omega_3 = Hdx \wedge dy \wedge dz$$

满足 $d\omega_3 = 0$, 则 ω_2 可以取为

$$\omega_2 = \int_0^x H(t,y,z)dy \wedge dz.$$

一般情况的证明这里忽略. 但对 $\mathbb{R}^3$ 中的外微分式可比上面关于一次二次微分的计算很容易验证, 读者可以自己试试, 是非常好的练习.

18.3 多变量微积分的基本定理

微分形式可以十分清楚地表达高维空间牛顿-莱布尼茨公式关于微分积分的关系. 首先我们看格林公式 (18.2). $\mathbb{R}^2$ 中只有一次外微分式

$$\omega_1 = P dx + Q dy . \tag{18.48}$$

于是

$$d\omega_1 = \left(\frac{\partial Q}{\partial x} - \frac{\partial P}{\partial y} \right) dx \wedge dy. \tag{18.49}$$

由于第二型曲线积分的曲线 ∂D^+ 是定向的, 所以格林公式可以写为

$$\int_{\partial D} \omega_1 = \iint_D d\omega_1 , \tag{18.50}$$

在所有方向都是成立的.

三维空间 $\mathbb{R}^3$ 有一次和二次微分式. 三维空间的一次微分式 (18.36):

$$\omega_1 = P dx + Q dy + R dz ,$$

其外微分由 (18.39) 给出:

$$d\omega_1 = \left(\frac{\partial Q}{\partial x} - \frac{\partial P}{\partial y} \right) dx \wedge dy + \left(\frac{\partial R}{\partial y} - \frac{\partial Q}{\partial z} \right) dy \wedge dz + \left(\frac{\partial P}{\partial z} - \frac{\partial R}{\partial x} \right) dz \wedge dx .$$

于是斯托克斯公式 (18.4) 可以写为

$$\int_{\partial S} \omega_1 = \iint_S d\omega_1 , \tag{18.51}$$

在所有方向成立.

$\mathbb{R}^3$ 中由 (18.41) 定义式的二次微分式

$$\omega_2 = P dx \wedge dy + Q dy \wedge dz + R dz \wedge dx ,$$

其外微分由 (18.43) 给出:

$$d\omega_2 = \left(\frac{\partial P}{\partial x} + \frac{\partial Q}{\partial y} + \frac{\partial R}{\partial z} \right) dx \wedge dy \wedge dz .$$

于是高斯公式 (18.3) 可以写为

$$\int_{\partial D} \omega_2 = \iint_D d\omega_2 , \tag{18.52}$$

在所有方向成立.

以上讨论告诉我们, 无论是 $\mathbb{R}^2$ 中的格林公式, 还是 $\mathbb{R}^3$ 中的高斯公式和斯托克斯公式都可以统一地写成

$$\int_{\partial \Sigma} \omega = \int_{\Sigma} d\omega . \tag{18.53}$$

因为从 (18.47) 知道, 三次微分式的外微分为零, 三维空间中联系边界与区域的积分公式只有高斯公式和斯托克斯公式, 而二维空间则只有一个格林公式, 不

会再有新的了. 当然公式 (18.53) 在 $\mathbb{R}^n$ 中都是成立的, 甚至更一般的流形上的微积分都是对的, 是高维空间的微积分基本定理. 意思是说, 高次的外微分形式 $\mathrm{d}\omega$ 在区域上的积分可以用一次的微分形式 ω 在区域的低一维的空间的边界上的积分表达. 特别是, 第一, 公式 (18.53) 表达了所有的方向; 第二, 积分变换那些复杂的过程没有了. 可以说, 如果一元微积分是初中的话, 多元微积分就是高中, 流形上的微积分就是大学. 微积分的先驱们在古典微积分里挖尽了金子, 但始终达不到最高的境界. 公式 (18.53) 回答了所有的诸如多元微积分有几个公式、几个算子这样的疑难的问题.

参 考 文 献

常庚哲, 史济怀. 2012. 数学分析教程(上册). 3 版. 合肥: 中国科学技术大学出版社.

菲赫金哥尔茨 Г M. 2006. 微积分学教程(1-3 卷). 8 版. 杨弢亮, 叶彦谦, 译. 北京: 高等教育出版社.

费定晖, 周学圣. 2012. 吉米多维奇. 数学分析习题集题解(1-6 册). 4 版. 编译. 济南: 山东科学技术出版社.

龚昇. 2006. 简明微积分. 4 版. 北京: 高等教育出版社.

何琛, 史济怀, 徐森林. 1983. 数学分析: 第 1 册. 北京: 高等教育出版社.

华东师范大学数学科学学院. 2020. 数学分析(上册). 5 版. 北京: 高等教育出版社.

华东师范大学数学系. 2001. 数学分析(上册). 3 版. 北京: 高等教育出版社.

华罗庚. 2009. 高等数学引论(1-4 册). 北京: 高等教育出版社.

卡尔·B·波耶. 2007. 微积分学概念发展史. 唐生, 译. 上海: 复旦大学出版社.

柯朗 R, 罗宾斯 H. 2017. 什么是数学. 左平, 张饴慈, 译. 上海: 复旦大学出版社.

柯朗 R, 约翰 F. 2001. 微积分和数学分析引论(1-2 卷). 林建祥, 等译. 北京: 科学出版社.

克莱因 M. 1979. 古今数学思想(1-4 册). 张里京, 张锦炎, 译. 上海: 上海科学技术出版社.

李成章, 黄玉民. 2007. 数学分析(上下册). 2 版. 北京: 科学出版社.

刘玉琏, 傅沛仁, 等. 2008. 数学分析讲义. 5 版. 北京: 高等教育出版社.

马富明, 高文杰. 2022. 数学分析(第二册), 北京: 高等教育出版社.

毛信实, 董延新. 1990. 数学分析. 北京: 北京师范大学出版社.

沐定夷. 1993. 数学分析(上册). 上海: 上海交通大学出版社.

欧阳光中, 朱学炎, 金福临, 等. 2007. 数学分析. 3 版. 北京: 高等教育出版社.

潘承洞, 于秀源. 2015. 阶的估计基础. 北京: 高等教育出版社.

裴礼文. 2006. 数学分析中的典型问题与方法. 2 版. 北京: 高等教育出版社.

沈燮昌. 2014. 数学分析(1-3 册). 北京: 高等教育出版社.

沈永欢, 等译. 1989. 简明数学词典. 北京: 新时代出版社.

汪林. 2015. 数学分析中的问题和反例. 北京: 高等教育出版社.

伍胜健. 2009. 数学分析(第 1 册). 北京: 北京大学出版社.

徐志庭, 刘名生, 冯伟贞. 2019. 数学分析. 2 版. 北京: 科学出版社.

亚历山大洛夫 A D. 1986. 数学: 它的内容、方法和意义(1-3 卷). 孙小礼, 等译. 北京: 科学出版社.

严子谦, 尹景学, 张然. 2004. 数学分析(第一册). 北京: 高等教育出版社.

张筑生. 2008. 数学分析新讲(1-3 册). 北京: 北京大学出版社.

郑英元, 毛羽辉, 宋国栋. 1990. 数学分析. 北京: 高等教育出版社.

卓里奇 B A. 2019. 数学分析(1-2 卷). 7 版. 李植, 译. 北京: 高等教育出版社.

Rudin W. 2011. 数学分析原理: 原书第 3 版. 赵慈庚, 蒋铎, 译. 北京: 机械工业出版社.

Timothy Gowers. 2014. 普林斯顿数学指南(1-3 卷). 齐民友, 译. 北京: 科学出版社.